U0835327

高等学校应用型本科规划教材

Gongcheng Jiegou jiance Jishu

工程结构检测技术

刘培文 主 编
赵卫平 副主编
王宗纲 主 审

人民交通出版社

内 容 提 要

本书系统地介绍了道路与桥梁工程等工程结构检测技术的基础理论、基本原理及实用方法。主要内容包括静载试验检测技术、动载试验检测技术、超声波检测技术、混凝土强度无损检测技术、桩基动力检测技术、路基路面试验检测技术、电子显微镜能谱分析技术、工程结构检测实施细则等。

本书适用于高等学校应用型本科学生、专升本学生和交通远程大学或继续教育学院的本科学生使用。亦可供从事道路与桥梁专业和土木工程质量检测专业全日制大学本科学生及其相关专业的研究生，以及广大一线相关的技术人员学习参考。

图书在版编目（CIP）数据

工程结构检测技术/刘培文主编. --北京：人民交通出版社，2011.10
ISBN 978-7-114-09466-8

Ⅰ.①工… Ⅱ.①刘… Ⅲ.①工程结构-结构测试-高等学校-教材 Ⅳ.①TU317

中国版本图书馆 CIP 数据核字（2011）第 211298 号

高等学校应用型本科规划教材

书　　名：工程结构检测技术
著 作 者：刘培文
责任编辑：岑　瑜
出版发行：人民交通出版社
地　　址：(100011) 北京市朝阳区安定门外外馆斜街 3 号
网　　址：http://www.ccpress.com.cn
销售电话：(010)59757973
总 经 销：人民交通出版社发行部
经　　销：各地新华书店
印　　刷：北京鑫正大印刷有限公司
开　　本：787 × 1092　1/16
印　　张：26
字　　数：656 千
版　　次：2011 年 10 月　第 1 版
印　　次：2014 年 6 月　第 2 次印刷
书　　号：ISBN 978-7-114-09466-8
印　　数：2501 – 4500 册
定　　价：52.00 元
（有印刷、装订质量问题的图书由本社负责调换）

前　言

工程结构检测技术是一门涉及学科多，实践性强的专业课。它以真实结构为对象，通过试验检测对结构做出技术鉴定结论，为结构物的竣工验收、改建扩建、维修加固等提供科学的依据。随着新结构、新材料、新工艺的不断涌现，工程结构的试验技术不断完善。结构检测是对原型结构或模型结构直接进行的科学试验工作，包括试验准备、理论计算、现场试验、分析整理等内容的一系列工作。结构原型试验也称之为结构检测，其目的是通过试验，掌握结构在试验荷载作用下的实际工作状态，判定结构的承载力和使用条件，检验设计与施工质量；结构模型试验的目的是研究结构的受力行为，探索结构应力、应变的内在规律等。

本教材共分八章及一个附录，包括静载试验检测技术、动载试验检测技术、超声波检测技术、混凝土强度无损检测技术、桩基动力检测技术、路基路面试验检测技术、电子显微能谱分析技术、工程结构检测实施细则。本教材第一、二、三章由交通运输部管理干部学院刘培文教授编写；第四章由辽宁交通高等专科学校刘存柱教授编写；第五章由内蒙古大学赵卫平教授编写；第六章由内蒙古大学赵卫平教授、交通运输部管理干部学院闫光杰副教授共同编写，第七章由交通运输部管理干部学院邢凤岐副教授编写；第八章由交通运输部管理干部学院罗洪权副教授编写，附录由内蒙古大学贾玉辉副教授编写。全书由刘培文主编，清华大学王宗纲教授主审。

由于作者水平有限，加之时间紧迫，书中疏漏乃至错误之处在所难免，恳请读者批评指正。

编　者

2011 年 8 月

前　言

目 录

第一章 绪 论

第一节 结构检测技术研究对象和任务

一、结构检测技术研究对象

工程结构检测是分析工程质量、进行科学研究、出台相关规范、制定质量标准以及质量事故调查的重要手段之一。道路与桥梁以及隧道工程施工中的检测,一般包括工程所用材料与混合料、工程施工中和完工后的结构实体、工程所处的环境和介质的检测。结构检测不仅仅是研究成品结构实体的检测,有时还要分析单个实体原材料的性能和内部结构,包括天然材料和人工合成材料。

随着检测技术的进一步提高,除用直接方法测定材料或结构的技术性质(如钻芯取样试验等)外,还可用间接方法测定其内在质量,如电镜和电子探针检测、静载和动载检测、超声波检测、核子检测等。

结构试验是检测材料和实体结构内在质量的一种直接或间接的手段,亦是结构检测技术研究的内容之一。结构试验的种类很多,按照试验的目的与要求分类,可分为科学研究性试验和生产鉴定性试验。

我们知道,土木工程材料不外乎钢材、水泥、木材、石灰、沥青、石材、砂石料和黏土等。在专业上,根据构造或构件的作用性质不同,可分为单体材料、集料和结合料。单体材料也叫个体材料,是指相对来说体积比较大的单个材料,如块状石料、砖等;集料是颗粒状的松散材料,一般情况下不能单独使用,必须辅以其他材料把它们胶结为一个整体,根据集料的颗粒大小,可分为粗集料和细集料;结合料是能够把松散材料联结为一个整体的材料。根据它们的化学成分可分为无机结合料和有机结合料。结合料又可称为胶凝材料或胶结材料,由于本身的物理化学作用,能将松散材料如碎石、砂等联结为一个整体结构。有机结合料是碳氢化合物及其非金属衍生物的混合物;无机结合料是矿物质材料,其按照硬化条件可分为气硬性胶凝材料和水硬性胶凝材料。气硬性胶凝材料只能在空气中硬化,也只能在空气中保持强度或继续提高强度。由于气硬性胶凝材料在水中不能硬化,因此适用于地面上干燥环境中的建筑物。道路工程最常用的气硬性胶凝材料是石灰。水硬性胶凝材料,既可以在空气中硬化,也可以在水中硬化,并且能在水中保持强度和继续提高强度。建筑过程中最常用的水硬性胶凝材料是水泥。应该强调的是,水硬性胶凝材料在水中比在空气中硬化强度要高,因此,对水泥制成品要进行一定时间的洒水养护,否则,会使其制品强度降低或影响其制品的工程性质。使用无机结合料时,必须要加水拌和才能发生一系列的物理化学作用,从而使其具有胶凝性。而由各种材料和混合料形成的实体结构,除结构本身的性能外,同样具备组成结构的原材料的某些特征,利用这个道理可作结构检测分析。

二、材料与结构的常规检测与现代检测

(一)材料与结构的常规试验检测

材料与结构的常规试验检测中有两大问题:首先,原材料的检测问题。检测方法有传统直接的物理力学试验和现代间接的结构检测技术。物理力学试验,大多数是研究原材料和混合料的选择和评定问题。由于材料是控制工程内在质量的关键因素之一,不同的工程结构对选择原材料的要求并不相同,因此,要对料场材料进行相关的试验,才能确定原材料的可用性,具体试验项目的种类,要根据有关的规范、规程来确定。这里有些试验基本上是根据划分这种材质质量等级或标号所使用的规范和规程赋予的技术指标项目之基础上而规定的。如水泥是依据胶砂抗压、抗折、标准稠度用水量、安定性、细度等指标来划分其强度等级,故试验项目不外乎是上述的指标。如某工程使用强度等级为C50的水泥混凝土,而相应的水泥强度等级至少要62.5级,则应在所述试验基础上对照国标看出厂的水泥是否达到62.5级的要求,如果达到则可以使用;否则,不宜使用。类似这样的问题还有沥青路面施工中的沥青原材料的标号选择等,都是对照划分标号或质量等级的规范或标准来对应试验划分依据的项目,然后从中抉择其可用性。其次,由各原材料组成的实体结构物,在修筑前后的一些试验。例如,钢筋混凝土工程的混凝土混合料修筑前要进行混凝土的配合比设计,这个配合比包括理论配合比、试验配合比和施工配合比。目前理论配合比的计算方法有绝对体积法和假定容重法两种,理论配合比计算前,除对原材料进行必要的试验,如碎石的压碎值、筛分,砂的坚固性、筛分等试验以及水泥的胶砂抗压、抗折、标准稠度用水量、安定性、细度等试验以及外加剂的一些试验外,还要对由以上材料搅拌而成的混凝土混合料进行试验,如对混合料制成试件养生后进行抗压和抗折试验,以确定该工程使用的混凝土强度等级是否达到设计的要求。此外,混合料在浇筑前,要进行可模性、黏聚性、保水性等试验(即坍落度或工作度试验)。如不进行这些试验,虽然可能能够保证混凝土的强度,但在施工中会产生粗、细料分离,模板边角难以填实,入模后继而发生蜂窝,麻面等不良现象。综上所述,可用混凝土抗压、坍落度等试验来间接判断实体钢筋混凝土工程的内在质量(强度)。试验检测的原材料试验有一个取样的过程,取样又包括自然随机取样和压密制样。自然取样通常都用四分法取自然状态下的试样,如砂、石子、土等;压密制样是指取样后再经过捣实成圆柱体或立方体的规则形状,如混凝土试件、击实试验试件、石灰土试验试件等。

上述原材料或试件的常规试验,从专业模块划分已属于工程材料常规试验范围,限于本书篇幅,将不予叙述。本书主要叙述的是以现代测试技术并以无损检测为主的方法。

(二)材料与结构检测技术实现的途径

材料与结构检测的技术手段可归纳为两类方法:一类是利用化学分析的办法;另一类是利用物理的办法。因为工程用材料和混合料大多重视其物理性质,故常常采用物理力学的试验方法,这类方法可以包括几种:其一,决定分散材料颗粒粗细组成的检测方法。这一类试验通常有土、石子和砂等材料的筛分法,以及粒径小于0.1mm的土的比重计法和移液管法,只要是颗粒状的材料,分析其粗细程度都可以用这种方法。其二,决定半固体物质稠度和黏结性的检测方法,如土的塑液限、沥青材料的针入度和水泥的沉入度等试验。这类试验大多是用一定质量的锥或针,在自身的重力下,在规定的时间内,在特定温度下,以插入这种半固体物质的深度表示。其三,对于结构工程的强度、变形、可靠度方面的检测办

法。由于混凝土和圬工结构物用材，往往有一个强度等级（标号）的要求，如混凝土和石料的抗压、抗折试验等用单位面积上承担的力（拉、压、弯、扭的力）来表示，通常要做拉、压、弯、扭试验。其四，利用现代超声波、雷达、核子、光谱等技术基础上的结构检测。即本课程中将要叙述的方法。

从试验仪器的构造机理看，不外乎有以下构造和使用特点：有些压密制件所涉及的仪具，往往对应一定的击实功能，所以仪器制造时，应采用一定的电控设备来控制落锤重力等。这类仪器往往是由电子和机械结合的仪器。

有些试验是测定其变形或压力的；有些则是测定内部缺陷的。传统的变形测定方法有三类：一类是利用应力环结合千分表式；另一类是采用电阻应变片式；再一类是采用电传感器类。测定距离一般用游标式、电子式及表式等。不论是什么样的检测或试验仪器，它们均是由以上所述的原理及相应的各种组件结合而成。试验检测仪器的加压系统，往往采用液压或机械齿轮方式。内部缺陷测定则是借助现代的超声波、地质雷达、激光、计算机等技术来完成，如路面结构检测，钻孔桩的桩基检查，还有金属材料测定等。这类技术多用于测定实体结构的内部宏观和微观结构情况，也是结构检测技术研究的重点。

三、结构检测试验的任务

结构试验是对原型结构或模型结构直接进行的科学试验工作，包括试验准备、理论计算、现场试验、分析整理等内容的一系列工作。结构原型试验也称之为结构检测，其目的是通过试验，掌握结构在试验荷载作用下的实际工作状态，判定结构的承载力和使用条件，检验设计与施工质量；结构模型试验的目的是研究结构的受力行为，探索结构应力、应变的内存规律，为设计和施工服务。随着交通事业的蓬勃发展，新结构、新材料、新工艺的不断涌现，结构工程的试验技术日益受到人们的重视，并不断得到发展和提高。结构试验的任务主要包括以下几个方面。

1. 确定新建结构的承载能力和使用条件

对于重要的结构，在建成竣工后，通过试验考察该结构的施工质量与性能，判定结构的实际承载能力，为竣工验收、投入运营提供科学的依据；对于新型或复杂的结构，通过系统的试验，可以掌握结构在荷载作用下的实际受力状态，探索结构受力行为的一般规律，为充实和发展结构的设计计算理论积累科学的资料。

2. 评估既有结构的使用性能与承载能力

对于既有结构在经营期间，因受水害、地震等自然灾害而损伤，或因设计施工不当而产生严重缺陷，或因使用荷载大幅度增长而严重超过设计荷载等级，通常通过试验来评估既有结构的使用性能与承载能力，为既有结构的养护、加固、改进或限载对策提供科学的依据。

3. 研究结构的受力行为及其一般规律

随着结构工程的不断发展，新结构、新材料、新工艺的推广应用，原有的规范、规程往往不能适应工程实践的要求。为了修改、完善既有的规范、规程，指导设计与施工工作，就需要进行大量的试验。

4. 进行生产鉴定和施工质量事故调查

生产鉴定性试验，一般以原型结构作为试验对象，在现场进行试验，根据一定的规范、标准的要求，按照有关设计文件，通过试验来确定结构的实际承载能力、使用性能和使用条件，检验设计施工质量,提出结构养护、加固、改建、限载对策,有效地保证结构的安全使用。生产鉴定性试验也称之为结构检测,包括静载试验、动载试验、无损检测与长期监控测试四个方面。在结构试验中,原型试验存在费用高、期限长、测试环境多变等不利的影响因素,如对一些大型结构进行多因素的研究性试验,有时是难以实现的。因此,对原型结构进行模型试验往往成为科技工作者的一种有效工作手段,可以更为方便全面地研究主要影响因素之间的关系,探索结构行为的普遍规律,推动新结构、新材料、新工艺的发展与应用。

第二节　结构试验检测的类型

结构试验检测的类型较多,从方法上来讲,分为静载试验、动载试验和无损检测等;从时间上来看,分为短期试验和长期试验;从进行时期来看,分为结构竣工试验和施工阶段监测控制,等等。下面介绍几种常规的分类方法。

一、按试验检测的用途分类

(一)研究性试验

研究性试验以科学研究和创造发明为目的,用以验证结构设计计算的各种假定,发展新的设计理论,改进设计计算方法,为发展和推广新结构、新材料及新工艺提供理论与实践的依据。

作为研究性试验对象的试件或试验结构,是专门为研究某种性能而设计制作的,它不一定是具体工程的材料或结构模型,但反映了某类问题的实质。在试验设计时要经过仔细分析,突出研究主要因素而忽略一些次要因素。试件也常常只是具体结构的某一关键性局部构件。研究性试验的试件尺寸一般根据试验的加载设备条件和试验场地的大小而定。不一定和实际结构一样大,而是根据真实结构并按照一定相似关系复制而成的试验代表物,是尺寸比真实结构小得多的缩尺结构。尽管对尺寸效应的问题进行了众多的研究,但是尺寸效应问题仍然是影响结构试验发展的一个主要问题。

研究性试验一般都在有专门设备的试验室内进行。因为在试验室内进行试验可以获得良好的工作条件,可以用精密和灵敏的仪器设备进行试验,具有较高的准确度。甚至可以人为地创造一个理想的工作环境,以减少或消除各种不利因素对试验的影响。在试验室既可以对真实结构,也可以对小尺寸的模型试件进行试验,并可以将试件一直进行到破坏为止。

(二)鉴定性试验

鉴定性试验以直接服务于生产为目的,以具体工程材料或真实结构为试验鉴定对象,经过试验研究,对这些材料或结构是否符合规范和设计要求,作出正确的技术结论。鉴定性试验常用来解决下述几方面的问题。

1. 鉴定结构的设计和施工效果

对一些重要结构与工程,采用新计算理论、新材料或新工艺的结构与工程,在实际结构建成后,要求通过试验,综合地评估结构的设计和施工质量的可靠程度。

2. 判断拟加固结构的承载能力

对一些在计算理论上没有太大问题的结构,由于一些特殊原因,如对已建结构扩建加层或由于生产需要增加使用荷载而改变其工作条件,以及建筑抗震需要提高抗震烈度而进行加固等,需要通过试验进行性能鉴定。确定这些建筑结构的潜在能力,以便提出技术处理意见。

3. 工程质量评价和事故调查处理

对于建筑物遭受地震、火灾、爆炸等灾害后而受损的结构，或是建筑物在建造和使用过程中发生严重缺陷损坏(如施工质量事故，混凝土强度不足，结构过度变形等)往往需要对这些建筑物进行现场试验，通过试验为正常使用与管理、制订修复或加固方案提供技术依据，了解其实际承载能力，并提出技术处理意见。对在预制构件厂或工地现场成批制造的预制构件，在出厂前或现场吊装前，需要按照最新的质量验收规范对构件进行抽样试验，以推断成批的产品质量。

鉴定性试验是针对某一具体建筑物的问题，而不是寻求普遍规律，试验主要在建筑物现场进行。

4. 评估结构的可靠性和剩余寿命

服役结构随着建造年代和使用时间的增长，结构逐渐出现不同程度的老化现象，有的到了老龄期、退化期和更换期，甚至到了危险期。为了保证服役结构的安全使用，防止结构破坏、倒塌等重大事故的发生，需要通过对现有结构进行观察、检测和分析普查后，按相关标准评定结构的安全等级，由此推断出其可靠性和评估其使用寿命中的剩余期限，即剩余寿命。可靠性鉴定大多数是采用非破损检测的试验方法。

5. 鉴定工程结构所处的自然环境

工程结构与其所处环境息息相关。多数情形下，通常工程环境是指与其伴随的矿物和岩石。掌握它们的特征，运用科学的方法，采用宏观和微观相结合、理论和实践相结合的方法，对它们进行观察、分析、鉴定，找出它们的物理化学特征，测定它们的力学性质，测定它们的生成年代，测量它们的分布规律和储量规模，更好地为工程建设服务。

二、按试验检测对结构的影响分

就试验对结构产生的后果来说，结构试验可分为破坏性试验和非破坏性试验。一般情况下，鉴定性试验多为非破坏性试验。但在某些情况下为了达到预定的试验目的，往往需要进行破坏性试验，以掌握试验结构由弹性阶段进入塑性阶段，甚至破坏阶段时的结构行为、破坏形态等试验资料。实际上，原型结构的破坏试验，不论在费用上还是在方法上都存在一些问题，特别是在结构进入破坏阶段后试验是比较困难的。因此，破坏试验一般均以模型结构为对象，在试验室内进行，以便能够较为方便可行地进行加载、控制、量测和分析，从而总结出具有普遍意义的规律，推广应用于原型结构。

三、按试验持续时间的长短分

按试验持续时间的长短，可分为长期试验和短期试验。鉴定性试验与一般性的研究试验多采用短期试验方法，只有那些必须进行长期观测的现象，如混凝土结构的收缩和徐变性能、基础的沉降等，才采用长期试验方法。此外，对于大型结构或新型结构常常采用长期观测或结构定期的检测，以积累这些结构长期使用性能的资料。

结合具体的试验目的及要求，可选用一种或几种试验方法。在选择时应考虑经济成本，一般能用模型代替的，就做原型试验，通过非破坏性试验可以达到试验目的的，就不做破坏性试验。

四、根据试验荷载作用的性质分

根据试验荷载作用的性质，结构试验可分为静荷载试验和动荷载试验。结构静载试验是将静止的荷载作用在结构上的指定位置，测试结构的静力位移、静力应变、裂缝等参量的试验项目,从而推断结构在荷载作用下的工作性能及使用能力。动载试验是利用某种激振方法激起结构的振动,测定结构的固有频率、阻尼比、振型、动力冲击系数、行车响应等参量的试验项目,从而判断结构的整体刚度、行车性能。静载试验与动载试验虽然在试验目的、测试内容等方面不同,是两种性质的试验,但掌握这两种试验,有助于全面分析掌握结构的工作性能。

第三节　结构检测技术研究内容

一、结构检测实施的阶段划分

结构检测工作内容多,涉及面广。一般情况下,结构现场检测可分为三个阶段,即准备规划阶段、加载与观测阶段和分析总结阶段。

1. 准备规划阶段

准备规划阶段是结构检测顺利进行的必要条件。该阶段工作包括结构设计文件、施工记录、监理记录、试验资料、结构养护与维护记录等技术资料的收集;结构现状如承重结构构件、支座、基础等部位的表观检查;设计内力计算、加载方案制订、量测方案制订、仪器仪表选用等方面;也包括搭设工作脚手架、设置测量仪表支架、测点放样及表面处理、测试元件布置、测量仪器仪表安装调试等现场准备工作。检测工作的顺利与否很大程度上取决于检测前的准备工作。

2. 加载与观测阶段

加载与观测阶段是整个检测工作的中心环节。这一阶段的工作是在各项准备工作就绪的基础上,按照预定的试验方案与试验程度,利用适宜的加载设备进行加载,运用各种测试仪器,观测试验结构受力后的各项性能指标,如挠度、应变、裂缝宽度、加速度等,并采用人工记录或仪器自动记录手段记录各种观测数据和资料。有时,为了使某一加载、观测方案更为完善,可先进行试探性试验,以便更好地达到原定的试验目的。需要强调的是,对于静载试验,应根据当前所测得的各种技术数据与理论结果进行现场分析比较,以判断受力后结构行为是否正常,是否可以进行下一级加载,以确保试验结构、仪器设备及试验人员的安全,这对于存在病害的既有结构进行试验时尤为重要。

3. 分析总结阶段

分析总结阶段是对原始测试资料进行综合分析的过程。原始测试资料包括大量的观测数据、文字记载和图片等材料,受各种因素的影响,一般显得缺乏条理性与规律性,未必能深刻揭示试验结构的内在行为规律。因此,应对它们进行科学的分析处理,去伪存真、去粗取精,综合分析比较,从中提取有价值的资料。对于一些数据或信号,有时还需按照数理统计的方法进行分析,或依靠专门的分析仪器和分析软件进行分析处理,或按照有关规程的方法进行计算。这一阶段的工作,直接反映整个观测工作的质量。测试数据经分析处理后,按照相关规范、规程以及检测的目的要求,对检测对象作出科学的判断与评价。全部检测工作体现在最后提交的试验研究报告中。

二、结构检测技术研究内容

(一)电镜和电子探针分析技术

鉴于金属材料在公路建设中的广泛使用,试验检测技术也将仅从宏观的光学显微分析,逐渐地进入了微观的电子显微分析。微观的电子显微分析通常使用电子显微镜简称为电镜进行。因为电子光束与可见光一样,具有波粒两重性,所以电子束在电子显微镜中,通过电磁透镜聚焦成像。由电子束的波长短确定显微成像的分辨率,可利用投射电子显微镜、扫描电子显微镜和能谱仪(又称电子探针)。

投射电子显微镜的分辨率为1.5 Å(1 Å $=1^{-10}$m),放大倍数为几十万倍。特别是电子显微仪器的组合使用,可以获得金属材料在微观尺度上的形貌、成分及结构分析的综合资料。

传统的光学显微镜是用可见光作为光源,而可见光的波长约为5 000 Å,根据分辨率的公式,即使采用折射率很高的介质,透镜的数值孔径达到1.5~1.6,光学显微镜的分辨本领也只达到2 000 Å 的限度。但在实际分析中许多显微组织的形貌尺寸,要想清晰成形,都小于这个限度。例如,其中的退火索氏体在光学显微镜下为球团状的灰色组织,而在电子显微镜下则可看到细微的层片状特征。基于此,人们利用电镜和电子探针作为分析技术,从金属材料性能判断进入到分析性能产生的原因,进一步寻找和创造新型材料。

(二)混凝土无损检测技术

混凝土无损检测技术,是在不破坏混凝土内部结构和使用性能的情况下,利用声、光、热、电、磁和射线等方法,测定有关混凝土性能的物理量,推定混凝土的强度、缺陷等的测试技术。混凝土无损检测技术与破坏试验方法相比,具有不破坏结构的构件、不影响其使用性能、可以探测结构内部的缺陷、可以连续测试和重复测试等特点。应用混凝土无损检测技术,可以检测混凝土的强度、弹性模量、裂缝的深度和宽度,可以检查钢筋的直径、位置和保护层厚度,并可以探知混凝土的碳化程度、钢筋的锈蚀程度和混凝土构件的尺寸等参数。混凝土无损检测技术,对于进行施工质量检查与管理,进行既有结构的养护维修管理,评定既有混凝土结构的强度、耐久性及损伤程度至关重要。

对于大跨度结构,由于施工周期长,外界因素变化较大,为了确保施工能够准确地实现设计意图,避免一些随机因素如温度、湿度、材料参数、施工误差对结构施工过程和竣工后状态造成过大的影响,就需要在施工过程中对每一施工阶段结构的应力、内力等参数进行实时监测控制,逐阶段与设计目标值进行比较,并预测下一施工阶段这些参量的变化态势,以便必要时修正设计计算参数,采取控制调整措施,以逼近设计目标值,这就是施工控制。施工控制对于大跨度结构的建造具有非常重要的意义。

混凝土结构的一些时效因素如收缩、徐变、基础沉降、温度变化,往往使结构产生附加内力,可能会危及结构的安全。为了能够及时准确地掌握这些时效因素对结构的影响程度,了解这些时效因素对结构影响的变化趋势,就需要在一个相对较长的时期内定期测量结构的应变、内力、裂缝等参量,并对这些参量进行综合分析,以判断结构的实际状态,这类测试称之为长期监控测试。除此之外,对于一些重要结构或新型结构也常常采用定期检测的方法来积累这些结构长期使用性能的资料,以使规范更加完善。

混凝土强度的无损检测方法根据其原理可分为三种。

1. 非破损法

非破损法是以混凝土强度与混凝土某些物理量(如波速、密度等)之间的相关性为基础,测试这些物理量时,不影响混凝土结构或构件的任何性能,然后根据相关关系推算被测混凝土的标准强度换算值,并据此推算出强度标准值的推定值或特征强度。属于这类方法的有回弹性、超声法、超声回弹综合法、射线吸收、散射法、成熟度法等。

2. 半破损法

半破损法以不影响结构或构件的承载能力为前提，在结构或构件上直接进行局部破坏性试验，或直接钻取芯样进行试验，然后根据试验值与混凝土标准强度或标准构件强度的参比物进行比对，按统计方法推算出被测结构实体的强度标准值或特征强度。属于这类方法的有钻芯法、拔出法、拔脱法和板析法。

3. 综合法

综合法是采用两种或两种以上的无损检测方法，获取多种物理参量，并建立强度与多项物理参量的综合相关关系，以便从不同角度综合评价混凝土的强度。

随着科学技术与公路交通建设的发展，对公路建设的网络规划、安全运输提出了更高的要求。特别是金属材料在公路建设中的广泛使用，确定了公路建设使用的材料分析，也从宏观的光学显微分析逐渐地进入了微观的电子显微分析，从材料性能判断进入到分析性能产生的原因，进一步寻找新材料和创造更多新型材料，达到扩大材料使用功能的阶段。

(三)结构荷载试验检测技术

结构静载试验检测，以结构静载试验的基本理论和基础为契机，借助结构动力特性和动载响应的方式进行常规试验与分析的技术。结构的振动试验涉及的范畴很宽，如模拟地震试验、抗风试验、疲劳试验等。

结构的动力特性(振型、频率和阻尼比)是结构承载力评定的重要参数，同时也是识别结构工作性能和结构抗震分析的重要参数。

结构振动问题涉及振源(输入)、结构(系统)和响应(输出)。在结构振动的输入、系统和输出中，知其中两者可以求第三者，所以结构的动载试验可以划分为三类基本问题:其一是测定动荷载的动力特性，即引起结构产生振动的作用力数值、方向、频率和作用规律;其二是测定结构的动力特性，即结构或构件的自振频率、阻尼比、振型等结构模态参数等;其三是测定结构在动荷载作用下的强迫振动响应，即结构动位移、动应力、冲击系数等。

(四)混凝土超声波检测技术

混凝土超声检测目前主要是采用“穿透法”，其基本原理是用一发射换能器重复发射一定频率的超声脉冲波，让超声波在所检测的混凝土中传播，然后由接收换能器将信号传递给超声仪，由超声仪测量接收到的超声波信号的各种声学参数，并转化为电信号显示在示波屏上。研究表明:在混凝土中传播的超声波的波速、振幅、频率和波形等波动参数与所测混凝土的力学参数，如弹性模量、泊松比、剪切模量以及内部应力分布状态有直接的关系，也与混凝土内部缺陷如断裂面、孔洞的大小及形状的分布有关。因此，当超声波在混凝土中传播后，它携带了有关混凝土的材料性能、内部结构及其组成的信息，准确测定这些声学参数的大小及变化，可以推断混凝土的强度和内部缺陷等情况。

相对单一物理量的超声波检测技术，综合采用多项物理参数，能较全面地反映构成混凝土强度的各种因素，并且还能抵消部分影响强度与物理量相关关系，因而它比单一物理量的无损检测方法具有更高的准确性和可靠性。目前已被采用的综合法有超声回弹综合法、超声钻芯综合法、声速衰减综合法等。

(五)桩基动力检测技术

基桩的承载力和完整性检测是基桩质量检测中的两项重要内容，按具体检测项目的方式，宏观上可以分为以下三种检测方法。

1. 直接法

直接法是通过现场原型试验直接获得检测项目结果或为施工验收提供依据的检测方法。在桩身完整性检测方面主要是钻孔取芯法,即直接从桩身混凝土中钻取芯样,以测定桩身混凝土的质量和强度,检查桩底沉渣和持力层情况,并测定桩长。

2. 半直接法

半直接法是指在现场原型试验基础上,同时基于一些理论假设和工程实践经验并加以综合分析,才能最终获得检测项目结果的检测方法。

3. 间接法

间接法依赖直接法已取得的试验成果,结合土的物理力学试验或原位测试数据,通过统计分析,以一定的计算模型给出经验公式或半理论、半经验公式的估算方法。

(六)路基路面检测技术

路基路面结构检测主要是外形质量检测和内在质量检测两个方面。路基路面试验检测通常采用机械和物理的方法,同时也有地质雷达测试技术等新型技术方法。

路面的破坏有结构内部破坏和表面功能性破坏两类。结构内部的破坏主要表征为材料或结构抵抗变形的能力不足引起的,故目前表征路面整体强度高低的办法有两种:一种是一定荷载下的变形;另一种是一定变形下的荷载。前者的试验方法就是通常所用的弯沉试验等相关方法;后者的试验方法就是通常的 CBR 法试验等相关方法。因为,结构的强度在一定程度上取决于其密实度大小,故施工中的压实度试验就是间接测定路基路面结构层强度的一种方法。

综上所述,结构检测是一门直接服务于工程实践的技术学科,涉及结构的设计计算理论、试验测试技术、仪器仪表性能、自动数控技术、数理统计分析、现场试验组织等方面,具有较强的综合性、应用性和复杂性。进入 21 世纪以来,随着结构工程的飞速发展,新结构、新材料、新工艺的不断涌现,结构荷载的不断增大,以及大批既有结构进入老化期,因此结构检测工作就越显重要,并对其提出了更高、更全面的要求;同时,随着自动化技术的不断发展及计算机的普及应用,使得测试技术、分析手段也取得了长足的进步。总之,结构检测将进一步推动结构技术的蓬勃发展,为确保结构安全、进行科学维护起到更加重要的作用。

第二章　静载试验检测技术

结构静载试验是用物理力学方法，测定所研究的结构在静荷载作用下的反应，从而分析、判定结构的实际应力分布和工作状态，了解结构构件实际所具有的强度和安全储备，以及刚度、抗裂性能等。

结构静载试验的项目是多种多样的，在实际工作中，根据不同的试验目的，结构静载试验一般分为科学研究性试验（简称研究性试验）和生产鉴定性试验（简称鉴定性试验）两大类。

本章以结构静载试验的基本理论和基础知识为重点，主要阐述预制混凝土构件的检验性试验方法。

第一节　静载试验的加载设备

一、设备要求与堆载方式

（一）设备要求

结构静载试验，除少数在实际荷载下实测之外，绝大多数是在模拟荷载作用下进行。由于试验的目的不同，对加载设备的要求也不一样，产生模拟荷载的方法可以很多，但无论采用何种方法，加载设备必须满足以下基本要求：

（1）等效原则。试验荷载的作用，应符合实际荷载作用的传递方式，能使被试验结构、构件再现其实际工作状态的边界条件，使截面或部位产生的内力与设计计算等效。

（2）稳定加载。产生的荷载值应当明确，满足试验的准确度，除模拟动力作用之外，荷载值应能保持相对稳定，不会随时间、环境条件的改变和结构的变形而变化。保证荷载量的相对误差不超过5%。

（3）设备可靠。加载设备本身应有足够的强度和刚度，并有足够的储备，保证使用安全可靠；加载设备不应参与结构工作，以致改变结构的受力状态或使结构产生次应力；应能方便调节和分级加（卸）载速率，分级值应能满足精度要求。

（4）推陈出新。尽量采用先进技术，满足自动化的要求，减轻劳动强度，方便加载，提高试验效率和质量。

加载设备种类很多，有重物、液压、气压、机械和电液伺服加载系统以及和它们相配合的各种试验装置等。下面重点介绍重物、液压、电液伺服加载系统。

（二）堆载方式

静载试验前要预先堆载，然后采用液压或机械千斤顶逐级加载。堆载方式常用重物荷载。例如，铁块、混凝土块、砖、水、砂石甚至废构件等；有时也采用地锚桩替代堆载。

重物可以有规则地放置于结构上，作为均布荷载，如图2-1所示；也可以通过荷载盘、水箱、木箱、纤维袋、铁锭、石块和杠杆等加集中荷载或改变作用方向，如图2-2所示。

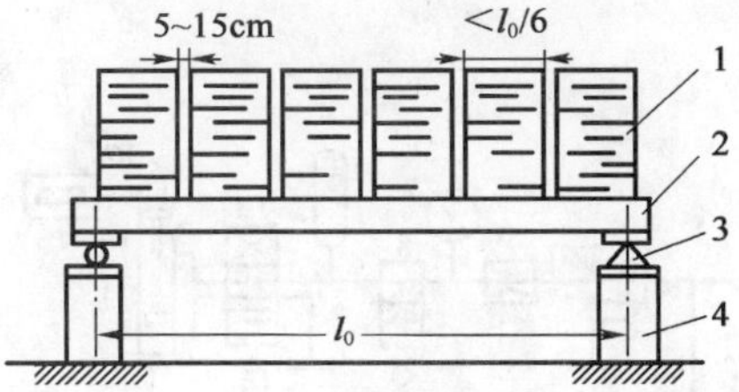

图 2-1　重物加均布荷载

1-重物；2-试验板；3-支座；4-支墩

杠杆应具有足够刚度，杠杆比一般不宜大于 5。3 个支点应在同一直线上，避免杠杆放大比例失真，保证荷载稳定、准确。现场试验，杠杆反力支点可用重物、桩基础、墙洞或反弯梁等支承。

当施加均布荷载时，可借助水来施加，通过水的高度计算、控制荷载值，如图 2-3 所示。当结构变形大时，应注意水荷载的不均匀所产生的影响。

用重物荷载进行破坏试验时，应特别注意在试验过程中的安全，一般在试件底部或荷载盘底下，应加可调节的托架或垫块，并随时与试件或盘底保持 5cm 左右间隙，以备破坏时托住，防止倒塌造成事故。

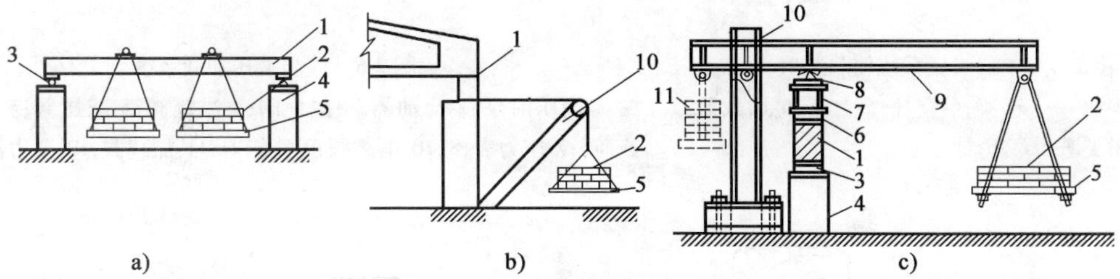

图 2-2　重物加集中荷载

1-试件；2-重物；3-支座；4-支墩；5-荷载盘；6-分配梁支座；7-分配梁；8-加载支点；9-杠杆；10-荷载支架；11-杠杆平衡重

二、加压系统

(一) 液压加载系统

液压加载系统是结构试验中最常用的加载设备，主要用油管将油箱、油泵、阀门、液压加载器等连接起来，配以测力计和支撑机构组成。为方便操作，还常把阀门、测力计等组装在一个控制柜内。图 2-4 所示即为一个常用垂直荷载的单点液压加载装置形式。

若在油泵出口接上分油器，可组成一个油源供多个加载器同步工作系统，适应多点同步加载要求。分油器出口再接上减压阀，则可组成同步异荷加载系统，满足多点同步异荷加载需要。图 2-5 为同步液压加载系统组成原理图。

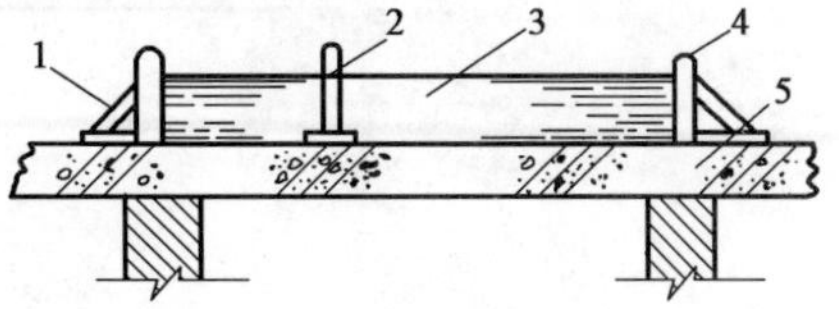

图 2-3　水作为均布荷载

1-侧向支撑；2-标尺；3-水；4-防水胶布或塑料布；5-试件

油泵压力应与整个系统相适应，容量及流量分别满足加载器总油量和加载速率的要求。

加载器常用的有两种，双油路加载器和间隙密封加载器，如图 2-6 所示。同一系统的加载器要规格一致，活塞与缸体摩阻力相同，放置高差不超过 5m，才能保证荷载同步。加载器最大加载能力和行程宜分别大于试验荷载和加载点可能产生的位移量。普通千斤顶也可用于单点或多点非同步加载，但使用手摇千斤顶时不可倒挂安置。

荷载值可用测力计、荷载传感器或压力表测定。用压力表时，应整个系统率定后使用，避免油路摩阻力的影响。

支承机构要求有足够大的强度及刚度。加载架常用钢制，横梁可沿立柱上下调节，如图 2-4 所示。试验台座为 1m 以上至几米厚的刚性钢筋混凝土结构，台面形式现有槽道式、地锚式、孔洞式和以上某几种相组合的形式。

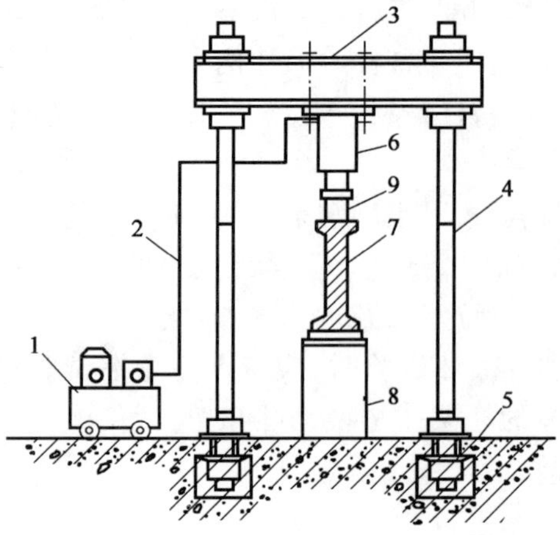

图 2-4　单点液压系统加载装置

1-油泵;2-油管;3-横梁;4-立柱;5-台座;6-加载器;7-试件;8-支墩;9-测力计

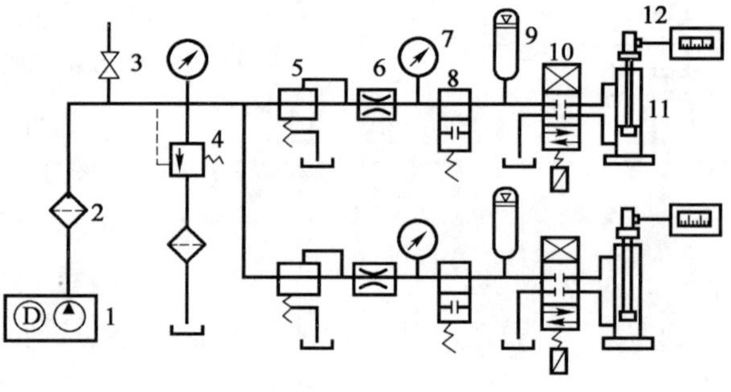

图 2-5　同步液压加载系统

1-高压油泵;2-滤油器;3-截止阀;4-溢流阀;5-减压阀;6-节流阀;7-压力表;8、10-电磁阀;9-蓄能器;11-加载器;12-测力器

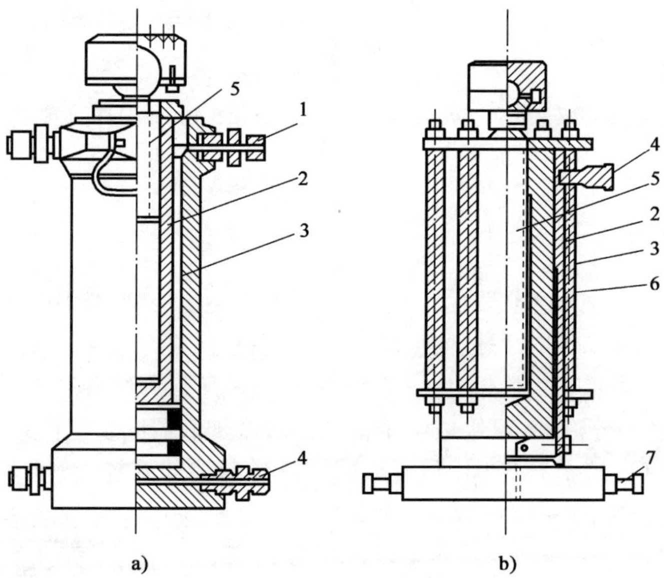

图 2-6　液压加载器

a)双油路加载器;b)间隙密封加载器

1-回程油管接头;2-活塞;3-油缸;4-高压油管接头;5-丝杆;6-拉簧;7-吊杆

(1)槽道式。对加载架的固定调节较为方便,但应注意加载架在试验中可能松动滑移。

(2)地锚式。虽无滑移可能,动、静载试验均可使用,但加载点调节灵活性差,常需另加横梁调整。

(3)孔洞式。使用类似地锚式,但台面下有地下室,通常可放置动力源系统,使台面有较好的工作台。

当用一个加载器施加两点或两点以上荷载时,常通过分配梁实现,如图 2-7 所示。分配梁应为单跨简支形式,刚度足够大,质量尽量小,配置不宜超过两层,以免使用中失稳或引进误差。

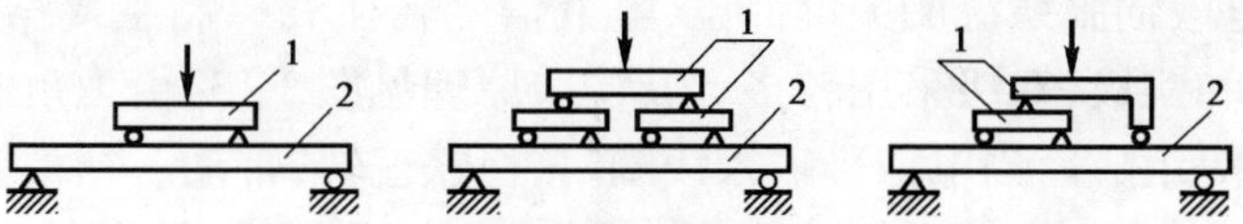

图 2-7　分配梁加载示例

1-分配梁;2-试件

施加侧向推力或反复加载时,其水平反力支承机构常用与台座连成刚度很大的 L 形反力墙,见图 2-8,墙上留有许多安装加载器的孔洞。加载器直接固定在反力墙上对试验结构施加反复荷载。

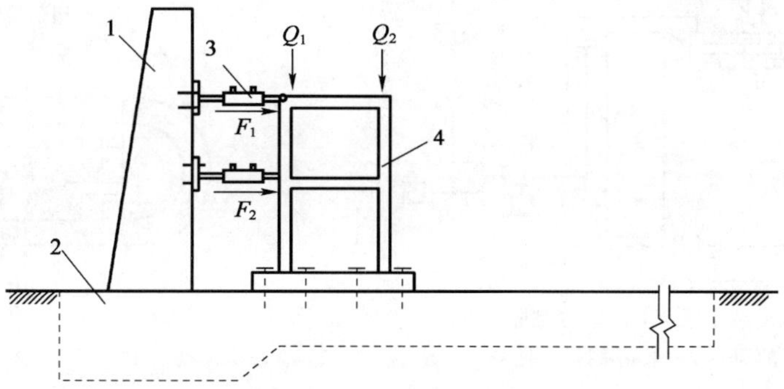

图 2-8　双向反复加载试验装置

1-反力墙;2-试验台座;3-推拉加载器;4-试件

反复加载系统的工作部分如图 2-9 所示。其执行机构为推拉加载器(又称双作用千斤顶),构造原理如图 2-10 所示。由换向阀控制油腔压力油进出,推动活塞反复运动。

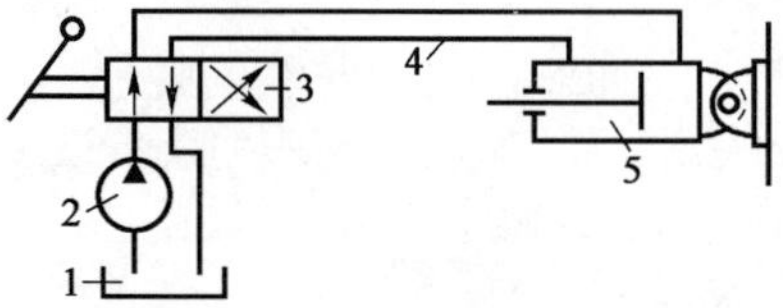

图 2-9　双向液压加载系统示意图

1-油箱;2-油泵;3-换向阀;4-管路;5-推拉加载器

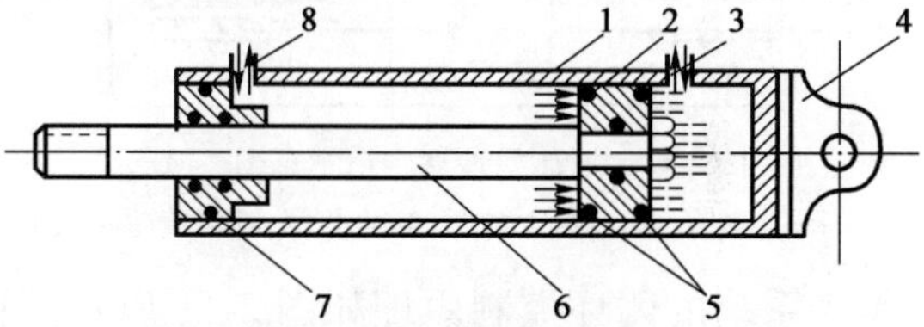

图 2-10　推拉加载器构造原理

1-工作油缸;2-活塞;3、8-进出油孔;4-固定环;5-密封圈;6-活塞杆;7-端盖

(二)电液伺服加载系统

电液伺服加载系统主要由液压源、控制系统和执行系统三大部分组成,图 2-11 为其主要组成及控制原理框图。

供油系统,又称泵站,输出高压油,通过伺服阀控制,进出加载器的两个油腔产生推拉荷载。系统中一般带有储能器,以保持油压的稳定性。

执行机构是由刚度很大的支承机构和加载器组成。加载器,又称液压激振器或作动器,基本构造如图 2-12 所示,为单缸双油腔结构,刚度很大,内摩擦很小,适应快速反应要求,尾座内腔和活塞前端分别装有位移和荷重传感器,能自动计量和发出反馈信号,分别实行按位移、应变或荷载自动控制加载。两端头均做成铰连接形式。规格有 1 ~ 3 000kN,行程 5 ~ 35cm,活塞运行速度 2mm/s 和 35mm/s 等多种。

电液伺服阀是电液伺服系统的关键部位，电液信号转换和控制主要靠它实现。按放大级数可分为单级、双级和三级，双级采用较多。其构造原理见图2-13，由力矩电动机、喷嘴、挡板、反馈杆、阀芯和阀套等组成。当电信号输入线圈时，衔铁偏转，带动一挡板偏移，使两边喷嘴油的流量失去平衡，压力改变，推动滑阀滑移，高压油进入加载器的油腔使活塞工作。滑阀的移动又带动反馈杆偏转，使另一挡板开始上述动作。如此反复运动，使加载器产生动或静荷载。由于高压油流量与方向随输入电信号而改变，再加上闭环回路的控制，便形成了电液伺服工作系统。三级阀就是二级阀的滑阀与加载器间再经一次滑阀功率放大。多数大中型振动台就使用三级阀。

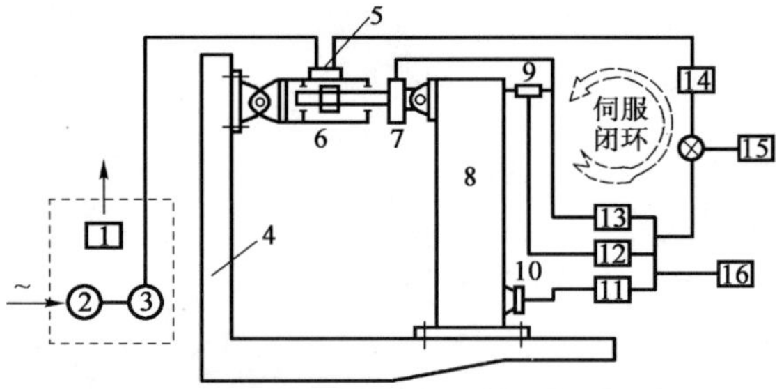

图2-11　电液伺服加载系统及其闭环控制原理框图

1-冷却器；2-电动机；3-油泵；4-支承机械；5-伺服阀；6-加载器；7-荷载传感器；8-试件；9-位移传感器；10-应变传感器；11-应变调节器；12-位移调节器；13-荷载调节器；14-伺服控制器；15-指令发生器；16-记录显示器

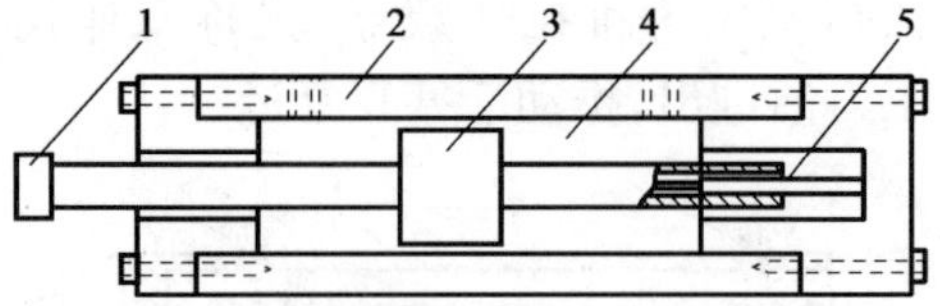

图2-12　液压激振器构造示意图

1-荷载传感器；2-缸体；3-活塞；4-油腔；5-位移传感器

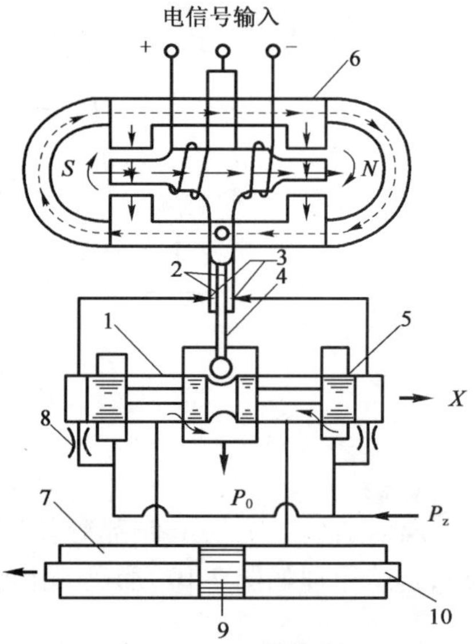

图2-13　电液伺服阀原理图

1-阀套；2-挡板；3-喷嘴；4-反馈杆；5-阀芯；6-永久磁铁；7-油缸；8-阀门；9-活塞；10-推杆

整个系统的闭环控制原理如图2-11所示。伺服控制器接收指令发生器送来的信号，控制伺服阀对液压加载器供油工作，给试件加载。试件所受的荷载及所发生的位移和应变，通过传感器可以输入记录器进行记录、显示；同时也可以分别送到比较器与指令信号进行比较，校正差值信号，由伺服控制器输给伺服阀调节加载器工作。指令信号由函数发生器提供或外部输入，能完成信号所提供的正弦波、方波、梯形波、三角波荷载，称为模拟控制系统，亦称小闭环控制系统。

若连接计算机，则组成程序控制电液伺服系统，称为计算机控制系统，又称计算机—试验机联机系统或大闭环控制系统。该系统能进行数值计算与荷载试验相组合的试验，实现多个系统的大闭环同步控制，进行多点加载；能完成模拟控制系统所不能实现的随机波荷载试验，是目前对真型或接近足尺结构模型进行非线性地震反应试验（又称拟动力试验）的一种有效手段。

电液伺服加载系统，具有响应快、灵敏度高、量测与控制精度好、波形多、频带宽、可以与计算机联机等优点，使试验新技术开发逐渐由硬件技术转向软件技术，在结构试验中应用越来越广泛，可以做静态、动态、低周疲劳和地震模拟振动台试验及造波机用于海洋结构试验等。

对系统的要求，除加载器的荷载、刚度、行程等性能必须满足外，位移计和荷载传感器必须具有良好线性。整个系统的荷载、位移检测精度不低于 ±1%，开环检验量测精度和控制精度均优于 ±0.5%。

第二节　静载试验的量测设备

结构静载试验要量测的数据包括结构的外界作用(如荷载、支座反力等)和在外界作用下的反应(如位移、应变、裂缝等)两个方面。这些数据的取得，需要正确选择量测仪器，掌握恰当的量测方法。

常用的量测仪器有百分表、千分表、位移计、应变计、力传感器、应变仪器、刻度放大镜等。这些量测仪器按其工作原理可分为机械式量测仪器、电测式量测仪器和光测式量测仪器。机械式量测仪器具有安装与使用方便、迅速和读数可靠的优点，但需要搭设观测脚手架，而且需用试验人员较多，观测读数费时，不便于自动记录；电测式量测仪表安装调试比较麻烦，影响量测精度的因素也较多，但测试和记录均较方便，便于数据自动采集记录。

量测系统基本上由传感部分、放大部分、显示记录部分三个部分组成。

传感部分把直接从测点上感受的被测量信号传给放大部分，通过各种元器件(机械的、电子的或光学的)转换放大后传给显示记录部分，启动指针或数码管或屏幕等进行指示、显示，或启动记录设备进行记录。机械式量测仪器三部分常组装成一体，电测式量测仪器则三部分分开或后两部分组成二次量测仪器。

工程结构静载试验对量测仪器的基本要求是：

(1)性能必须满足试验的具体要求，如合适的灵敏度，足够的精度和量程。精度一般要求所测最大误差不超过5%，量程以选最大被测量程的1.25~2倍为好。

(2)安装在结构上的仪表，要求质量轻、体积小，不影响被测结构的工作性能和受力情况。

(3)选用的仪表种类、规格应尽量少，尽可能避免繁杂的换算而引起误差。

(4)仪器对环境的适应性要强，且使用方便、工作可靠和经济耐用等。

一、电测式量测装置

电测方法能高效、准确地量测结构表面、内部各部位的变形和其他参数的变化，可以远距离操纵并自动记录。因此，电测技术在工程结构荷载试验中获得了最广泛的应用。

静载试验所用的电测式量测装置主要是指由传感器(电阻应变片、应变计)等测试元件，将结构位移或应变等机械量转换为电信号，通过放大和接收，将电信号又以机械量值给出量测值的一种量测系统。这种量测装置基本上由传感器、放大量测系统和指示记录三部分组成。

(一)电阻应变片

1. 电阻应变片的特点

电阻应变片又称电阻应变计，简称应变片或电阻片，它是非电量电测中最重要的转换器，与其他测试方法比较，有如下一些优点：

(1)量测灵敏度较高。由于利用电阻片将非电量转换为电量，再经电子仪器进行放大、显示和记录，所以能获得很高的放大倍数，从而达到很高的灵敏度。

(2)尺寸小且质量轻。对于结构十分紧凑以至其他量测仪表(如引伸计)根本无法安装的情况，电测法就能发挥更大的作用。电阻片尺寸小的另一个重要意义在于可以用来量测局部应力。现在电阻片的标距甚至可以小于1μm,这对于应力集中区的量测比较合适。

质量小是一个突出的优点,它使得电测不仅可以做静态应变的量测,而且可以在动态应变分析方面发挥独特的作用。应变片的基长可以制作得很短,并且有很高的频率响应能力,因此在应变梯度较大的构件上量测时,仍能获得一定的准确度,在高频动应变量测中具有很好的动态响应。

(3)使用环境较宽松。可以在高温(80~100℃)、低温(-100~-70℃)等特殊条件下成功使用。

(4)信号转换较方便。由于应变片输出的是电信号,易于实现量测数字化和自动化。

应变片电测法的主要缺点是粘贴工作量大,重复使用困难等。

2.电阻应变片的构造

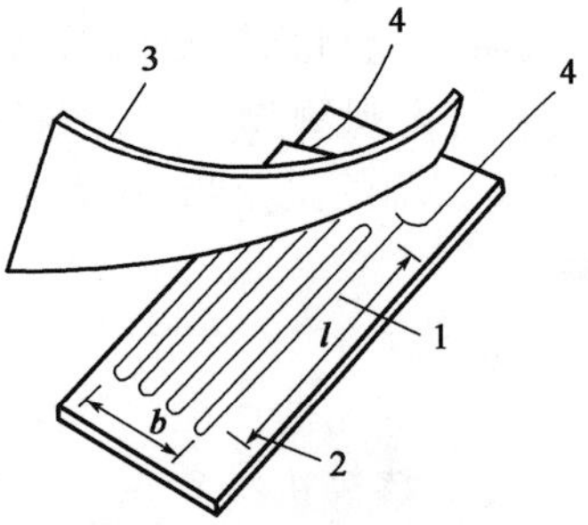

图2-14　电阻应变片的构造
1-电阻丝栅;2-片基;3-覆盖层;4-引出线

电阻应变片一般由电阻丝栅、片基、覆盖层、引出线等组成,如图2-14所示。其中在电阻片两端电阻丝圆心的间距l称为电阻片的标距,最外侧两电阻丝间的距离b称为电阻片的宽度。

敏感丝栅是应变片的主体,一般由康铜、镍铬或镍铬铝合金制成,直径为0.02~0.05mm。为了使应变片具有足够的电阻值,常把一定长度的电阻丝做成栅状。

底基和覆盖层起定位和保护敏感丝的作用,并使之和被测试件之间绝缘。常用的有纸基和胶基两种。纸质底基一般用厚度为0.015~0.020mm的机械强度高、绝缘性能好的纸张制作;胶基是用性能稳定、绝缘度高、耐腐蚀的聚合胶制成,便于长期稳定工作。

引出线是用来连接量测导线的,一般使用直径为0.15~0.30mm的镀银、镀锡的软铜线,在制造应变片时与电阻丝焊接在一起。

3.电阻应变片的种类

电阻应变片的种类很多,至今各种规格的应变片达两万多种。在工程结构荷载试验中,目前常用的有以下几种。

(1)金属丝应变片

金属丝应变片中最常用的形式为丝绕式,又称为圆角线栅式,如图2-15所示。敏感栅丝常用的金属材料是康铜、镍铬合金、铁镍铬合金和铂铱合金等,底基多为纸基。由于它制作设备和工艺都较简便,所以价格低廉。它的缺点是横向灵敏度比其他类型的应变片高。

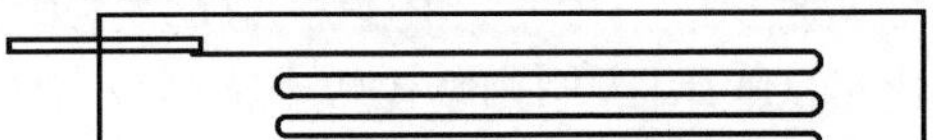
图2-15　金属丝式应变片

(2)金属箔应变片

金属箔应变片是由照相、光刻技术将箔片腐蚀成丝,箔片的材料主要是康铜、镍铬合金等,如图2-16所示。这种应变片制造精密,大批生产时产品的离散度小,可以把线栅的尺寸做得很小,并且可以做成任意形状以适应不同测试的要求;散热性能好,允许通过的电流大;柔性好,可以贴在形状复杂的曲面上,疲劳寿命长,蠕变小,横向灵敏度较低,是目前性能最好的一种应变片。它的缺点是制作比较复杂,价格较高。

(3)半导体应变片

半导体应变片的外形如图2-17所示。半导体应变片灵敏度系数高,频率响应好,可以做成小型和超小型应变片。半导体应变片的出现为应变电测技术的发展开创了新的途径。它的缺点是温度系数大，而且稳定性不及金属应变片等。

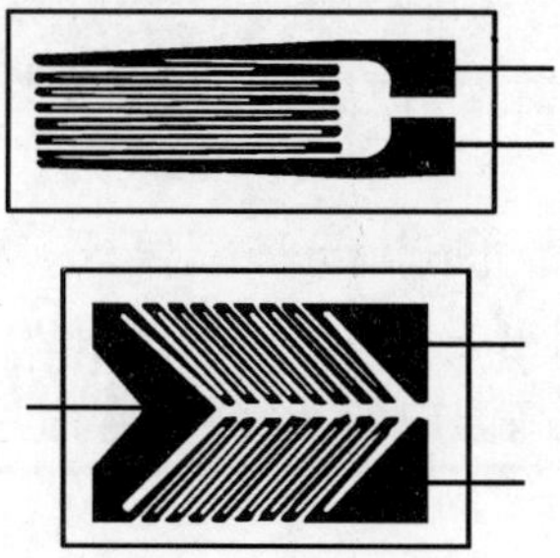
图 2-16　金属箔应变片

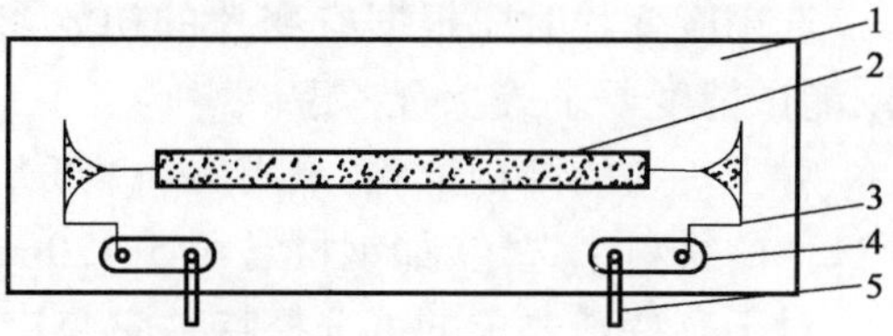

图 2-17　半导体应变片

1-胶膜衬底;2-P-SI 片;3-内引线;4-接板;5-外引线

(4)应变花

在两向应力状态时，需要测出一点的两个或三个方向的应变，才可求出此测点的主应力的大小和方向。这就要使用粘贴在一个公共底基上，按一定方向布置的 2 ~ 4 个敏感栅组成的电阻应变片，这种应变片称作电阻应变花、应变花或多轴应变片，如图 2-18 所示。

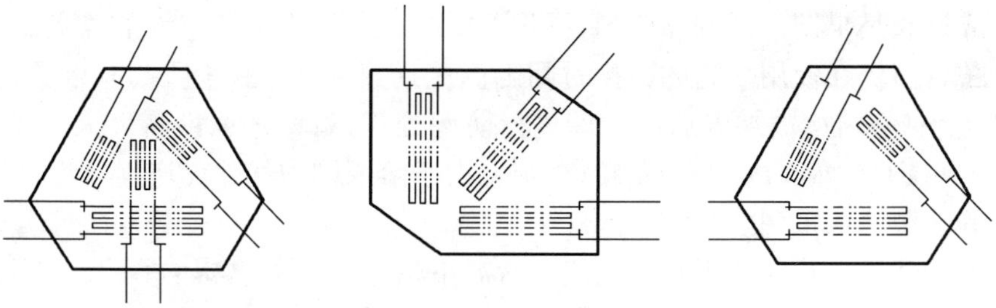
图 2-18　应变花

4. 电阻应变片的参数

在使用电阻应变仪测量构件的应力应变时，必须根据试验的条件和要求合理地选用电阻应变片，并需熟悉应变片的主要参数。

(1)标距——应变片的电阻线栅沿纵向的长度。对于电阻丝应变片是指圆弧顶端之间的距离；对于金属箔应变片指横栅内侧之间的距离。同一种型号的应变片有不同规格的标距，标距通常为 2 ~ 30mm，最长的可达 100mm，甚至更长。小标距应变片多用于应变沿测试方向变化很大的构件。但应变片标距过小，则横向系数增大，影响测试结果的精度。对于一些由不均匀材料(如混凝土)制成的大型构件，则常使用大标距的应变片，以避免材料内部应力分布不均匀的影响。

(2)基宽——线栅的横向宽度称为基宽。一般基宽小的应变片横向灵敏度也小，但基宽过小，则散热条件较差。

(3)标称电阻——应变片未使用前在常温下测定的电阻值，称为标称电阻。通常使用的标称电阻有 60Ω、120Ω、350Ω、600Ω 及 1 200Ω 等几种。每一应变片实有的电阻和标称电阻有微小的差异，但误差不能超过一定的限度。

(4)绝缘电阻——片基的绝缘程度。

(5)灵敏系数 k——应变片相对电阻变化与其应变的比值，即 $\Delta R/R = k\varepsilon$。灵敏系数不可能每片在出厂前都进行测定。根据技术标准，对不同型号的应变片，每一批抽查一定比例的样品。如超过一定的误差，则该批应变片全部报废或降低等级使用。

(6)允许电流——应变片在允许温升时流过的最大电流。

5. 电阻应变片的选用

选用应变片时应根据应变片的初始参数、试件的受力状态、应变梯度、应变性质、工作条件、测试精度要求等综合考虑。

对于一般的结构试验，采用120Ω 纸基金属丝应变片就可以满足试验要求。其标距可结合试件的材料来选定，如钢材常用5～20mm，混凝土则采用40～150mm，石材用20～40mm。

对于有特殊要求的可选择特种应变片，如低温应变片、高温应变片、疲劳寿命片、裂纹探测片、应力片以及高压、核辐射、强磁场等条件下使用的应变片。

6. 电阻应变片的粘贴

应变片一般用黏合剂粘贴到被测构件上。测试结果的好坏，很大程度上取决于应变片粘贴以及粘贴后技术处理是否得当，特别是长期观测的应变片和传感器中的应变片更是如此。因此在应变测试中，必须十分重视粘贴应变片的工艺和质量。

(1)黏合剂类型

常用的黏合剂有丙酮赛璐珞胶、氰基丙烯酸酯(501 胶、502 胶)和环氧树脂三种类型。

丙酮赛璐珞胶是早期常用的黏合剂，俗称万能胶。它适用于粘贴纸基应变片，由于价格低廉，使用方便，目前仍在使用。它的固化时间随温度而异，一般在室温 20℃以下，需 48h；80℃需 8h。由于它有吸湿性，故加温后应立即进行防潮处理，否则绝缘度将大大降低。加温前应加压，然后在常温下自然干燥约 4h 左右；否则将由于溶剂剧烈气化而产生气泡，影响测试的稳定性。干燥的热源一般采用红外线灯泡。

氰基丙烯酸酯一般称为快干胶。它能在常温下快速地将物体黏合固化，在要求不高的场合下，焊接上引线 1min 后即可测定。如果在 40℃下加温 24h，可使黏合强度增加一倍。这种胶不含挥发成分，因此干燥后不收缩。它具有一定的耐潮性能，但在一般情况下仍需进行防潮处理。除聚乙烯、聚丙烯及聚四氟乙烯等少数有机材料外，绝大部分结构材料和大部分应变片片基材料都可以黏合，所以它是一种特别受欢迎的黏合剂，得到了广泛采用。其缺点是价格较高，储存期短，室温下只能保存三个月，5～10℃的低温下可保存一年左右。粘贴时加压应先垫上聚四氟乙烯薄膜等材料，再用拇指加压，否则手指有被粘上的危险。过去我们常用的国产牌号有 KH501、KH502 两种。501 胶黏度较小，固化时间快，黏合强度高；502 胶黏度较大，固化时间稍慢，黏合强度很高。

环氧树脂的品种较多，固化剂配方各异。使用时尚需加入适当的增塑剂和填充剂，操作比较麻烦。它固化的温度不同，要求较为严格，因而一般场合较少用作黏合剂。但是由于环氧树脂使用温度较高，达 300℃，抗油腐蚀及霉菌污染，绝缘强度高，耐潮性较好，所以在某些要求较高的场合下常常采用。

(2)粘贴方法

应变片粘贴前必须对构件进行表面处理，首先将贴片处的污物、漆层、锈蚀清除干净，然后用细砂纸打磨成与所测应变方向成45°角的斜纹，表面粗糙度 Ra 在 1.6～3.2 之间以▽5～▽6 比较合适。对混凝土结构，表面需用粗锉打磨平整，如表面过分不平可用泥刀平整后再用水泥砂浆抹平，硬化干燥后，也用细砂纸打磨成45°角斜纹。

粘贴应变片以前，先用细纱布沾丙酮清洗数遍，直至纱布上没有污物为止。然后用乙醇清洗一遍，待其干燥后即可开始上胶，贴片。此时，切不可再用手触摸。

准备粘贴的应变片必须事前进行电阻值的测试，挑选出配对的样品放入干燥器中备用。

上胶、粘贴的方法视黏合剂和应变片品种的不同而异，现分别叙述如下：

①丙酮赛璐珞胶黏合纸基应变片。用丙酮赛璐珞胶黏合纸基应变片时，先在构件表面涂上一层较厚的胶水，然后将应变片放上，沿表面轻轻转动，使应变片上胶水均匀，并使其就位。用一小片吸水纸覆盖在上面，一手捏着应变片的接线，一手用拇指由后向前滚压，将多余的胶水和气泡挤出。滚压时用力必须适当，而且不要使应变片移动。拿掉吸水纸，用薄的泡沫塑料或海绵垫块放在应变片上，其上再放一块刚性垫片，然后用重物、弹簧或夹子加压约 0.5h，压力约 5×10^4Pa。在室温下自然干燥约 4h 后用红外线灯加温固化。

②501 胶或 502 胶黏合塑基应变片。由于 501 胶或 502 胶干燥速度很快，必须事前将一切条件准备好。先将构件表面和应变片背面各涂薄薄一层胶，迅速将应变片就位，并用聚四氟乙烯薄膜覆盖其上。用拇指轻轻滚压，挤出多余胶水，然后拇指即停在其上加压约 1min，取下薄膜自然干燥。

③环氧树脂胶黏合塑基应变片。胶黏合时在构件表面和应变片底面各涂一薄层胶，静后片刻用手指触摸非粘贴的胶层表面，直到胶刚不黏手时即将应变片放上就位。用手指滚压挤出多余胶水，然后用前述的方法中压约 1h，以适当的温度进行固化。

应变片干燥完毕后就立即进行防潮处理。首先用电吹风机吹热风 0.2min，然后一边吹风一边涂防潮剂，涂盖范围应大于应变片边沿 10mm 以上。防潮剂的传统配方如表 2-1 所示。

防潮剂传统配方表　　　表 2-1

种　类	石蜡(%)	蜂蜡(%)	凡士林(%)	松香(%)	机油(%)
1	65	8	15	20	
2	32	8	15	35	10
3	40	8	15	35	10

防潮处理后即可焊接引线。引出电缆最好采用多股塑料线，电缆长度很长时应采用多芯金属网编屏蔽线，以防止外来的干扰。引出电缆线头在焊接以前应先上锡固定。在室内试验时可以用橡皮膏或胶纸带固定；野外试验时必须用专门的压线板固定，如图 2-19 所示。压线板可以用胶木板和有机玻璃制作，再用胶合剂黏在构件表面上。这样，在不慎将引线拉动时，就不至于将应变片引线拉掉。

如系长期观测和野外试验，在引线焊接完毕后，还需要进一步作防潮处理。一般工作条件下，可以用环氧树脂防潮剂（如 914、618、3404 环氧树脂等），在防潮蜡外面再涂上一层。涂抹的范围应比防潮蜡边沿大 10mm 左右，并且在引线与引出电缆焊点下面垫上一片绝缘垫片后，再用环氧树脂防潮剂封固，如图 2-20 所示。

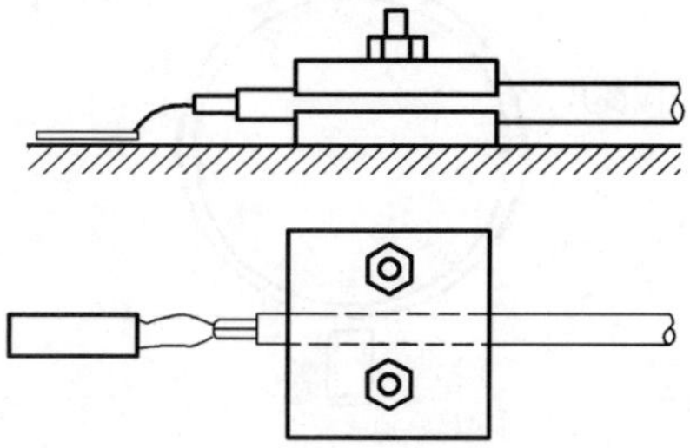

图 2-19　应变片引线固定法

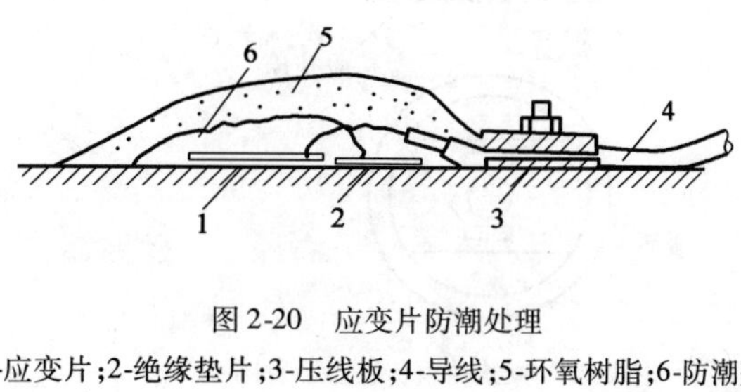

图 2-20　应变片防潮处理

1-应变片；2-绝缘垫片；3-压线板；4-导线；5-环氧树脂；6-防潮剂

(3)应变片粘贴质量的检验

应变片在加温干燥固化和焊接防潮处理完毕后，以及测试前，都必须对应变片的粘贴质量和工作性能进行检查，检查的方法如下：

用惠斯登电桥测量应变片的电阻值。应变片粘贴后的电阻值应接近应变片未粘贴前的初始电阻，如果相差很多，甚至断路或短路，即表明应变片在装置中损坏，应铲除重新粘贴。

用高阻表测量应变片引出线与被测结构之间的绝缘电阻。在静态测量时应大于 300MΩ；在动态测量时应大于 50MΩ。

把应变片接到电阻应变仪上调平衡，继续开机一段时间，如果漂移比较严重，或指示表针左右摆动，表示应变片工作性能不稳定。如果用手指压应变片时，应变仪表针摆，松开手指后仍不回到原来的位置时，表示应变片下有气泡或胶层固化不完全。

应变片质量检查后，应视其使用场合和要求的精确度判定粘贴质量是否合格。如不合格，则应重新粘贴。

(二)电阻应变式传感器

1. 传感器的类型

(1)测力传感器

测力传感器是用来测量集中的拉力和压力的传感器，它有柱式、梁式和环式等几种类型。图2-21为柱式力传感器的两种类型。图 2-21a)所示传感器的弹性元件是一根钢柱，应变片贴在钢柱的侧面上。作用力加到传感器上被转换成钢柱的应变，再由应变仪进行测定。这种传感器可以测量大吨位的拉、压力。测量拉、压力时应变片的布置和联结方法已如前述。图 2-21b)所示的弹性元件是一个钢筒，作用原理与柱式完全相同，其特点是量程较小，灵敏度较高。

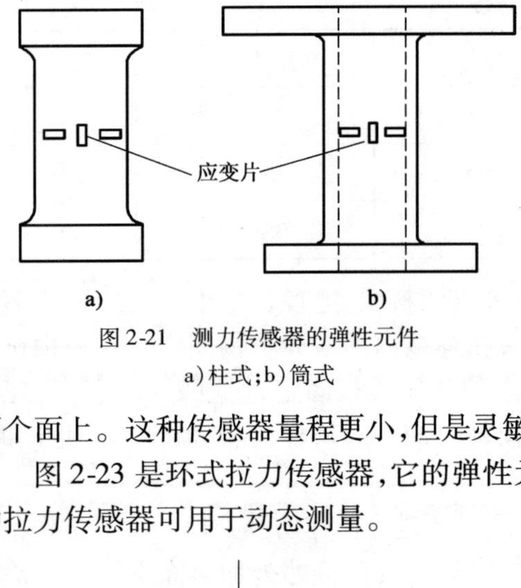

图 2-21　测力传感器的弹性元件
a)柱式；b)筒式

图 2-22 是梁式荷重传感器，它的弹性元件是一片两端固定的工作梁。荷重通过传感器转换为工作梁的弯曲应变，应变片即贴在工作梁的上下两个面上。这种传感器量程更小，但是灵敏度很高，一般只用于静态的测定。

图 2-23 是环式拉力传感器，它的弹性元件是一个钢环，应变片即贴在环的内外两侧。这种拉力传感器可用于动态测量。

图 2-22　梁式荷重传感器示意图

图 2-23　环式拉力传感器

拉、压力传感器由于其通用性较大,由工厂进行系列生产,使用时可根据需要选购。

(2)位移传感器

位移传感器主要是用来测量结构的静态位移。它具有较大的量程(可达 4cm 以上),很高的灵敏度(最大为 100 ~ 200με/mm),并且易于加工装配,使用起来也较为方便可靠,是一种有效的位移传感器,其结构如图 2-24 所示。外壳固定在相对静止的地方,顶杆顶在被测结构的测点上。当顶杆在结构推动下沿导向筒移动时,其端部连接的螺旋弹簧被拉长,与螺旋弹簧另一端相连接的环形悬壁弹簧片即产生变形,变形的大小与顶杆的位移成比例。环形弹簧片另一端由螺钉固定在导向筒端部,其径向的两端上下各贴一片应变片,四片应变片构成全桥测量线路,引出线由导向筒另一端引出。传感器在使用前必须首先进行标定,建立顶杆位移和环形弹簧片应变量之间的关系曲线。标定可以在万能试验机或位移校正器上进行,并采用千分表或其他精密位移计的测定值作为标准。位移传感器在安装时必须注意顶杆的初始位置。当结构的位置使顶杆向导向筒内移动时,顶杆应处于稍微向内顶进 2 ~ 3mm 的位置,使杆的端部与结构测点有良好的接触,避免产生初始的误差。当结构的位移使顶杆向导向筒外移动时,顶杆应在顶入导向筒全部行程 90% ~ 95% 的位置上。

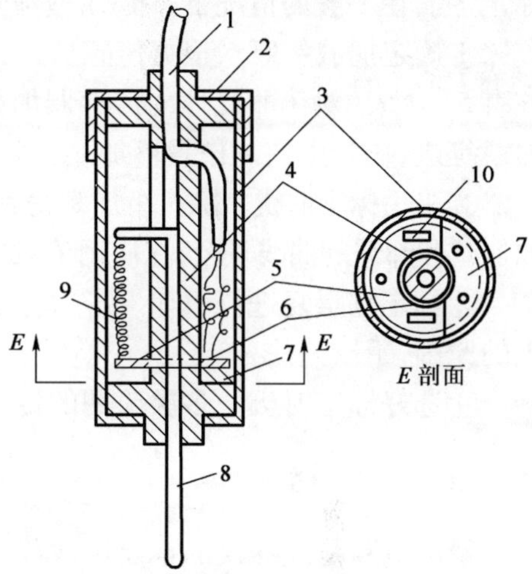

图 2-24　电阻式位移计

1-引出导线;2-盖;3-外壳;4-导向筒;5-环形弹簧片;6-固定螺丝;7-垫片;8-顶杆;9-螺旋弹簧;10-应变片

2. 传感器的制作和标定

传感器在一般情况下需要多次使用,或用于长期观测,所以对传感器的制作,应变片粘贴、防潮处理,都比一般直接用应变片测量结构应变的要求要高一些。此外,传感器是将一些非应变的物理量转变为敏感元件的应变,所以传感器制作完毕后必须进行标定,以建立被测物量和应变仪读数之间的关系曲线。

(1)传感器的制作

①尽量增大电桥输出电压。为了提高传感器的灵敏度、可靠性、抗干扰能力以及减小输出的噪声,必须尽量增大电桥的输出电压。为了达到这个目的,就必须使传感器在最大量程时,弹性敏感元件的应变足够大,一般应该在 500με 以上,通常约为 1 000 ~ 2 000με。

②回火处理和预加载处理。传感器的弹性敏感元件在精加工后,应该进行回火处理,消除残余应力后再进行最后的精加工。传感器全部装配完毕以后,在正式标定以前,还需要作预加载的处理,以消除弹性材料蠕变所引起的零点漂移。预加载的办法有静、动两种,静预加载是使传感器处于满量程荷载的 125% 下保持 4 ~ 6h,或 110% 下 18 ~ 20h。动预加载是从 1/3 量程到满量程反复加载卸载 20 次以上。

③注意粘贴环境与应变片选择。应变片的粘贴应在净化的环境中进行,提倡在传感器中采用精度较高的箔式应变片。粘贴表面的清洁处理也必须仔细进行。

除了在粘贴后的应变片表面进行一般的防潮处理外,在密封的传感器中均可加注有机硅油等防潮油类,以提高防潮性能。通常规定传感器中应变片的绝缘电阻应大于 1 000MΩ。

④传感器引线要选择适当。传感器的引线一般应采用多芯屏蔽电缆,电缆中部最好不要

有接头。因此在装配传感器时，就应该考虑到工作的需要，接入适当长度的电缆，这样也保证了传感器在标定和工作时所接入的电缆长度一致，避免了长电缆的附加电阻引起的测量误差。

(2)传感器的标定

传感器的标定，可根据它所测量的物理量来选择不同的标定方式。例如，力传感器和荷重传感器可以在材料试验机上标定或用砝码加载标定；承受均布荷载的膜式传感器用高压油罐标定等。在一般的情况下，标定应遵循以下原则：

①确定加载等级。根据传感器设计的量程，确定加载的等级。一般荷载从 0 到满量程应该有 5 ~ 7 级(对于非线性的传感器加载的等级还应该增加)。加载等级过少，曲线不够准确；加载等级过多，则使工作量增加。

②采用标定曲线。除按级加载得到加载曲线外，一般情况下还应该观察传感器的卸载规律，如加载和卸载的曲线重合，在使用传感器时，应该根据具体的工作状态采用相应的标定曲线。

③标定宜重复进行。如果各次标定的数据差异过大，则表明传感器性能不稳定，应分析产生的原因，予以消除。

④选好标定时机。多次使用的传感器在使用一段时间后应重新进行标定。

二、量测电路

量测电路是应变仪的重要组成部分，其作用是将应变片的电阻变化转换为电压(或电流)的变化。量测电路通常采用惠斯登电桥原理来量测，在特殊情况下，应根据量测的目的和具体要求自行设计量测电路。

(一)电桥测量原理

电阻应变仪是利用电桥原理来测量电阻应变片电阻变化的。电桥的作用是把电阻应变片的电阻变化转化成电流和电压的变化，而测量电流或电压的变化是十分容易的。

电阻应变仪采用的电桥是惠斯登电桥，其最简单的形式如图 2-25 所示。根据基尔霍夫定律可以列出电路的回路方程，从而计算出流过对角线 BD 的电流：

$$I = \frac{E(R_1R_4 - R_2R_3)}{[r_g(R_1 + R_2)(R_3 + R_4) + R_1R_2(R_3 + R_4) + R_3R_4(R_1 + R_2)]} \tag{2-1}$$

式中： r_g——检流计内阻；

R_1、R_2、R_3、R_4——桥臂电阻。

当对角线 BD 中流过的电流等于 0 时，称为电桥平衡。从式(2-1)可以看到电桥平衡的条件为：

$$R_1R_4 - R_2R_3 = 0 \tag{2-2}$$

即

$$R_1R_4 = R_2R_3 \qquad 或\frac{R_1}{R_3} = \frac{R_2}{R_4} \tag{2-3}$$

在电阻应变仪中，并不采用有限内阻 r_g 的检流计来测量对角线 BD 的电流，而是用输入阻抗很高的电压放大器来测量 BD 两端的电压变化 ΔU(图 2-26)。

在最简单的情况下，应变仪电桥中的四个电阻只有一个随构件的变形而变化。设电阻 R_1 得到增量 ΔR_1，在 ABC 半桥上的电压降是 E，而在其中流过的电流：

$$I_{ABC} = \frac{E}{(R_1 + \Delta R_1) + R_2} \tag{2-4}$$

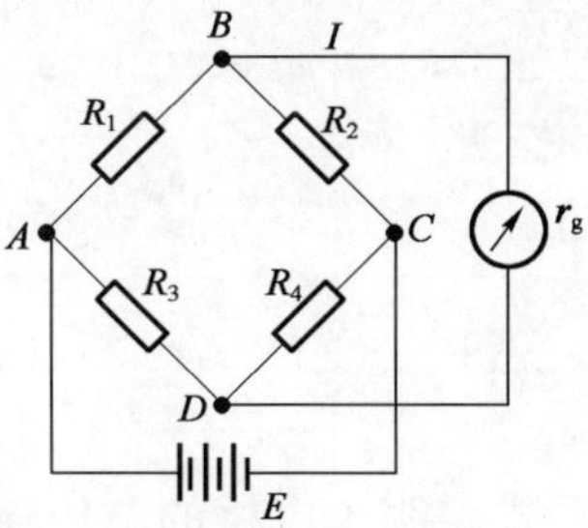

图 2-25　惠斯登电桥

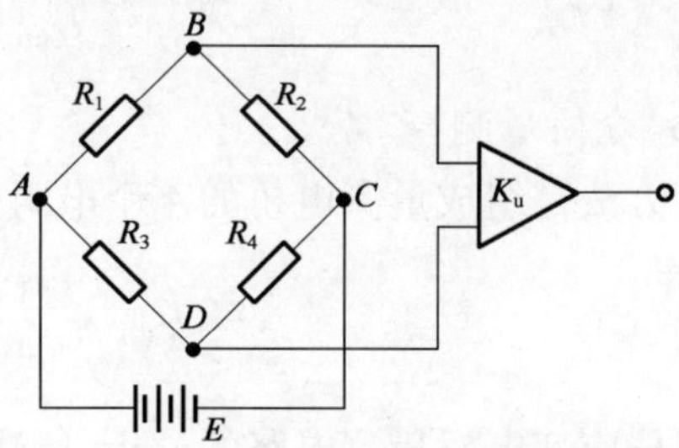

图 2-26　电桥测量电路示意图

电阻 R_1 上的电压降：

$$U_{AB}=\frac{E(R_1+\Delta R_1)}{(R_1+\Delta R_1)+R_2} \tag{2-5}$$

电阻 R_3 上的电压降：

$$U_{AD}=\frac{ER_3}{R_3+R_4} \tag{2-6}$$

对角线 BD 两端的电压降：

$$U_{BD}=U_{AB}-U_{AD}=\frac{E(R_1+\Delta R_1)}{R_1+\Delta R_1+R_2}-\frac{ER_3}{R_3+R_4} \tag{2-7}$$

在电阻应变仪中，一般都取 $R_1=R_2=R_3=R_4=R$，此时上式可简化为：

$$U_{BD}=\frac{E\dfrac{\Delta R}{R}}{4+2\dfrac{\Delta R}{R}}$$

即

$$U_{BD}=\frac{1}{4}E\frac{\Delta R}{R} \tag{2-8}$$

从电桥平衡条件 $R_1R_4=R_2R_3$ 可以看到，如果 R_1 和 R_2 朝相反的方向各变化 ΔR，则 U_{BD} 可增加一倍。如果电桥的四个桥臂电阻都同时变化，R_1、R_4 和 R_2、R_3 朝相反的方向各变化 ΔR，U_{BD} 就等于 R_1 变化时的四倍。

电阻应变片的相对电阻变化 $\Delta R/R$，可以直接换算为构件的应变，即：

$$\frac{\Delta R}{R}=k\cdot\frac{\Delta l}{l}=k\varepsilon \tag{2-9}$$

式中：k——电阻相对变化和应变之间换算的比例系数，称为电阻片的灵敏系数。

根据电桥的测量电路，应变电桥的量测方法有下列几种：

(1)单点量测

单点量测时，组成量测电桥的 4 个电阻中，R_1 为应变片电阻。其余 3 个为精密电阻元件（无电阻变化），则：

$$U_{BD}=\frac{1}{4}Ek\varepsilon_1 \tag{2-10}$$

(2)半桥量测

其方法是将半桥接电阻片，另半桥为精密电阻元件（无电阻变化），则：

$$U_{BD} = \frac{1}{4}Ek(\varepsilon_1 - \varepsilon_2) \tag{2-11}$$

(3)全桥量测

其方法是组成量测电桥的4个电阻全由电阻片组成,即:

$$U_{BD} = \frac{1}{4}Ek(\varepsilon_1 - \varepsilon_2 + \varepsilon_3 - \varepsilon_4) \tag{2-12}$$

根据应变电桥量测电路的分析,所建立的这些基本关系式表明了电桥的电压输出与桥臂电阻(电阻片)的相对增量 $\Delta R/R$ 或 ε 成正比的关系。由此也可看出电桥的增减特性,即相邻两臂的输出符号相反,相对两臂的输出符号相同。

根据电桥的这些特性,即可选择不同的电阻片接线方法进行应变测量。

(二)温度补偿

用应变片量测应变时,它除了能感受时间受力后的变形外,同样也能感受环境温度的变化而引起电阻应变仪指示部分的示值变动,这称为温度效应。消除温度效应的应变值主要是利用惠斯登电桥的特性进行,称为温度补偿。

由于电阻应变片的电阻变化受温度变化的影响强烈,因此,在应变测量时,必须进行温度补偿。电桥一个最显著的特点是进行温度补偿非常容易。

从电桥的平衡条件 $R_1/R_3 = R_2/R_4$ 可知,当 R_1、R_2 朝同一方向变化相等的增量时,平衡条件仍能满足。如果四个桥臂电阻都朝同一方向变化相等的增量时,电桥的平衡条件也照样可以得到满足。利用电桥的这一特性,就可以方便地进行温度补偿。如果 R_1 是粘贴在构件上的电阻应变片,R_2 就粘贴在与试件材料相同、温度变化也与构件相同的补偿块上。R_3、R_4 是性能完全相同的固定电阻。当温度变化时,R_1 和 R_2 由于处在完全相同的条件下,其电阻的变化大小相同,方向相同;R_3 和 R_4 在仪器内部,温度影响所产生的电阻变化很小,并且大小和方向也相同,所以温度变化并不影响电桥的平衡。也就是说,不影响电桥 BD 两端的电压输出。这样,就达到了温度补偿的目的。

在测量构件的弯曲应变时,两片电阻应变片都是工作片,甚至四个桥臂电阻都是工作片,在这种情况下,工作片之间互为补偿,仍可达到温度补偿的目的。

当进行应变测量时,如电桥的桥臂电阻 R_1、R_2 是工作片和补偿片,或 R_1、R_2 都是工作片,而 R_3、R_4 是应变仪内部的固定电阻时,称为半桥测量。如桥臂电阻 R_1、R_2、R_3、R_4 都是工作片或补偿片时,称为全桥测量。由于全桥测量的非线性失真较小,灵敏度也比半桥高一倍,故在条件允许时,应尽量采用全桥测量。

在实际工作中,为保证补偿效果,对补偿片的设置应考虑如下因素:

(1)补偿片与工作片应该是同批产品,具有相同的电阻值、灵敏系数和几何尺寸。

(2)贴补偿片的试件材料应与构件的材料一致,并应做到热容量基本相等。如是混凝土材料,则需同样配合比和在同样条件下养护。

(3)补偿片的贴片、干燥、防潮等处理工艺必须与工作片完全一致。

(4)连接补偿片的导线应与连接工作片的导线同一规格、同一长度,并且相互平列、靠近布置或捆扎成束。

(5)补偿片与工作片的位置应尽量接近,使二者处于同样温度场条件下,以防不均匀热源的影响。

(6)补偿片的数量,根据试验材料特性、测点位置和试验条件等因素决定。一般情况下,钢结构可用一个补偿片同时补偿10个工作片。对混凝土材料可用一个补偿片补偿5~10个工作片。如果严格或者是某些测点所处条件特殊时,应单独补偿,以尽量减少因补偿片连续工作而工作片间断工作所造成的温差影响。

上述桥路补偿的主要优点是方法简单、经济适用,在常温下补偿效果较好,因此获得广泛应用。但在温度变化梯度较大时,将会有一定误差。

(三)电桥的平衡

在进行应变测量前,必须先使电桥处于平衡状态。四个桥臂电阻,由于各种原因(如电阻应变片性能的差异,粘贴的不均匀性,干燥和焊接引线的不一致等),不可能完全相同,所以在电桥中必须接入平衡辅助器件。对于直流电桥,只要考虑电阻的平衡就行了;对于交流电桥,除进行电阻平衡外,还必须对电抗分量也进行平衡。

1. 电阻平衡

电阻平衡的方法有两种:串联平衡和并联平衡。

串联平衡的电路如图2-27所示。在电阻R_1、R_2之间接入调平衡的辅助电位器W,调节这个电位器即可使电桥平衡。

图2-28是并联平衡电路。调节电位器W即可使电桥平衡,平衡能力的大小取决于R_w。当R_w较小时,平衡能力较大,但测量误差也随之增大。因此只能在保证测量精度的前提下,选用合适的R_w值。

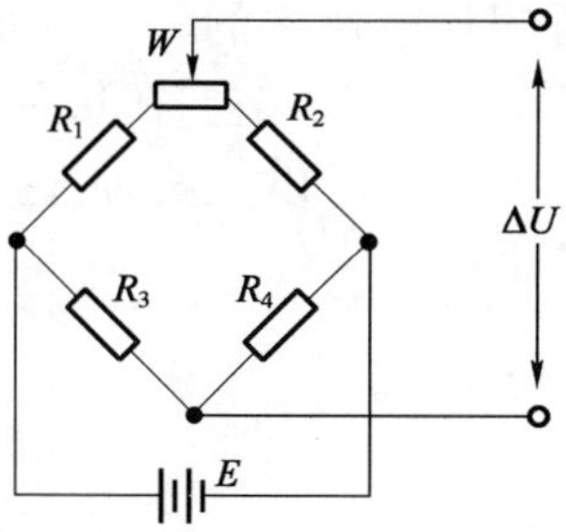

图2-27　串联平衡电路

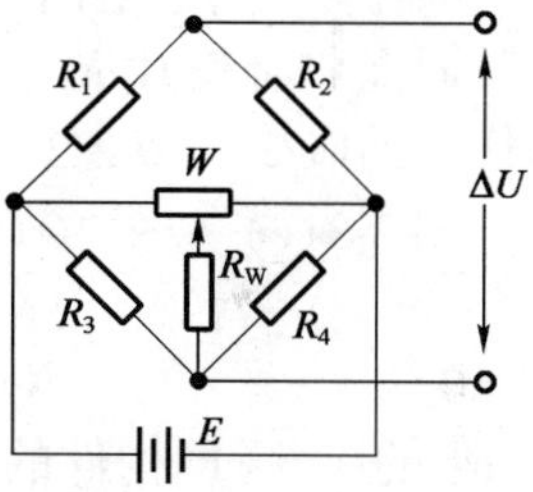

图2-28　并联平衡电路

2. 电容平衡

当电桥的供桥电源不是直流电源E,而是交流电源e时,要使电桥平衡就必须满足条件:$Z_1Z_4=Z_2Z_3$。Z_1、Z_2、Z_3和Z_4表示四个桥臂的阻抗。因为导线间存在分布电容,相当于在四个桥臂电阻上各自并联了一个电容。基于这个电容的存在,使得输出电压U除了包含与电源E同相的分量外,由于电容的移相作用,还包含有其他不同相位的分量。这一分量虽然被相敏检波器滤除,但它仍通过放大器进行放大。鉴于它的影响,使放大器的动态范围降低,当它足够大时,还会造成放大器饱和,使放大器增益下降,从而影响放大器正常工作。因此交流电桥除了电阻必须平衡外,电抗也要平衡,而这里主要是指容抗的平衡,即所谓电容平衡。

可以采用不同的方式达到电容平衡的目的。图2-29为常用的一种方法,其电容平衡辅助元件为电位器W和电容C,调节电位器W即可使电桥平衡。另一种电容平衡的电路如图2-30所示,它将平衡电容直接并联到桥臂电阻上进行平衡。图中C_2是一个差动式可变电容,当进行调节时,C_2所包含的两只电容,一只电容量增大,而另一只减小,使相邻两个桥臂的并联电容改变，达到电容平衡的目的。如果利用 C_2 尚不能达到平衡的目的。可以将仪器外的电容 C_1 再并联到 R_3 或 R_4 上，调整 C_2 即可达到平衡。在图 2-30 中 R_5、R_6 及 W 是用来作电阻平衡的。

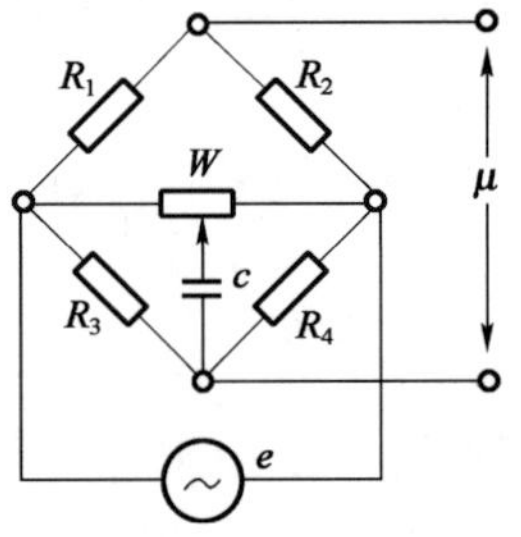

图 2-29　常用的电容平衡电路

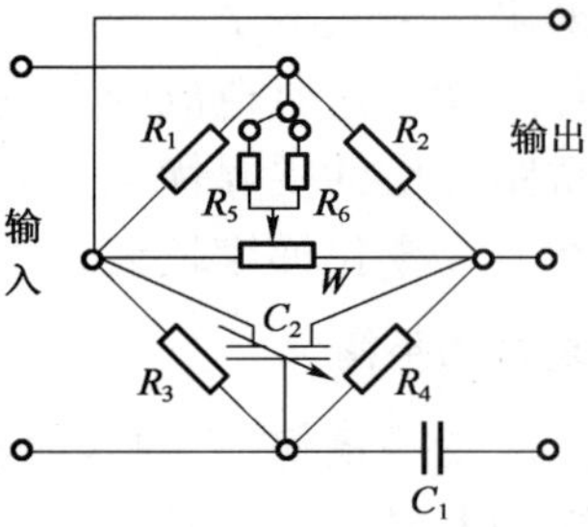

图 2-30　电容并联平衡电路

三、电阻应变量测的桥路连接

在桥路中，连接在同一桥臂上的应变片的电阻变化是电阻应变片阻值之和，而连接在相邻桥臂上的应变片的电阻变化则是应变片阻值之差。利用这一特点，结合温度补偿片设置方法，电阻应变片在量测电路中可以有不同的接法，以便达到实现温度补偿，从复杂的变形中量测出所需的应变成分，扩大读数以减少读数误差这三个目的。

在荷载试验量测中，应变片与电桥的连接有半桥与全桥两种接线方法。

（一）拉伸和压缩应力的测量

拉伸和压缩可以用半桥测量，也可以用全桥测量。半桥测量电桥中的联结方式如图 2-31 所示。图 2-31a）是将补偿片 R_2 贴在与构件相同材料和温度的补偿块上。在这种情况下，R_1 的应变就是构件的应变。图 2-31b）是将两个应变片都贴在构件上。以上两种连接到电桥线路中的方法见图 2-31c）。图 2-31 的桥路电阻变化可用下式计算：

$$\frac{\Delta R}{R}=k\varepsilon_1-(-k\mu\varepsilon_1)=k\varepsilon_1(1+u) \tag{2-13}$$

式中：ε_1——R_1 的应变（即构件的应变）；

μ——构件材料的泊松系数；

k——电阻应变片的灵敏系数。

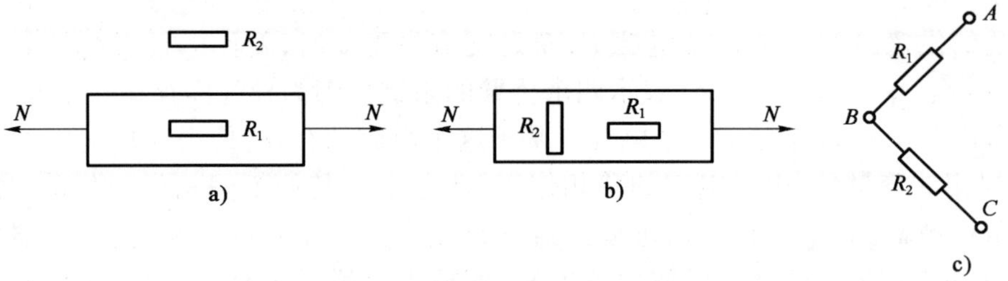

图 2-31　测量拉伸、压缩的半桥电路

从公式(2-13)可以看出，上述两种情况中，第二种情况的灵敏度要比第一种情况大$(1+\mu)$倍。

全桥测量的连接方式如图 2-32 所示。

（二）弯曲应变的测量

图 2-33a）所示为补偿片 R_2 贴在与构件材料及温度相同的补偿块上。这种方式灵敏度较低，适用于中性轴与轴线不重合的构件，如钢筋混凝土梁等。图 2-33b）中两片应变片分别贴

在构件的上沿和下沿，灵敏度比第一种情况增加一倍，但只适用于中性轴与轴线重合的构件。图 2-33c）是第二种情况用全桥测量的布置方法。图 2-33d）是半桥和全桥测量时，应变片在电桥中的连接方式。

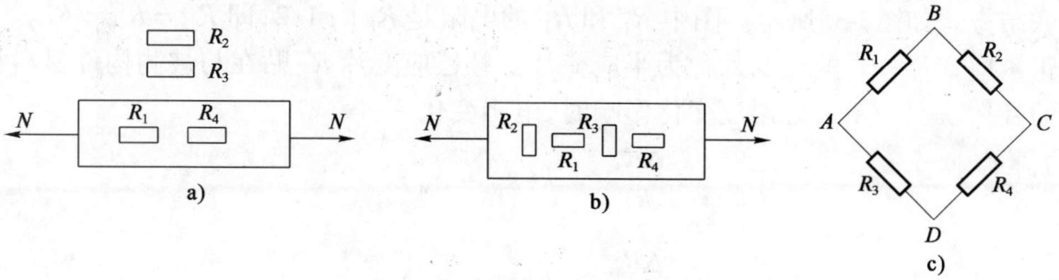

图 2-32　测量拉伸、压缩的全桥电路

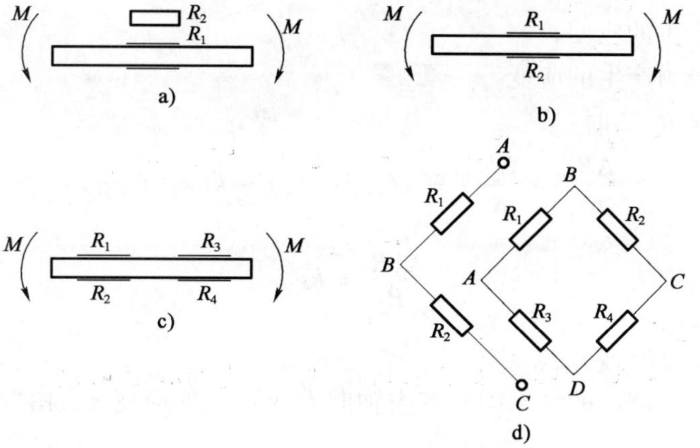

图 2-33　测量弯曲的电桥电路

(三)弯曲和拉伸测量

弯曲和拉伸的测量，这里主要指有压缩或拉伸时的弯曲测量及有弯曲时的拉伸测量，如果构件不仅受到轴向拉和压的作用，而且还受到弯矩的作用时，可以通过应变片在构件上的布置并把它们连接到电桥上的方式，只测量构件在其中一种力（弯矩或轴向力）作用下产生的应变，而消除另一种力的影响。

如只测量在弯曲作用下构件的弯曲应变而消除轴向力作用的影响时，应变片的布置，以及在电桥中的连接方式，如图 2-34 所示。从图中可以看出，它的布置和连接方式，与测量纯弯曲时，两应变片互为补偿的布置和联结方式相同。在这种情况下，工作片和补偿片在轴向力 N 的作用下，产生的应变大小和变化方向完全相同，不会破坏电桥的平衡。因此在轴向力 N 的作用下，电桥无输出。但在弯矩 M 的作用下，两应变片一片受拉，而另一片受压，它们各自引起的电桥不平衡互相叠加，即：

$$\frac{\Delta R_1}{R_1} - \left(-\frac{\Delta R_2}{R_2}\right) = k\varepsilon_{拉} - (-k\varepsilon_{压}) = k(\varepsilon_{拉} + \varepsilon_{压}) \tag{2-14}$$

如果构件的轴线和中性轴重合，同时 $R_1 = R_2$，它们总的电阻变化率：

$$\frac{\Delta R}{R} = 2k\varepsilon \tag{2-15}$$

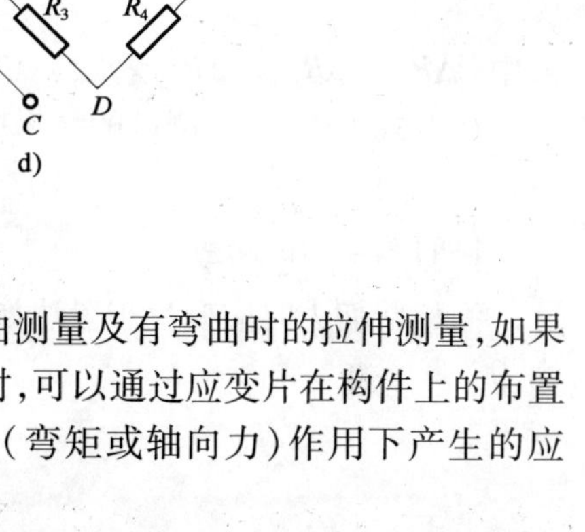

图 2-34　测量有轴向力作用的弯曲应变

式中：$\varepsilon = \varepsilon_{拉} + \varepsilon_{压}$，$\Delta R = \Delta R_1 + \Delta R_3$。

从上式可见，它的测量结果与构件单独受弯时的结果完全一致。

如果只测轴向力作用下的应变而需要消除弯曲应变产生的影响时，应变片的布置，以及在电桥中联结方式如图2-35所示。图中 R_{1a} 和 R_{1b} 的电阻是 R_1 的 1/2，即 $R_{1a} = R_{1b} = R_{1/2}$。这种电阻值为正常应变片一半的应变片称为半应变片。补偿应变片 R_2 贴在与被测构件材料相同、温度相同的补偿块上。不考虑温度变化影响时，电阻变化率：

$$\frac{\Delta R_{1a}}{R_{1a}} = k(\varepsilon_N - \varepsilon_M) \tag{2-16}$$

$$\frac{\Delta R_{1b}}{R_{1b}} = k(\varepsilon_N - \varepsilon_M) \tag{2-17}$$

式中：ε_M——弯矩产生的应变；

ε_N——轴向拉力产生的应变。

当 $R_{1a} = R_{1b} = R_2/2$ 时：

$$\frac{\Delta R_{1a}}{R_{1a}} + \frac{\Delta R_{1b}}{R_{1b}} = k(\varepsilon_N - \varepsilon_M) + k(\varepsilon_N + \varepsilon_M) \tag{2-18}$$

$$\frac{\Delta R}{R_2} = k\varepsilon_N$$

式中：$\Delta R = \Delta R_{1a} + \Delta R_{1b}$。

从上式可以看出，测试的结果中只有由轴向力 N 产生的应变 ε_N；由弯矩 M 产生的影响已经自动抵消了。

（四）剪切力的测量

测量剪切力时应变片布置法如图 2-36 所示，构件在弯矩 M 作用下截面 a 和 b 之间的剪切力 Q：

$$Q = \frac{dM}{dx} \tag{2-19}$$

式中：dx——截面 a 与 b 之间的距离；

dM——a 与 b 截面上弯矩之差。

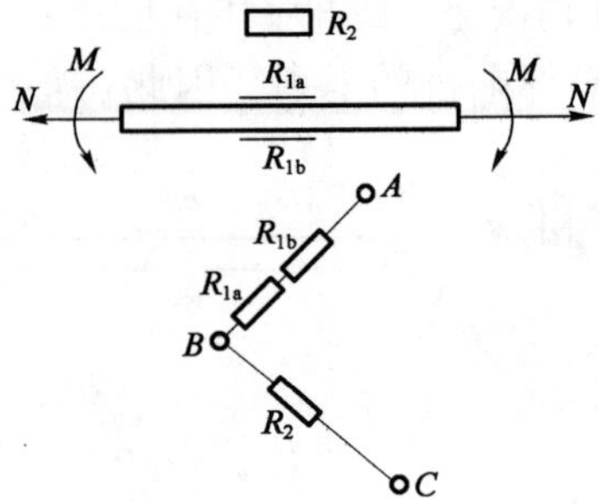

图 2-35　测量在弯矩作用下的轴向应变

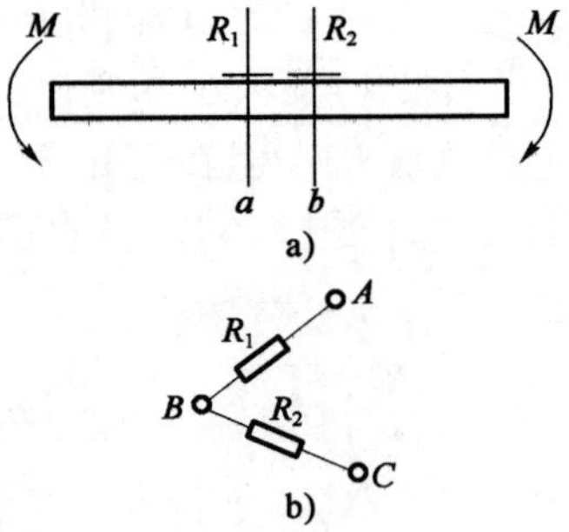

图 2-36　测量剪切力的应变片布置法

$$dM = M_a - M_b$$

截面 a、b 的弯曲应力：

$$\sigma_a = \frac{M_a}{W} = \varepsilon_a E$$

$$\sigma_b = \frac{M_b}{W} = \varepsilon_b E$$

即

$$M_a = \varepsilon_a EW$$

$$M_b = \varepsilon_b EW$$

则

$$Q = \frac{M_a - M_b}{dx} = \frac{\varepsilon_a - \varepsilon_b}{dx} - EW \tag{2-20}$$

式(2-20)中 dx、E、W 都是已知的，只要测出 a、b 两个截面应变的差值即可求出 Q 值。测量剪力时如图 2-36a）所示，把应变片贴在 a 与 b 的截面位置，再按图 2-36b）所示方式把两个应变片接入电桥，即可直接测量出 a 与 b 截面应变的差值，然后通过式(2-13)即可计算剪切力 Q。

（五）主应力及其方向的测量

当构件处于复杂受力状态，主应力的大小和作用的方向无法由理论计算出精确的答案，或难于验证结构受力状态的计算方法是否正确时，都必须用试验的方法来测定构件某点或某断面的应力分布规律，即测定主应力的数值及其作用的方向。在这种情况下，工作应变片以组合的方式贴在构件上。如图 2-37 所示，可以将三片工作应变片贴成如图 2-37a）、b）所示的直角或三角的组合方式。各自的补偿片贴在补偿块上，然后分别测量出在这几个方向上的应变值，再由公式计算或图解法等法求出主应变的大小和方向。在直角应变片组旁边再贴一片 135° 方向的校正片，如图 2-37c）所示。此时，如果测量结果正确，则下面的关系可以满足：

$$\varepsilon_{45} + \varepsilon_{135} = \varepsilon_0 + \varepsilon_{90} = \varepsilon_1 + \varepsilon_2 = 常数 \tag{2-21}$$

式中：ε_1、ε_2——主应变的计算值（或图解值）。

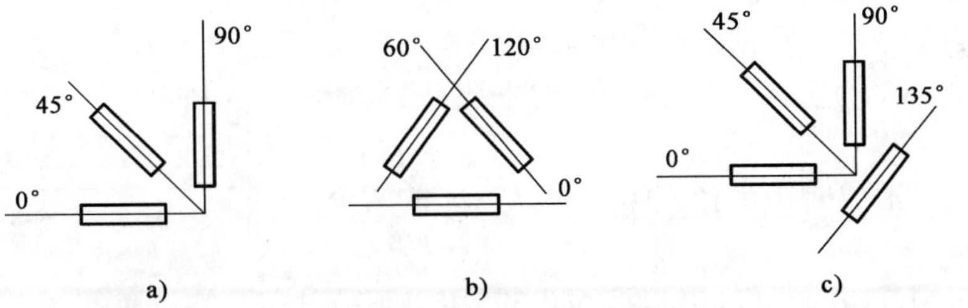

图 2-37　测量主应力及其方向的组合应变片布置

如式(2-21)不满足，则表示测量值有误差，应检查产生的原因，予以消除。

利用应变片组分别测量的各个方向上的应变值，可以用图解法和计算法分别得到主应变的大小和方向。为使读者进一步明确其计算原理，下面介绍两种应变组的图解法。

1. 直角应变片组图解法的步骤

(1)在纸上作一横轴 $O\varepsilon$，自 O 点开始以一定比例尺量取 ε_0、ε_{45} 和 ε_{90}，与 $O\varepsilon$ 轴交于 A、B 和 E 三点（图 2-38）。

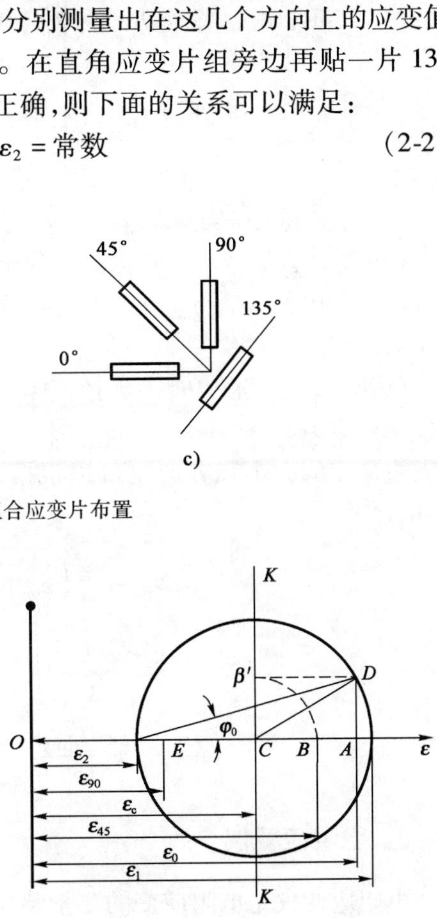

图 2-38　直角应变片组图解

(2)过 AE 的中点 C 作 $O\varepsilon$ 轴的垂线 KK,以 C 为圆心,BC 为半径作弧交 KK 于 B'。

(3)过 B'作 $O\varepsilon$ 轴的平行线与过点 A 作一条 $O\varepsilon$ 的垂线相交于 D。

(4)以 C 为圆心,DC 为半径作圆,则圆周与 $O\varepsilon$ 轴的两个交点就是主应变 ε_1 和 ε_2 的值。而 φ_0 即为 ε_1 方向与 0 度应变片之间的夹角。

根据图 2-38 可以得到计算 ε_1 和 ε_2 的公式:

$$\begin{aligned}\varepsilon_1 &= \varepsilon_c + R = \frac{\varepsilon_0 + \varepsilon_{90}}{2} + \frac{\varepsilon_0 - \dfrac{\varepsilon_0 + \varepsilon_{90}}{2}}{\cos 2\varphi_0} \\ &= \frac{1}{2}\left[\varepsilon_0 + \varepsilon_{90} + \frac{\varepsilon_0 - \varepsilon_{90}}{\cos 2\varphi_0}\right] \qquad (2\text{-}22)\end{aligned}$$

式中:R——莫尔圆的半径。

同样可以看到:

$$\varepsilon_2 = \varepsilon_c - R = \frac{1}{2}\left[\varepsilon_0 - \varepsilon_{90} - \frac{\varepsilon_0 - \varepsilon_{90}}{\cos 2\varphi_0}\right] \qquad (2\text{-}23)$$

主应变的方向和 ε_0 之间的夹角可以由下式来计算:

$$\tan 2\varphi_0 = \frac{AD}{AC} = \frac{\varepsilon_{45} - \varepsilon_0}{\varepsilon_0 - \varepsilon_c} = \frac{2\varepsilon_{45} - \varepsilon_0 + \varepsilon_{90}}{\varepsilon_0 - \varepsilon_{90}} \qquad (2\text{-}24)$$

2. 三角形应变组图解法的步骤

(1)在纸上作上横轴 $O\varepsilon$,自 O 点开始以一定的比例尺量取 ε_0、ε_{60}、ε_{120}与 $O\varepsilon$ 轴交于 B、E、A 点。

(2)计算出 ε_c 的坐标并在 $O\varepsilon$ 轴上量取 ε_c,交点为 C 点。

$$\varepsilon_c = \frac{1}{3}(\varepsilon_0 + \varepsilon_{60} + \varepsilon_{120})$$

(3)过 C 点作直线 KK,其与 $O\varepsilon$ 的夹角为 120°。

(4)以 C 点为圆心,BC 为半径作圆弧,与 KK 交于 B'。

(5)过 B'作 KK 的垂线,过 A 作 $O\varepsilon$ 的垂线,两垂线相交于 D。

(6)以 C 为圆心,DC 为半径作圆,该圆与 $O\varepsilon$ 的两个交点即为主应力 ε_1 和 ε_2。

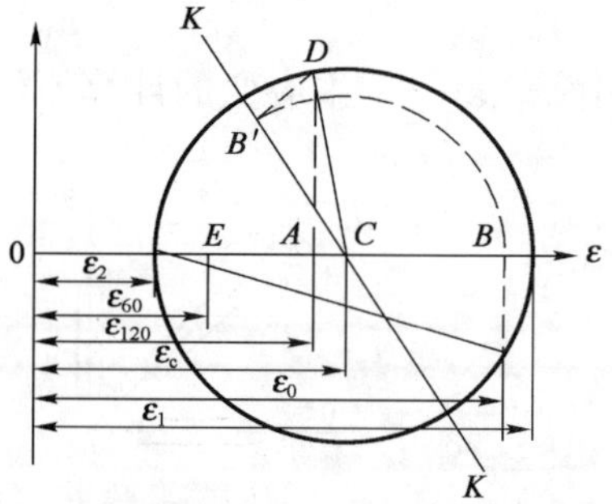

图 2-39　三角形应变片组图解

主应变的大小和方向也可以根据图 2-39,由以下公式来计算:

$$\varepsilon_1 = \frac{1}{3}\left(\varepsilon_0 + \varepsilon_{60} + \varepsilon_{120} + \frac{2\varepsilon_0 - \varepsilon_{60} - \varepsilon_{120}}{\cos 2\varphi_0}\right) \qquad (2\text{-}25)$$

$$\varepsilon_2 = \frac{1}{3}\left(\varepsilon_0 + \varepsilon_{60} + \varepsilon_{120} + \frac{2\varepsilon_0 - \varepsilon_{60} - \varepsilon_{120}}{\cos 2\varphi_0}\right) \qquad (2\text{-}26)$$

$$\tan 2\varphi_0 = \frac{\sqrt{3}(\varepsilon_{120} - \varepsilon_{60})}{2\varepsilon_0 - \varepsilon_{60} - \varepsilon_{120}} \qquad (2\text{-}27)$$

四、电阻应变仪

电阻应变仪是电阻应变的测量装置,根据它的用途不同分为静态电阻应变仪和动态电阻应变仪两种。这两种应变仪的构造大同小异,其主要组成部分如图 2-40 所示。图中的电桥为前述的应变电桥，它既是换能器的敏感元件，也是应变仪电路中不可缺少的组成部分。电桥输出的不平衡交流电压经放大器放大后送到相敏检波器。相敏检波器是可以分辨应变正负方向（即判明被测构件是受拉或受压）的一种检波器。检出的信号经低通滤器滤除检波后脉动直流的载频，再送到指示表头显示。振荡器给电桥提供交流电源，并且还为相敏检波器提供参考信号。如系动态应变仪，低通滤波器的输出就是与结构在动荷载作用下的动态应变成比例的交流电流，该电流被送到记录器进行记录。

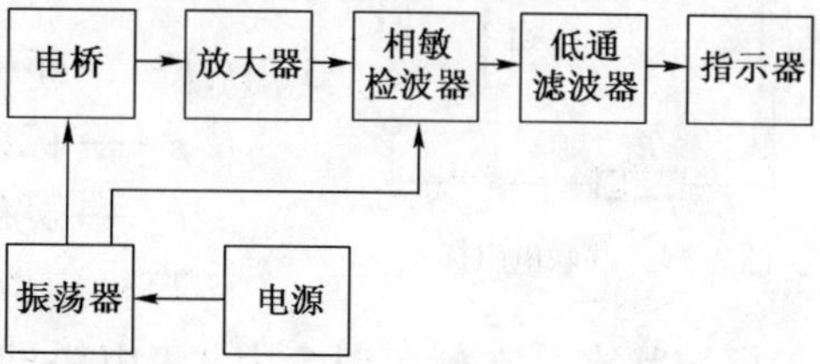

图 2-40　应变仪的电原理方框图

(一)电桥电路

静态电阻应变仪和动态电阻应变仪的主要区别就在电桥电路上。静态电阻应变仪采用的是平衡式电桥，即电阻应变仪在读数时电桥工作在平衡状态，这种平衡测量法的测量精确度受放大器及指示表精度的影响很小，并且没有非线性失真；动态电阻应变仪的电桥工作在非平衡状态，由于电桥的输出电压与电阻应变并不是严格的线性关系，存在非线性失真，电桥越不平衡，失真越大，所以，动态应变仪测量的动态应变不宜过大。此外，放大器、振荡器、电源等都对测试精度有影响。所以动态应变仪在每次测试前和测试中都要进行标定。

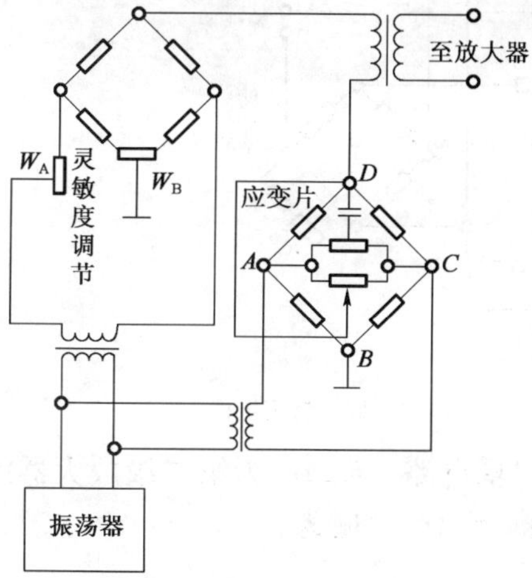

图 2-41　静态电阻应变仪的电桥电路

1. 静态应变仪的电桥电路

静态应变仪多采用双电桥电路，即具有应变桥和读数电桥，如图 2-41 所示。振荡器分别对两个电桥供电。两个电桥的输出端接放大器输入耦合变压器初级的两端，其作用与差分放大器的输入端十分相似。开始应变电桥处在平衡状态，读数电桥也处在零位，两个电桥输出均为零。当应变电桥由于应变而产生电阻变化，使电桥失去平衡输出电压 ΔU 时，调整读数电桥使其也不平衡，输出一大小相等方向相反的电压 ΔU。两电压叠加后，总输出电压仍为零（可以从指示表中观察），此时读数电桥的滑动电阻 W_B 的转盘刻度即可指示出应变的数值。电位器 W_A 用来调节仪器的灵敏系数，调节时，应该使它的指示数与应变片的灵敏系数一致。

2. 动态应变仪的电桥电路

有些动态电阻应变仪是将电桥部分放在仪器外面的电桥盒内，电桥盒再用电缆与应变仪相连接。由于动态应变仪一般都有好几个槽路，每个槽路都有独自的电桥电路、放大器和相敏检波器，所以每个槽路都有一个电桥盒。电桥盒内有两个桥臂电阻供半桥接法用。在全桥接法时可以不接入，电桥平衡装置和电标定装置在仪器内部。

动态电阻应变仪在每次使用前或甚至在测定中都必须进行标定。所谓标定是指由应变仪本身的电标定装置产生一个标准应变信号，由记录仪记录下来，作为试验记录曲线的标尺。产生标准信号的办法常用的有两种。

(1)并联电阻法，如图 2-42 所示，将标定电阻 R_T 并联在桥臂电阻上，使电桥失去平衡，输

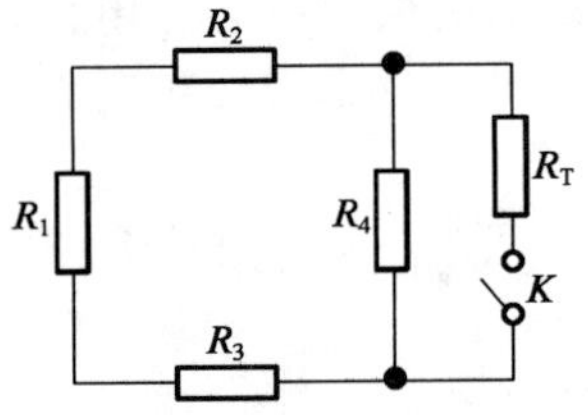

图 2-42　并联电阻标定

出一个标定电压信号，R_T 的数值由下式计算：

$$R_T = \frac{R}{k\varepsilon}(1 - k\varepsilon) \tag{2-28}$$

式中：R——桥臂电阻；

ε——标准应变值；

k——灵敏系数。

(2)标定电阻法，如图 2-43 所示，K_1 的位置 1 为测定工作状态，2 为标定状态。在标定时合上 K_2，电桥即输出一个标准应变信号。这种标定方法可用于测定过程中的标定。

(二)放大器

电阻应变仪的放大器为具有深度负反馈高稳定的多级交流电压放大器。其末级输出由于要送到相敏检波器，因而采用变压器耦合方式。

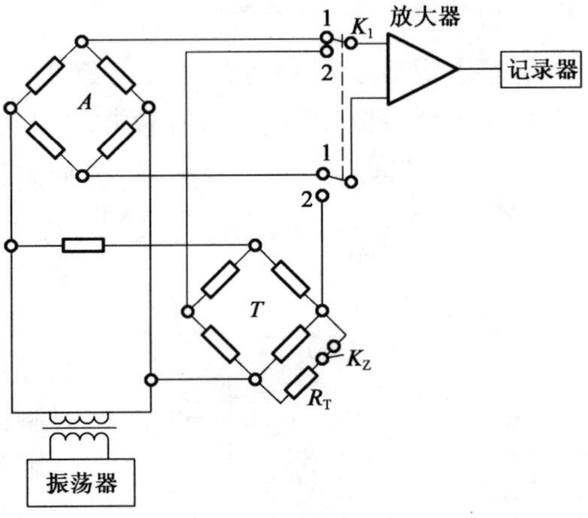

图 2-43　标定电桥

图 2-44 是 20 世纪曾广泛使用的 YJ-5 型静态应变仪的放大器电路。它由 G_1 和 G_{2A} 组成两级电子管阻容耦合放大器，G_{2B} 为末级变压器耦合放大器。输出的一部分由变压器耦合到相敏检波器，一部分由 R_{13}、R_3 负反馈到 G_1 的阴极，以提高电路的稳定性。D_1、D_2 构成双向限幅器，使输入末级的信号不至于过大，以避免指示表头过载而损坏。从 G_{2B} 屏极经全波整流后输出的无极性信号是作为预调平衡用的。G_2、R_6 为第一级放大器的退耦电路。R_7、G_3 为第二级放大器的退耦电路。它们的作用是避免放大器级间通过电源寄生耦合而产生振荡。

(三)振荡器

电阻应变仪中所采用振荡器的电路形式和振荡频率因应变仪的用途而异。静态应变仪、静动两用应变仪的振荡频率在 1 000～2 000Hz 之间。由于频率低，一般都采用 RC 低频阻容振荡器。动态应变仪的频率约 10kHz，有的高达 50kHz。它们的振荡器有的采用 RC 振荡器，也有采用 LC 振荡器的。

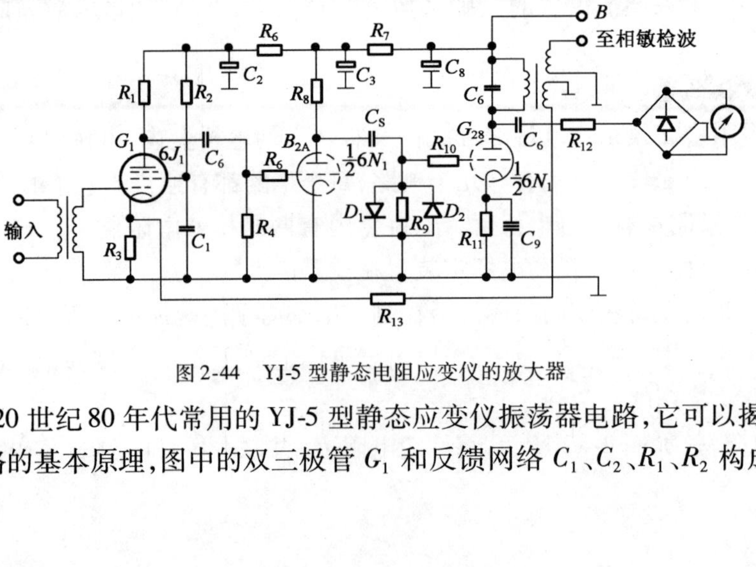

图 2-44　YJ-5 型静态电阻应变仪的放大器

图 2-45 是 20 世纪 80 年代常用的 YJ-5 型静态应变仪振荡器电路，它可以揭示出各种静态应变仪振荡电路的基本原理，图中的双三极管 G_1 和反馈网络 C_1、C_2、R_1、R_2 构成文氏电桥 RC

振荡器。热敏电阻 R_t 作温度补偿，用以稳定振荡器的幅度。G_{1A} 的栅极可以输入同时使用的另一台电阻应变仪的振荡电压信号，以求得振荡同步。这样就可以避免应变仪之间由于振荡不同步而产生的相互干扰。振荡信号双三极管 G_2 组成的两级放大器放大后，由变压器耦合输出。C_{12}、R_{11} 和 R_{10} 构成负反馈回路，使放大器工作稳定。

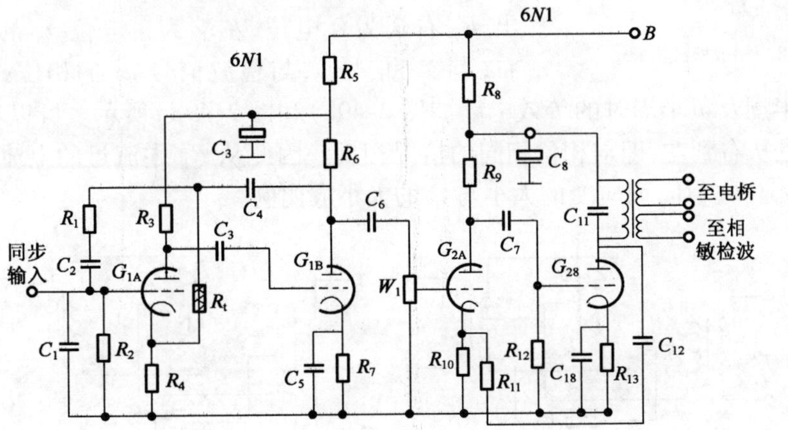

图 2-45　YJ-5 型静态电阻应变仪的振荡器

(四)相敏检波器和滤波器

相敏检波器是一种能够分辨应变正负方向(受拉或受压)的检波器，它输出的信号极性随输入信号的相位而变化。在图 2-46 所示的电桥中，R_1 是工作应变片，当 R_1 减小时(构件受压)B 点电位高于 D 点电位，输出电压 U_{BD} 为正；当 R_1 增加时(构件受拉)B 点电位低于 D 点电位，U_{BD} 为负。如果输入电压 U_{AC} 为图 2-47a)所示的正弦波，则 R_1 减少时，输出电压 U_{BD} 与输入电压 U_{AC} 的相位相同，如图 2-47b)所示。当 R_1 增加时，输出电压 U_{BD} 与输入电压 U_{AC} 的相位相反，如图 2-47c)所示。可以看出它们的频率完全相同。从上分析可以知道，应变正负方向的变化可以使输出的电压相位发生变化。而相敏检波器就是分辨这种相位变化的检波器。“相敏”这个名称就是由此而来的。

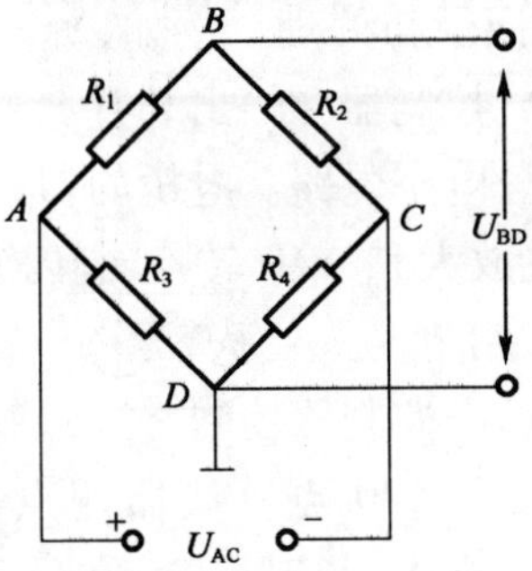

图 2-46　应变电桥

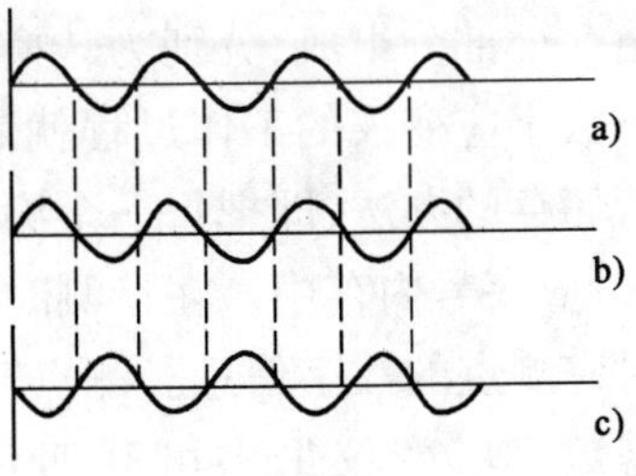

图 2-47　应变电桥各点电压波形

相敏检波器的电路如图 2-48 所示。参考信号 u_1 由仪器的振荡器提供，因此它的频率与经放大器放大的信号载频完全相同，但是 u_1 的振幅比 u_2 的振幅要大得多。当参考信号与检波信号 u_2 的相位相同(即构件受压)时，负载电阻 R_1 上的电流方向为：如果参考信号 u_1 为正

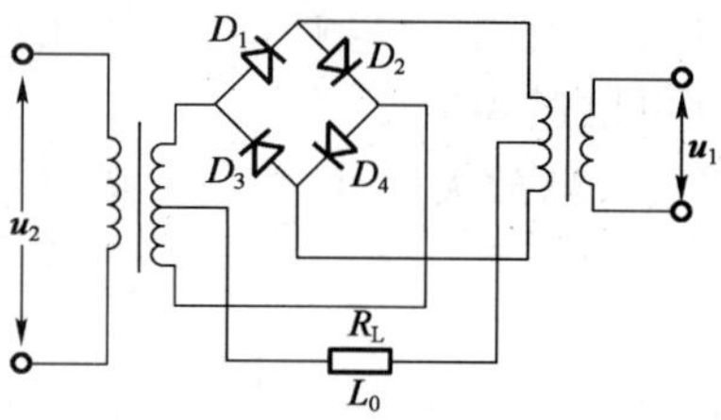

图 2-48　相敏检波电路

半周，u_2 也为正半周，则二极管 D_2、D_4 导通，D_1、D_3 截止，其等效电路如图 2-49a）所示，可以看出 R_L 右端为 0 电位，左端为正电位，在 R_L 中流过的电流方向是从左到右；如果参考信号 u_1 为负半周，u_2 也为负半周，则二极管 D_1、D_3 导通，D_2、D_4 截止，其等效电路如图 2-49b）所示，同样可以看出，R_L 右端为 0 电位，左端为正电位，i_0 的方向是从左到右；当参考信号 u，与检波信号 u_2 的相位相反（即构件受拉）时，u_1 正半周及负半周时的等效电路如图 2-49c）和图 2-49d）所示。可以看出，这两种情况 i_0 的方向是从右到左，即与相位相同的情况相反。因此从 R_L 中流过的电流 i_0 方向即可判断应变是受拉还是受压，而应变的大小与 i_0 的大小成比例。

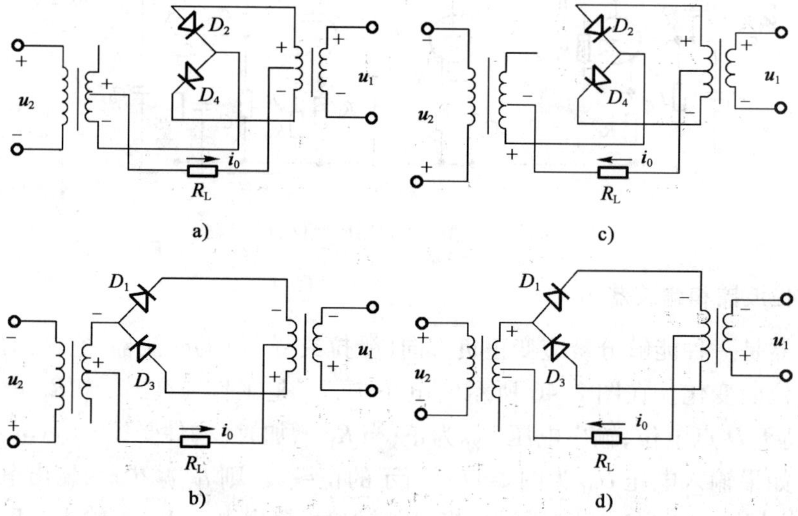

图 2-49　相敏检波器工作情况示意图

（五）静态数字应变仪

静态数字应变仪是一种静态应变自动量测装置，能自动平衡（或不需平衡）、自动换点、自动量测、数字显示和自动打印，并可与计算机联机进行数据记录与处理。例如，YJS-14 型应变仪主要由 5 个部分组成，分别为转换器、电阻应变仪、运算器、控制器和输出装置。

静态数字应变仪的工作过程就是把应变测点组成惠斯登电桥电路。电桥的初始不平衡采用初始值储存的办法，即把每一个测点的初始不平衡值通过放大和 A/D 转换器转换成数字信号，记入对应序号内存中。在量测时，量测信号也转换成数字信息送入运算器，运算器从内存中取出对应测点的数字信息。测点转换或量测区段的选择均由控制器控制。

静态数字应变仪最多可联四台转换箱，每台 100 点，共 400 点。仪器测点电阻值按 120Ω 设计，但对 60 ~ 1 000Ω 的应变片也适用，其非线性影响由运算器逐点在量测中修正。可任意控制转换测点位置，可任意选定转换或启动方式（自动或手动转换，定时自动启动或手动启动）。测点转换速度为每点 0.15s、0.25s、0.45s、0.85s、1.65s、3.25s、6.45s 共 7 挡。分辨率 A 级为 2μ/字，B 级为 1μ/字。灵敏系数 K 值可在 1.5 ~ 3 之间调整，最大量程为 0 ~ ±199 98μ。

第三节 试验荷载和加载方式

一、加载方案

1. 加载图式

试验荷载在试验结构构件上的布置形式(包括集中荷载、均布荷载等荷载类型和分布情况)称为加载图式。为使结构的工作和其实际情况相接近,试验结果和理论计算结果便于比较,加载图式应和设计结构构件的计算荷载简图一致。当试验条件受到限制而无法实现,或为了试验方便加载,在不影响试验主要目的条件下,可采用与计算简图不同的等效加载图式。所谓等效加载,就是指加在试件上,使试件产生的内力图形与计算简图相近,控制截面(或部位)上的主要内力(轴力、弯矩、剪力、变形)与计算内力值相等。如图 2-50a)为某受弯构件的设计内力图。要测定内力 M_{max} 和 V_{max},因受加载条件的限制,无法用均布荷载施加至破坏,必须采用集中荷载。若按图 2-50b)二分点一集中荷载加载形式,则 V_{max} 虽相同,但 M_{max} 不相等;采用图 2-50c)的四分点二集中荷载加载方法,结果二者均可相等;当采用图 2-50d)的方法(八分点四集中荷载),效果则更趋近理论要求。集中荷载点越多,结果越接近理论计算简图。可见,至少要用四分点二集中荷载以上偶数集中荷载加载形式,才是本例的等效荷载。

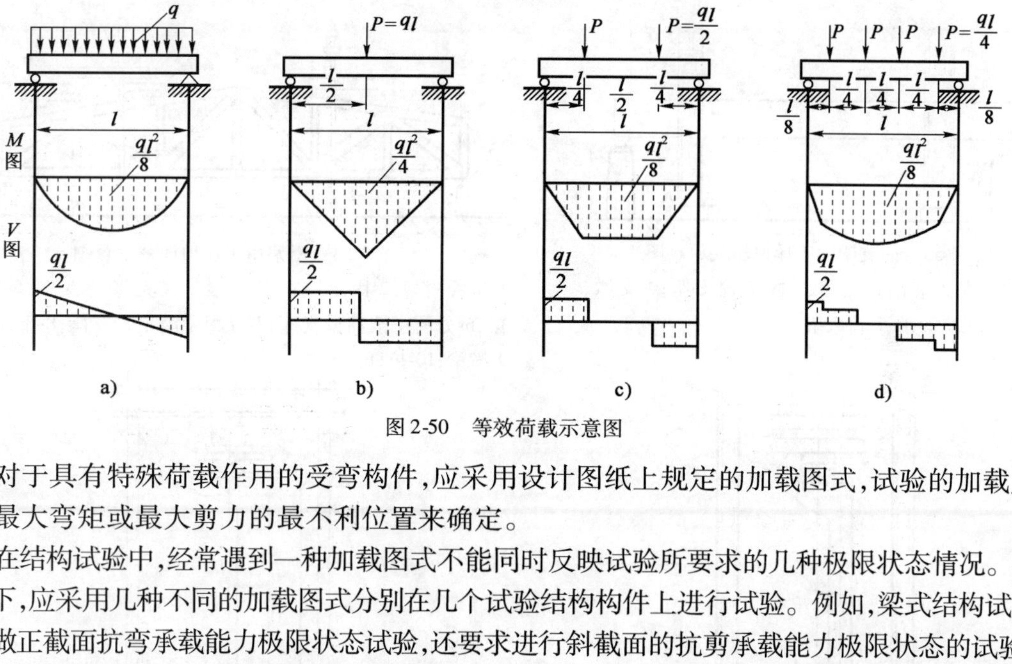

图 2-50 等效荷载示意图

对于具有特殊荷载作用的受弯构件,应采用设计图纸上规定的加载图式,试验的加载点应根据最大弯矩或最大剪力的最不利位置来确定。

在结构试验中,经常遇到一种加载图式不能同时反映试验所要求的几种极限状态情况。在此情况下,应采用几种不同的加载图式分别在几个试验结构构件上进行试验。例如,梁式结构试验不仅要做正截面抗弯承载能力极限状态试验,还要求进行斜截面的抗剪承载能力极限状态的试验,若只采用一种加载图式,往往因这种极限状态首先破坏,而另一种的极限状态不能得到反映。

一般情况,为保证试验质量,一个试件上只允许采用一种加载图式。如果在一种试验结构构件上做过一种加载图式试验后,经采取补强措施并确保对第二种加载图式的试验结果不会带来任何影响时,才可在同一试件上先后进行两种不同加载图式的试验。

2. 加载装置

对试验结构构件施加荷载的装置和方法,应按照试验研究的目的和要求、试验对象的情况(如结构构件的类型、尺寸)、加载图式、加载量、试验设备条件等因素加以选择。例如,框架结构的主梁是一个横向承重构件,承受由次梁和板传来的荷载,次梁荷载一般是以集中力的形式作用于主梁，因而框架主梁的试验荷载可以采用液压加荷系统施加集中力来实现。板和壳体结构是建筑物中常见的承重结构。其特点是平面尺寸大，高度相对较小，都以承受均布荷载为主，板试验时可采用重力加载方案，但应注意严禁重物集中堆放。以免引起拱作用而改变荷载的均匀分布形式。壳体结构试验不宜采用重物加载，这时若能用若干组不连续的集中力等效代替均布荷载，则既省力又安全。图2-51～图2-59所给出的是常见的几种混凝土结构构件加载装置示意图。

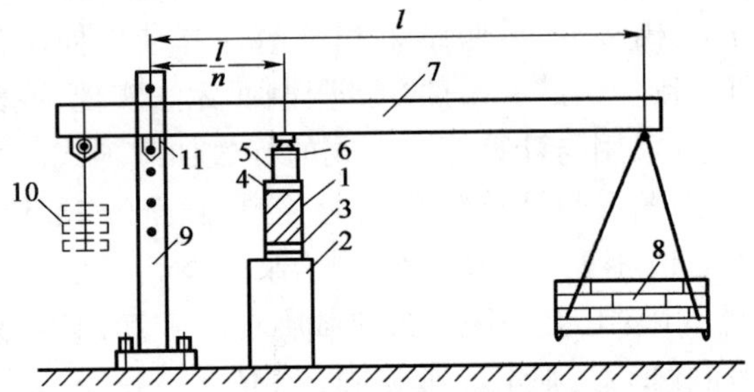

图2-51　杠杆加载示意图

1-试件；2-支墩；3-试件铰支座；4-分配梁铰支座；5-分配梁；6-刀口支点；7-框杆；8-加载重物；9-杠杆支撑杆；10-平衡杠杆自重的平衡重物；11-钢梢(支点)

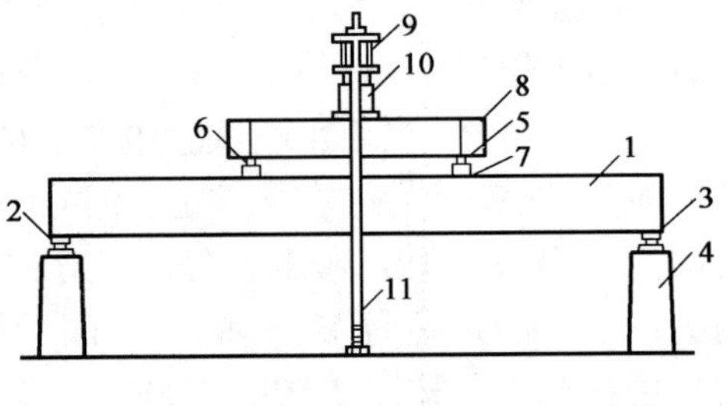

图2-52　简支梁用千斤顶分配梁加载示意图

1-试验梁；2-滚动铰支座；3-固定铰支座；4-支墩；5-分配梁滚动铰支座；6-分配梁固定铰支座；7-集中力下的垫板；8-分配梁；9-横梁；10-千斤顶；11-拉杆

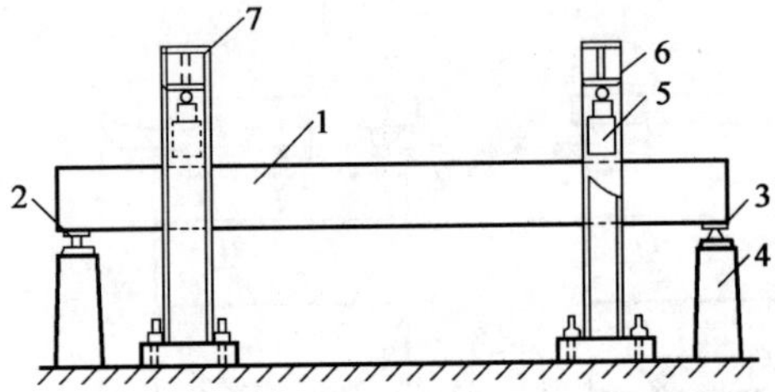

图2-53　简支梁用千斤顶加载示意图

1-试验梁；2-滚动铰支座；3-固定铰支座；4-支墩；5-千斤顶；6-滚轴；7-荷载架

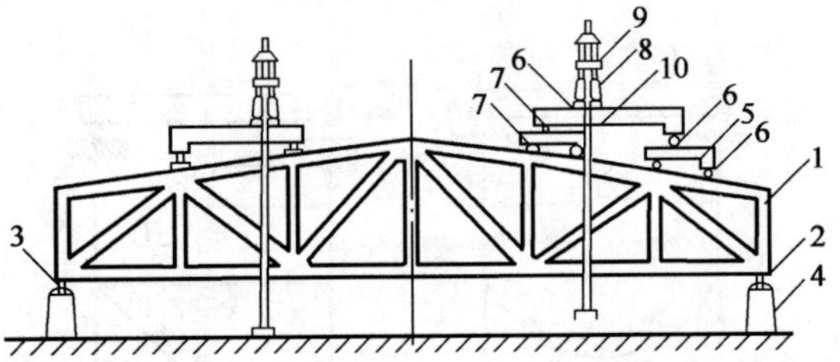

图2-54　桁架用千斤顶加载示意图

1-试验桁架；2-固定铰支座；3-滚动铰支座；4-支墩；5-分配梁；6-分配梁滚动铰支座；7-分配梁固定铰支座；8-千斤顶；9-横梁；10-拉杆

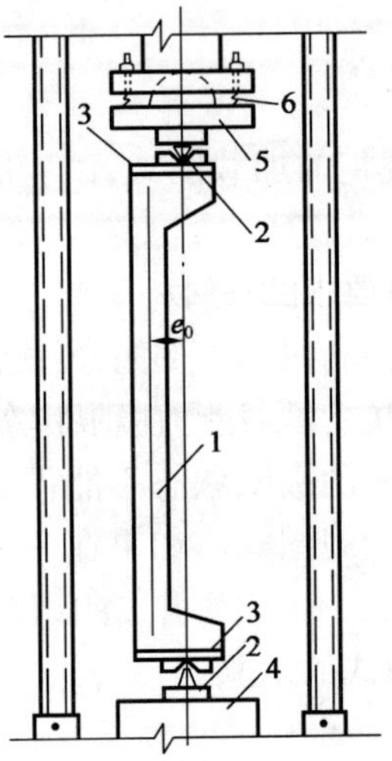

图2-55　柱用试验机加载示意图

1-试验柱；2-刀口；3-垫板；4-试验机下压板；5-试验机上压板；6-调节试验机压板的弹簧

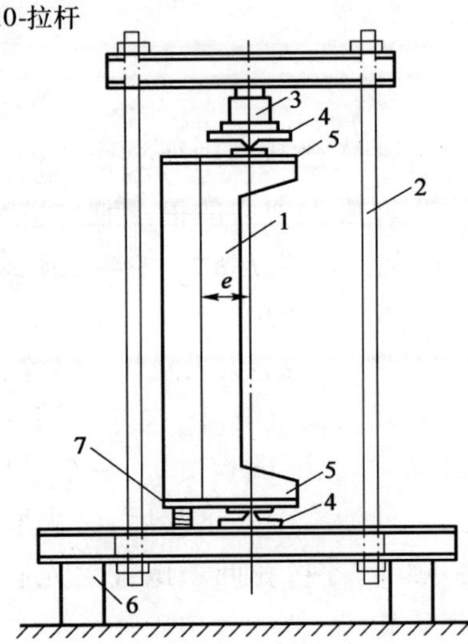

图2-56　柱用荷载架加载示意图

1-试验柱；2-荷载架；3-千斤顶；4-刀口；5-垫板；6-支墩；7-临时垫木

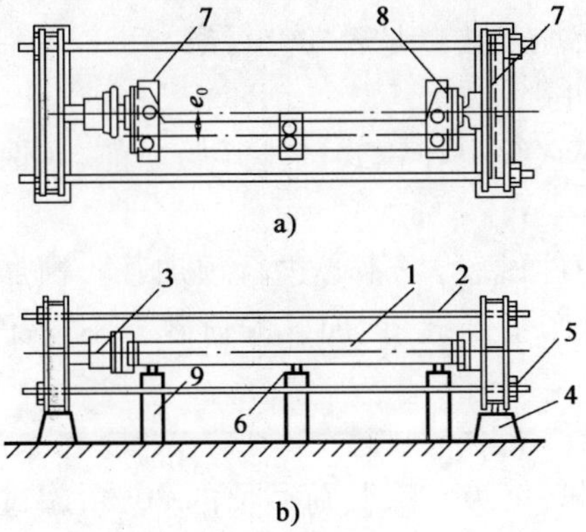

图 2-57　柱卧位试验加载示意图

a)俯视图;b)侧视图

1-试验柱;2-荷载架;3-千斤顶;4-荷载架支墩;5-滚轴;6-滚珠;7-刀口;8-垫板;9-试件支墩

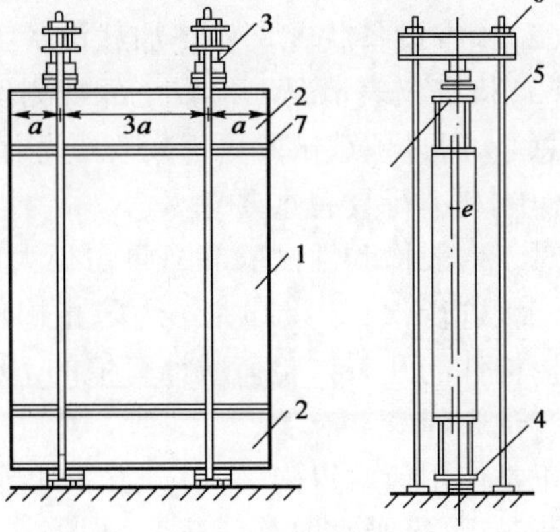

图 2-58　墙板轴向加载示意图

1-试验墙板;2-卧梁;3-千斤顶;4-刀口;5-拉杆;6-横梁;7-砂浆垫层

二、加载程序

一般结构静载试验的加载程序,分预加载、正常使用荷载(标准荷载)、破坏荷载三个阶段。图 2-60 就是一种典型的静载试验加载程序(也称加载谱)。对于非破坏性试验只加至正常使用荷载即标准荷载,试验后试件仍可使用。对破坏性试验,当加到正常使用荷载后,不卸载即直接进入破坏阶段试验。

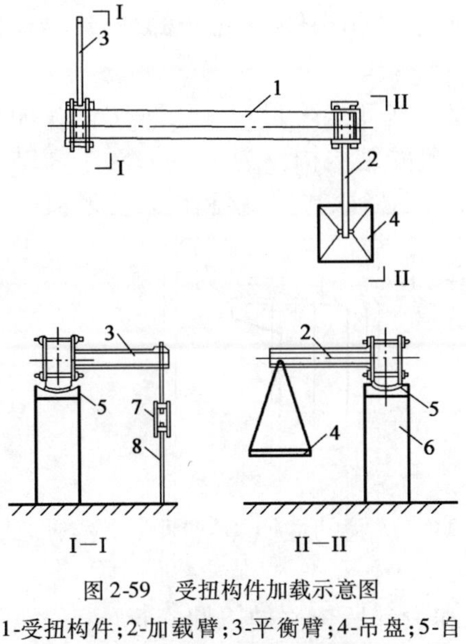

图 2-59　受扭构件加载示意图

1-受扭构件;2-加载臂;3-平衡臂;4-吊盘;5-自由转动支座;6-支墩;7-花篮螺纹;8-拉杆

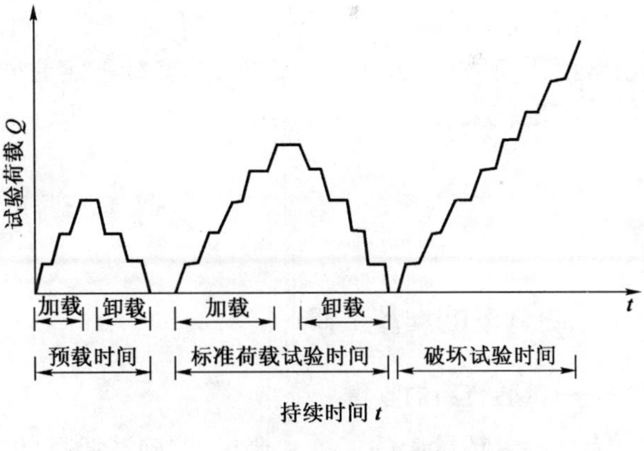

图 2-60　静载试验加载程序

分级加载的目的,主要是为了控制加载速度和便于观测结构构件的相对稳定的变形值,为读取各种试验数据提供所必需的时间。

1. 预加荷载

在正式试验前对结构预加试验荷载目的在于:

(1)检查工作状态。使试验结构构件的各部进入正常工作状态,荷载与变形关系趋于稳定。

(2)检查设备状况。检查加载设备工作是否正常,加载装置是否安全可靠。

(3)检查仪表情况。检查全部观测仪表工作是否正常。

总之,通过预载试验可以发现一些潜在问题,并把它解决在正式试验开始之前,对保证试验工作顺利进行具有重要意义。

对于一般检验性试验和自重占很大比例的结构构件试验,可不必进行预加载。预加载一般分三级进行,2~3 级卸完。为防止构件在预加载时产生裂缝,预加载的荷载量不宜超过试验结构构件的开裂试验荷载计算值的 70%。

2. 试验加载

正常使用荷载以内,一般分五级加至正常使用荷载,每级宜取其荷载值的 20%;超过正常使用荷载后,每级宜取其荷载值的 10%;当荷载加至承载力试验荷载计算值的 90% 以后,为了获得较为准确的破坏荷载实测值,每级宜取正常使用荷载的 5%;需要做抗裂检测的结构,为了获得较为准确的开裂荷载实测值,当加载到开裂试验荷载计算值的 90% 以后,每级取正常使用荷载的 5%,一直加至出现裂缝为止,作用在试验结构构件上的试验设备的重力和构件自重视为第一级荷载或第一级荷载的一部分;每级荷载加完后持续时间不应少于 10min,且宜相等,其目的是使结构构件的变形得到充分的发展,并使量测结果具有可比性。在正常使用荷载作用下宜持续 30min。对于采用新材料、新工艺、新结构形式的结构构件,或跨度较大(大于 12m)的屋架、桁架及薄腹梁等,在进行变形和裂缝宽度试验时。为了确保使用期间的安全,在正常使用状态短期荷载作用下持续时间不宜少于 12h,如果在这持续时间内变形继续增长而无稳定趋势时,还应延长持续时间直至变形发展稳定为止。

3. 荷载卸除

凡间断性加载试验,仅作刚度、抗裂度和裂缝宽度检验的结构构件,应分级卸荷,让结构构件有恢复弹性变形的时间。

卸载一般可按加载级距,也可放大一倍或分两次卸完。测残余变形应在第一次逐级加载到正常使用荷载后,分级全部卸完,并空载一定时间:对一般的结构构件为 45min,对于新结构构件和跨度较大(大于 12m)的结构构件为 18h。空载时间也必须定时观察和记录变形值。

第四节　静载试验的基本方法

一、试验前的准备工作

(一)试验资料的收集

为了解本项试验的任务和要求,明确试验目的,以便确定试验的性质和规模,试验的形式、数量和种类,正确地进行试验设计,要做好资料收集工作。

对检验性试验,收集资料方面包括设计图纸、计算书和设计所依据的原始资料(工程地质勘察、气象和生产工艺资料等);施工日志、材料性能试验报告、施工记录和隐蔽工程验收记录等;使用过程、超载情况或事故经过等。

科学研究性试验调研,主要是向有关科研单位和情报部门以及必要的设计和施工单位,收集与本试验有关的历史(如前人有无做过类似的试验,采用的方法及其结果等)、现状(如已有哪些理论、假设和设计、施工技术水平及材料、技术状况等)和将来发展的要求(如生产、生活和科学技术发展的趋势与要求等)。

(二)试验大纲的制订

整个试验的准备必须充分,规划必须细致、全面。每项工作及每个步骤必须十分明确。防止盲目追求试验次数多、仪表数量多、观测内容多和不切实际地提高量测精度等,而给试验带来害处和造成浪费,甚至使试验失败或发生安全事故。试验前要制定好试验大纲。

试验大纲是在取得了调查研究成果的基础上,为使试验有条不紊地进行并取得预期效果而制订的纲领性文件,内容一般包括:

(1)试验工况与目的依据

简要介绍调查研究的情况,提出试验的依据及试验的目的、意义与要求等。必要时,还应有理论分析和计算。

(2)试件设计及制作

包括设计依据及理论分析和计算,试件的规格和数量,制作施工图及对原材料、施工工艺的要求等。对检验性试验,也应阐明原设计要求、施工或使用情况等。试验数量按结构或材质的变异性与研究项目间的相关条件,按数理统计规律求得,宜少不宜多。一般鉴定性试验为避免尺寸效应,根据加载设备能力和试验经费情况,尽量接近实体。

(3)试件安装与就位

包括就位的形式(正位、卧位或反位)、支承装置、边界条件模拟、保证侧向稳定的措施和安装就位的方法及机具等。

(4)加载方法与设备

包括荷载种类及数量、加载设备装置、加载图式及加载制度等。

(5)量测方法和内容

本项也称为观测设计,主要说明观测项目、测点布置和量测仪表的选择、标定、安装方法及编号图、量测顺序规定和补偿仪表的设置等。

(6)辅助试验选择

结构试验往往要做一些辅助试验,如材料性质试验和某些探索性小试件或小模型、节点试验等。本项应列出试验内容、阐明试验目的、要求、试验种类、试验个数、试件尺寸、制作要求和试验方法等。

(7)试验安全措施

包括人身和设备、仪表等方面的安全防护措施。

(8)试验进度计划

(9)试验组织管理

一个试验,特别是大型试验,参加试验人数多,牵涉面广,必须严密组织,加强管理。包括技术档案资料、原始记录管理、人员组织和分工、任务落实、工作检查、指挥调度以及必要的交底和培训工作。

试验大纲一般要有附录,附录中应包括所需器材、仪表、设备及经费清单,观测记录表格,加载设备、量测仪表的标定结果报告和其他必要文件、规定等。记录表格设计应使记录内容全面,方便使用;其内容除了记录观测数据外,还应有测点编号、仪表编号、试验时间、记录人签名等栏目。

(三)试验试件的准备

试验的对象,并不一定就是研究任务中的具体化结构或构件。根据试验的目的要求,它可能经过各式各样的简化，可能是模型，也可能是某局部（如节点或杆件），但无论如何均应根据试验目的与有关理论，按试验大纲规定进行设计与制作。

在设计制作时，应考虑到试件安装和加载量测的需要，在试件上作必要的构造处理。如钢筋混凝土试件支承点预埋钢垫板、局部截面加强及加设分布钢筋等；平面结构侧向稳定支撑点配件安装，倾斜面加载处增设凸肩以及吊环等，都不要疏漏。

试件制作工艺，必须严格按照相应的施工规范进行，并做详细记录。按要求留足材料力学性能试验试件，并及时编号。

试件在试验之前，应对它进行深入全面的检查。检查的内容包括：试件的实际几何尺寸（包括跨度、截面尺寸、钢筋位置、保护层厚度等）；构件的变形、初始挠曲量；构件的原始裂缝，包括预应力混凝土结构在预应力传递区的裂缝和预拉区的裂缝；施工质量和缺陷（如混凝土的蜂窝麻面等）。

以上各项都将对试验结果有重要影响，应做详细量测，记录存档，需要时宜摄影或录像记录。

检查试件之后，进行表面处理，例如，去除或修补一些有碍试验观测的缺陷，钢筋混凝土表面的刷白，分区划格。刷白的目的是为了便于观测裂缝；分区划格是为了荷载与测点准确定位，记录裂缝的发生和发展过程，以及描述试件的破坏形态。观测裂缝的区格尺寸一般取5～20cm，必要时可缩小或局部缩小。

（四）设备与场地准备

试验所用的加载设备和量测仪表，在试验之前应进行检查、修整和必要的标定，以保证达到试验的精度要求。标定必须有报告，以供资料整理或使用过程中修正。

试验场地，在试件进场之前也应加以清理和安排，包括水、电、交通和清除不必要的杂物，集中安排好试验使用的物品。必要时，应做场地平面设计，架设或准备好试验中的防风、防雨和防晒设施，避免对荷载和量测造成影响。现场试验支承点下的地耐力应经局部验算和处理，下沉量不宜太大，以保证结构作用力的正确传递和试验工作顺利进行。

（五）试件的安装就位

按照试验大纲的规定和试件设计要求，在各项准备工作就绪后即可将试件安装就位。保证试件在试验全过程都能按计划模拟条件工作，避免因安装错误而产生附加应力或出现安全事故，这是安装就位的首要问题。

简支结构的两支点应在同一水平面上，高差不宜超过试验跨度的1/50。试件、支座、支墩和台座之间应密合稳固，为此常采用砂浆坐缝处理。

超静定结构，包括四边支承和四角支承板的各支座应保持均匀接触，最好采用可调支座。若带测定支反力测力计，应调节至该支座所承受的试件重力为止；也可采用砂浆坐浆或湿砂调节。

扭转试件安装应注意扭转中心与支座转动中心的一致，可用钢垫板等加垫调节。

嵌固支承，应上紧夹具，不得有任何松动或滑移可能。

卧位试验，试件应平放在水平滚轴或平车上，以减轻试验时试件水平位移的摩阻力；同时也防试件侧向下挠。

试件吊装时，平面结构应防止平面外弯曲、扭曲等变形发生；细长杆件的吊点应适当加密，避免弯曲过大；钢筋混凝土结构在吊装就位过程中，应保证不出裂缝，尤其是抗裂试验结构，必要时应附加夹具，提高试件刚度。

（六）设备和仪表安装

加载设备的安装，应根据加载设备的特点按照大纲设计的要求进行。有的与试件就位同时进行，如支承机构。有的则在加载阶段加上许多加载设备。大多数是在试件就位后安装。要求安装固定牢靠，保证荷载模拟正确和试验安全。

仪表安装位置按观测设计确定。安装后应及时把仪表号、测点号、位置和接仪器上的通道号一并记入记录表中。调试过程中如有变更，记录亦应及时做相应的改动，以防混淆。接触式仪表还应有保护措施，如加带悬挂，以防振动掉落而发生损坏。

二、观测方案的制订

观测方案是根据受力结构的变形特征和控制截面上的变形参数来制订的。因此要预先估算出结构在试验荷载作用下的受力性能和可能发生的破坏形状。观测方案的主要内容包括：确定观察和测量的项目、选择量测区段，布置测点位置等。

（一）确定观察和测量的项目

结构在试验荷载作用下的变形可分为两类：一类反映的是结构整体工作状况的变形，如构件的挠度、转角、支座偏移等。另一类反映的是结构局部工作状况的变形，如构件的应变、钢筋相对于混凝土的滑移等。

在确定试验的观测项目时，首先应考虑整体变形，因为结构的整体变形概括了结构总的工作性能。结构任何部位的异常变形或局部破坏都能在整体变形中得到反映（结构整体变形是观察的重要项目之一）。不仅可以了解结构的刚度变化，而且还可以区分结构的弹性和非弹性性质。其次是局部变形量测，如钢筋混凝土结构的裂缝出现可直接说明其抗裂性能，而控制截面上的应变大小和方向则说明设计是否合理，计算是否正确。在非破坏性试验中，实测应变是推断结构应力状态和极限强度的主要指标。在结构处于弹塑性阶段时，应变、曲率、转角或位移的量测结果，又是判定结构延性的主要依据。

总的来说，试验本身能充分说明外部作用与结构变形的相互关系，但观测项目和测点布置必须满足分析和推断结构工作状态的需要。

（二）依据量测目标布置测点

1. 整体变形测量的测点布置

结构的整体变形，主要有平面内的挠度和侧向的位移转角等。结构整体变形的量测，要视试验的目的和要求而定。如有时只需要量测结构控制截面上的最大挠度，有时则要求量测挠度变形曲线，对应于两种情况的测点布置，原则如下：

（1）任何构件的挠度或侧向位移，指的都是构件截面中轴线上的变形。因而试验时挠度测点的位置必须对准中轴线或在中轴线两侧对称位置上布置测点。

（2）构件的跨中最大挠度，指的是扣除试验时产生的支座沉降后的跨中挠度，因而梁式构件的挠度测点不得少于 3 个点，布置位置如图 2-61 所示。

实测跨中最大挠度 a_q^0 为：

$$a_q^0 = u_m^0 - \frac{u_l^0 + u_r^0}{2} \tag{2-29}$$

式中：u_l^0、u_r^0——两端支座的沉降位移实测值；

u_m^0——包括支座沉降在内的跨中挠度实测值。

(3)量测梁式构件挠度曲线时,测点数目不得少于 5 个点,即在图 2-61 的基础上,在左右各 $L/4$ 跨处再增设一个测点。对跨度较大或高度较高的竖向构件,其测点数目也应适当增加。当用有限差分法求解弹性挠度曲线时,要求布置的测点数目,以能求得三阶导数为原则,即至少需 5 个测点,这时可取 Δx 为各挠度测点间的距离,挠度曲线对应的位移如图 2-62 所示。在 $n, n-1\cdots$处的一阶导数、二阶导数和三阶导数分别为:

$$\frac{dy}{dx}=\frac{y_{n+1}-y_{n-1}}{2\Delta x} \tag{2-30a}$$

$$\frac{d^2y}{dx^2}=\frac{y_{n+1}-2y_n+y_{n-1}}{\Delta x^2} \tag{2-30b}$$

$$\frac{d^3y}{dx^3}=\frac{y_{n+2}-2y_{n+1}+2y_{n-1}-y_{n-2}}{2\Delta x^3} \tag{2-30c}$$

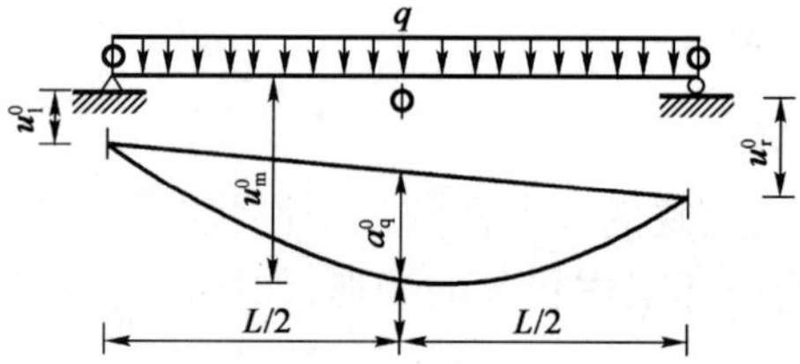

图 2-61　梁式构件最大挠度测点数

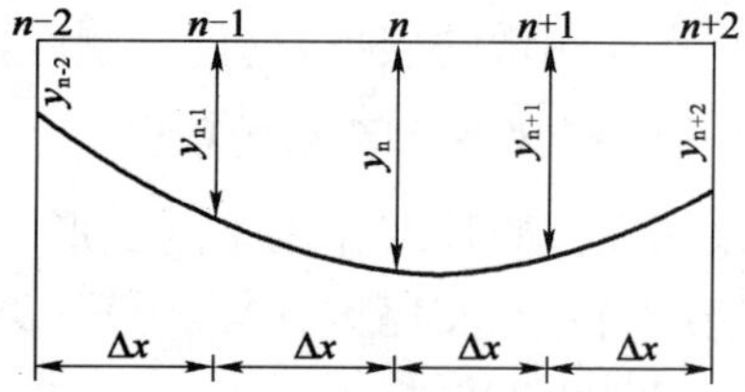

图 2-62　弹性曲线测点数

根据以上基本原则,对于受弯或偏心受压构件,最大挠度的测点应布置在跨中截面的中轴线上,见图 2-63a)。截面宽度大于 600mm 的受弯或受压构件,应在结构跨中的对称边缘处量测挠度,并取其平均值作为构件的挠度。对于肋形板,应量测每个纵肋的挠度,并取其平均值作为构件的挠度,见图 2-63b)。双向板及空间薄壳结构等双向受力结构,其挠度应沿两个跨度方向或主曲率方向的跨中或挠度最大的部位布置测点,见图 2-63c)。屋架和桁架的挠度测点应布置在下弦杆的跨中或最大挠度节点的位置上,当屋架、桁架有侧向推力作用时,还应在跨度方向的支座两端沿水平方向布置测点,以测量结构的水平位移,见图 2-63d)和图 2-63e)。对于悬壁式结构构件,应在自由端和支座处布置测点,以量测自由端的位移、支座沉降及支座截面转动产生的角位移,见图 2-63f)。对于柱、框架及足尺房屋结构等,其整体位移和变形曲线,基础转角或杆件间的相对转角等,一般应沿与主轴力成正交的两个方向布置测量仪表,以便测量截面两个方向的变形。

在试验过程中,仪表应独立设置在固定的不动点上,防止与承力架、脚手架等相互影响,干扰变形的量测。结构或构件临近破坏前的极限变形发展很快,一般应采用自动跟踪和自动记录的仪器,以便得到荷载—变形的全过程曲线,反映结构工作的全貌。

2. *局部应变测量的测点布置*

量测结构构件应变时,对于受弯构件,应先在弯矩最大的截面上沿高度布置测点,每个截面不宜少于两个测点,当需要量测沿截面高度的应力、应变分布规律和截面上中性轴的位置时,因截面上应力、应变不是直线规律分布,则布置的测点数不宜少于 5 个,应变计可采用等距离布置或外密里疏的布置形式;同时在受拉主筋上也应布置测点,见图 2-64a)。对于轴心受压或轴心受拉构件,应在构件被测的截面两侧或四侧沿轴线方向相对布置测点,每个截面不应少于两个测点。当只布置两个测点时,测点应布置在截面尺寸较小的相对侧面上,见图 2-64b)。对于偏心受压或偏心受拉构件,被测截面上测点不应少于两个;与轴心受压或轴心受

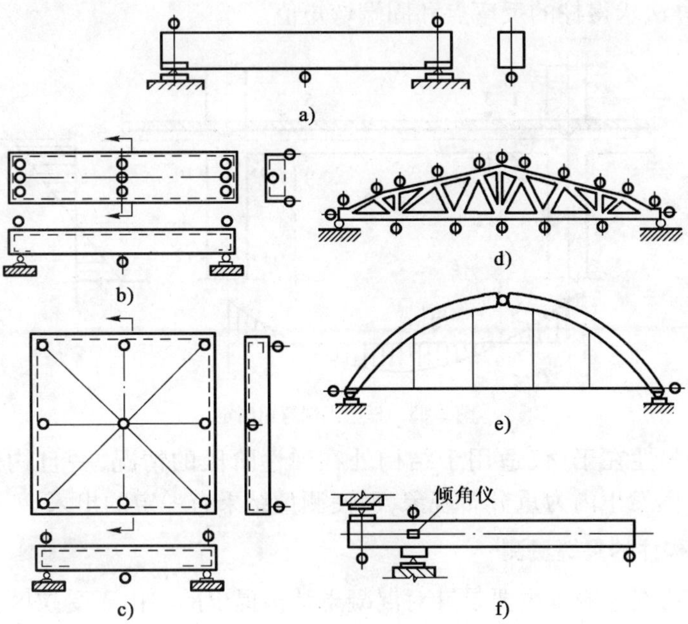

图 2-63　挠度测点布置

a)受弯构件测点;b)宽度大于 600mm 的构件;c)双向板测点;d)桁架挠度测点;e)侧向推力水平位移测点;f)悬臂式结构测点

拉构件相同,见图 2-64b)。如需要量测截面应力、应变分布规律时,测点布置与受弯构件相同,见图 2-64a)。对于双向受弯构件,应在构件被测截面边缘布置不应少于 4 个的测点,见图 2-64c)。对于同时受剪力和弯矩作用的构件,当需要量测主应力大小和方向及剪应力时,应布置 45°或 60°的平面三向应变测点(即应变花测点),见图 2-64d)。主应力和剪应力可根据应变花量测的应变值,用材料力学应变分析法或应变图解法求得。对于纯扭构件,测点应布置在构件被测截面的两长边方向的侧面对应部位上,与扭转轴线成 45°方向。测点数量应根据研究之目的确定,见图 2-64e)。

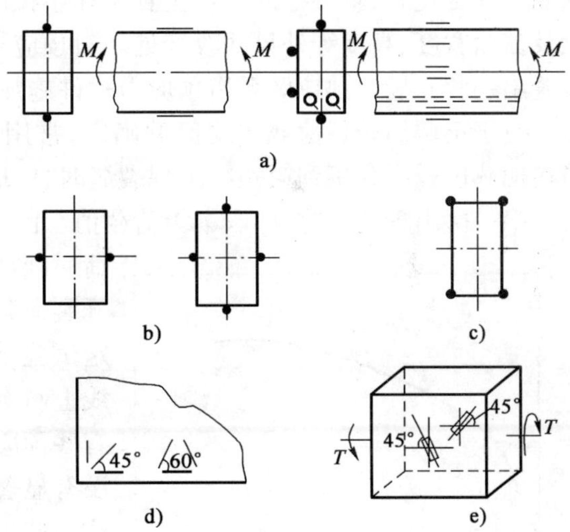

图 2-64　各种情况应变量测点布置

a)受弯构件截面;b)轴心受力构件;c)双向受弯构件;d)三向应变;e)纯扭构件

布置应变测点时,有些结构可以利用结构的对称性来布点,不仅可以节省应变计,还减少了大量测试工作和分析工作。如开孔的薄腹梁或薄壁容器等,其孔边上边界主应力方向是已知的,测定时可沿孔边切线方向布点。若试验结构对称,荷载作用对称,则在对称轴上的应变方向已知,一主应变沿对称轴作用,另一主应变与对称轴垂直,且其剪应变为零。为了确定超静定梁或框架的内力图形,可采用测定反弯点位置的方法来进行。即预先估计被测结构的反弯点位置,在其两侧各布置两个测点,测定其应变值,然后按比例作图即可求得应变为零的位置。如图 2-65 所示的框架,利用梁上四对应变测点,测定梁上两个反弯点附近的应变,在已知荷载 q 作用下,就可以求出两端固端弯矩值;同时,也可以用同样办法求得柱的反弯点和固端弯矩值。

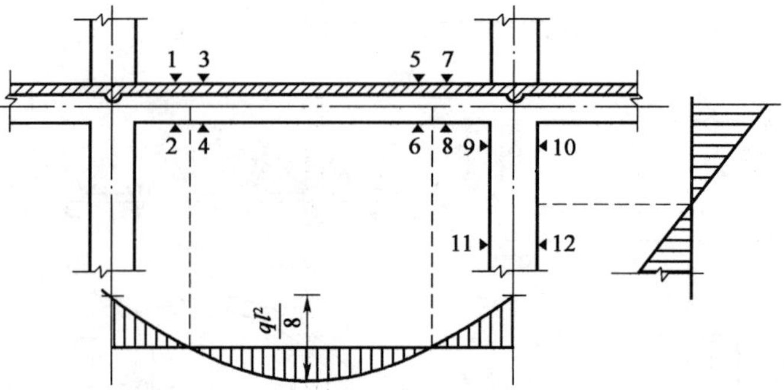

图 2-65　框架固端弯矩测定

这种方法的局限性在于:仅适用于结构处在弹性阶段的情况,一旦构件开裂(混凝土结构)或出现裂缝后,因发生内力重分布现象,而使测量结果有一定的出入。

(三)试验结构构件的裂缝量测

试验结构构件的裂缝测量主要是针对混凝土结构提出的。由于受拉区混凝土的拉应力测定不易准确,且其抗拉极限强度离散性较大,因此抗裂试验应直接测定试验结构构件的开裂荷载值,即出现第一条裂缝的荷载值,进而算出试验结构构件的抗裂检验系数。

垂直裂缝的观测位置应在结构构件的拉应力最大区段及薄弱环节,一般指弯矩最大处或截面尺寸变化处;斜裂缝的观测位置应在主拉应力最大区段,一般是在弯矩和剪力均较大的区段及截面宽度、高度等外尺寸改变处。对预应力混凝土构件,还应观测预拉区和端部锚固区的裂缝出现和开展。预拉区系指预应力构件施加预应力时形成的拉应力区。

对于正截面开裂荷载实测值的确定,常用的方法有三种:第一种方法是,放大镜观察法。当在加载过程中观察到第一次出现裂缝时,应取前一级荷载值作为开裂荷载;当在规定持荷时间内第一次出现裂缝时,应取本级荷载值与前一级荷载值的平均值作为开裂荷载;当在规定持荷时间结束后第一次出现裂缝时,应取本级荷载值作为开裂荷载。第二种方法是,荷载—挠度曲线判别法,测定试验结构构件控制截面处的挠度,取其荷载—挠度曲线上斜率首次发生变化时的荷载值为开裂荷载实测值。有些预应力混凝土构件,所测得的荷载—挠度曲线斜率没有显著变化,这时可取第一个转弯处两端切线的交点作为转折点,求出相应的开裂荷载的实测值(见图 2-66)。第三种方法是,采用连续布置应变计法。在结构构件受拉区的最外层表面沿受拉主筋方向在拉应力最大区段的全长范围内连续搭接布置应变计(见图 2-67),监测应变值的发展,取第一个应变计发生突变时的荷载值作为开裂荷载实测值。斜截面开裂荷载实测值的确定有放大镜观察法和垂直斜裂缝方向连续布置应变计两种方法(见图 2-68)。根据试验研究结果,当构件剪跨比不大(如不大于 2.0)时,斜裂缝一般发生在支座垫板边缘与加载垫板边缘的连线上。

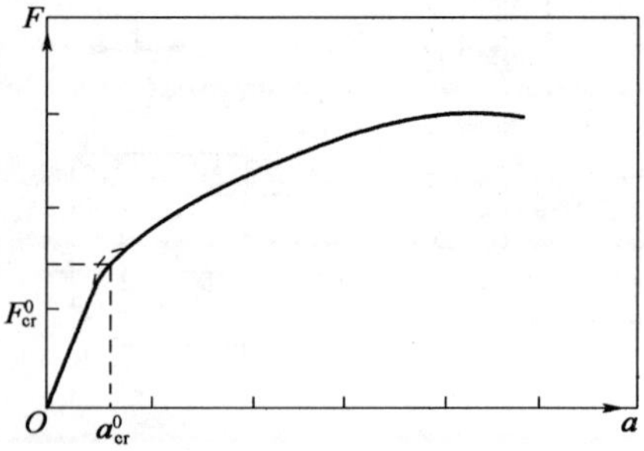

图 2-66　荷载—挠度曲线

试验结构构件开裂后应立即对裂缝的发生及发展情况进行详细观测,应量测正常使用荷载作用下的最大裂缝宽度值及各级荷载作用下的主要裂缝宽度、长度及裂缝间距和位置,并应要构件上标出,对破坏过程要作详细记录。

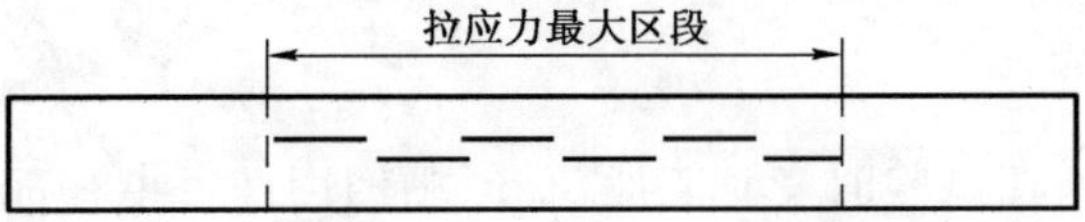

图 2-67　监测垂直裂缝出现的应变计布置

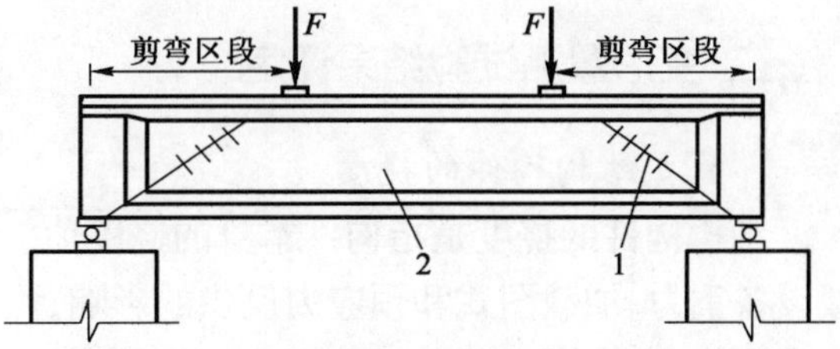

图 2-68　监测斜裂缝出现的应变计布置示意图
1-应变计;2-试件的受拉面

为了较准确地判断裂缝宽度,在试验持荷时间结束时,一般应选三条目估较大裂缝宽度用读数显微镜量测,取其中最大值为最大裂缝宽度值,以免误判。垂直裂缝的宽度应在结构构件的侧面相应于主筋高度处量测,通常应在下排钢筋水平处量测,而不应在构件底面量测,斜裂缝的宽度应在斜裂缝与箍筋或弯起钢筋交汇处量测。对于无箍筋和弯起钢筋的构件,如某些板类构件,则应在斜裂缝最宽处量测,最大裂缝宽度应在使用状态短期试验荷载值(对研究性试验取计算值,对检验性试验取检验值)持续作用30min 结束时量测。试验完毕后,应根据试件上的裂缝状况绘出裂缝展示图。

第五节　试验资料的整理

一、试验原始资料的整理

在工程结构试验和检测中,原始试验资料是研究和分析测试结果以及解决某些有争议问题的重要事实依据。首先应保持完整性、科学性和严肃性,不得随意更改。因此所有原始资料均应由试验、测读、记录、校核和项目负责人审核、签字方可备存。

根据试验得出的各种数据,应经过运算与换算并统一计量单位。特别是控制部位上安装的关键性仪表读数,如最大挠度控制点、最大侧移控制点及控制截面上的应变读数等,应在试验时当场整理、校核,及时通报,并与理论计算结果比较,以便掌握和控制试验的全过程。但其他数据的整理需在试验后进行,整理中应注意读数值的反常情况,如有仪表指示值与理论计算值相差很大,甚至有正负号颠倒的情况,要注意对这些现象出现的规律性进行分析,应判断出其原因是由于试验结构本身性能有突变(如发生裂缝、节点松动、支座沉降或局部应力已达屈服等)所致,还是由于仪表本身安装不当而造成,在没有足够的根据和理由判断出原因以前,绝不能轻易地舍弃任何数据,因为很有可能就在这些"反常"的读数和现象中,包含着我们尚未认为的因素。

试验原始资料应包括下列主要内容:

(1)试验对象的考察与检查。

(2)材料力学性能试验结果。

(3)实施过程中的变动情况记录。

(4)测读数据记录及裂缝图。

(5)描述试验异常情况的记录。

(6)破坏形态的说明及图例、照片。

二、变形量测试验结果评定

1. 简支结构构件的挠度

结构构件的挠度是指构件本身的挠度值。由于在试验时受到支座沉降、结构构件自重和加载设备重力、加载图式和预应力反拱的影响，而要得到结构构件在各级试验荷载作用下的短期挠度实测值，应考虑上述各项的影响，对所测的挠度值进行修正。修正后的挠度计算公式为：

$$a_{s,i}^{0}=(a_{q,i}^{0}+a_{g}^{c})\psi \tag{2-31}$$

$$a_{q,i}^{0}=u_{m,i}^{0}-\frac{1}{2}(u_{l,i}^{0}+u_{r,i}^{c}) \tag{2-32}$$

$$a_{g}^{c}=\frac{M_{g}}{M_{b}}a_{b}^{0}\ \text{或}\ a_{g}^{c}=\frac{F_{g}}{F_{b}}a_{b}^{0} \tag{2-33}$$

式中：$a_{s,i}^{0}$——经修正后的第 i 级试验荷载作用下的构件跨中短期挠度实测值；

$a_{q,i}^{0}$——消除支座沉降后的第 i 级试验荷载作用下的构件跨中短期挠度实测值；

a_{g}^{c}——构件自重和加载设备重力产生的跨中挠度值；

$u_{m,i}^{0}$——第 i 级外加试验荷载作用下构件跨中位移实测值（包括支座沉降）；

$u_{l,i}^{0}$，$u_{r,i}^{c}$——第 i 级外加试验荷载作用下构件左、右端支座沉降实测值；

M_{g}——构件自重和加载设备重力产生的跨中弯矩值；

M_{b}——从外加试验荷载开始至构件出现裂缝的前一级荷载为止的加载值产生的跨中弯矩值；

a_{b}^{0}——从外加试验荷载开始至构件出现裂缝的前一级荷载为止的加载值产生的跨中挠度实测值；

ψ——用等效集中荷载代替实际的均布荷载进行试验时，加载图式修正系数，按表 2-2 取用。

加载图式修正系数 表 2-2

名　称	修正系数 ψ	名　称	修正系数 ψ
均布荷载	1.00	四集中力八分点等效荷载	0.97
二集中力四分点等效荷载	0.91	八集中力十六分点等效荷载	1.00
二集中力三分点等效荷载	0.98		

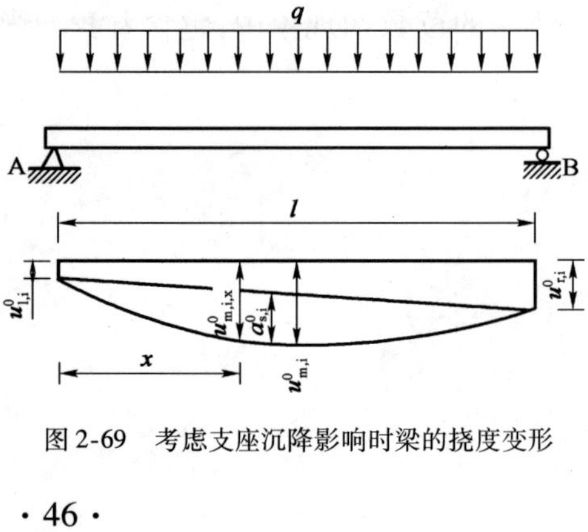

图 2-69　考虑支座沉降影响时梁的挠度变形

试验构件消除支座沉降的原理和方法如图 2-69 所示。

如果等效集中荷载的加载图式不符合表 2-3 中所列图式时，则应根据内力图用图形相乘法或积分法求出挠度，并与均布荷载下的挠度进行比较，从而求出加载图式修正系数 ψ 进行修正。

当支座处因遇障碍，在支座反力作用线上不能安装位移计时，可将仪表安装在离支座反力作用线内侧 d 距离处，这时应对式(2-30)中的 $a_{q,i}^{0}$ 乘以系数

ψ_a。ψ_a为支座测点偏移修正系数,见表2-3。

支座测点偏移修正系数 ψ_a 表2-3

$\frac{d}{l}$									
0.01	0.02	0.03	0.04	0.05	0.06	0.07	0.08	0.09	0.10
1.031	1.064	1.099	1.136	1.176	1.218	1.264	1.312	1.364	1.420
1.032	1.067	1.103	1.143	1.185	1.230	1.278	1.329	1.386	1.446
1.033	1.067	1.104	1.144	1.189	1.232	1.281	1.333	1.390	1.451
1.033	1.068	1.106	1.146	1.189	1.236	1.285	1.338	1.396	1.457

由于仪表的初始读数是在结构构件和试验装置安装后读取,加载后量测的挠度值中未包括自重引起的挠度变化,因此在构件挠度值中应加上构件自重和试验装置重力产生的挠度a_g^c,a_g^c的值,可以近似认为试验结构构件在开裂前是处于弹性工作阶段,弯矩—挠度关系为线性关系,如图2-70所示。

对于预应力混凝土构件,由于混凝土产生了预压作用使得结构产生反拱,构件越长,反拱值越大。因此结构构件短期挠度实测值中应扣除预应力反拱值a_p,即式(2-34)可写作:

$$a_{s,p,i}^0 = (a_{q,i}^0 + a_g^c - a_p)\psi \tag{2-34}$$

式中:a_p——预应力反拱值,对研究性试验取实测值a_p^0,对检验性试验取计算值a_p^c,不考虑超张拉对反拱的加大作用。

2. 悬臂构件的挠度

如图2-71所示,在确定悬臂构件自由端的各级试验荷载作用下的短期挠度实测值时,应考虑固定端的支座转角、支座沉降、结构构件自重和加载设备重力及其加载图式的影响。悬壁构件自由端在各级试验荷载作用下,经修正后的短期挠度实测值可按下式计算:

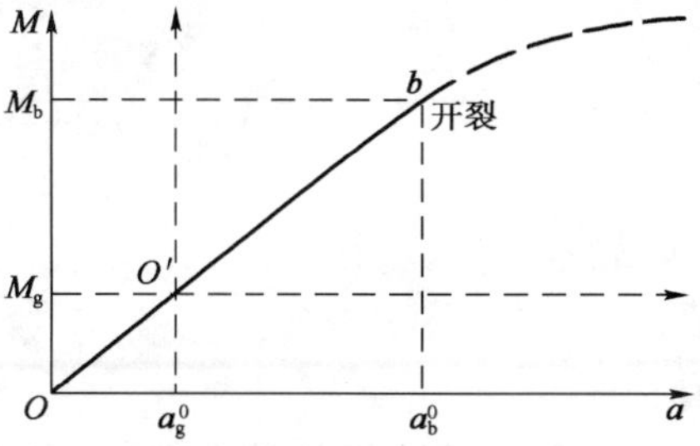

图2-70 自重挠度的确定

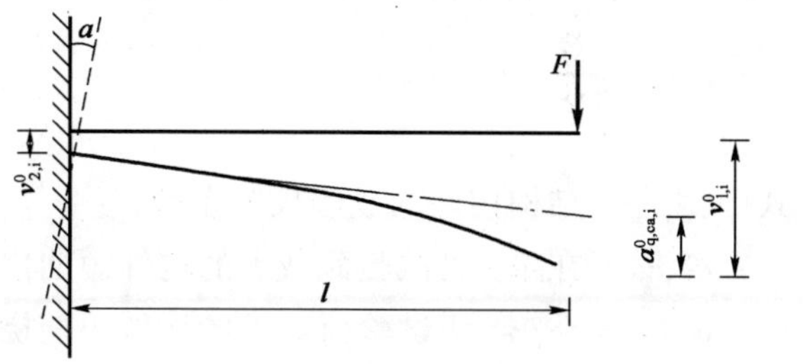

图2-71 悬臂构件自由端挠度的修正

$$a_{s,ca,i}^0 = (a_{q,ca,i}^0 + a_{g,ca}^c)\psi_{ca} \tag{2-35a}$$

$$a_{q,ca,i}^0 = v_{1,i}^0 - v_{2,i}^0 - l\tan\alpha \tag{2-35b}$$

$$a_{g,ca}^0 = \frac{M_{g,ca}^c}{M_{b,ca}^c} \cdot a_{b,ca}^0 \tag{2-35c}$$

式中:$a_{s,ca,i}^0$——经修正后的第i级试验荷载作用下悬臂构件自由端的短期挠度实测值;

$a_{q,ca,i}^0$——消除支座转角和支座沉降后的第i级试验荷载作用下悬臂构件自由端短期挠度实测值;

$v_{1,i}^0$——外加试验荷载作用下悬臂构件自由端位移实测值(包括转角产生的位移和支座沉降);

$v_{2,i}^{0}$——外加试验荷载作用下悬臂构件固定端支座沉降实测值；

a——悬臂构件固定端的截面转角；

l——悬臂构件的外伸长度；

$a_{g,ca}^{0}$、$M_{g,ca}^{c}$——悬臂构件自重和加载设备重力产生的挠度值和固定端弯矩；

$a_{b,ca}^{0}$、$M_{b,ca}^{c}$——从外加试验荷载开始至悬臂构件出现裂缝前一级荷载为止的加载值产生的自由端挠度实测值和固定端弯矩；

ψ_{ca}——悬臂构件的加载图式修正系数。对于承受均布荷载的悬臂构件，当在自由端用一个集中力作为等效荷载时，取 $\psi_{ca}=0.75$；否则应按图乘法找出修正系数。

3. 构件长期挠度值的估算

在进行设计或结构检验时，常常需要知道长期挠度值。此时，可按式(2-36)近似估算其长期挠度值：

$$a_{l}^{c}=\frac{M_{q}(\theta-1)+M_{k}}{M_{k}}a_{s}^{0} \tag{2-36}$$

式中：a_{l}^{c}——构件长期挠度值；

a_{s}^{0}——在正常使用试验荷载下构件短期挠度实测值；

M_{q}——按荷载效应的准永久组合计算的弯矩值；

M_{k}——按荷载效应的标准组合计算的弯矩值；

θ——考虑荷载效应的准永久组合对挠度增大的影响系数，按《混凝土结构设计规范》(GB 50010—2002)的规定采用。

4. 结构构件的变形校验系数

在研究性试验中，还需要将理论变形的计算结果与试验实测结果进行比较，此时应按式(2-37)计算结构构件的变形校验系数：

$$\xi_{a}=\frac{a_{s,i}^{c}}{a_{s,i}^{0}} \tag{2-37}$$

式中：ξ_{a}——结构构件的变形校验系数；

$a_{s,i}^{c}$——在第 i 级试验荷载下的构件短期挠度计算值；

$a_{s,i}^{0}$——在第 i 级试验荷载下的构件短期挠度实测值。

结构构件的变形校验系数 ξ_{a} 反映了刚度的理论计算结果与试验结果的符合程度：当 $\xi_{a}=1$ 时，表示符合良好；当 $\xi_{a}<1$ 时，表示计算结果比试验结果小，偏于不安全；当 $\xi_{a}>1$ 时，表示计算结果比试验结果大，偏于安全。

5. 变形曲线的绘制

结构构件的各种变形曲线可以形象、直观地反映荷载、时间等与变形的关系，是评价结构性能的重要依据，也是衡量试验结果是否正确的一种方法。因此，在进行变形量测的试验结果整理时，根据试验目的可绘制如下主要变形曲线：

(1)荷载—挠度曲线。绘制各种荷载作用下结构构件的挠度曲线。

(2)挠度—时间曲线。绘制正常使用试验荷载作用下的挠度—时间关系曲线。

(3)荷载—转角曲线。截面或支座的荷载—转角曲线。

(4)其他及必要的说明等。

6. 变形性能评定

(1)混凝土结构构件。当按《混凝土结构设计规范》(GB 50010—2002)规定的挠度允许值进行检验时,应满足式(2-38)~式(2-40)的要求:

$$a_s^0 \leqslant [a_s] \tag{2-38}$$

$$[a_s] = \frac{M_k}{M_q(\theta - 1) + M_k}[a_f] \tag{2-39}$$

或

$$[a_s] = \frac{Q_s}{Q(\theta - 1) + Q_s}[a_f] \tag{2-40}$$

式中:a_s^0、$[a_s]$——在正常使用短期检验荷载作用下,构件的短期挠度实测值和短期挠度允许值;

M_k、M_q——分别为按荷载效应的标准组合和准永久组合计算的弯矩值;

Q_s、Q——分别为按荷载效应的标准组合和准永久组合计算的弯矩值;

θ——考虑荷载效应的准永久组合对挠度增大的影响系数,按现行国家规范有关条文取用;

$[a_f]$——构件的挠度允许值,按现行国家规范有关规定采用。

(2)当按实配钢筋确定的构件挠度值进行检验,或仅作刚度、抗裂或裂缝宽度检验的构件,应满足下式要求:

$$a_s^0 \leqslant 1.2a_s^c;且\ a_s^0 \leqslant [a_s] \tag{2-41}$$

式中:a_s^c——在正常使用的短期检验荷载作用下,按实配钢筋确定的构件短期挠度计算值。

三、抗裂试验与裂缝量测的试验结果整理

1. 结构构件的抗裂校验系数

对于研究性检验,当要求将理论计算结果与试验结果进行比较时,应按式(2-41)计算结构构件的抗裂校验系数:

$$\xi_{cr} = \frac{S_{cr}^c}{S_{cr}^0} \tag{2-42}$$

式中:ξ_{cr}——结构构件的抗裂校验系数;

S_{cr}^c——结构构件的开裂内力计算值;

S_{cr}^0——结构构件的开裂内力实测值。

结构构件的抗裂校验系数ξ_{cr}反映了抗裂的理论计算结果与试验结果的符合程度:当$\xi_{cr} \approx 1$时,表示符合良好;当$\xi_{cr} < 1$时,表示计算结果比试验结果小,偏于不安全;当$\xi_{cr} > 1$时,表示计算结果比试验结果大,偏于安全。

2. 抗裂检验系数实测值

在检验性试验中,抗裂检验系数实测值应按两种情况计算。

(1)在荷载效应的标准组合下的结构构件的抗裂检验系数实测值:

$$v_{cr,s}^0 = \frac{S_{cr}^0}{S_s} \tag{2-43}$$

式中:$v_{cr,s}^0$——在荷载效应的标准组合下构件的抗裂检验系数实测值;

S_{cr}^0——构件的开裂内力实测值,根据构件开裂荷载实测值(包括自重)求得;

S_s——按荷载效应的标准组合计算的内力值(包括自重)。

(2)对于裂缝控制等级为二级的结构构件，还应按式(2-32)计算在荷载效应的准永久组合下的抗裂检验系数实测值：

$$v_{cr,l}^{0} = \frac{S_{cr}^{0}}{S_{l}} \tag{2-44}$$

式中：$v_{cr,l}^{0}$——荷载效应的准永久组合下，构件的抗裂检验系数实测值；

S_l——按荷载效应的准永久组合的设计值(包括自重)。

3. 裂缝宽度资料的整理与评定

对于检验性试验，应给出正常使用状态短期试验荷载下的最大裂缝宽度和最大裂缝宽度所在的位置，并说明量测部位，绘出裂缝展开图。如果最大裂缝宽度发生在非控制面上，应分析其原因。

对于研究性试验，还应根据试验目的要求绘制出各级试验荷载下的裂缝发生、发展及其分布状态的展开图，统计出各级试验荷载作用下的裂缝宽度平均值和裂缝间距平均值。给出各级试验荷载下的最大裂缝宽度和最大裂缝宽度的位置，并对裂缝的种类作出描述和说明。

对正常使用阶段允许出现裂缝的构件，构件的裂缝宽度检验应满足式(2-45)的要求：

$$W_{s,max}^{0} \leqslant [W_{max}] \tag{2-45}$$

式中：$W_{s,max}^{0}$——在正常使用短期检验荷载作用下，受拉主筋处最大裂缝宽度的实测值(mm)；

$[W_{max}]$——构件检验的最大裂缝宽度允许值，按表2-4取用。

构件检验的最大裂缝宽度允许值 表2-4

裂缝控制等级	设计要求的最大裂缝宽度限制	检验$[W_{max}]$
三级	0.2	0.15
	0.3	0.20
	0.4	0.25

四、承载力试验结果的整理

1. 检验性试验结构构件的承载力检验系数

对于检验性试验，应按式(2-46)计算构件承载力检验系数实测值：

$$v_{u}^{0} = \frac{S_{u}^{0}}{S} \tag{2-46}$$

式中：v_u^0——构件的承载力检验系数实测值；

S_u^0——构件的承载力实测值(包括自重)，根据构件的极限荷载实测值求得；

S——荷载效应组合的设计值(包括自重)，一般应由设计文件给出。

2. 研究性试验结构构件的承载力校验系数

对于研究性试验，需要将理论计算结果与试验结果进行比较时，应按下式计算结构构件的承载力校验系数：

$$\xi_{u} = \frac{R(f_{c}^{0}, f_{s}^{0}, a^{0} \cdots)}{S_{u}^{0}} \tag{2-47}$$

式中：ξ_u——结构构件的承载力校验系数；

$R(f_c^0, f_s^0, a^0\cdots)$——按材料实测强度和构件几何参数实测值确定的构件承载力计算值，按《混凝土结构设计规范》(GB 50010—2002)中有关承载力计算公式确定；

f_c^0——混凝土强度实测值；

f_s^0——钢材强度实测值；

a^0——结构构件几何参数实测值。

结构构件的承载力校验系数ξ_u反映了承载力的理论计算结果与试验结果的符合程度：当$\xi_u \approx 1$时，表示符合良好；当$\xi_u < 1$时，表示计算结果比试验结果小，偏于不安全；当$\xi_u > 1$时，表示计算结果比试验结果大，偏于安全。

3. 结构构件的应力和应变资料整理

对结构构件作应力、应变分析时，试验资料的整理应包括下列内容：

(1)各级试验荷载作用下结构构件控制截面上的应力、应变分布，中性轴高度。

(2)结构构件控制截面上最大应力(应变)—荷载关系曲线。

(3)结构构件的混凝土极限应变、钢筋的极限应变。

(4)结构构件复杂应力区的剪应力、主应力和主应力方向。

在整理分析试验资料时，结构构件的破坏过程和破坏特征也是确定承载力的依据，是反映结构性能的重要资料，因此应详细而准确地加以描述，作出破坏特征分析，并辅以必要的图示和照片。

第三章　动载试验检测技术

结构在移动的车辆、人群、风力和地震等动力荷载作用下会产生振动。尤其是桥梁跨径不断增大,以及吊桥和斜拉桥的大量采用,均使桥梁上部结构逐渐轻型化,从而使振动成为引起桥梁结构破坏的重要原因之一。因此,结构的振动分析一般需采用理论分析与试验测试相结合的方法解决,动载试验通常用于测试结构动力特性。结构的动力特性(振型、频率和阻尼比)是结构承载力评定的重要参数,同时也是识别结构工作性能和结构抗震分析的重要参数。

结构振动问题涉及振源(输入)、结构(系统)和响应(输出),在结构振动问题的输入、系统和输出中,知其中两者可以求第三者,所以结构的动载试验可以划分为三类基本问题:

(1)测定动荷载的动力特性,即引起结构产生振动的作用力数值、方向、频率和作用规律。

(2)测定结构的动力特性,即结构或构件的自振频率、阻尼比、振型等结构模态参数等。

(3)测定结构在动荷载作用下的强迫振动响应,即结构动位移、动应力、冲击系数等。

结构的振动试验涉及很宽的范畴,如模拟地震试验、抗风试验、疲劳试验等。本章主要介绍结构动力特性和动载响应的常规试验与分析。

第一节　振动测试物理基础

一、简谐振动

(一)简谐振动的特性

简谐振动是一种周期振动,它可以视作一个物体或质点相对于基准位置作往复运动,在一定的时间间隔 T(周期)后,运动自身精确地重复。周期振动可以用振动位移 $x(t)$ 为时间 t 的函数关系来表示:

$$x(t) = x(t + T) \tag{3-1}$$

周期振动的波形可以是各种各样的。最简单形式是单自由度体系正弦或余弦振动,即简谐振动。典型例子是单摆和弹簧悬挂重荷(质量—弹簧系统)的振动,见图 3-1。

把质点 m 的位移运动规律用时间作横坐标绘成曲线,见图 3-2。

T 代表振动周期,即两个相邻的、完全相同的运动状态所经过的时间。周期的倒数称为频率。

$$f = \frac{1}{T} \tag{3-2}$$

振动的大小可用振动的参量如位移、速度和加速度等的不同量值来表征。只要是简谐振动,各参量之间就有固定的数学关系。如果位移用 x 表示,时间用 t 表示,则简谐振动数学关系式可表示为:

$$x = x_m \sin\left(2\pi\frac{t}{T} + \varphi\right) \tag{3-3}$$

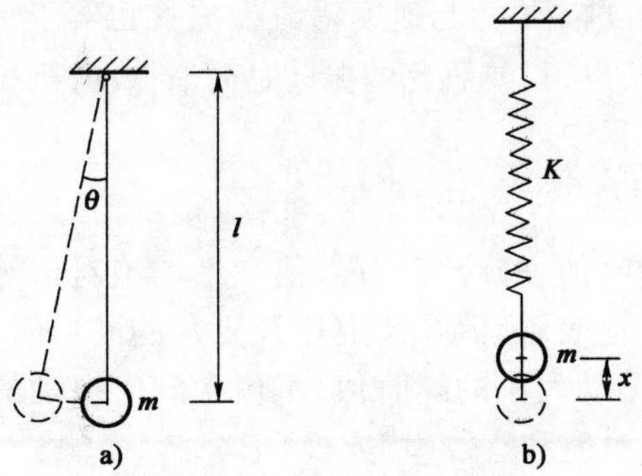

图 3-1　单自由度简谐振动
a）单摆振动系统；b）质量—弹簧振动系统

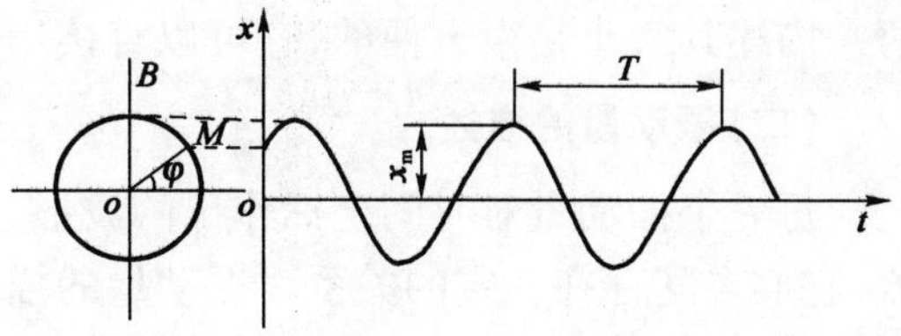

图 3-2　简谐振动曲线

式(3-3)也可写成：

$$x = x_m \sin(2\pi ft + \varphi) = x_m \sin(\omega t + \varphi) \tag{3-4}$$

式中：ω——角频率，$\omega = 2\pi f$；

x_m——离开基准位置的最大位移；

φ——初相位角。

简谐振动的数学关系式也可用余弦来表示：

即 $$x = x_m \cos\left(2\pi \frac{t}{T} + \varphi\right)$$

若图 3-2 所示的波形为正弦波形，且其初相位 $\varphi = 0$，这时振动方程为：

$$x = x_m \sin(\omega t) \tag{3-5}$$

由于运动物体(或质点)的速度是位移对时间的变化率，即是对时间的一次导数，所以振动过程也可以用速度表示，如式(3-5)可得：

$$v = \frac{dx}{dt} = \omega x_m \cos(\omega t) = v_m \cos(\omega t) = v_m \sin\left(\omega t + \frac{\pi}{2}\right) \tag{3-6}$$

式中：$v_m = \omega x_m = 2\pi f x_m$。

同样，运动物体(或质点)的加速度是速度对时间的变化率，即位移对时间的二次导数。

$$a = \frac{dv}{dt} = \frac{d^2 x}{dt^2} = -\omega^2 x_m \sin(\omega t) = -a_m \sin(\omega t) = a_m \sin(\omega t + \pi) \tag{3-7}$$

式中：$a_m = \omega^2 x_m = 4\pi^2 f^2 x_m$。

从式(3-5)～式(3-7)可以看出，简谐振动的位移、速度、加速度的振动形式基本上是相似的，其周期完全相同，差别只是相位角和幅值不同。它们的相位角的关系是：速度超前位移 $\pi/2$（即 90°）的相位角；加速度超前位移 π（即 180°）的相位角，也就是与位移振动方向相反；加速度超前速度 $\pi/2$（即 90°）的相位角。幅值 x_m、v_m、和 a_m 用以作为振动大小的特征量，可以看出：

速度幅值v_m与位移幅值之比等于一个角频度ω；加速度幅值a_m与速度幅值v_m之比也等于一个角频率ω，加速度幅值a_m与位移幅值x_m之比为ω^2。所以，只要研究的振动是简谐振动，则用峰值来描述其大小是很方便的，它可以直接用于上述方程中。

（二）振动量的描述

每一个振动量对时间坐标作出的波形，可以得到峰值、峰峰值、有效值和平均绝对值等量值，它们之间存在一定的关系。振动量的描述常用峰值表示，但在研究比较复杂的波形时，只用峰值描述振动过程是不够的。因为峰值只能描述振动大小的瞬时值，不包含产生振动的时间过程。在考虑时间过程时的进一步描述，是平均绝对值和有效（均方根）值。

峰值定义为：

$$x_{峰} = x_m$$

即从波形的基线位置到波峰的距离，也可称为振幅。峰峰值是正峰到负峰间的距离。

平均绝对值的定义为：

$$x_{|平均|} = \frac{1}{T}\int_0^T |x(t)| \, dt$$

有效值定义为：

$$x_{有效} = \sqrt{\frac{1}{T}\int_0^T x^2(t)\, dt}$$

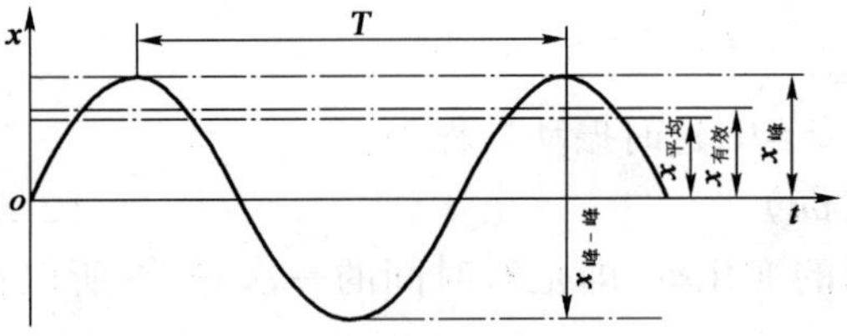

图 3-3　正弦波的峰值、有效值、平均绝对值示意图

平均绝对值的使用价值较小，而有效值因与振动的能量有直接关系，所以使用价值较大，特别是对随机振动的研究，使用价值更大。

简谐振动波形峰值、有效值和平均绝对值见图 3-3。

各量之间的关系为：

$$x_{有效} = \frac{\pi}{2\sqrt{2}} x_{|平均|} = \frac{1}{\sqrt{2}} x_{峰}$$

这些关系式更通用的形式为：

$$x_{有效} = F_f x_{|平均|} = \frac{1}{F_c} x_{峰}$$

F_f 称为波形因数：

$$F_f = \frac{x_{有效}}{x_{|平均|}} \tag{3-8}$$

F_c 称为波峰因数：

$$F_c = \frac{x_{峰}}{x_{有效}} \tag{3-9}$$

F_f 和 F_c 给出了所研究振动波形的指标，对正弦振动：

$$F_f = 1.11 \approx 1$$

$$F_c = 1.414 \approx 3$$

关于波形峰值、有效值和平均绝对值之关系的分析，对位移、速度、加速度和各种讯号波形都是适用的。但各种不同波形的 F_f 和 F_c 值是不一样的，有时有很大的差别。例如，正弦波、三角波和方波，其 F_f 值与 F_c 值分别列于表 3-1。

表 3-1

波　形	波形因数 F_1	波峰因数 F_c
正弦波	$\frac{\pi}{2\sqrt{2}}=1.111$	$\sqrt{2}=1.414$
三角波	$\frac{2}{\sqrt{3}}=1.155$	$\sqrt{3}=1.732$
方波	1.000	1.000

(三)简谐振动方程式

如图 3-1 所示的质量—弹簧振动体系,忽略弹簧质量,根据达朗贝尔原理,可以得出无阻尼单自由度系统的自由振动运动方程式:

$$m\frac{\mathrm{d}^2x}{\mathrm{d}t^2}+Kx=0 \tag{3-10}$$

式中第一项是惯性力,第二项是弹性力。

设 $\omega^2=\frac{K}{m}$,则式(3-10)可写为:

$$\frac{\mathrm{d}^2x}{\mathrm{d}t^2}+\omega^2x=0 \tag{3-11}$$

方程(3-11)为二阶常系数线性齐次微分方程,它的解为:

$$x=A_1\cos\omega t+A_2\sin\omega t \tag{3-12}$$

或

$$x=A\sin(\omega t+\varphi) \tag{3-13}$$

公式(3-13)与公式(3-4)比较,式中 $A=x_m$,即最大位移。这就是简谐振动经常用的一种简单形式通解,也是无阻尼自由振动的通解。

式中

$$A=\sqrt{A_1^2+A_2^2} \tag{3-14}$$

$$\varphi=\arctan\frac{A_1}{A_2} \tag{3-15}$$

(四)初位移和初速度对简谐振动的影响

实际振动物体在振动开始前往往有初位移和初速度存在,它们的影响可以通过对上述方程的解进行讨论解决。在式(3-12)和式(3-13)中的常数 A_1 和 A_2,或者 A 与 φ,都是解方程中的积分常数,它们由振动的初始条件决定,即由初始扰动所给予的初位移和初速度来确定。

设 $t=0$ 时,初速度为 v_0,初位移为 x_0,则由式(3-12)及其导数方程可求得:

$$A_1=x_0,\ A_2=\frac{v_0}{\omega}$$

于是式(3-12)~式(3-15)可写成:

$$x=x_0\cos\omega t+\frac{v_0}{\omega}\sin\omega t \tag{3-16}$$

$$x=\sqrt{x_0^2+\frac{v_0^2}{\omega^2}}\sin\left(\omega t+\arctan\frac{x_0\omega}{v_0}\right) \tag{3-17}$$

$$\left.\begin{aligned}A&=\sqrt{x_0^2+\frac{v_0^2}{\omega^2}}\\ \varphi&=\arctan\frac{x_0\omega}{v_0}\end{aligned}\right\} \tag{3-18}$$

由式(3-18)可知,振幅 A 及初相位角 φ 由初位移 x_0 和初速度 v_0 决定。所以同一物体(质点)的简谐振动系统,由于初始条件不同,能够有各种振幅及各种初相位的振动,而振动频率是相同的。

(五)简谐振动的能量

由于振动质点具有速度,所以具有动能 E_v。

$$E_v = \frac{1}{2}mv^2$$

将 $v = A\omega\cos(\omega t + \varphi)$ 代入,得:

$$E_v = \frac{1}{2}mA^2\omega^2\cos^2(\omega t + \varphi) \tag{3-19}$$

振动质点具有位移,所以还具有位能 E_K。位能可用弹性力所做的功来度量,其值为:

$$E_K = \frac{1}{2}Kx^2$$

将 $x = A\sin(\omega t + \varphi)$ 代入,得:

$$E_K = \frac{1}{2}KA^2\sin^2(\omega t + \varphi) \tag{3-20}$$

振动质点的总能量 E 为动能和位能之和,即:

$$E = E_V + E_K$$

$$E = \frac{1}{2}mA^2\omega^2\cos^2(\omega t + \varphi) + \frac{1}{2}KA^2\sin^2(\omega t + \varphi)$$

$$\because \quad m\omega^2 = K$$

$$\therefore \quad E = \frac{1}{2}KA^2[\cos^2(\omega t + \varphi) + \sin^2(\omega t + \varphi)]$$

$$= \frac{1}{2}KA^2 \tag{3-21}$$

即振动质量的总能量 E 与振幅 A^2 及刚度系数 K 成正比。

将 $\omega^2 = 4\pi^2 f^2 = \dfrac{K}{m}$ 代入,得:

$$E = 2\pi^2 mf^2A^2 \tag{3-22}$$

振动质点的总能量与质量 m 成正比,与频率 f^2 和振幅 A^2 成正比。

二、单自由度阻尼自由振动

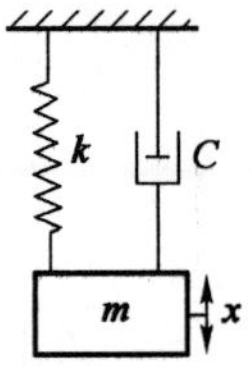

图 3-4 单自由度阻尼自由振动

在质量—弹簧振动系统中增加一个阻尼器,如图 3-4 中 C 产生黏性阻尼力,即:

$$F_{阻} = -C_v = -C\frac{\mathrm{d}x}{\mathrm{d}t}$$

阻尼力的方向与速度方向相反,其大小与速度成正比例,这种阻尼称为黏性阻尼。因此,可得出单自由度阻尼自由振动的运动方程:

$$m\frac{\mathrm{d}^2x}{\mathrm{d}t^2} + C\frac{\mathrm{d}x}{\mathrm{d}t} + Kx = 0 \tag{3-23}$$

为书写方便,用符号 $\ddot{x}$ 代替 $\dfrac{\mathrm{d}^2x}{\mathrm{d}t^2}$,$\dot{x}$ 代替 $\dfrac{\mathrm{d}x}{\mathrm{d}t}$,并设 $\omega^2 = \dfrac{K}{m}$,$2\varepsilon = \dfrac{C}{m}$,代入式(3-23),得:

$$\ddot{x} + 2\varepsilon\dot{x} + \omega^2 x = 0 \tag{3-24}$$

式中：ω——无阻尼自由振动之角频率即固有频率；

ε——阻尼系数。

方程(3-24)是普通的常系数线性微分方程，其解为：

$$x = Ae^{rt} \tag{3-25}$$

式中：A，r——系数。

将式(3-25)代入式(1-24)得特征方程式：

$$r^2 + 2\varepsilon r + \omega^2 = 0 \tag{3-26}$$

它的两个解：

$$r_{1,2} = -\varepsilon \pm \sqrt{\varepsilon^2 - \omega^2} \tag{3-27}$$

根据 ε 与 ω 的数学关系可以得到三种情况，即 $\varepsilon = \omega$；$\varepsilon < \omega$ 和 $\varepsilon > \omega$。在讨论之前先引入一个物理概念：

$$D = \frac{\varepsilon}{\omega} = \frac{C}{2\sqrt{mK}} \tag{3-28}$$

D 是一个无量纲阻尼系数之比，简称阻尼比或阻尼常数。

当 $\varepsilon = \omega$ 时 $D = 1$ 称为临界阻尼，这时阻尼系数称为临界阻尼系数用 ε_c 表示：

$$\varepsilon_c = \omega$$

当 $\varepsilon < \omega$ 时，$D < 1$，称为小阻尼；

当 $\varepsilon > \omega$ 时，$D > 1$，称为大阻尼。

三、简谐力作下的强迫振动

简谐力作用下的阻尼振动系统如图 3-5，其运动方程为：

$$m\frac{dx^2}{dt^2} + C\frac{dx}{dt} + Kx = F_0 \sin\omega_e t$$

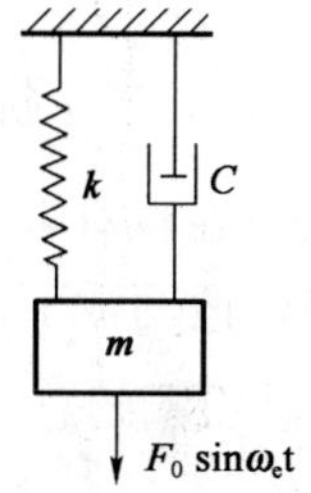

图 3-5　阻尼强迫振动

方程式的解由 $x_1 + x_2$ 这两部分组成：

$$x_1 = e^{-\varepsilon t}(C_1 \cos\omega_D t + C_2 \sin\omega_D t)$$

式中：$\omega_D = \omega\sqrt{1 - D^2}$

C_1、C_2 常数由初始条件决定：

$$x^2 = A_1 \sin\omega_e t + A_2 \cos\omega_e t \tag{3-29}$$

其中
$$A_1 = \frac{q(\omega^2 - \omega_e^2)}{(\omega^2 - \omega_e^2)^2 + 4\varepsilon^2\omega_e^2}$$

$$A_2 = \frac{2q\omega_e\varepsilon}{(\omega^2 - \omega_e^2)^2 + 4\varepsilon^2\omega_e^2}, \qquad q = \frac{F_0}{m}$$

x_1 代表阻尼自由振动项，x_2 代表阻尼强迫振动项。

自由振动项周期：

$$T_D = \frac{2\pi}{\omega_D}$$

强迫振动项周期：

$$T_e = \frac{2\pi}{\omega_e}\text{（与干扰力的周期相同）。}$$

由于阻尼的存在，自由振动项随时间不断地衰减，以至消失。最后，只剩下后两项，也就是通常讲的定常强迫振动。

(一)无阻尼强迫振动

在 C 和 $\varepsilon \to 0$ 时，前述常数 $A_1 = \dfrac{q}{\omega^2 - \omega_e^2}$，$A_2 = 0$，则：

$$x = C_1\cos\omega t + C_2\sin\omega t + \frac{q}{\omega^2 - \omega_e^2}\sin\omega_e t \tag{3-30}$$

当 $t = 0$ 时，$x = 0$，$\dot{x} = 0$，将 $C_1 = -\dfrac{q}{\omega^2 - \omega_e^2}$，$C_2 = 0$ 代入式(3-30)，得：

$$x = \frac{q}{\omega^2 - \omega_e^2}\sin\omega_e t - \frac{q}{\omega^2 - \omega_e^2}\cos\omega t \tag{3-31}$$

式中第一项为强迫振动项，第二项为伴随自由振动项。

伴随自由振动项的振幅由干扰力决定，频率为系统的固有频率，与干扰频率无关。如果当初始条件 x_0 不是零时，还会有因初始条件而产生的自由振动项。

在干扰力作用下，运动刚一开始，自由振动和强迫振动两项振动同时存在，两者振幅相同，当 ω_e 接近于 ω 时，这两个简谐振动的叠加将产生“拍”的现象。

这种现象，特别是在拍的周期 T 大于振动周期 τ 好几倍时，更加明显。不过，由于实际上受阻尼的影响，自由振动很快消逝。因此，这种现象只有在运动刚开始的短暂时间内才能看到。

应该指出，当干扰力频率 $\dfrac{\omega_e}{2\pi}$ 接近于固有频率 $\dfrac{\omega}{2\pi}$ 时，拍的周期越变越大，直到 $\omega_e = \omega$ 时，变成无穷大。在没有阻尼时，振幅将随时间无限增大，即产生“共振”现象。为说明这个问题，将方程(3-31)改写成下列形式：

$$x = \left[\frac{2q\sin\dfrac{\Delta\omega t}{2}}{(\omega + \omega_e)(\omega - \omega_e)}\right]\sin\left(\frac{\omega + \omega_e}{2}\right)t \tag{3-32}$$

$$\Delta\omega = \omega - \omega_e$$

其中，在 ω_e 趋近于 ω 时，$\omega + \omega_e = 2\omega$，得：

$$\sin\frac{\Delta\omega t}{2} \approx \frac{\Delta\omega t}{2}$$

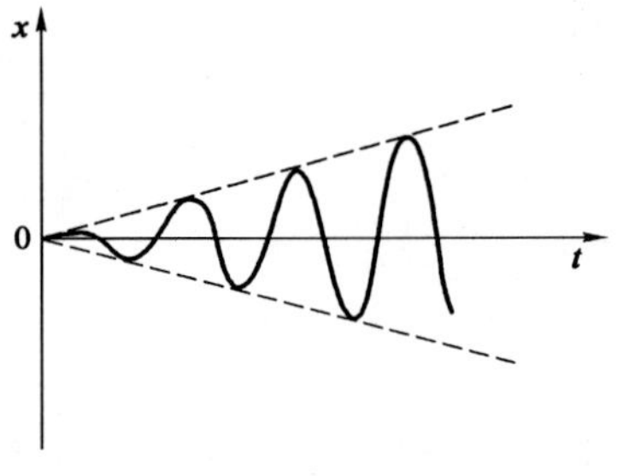

图 3-6　共振现象

由方程式(3-32)得：

$$x = \frac{qt}{2\omega_e}\sin\omega t \tag{3-33}$$

式(3-33)表明，共振时的振幅将随时间无限地逐渐增大(见图 3-6)。实际上的振动体系都是具有一定阻尼的，因此共振不会达到无限大，而是达到一定值后进入稳定状态。

(二)有阻尼强迫振动

当有阻尼的强迫振动，经过一定时间后，只剩下强迫振动部分，由式(3-29)得：

$$x = \frac{Q(\omega^2 - \omega_e^2)}{(\omega^2 - \omega_e^2)^2 + 4\varepsilon^2\omega_e^2}\cos\omega_e t + \frac{2q\omega_e\varepsilon}{(\omega^2 - \omega_e^2) + 4\varepsilon^2\omega_e^2}\sin\omega_e t$$

通过变换可写成：

$$x = A\sin(\omega_e t - \varphi) \tag{3-34}$$

式中

$$A = \sqrt{A_1^2 + A_2^2} = \frac{q/\omega^2}{\sqrt{\left(1 - \frac{\omega_e^2}{\omega^2}\right)^2 + \frac{4\varepsilon^2\omega_e^2}{\omega^4}}}$$

$$\varphi = \arctan\frac{A_2}{A_1} = \arctan\left(\frac{2\omega_e\varepsilon}{\omega^2 - \omega_e^2}\right)$$

设频率比 $u = \frac{\omega_e}{\omega}$，将 $\varepsilon = D\omega$ 代入上式，则振幅：

$$A = \frac{\frac{q}{\omega^2}}{\sqrt{(1 - u^2)^2 + 4u^2D^2}} \tag{3-35}$$

滞后相位角：

$$\varphi = \arctan\frac{2Du}{1 - u^2} \tag{3-36}$$

因为 $\frac{q}{\omega^2} = \frac{F_0/m}{K/m} = \frac{F_0}{K} = x_{st}$ 为弹簧受干扰力峰值作用引起的静位移，所以振幅 A 可写成：

$$A = \frac{1}{\sqrt{(1 - u^2)^2 + 4u^2D^2}}x_{st} = \beta x_{st} \tag{3-37}$$

其中：

$$\beta = \frac{1}{\sqrt{(1 - u^2)^2 + 4u^2D^2}} \tag{3-38}$$

式(3-44)中的 β 称为动力放大系数，是强迫振动时的动力系数，即动幅值与静幅值之比。这个数值对拾振器和单自由度体系的振动的研究很重要。

四、复合振动与振动的分解

简谐振动是振动的特例，也是单自由度体系振动的简单情况。实际振动往往是很复杂的，通常是一种多自由度体系的振动。几个简谐振动可以合成一个复合振动，复合振动也可以分解为几个简谐振动。

(一)振动的叠加复合

1. 两个振动方向相同的同频振动的合成

两个振动方向相同、频率相同的简谐振动 x_1 和 x_2 合成时，合成振动仍是简谐振动，其角频率 ω 不变。合成振动的振动幅和初相位角用下式表示：

振动方程为：

$$x_1 = A_1\cos(\omega t + \varphi_1)$$
$$x_2 = A_2\cos(\omega t + \varphi_2) \tag{3-39}$$

合成振动的振幅：

$$A = \sqrt{A_1^2 + A_2^2 + 2A_1A_2\cos(\varphi_2 - \varphi_1)} \tag{3-40}$$

合成振动的初相位角：

$$\tan\varphi = \frac{A_1\sin\varphi_1 + A_2\sin\varphi_2}{A_1\cos\varphi_1 + A_2\cos\varphi_2} \tag{3-41}$$

2. 两个振动方向相同的异频振动的合成

两个振动方向相同，但角频率不同($\omega_2 > \omega_1$)的简谐振动，其合成振动不是简谐振动，合成振动的振幅 A 是随时间 t 变化的函数，用下式表示：

$$A = \sqrt{A_1^2 + A_2^2 + 2A_1A_2\cos(\omega_2 - \omega_1)t} \tag{3-42}$$

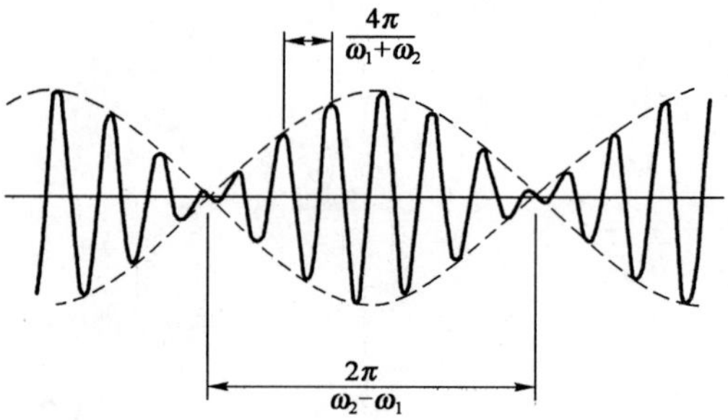

图 3-7　拍形波形示意图

3. 两个振幅相同且频率接近的振动的合成

两个振幅相同($A_1 = A_2$)，频率相差很少(比较接近)的简谐振动，其合成的复合振动仍近似为简谐振动。但振幅随时间做周期性的缓慢变化，有时增大，有时减小，这种现象叫做“拍”(图 3-7)。

合成振动方程：

$$x = A_1[\cos(\omega_1 t + \varphi) + \cos(\omega_2 t + \varphi)] \tag{3-43}$$

经三角变换简化后得：

$$x = A\cos\left[\frac{\omega_1 + \omega_2}{2}t + \varphi\right] \tag{3-44}$$

式中：$A = \left|2A_1\cos\frac{\omega_2 - \omega_1}{2}t\right|$ (3-45)

因为 $\omega_2 - \omega_1$ 极小，所以 A 表示极缓慢的周期变化的振幅。拍的周期 T 和频率 f 为：

$$T = \frac{2\pi}{\omega_2 - \omega_1} \tag{3-46}$$
$$f = f_2 - f_1$$

4. 两个振动方向互相垂直的振动合成

设两个振动方向相互垂直、周期相同的波，振动方程为：

$$x = A_1\cos(\omega t + \varphi_1)$$
$$y = A_2\cos(\omega t + \varphi_2)$$

其合成振动为：

$$\frac{x^2}{A_1^2} + \frac{y^2}{A_2^2} - \frac{2xy}{A_1A_2}\cos(\varphi_2 - \varphi_1) = \sin^2(\varphi_2 - \varphi_1) \tag{3-47}$$

式(3-47)由于($\varphi_2 - \varphi_1$)的不同，将具有不同的轨迹。

当 $\varphi_1 = \varphi_2$ 时，得：

$$\frac{x}{y} = \frac{A_1}{A_2}$$

这是通过坐标原点的直线方程式(图 3-8a),其合成振动方程为:

$$S = \sqrt{A_1^2 + A_2^2}\cos(\omega t + \varphi) \tag{3-48}$$

当 $\varphi_2 - \varphi_1 = \pi$ 时,得:

$$\frac{x}{y} = -\frac{A_1}{A_2}$$

也是一条直线方程(见图 3-8b),质点沿直线作简谐振动。

当 $\varphi_2 - \varphi_1 = \frac{\pi}{2}$ 或 $\frac{3\pi}{2}$ 时,合成振动的轨迹方程为:

$$\frac{x^2}{A_1^2} + \frac{y^2}{A_2^2} = 1 \tag{3-49}$$

这是椭圆运动方程式,质点沿椭圆作简谐振动。

$\varphi_2 - \varphi_1$ 为 $\frac{\pi}{2}$ 或 $-\frac{3\pi}{2}$ 时,质点沿顺时针方向运动,见图 3-9a)。

$\varphi_2 - \varphi_1$ 为 $-\frac{\pi}{2}$ 或 $\frac{3\pi}{2}$ 时,质点沿反时针方向运动,见图 3-9b)。

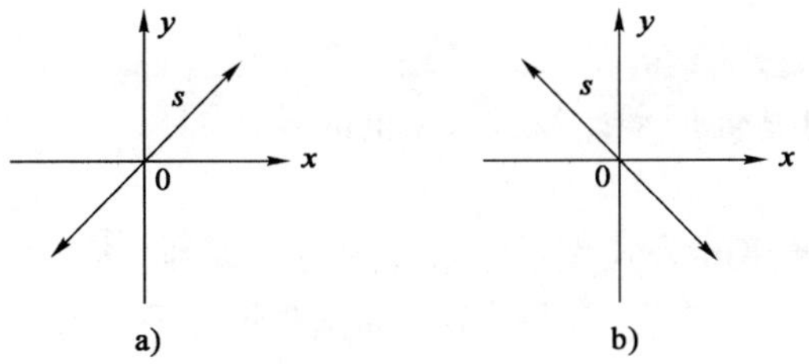

图 3-8 振动方向垂直合成的振动轨迹

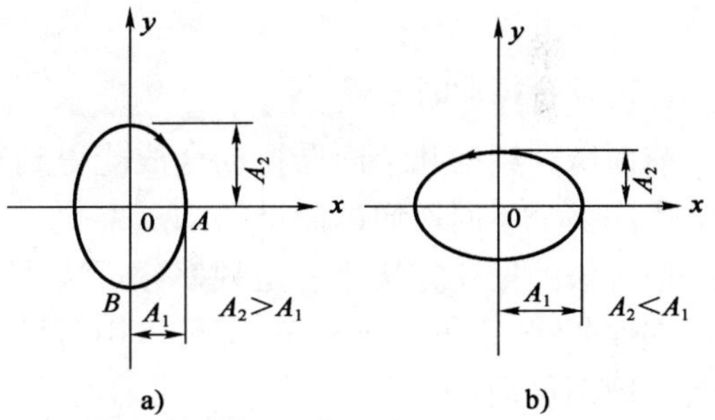

图 3-9 质点的椭圆运动

质点的运动方向可通过下述两个振动方程表示清楚:

$$x = A_1\cos(\omega t + \varphi)$$

$$y = A_2\cos\left(\omega t + \varphi + \frac{\pi}{2}\right) = -A_2\sin(\omega t + \varphi)$$

当 $\omega t + \varphi = 0°$ 时,$x = +A_1$,$y = 0$,质点在 A 点[图 3-9a)]。

当 $\omega t + \varphi = 90°$ 时,$x = 0$,$y = -A_2$,质点在 B 点,即质点按顺时针方向运动。

除 $\pm\frac{\pi}{2}$ 及 $\pm\frac{3\pi}{2}$ 外,相位差的其他值不能给出椭圆轨迹。若两简谐振动周期不同时,合成振动的周期将更为复杂。

5. 三个振动方向互相垂直振动的合成

三个振动方向互相垂直的简谐振动合成时,若其周期相同、初相位角相同,其合成振动也是简谐振动,质点作直线运动,即为三个振动矢量的合成。合成振动的振幅为:

$$A = \sqrt{A_1^2 + A_2^2 + A_3^2} \tag{3-50}$$

若周期和初相位角不同时,合成振动就变得非常复杂了。

6. 不同周期和幅值的振动合成

对于不同周期和幅值的振动合成,可利用傅里叶级数合成复杂的周期振动,这是在实际工作中常遇到的情形,其中较简单的典型波形如图 3-10 所示。

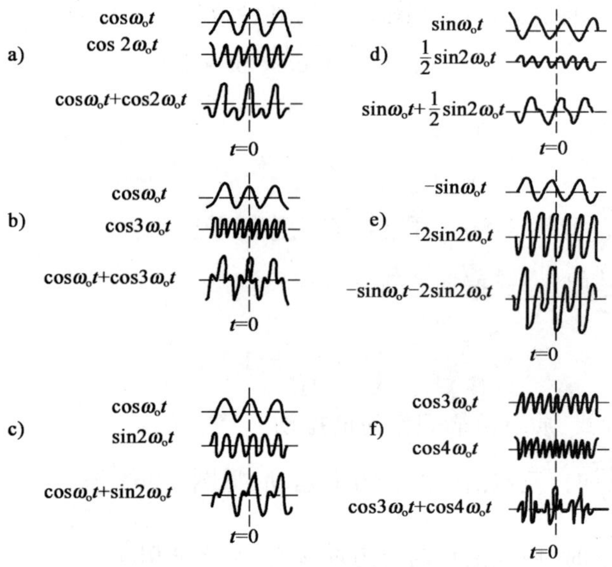

图 3-10　几种典型合成波形

（二）复合振动的分解

前面所介绍的几个简谐振动合成能得到复杂的复合振动。反过来，非常复杂的振动也能分解为许多个不同性质的简谐振动。

最有效的描述方法之一是频率分析法，它是以傅里叶公式表示的数学理论为基础，表明任何周期性曲线，不管如何复杂，都可以用傅里叶级数分解为许多种频率的简谐振动之和。设一个复杂周期振动：

$$x = F(t)$$

则可以分解为：

$$x = A_0 + A_1\sin(\omega t + \varphi_1) + A_2\sin(2\omega t + \varphi_2) + A_3\sin(3\omega t + \varphi_3) + \cdots + B_1\cos(\omega t + \varphi_1) + B_2\cos(2\omega t + \varphi_2) + B_3\cos(3\omega t + \varphi_3) + \cdots \tag{3-51}$$

式中，系数 A_0、A_1、A_2…，B_1、B_2、B_3…对应于 $F(t)$ 的一定形式，可按一定公式求得。对于奇函数（自变数变号，函数也变号，但绝对值不变），B_1、B_2…等于零。对于偶函数（自变数变号，函数仍不变号），A_1、A_2…等于零。

例如，一个简单的非简谐周期运动示于图 3-11。

它可以分解为两个简谐振动 $A_1\sin\omega t$ 与 $A_2\sin2\omega t$，示于图 3-12。

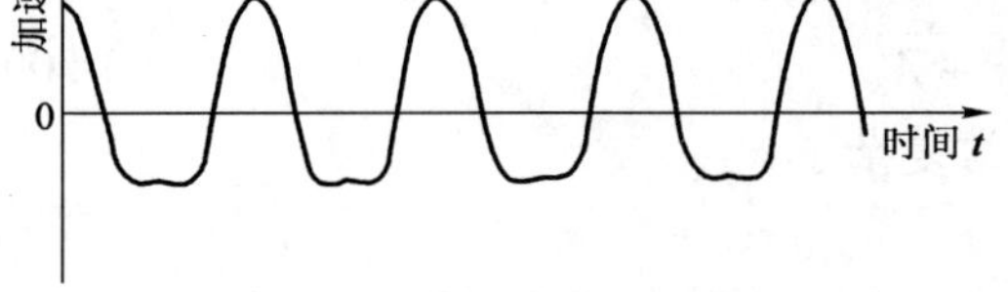

图 3-11　非简谐周期振动

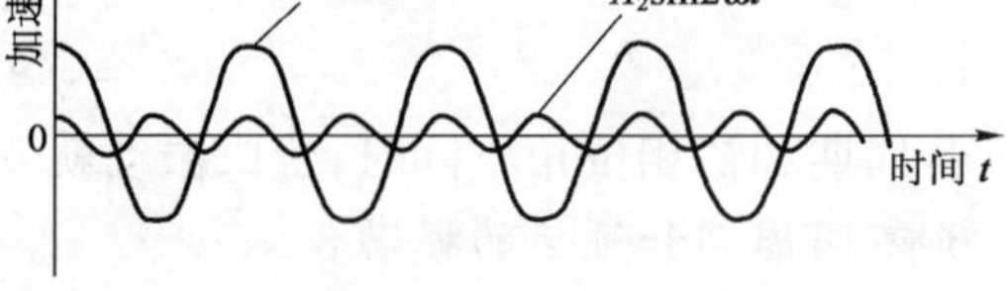

图 3-12　对图 3-11 波形分解的两个简谐波形

同样如图 3-13 所示为非简谐振动，以虚线表示，可分解为波形 $A_1\sin\omega t$ 和$\frac{A_1}{2}\sin2\omega t$。

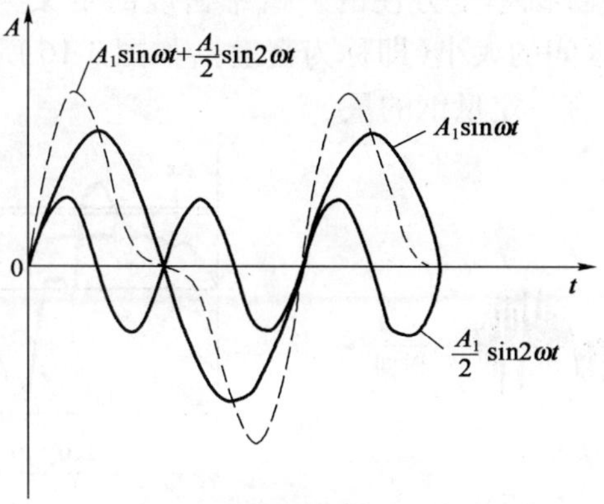

图 3-13　非简谐振动的分解

图 3-14 所示三角波可以分解为四个主要的正弦波之和，即：

$$x = 0.82A\sin\omega t - 0.091A\sin3\omega t + 0.033A\sin5\omega t - 0.017A\sin7\omega t + \cdots \tag{3-52}$$

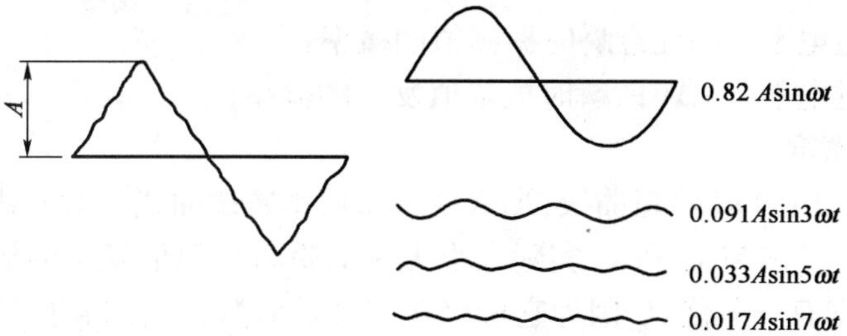

图 3-14　三角波的分解

不同原因引起的实际工程的振动都是很复杂的，振动的振幅在不断衰减。有时，一定的振动状态一经出现后就不再重复了，如像冲击爆炸引起的非周期性振动。对于这些振动就不能以一系列不连续频率 ω、2ω、3ω…的傅里叶级数表示，而必须用傅里叶积分的方法来展开表示。

五、随机振动与瞬态振动和冲击

随机振动、瞬态振动和机械冲击，在日常生活中经常碰到，它们是由诸如爆炸、锤击、超声速运动以及设备的滥用等现象所造成的，因为这些现象突然释放出各种不同形式的能量。

(一)随机振动

随机振动在振动过程中，质点运动周期没有规律，并且过程永不精确重复，如图 3-15 所示。

为了获得随机振动的完整描述，从理论上讲，要做无限长时间的记录，但这是不可能的。实际上，使用的是有限时间的记录。即使如此，如果记录时间过长，描述的方法也将变得十分麻烦。因此，通常使用的方法是建立在统计力学和信息理论的基础上，并涉及用概率密度表示振幅概率分布和用均方频谱表示连续振动频谱的相关知识。

概率的概念是从数学中引来的，它表示一特殊事件发生的机会。如果事件肯定发生，该事件的发生概率是 1。若事件肯定不发生，则发生的概率就说是 0。因此，概率是 1 和 0 之间的正实数。

随机振动的统计特性是与时间变化无关的随机振动，称为稳态随机振动。研究稳态随机振动时，用概率密度概念代替概率是方便的。概率密度的定义为：在一定的振幅区间 Δx 内，瞬时振幅值的概率除以该区间的大小（即称为密度），如图 3-16 所示。这意味着概率虽是无量纲的量，但概率密度是一个有一定量纲的量。

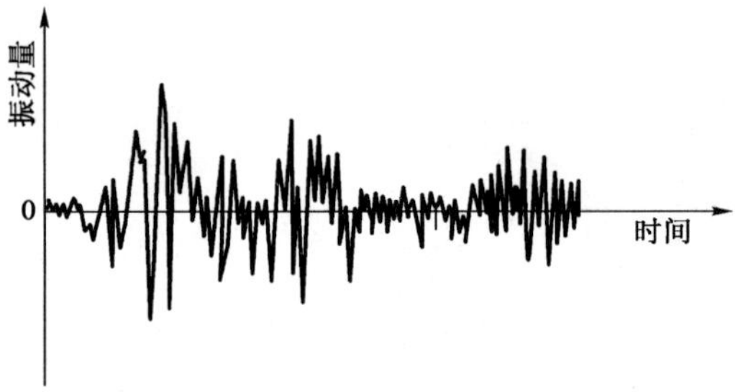

图 3-15　随机振动

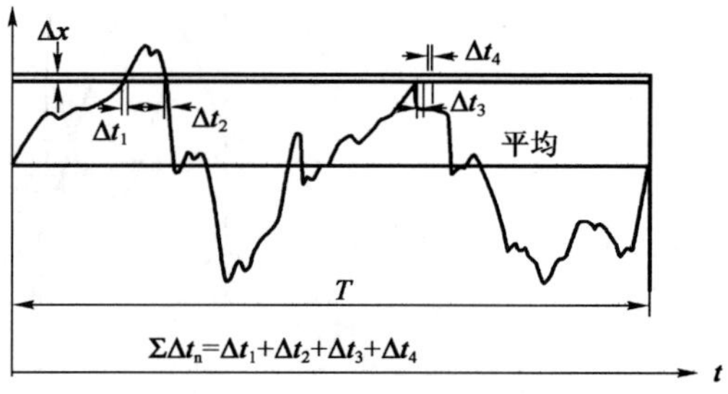

图 3-16　概率和概率密度概念示意图

在一个确定的振幅电平 x 内，概率密度的公式为：

$$p(x) = \lim_{\Delta x \to 0} \frac{P(x) - P(x + \Delta x)}{\Delta x} \tag{3-53}$$

式中：$P(x)$——超过电平 x 的任意瞬时振幅值的概率；

$P(x+\Delta x)$——超过电平 $x+\Delta x$ 的瞬时振幅值发生的概率；

$p(x)$——概率密度。

如果画出所有 x 值的 $p(x)$ 值曲线，那么就一条概率密度曲线。对曲线从 x_1 到 x_2 积分，就直接表示区间（$x_2 - x_1$）内与 x_1 和 x_2 实际大小无关的瞬时振幅值发生的概率。用概率密度曲线表示试验概率数据有一些优点，因为它可以在许多试验数据之间直接比较而与试验中所振幅区间 Δx 的宽度无关。用概率密度曲线的形式表示理论上的概率数据，这种方法在实际工作中应用广泛。

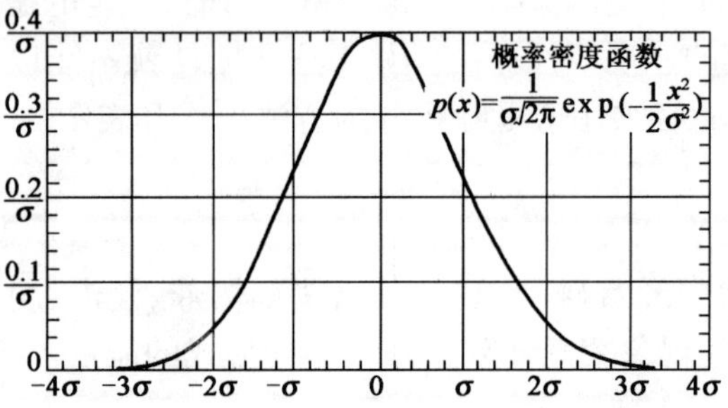

图 3-17　归一化的高斯概率密度曲线

由概率密度的定义可知，在所有可能的振幅值范围内积分密度曲线，积分值将是 1，因为在所有可能的振幅值内，一定振幅值的概率是 1。把试验和理论数据变换成概率数据（要满足概率密度曲线下的面积为 1）的处理过程归一化。通常最常用的归一化概率密度曲线为正态）曲线（图 3-17）。

虽然，概率密度是一个有用的讯号描述，给出了振动讯动瞬时振幅如何平均分布的极好信息，但是，它不能给研究过程的时间历程或频率成分的信息，为了获得完善，需要引出一个自相关函数 $\psi(\tau)$。该函数描述一个器时振幅值是怎样依赖上述发生的瞬时振幅值的，$\psi(\tau)$ 定义为：

$$\psi(\tau) = \lim_{T \to \infty} \frac{1}{T} \int_0^T f(t) f(t + \tau) \, \mathrm{d}t \tag{3-54}$$

式中：$f(t)$——在任一瞬时 t 上的振动过程的量值；

$f(t+\tau)$——滞后一时间 τ 时所观察的同一过程的量值。

有关自相关函数的基本概念如图 3-18 所示。

在理想稳态随机过程情况下，自相关函数是由一个在0($\tau=0$)附近无限窄的脉冲函数(图3-19a)组成的。因为，过程中的每个瞬时振幅值应完全与所有其他瞬时振幅值无关。但是，实际上自相关函数同稳态随机振动结合聚集在$\tau=0$附近，并不是"无限窄"的脉冲函数，如图3-19b)、c)。在0附近，曲线可展开，是因实际的随机过程频率都有一定的范围；并且，频率范围越窄，相应的自相关函数扩展得越开。

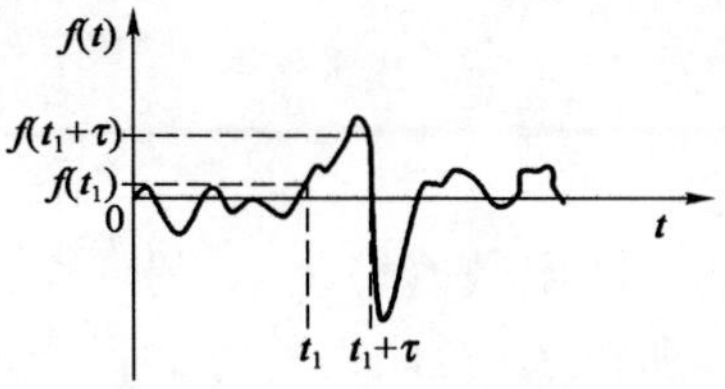

图3-18 自相关函数的基本概念

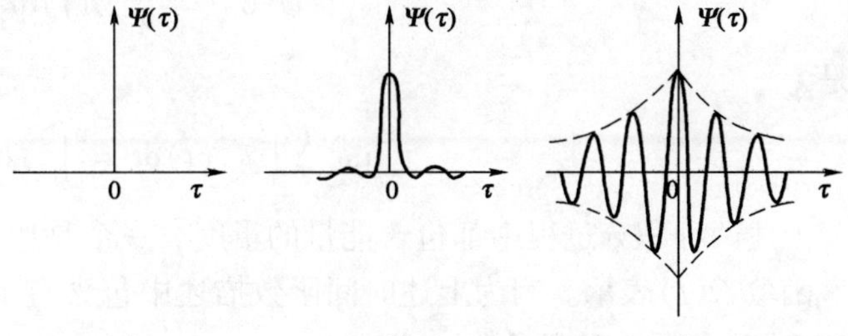

图3-19 自相关函数示意图

a)包含0→∞频率的理想稳态随机过程的自相关函数；b)"实际的"宽频带稳态随机过程的自相关函数；c)窄频带稳态随机过程的自相关函数

通过自相关函数还可以推导出十分重要的另一种函数，它与周期振动所描述的傅里叶频谱有些相似，这种函数称为均方频谱密度函数，也称为功率谱密度函数。它可通过自相关函数推导如下。

若$\psi(\tau)$从$-\infty\to+\infty$的积分是有限的，则可写成：

$$\Omega(\omega)=\int_{-\infty}^{\infty}\psi(\tau)e^{-j\omega t}\mathrm{d}\tau \tag{3-55}$$

式中：f——频率，$\omega=2\pi f$。

由傅里叶积分的理论可知$\psi(\tau)$也可以由上述积分的逆变换求得：

$$\psi(\tau)=\frac{1}{2\pi}\int_{-\infty}^{\infty}\Omega(\omega)e^{j\omega t}\mathrm{d}t$$

$$=\int_{-\infty}^{\infty}\Omega(\omega)e^{j2\pi ft}\mathrm{d}f \tag{3-56}$$

$\psi(\tau)$和$\Omega(\omega)$之间的傅里叶积分关系通常叫做维纳—肯特辛(Wiener-Kintchine)关系。它在随机过程理论方面起着十分重要的作用。

在实际可实现的稳态过程中，只用正频率运算，而$\psi(\tau)=\psi(-\tau)$，因此，$\psi(\tau)$的积分变成：

$$\psi(\tau)=2\int_{0}^{\infty}\Omega(\omega)\cos(\omega\tau)\mathrm{d}f \tag{3-57}$$

若引进函数$\Omega(f)$，使得：

$$\Omega(f)=2\Omega(\omega)$$

则
$$\psi(\tau)=\int_{0}^{\infty}\Omega(f)\cos(2\pi f\tau)\mathrm{d}f$$

为了说明函数$\Omega(f)$，考虑$\tau=0$的情况：

$$\psi(0) = \lim_{T\to\infty}\frac{1}{T}\int_0^T f(t)f(t+0)\,\mathrm{d}t$$
$$= \lim_{T\to\infty}\frac{1}{T}\int_0^T f^2(t)\,\mathrm{d}t$$

和

$$\psi(0) = \int_0^\infty \Omega(f)\,\mathrm{d}f$$

于是

$$\lim_{T\to\infty}\frac{1}{T}\int_0^T f^2(t)\,\mathrm{d}t = \int_0^\infty \Omega(f)\,\mathrm{d}f \tag{3-58}$$

上述两种积分过程中都包含能量的量度。一个是用过程的时间函数 $f(t)$ 表示,另一个用频率函数 $\Omega(f)$ 表示。因为上述时间函数描述中包含有平方项,所以 $\Omega(f)$ 叫做均方频谱密度函数(或功率频谱密度函数)。

在分析方面,从研究自相关函数着手,进而用上述关系计算均方频谱密度函数。另一方面,试验手段用模拟频谱分析仪直接测量均方频谱密度函数一般比较容易。

理想的模拟频谱分析仪只允许具有各个频率分量的被测讯号部分,处在一窄频带 Δf 内。若分析仪对这些频率分量不产生衰减或放大,则传至它的指示装置的讯号是:

$$\int_0^\infty \Omega(f)\,\mathrm{d}f = \int_f^{f+\Delta f} \Omega(f)\,\mathrm{d}f$$
$$= \lim_{T\to\infty}\frac{1}{T}\int_0^T f_{\Delta f}^2(t)\,\mathrm{d}t$$

式中,$f_{\Delta f}(t)$ 是上述整个讯号 $f(t)$ 的在 Δf 内的频率分量部分,若在 Δf 小到使 $\Omega(f)$ 在这个频率范围内可认为是一个常数时,那么:

$$\int_f^{f+\Delta f} \Omega(f)\,\mathrm{d}f = \Omega(f)\Delta f$$

于是,在 $\Delta f \to 0$ 的极限情况下,可以得到:

$$\Omega(f) = \lim_{\Delta f\to 0}\lim_{T\to\infty}\frac{1}{\Delta f T}\int_0^T f_{\Delta f}^2(t)\,\mathrm{d}t \tag{3-59}$$

式(3-59)则是随机讯号的均方频谱密度分析中的大部分模拟试验技术的基础。

通过方程:

$$\lim_{T\to\infty}\frac{1}{T}\int_0^T f^2(t)\,\mathrm{d}t = \int_0^\infty \Omega(f)\,\mathrm{d}f$$

可以看出,该式左边表示式同先前用来表达周期振动讯号的有效值的表示式的平方有某些相似。实际上在取极限时,表示式则完全相同。这就是说,不管讯号具有周期性还是随机性,可以用它的总有效值来描述复杂讯号。

在作频率描述时,周期性讯号可以用它的各个频率分量(它的频谱)的有效值来描述。而随机讯号由于产生连续频谱,最好是用均方频谱密度函数来描述。因此,在一定带宽内测得的有效值将由带宽来确定。

（二）瞬态振动和冲击

瞬态振动和机械冲击的共同点是能量释放的过程持续时间短，并且是突然发生的。

简单的冲击可以定义为：动能传递到一个系统，其发生传递的时间，比这个系统的自振周期要短。而瞬态振动（瞬变现象或称复冲击）的持续时间可达该系统振动的几个周期那样长。

冲击和瞬态振动可以用力、加速度、速度和位移来描述，完整的描述需要对所研究的参量取得其精确的时间历程记录。

冲击或瞬态振动对一定的机械系统产生的影响，可以从傅里叶分析中找到。若冲击的时间函数是 $F(t)$，则它的傅里叶变换为：

$$F(f) = \int_{-\infty}^{+\infty} F(t) e^{-j\omega t} dt \tag{3-60}$$

式(3-60)和稳态随机振动的均方频谱密度函数之间有类似之处。然而，一个很明显的差别在于，稳态随机振动的均方频谱密度函数是经过时间平均了的偶函数的自相关函数的傅里叶变换。而冲击（脉冲）函数的傅里叶积分不涉及时间平均。因而在某种程度上使得需要做积分计算的测量技术复杂化。但在数学上处理问题是没有困难的，在图 3-20 中给出了各种冲击的时间函数和它们的傅里叶频谱。一般说来，一个冲击脉冲包含着由零到无限大的所有频率的能量，而频谱是连续的，没有离散的频率分量。

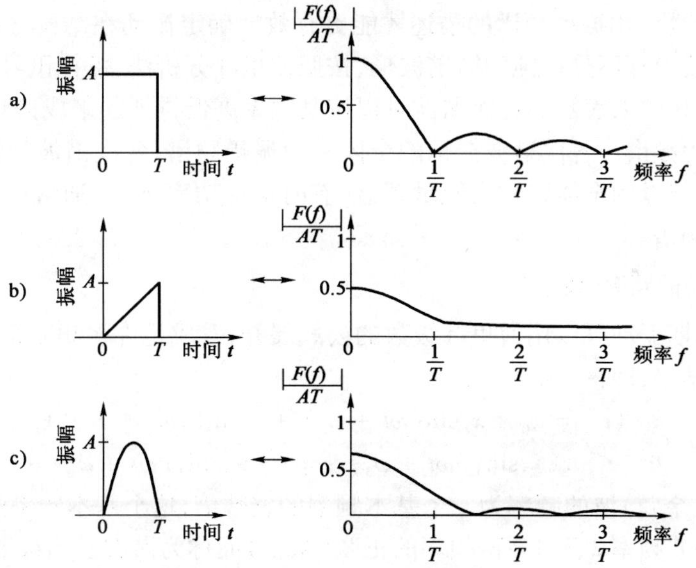

图 3-20　冲击的时间函数及其傅里叶变换例子

a）矩形冲击脉冲：$|F(f)| = AT\left|\frac{\sin\pi fT}{\pi fT}\right|$

b）终端峰值的锯齿形冲击脉冲：$|F(f)| = \frac{AT}{2}\left[\frac{1}{\pi fT}\sqrt{1 - \frac{1}{\pi fT}\sin 2\pi fT + \left(\frac{1}{\pi fT}\sin\pi fT\right)}\right]$

c）半正弦冲击脉冲：$|F(f)| = \frac{2AT}{\pi}\left|\frac{\cos\pi fT}{1-4f^2T^2}\right|$

图中 $F(f)$ 表达式里，所有平行括号内的表达式，随着 f 接近于 0 而近似趋于 1，结果在极低频率上，频谱分量的振幅等于冲击脉冲的面积（振幅—时间积分），而不要考虑脉冲的形状。这种基本关系，在冲击试验中具有重要的实际意义。这意味着，只要冲击脉冲的持续时间比作用于其上的机械系统的自振周期短，则冲击的强度仅仅由冲击脉冲的面积来确定。

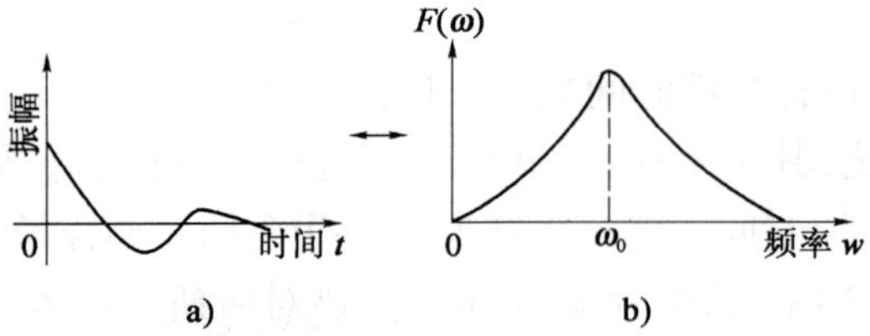

图 3-21　振荡瞬变及其傅里叶频谱函数

a) 瞬变时间函数

$$F(t) = e^{-\varepsilon t}\cos(\omega_0 t + \varphi)$$

$$\varphi = \tan^{-1}\left(\frac{\varepsilon}{\omega_0}\right)$$

b) 傅里叶频谱

$$F(\omega) = \frac{\omega}{\sqrt{[(\omega_0^2 + \varepsilon^2) - \omega^2]^2 + (2\varepsilon\omega)^2}}$$

瞬态振动情况稍有不同，这种现象既可由单周期的“冲击衰减波”组成，又可由振荡瞬变组成。振荡瞬变的傅里叶频谱函数表示在图 3-21 中。在这种特殊情况下，频谱分量的振幅随着频率 $f = \dfrac{\omega}{2\pi}$ 趋向于 0 而趋于 0。同样，大约在瞬变振荡的频率 $f_0 = \dfrac{\omega_0}{2\pi}$ 附近时，达到频谱的最大振幅。这种最大值越宽阔，瞬变终止越快。

如果“瞬变”完全不终止，即当“瞬变”不再是瞬变，而是周期现象时（这时是简谐振动），频谱就变成离散的频谱线$\left(\text{在} f_0 = \dfrac{\omega_0}{2\pi}\text{上，最大值无限窄}\right)$。

六、振动频谱

振动波形除了用时间坐标（称为时间域）来描述振动特性外，往往需要用频率坐标（频率域）来描述振动特性。用振动频谱的描述才能更有效地确定振动在结构分析和测试技术中的各种影响。实际波形都不是单纯的简谐波形，按照傅里叶分析法，可把讯号分解为许多个谐波分量，由其振幅和相位来表征。各次谐波可以按其频率高低排列起来成谱状，按这样排列的各次谐波的全体称为频谱。各次谐波振幅的全体称为振幅频谱，各次谐波相位的全体称为相位频谱，而各次谐波能量的全体则称为能量频谱（有时也称功率谱）。通常，如果不加说明，频谱通常指的是振幅频谱。

（一）周期振动的频谱（线谱）

如前所述，周期振动可以用傅里叶级数的公式展开，看成是许多频率组成谐波关系的正弦或余弦波的叠加结果，即：

$$x(t) = x_0 + x_1\sin(\omega t + \varphi_1) + x_2\sin(2\omega t + \varphi_2) + x_3\sin(3\omega t + \varphi_3) + \cdots + x_n\sin(n\omega t + \varphi_n) + \cdots \tag{3-61}$$

这些正弦（或余弦）波的频率为一个基本频率的整数倍，这个基本频率的正弦波（余弦波）称为基波，等于基波频率 2、3、4…倍频率的正弦（余弦）波称为谐波。当级数成分越多时，该级数就越加接近于原始波形。

用频谱来描述的三种周期讯号示于图 3-22 中。

用频率域描述时，振动频谱有幅度谱和相位谱之分。对前面图 3-10 所示的六组波形的幅度谱和相位谱示于图 3-23 中。

图 3-23 的各图包括两部分，振幅谱代表所具有的那些分量的振幅；相位谱代表各分量在时间原点所具有的相位。振幅谱与相位谱合在一起就确定了它们相应的合成波形。图 3-23 中 a)，它们的振幅谱在 ω_0 和 $2\omega_0$ 处有两条谱线，幅度相同，具有相同相位谱角，即 0 相位。图 3-23b）表示在 ω_0 和 $3\omega_0$ 处有两条同振幅的谱线，相位谱的相角相同，0 相位。图 3-23c）表示在 ω_0 和 $2\omega_0$ 有两条相等谱线，但相角不同，ω_0 的相角为 0°，$2\omega_0$ 的相角为 −90°。图 3-23d）ω_0 和 $2\omega_0$ 的振幅谱值大一倍，相角相同，都在 −90°处。图 3-23e）表示 ω_0 和 $2\omega_0$ 的振幅谱值小一倍，相

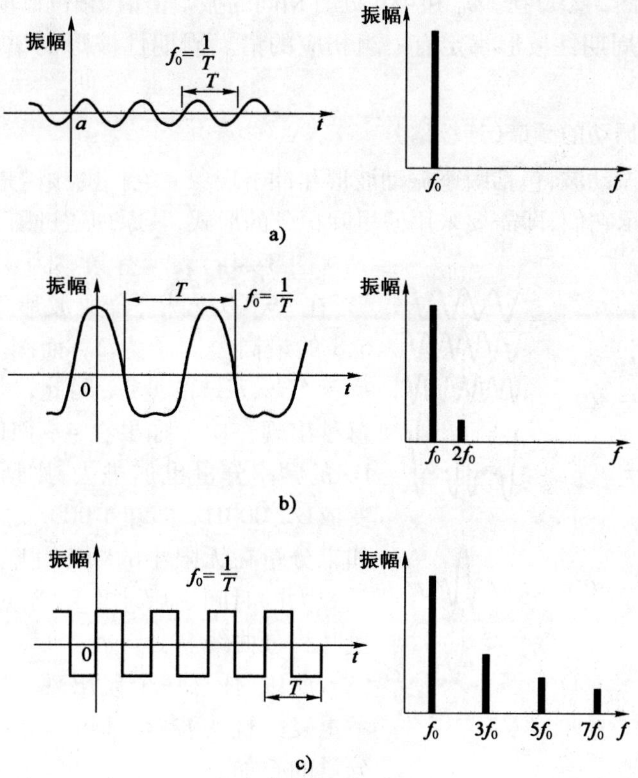

图 3-22　周期讯号频谱

a)表示正弦波,它在f_0 有一条谱线;b)简单复合波,它有两条不同振幅谱线;c)表示周期形方波,它由许多不同振幅谱线组成

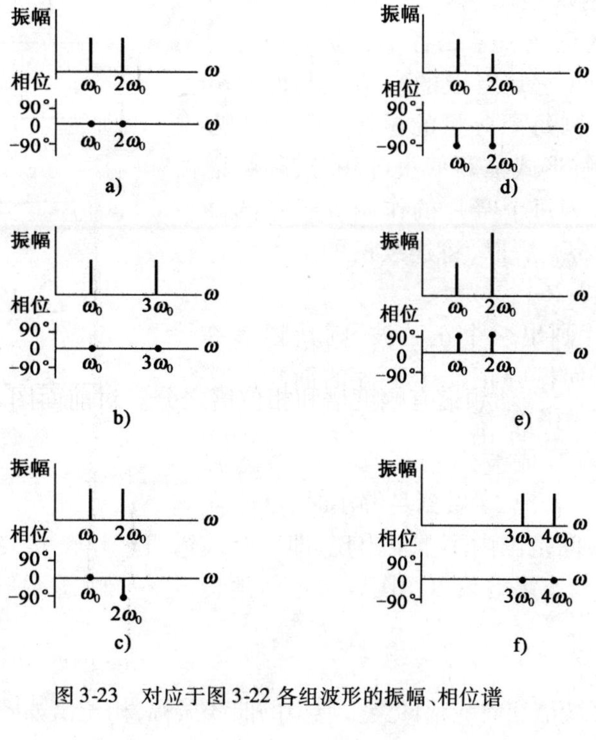

图 3-23　对应于图 3-22 各组波形的振幅、相位谱

位角同，在90°处。图3-23f)在$3\omega_0$和$4\omega_0$处有相同的振幅谱值，相位谱值相同，都是0相位。

同样任意一个周期性波形肯定有一组相应的谱。周期性波形的谱称为线谱，是由一些离散的线条组成。

(二)非周期波振动的频谱(连续谱)

对于非周期性振动波，包括瞬态振动波形和冲击现象。它们的频谱是不能用线谱来表示的，必须用连续谱来表示它们，即需要采用傅里叶积分的形式，其原理通过图3-24可以直观地看出。

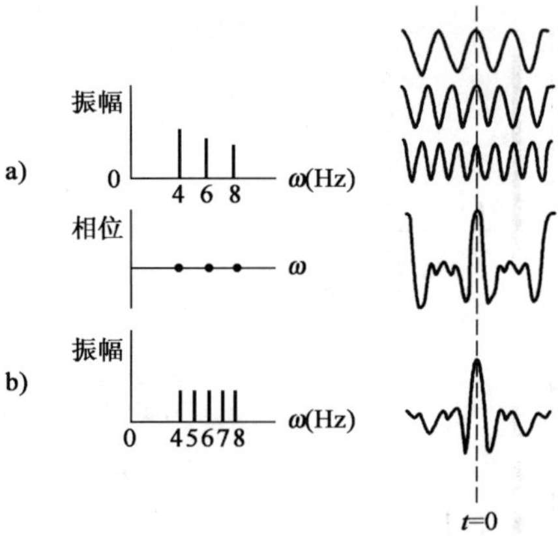

图3-24　傅里叶级数向积分过渡的示意

图3-24a)表示有频率为4Hz、6Hz、8Hz的三个波形，在$t=0$为同相，合成波形每秒出现两次，因为4、6、8的最高公因子为2。而图3-24b)中，又加进了频率为5Hz、7Hz的波形，因此，最高公因子变成1，所以每秒出现一次。如果在4～8Hz之间，把相差1/1 000Hz的频率分量也加进去，则所得合成波形的频率就变成1/1 000Hz，即在1 000s之后才重新出现。同样，如果分量在无限小的频率间隔上出现，则合成波就在无穷大的时间之后才重复出现，这样就逐步逼近了傅里叶积分曲线。

所以，任意一个仅出现一次的瞬态波形，也就是不重复出现的波形，都可以看成是无限小的基频谐波分量的叠加。

1. 连续振幅谱

某些连续振幅谱的图形如图3-25所示。从图3-25a)、b)可以看到，在波形中部时间原点附近的波形有相似的形状，但它不再重复出现。

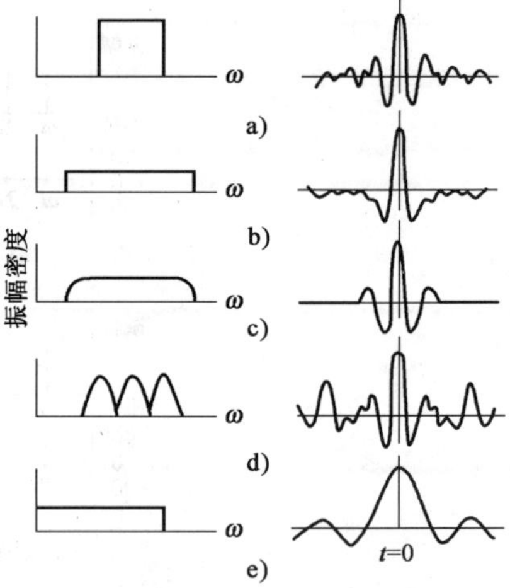

图3-25　一些连续谱和对应的零相位波形

连续谱用分解图形表示是很困难的，因为很难画出无数个小幅度的正弦或余弦各个分量。而且时间波形包含的总能量(它是有限的)，应该与所有分量的能量之和相等，则每个分量的振幅必须为无限小。因此，为了以图解形式描写傅里叶积分，须将谱分成许多窄片Δf，认为每个窄片的作用等于它的高度A_i乘以它的宽度Δf。所以，将连续谱的纵坐标标成振幅谱密度，见图3-26。

倘若对每个窄片画出一个正弦波，则其频率等于窄片的平均频率，而振幅正比于窄片的面积。这样处理就可近似地使用图解法了。

这种近似方法对合成波形不算真实的瞬态波形，而是能重复出现。若把Δf做到足够小时，可使合成波形在有意义的时间范围内不重复出现，即一个线谱可严格而精确地用图解法合成一个重复出现的波形，而一个连续谱只可用图解法近似地合成一个瞬态波形，其近似程度受到Δf的控制。

2. 连续相位谱

连续相位谱有直线谱和曲线谱两类。典型的曲线振幅，相位谱如图3-27所示。把图3-27的振幅谱和相位谱做成曲线如图 3-28 所示。作图过程是画出在时间排齐的余弦分量,然后把它们叠加起来。合成波形对称,各分量在原点和原点附近加强,而在远离原点处相互抵消。

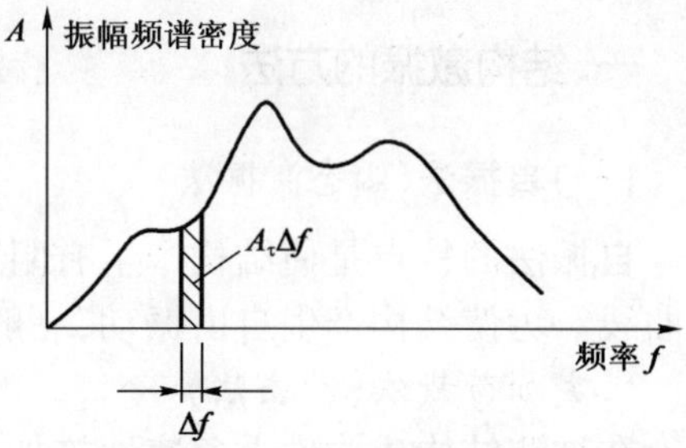

图 3-26 谱密度概念

若用图 3-28b)中的曲线相位谱代替零相位谱,把各波形对应各频率的相位移位移后,叠加起来合成波形,可发现,合成波形振幅峰值减小了,波形不对称,且延散而持续的时间增长。

从以上分析可知,振动的幅度谱和相位谱是很重要的,它的不同形式改变着合成波形的形状,这对振动的分析和测试是很关键的问题。

振动频谱还有其他形式,如从能量考虑的功率谱和随机振动的功率谱密度函数等,这仅是数学处理方法上的不同,其基本道理与上述讨论是一致的。

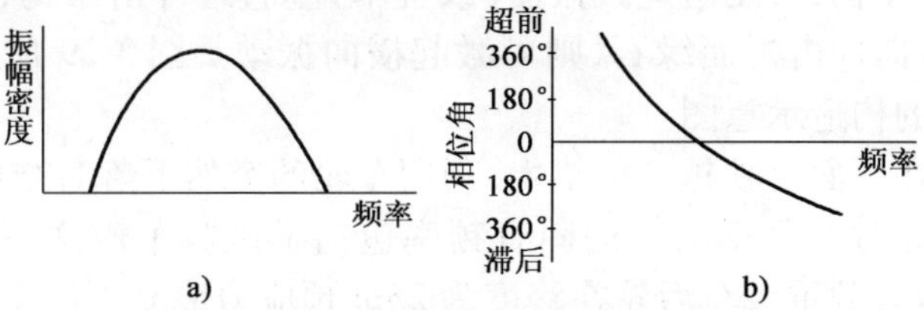

图 3-27 典型的振幅、相位谱

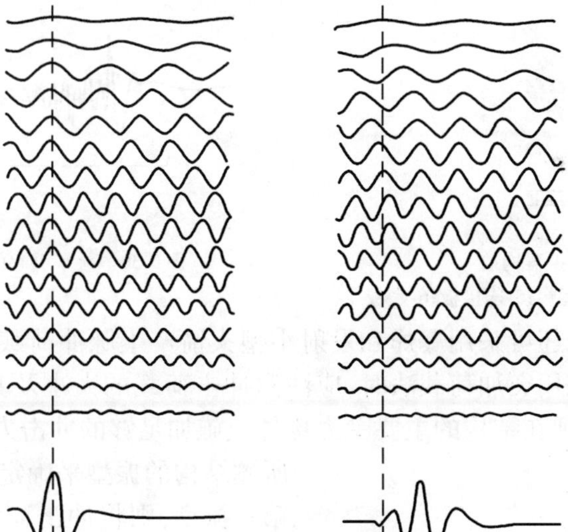

图 3-28 相位谱的合成波形

a)对应于图 3-27a)的振幅谱和零相位谱的合成波;b)对应于图 3-27a)的振幅谱和图 3-27b)的相位谱的合成波形

第二节 结构激振方法与拾振器布置

在进行结构动载试验时,首先要设法使结构产生一定的振动,然后应用测振仪器加以测试和记录,通过对记录的振动信号分析得到结构的动力特性和响应。用于结构动载试验的激振方法很多,应根据被测结构的结构形式和刚度大小选择激振效果好、易于实施的方法。

一、结构激振的方法

(一)自振法(瞬态激振法)

自振法的特点是使结构产生有阻尼的自由衰减振动,记录到的振动图形是结构的衰减振动曲线。为使结构产生自由振动,一般常用突加荷载和突卸荷载两种方法。

1. 突加荷载法(冲击法)

在被测结构或构件上急速地施加一个冲击作用力,由于施加冲击作用的时间短促,因此施加于结构的作用实际上是一个冲击脉冲作用。由振动理论可知,冲击脉冲的动能传递到结构振动系统的时间,要小于振动系统的自振周期,并且冲击脉冲一般都包含了从零到无限大的所有频率的能量,它的频谱是连续谱,只有被测结构的固有频率与之相同或很接近时,冲击脉冲的频率分量才对结构起作用,从而激起结构以其固有频率作自由振动。

对于中、小型桥梁结构,可用落锤激振器(或枕木)垂直地冲击结构,激起结构竖直方向的自由振动,如果水平方向冲击桥面缘石,则可激起横向振动。图 3-29 所示为公路结构动载试验常用的落锤激振器的构造示意图。

工程中常用车辆在桥面上驶越三角垫木,利用车轮的突然下落对结构产生冲击作用,激起结构的竖向振动。但此时所测得的结构固有频率包括了试验车辆这一附加质量的影响。图 3-30 所示,为试验用解放载重汽车后轮在跨度为 25m 预应力混凝土简支梁桥的跨中位置越过 15cm 高三角垫木后,激起桥跨结构振动波形的记录。

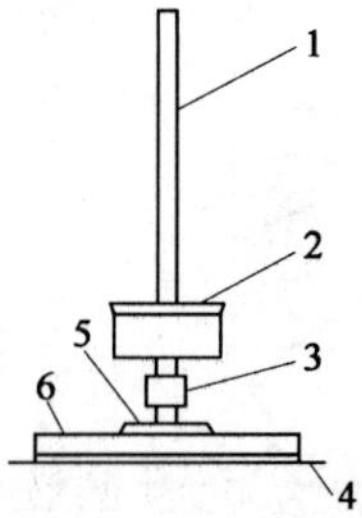

图 3-29 落锤激振器构造

1-导杆;2-锤头;3-力传感器;4-锤垫;5-连接板;6-底板

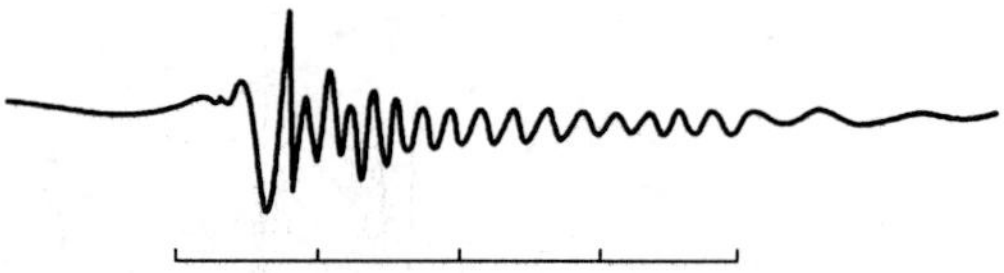

图 3-30 跳车引起的结构振动记录图形

在结构的动载试验中还可采用爆炸和发射小型火箭产生脉冲荷载等办法进行激振,目前受技术限制还不普及。采用突加荷载法时,应注意冲击荷载的大小及其作用位置。如果要激起结构的整体振动,则必须在结构的主要受力构件上施加足够的冲击力,冲击荷载的位置可按所测结构的振型来确定,如为了测简支梁桥的第一振型,则将冲击荷载作用于跨中部位,测第二振型应将冲击荷载加于跨度的 1/4 处。

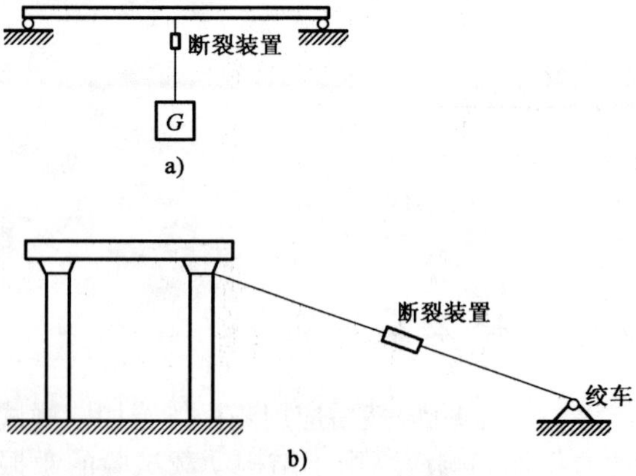

图 3-31 卸载法激振装置

冲击法引起的自由振动,一般可记录到第一阶振动图形。如用磁带记录仪录取结构某处的响应,通过频谱分析则可获得多阶固有振动的参数。

2. 突然卸载法(位移激振法)

采用突然卸载法时,在结构上预先施加一个荷载作用,使结构产生一个初位移,然后突然卸去荷载,利用结构的弹性使其产生自由振动。图3-31所示为卸载法的简单激振装置。

卸落荷载，可能通过自动脱钩装置或剪断绳索等方法，有时也专门设计一种断裂装置，当预加力达到一定的数值时，在绳索中间的断裂装置便突然断离，从而激发结构的振动。突卸荷载的大小要根据所需最大振幅计算求出。

在某种意义上说，试验车辆以一定速度匀速驶离桥跨也是一种突然卸载激振法。

（二）共振法（强迫振动法）

共振法是利用激振器对结构施加激振力，使结构产生强迫振动，改变激振力的频率而使结构产生共振现象，并借助共振现象来确定结构的动力特性。

共振法的激振设备有机械式激振器、电磁式激振器和电气液压式振动台。激振器在结构上的安装位置和激振方向要根据试验的要求和目的而定。使用时，激振器应牢固地固定于结构上，由底座将激振器产生的交变激振力传给结构。如果将两台激振器安放于结构的适当位置上反向激振，则可进行扭转振动试验。

连续改变激振器的频率，当激振力的频率与结构的固有频率相等时，结构出现共振现象，此时所记录到的频率即为结构的固有频率。

对于较复杂的结构，有时需要知道基频以后的几个频率，此时可以连续改变激振力的频率，进行"频率扫描"，使结构连续出现第一次共振，第二次共振，等等，同时记录结构的振动图形。由此可得到结构的第一频率（基频）、第二频率，等等，在此基础上，再在共振频率附近进行稳定的激振试验，则可准确地测定结构的固有频率与振型。图3-32为进行频率扫描时的记录曲线。

在上述频率扫描试验时，同时记录结构的振幅变化情况，则可作出共振曲线，即频率—振幅关系曲线，从而确定结构的阻尼特性。

对于自振频率较低的大跨度柔性结构，也可利用人群在桥面上作有规律的运动，使结构发生共振现象。

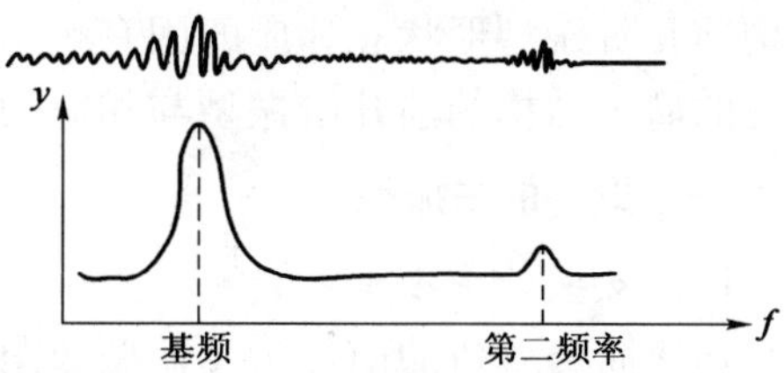

图3-32　频率扫描时结构的振动图形

在桥梁的动载试验中，常用载重车队以由低到高的不同速度驶过桥梁，使结构产生不同程度的强迫振动。在若干次运行车辆荷载试验中，当某一行驶速度产生的激振力的频率与结构的固有频率相接近时，结构便产生共振现象，此时结构各部位的振动响应达最大值。在车辆驶离桥跨以后，结构作自由衰减振动，这时可由记录的波形曲线分析得出结构的动力特性。图3-33所示为车辆以21km/h的速度驶过跨径25m的预应力混凝土简支梁桥时跨中挠度的时历曲线。振动波形曲线中有一段是车辆离桥后结构作自由衰减振动的波形记录，从中可分析计算出结构的固有频率和阻尼特性。

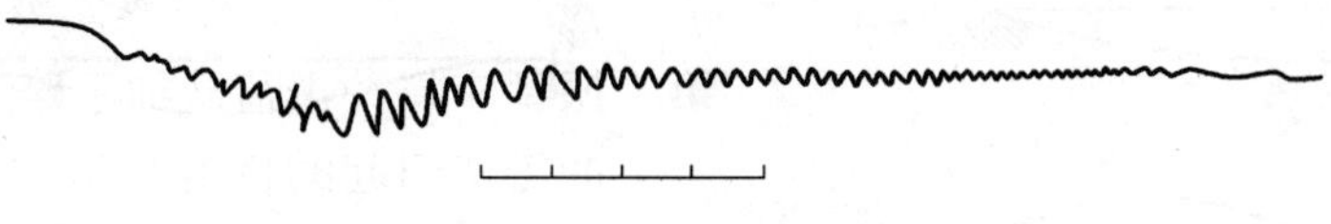

图3-33　跨中挠度时历曲线

（三）脉动法

对于大跨度悬吊结构，如悬索桥、斜拉桥的桥跨结构，索塔以及具有分离式拱肋的大跨度下承式或中承式拱桥，可利用由于外界各种因素所引起的结构微小而不规则的振动来确定结构的动力特性。这种微振动通常称为"脉动"，它是由附近的车辆、机器等振动或附近地壳的微小破裂和远处的地震传来的脉动所产生的。

结构的脉动有一重要特性，就是它能明显地反映出结构的固有频率。因为结构的脉动是因外界不规则的干扰所引起的，因此它具有各种频率成分，而结构的固有频率的谐量是脉动的主要成分，在脉动图上可直接量出。图3-34所示为结构的脉动记录曲线，振幅呈现有规律的增减现象，凡振幅大、波形光滑之处的频率都相同，而且多次重复出现，此频率即为结构的基频。如果在结构不同部位同时进行检测，记录在同一记录纸上，读出同一瞬时各测点的振幅值，并注意它们之间的相位关系，则可分析得到某一固有频率的振型。

图3-34　结构脉动曲线

在结构的正常营运条件下，经常地作用于结构上的动力荷载是各类车辆荷载，在进行结构的动载试验中，首先应考虑采用车辆荷载作为试验荷载，以使确定结构在使用荷载作用下的动力特性及响应。对需要考虑风荷载或地震荷载的结构，应结合结构的形式作进一步的专门试验研究。

二、测点拾振器的布置

在结构动载试验中，应根据现有仪器设备和试验人员的实践经验，按照动载试验的要求和目的与结构形式确定测点拾振器的布置，并选择恰当的激振形式与激振位置。

测点拾振器布置一般按照结构振型形状，在变位较大的部位布置测点，尽可能避开各阶振型的节点。

根据结构形式与结构体系，可以利用结构动力分析通用程序进行结构动力分析，从而估计结构前几阶振型形状和相应的固有频率，为制订动载试验方案提供理论依据。下面介绍几种常见的简单结构的前几阶振型与相应的固有频率理论解析解。

（一）梁桥的主振型

1. 简支梁的主振型

均质简支梁桥的前三阶主振型如图3-35所示。一阶振型的测点布置在跨中，二阶振型的测点布置在1/4跨处。

2. 固端梁的主振型

均质固端梁的前三阶主振型如图3-36所示。前几阶振型的测点布置类似于简支梁桥。

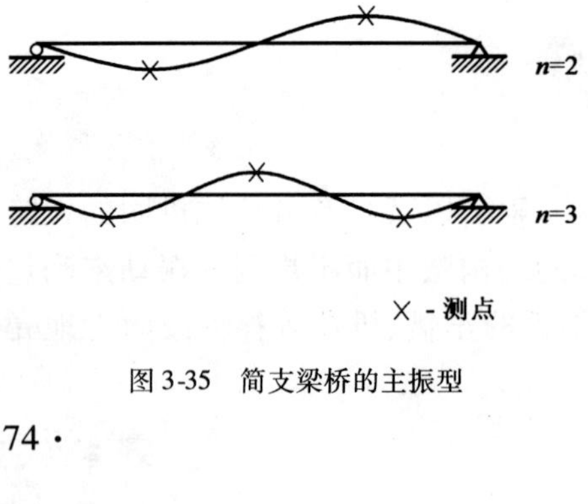

图3-35　简支梁桥的主振型

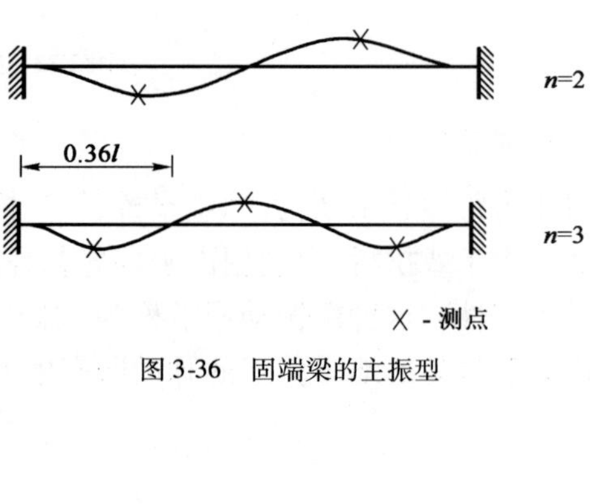

图3-36　固端梁的主振型

3. 悬臂桥的主振型

均质悬臂梁的前三阶主振型如图 3-37 所示。一阶振型测点布置在悬臂端,二阶振型测点宜布置在 1/2 悬臂长度处。

4. 三跨连续梁的主振型

均质三等跨连续梁的主振型如图 3-38 所示。一阶振型测点布置在三跨的跨中,二阶振型测点布置在两边跨跨中和中跨的两个四分点上。

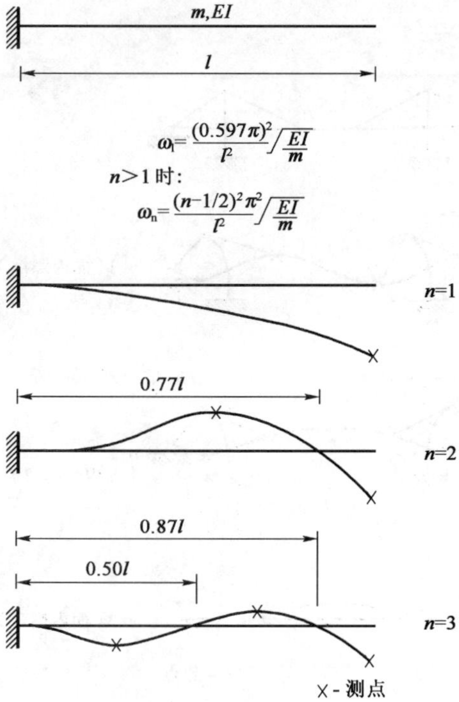

图 3-37 悬臂梁的主振型

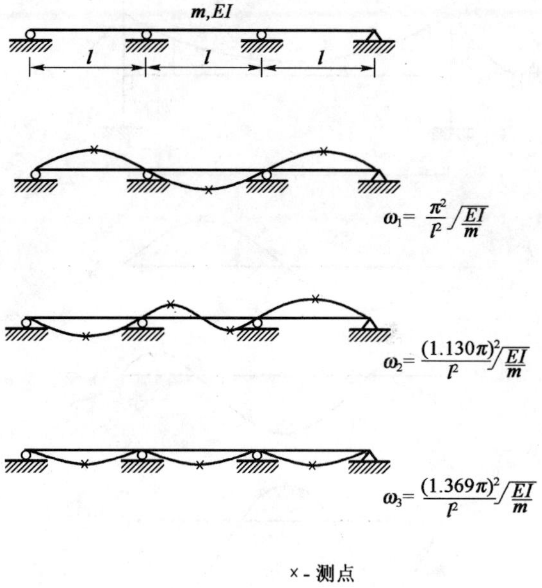

图 3-38 三跨连续梁的主振型

(二)拱桥的主振型

工程中常见的拱桥形式多种多样,结构体系也比较复杂。这里仅以两铰拱为例,说明拱桥振型形状与测点布置。

双铰拱桥前三阶振形如图 3-39 所示。一阶振型测点布置在四分点上,二阶振型测点布置在跨中与两拱脚附近对称位置,注意二阶振型与三阶振型的辨别。

(三)悬索桥的主振型

悬索桥的前三阶振型如图 3-40 所示。一阶振型测点布置在中跨四分点上,二阶振型测点布置在中跨跨中和加劲梁两端支点附近对称位置。

对于一般形式的大跨径悬索桥,要根据空间结构动力分析程序进行结构动力分析,从而确定结构振型形式,要综合反映索塔、加劲梁和主缆等的振动特性,考虑各测点拾振器的布置方向。

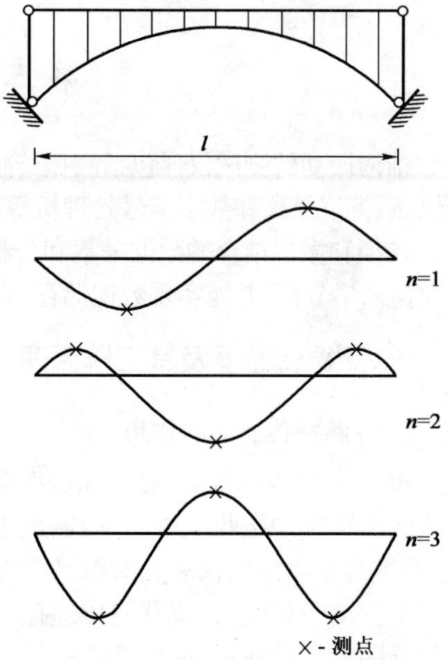

图 3-39 双铰拱的主振型

(四)斜拉桥的主振型

斜拉桥的结构体系复杂,一般只能借助于空间结构动力分析程序进行结构动力分析。漂浮体系斜拉桥的前三阶主振型如图 3-41 所示。

一阶振型为面内漂浮振型,二阶振型为面内一阶弯曲振型,三阶振型为一阶对称扭转振型。随着斜拉桥抗弯与抗扭刚度的不同,前三阶振型的排列序列有可能发生变化。

相应地,斜拉桥各阶振型的测点布置也比较复杂,要综合反映索塔、主梁与斜拉索的振动特性,考虑各测点拾振器的布置方向。

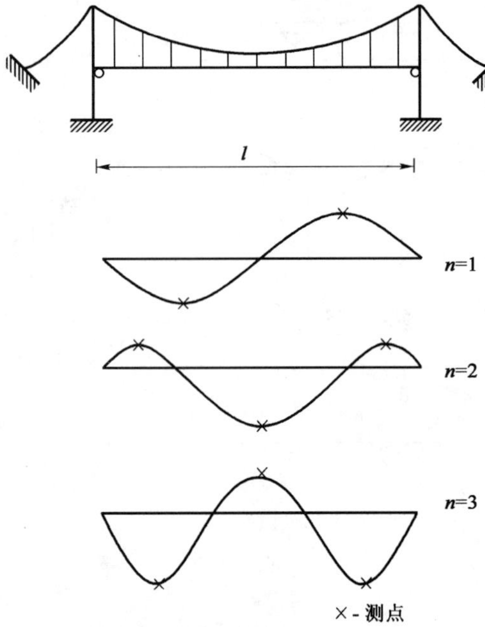

图 3-40　悬索桥的主振型

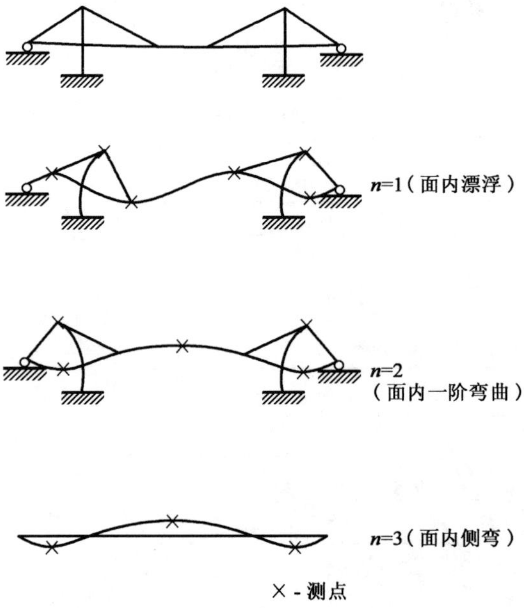

图 3-41　漂浮体系斜拉桥的主振型

第三节　测试仪器设备

结构振动的测试仪器包括测振传感器(拾振器)、信号放大器、动态电阻应变仪、光线示波器、笔录仪、磁带记录仪和数字信号处理机等。近年来振动信号分析处理技术发展很快,已开发出多种以 A/D 转换和微机结合的数据采集和分析一体化的智能仪器与大型动态分析应用软件,可以进行实时数据采集分析,并能实现数据储存,有的仪器取代了磁带记录仪和专用信号处理机。

一、测振传感器及其工作原理

(一)测振传感器的作用

振动测量传感器,一般简称拾振器或测振仪,它的作用是把被测对象的振动讯号在要求的一定范围内正确地接收下来,并传输出去或显示出来。根据测试参考坐标,测振传感器可分为两大类,即绝对振动测振仪和相对振动测振仪。绝对振动测振仪是以大地不动坐标体系为参考,测量物体的振动参量时,将仪器与传递振动的基座直接固定在振动体的测点上即可,见图 3-42。当仪器外壳随振动物体运动时,惯性质量 m 保持不动,这样,装在质量 m 上的记录笔就可在转轮上记录下时间历程来。相对振动测振仪则是以选定的不动点为参考,测量物体的相对振动量,仪器的两个相对运动部分，必须分别固定在两相对部位上，见示意图3-43。这个仪器是固定在一个不振动的物体上，仪器的接触器具有质量 m，用一个弹簧常数为 K 的弹簧压紧在振动物体上，振幅用一支与臂连在一起的笔记录下来，因此，该仪器可记录相对振动的时间历程曲线。

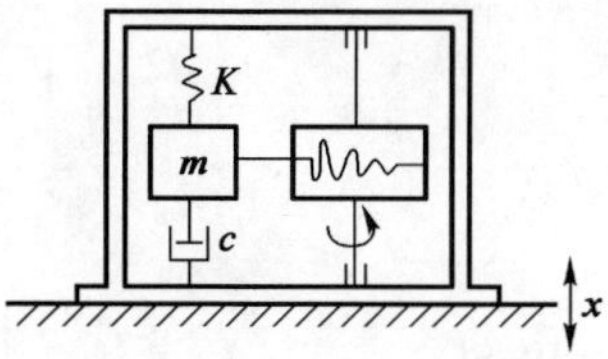

图3-42　绝对振动测振仪

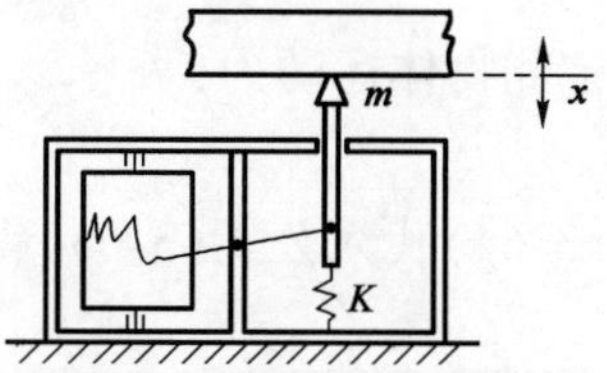

图3-43　相对振动测振仪

振动参数有位移、速度和加速度，测量这些振动参数的传感器有许多种类。但由于振动量测的特殊性，如测量时难以在振动体附近找到一个静止点作为测量的基准点，所以就需要使用惯性式测振传感器。通常所指的测振传感器即为惯性式测振传感器（以下简称为测振传感器），由惯性质量、阻尼和弹簧组成一个动力系统，并固定在振动体上（即传感器的外壳固定在振动体上），与振动体一起振动，通过测量惯性质量相对于传感器外壳的运动，就可以得到振动体的振动［图3-44a）］。

惯性质量、弹簧和阻尼系统是测振传感器的感受部分。感受到振动信号要通过各种转换方式转换成电信号，转换方式有磁电式、压电式、电阻应变式等。传感器所测的振动量通常是位移、速度和加速度等，按它们的转换方式和所测振动量可以分成很多种类。

（二）测振仪的基本原理

1. 惯性式测振仪的基本原理

惯性式测振仪的工作原理如图3-44b）所示。

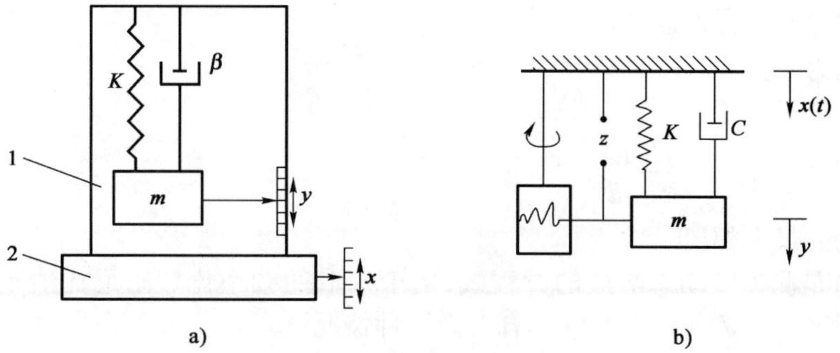

图3-44　测振仪的力学原理与工作原理

a）测振传感器力学原理；b）测振仪工作原理

1-传感器；2-振动体

因

$$弹性力 = K(y-x) = Kz$$

$$阻尼力 = C\left(\frac{\mathrm{d}y}{\mathrm{d}t} - \frac{\mathrm{d}x}{\mathrm{d}t}\right) = C\frac{\mathrm{d}z}{\mathrm{d}t}$$

$$惯性力 = m\frac{\mathrm{d}^2y}{\mathrm{d}t^2} = m\left(\frac{\mathrm{d}^2x}{\mathrm{d}t^2} + \frac{\mathrm{d}^2z}{\mathrm{d}t^2}\right)$$

故振动体系力平衡方程：

$$m\left(\frac{\mathrm{d}^2x}{\mathrm{d}t^2} + \frac{\mathrm{d}^2z}{\mathrm{d}t^2}\right) + C\frac{\mathrm{d}z}{\mathrm{d}t} + Kz = 0 \tag{3-62}$$

令
$$\sqrt{\frac{K}{m}}=\omega_0,\qquad \frac{C}{m}=2D\omega_0$$

则得
$$\frac{\mathrm{d}^2z}{\mathrm{d}t^2}+2D\omega_0\frac{\mathrm{d}z}{\mathrm{d}t}+\omega_0^2z=-\frac{\mathrm{d}^2x}{\mathrm{d}t^2} \tag{3-63}$$

假定被测物体运动为：
$$x(t)=x_{\mathrm{m}}\sin\omega_{\mathrm{B}}t \tag{3-64}$$

将式(3-64)代入公式(3-63)得：
$$\frac{\mathrm{d}^2z}{\mathrm{d}t^2}+2D\omega_0\frac{\mathrm{d}z}{\mathrm{d}t}+\omega_0^2z=\omega_{\mathrm{B}}^2x_{\mathrm{m}}\sin\omega_{\mathrm{B}}t \tag{3-65}$$

其解为：
$$Z=e^{-D\omega_0t}(A_1e^{j\omega_0t\sqrt{1-D^2}}+A_2e^{-j\omega_0t\sqrt{1-D^2}})+\frac{u^2x_{\mathrm{m}}}{\sqrt{(1-u^2)^2+(2Du)^2}}\sin(\omega_{\mathrm{B}}t-\varphi) \tag{3-66}$$

方程式(3-66)中第一项和第二项是仪器的自振项(包括了由初始条件及强迫项所引起的自由振动)，由于是有阻尼的衰减振动，经过一定时间后即衰减到可忽略不计。第三项为强迫振动部分，即：
$$Z=\frac{u^2x_{\mathrm{m}}}{\sqrt{(1-u^2)^2+(2Du)^2}}\sin(\omega_{\mathrm{B}}t-\varphi) \tag{3-67}$$

式中：u——频率比，$u=\frac{\omega_{\mathrm{B}}}{\omega_0}$；

ω_{B}——强迫振动角频率；

ω_0——仪器自振角频率；

D——阻尼比 $=\frac{C}{C_{\mathrm{C}}}=\frac{C}{2m\omega_0}$；

C——阻尼力系数；

C_{C}——临界阻尼力系数；

φ——初相位角，$\tan\varphi=\frac{2Du}{1-u^2}$；

x_{m}——振动的最大幅值。

公式(3-67)是测振仪动态响应的方程式，由于选取的频率比和阻尼比值不同，测振仪就具有能反应不同振动参数的性能。它具有下列三种情况：

(1)当频率比 u 值很大，即被测频率较测振仪自振频率高得多，而阻尼比 D 值足够小，即 $u\gg1$、$D<1$ 时，这时：
$$\frac{u^2}{\sqrt{(1-u^2)^2+(2Du)^2}}\to1$$

则
$$Z\approx x_{\mathrm{m}}\sin(\omega_{\mathrm{B}}t-\varphi) \tag{3-68}$$

测振仪反映出的位移 Z 与被测物体的振动位移成正比，这时仪器可用来测量位移，作为位移计使用。

测位移时的幅频特性动力放大系数 β 为：
$$\beta=\frac{z_{\mathrm{m}}}{x_{\mathrm{m}}}=\frac{u^2}{\sqrt{(1-u^2)^2+(2Du)^2}} \tag{3-69}$$

幅频特性曲线见图3-45。

若令 $u_1=\frac{1}{u}=\frac{\omega_0}{\omega_B}$时，则式(3-69)可以改写成为：

$$\beta=\frac{1}{\sqrt{({u_1}^2-1)^2+(2Du_1)^2}}$$

$$=\frac{1}{\sqrt{(1-{u_1}^2)^2+(2Du_1)^2}}$$

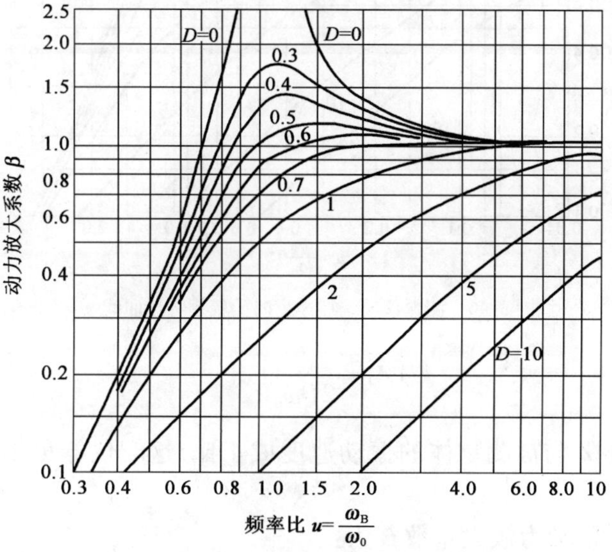

图 3-45 测振仪反映位移时的幅频特性曲线

(2)当频率比 u 和阻尼比 D 都比较小时，即被测频率较仪器的自振频率低很多，阻尼也足够小，即 $u\ll1$，$D<1$，这时：

$$\frac{1}{\sqrt{(1-u^2)^2+(2Du)^2}}\to1$$

则

$$Z\approx x_m u^2\sin(\omega_B t-\varphi)$$

$$=\frac{1}{\omega_0^2}x_m\omega_B^2\sin(\omega_B t-\varphi)=\frac{1}{\omega_0^2}\ddot{x} \tag{3-70}$$

测振仪反映的位移 Z 与被测物体的振动加速度成正比，比例系数为 $1/\omega_0^2$，这时仪器可用来测量加速度，作为加速度计使用。比例系数 $1/\omega_0^2$ 表明加速度计的自振频率越高，其输出灵敏度就越低。

测振仪反映加速度时，它的幅频特性动力放大系数 β 为：

$$\beta=\frac{1}{\sqrt{(1-u^2)^2+(2Du)^2}} \tag{3-71}$$

幅频特性曲线如图 3-46 所示。

(3)当被测频率接近于仪器的自振频率，而且仪器的阻尼比又很大，即 $u\to1$、$D\gg1$ 时：

$$Z=\frac{u^2}{\sqrt{(1-u^2)^2+(2Du)^2}}x_m\sin(\omega_B t-\varphi)$$

$$\approx\frac{u^2}{2Du}x_m\sin(\omega_B t-\varphi)$$

$$= \frac{1}{2D\omega_0}\omega_B \sin(\omega_B t - \varphi)$$

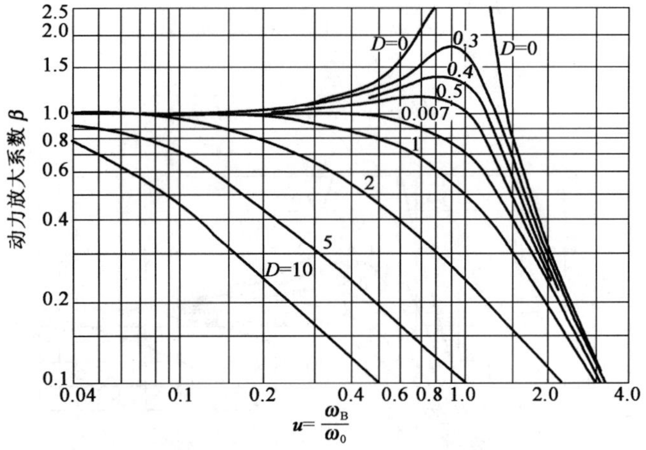

图 3-46　测振仪反映加速度时的幅频特性曲线

所以
$$|Z| \approx \frac{1}{2D\omega_0}|\dot{x}| \tag{3-72}$$

测振仪反映的位移 Z 与被测物体的振动速度成正比，这时仪器可用来测量速度，作为速度计使用。

测振仪反映速度时的动力放大系数 β 为：

$$\beta = \frac{u}{\sqrt{(1-u^2)^2 + (2Du)^2}} \tag{3-73}$$

通过上述推导可以看出，测振仪随着被测频率的变化和阻尼状态的改变，可以成为位移计、速度计或加速度计。然而，实际测振仪由于受到结构形式和换能器种类的限制，一般是做成专用位移计、速度计和加速度计。而且，实际测试波形多不是理想的正弦波，读出的频率误差较大，因此，仪器都利用其幅频特性的平坦区。在很多场合下，还必须考虑仪器自振的影响。

2. 相对式测振仪的基本原理

相对式测振仪分为接触式和非接触式两种。目前多数相对式测振仪属于接触式，非接触测量是一个发展方向。

1）接触式相对测振传感器

接触式相对测振传感器种类较多，百分表式位移计是较简单的一种。用于接触测量的常用换能器有电感、电阻电动式（磁电式）多种。现以国内早期仿飞利浦的磁电式速度传感器为例，说明它的结构如图 3-47 所示。

传感器内有三个拱形弹簧，将顶杆压向限幅箱一侧。测量时，将顶杆压在被测物上，使弹簧产生一定的变形 Δl 和压力 P，此时顶杆跟随被测物一起运动。顶杆运动时，固定在顶杆上的线圈在磁场里运动，产生感应电动势，其输出电压与被测物的运动速度成正比。

相对式传感器在测量中存在着传递和跟随的问题，即传感器对被测物的振动是否全部传递进来，及是否能跟随得上。设传感器的可动部分（包括顶杆和线圈）的质量为 m，簧刚度为

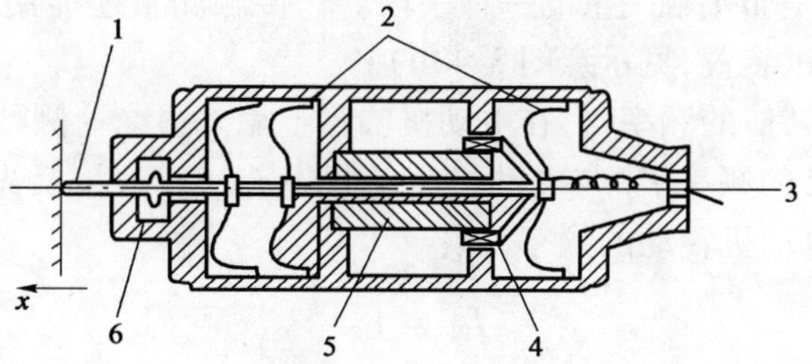

图 3-47　传感器结构

1-顶杆;2-弹簧;3-输出端;4-线圈;5-磁钢;6-限幅器

K,弹簧变形时的恢复力为 P。由牛顿定律知道,恢复力 P 能产生的最大加速度为 P/m,为了保证接触和传递良好,P/m 必须大于被测讯号的最大加速度值 α_{max},即:

$$\frac{P}{m} > \alpha_{max} \tag{3-74}$$

如果被测振动是简谐振动,则 $\alpha_{max} = \omega^2 x_m$,式中的 x_m 为简谐振动振幅值,ω 为简谐振动角频率,代入式(3-74)得:

$$\frac{P}{m} > \omega^2 x_m$$

因为恢复力:　　$P = K\Delta l$

所以可得:　　$$\Delta l > \frac{m}{K}\omega^2 x_m \tag{3-75}$$

公式(3-75)就是传递时的良好跟随条件。若把连接系统的质量和压紧弹簧看成一个振动体系,其自振频率为 $\omega_0^2 = K/m$,公式(3-75)可写成:

$$\Delta l > \frac{\omega^2}{\omega_0^2}x_m = \left(\frac{f}{f_0}\right)^2 x_m \tag{3-76}$$

由式(3-36)可知,传递和跟随条件是由外界频率和传感器压紧系统的自振频率所决定。

对有顶杆的相对式传感器,如果顶杆的预压量不够,或测量较高的频率时不能满足跟随条件,这时顶杆将与被测物之间发生撞击。从传递条件还可看出,仪器的使用范围与被测最大位移和频率有关。

2)非接触式相对测振传感器

非接触测量的相对式传感器,如电感调频式,它是利用变电感调制载波频率的原理,应用电感线圈产生的磁力线靠近铁磁性物质时引起电感量的变化,从而引起振荡频率的改变,调节载波频率来测量位移,其原理如图 3-48a)所示。

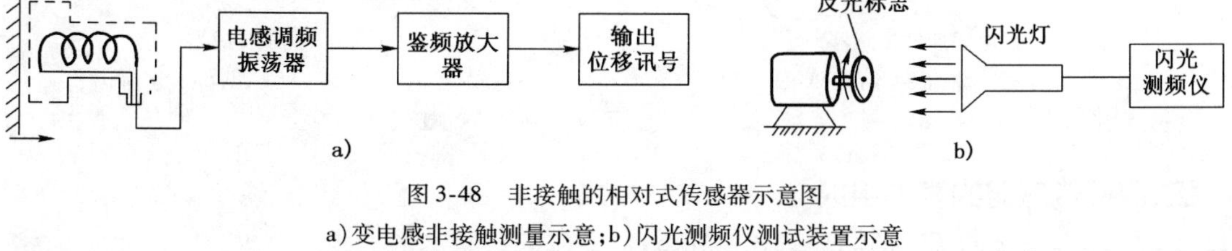

图 3-48　非接触的相对式传感器示意图

a)变电感非接触测量示意;b)闪光测频仪测试装置示意

采用变电容形式也是非接触测量的一种手段。非接触测量还能用来测量频率，如闪光测频仪对旋转体频率的测试装置，见示意图3-48b)。

当测量电动机等旋转体的频率时，在电动机圆盘上靠外边缘一侧贴上一个反光标志，开动测频仪闪光灯，若闪光灯的频率$f_{闪}$与电动机转动频率$f_{机}$相等时，反光标志反映为一个不动点，这时闪光频率就是电动机转动的频率，即：

$$f_{闪} = f_{机}$$

若

$$f_{闪} = nf_{机}$$

当n为正整数时，则可看到n个反光标志固定不动。当n是正整数，$f_{闪} > f_{机}$，反光标志看上去与电动机反向转动$f_{闪} < f_{机}$时，反光标志看上去是与电动机同向转动。

3. 磁电式速度传感器

图3-49所示为一磁电式速度传感器，其中磁钢和壳体相固连，并通过壳体安装在振动体上，与振动体一起振动；芯轴和线圈组成传感器的系统质量，通过弹簧片(系统弹簧)与壳体连接。振动体振动时，系统质量与传感器壳体之间发生相对位移，因此线圈与磁钢之间也发生相对运动。传感器的电压输出(即感应电动势E)与相对运动速度v成正比。

磁电式测振传感器的主要技术指标如下：

(1)传感器质量弹簧系统的固有频率。它直接影响传感器的频率响应。

(2)灵敏度。即传感器在测振方向受到一个单位振动速度时的输出电压。

(3)频率响应。当所测振动的频率变化时，传感器的灵敏度、输出的相位差等也随之变化，这个变化的规律称为传感器的频率响应。对于一个阻尼值，只有一条频率响应曲线。

(4)阻尼比。传感器的阻尼比与频率响应有很大关系，磁电式测振传感器的阻尼比通常设计成0.5~0.7。

磁电式传感器输出的电压信号一般比较微弱，需要用电压放大器进行放大。

4. 摆式传感器

图3-50所示为一摆式测振传感器，它的质量弹簧系统设计成转动的形式，因而可以获得更低的仪器固有频率。摆式测振传感器可以测垂直方向和水平方向的振动。它也是磁电式传感器，输出电压与相对运动速度成正比。

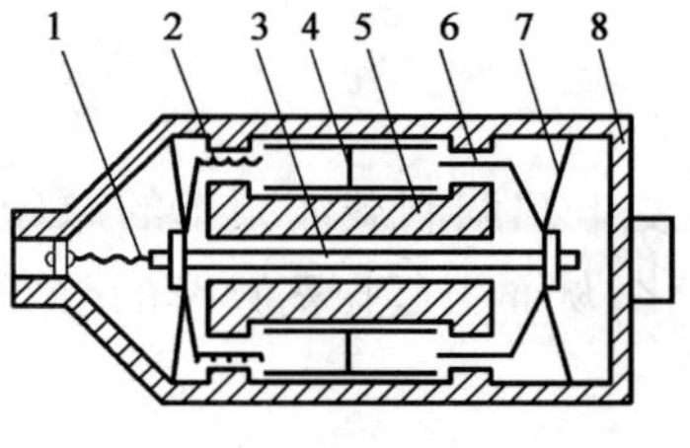

图3-49　磁电式速度传感器

1-输出线；2-线圈；3-芯轴；4-铝架；5-磁钢；6-阻尼环；7-弹簧片；8-外壳

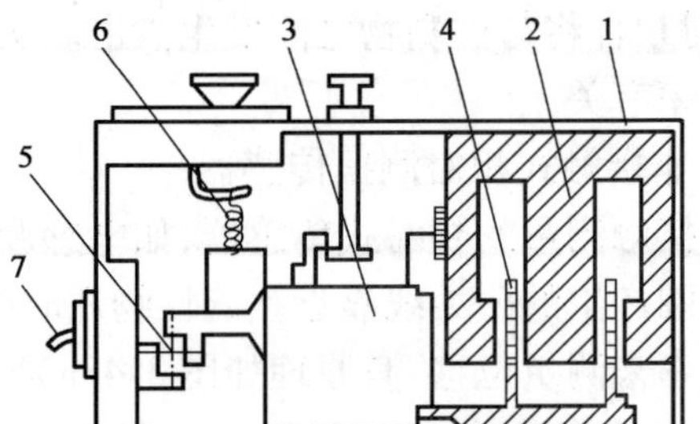

图3-50　摆式测振传感器

1-外壳；2-磁钢；3-重锤；4-线圈；5-十字弹片；6-弹簧；7-输出线

二、测振传感器的基本组成

测振传感器主要由惯性弹性系统、换能器和阻尼器三个部分组成。

(一)惯性弹性系统

测振传感器的惯性系统主要可分为两类：一是质量上弹簧系统；二是摆式系统。质量上弹簧系统由惯性质量和各种类型的弹性元件构成，这类仪器的工作原理是利用弹性元件产生的相对变形来反应被测振动量的。摆式系统由摆、支承铰和辅助弹簧组成，这类仪器主要靠摆产生的振动角变形来反映被测振动量。

惯性弹性系统的结构大致有以下三种形式：

(1)具有外加导向元件的弹性支承结构，如图 3-51 所示。

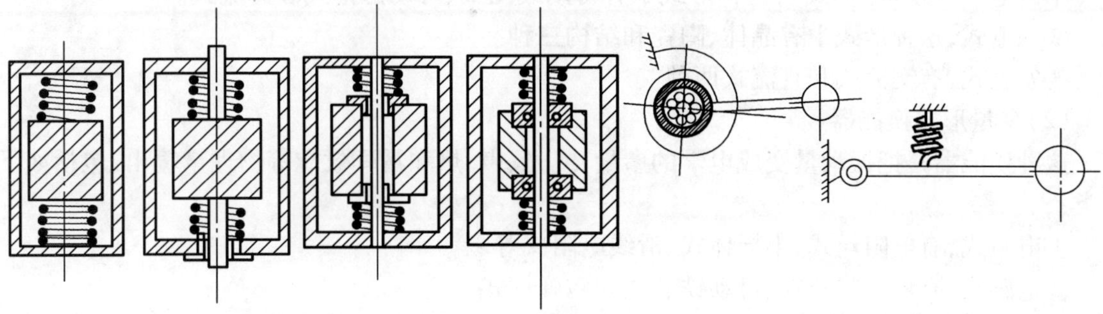

图 3-51 具有外加导向元件的弹性支承结构

这种结构形式构造简单、结实，但不宜测高频振动。其中 a)、b)、c)三种形式摩擦较大，不太理想；d)、e)、f)三种形式以轴承铰导向，效果较好。

(2)具有平弹簧的弹性支承结构，如图 3-52 所示。

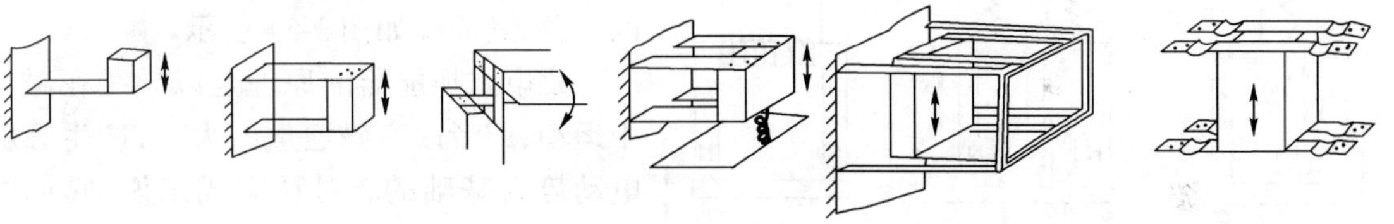

图 3-52 具有平弹簧的弹性支承结构

这种具有平弹簧弹性支承结构形式比较理想，摩擦力基本上可以忽略不计，灵敏度较高，尤其图 3-52c)所示的十字弹簧铰接形式，导向性能好，应用较广泛。

(3)具有圆膜片和平面螺圈的弹性支承形式，如图 3-53 所示。

这种结构形式的优点在于其弹性支承相当紧凑，弹簧膜片可设计为不同形式。

(二)换能器

测振传感器除了由摆和其他机械装置直接耦合，记录振动的机械式传感器外，主要都是通过换能器把机械振动转换成其他形式的能量输出。实际工

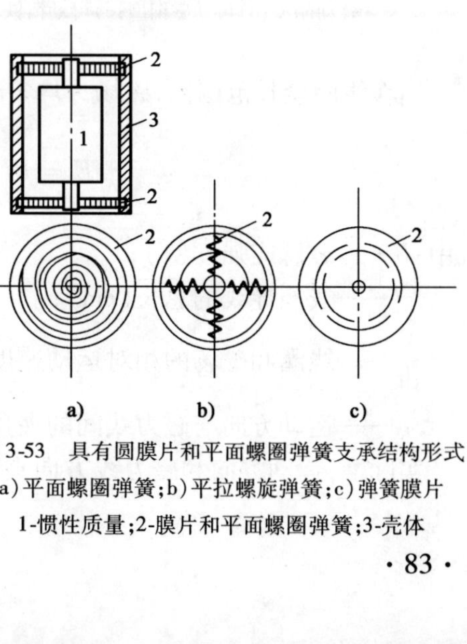

图 3-53 具有圆膜片和平面螺圈弹簧支承结构形式
a)平面螺圈弹簧；b)平拉螺旋弹簧；c)弹簧膜片
1-惯性质量；2-膜片和平面螺圈弹簧；3-壳体

作中,大多数是用电量来转换和输出。对各种形式的换能器分类和性能在下面分别论述。

1. 换能器的分类

测振传感器的换能器主要分为两大类:一类是能量形式的换能器;另一类是参量形式的换能器。

(1)能量形式换能器

能量形式换能器是把振动机械能变成电的能量,如电动势、电流等输出。能量形式换能器有如下3类:

①磁电式(或称电动式),这种形式中有可动线圈式、可动磁钢式和涡流式。

②压电式,这种形式中有晶体、陶瓷和结构三种。

③发电式,有交流式和直流式两种。

(2)参量形式换能器

这种换能器是把振动量变成电学的参量、或光、声、热和霍耳效应等物理量输出,包括如下几类:

①电阻式,有电阻丝式、半导体式、滑线电阻式等。

②电感式,有可变间隙式、可动铁芯式和磁弹性式。

③电容式,有可变间隙式、可变面积式和变电介常数式。

④其他物理参量形式,如光电式、声响式、热辐射式。

下面介绍振动传感器中常用的几种主要类型的换能器。

2. 磁电式(电动式)换能器

在拾振器中,磁电式或称电动式换能器是比较普遍的,它有动圈型和可动磁钢型,可动衔铁和利用涡流等类型,动圈型是较为常用的一种,其原理如图3-54所示。

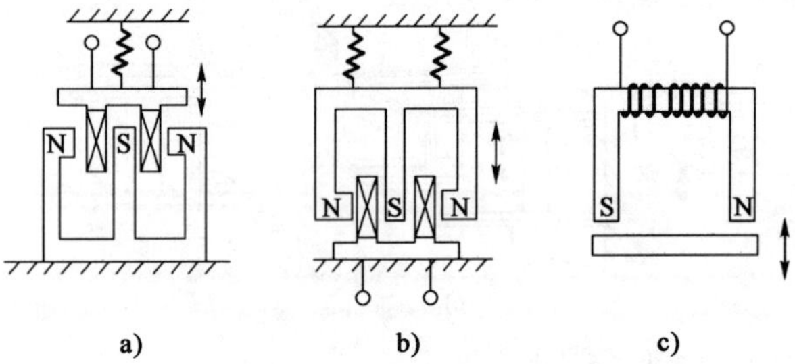

图3-54 磁电式换能器示意图

a)动圈型;b)可动磁钢型;c)可动衔铁型

磁电式换能器的原理是以导线在磁场中运动,或者改变磁通量的大小,产生感应电动势为基础的。对动圈式来说,它们的相对运动是线圈运动。对可动磁钢来说,是磁钢运动,这都是对仪器本身自由振动体系而言的,实际测试时,运动方式正好相反。

当在线圈全长范围内,磁场为均匀时,线圈中的感应电动势可由下式确定:

$$E = Bl\frac{dx}{dt}\sin\alpha \times 10^{-8} \quad (V) \tag{3-77}$$

式中:B——磁感应强度(T);

l——线圈导线的总长(cm);

$\frac{dx}{dt}$——线圈和磁场的相对运动速度(cm/s);

α——运动方向与磁力线间的夹角。

实际上,运动方向和磁力线方向夹角大多数互相垂直,α 接近或等于90°,所以 $\sin\alpha = 1$,因此:

$$E = Bl\frac{dx}{dt} \times 10^{-8} \qquad (V) \tag{3-78}$$

从式(3-78)中可以看出,线圈的感应电动势 E 与振动速度成正比,因此,它的实际作用是一个测量速度的换能器。如果测振仪机械部分构成的是一个位移计,则它的输出量是把位移经过一次微分后输出的。若需要记录位移时,须通过积分网路。若接上一个微分电路时,那么输出电压就变成与加速度成正比了。应该注意,由于磁电式换能器这个微分特性,所以,在机械位移摆上接磁电换能器时,其输出量与速度讯号成正比,即与频率的二次方成正比,使用时须注意这个特性。

3. 压电晶体换能器

压电晶体换能器的工作原理是以某些晶体在受力后产生电荷的压电效应为基础的。从物理学知道,某些晶体受到应力而产生机械变形时,在它们的相对运动两面产生正负电荷。相反的,当这些晶体置于电场中或带电时,电荷的强弱变化会使晶体产生形变,这种现象称为晶体的压电效应。常的压电晶体有石英、钛酸钡、酒石酸钾钠($NaKC_4H_4O_6 \cdot 4H_2O$)、电气石、磷酸二氢铵、钛酸铅、铝酸铅和铌酸铅等。

在换能器中,最常用的晶体是石英、酒石酸钾钠和钛酸钡。石英的机械强度比较大,电阻率也大,在几百度的温度范围内,压电系数变化很小;缺点是压电系数小,灵敏度低。酒石酸钾钠的灵敏度很高,约为石英的150倍,但其机械强度和电阻率都不及石英,受温度和湿度的影响大。钛酸钡的灵敏度为石英的50倍,机械强度比酒石酸钾钠高,因此常被采用。石英的机械性能稳定,目前应用的也还不少。

晶体内产生电荷的关系是很复杂的,它的电极化强度与应力之间存在有机的联系,就石英而言,在晶体中可分成几个主要的轴,见图3-55。纵轴 z 称为"光轴",垂直于光轴并穿过六棱柱棱线的 x 轴为"电轴",与 x 和 z 轴相垂直的 y 轴,称为"中性轴"。通常把沿电轴 x 方向的力作用下产生的压电效应称为"纵向压电效应";把沿中性轴 y 方向的力作用下产生的压电效应称为"横向压电效应"。石英晶体做成换能器时,一般都切成薄片,被切薄片的平面垂直 x 轴,称为 x 切片;同样被切薄片的平面垂直于 y 轴、z 轴时,称为 y 切片和 z 切片。

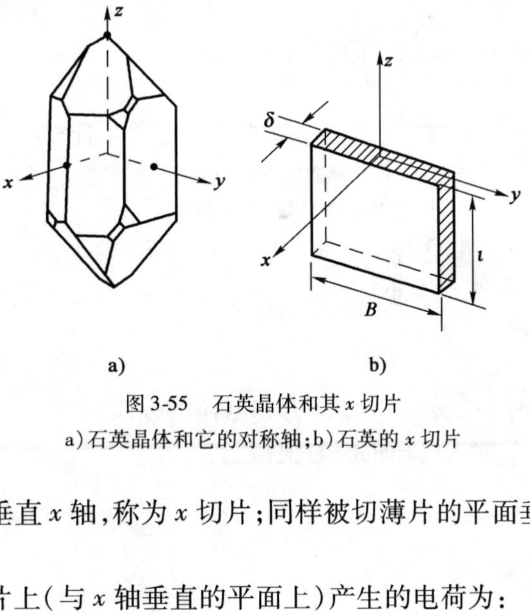

图3-55 石英晶体和其 x 切片

a)石英晶体和它的对称轴;b)石英的 x 切片

当在 x 表面上作用力 F_x 时,每一片石英切片上(与 x 轴垂直的平面上)产生的电荷为:

$$q_x = KF_x \qquad (C) \tag{3-79}$$

式中:F_x——作用在石英面上的力(g 或 kg);

K——压电系数(C/g 或 C/kg)。

显然,在沿电轴方向作用 F_x 力时,石英切片产生的电荷大小与晶体的几何尺寸无关,而电轴方向受有压力时,所产生的电荷与受拉力时所产生的电荷符号相反。

如果作用力方向是沿着中性轴 y 时,那么电荷仍在与 x 轴垂直的平面上出现,而极性方向相反,此时电荷为:

$$q_y = -K\frac{B}{\delta}F_y \tag{3-80}$$

式中：K——压电系数（石英 $K = 2.10 \times 10^{-14}$C/g），B 和 δ 为石英薄片的长度和厚度。

上式表明：沿中性轴 y 方向的力作用在石英上时，产生的电荷与晶体的几何尺寸有关。

如果沿光轴 z 方向加力时，则不产生电荷，即没有压电效应。

综上所述，石英晶体上产生的电荷 q 与作用力 F 成比例，用它作为振动换能器时，弹性系统的惯性力 $m\dfrac{d^2x}{dt^2}$加于压电晶体上，则电荷 q 与振动加速度成正比，因此，压电式换能器多数作成加速度计。如需测速度和位移时，要加上一次和二次积分网路。

压电晶体式测振换能器，是把振动量换成电荷，而实际测量中多数需要电荷产生的电压，（也有电荷放大器需要输入电荷的），其关系为：

$$u = \frac{q}{C}$$

式中：u——电压；

q——电荷；

C——电容。

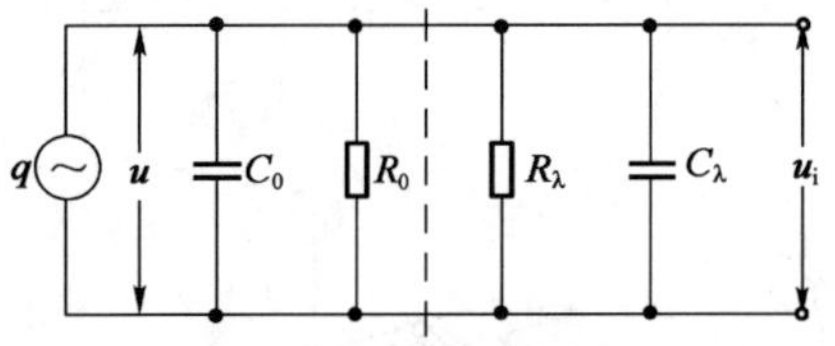

图 3-56　压电换能器的等效电路

C_0、R_0-压电晶体的电容和电阻；

$C_入$、$R_入$-测量电路的输入电容和输入电阻

所以，在电压输出时，电容的影响是很大的。

把压电晶体的输出与前置放大输入回路用等效电路可用图 3-56 表示。

测量放大线路中输入电压 u_i，可以按等效电路计算。

假设为简谐振动时，所受的惯性力为：

$$F = F_0\sin\omega t$$

则晶体产生的电荷：

$$q = q_0\sin\omega t$$

式中：F_0、q_0——惯性力和电荷的幅值。

输入电压的瞬时值应为：

$$u_i = u_{入m}\sin(\omega t + \psi) \tag{3-81}$$

式中：

$$u_{入m} = \frac{q_0}{\sqrt{\dfrac{1}{\omega^2(R_0 + R_入)^2} + (C_0 + C_入)^2}} \tag{3-82}$$

$$\psi = \frac{\pi}{2} - \arctan\omega(C_0 + C_入)(R_0 + R_入) \tag{3-83}$$

可以看出：

如果
$$\frac{1}{\omega^2(R_0 + R_入)^2} \ll (C_0 + C_入)^2$$

则 $u_{入m}$ 几乎不受 ω 的影响，因此必须使 $R_0+R_入$ 足够大，这样时间常数 $(C_0+C_入)(R_0+R_入)$ 也将非常大，ψ 就很小。

在 $\frac{1}{\omega^2(R_0+R_入)^2}\ll(C_0+C_入)^2$ 的条件下，公式(3-82) 可写为：

$$u_{入m}=\frac{q_0}{C_0+C_入}=\frac{KF_x}{C_0+C_入} \tag{3-84}$$

式中的 C_0 可按下式计算：

$$C_0=\frac{\varepsilon S_x}{d} \tag{3-85}$$

式中：S_x——垂直于 x 轴的晶体面积；

d——晶体厚度；

ε——介质的介电常数，$\varepsilon=\varepsilon_\gamma\cdot\varepsilon_0$；

ε_0——空气的介电常数，为 8.86×10^{-4}F/cm；

ε_γ——介质对于空气的相对系数，石英的 ε_γ 为 4.5。

从式(3-84)可以看出，增大 $C_入$ 将减小灵敏度，而 $C_入$ 中还包括连接导线的电容，而连接导线的电容并不是一个常数，因为连接导线的长短随使用情况而不同，尤其当连接导线受到振动时，其电容也要变化，这就会引起测量误差。为了减少误差，有时需要接入一个固定电容，并固定导线的长度和规格。采用多片压电晶体并联时，可以提高灵敏度。

在压电晶体换能器中，晶体应有预应力，这是为了达到晶体受惯性质量的振动力作用时，使晶体始终受到压力，从而消除晶体受小压力时输出电压与压力之间的非线性。因为晶体表面与输出接触片在没有预压力时不能均匀接触，使接触电阻在小压力时不是常数，影响输出线性。当然，预应力也不能加的太大；否则将影响灵敏度。典型的压电晶体加速度计结构示意图见图 3-57。

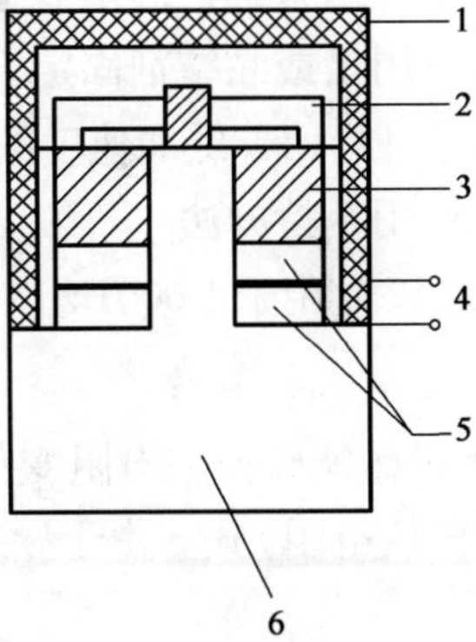

图 3-57　压电晶体加速度计结构示意图
1-壳体；2-弹簧；3-质量块；4-输出端；5-压电晶体片；6-基座

压电式换能器的优点是有很高的自振频率，体积小，质量小，灵敏度高。缺点是低频性能较差，阻抗太高，噪声较大，特别是用它两次积分后测位移时，讯号削弱，使噪声和干扰影响相当大。

压电式加速度传感器的主要技术指标如下：

(1)灵敏度。

压电式加速度传感器有两种形式的灵敏度，即电荷灵敏度 S_q 和电压灵敏度 S_v。传感器灵敏度的大小取决于压电晶体材料的特性和质量块的质量大小。传感器几何尺寸越大亦即质量块越大，灵敏度越大，但使用频率越窄；传感器体积减小亦即质量块减小，灵敏度也减小，但使用频率范围加宽。选择压电式加速度传感器要根据测试要求综合考虑。

(2)安装谐振频率 $f_{安}$。

安装谐振频率 $f_{安}$ 是指传感器牢固地(用钢螺栓)装在一个有限质量 m(目前国际上公认的标准是取体积为 $1\text{in}^3=16.39\text{cm}^3$，质量为 180g)的物体上的谐振频率。压电式速度传感器本身有一个固有谐振频率，但是传感器总是要通过一定的方式安装在振动体上，这样谐振频率就要受安装条件的影响。传感器的安装谐振频率与传感器的频率响应有关系，安装方法与测试的质量密切相关。

(3)频率响应。

根据对测试精度的要求，通常取传感器安装谐振频率的1/5～1/10为量测频率的上限，量测频率的下限可以很低，所以压电式加速度传感器的工作频率很宽。

(4)横向灵敏度比。

即传感器受到垂直于主轴方向振动时的灵敏度与沿主轴方向振动的灵敏度之比。在理想的情况下，传感器的横向灵敏度比应等于零，即当与主轴垂直方向振动时不应有信号输出。

(5)幅值范围。

即传感器灵敏度保持在一定误差大小(通常在5%～10%)时的输入加速度幅值的范围，也就是传感器保持线性的最大可测范围。

压电式加速度传感器使用电压放大器或电荷放大器对信号放大。

正确安装压电式加速传感器尤其在高频振动时更为重要。一般常采用以下几种安装方法：

(1)用钢螺栓连接。这种安装方法与实际校准时条件相似，可以达到最佳频率响应。如安装表面不平时，可在传感器底部涂一层硅蜡以增加安装刚度。

(2)用绝缘螺栓与云母垫圈连接。由于云母片的硬度高，因此这种安装方法的频响特性较好。

(3)用永久磁铁固定。适用于加速度小于 $200\times980\text{cm/s}^2$ 的振动情况。

(4)用蜡或黏结剂固定。用蜡将传感器黏在振动物表面，频响特性较好；用环氧树脂作黏结剂时，只能用于低加速度的振动测试。

(5)用手持方法。一般结构振动的基频较低，相对来说对压电式加速度传感器的安装较为简单，仅适用于1 000Hz以下的振动量测。

4. 电阻式换能器

将机械能转换成电阻变化的形式较多。常用的转换方式主要有两种形式：电阻丝式和电位器(滑线电阻)式。由于导线电阻为：

$$R=\rho\frac{l}{S}\qquad(\Omega)$$

式中：ρ——电阻系数或电阻率($\Omega\cdot\text{mm}^2/\text{m}$)；

l——电阻线长度(m)；

S——电阻丝截面积(mm^2)。

当改变上式中导线的长度 l、导线的截面积 S 和电阻率 ρ 时，电阻 R 都会改变。通过改变这些参数来实现换能目的，这就是电阻式换能器的基本原理。

最简单的电阻式换能器，是改变导线长度的滑线电阻式换能器，而通过导线本身受力变形引起电阻改变的换能器则是电阻丝应变式换能器。电阻丝式换能器又有粘贴应变片式和非粘贴应变丝式两种。而对于半导体电阻应变片，它是通过半导体在受应力后，其电阻率的明显变化改变电阻值的。在测振传感器中应用较广泛的是电阻丝式换能器，其电阻变化和导线长度变化关系可用下式表示：

$$\frac{\Delta R}{R}=K\frac{\Delta l}{l}$$

式中：ΔR——电阻的改变值；

Δl——导线在应力作用下的变形量；

K——电阻丝的灵敏系数。

电阻丝式换能器，作为粘贴应变式是最普遍的。也有一些传感器作成非粘贴式的，即张丝式，其主要特点是传感器总灵敏度较高。粘贴式电阻丝式换能器，需要经过应变梁的转换，把振动体的位移量转换成弹性梁的应变，然后转换成应变片的应变。而非粘贴的张线式换能器，则是直接将传感器的相对变形变成应变丝的变形。图 3-58 为电阻丝式换能器的两种类型。

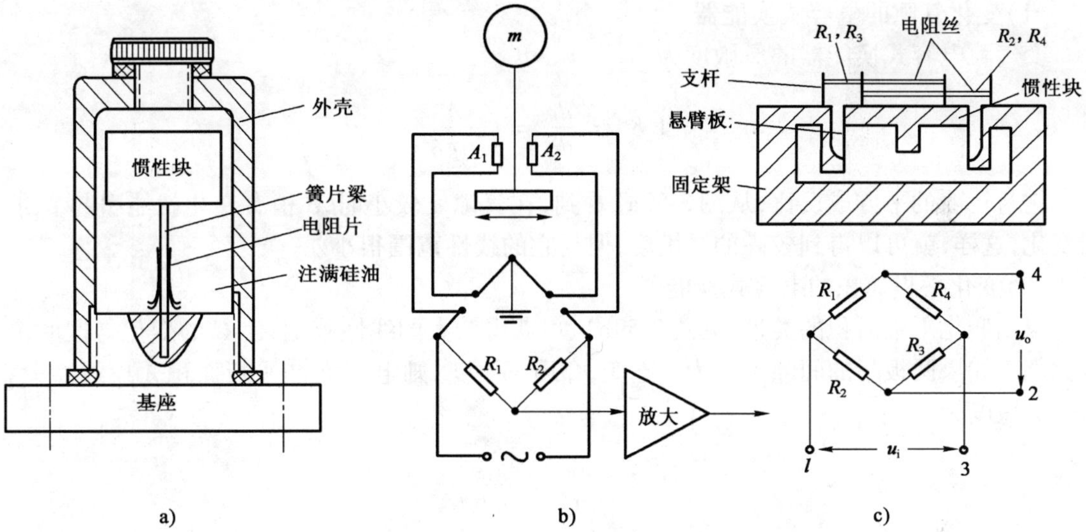

图 3-58　电阻丝式换能器示意图

a）粘贴应片式加速度计；b）加速度计工作原理；c）非粘贴应变片（张丝式）

电阻式换能器，一般都是通过桥路原理，进行应变换能的测量。

5. 电容式换能器

电容式换能器是把振动的机械动力（线位移或角位移）转换为电容器的电容变化。电容式换能器是由中间用空气或其他介质层隔开的二片或多片极片所组成的电容器。

平板电容器的电容 C 由下式决定：

$$C=\frac{\varepsilon\cdot A}{4\pi\delta}\frac{1}{9\times10^{5}}\qquad(\mu\text{F})\tag{3-86}$$

式中：ε——电介质常数；

A——一块平板的面积（cm^2）；

δ——板间间隙值（cm）。

由式（3-86）可知，电容的变化可以借助 A、δ 和 ε 中任一参数的变化来达到。所以相应的电容式换能器有三种类型（见图 3-59）：变化气隙的、变化平板面积的和变化电介质常数的电容式换能器。在测振仪器中，主要的是利用前两种类型。

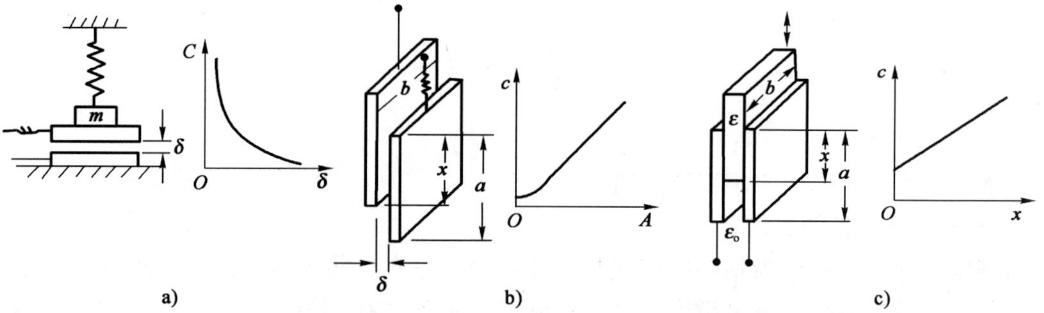

图 3-59 电容式换能器

a) 变气隙式 $C=\varepsilon\frac{A}{\delta}$；b) 变面积式 $C=\frac{\varepsilon}{\delta}A=\frac{\varepsilon}{\delta}(bx)$；c) 变电介质常数式 $C=b[a\varepsilon_0+x(\varepsilon-\varepsilon_0)]$

(1) 变化气隙的电容式换能器。

变气隙电容式换能器的灵敏度为：

$$|S|=\frac{dc}{d\delta}=\frac{\varepsilon A}{3.6\pi\delta^2}$$

它与气隙的平方成反比，从图 3-59a) 看到，在气隙 δ 较小时，δ 稍有变化就能引起 C 很大的变化，这样，就可以得到较高的灵敏度，但是它的线性范围很小。

(2) 变化平板面积的电容式换能器。

采用变化平板面积的类型，见图 3-59b)，可获得较大的线性范围，使 C 的变化与摆的位移成比例。如果两板间的间隙保持为 δ 不变，介质 ε 不变，则电容 C 与平板面积 A 成线性关系，这时灵敏度为：

$$S=\frac{\mathrm{d}c}{\mathrm{d}A}=\frac{\varepsilon}{3.6\pi\delta}$$

设板面的宽度为 a、长度为 b、电容器的一个板面随着摆的运动沿 b 向长度来回移动，当两板间的相对长度为 x 时的电容为：

$$C=\frac{\varepsilon A}{3.6\pi\delta}=\frac{\varepsilon ax}{3.6\pi\delta}$$

因此

$$\Delta C=\frac{\varepsilon a}{3.6\pi\delta}\Delta x$$

电容的变化与摆的运动成比例时的灵敏度：

$$S=\frac{\mathrm{d}c}{\mathrm{d}x}=\frac{\varepsilon a}{3.6\pi\delta} \tag{3-87}$$

它的电容 C 随 A（或 x）变化的特性曲线如图 3-59b) 中右边的曲线所示。

(3) 变化电介质常数的电容式换能器。

在电容器两板间插入电介质，改变电介质进入两电容板极间的深度，也可以获得电容 C 和进入深度 x 之间的线性关系，它的工作原理和特性曲线及关系式如图 3-59c) 所示。

变电容换能器利用电容 C 的变化，来取得测试电路的电流或电压变化的主要方法有四种：即振荡回路频率的变化；振荡讯号的相位变化；桥路法；直流电压法。

采用较多的是振荡回路频率的变化，通过调频和鉴频的方法进行测试。

（三）阻尼器

阻尼器不仅吸收测振仪器自振能量，而且它能够改善仪器的幅频特性，并对相频特性有很大的影响。通常采用与质量的运动速度成正比的阻尼，这种阻尼对质量的稳定位置没有影响，不降低其灵敏度，并保持振动系统的线性。常用的阻尼器有流体的和电磁的，流体的包括有液体的和气体的。采用的方式与仪器的形式和结构有关。

1.流体阻尼器

流体阻尼器是利用流体的阻力来产生阻尼力，常见的有下述三种：

（1）活塞式阻尼器。

活塞式阻尼器如图 3-60 所示，活塞连接于振动仪的运动部分，活塞运动时，一端的液体通过间隙流到另一端，这样在活塞两端的压力差 ΔP 与活塞面积的乘积即为阻尼力 P。

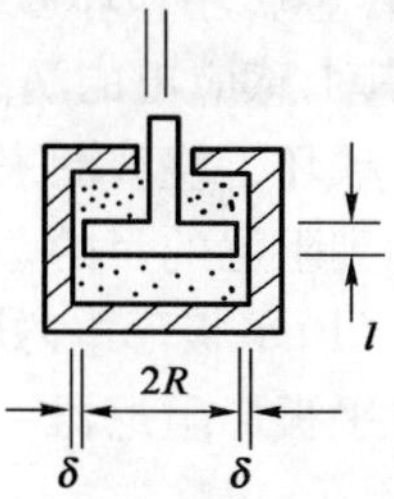

图 3-60　活塞式液体阻尼器

利用流体力学理论可得流量为：

$$Q = \frac{\pi R\delta^3}{b\mu l}\Delta P$$

又

$$Q = S \cdot V,\ \Delta P = \frac{P}{S}$$

则

$$P = \frac{6\pi\mu l R^3}{\delta^3}v = Cv$$

$$C = \frac{6\pi\mu l R^3}{\delta^3} \tag{3-88}$$

式中：C——阻尼力系数；

μ——液体黏度；

v——活塞运动速度。

由此可知，要增加阻尼力系数时，可以增大活塞半径 R，增加活塞高度 l 和选用黏度较大的液体，在工艺条件允许的情况下，减小间隙。这种阻尼器的优点是阻尼力系数可做到比较大，由于液体的不可压缩性，可用于高频振动中。缺点是液体黏度受温度变化影响较大，因此在温度变化较大时，阻尼力系数也将有变化。液体阻尼器中，液体常采用硅油，因为硅油较为稳定，其黏度受温度变化影响较小。

（2）杯式空气阻尼器

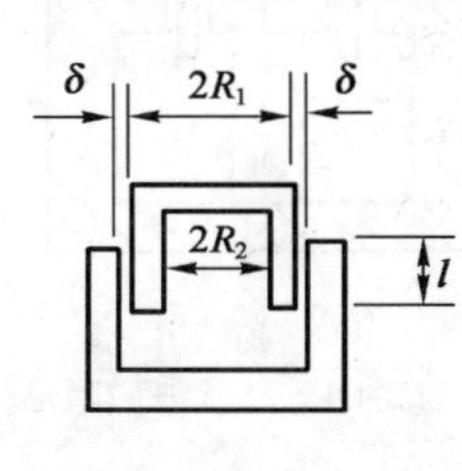

图 3-61　杯式空气阻尼器

这种阻尼器的结构与上一种相似，图 3-61 它由两个金属杯组成，一个固定，一个随运动部分运动。

其阻尼力系数为：

$$C = \frac{6\pi\mu l(R_1^2 - R_2^2)}{\delta^3(R_1 - R_2)} \tag{3-89}$$

（3）活塞式空气阻尼器

活塞式空气阻尼器的结构如图 3-62 所示，其阻尼力系数可用下列经验公式确定：

$$C = \left(\frac{0.335}{\delta} + 0.032\right)Ar^2 \tag{3-90}$$

式中：A——活塞面积，$A = a \times b$；

r——活塞中心到转动轴中心的距离。

2. 电磁阻尼器

电磁阻尼器主要有两种结构，一种是平板形（金属板和线圈框组成）电磁阻尼器；一种是环形（金属环和环形线圈组成）电磁阻尼器。它们的原理是利用金属板或金属环在磁场内运动，其上感应出的涡流与磁场的相互作用力来作为阻尼力。也有用镶有线圈的金属板或在有机玻璃环上绕线圈来代替纯金属板或纯金属环圈的，其工作原理也是在线圈中产生涡流阻力，来达到阻尼的目的。

(1)平板形电磁阻尼器

平板形阻尼器一般是板在磁场中摆动，产生阻尼，其结构如图3-63所示。

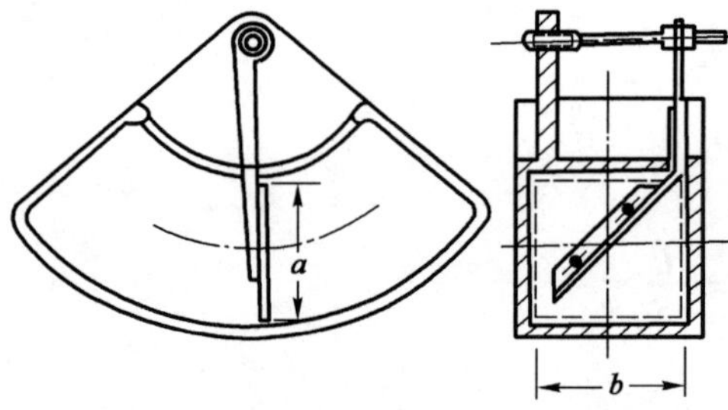

图3-62 活塞式空气阻尼器

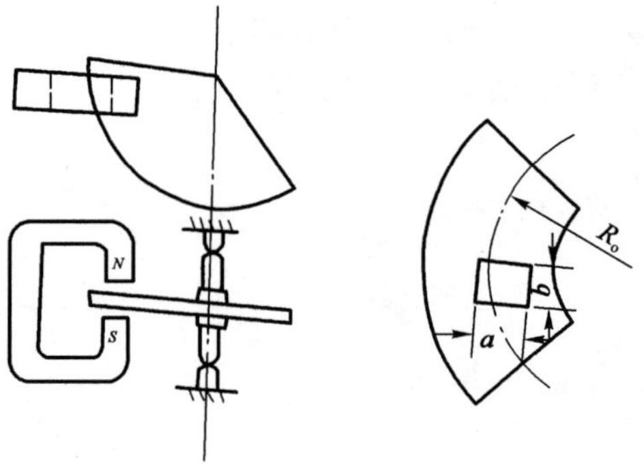

图3-63 平板形电磁阻尼器

它的阻尼力系数可按下式计算：

$$C = \frac{B^2 V}{\rho K} \times R_0 \times 10^{-5} \tag{3-91}$$

式中：B——磁感应强度（T）；

V——磁极下金属板的体积，亦即为磁极面积 $a \times b$ 与扇形金属板的厚度的乘积（cm^3）；

R_0——磁极中心到转轴中心的距离（cm）；

ρ——金属板材料的电阻率（$\Omega \cdot mm^2/m$）；

K——系数，其值与磁板的宽度 b 和金属板的宽度有关。

(2)环形电磁阻尼器

环形电磁阻尼器如图3-64所示，是一个闭合的金属线圈在磁场中移动，或者金属杯状圆环在磁路气隙中运动，这是阻尼器中应用最广泛的类型。

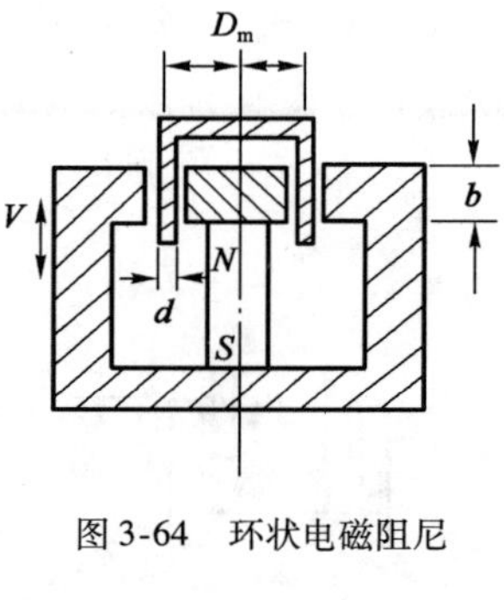

图3-64 环状电磁阻尼

其阻尼力系数：

$$C = \frac{0.1BI\pi D_m}{v} = \frac{B^2 bd\pi D_m}{\rho} \times 10^{-9} \quad (s/cm) \tag{3-92}$$

式中：b——磁场深度（cm）；

B——磁场强度（T）；

d——金属环壁厚(cm);

D_m——金属环的平均直径(cm);

v——金属环的运动速度(cm/s);

ρ——金属环材料的电阻率(Ω·cm)。

考虑磁场的不均匀性和扩散磁场的作用,一般实际的阻尼力比计算的阻尼力要稍高一些。

阻尼器中,液体阻尼可以得到较大的阻尼力,但是由于液体的黏滞性受温度影响较大,所以阻尼力也随温度而变化。气体阻尼器的阻尼力虽然受温度影响较小,但其阻尼力不是始终都正比于运动速度。因此,在一些受温度影响和对阻尼力线性要求较严格的测振仪中,不采用这类阻尼器。与流体阻尼器相比较,电磁阻尼器的阻尼力能较准确地正比于振动系统的运动速度,受温度影响小,而且能够方便地调节,所以电磁阻尼器较为广泛地被采用。

三、测振放大器

测振放大器是动力测试系统中的重要组成部分,一般称为二次仪表。测振传感器输出的信号一般都很微弱,需经放大器放大之后才能推动记录设备。测振放大器除对信号有放大作用,一般还具有对信号进行微分、积分和滤波等功能。放大器按放大方式分为两种:一种是直接放大形式,并具有微、积分等运算网路和滤波器,这类放大器配合电动式和压电式传感器使用;另一种是载波放大形式,将输入信号经载波调制后再放大,经过检波解调恢复原波形输出。它又可分为调幅式、调频式和调相式等,这类放大器配合电阻应变式传感器及电感、电容式传感器使用。

在结构试验中,一般常用的放大器有微积分放大器、电压放大器、电荷放大器、动态电阻应变仪等。

(一)微积分放大器

在结构动力测试中,经常需量测位移、速度和加速度这三个振动量,而这三个量在数学上存在简单的微积分运算关系,即:

$$\left.\begin{aligned}&\text{加速度} && a=\frac{\mathrm{d}v}{\mathrm{d}t}=\frac{\mathrm{d}^2x}{\mathrm{d}t^2}\\&\text{速　度} && v=\frac{\mathrm{d}x}{\mathrm{d}t}=\int a\mathrm{d}t\\&\text{位　移} && x=\int v\mathrm{d}t=\iint a\mathrm{d}t\mathrm{d}t\end{aligned}\right\}\tag{3-93}$$

利用电量的微分和积分运算较容易实现这一特点,在测试系统中用微积分电路可以很方便地得到被测对象的位移、速度和加速度等振动参数。

通过微积分放大器可将电动式传感器的输出信号加以积分、微分和线性放大。

放大器电路的构造,从早期的电子管线路发展为晶体管电路,到目前大都用集成电路组件构成微积分放大器。对于电路中的输入输出衰减器,电压放大和功率放大等网路的电路方框图如图3-65a)所示。微积分电路原理和应用集成电路组成直接耦合式电路、阻容耦合电路的特点作介绍。

(二)微积分电路原理

微积分电路是在电路回路中串入电阻、电容和电感元件所组成。图3-65b)所示的电路中通入电流 i,根据克希霍夫定律可得:

$$e = u_R + u_C + u_L = R \cdot i + \frac{1}{C}\int i\mathrm{d}t + L\frac{\mathrm{d}i}{\mathrm{d}t} \tag{3-94}$$

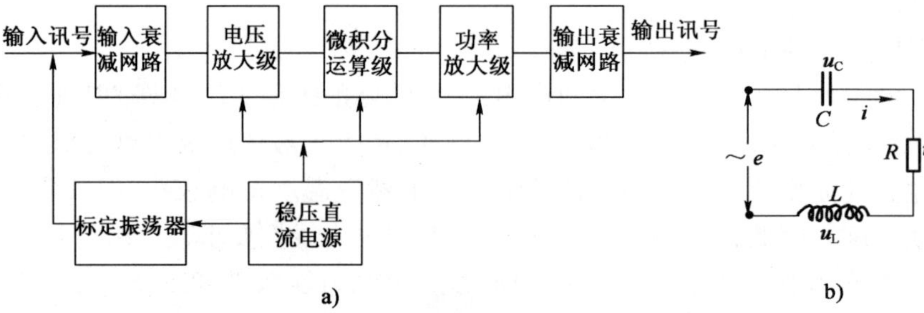

图 3-65　微积分电路原理

a)微积分放大器电路方框图;b)微积分电路原理

按一定的关系选择电路系数 R、C 和 L 时,可以使电压降 u_R、u_C 或 u_L 中之一与加在电路上的电势 e 的积分或微分成比例。实际构成微积分电路是用二种元件组成,且多采用阻容式微积分网路。这种电路简单,元件规格多且体积小,容易实现。

1. 阻容式微积分网路

阻容串联网路的讯号输出可以有两种形式,见图 3-66。

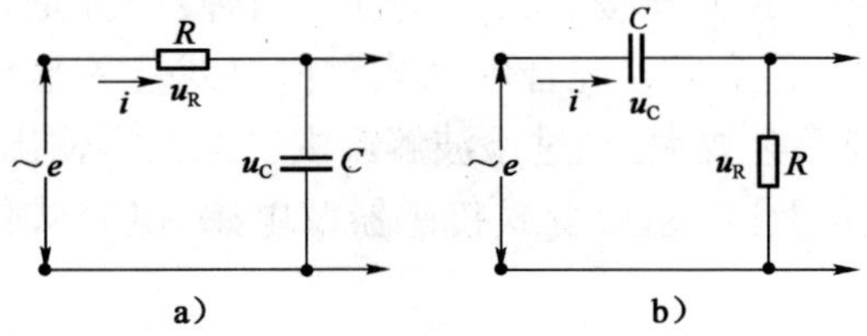

图 3-66　阻容微积分网路

回路中的电压关系可表述成下式:

$$e = u_R + u_C = R \cdot i + \frac{1}{C}\int i\mathrm{d}t \tag{3-95}$$

在串联交流回路中,当讯号从电容两端取出,如图 3-66a)所示。

若 $R \geqslant Z_C = \frac{1}{\omega C}$时,即电阻远远大于容抗,则:

$$u_R \geqslant u_C$$

这样可近似地认为:$e \approx u_R$,即输入电势 e 全部降在电阻 R 上,这时电流 $i \approx \frac{e}{R}$。则从电容两端取出的电压为:

$$u_C = \frac{1}{C}\int i\mathrm{d}t = \frac{1}{C}\int \frac{e}{R}\mathrm{d}t = \frac{1}{R \cdot C}\int e\mathrm{d}t \tag{3-96}$$

即输出电压 u_C 为输入电势 e 的积分,这种电路具有积分性质。R、C 的乘积称为时间常数 τ,时间常数越大,积分结果越准确,但输出讯号越小。

在串联交流回路中,当讯号从电阻两端取出,如图 3-66b)所示。

若 $Z_C = \frac{1}{\omega C} \geqslant R$ 时,即容抗 Z_C 远大于电阻 R,则:

$$u_C \geqslant u_R$$

这样可近似地认为:$e \approx u_C$,即输入电势 e 全部降在电容上。

$$\because \quad u_C = \frac{1}{C}\int i\mathrm{d}t,$$

$$\therefore \quad \mathrm{d}e = \frac{1}{C}i\mathrm{d}t$$

则

$$i = C\frac{\mathrm{d}e}{\mathrm{d}t}$$

因此,从电阻两端取出的电压为:

$$u_R = Ri = R \cdot C\frac{\mathrm{d}e}{\mathrm{d}t} \quad (3\text{-}97)$$

即输出电压 u_R 为时间常数 $R \cdot C$ 与输入电势 e 的微分之乘积。所以,这种电路具有微分性质。同样,时间常数 $\tau = R \cdot C$。时间常数 τ 越小,微分结果越准确。

2. 阻感微积分网路

电阻和电感串联网路的讯号输出,也有图 3-67 所示两种形式。

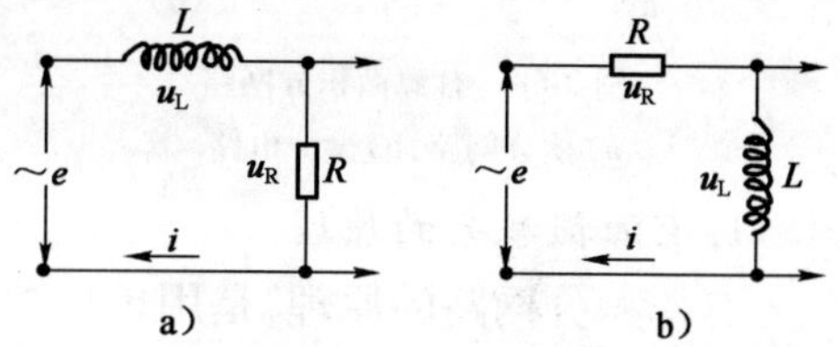

图 3-67　阻感微积分网路

在阻感串联回路中,电压关系可表述成下式:

$$e = u_R + u_L = R \cdot i + L\frac{\mathrm{d}i}{\mathrm{d}t} \quad (3\text{-}98)$$

在回路中,当讯号从电阻两端输出,如图 3-67a)所示。

若 $\omega L \geqslant R$ 时,即感抗远大于电阻,则:

$$u_L \geqslant u_R$$

同阻容网路相似,可得:

$$e \approx u_L = L\frac{\mathrm{d}i}{\mathrm{d}t}$$

则

$$i = \frac{1}{L}\int e\mathrm{d}t$$

因此

$$u_R = R \cdot i = \frac{R}{L}\int e\mathrm{d}t \quad (3\text{-}99)$$

这种电路具有积分性质,时间常数 L/R 越大,积分结果越准确。

在回路中,当讯号从电感两端取出,如图 3-67b)示。

若 $R \gg \omega L$ 时,即电阻远大于感抗时,因而:

$$u_R \gg u_L$$

则

$$e \approx u_R, i = \frac{e}{R}$$

所以

$$u_L = L\frac{\mathrm{d}i}{\mathrm{d}t} = \frac{L}{R}\frac{\mathrm{d}e}{\mathrm{d}t} \quad (3\text{-}100)$$

这种电路具有微分性质,时间常数 L/R 越小,微分结果越准确。

从以上四种电路讨论中可以看出，当达到准确的积分和微分这一条件时，在积分和微分后取得的电压 u_R、u_C 或 u_L 已远小于输入电压 e，从而对微积分网路的使用带来不少困难。在实际电路中，为了保证有足够大的输出讯号和可测频带，经常采用分段的时间常数 $R \cdot C$。

由于微分电路的误差随着频率的增加而增大，而积分电路的误差随着频率的降低而加大，因而低频的积分器和高频的微分器较难制造。为了克服上述困难，现多采用有源微积分网路。

(三)有源微积分网路

如前所述的四种电路，仅由电阻、电容或电感组成，这些电路称为无源网路。而有源微积分网路，顾名思义，是在微积分电路中包含着能源，即具有放大作用。因此，有源微积分网路是由电阻、电容、电感和放大元件所组成。

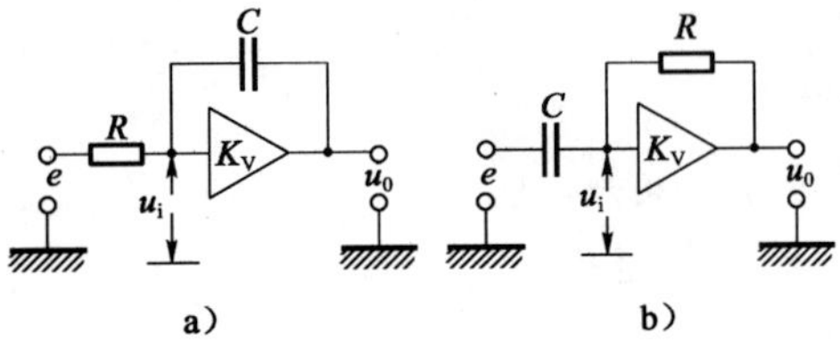

图 3-68 有源微积分网路
a)积分网路；b)微分电路

有源微积分网路实际上也是运算放大器的一部分。目前，运算放大器已集成电路化，放大元件由集成电路组成。下面仅对常见的阻容有源网路作介绍。有源微积分网路如图 3-68 所示。

1. 有源微积分的原理

有源积分网路的原理，是用负反馈通路中的微分来代替顺向通路中的积分，这样可得到很低的积分频率，如图 3-68a)所示的线路。在放大器的输出端获得了电压 u_0，则放大器的输入端具有的电压 $u_i = u_0/K_V$。K_V 是放大器的放大倍数，电势 e 等于电阻 R 上的电压降 u_R 加上电压 u_0/K_V。由微分负反馈的特性，R 上的电压降是 u_0 的微分(在 R 和 C 的数值适当和一定频率时)。

即
$$u_R = RC\frac{du_0}{dt}$$

因此
$$e = \frac{u_0}{K_V} + RC\frac{du_0}{dt} \tag{3-101}$$

若放大器的 K_V 很大，则 u_0/K_V 很小，因而可得：

$$e = RC\frac{du_0}{dt}$$

则
$$u_0 = \frac{1}{RC}\int e\,dt \tag{3-102}$$

在有源网路中，电阻 R 应选择的足够大，以便使它上面的电压降比放大器输入的电压 $u_i = \dfrac{u_0}{K_V}$ 大得多。

若将运算放大器看成四端网路对运算放大器电路图加以简化，即可把图 3-68 的网路简化，如图 3-69。简化原理图中的Σ点为虚地。所以叫做虚地是因为它并非真正的地。若是真正的地，那么所有的输入讯号均被短路了。而事实上，这点电压近似为零，输入电流

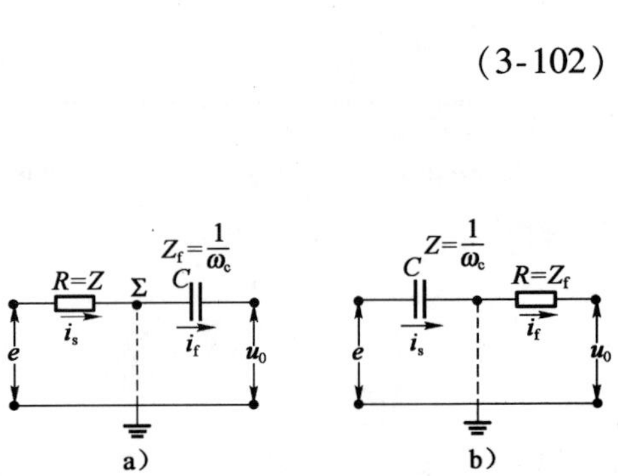

图 3-69 有源微积分简化原理图
a)积分网路；b)微分网路

i_s 并不能流入虚地，而是直接从输入阻抗 Z 中流入反馈阻抗 Z_f 中，所以输入讯号并没有被短中。这时，输入讯号为：

$$e \approx i_s Z$$

输出讯号为：

$$u_0 \approx i_s Z_f$$

而

$$u_0 \approx -\frac{Z_f}{Z}e$$

对积分网路（图 3-69a），$Z=R$，而 Z_f 是电容 C 产生的容抗，若输入讯号 e 是时间 t 的任意函数，即：

$$e = e(t)$$

则流过电阻上的电流为：

$$i = i(t) = \frac{e(t)}{R}$$

根据电容的特性，在电容两端建立的电压是流过它的电流的积分，即：

$$u_0 = -\frac{1}{C}\int i_f(t)\,\mathrm{d}t \tag{3-103}$$

利用 $i_f \approx i_s$ 的关系，代入上式，则得：

$$u_0 = -\frac{1}{RC}\int e(t)\,\mathrm{d}t \tag{3-104}$$

该式说明，放大器的输出电压与输入电压的积分成正比，这就是积分器。

对有源微分网路，如图 3-68b），它的简化电路如图 3-69b）所示。若 Z 是电容的容抗、Z_f 是电阻 R 时，根据电容器的特性，其电流应是电容两端电压的微分值，即：

$$i(t) = C\frac{\mathrm{d}e}{\mathrm{d}t}$$

故可求得此时输出电压 u_0 为：

$$u_0 = -i_f R = -i(t)R = -RC\frac{\mathrm{d}e}{\mathrm{d}t} \tag{3-105}$$

上式说明，输出电压与输入电压的微分成正比，这就是微分器。

2. 有源微积分网路的特点

（1）讯号增益性强

有源微积分网路，在经过微积分放大后，讯号可以有增益，克服了无源网路输出讯号大大缩小的缺点。

（2）截止频率较低

在利用与无源网路同样的 R 和 C 时，有源积分的截止频率可以比无源积分时低得多。如无源积分时的截止频率 $f_1=\frac{1}{2\pi RC}$，而有源积分时的截止频率即为：

$$f_2 = \frac{1}{2\pi K_V RC}$$

式中：K_V——放大器的放大倍数。

集成电路的开环放大倍数 K_V 可以很大，达数万倍，因此，有源网路截止频率可以做到很低。但是由于放大器稳定性和积分运算精度的需要，不能应用集成电路的全部开环放大倍数。放大电路应采用近似微积分网路，即对有源积分电路需要在电容上并联电阻 R_1^*，以控制积分器的稳定。在微分网路的电阻上，并联小电容 C^*，控制高频噪声的发生，以及对微分电路中电容部分串入阻尼电阻 R_2^*，以消除阶跃波输入时产生的振荡脉冲现象。

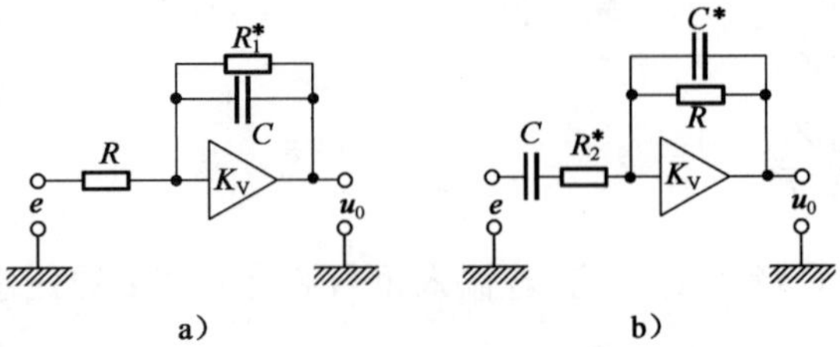

图 3-70 有源近似微积分网路

a) 积分网路；b) 微分网路

注：带 * 者为作补偿和稳定用的阻容。

有源近似微积分网路，如图 3-70 所示。

这时它们的闭环放大倍数比开环时下降，闭环时：

$$K_V = \frac{Z_f}{Z} \tag{3-106}$$

式中：Z_f——反馈总阻抗；

Z——输入总阻抗。

对近似积分，由于并联电阻后，使放大倍数下降，因而下限截止频率也相应升高。

（四）电压放大器

压电晶体传感器与所用的电压放大器、传输电缆组成的电路，可由图 3-71 所示等效电路表示。

电压放大器是压电式传感器的一种前置放大器，它的功用是放大压电式加速度计的微弱输出讯号，把加速度计的高输出阻抗转换成较低值。图 3-71 可简化成图 3-72 简化等效电路。

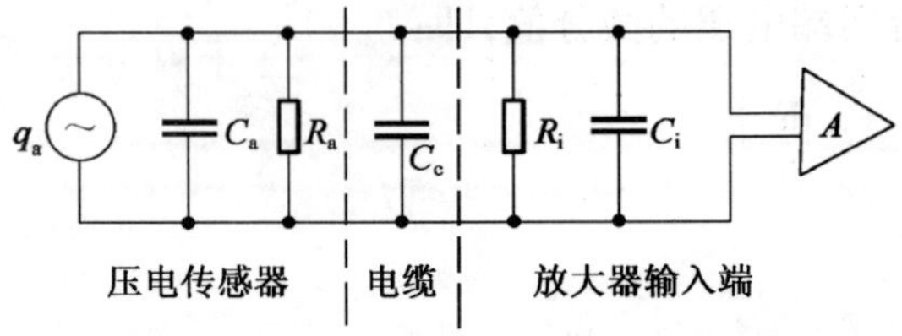

图 3-71 压电传感器、电缆、放大器组合的等效电路

q_a-压电传感器产生的总电荷；C_a、R_a-传感器的电容量和绝缘电阻值；C_c-传输电缆电容量；C_i、R_i-放大器的输入电容和输入电阻

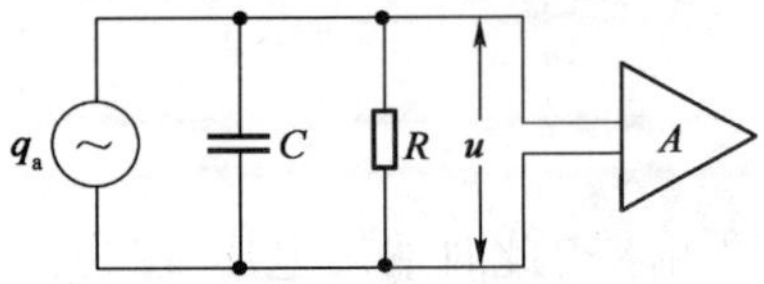

图 3-72 简化等效电路

图 3-71 中，等效电容： $C = C_a + C_c + C_i$，

等效电阻： $R = \dfrac{R_a \cdot R_i}{R_a + R_i}$，

压电传感器产生的总电荷： $q_a = \varepsilon F$

式中：ε——压电系数；

F——作用于压电晶体上的交变力。

设 $$q_a = q_{a1} + q_{a2}$$

q_{a1}使电容 C 充电到电压 u,即:

$$u = \frac{q_{a1}}{C}$$

q_{a2}电荷经电阻 R 泄漏,并在 R 上产生电压降,其值也相当于 u,即:

$$u = \frac{dq_{a2}}{dt}R$$

∵ $$q_a = q_{a1} + q_{a2} = \varepsilon F$$

∴ $$RC\frac{du}{dt} + u = \varepsilon R\frac{dF}{dt} \tag{3-107}$$

若由压电传感器产生的作用力 $F = F_m\sin\omega t$,代入式(3-107)可得:

$$RC\frac{du}{dt} + u = \varepsilon R\frac{d}{dt}(F_m\sin\omega t) \tag{3-108}$$

解此微分方程式可得特解的模 u_m 如下:

$$u_m = \frac{\varepsilon F_m\omega R}{\sqrt{1 + (\omega RC)^2}}$$

设电导 $G = l/R$ 代入上式得到:

$$u_m = \frac{\varepsilon F_m\omega}{\sqrt{G^2 + (\omega C)^2}} \tag{3-109}$$

从式中可以看出:

(1)当测量静态参数时($\omega = 0$),则 $u_m = 0$,即压电式传感器没有输出,所以不能测量静态参数。

(2)当测量频率足够大时($G \ll \omega C$),则 $u_m \approx \varepsilon F_m/c$,即电压放大器的输入电压与频率无关,不随频率变化。

(3)当测量低频振动时($G \gg \omega C$),则 $u_m = \varepsilon F_m \cdot R \cdot \omega$,即电压放大器的输入电压是频率的函数,随着频率的下降而下降。

通常下限截止频率规定为 u_m 下降到 -3dB 处(即 $0.707u_m$ 处)时的频率,即 $f_c = 1/(2\pi RC)$,此时 $G = \omega C$。若给定电容时,输入阻抗可按下列方法计算:

例如:$f_c = 1$Hz,电容量 $C = 1\,000P$。由式 $f_c = 1/(2\pi RC)$ 可求出:

$$R = 1/(2\pi f_c C)$$

$$= 1/(6.28 \times 1 \times 10^{-9}) = 160 \times 10^6(\Omega)$$

由于 $$R = \frac{R_a \cdot R_i}{R_a + R_i}$$

而传感器的绝缘电阻 R_a 一般均大于 $2 \times 10^{10}\Omega$,所以得:

$$R_i \approx R = 160 \times 10^6 \qquad (\Omega)$$

也即要求电压放大器的输入阻抗应大于160μΩ。加大 $R \cdot C$ 的数值,使得放电过程变慢,从而使低频工作范围加宽。但是一味加大电容量 C 是不妥当的,因为总电容量的增加势必造成传感器灵敏度下降。因此,只有设法增大等效电阻 R,即最大限度地增大放大器的输入阻抗 R_i 和绝缘电阻 R_a。输入电阻越大,绝缘性能越好,低频响应也就越好。反之,由于传感器的漏电和放大器输入电阻上的分流作用,就会产生很大的低频误差。

现讨论电缆电容对电压放大线路测度的影响,由于压电晶体加速度计的电压灵敏度 S_v 与电荷灵敏度 S_q 有下列关系:

电荷灵敏度: $$S_q = \frac{q_a}{a}$$

电压灵敏度: $$S_v = \frac{e_a}{a}$$

又因加速度计的内电容实际上是换能元件的一部分,所以两个灵敏度可以通过内电容联系起来,即:

$$S_v = \frac{S_q}{C_a} \tag{3-110}$$

上述式中:e_a——加速度计开路输出电压;

a——加速度值。

电压放大器的输入电压 u_i(因为 R_a 和 R_i 足够大,忽略 R_a 和 R_i 的影响时)为:

$$u_i = \frac{q_a}{C_a + C_c + C_i} = \frac{S_q a}{C_a + C_c + C_i}$$
$$= \frac{S_v C_a \cdot a}{C_a + C_c + C_i} = \frac{C_a}{C_a + C_c + C_i} e_a \tag{3-111}$$

这样,放大器的输入电压 u_i 等于加速度计的开路电压 e_a 和系数 $\frac{C_a}{C_a + C_c + C_i}$ 的乘积。

一般 C_a 和 C_i 都是定值,而电缆电容 C_c 是随导线长度和种类而变化,所以,随着电缆种类和长度改变,则输入电压也改变,电压灵敏度起变化;同时,使用频率下限也要变化,这对实际使用是很不方便的。为了保证足够的灵敏度,电缆长度不能太长,型号要用低噪声电缆。由于导线电容的严重影响,采用电荷放大器就很有必要。

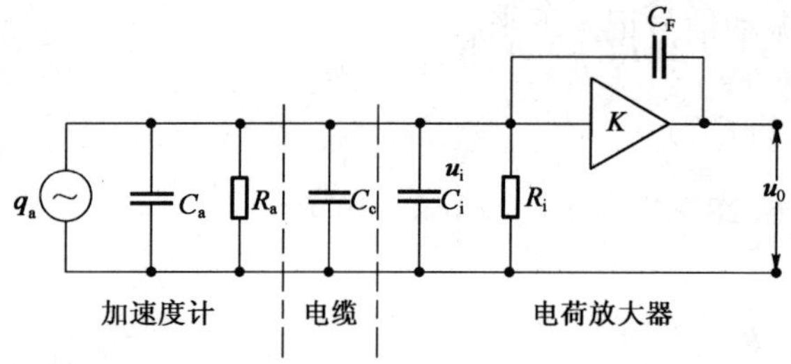

图 3-73　加速度计、电缆、电荷放大器等效电路

(五)电荷放大器

电荷放大器是一种输出电压与输入电荷量成正比的前置放大器,实际上是一个具有电容负反馈的输入阻抗极高的高增益运算放大器。

电荷放大器工作原理是由压电晶体加速度计传感器、电缆和电荷放大器组成的等效电路,如图 3-73 所示。

图中 C_F 为反馈电容，K 为运算放大器的放大倍数，其他符号同图 3-71。

现暂不考虑 R_a 和 R_i 的影响，来讨论放大器的输出电压与加速度计发出的电荷之间的关系。

放大器输入端处的电荷为加速度计发出的电荷 q_a 与“反馈电荷”q_F 之差，而 q_F 等于反馈电容 C_F 与电容两端电位差(u_i-u_0)的乘积，即：

$$q_F = C_F(u_i - u_0) = C_F\left(\frac{u_0}{K} - u_0\right)$$

而放大器的输入电压就是电荷差(q_a-q_F)在电容 C 两端形成的电位差。

$$u_i = \frac{q_a - q_F}{C} = \frac{q_a - q_F}{C_a + C_c + C_i}$$

因此

$$q_a - C_F\left(\frac{u_0}{K} - u_0\right) = Cu_i = C\frac{u_0}{K}$$

则得

$$u_i = \frac{q_a}{C + (1+K)C_F} = \frac{C_a}{C + (1+\mathrm{K})C_F}e_a$$

$$u_0 = -\frac{Kq_a}{C + (1+K)C_F} \tag{3-112}$$

因为电荷放大器是高增益的，即 $K \gg 1$，因此，一般情况下$(1+K)C_F \gg C$，则有：

$$u_0 \approx \left|\frac{q_a}{C_F}\right| \tag{3-113}$$

由此可见，电荷放大器的输出电压与加速度计发出的电荷成正比，与反馈电容 C_F 成反比，而且受电缆电容的影响很小，这是电荷放大器的一个主要优点。因此，在长导线测量和经常要改变输入电缆长度时，采用电荷放大器是很有利的。电荷放大器的输入阻抗要求极高，一般要求在 $10^9 \sim 10^{14}\Omega$，这点可以用静电管或场效应管来实现。

(六)动态电阻应变仪

对于电阻式、电感式和电容式传感器配用的放大器，一般多采用载波放大的形式。在动力测试中，常用的载波放大器有电阻应变仪、差动变压放大器和鉴频放大器等。载波放大器可分为调幅式、调频式和调相式等类型，在测试中常用的电阻应变仪属于调幅式。动态电阻应变仪输入端与电阻应变片或电阻式传感器相连，并对输入信号进行放大，采用偏位法(直读式)量测，输出端与光线示波器或磁带记录器相连，将振动信号记录下来。

动态电阻应变仪种类较多，根据可测频率范围分为动态与超动态两类，前者可测频率在 10kHz 以下，而后者可测频率在 10kHz 以上。按供桥电压的不同可分为交流电桥动态电阻应变仪、直流电桥动态电阻仪和脉冲供桥电压动态电阻应变仪等，这些不同类型的应变仪各有特点，以适用不同的需要。其中以交流电桥动态电阻应变仪应用较为广泛。

四、测振记录装置

测振记录装置是动力测试系统中的最后一个环节，在结构动力测试中早期经常使用光线振子示波器、笔式记录器、磁带记录仪等记录装置。

1. 光线振子示波器

光线振子示波器是一种常用的模拟式记录器,主要利用惯性很小的磁电式振子的偏转运动,将电信号转换为光信号并记录在感光纸或胶片上,得到的是试验变量与时间的关系曲线。

对光线示波器记录的试验结果进行数据处理,需要用量尺直接在曲线上量取大小,根据标定值按比例换算得到仪表试验结果的数值。关于时间的数值,可用记录纸上的时间记按同样方法进行换算。

这种记录装置因不能实现数据自动传输和重新回放,目前已很少采用。

2. 笔式记录器

笔录仪也称笔描式记录仪或 X-Y 记录仪,由驱动记录笔运动的检流计、记录纸、传动机械、标记机械和专用放大器组成。笔尖的运动方向基本上与纸带运动方向垂直,在纸上绘出记录曲线。记录方式以黑水式用得最多。

3. 磁带记录仪

磁带记录仪是一种常用的较理想的记录仪器,可以用于振动量测和静载试验的数据记录,它将电信号转换成磁信号并记录在磁带上,得到的是试验变量与时间的变化关系。

磁带记录仪由磁带、磁头、磁带传动机构、放大器和调制器等组成。

磁带记录仪的记录方式有模拟式和数字式两种,对记录数据进行处理应采用不同的方法。用模拟式记录的数据,可通过重放把信号输送给其他分析仪器,用 A/D 转换得到相应的数值。用数字式记录仪记录的数据,可直接输送给打印机打印输出,或输送到计算机等进行分析。

磁带记录仪的特点是:

(1)工作频带宽,直接记录方式工作频率为 50Hz ~ 2MHz,采用配频记录方式工作频带宽为 0 ~ 40kHz。

(2)可以同时进行多通道记录,并能保持多通道信号之间正确的时间和相位关系。

(3)可以快速记录慢速重放,或慢速记录快速重放,使数据记录和分析更加方便。

(4)通过重放,可以很方便地将磁信号还原成电信号,输送给各种分析仪器。

(5)作噪比较高,零点漂移小,线性好,不怕过载。

4. 信号处理机

动态信号数据处理一般在专用信号处理机或利用数据处理软件在计算机上进行。目前数字信号处理技术发展很快,它以 FFT 硬件和专用软件为基础,可以在幅值域、时域、频域对各种类型的信号进行处理。图 3-74 给出一般信号处理机的组成框图。输入信号首先通过低通抗混淆滤波器和前置放大器,然后经过 A/D 转换器,将模拟电量信号转换成数字信号输入给计算机,在数据处理硬件和软件支持下进行各种数据处理,最后将分析结果显示在屏幕上或通过打印机(绘图仪)打印出来。功能较全的数据处理机还应配备磁盘驱动器、输入和输出接口,以及不同算法语言编制的专用程序。信号处理机的规格型号很多,如 HP3562A、B&K2034、7T18S、CF-500,一般数据处理机由专人操作使用。进行桥梁动态信号分析时,可以根据条件和需要选用。

随着电子计算机技术的迅猛发展,动态测试系统的仪器与设备近年来发展很快,功能不断完善,性能稳定可靠。如奥地利开发研制的 DEWE-3010 型多通道动态数据采集与处理机就是集信号采集、放大、A/D转换、记录、分析处理、存储和输出为一体的功能齐全、体积小、操作方便的先进测振仪器，每机有8个独立通道，可多台并网，配套专用信号传感器，为大型桥梁结构的动态性能测试提供了可靠的手段。

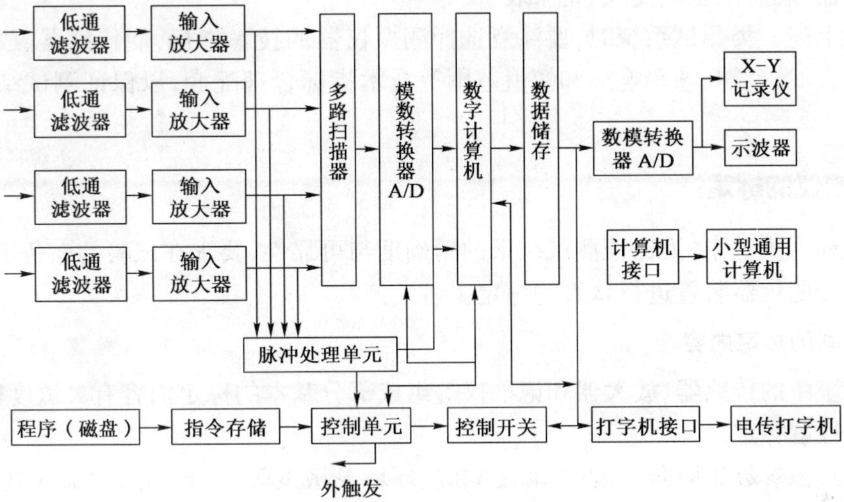

图3-74 数字信号处理机的组成

五、测试系统的选配

根据常用的一些测振仪器的性能，一般可构成电磁式测试系统、压电式测试系统和电阻应变式测试系统等三种测试系统。

（一）电磁式测试系统

电磁式测试系统在桥梁的动力测试中应用较为普遍，这类系统通过仪器的组合变换可测位移、速度和加速度。电磁式测试系统的特点是输出信号强、灵敏度高、稳定性好、传感器输出阻抗低、长导线的影响较小，因此抗干扰性能好。系统由电磁式传感器、信号放大器和记录装置组成。

（二）压电式测试系统

压电式测试系统一般用于量测加速度。由于压电式传感器具有高输出阻抗的特性，要求与输入阻抗很高的放大器相连。因此，放大器输入阻抗的大小将对测试系统的特性产生重大影响。由于压电式传感器自振频率较高，因此可测频响较宽，但系统抗干扰性差。长导线对阻抗影响较大，易受电磁场干扰。配套的前置放大器有两种基本形式：一种是电压放大器，它的输出电压正比于输入电压；另一种是电荷放大器，它的输出电压正比于压电传感器输出电荷。这两种前置放大器各具特点，电压放大器的输出电压受输出电缆长度的影响，低频特性也受其他输出电阻的影响，由这种放大器组配的系统适用于一般频率范围的动力测试；电荷放大器不受传输电缆分布电容的影响，低频特性也很少受输入电阻的影响，使用频率可达到零，它适用于低频或超低频长距离的动力测试。系统组成压电式传感器、电压或电荷放大器、记录装置。

（三）电阻应变式测试系统

电阻应变式测试系统中传感器的种类较多，如应变计、位移计、加速度计等，需配套使用的放大器是各类动态电阻应变仪，记录装置为常用的光线振子示波器或磁带机等。这类测试系统的低频响应好，可从零赫兹开始。动态电阻应变仪可作为各类电阻应变式传感器的放大器。但这类测试系统易受温度的影响，抗干扰性能较差，长导线对灵敏度也有影响。电阻应变式测试系统中各部分仪器具有通用性强、应用方便等特点，在桥梁动力试验中应用普遍。系统组成电阻式传感器、动态电阻应变仪、记录装置。

在选配上述三类测试系统时，要注意选择测振仪器的技术指标，使传感器、放大器和记录仪的灵敏度、动态范围、频率响应和幅值范围等技术指标合理配套，以保证测试结果的准确性和可行性。

六、测振仪的标定

在桥梁动力测试中，为保证测试结果的精确度与可靠性，要求在试验的准备工作阶段对测试系统各部分的仪器装置进行认真的标定。

（一）基本的标定内容

测试系统中的传感器、放大器和记录仪等组成部分基本的标定内容有灵敏度标定、频率特性标定和线性度标定。

有时对其他参数如横向灵敏度、温度响应、环境灵敏度等进行标定，并确定传感器的使用频率范围，即频率的上限和下限，在工作区内有无寄生振动频率；传感器的工作幅度范围，即可测幅度的上限和下限值；能承受的最大加速度和位移值，在保证仪器不损坏时的最大振动允许值；可供使用的温度、湿度和防水状态等范围。

1. 灵敏度的标定

仪器的灵敏度为输出讯号（电压、电荷、电感或应变、位移等）与相应的输入讯号（位移、速度、加速度等）的比值。一般的振动传感器，特别是能量传感器的输出讯号常用电压值，通常以毫伏计。它们的灵敏度为：

位移计：
$$s_{\mathrm{d}} = \frac{u}{d} \quad (\mathrm{mV/mm}) \tag{3-114}$$

速度计：
$$s_{\mathrm{v}} = \frac{u}{v} \quad (\mathrm{mV/cm/s}) \tag{3-115}$$

加速度计：
$$s_{\mathrm{a}} = \frac{u}{a} \quad (\mathrm{mV/g}) \tag{3-116}$$

式中：u——输出电压；

d——输入位移量；

v——输入速度量；

a——输入加速度量；

g——重力加速度值。

对于参量式传感器的标定，标定值的单位种类较多，如电阻式用输出微应度表示，即输入一单位位移、速度或加速度时，相应输出的微应变数值；对电感和电容调频式常用谐振频率变化值来表示，即输入一单位位移、速度或加速度，相应输出的频率变化值。在一般情况下，测振仪器大多数都有放大器和记录设备，经常采用示波器记录下来的幅值来表征仪器的灵敏度，例如：

位移计：
$$s_{\mathrm{d}} = \frac{A}{d} \quad (\mathrm{mm/mm}) \tag{3-117}$$

速度计：
$$s_v = \frac{A}{v} \quad (\text{mm/cm/s}) \tag{3-1118}$$

加速度计：
$$s_a = \frac{A}{a} \quad (\text{mm/g}) \tag{3-119}$$

式中：A——示波器记录的波形峰值；

d、v、a——分别为输入位移、速度、加速度。

位移计的灵敏度 s_d 有时亦称为放大倍数。

仪器灵敏度的标定大多数都是在振动台上进行的，除了频率较低、承受较小的加速度(0.1g以下)以外，测振传感器都应良好地固定在振动台上。

当标定较高频率(大于100Hz)时，传感器与振动台的接触面之间应垫一层薄铝片或薄纸片，并涂抹一层薄凡士林再压紧固定，这样可以预防高频寄生振动发生。

仪器灵敏度的标定频率应取在其频响曲线的平台范围内，并标定三次以上，取其平均值。

下面是灵敏度标定值计算示例，仅供参考。

(1)如位移摆型电动式速度输出拾振器，测得输出电压峰值为628mV，振动台输入双振幅为2mm(单振幅为1mm)，频率为10Hz，则它的速度灵敏度为：

$$s_v = \frac{u}{v} = \frac{u}{2\pi fA} = \frac{628}{6.28 \times 10 \times 0.1} = 100 \quad (\text{mV/cm/s})$$

(2)位移计用示波器记录时的灵敏度。测得示波器记录波峰高度，峰峰值(双振幅)为100mm，振动台输入双振幅为2mm，则位移计灵敏度为：

$$s_d = \frac{A}{d} = \frac{100}{2} = 50 \quad (\text{mm/mm})$$

即
$$\text{放大倍数 } K = s_d = 50 \text{ 倍}$$

(3)压电式加速度计，由峰值电压表读出输出值为100mV，振动台输入加速度峰值为2g，则加速度计灵敏度为：

$$s_a = \frac{u}{a} = \frac{100}{2} = 50 \quad (\text{mV/g})$$

在标定值处理过程中，一般使用峰值或峰峰值。如用普通电表测量得到有效值时，应该注意有效值与峰值、峰峰值之间的相互关系。

2. 频率响应标定

频率响应标定包括幅频特性标定和相频特性标定。通常应用较多的是幅频特性标定。频响标定可以决定仪器的不同频率的使用范围、误差和波形时间滞后的状况。

(1)幅频特性的标定

幅频特性标定，是标定传感器灵敏度随频率的变化情况，也就是在输入振动幅度固定，频率变化时，传感器的输出幅度变化情况。它通常是在振动台上进行标定。固定振动台标准量值，改变频率，测出各个工作频率时的输出量。采用示波器记录时，可以逐段测出波形，见图3-75a)，也可以连续自动扫描记录，测得连续的记录波形见图3-75b)。

从示波图上(或用毫伏表)读出不同频率时的输出值，然后除以标定的输入量，即可得到不同频率时的灵敏度值。

频率响应曲线可以做在直角坐标纸或对数坐标纸上。在频率复盖区大，即频响值上下限动态区域较大时，用对数坐标作图比较有利，可以保证曲线整个范围的精度。

用标定灵敏度作纵坐标，标定频率作横坐标，即可将成对的对应标定值点出，连成幅频响应曲线如图 3-76a)所示。幅频特性曲线的纵坐标也可以用无量纲相对比值 β 表示,即把每一频率的灵敏度除以平坦区灵敏度的平均值,得出图 3-76b)所示幅频特性响应曲线。

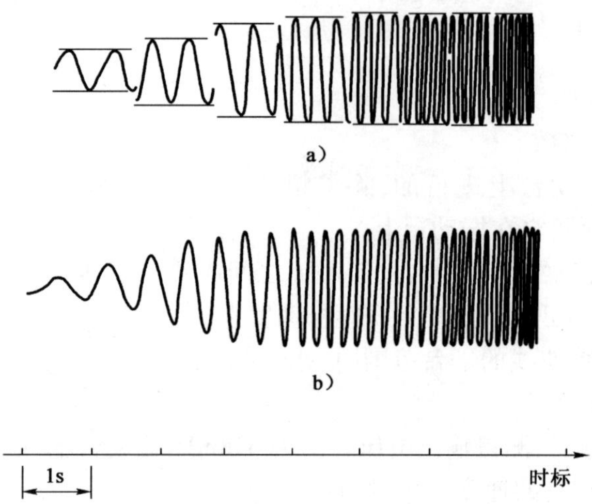

图 3-75　幅频特性标定示波图

a)分段定频标定波形;b)频率扫描标定波形

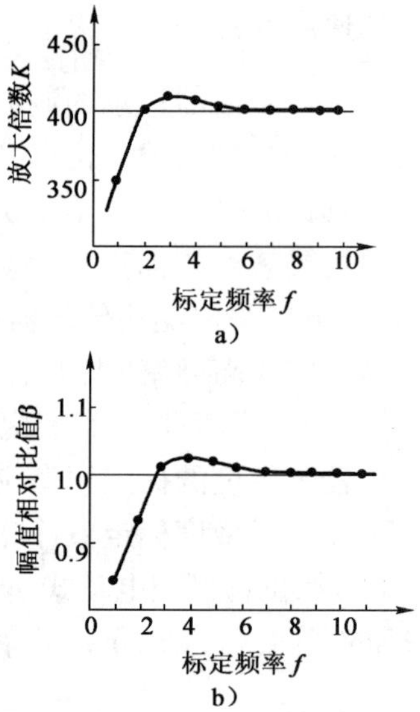

图 3-76　幅频响应曲线示意图

a)幅频响应曲线;b)幅频特性曲线

用标定灵敏度为纵坐标时,读取标定值很直观,它对于一个固定的测试配套线路,幅频曲线的使用比较方便。而用幅值的无量纲相对比值为纵坐标时,幅频曲线的适应性比较广泛,它不仅可适用于某一个固定的测试线路,在改变测试线路时,即灵敏度改变时,仍有一定的使用价值。并且在这种曲线上能直接看出误差,如无量纲频率值 $\beta = 1.02$,其误差为 +2%;$\beta = 0.97$,其误差为 -3%。由于这些优点,所以这种做法还是比较广泛应用的。

对于横坐标还可以用频率比,即标定频率与被标仪器的自振频率之比作出。这种幅频特性曲线在研究测振仪器性能的理论中很有用处。

在作图中,要注意灵敏度平均值的选取,一般取幅频特性曲线的平坦区的平均值,并使得曲线有正、负向误差,如 ±5% ~ ±10%,这样可以延伸使用频率范围。另外,对图表坐标分度值选定应该合理,避免过分粗糙,失去使用价值,或过高的精度,即超过标定时实际误差精度。

(2)相频特性的标定

相频特性是表示测振仪在不同频率时的输入讯号与输出讯号之间的相位差。可用下述方法求得:

①用相位频率计来测量相位差,就是将标准讯号和被标定的测振仪的输出讯号直接送入相位频率计,测出相应差。

②用电子示波器产生里沙尔图形的方法,其工作过程是把装在振动台上的标准传感器的输出讯号接入电子示波器的垂直输入端,把被标传感器的输出讯号接入电子示波器的水平输入端。从示波器屏幕上观察光点的轨迹图形,可以确定相位差。

如记录下来的椭圆如图 3-77 所示,在椭圆外作一外切矩形,椭圆与 x 和 y 轴的交点为 A 和 C,则:

$$OA = OB\sin\theta$$
$$OC = OD\sin\theta$$

因此,得到相位差:

$$\theta = \arcsin \frac{OA}{OB} = \arcsin \frac{OC}{OD} \tag{3-120}$$

③用光线示波器记录波形，把振动台标准讯号波形和被标定仪器的输出波形同时记录下来，如图3-78所示，然后求出它们的时间差Δt，则相位角：

$$\varphi = \frac{\Delta t}{T} \times 360° \tag{3-121}$$

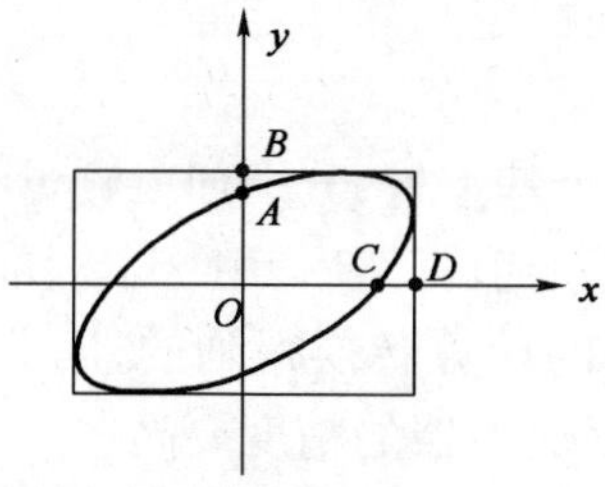

图 3-77

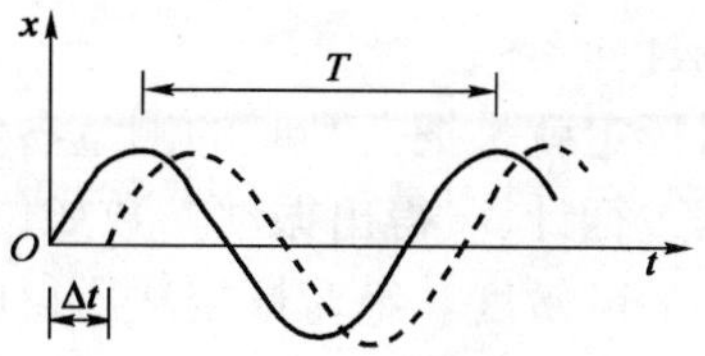

图 3-78

求出不同频率时的相位差后，用频率或频率比作横坐标，相位角作纵坐标即可作出曲线，其形式如图3-79所示。

3. 线性度标定

线性度是传感器的灵敏度随输入振动量大小变化的情况，通过线性度标定可以确定仪器的动态幅值的工作范围和在不同幅值时的误差状况。标定方法是，将传感器安装在振动台上，在一定的频率下，逐点改变输入量，测出仪器的输出量即可。线性度标定时的频率应选在测振仪的频响平台区，即幅值无量纲相对比值$\beta \approx 1$的频率区。

把输入标准量作横坐标，被标仪器输出量作纵坐标，根据标定值作出线性度曲线，如图3-80所示。

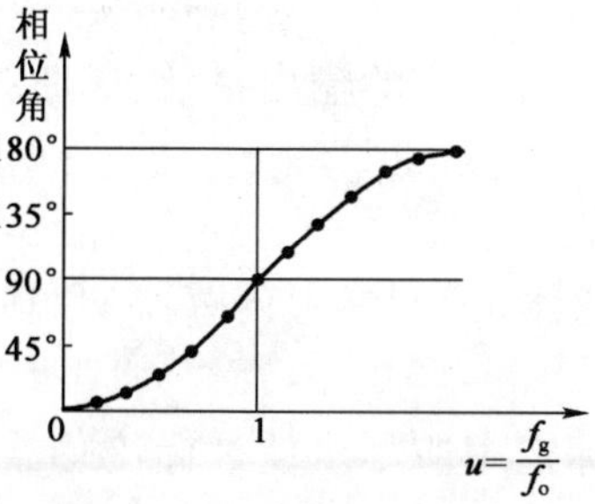

图3-79　相频曲线示意

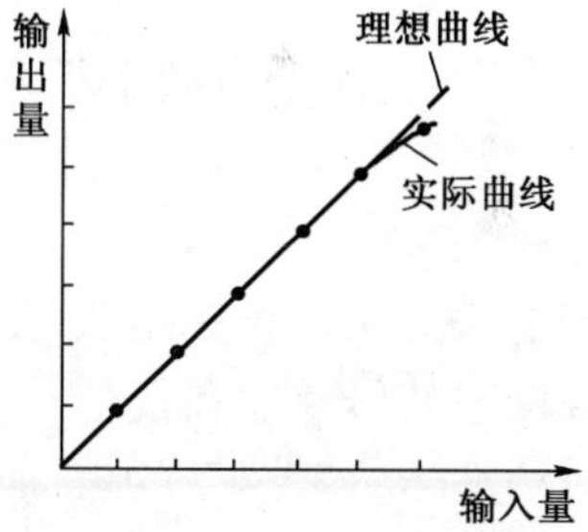

图3-80　线性度曲线示意

非线性情况常出现在大幅值时和很小的幅值时。在大幅值时的非线性是由于传感器惯性元件的自由行程不够，支承弹簧和其他弹性元件的弹性变形限度低，以及仪器电气部分和机械转换部分输出能力的限制而产生的。在小幅值的非线性，是由于机械部分中的干摩擦或电气部分中存在漏电而引起。

4. 其他参数的标定

(1)横向灵敏度标定

测振传感器的测振方向称为灵敏轴方向，有时也称主轴方向。沿垂直于灵敏轴方向振动所给出的灵敏度，即称为横向灵敏度。标定时要求作出横向灵敏度与主轴灵敏度之间的比值，常用百分数表示，在有必要时，也要给出横向灵敏度本身与频率的关系。

(2)温度响应标定

温度响应标定，就是标定传感器的输出灵敏度随温度的变化情况，常用曲线表示。

(3)环境灵敏度标定

标定传感器对周围环境如声场、磁场、湿度、基座位变、应力和光脉冲的敏感程度。

(二)常用的标定方法

对测振仪器进行标定(包括其特性参数的测定)的方法是很多的，如绝对标定法和相对标定法，重力场标定法和互易法，以及系统标定和分部标定，动标定和静标定等。

1. 绝对标定法

绝对标定就是把振动时的测量参数分成时间和长度两个基本量，分别加以测量，并对所测得的数据进行计算，得出振动参数如位移、速度、加速度的标准值。然后，用这个标准值计算出测振仪器的灵敏度。绝对标定法所得的标准值是通过波形的计算转换得到的，因此要求振源波形失真小，即要求振动台或激振器，以及讯号发生器、功率放大器的精度要高些。

标定中对位移的测量一般用读数显微镜或激光测振仪来读出振幅，用频率计测出频率，并用失真度仪来监视波形的失真程度。用读数显微镜在低于 50Hz 以下判读位移时，精度可达 $\pm5\% \sim \pm1\%$。改用激光测振仪测位移时，频率范围可以扩大，精度可以提高。

绝对标定法标定示意图如图 3-81 所示。

标定位移型传感器灵敏度时，把振动台调到某一个固定频率，再调节振幅值于某一个固定数，读出振幅值，测出被标定的传感器的输出量，这样就可算出灵敏度，即得到单位位移时测振传感器的输出量。

若标定速度传感器和加速度计时，则调节振动台位移幅值 A，使得振动速度或加速度为某一固定值如 $v = 1\text{cm/s}$，或 $a = 1\text{g}$ 时，测得这时传感器的输出量，即可求得它们的灵敏度。

作频响曲线标定时，固定振动台各参量的幅值，改变频率，然后测出对应的各个输出数据，绘成曲线。

标定线性度时，振动台频率不变，改变输入振幅值，测出对应的输出量，绘成曲线，即得出线性度曲线。

2. 相对标定法

相对标定法又叫比较标定法，是用一个标准测振传感器(或叫参考传感器)和其配套的仪器去校准待标定的传感器和仪器。

为了使校准传感器感受的振动与被标传感器一致，标定中应尽量使被标传感器与标准传感器装在一起和靠近。有时采用所谓“背靠背”的方式安装，如图 3-82 所示。

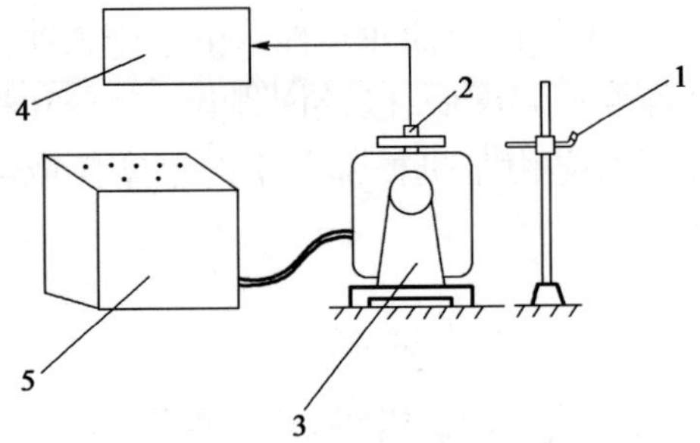

图 3-81　绝对标定法标定示意

1-读数显微镜或激光测距；2-拾振器；3-振动台；4-放大器和记录装置；5-控制台

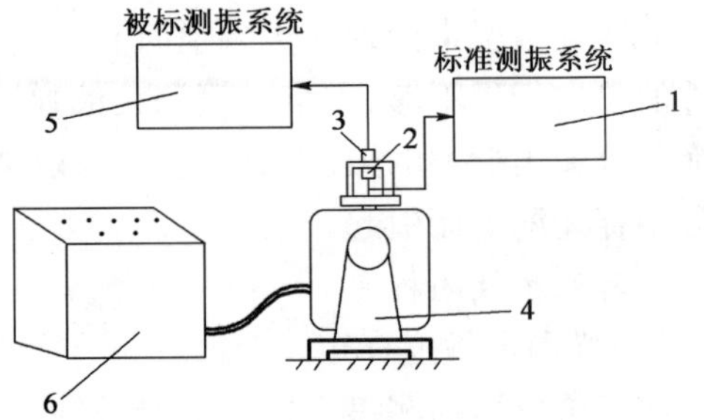

图 3-82　相对标定法标定示意

1、5-放大器和记录装置；2-标准测振传感器；3-被标定测振传感器；4-振动台；6-控制台

用相对法标定时,标定传感器或全套测振系统的灵敏度、频响和线性度的过程与绝对标定法相同,只是用两套测振仪同测一个振动量,以标准测振仪读数为准而校准被标定的测振仪。通过标准测振仪能直接读出振动的加速度或速度值,比绝对标定法要简单、直观和节省时间。

相对标定中标准测振系统对标定精度有直接的影响,特别是标准传感器应有足够的灵敏度,频响特性和线性度要好,横向灵敏度要小,稳定性好,对环境的敏感度要低。相对标定法标定时,当标准传感器、测振仪及振动台等都符合要求,且标定时操作较好,误差小。

3. 动、静标定法

振动参数的标定,往往是在动态下进行的,如用振动台标定,是在连续振动情况下标定。测量冲击讯号时,由于仪器受冲击振动的特性与受连续振动的特性有显著不同,所以这时仪器需要进行冲击标定,即需要在冲击振动台或落体台上进行标定。这些都属于动标范围。

测振仪的静标定灵敏度也是一个经常要用到的参数,特别是对一些加速度计和相对位移计,其静标定灵敏度值很容易测定,只要校准了仪器的动静特性,使用时简单地标一下其静灵敏度,就可处理测试结果了。现以电阻式加速度计的静标定为例,来说明静标定的方法(图 3-83)。

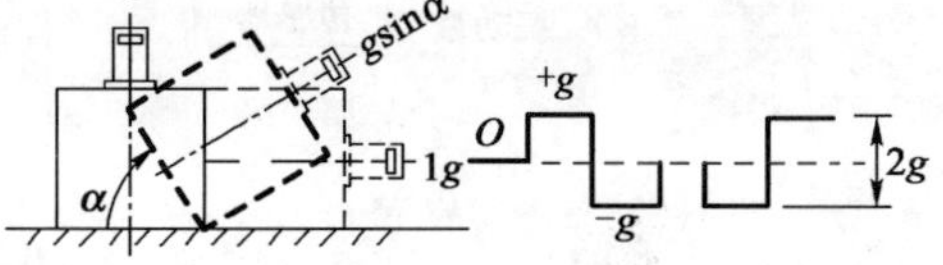

图 3-83　加速度计静标定

先把加速度计固定在正六方体固定块上,放在水平台上,水平台要调整到水平位置。当加速度计感振灵敏度主轴方向垂直于重力方向时,示波器记录出零基线;当倒 90°角时,加速度计感振方向与重力加速度方向一致,这时在感振方向上受到 1g 的重力加速度作用,示波器光点离开零基线一段距离,此值即为加速度计的静标定值。如果标定高灵敏度的仪器,需要标小于 1g 的加速度值时,可根据正六方体旋转角 α 算出加速度 a,并记录出相对应的标定值。

$$a = g \cdot \sin\alpha$$

从 1g 的位置倒转 180°,这时即可记录出 2g 的标定幅值。这种方法也就是重心场的静标定。若将标定块用电动机带动连续地旋转,使 α 成正弦变化时,即可进行重力场的动标定。

4. 共振梁标定法

为了获得大的加速度值和其他需要,有时采用共振梁标定法。其法是把一个具有一定尺寸和频率的标准梁紧固在振动台上(或激振机上),改变振动台的频率,使梁产生共振,加速度计装在梁的一端,同时装上配重如图 3-84 所示。

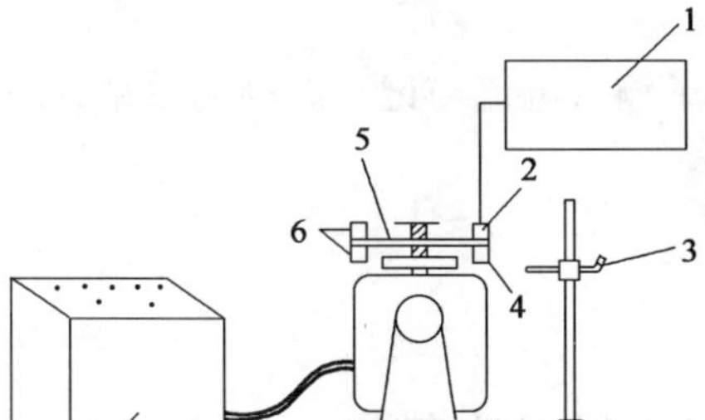

图 3-84　共振梁标定

1-放大器和记录装置;2-被标加速度计;3-读数显微镜;4、6-配重;5-共振梁;7-控制台

共振梁法振动频率一般选择在梁的自振频率上,而振动参量的幅值可以用改变振动台的激振力得到。

用不同频率的共振梁,得到不同的频率,从而通过标定就可获得频响曲线。用共振梁法可以标定很大量程的加速度计,能标到千级,此法比较简单,使用较为普遍。

5. 测振仪器的分部标定

(1)分部标定的原理。

分部标定法是把测振传感器、放大器和记录器在全套仪器配套测量中,分别测定各段的灵敏度,然后把它们组合起来,求得测振仪最初输入量与最后输出量的关系——标定值。分部标定主要分三级:第一级是传感器的标定,即外界输入振动量与传感器输出物理量的关系,如输入位移、速度、加速度和频率对测振传感器的输出量如电压、电感、应变及频率等之间的关系。第二级是放大器,标定出输入电压、电感、应变及频率等量与其输出电压、电流间的关系。第三级是记录器标定,找出其输入电压、电流与转化成记录纸上的波形、示波器荧光屏上光点运动及磁带记录的磁带剩余磁场变化等之间的关系。分部标定原理如图 3-85 所示。

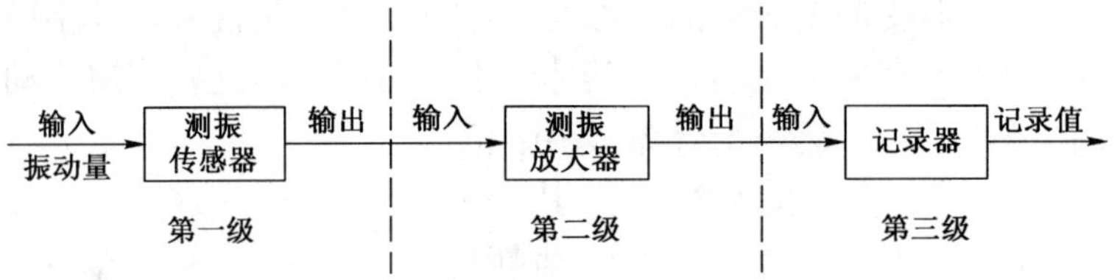

图 3-85　分部标定方框图

在分部标定中要注意各级的耦合和匹配关系,如图 3-85 把全套系统分为三级,对第一级来说,其输入量是需要标定的振动量,输出量的负载应与测振放大器相同,不然,测试的标定结果不正确。而第二级测振放大器标定时的讯号源应与传感器相似,即阻抗相似和输出量相同。而放大器的输出负载应与记录器相同。同样,对第三级记录器的输入讯号源要求与放大器相似。

(2)分部标定的步骤。

①第一级测振传感器的标定。需要求得传感器的输出灵敏度和它本身的频率响应曲线,测定方法如前所述。测定它的灵敏度系数 K_S 和频率响应曲线,可用数字电压表或其他各种测试仪表,但注意它们的阻抗匹配一定要与仪器配套测试时相同。灵敏度系数 K_S 的单位由输入量的单位和输出量的单位来决定,一般是,压电式加速度计为 mV/g,电动式位移计为 mV/cm/s,电阻式位移计为 με/mm,电阻式加速度计为 με/g。

②第二级放大器的标定。一般是输入电压,输出电流,求得放大器灵敏度 K_F,单位为 mA/mV,对电压输出放大器 K_F 单位为 mA/mV。

③第三级记录系统标定。常用振子记录器,可得到振子输入电流与记录波高的关系,即示波器振子电流灵敏度 K_R,单位用 mm/mA。

④最后全套仪器的标定值为:

$$K = K_S \cdot K_F \cdot K_R \tag{3-122}$$

标定时应注意测试条件,输出输入阻抗一定要与配套测试时相似,其误差不要超过 2%。

⑤分部标定仪器灵敏度的计算

如某传感器测得 $K_S = 250$mV/cm/s,放大器在衰减挡为 1 时,$K_F = 0.7$mA/mV,采用 1 200C/S振子 $K_R = 40$mm/mA,求放大器衰减为 1/100 时整个测试系统的灵敏度。

衰减挡为 1/100 时放大器的灵敏度为:

$$K'_F = 0.7 \times \frac{1}{100} = 0.007 \qquad (\mathrm{mA/mV})$$

整个系统的标定灵敏度为：

$$K = K_S \cdot K'_F \cdot K_R = 250 \times 0.007 \times 40 = 70 \qquad (\mathrm{mm/cm/s})$$

即输入1cm/s的速度时，可输出70mm的波高。

(3)分部标定中的模拟标定

对于仪器使用的分部模拟标定，一般采用分为二级的办法：传感器为一级；放大器和记录器为一级，在标定中测出传感器本身的特性，然后在放大器中附带一个标定装置，来模拟传感器的输入，使放大器和记录器随时可以标定记录。这样对振动测试带来很多方便。其工作原理如图3-86所示。

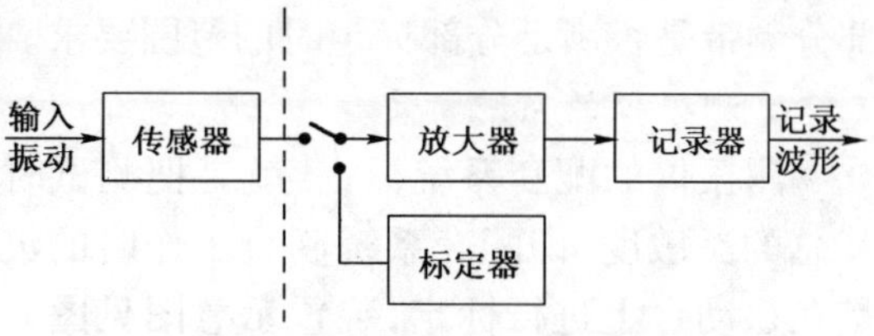

图3-86　分部模拟标定方框图

一般的压电式测振仪和电动式测振仪中，经常带一个标定讯号装置。这个装置与放大器的阻抗是匹配的，即与使用传感器时相同，因此，标定精度较高。

简单的标定器是采用固定的频率和固定的振幅，多数为电压输出。功能较全一些的标定器也有采用可变幅度和可变几种频率。

由于以上标定器是模拟压电加速度计和电动式拾振器的输出电压，所以在测定中的不同参量标定均存在有相应的微积分关系。对正弦波峰值而言，在用速度量为基准时的关系为：

$$v = 2\pi fA; \quad x = \frac{1}{2\pi f}v; \quad a = 2\pi fv$$

可知速度v、位移x和加速度a之间只差一个$2\pi f$系数的关系。

为说明模拟标定的变换关系，现举一示例。例如，频率10Hz时，$2\pi f = 62.8/\mathrm{s}$，假定拾振器输出电压灵敏度为100mV/cm/s，用标定器输出电压100mV输入放大器来代替外接拾振器时，则相当于输入速度为：

$$v = \frac{100}{100} = 1 \qquad (\mathrm{cm/s})$$

相应的位移：$$x = \frac{v}{2\pi f} = 0.159 \qquad (\mathrm{mm})$$

相应的加速度：$$a = 2\pi fv = 62.8 \qquad (\mathrm{cm/s^2})$$

在标定器输出电压为100mV、频率10Hz时，模拟标定关系列于表3-2。

模拟标定关系　　表3-2

拾振器电压灵敏度 (mV/cm/s)	100	200	50	任意值 S
模拟标定速度 (cm/s)	1.0	0.5	2.0	$1.0 \times \frac{100}{S}$
模拟标定位移 (mm)	0.16	0.08	0.32	$0.16 \times \frac{100}{S}$
模拟标定加速度 (g)	0.064	0.032	0.128	$0.064 \times \frac{100}{S}$

标定器的标定值不是100mV时,可把任意值栏中的100代入标定值换算即可。

分部标定中首先要注意替换标定设备的阻抗匹配关系,应使其匹配误差小于2%以下。

其次,注意标定中的讯号幅度,特别是应用讯号发生器时,要避免输入讯号饱和。在微积分时,饱和现象不表现为平头波形,有时出现三角形和带尖刺的波形。在分部标定中不易发现波形失真和寄生振动现象,因此,最好利用阴极射线示波器作监视,看是否有失真和干扰毛刺产生。标定值计算中要注意峰值、峰峰值和有效值间的相互关系。另外还要注意测试系统各部分频带是否满足分部标定时的范围要求。

6. 测振仪的系统标定

测振仪的配套系统标定,就是把测试时选定的传感器、放大器和记录器联合一起,标定其总的灵敏度,即配套系统联合工作时的灵敏度标定值和频率响应关系。常用的标定方法是在振动台上进行标定,装置示意图见图3-87。

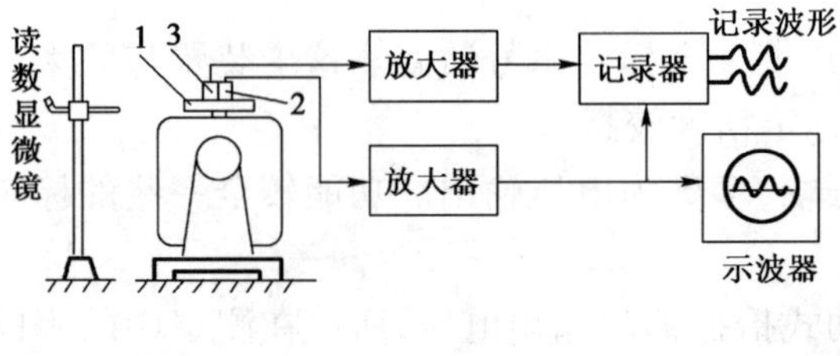

图3-87 系统标定示意

1-振动台;2-标准测振系统的传感器;3-被标测振系统的传感器

将测振传感器固定在振动台上,记录下仪器编号、通道、衰减挡以及振子号、振子座号。然后以振动台的振动为输入讯号,改变振动幅度与频率,经数据整理、计算得出该测试系统的频响曲线和线性度。有时,测振系统也可采用其他方式进行标定,如电动式传感器系统,可用讯号发生器,讯号输入到换能器的一个线圈,使其产生振动,用读数显微镜读出摆的振幅,然后从另一线圈输出讯号,通过测试配套系统得到输出波形,进行标定。

第四节 模态参数测试

所谓试验模态分析,就是通过量测系统输入和系统输出便可以获得系统固有特性函数的过程。

在试验模态分析中,动态测试是第一个环节,它为模态参数识别提供可靠的频率响应函数或脉冲响应函数。模态试验中动态测试技术的全部内容就是合理地选择试验方法和试验仪器,准确地测量输入(激励)和输出(响应)信号,做出频响函数或脉冲响应函数的正确数值估计。

模态试验中的动态测试技术是与一般的振动动态测试技术紧密相关的。所涉及的内容比较广泛,本节仅介绍与模态试验相关的动态测试技术的基本内容。

一、动态测试系统

动态测试系统是试验模态分析技术中发展迅速的一个领域。可以说,模态试验技术的每一步进展都伴随着测试技术的进步;快速傅里叶变换(FFT)及其计算机实现伴随现代试验模态分析技术的诞生;多通道数据采集及实时处理伴随单输入多输出试验技术的产生;多点激振及多输入频响函数估计与多输入多输出模态参数识别理论组成了现代模态试验技术。

大多数动态测试系统由以下几部分组成:激振部分、信号量测与数据采集部分、信号分析和频响函数估计部分。

激振部分系统由信号发生器、功率放大器和激振器等组成。

信号量测与采集部分由传感器、电荷放大器、数据采集器等组成,其作用是量测激振力及结构振动响应电平模拟量,并将其转换成计算机使用的数字量。量测与采集系统的性能对测试精度有很大的影响,应合理选择与使用。

信号分析与频响函数估计部分因识别方式不同,信号处理方法、设备也不同。在频域分析中,频谱分析仪是必不可少的。频谱分析模块的作用是将经过采集得到的离散数字时域信号进行分析处理,得出可靠的频响函数(FRF)或脉冲响应函数(IRF)。它是模态参数识别的前期工作。

二、动态测试的实施

1.激振方法的选择

(1)单点激振与多点激振的选择

从原理上讲,多点激振的能量输入合理,在结合中的传播均匀,因而测试精度较单点激振高。但在有些场合下采用单点激振也有同样高的精度,且有更合理的经济与人力投入。在这两种方法之间做选择,应综合衡量。

对于较大型和柔软的结构,由多部件组合的复杂结构,材料性质较复杂和存在一些弱非线性因素的结构,应采用多点激振,以保证足够的激振能量、测试结果的一致性和良好的分析精度。

对于较小型、较刚硬、由简单部件组成的结构,如梁、板、刚架及相应的简单结构,对于经济上、设备上尚无法应用多点激振的结构,采用单点激振设备是合理的。

(2)激振信号的比较和选择

每种信号在一定的场合下各有其优点,没有一种在各方面都占优势的激励信号。使用时应根据具体情况合理选择,选择时可考虑如下几个因素:

测试精度、测试时间、非线性影响的线性化、系统的非线性检验、实现的简易性和模态密集性。

表3-3是各种激励信号在各方面特性的一个对照,读者可以据此作出取舍。

2.被试结构的支承方式

需要模态试验的结构在实际的工作环境中总处于一定的约束状态。设置试验时,应选择结构的支承方式,首先考虑是否模拟其真实的约束状态。有些情况下,这种模拟状态是很容易达到的,有时则很难精确模拟,或者根本无法模拟,这时应考虑有无替代的支承方案。

模拟真实的结构约束状态,如固定支承、铰接支承等称为地面支承。地面支承将结构上所选择的点与地基上的点相连。这种状态能很好地给出结构实际约束状态下的各种振动模型。必须注意的是,应使支承基础的刚度足够大,一般要求能提供的振动响应仅有数万赫兹以上。

地面支承需要专门的支承装置,同时这种装置的模拟精度以及基础的刚度很难保证,否则需要很高的代价。

3. 激振器与传感器的安装

激振器与传感器安装时，预先要定位，随后再安装。传感器的定位应根据结构建模的需要进行选择。比如，可先建有限元网格，然后找出所需的结点作为响应测点。另一个应考虑的条件是应让响应的测点尽可能避开各阶模态的节点，这在模态试验前通常是很预测的，需在试验中反复调整。

激励信号功能对照表 表 3-3

<table>
<tr><th rowspan="3">试验用信号波形</th><th rowspan="3">激振器</th><th rowspan="3">f_{max}
(Hz)</th><th rowspan="3">最大f_{dyn}
(N)</th><th rowspan="3">最大f_{stat}
(N)</th><th colspan="2">费用</th><th rowspan="3">机械状态</th><th rowspan="3">粗略分析</th></tr>
<tr><th colspan="2">设备</th></tr>
<tr><th colspan="2">时间</th></tr>
<tr><td rowspan="4">正弦波

随机波</td><td>电动型相对和绝对激振器</td><td>1 000</td><td>20</td><td>70</td><td rowspan="2">小</td><td rowspan="2">大</td><td rowspan="2">静止</td><td rowspan="2">在正弦波信号的情况下，根据各位置的位移量测来分析</td></tr>
<tr><td>电动液压式相对激振器</td><td>800</td><td>1 500</td><td>7 000</td></tr>
<tr><td>电磁式相对激振器</td><td>1 000</td><td>500</td><td>2 000</td><td rowspan="4">大
(Fourier)
分析仪</td><td rowspan="4">小</td><td>回转结构元</td><td rowspan="2"></td></tr>
<tr><td>电动液压式绝对激振器</td><td>300</td><td>2 000</td><td>—</td><td>平移结构元</td></tr>
<tr><td rowspan="2">瞬态波</td><td>敲击锤</td><td>2 500</td><td>5/Hz</td><td>—</td><td>平移、回转结构元</td><td rowspan="2">随机和瞬态信号的情况下所作的模态分析</td></tr>
<tr><td>冲击一阶跃型激振器</td><td>(2 500)</td><td>(5/Hz)</td><td>4 000</td><td>静止</td></tr>
</table>

激振点选择的总原则是使激振力易于向结构各部位传递，要避开振动节点、结构薄弱环节和支点(悬挂点)。另外，还应考虑使激振器的安装方便。多点激振时要考虑使各激振点在结构上分布合理，不要过于接近。

传感器的正确安装非常重要。为了保证安装的传感器能感受真实的振动信号，要求安装提供足够的刚度，同时又不明确增加结构质量，还要保证传感器的方向与测振方向一致。

传感器固定的方式有螺栓连接、黏结、磁吸连接等(见图 3-88)。各种方式都有其频响范围，显然螺栓连接有最理想的效果，但需对被试结构进行加工；黏结的性能与黏结剂有关。通常通过一块过渡薄片将螺栓与此薄片连接，而薄片则与测点表面黏结，二者结合使用更合理。

激振器的安装状态有几种选择(见图 3-89)。通过简单的力学分析可以发现，只有属于图 3-89a)的方案是合理的。不得已采用其他方案时，要采取措施保证在任何频域内都能产生足够的激振作用力。

为了保证激振力的单向作用，激振器与力传感器之间要加一根很细的接长杆(见图 3-90)，并施加一定的预压力。同时应保证接长杆有很小的侧向刚度和足够大的纵向刚度。

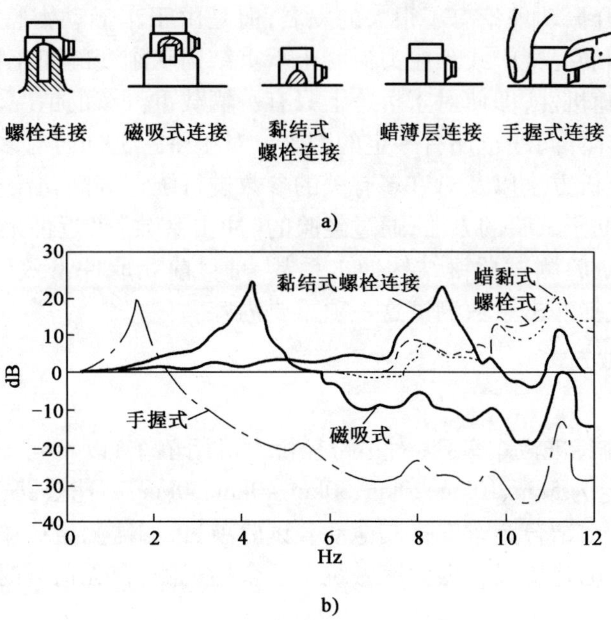

图 3-88　传感器的固定方式及其频响

a)连接方式;b)频率响应

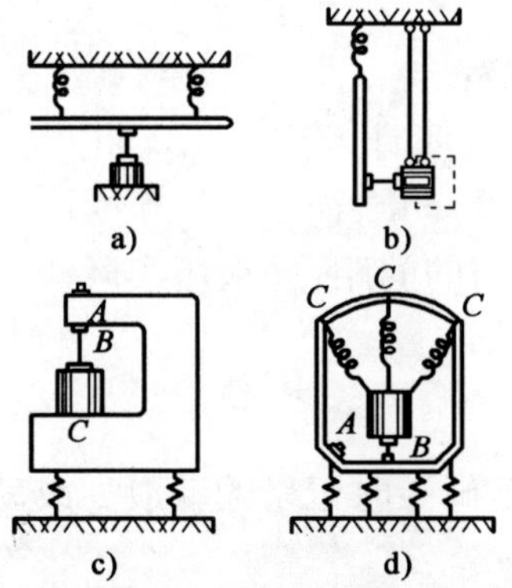

图 3-89　激振器的安装状态

a)理想的布置;b)悬挂激振器加惯性质量;c)不合理方案;d)折中方案

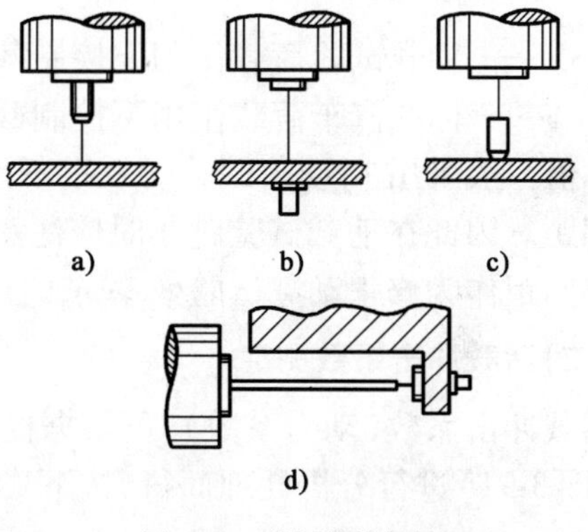

图 3-90　激振器接长杆

a)不合理;b)可接受;c)可接受;d)使用接长杆

第五节　结构动力特性测定与实验数据整理

一、冲击系数测定

行驶在公路桥梁上的车辆因受到多种复杂因素的影响,对桥梁结构产生的动力效应往往会大于其静止作用在桥上所产生的静力效应。理论分析表明,由于桥梁上的车辆荷载是移动的,而且车辆荷载本身也是一个带有质量与弹簧的振动系统,使车辆—桥梁耦合系统的动力特性随荷载位置的移动而不断变化,动力放大系数是时间变量的函数,不仅与结构的固有频率 ω_1 和阻尼比 ξ_1 有关,而且还与移动车辆的竖向相对加速度 $\ddot{z}(t)$（单位:g)和车速 v 相关。这些正是桥梁车辆荷载激振问题的特点和复杂性所在。

尽管现代车桥耦合振动理论有了很大的发展，但是由于车辆动力特性的复杂性和参数的不确定性，公路桥梁钢筋混凝土或预应力混凝土承重结构动刚度的变化特性，桥梁结构阻尼的离散性和桥面不平的随机性，即使对于桥跨上只有一辆载重汽车的情况，要通过理论分析的途径来解决动力效应的计算问题也还有一定的困难。对于桥跨上同时有多于一辆车的更复杂情况，在基于概率论的分析方法以及对许多有关的参数进行统计等问题没有解决之前，人们在设计实践中仍不得不借助于试验的方法，通过经验的"冲击系数"来近似地考虑移动车辆荷载的动力效应。通过动载试验测试桥梁结构冲击系数，是目前获取冲击效应的唯一可靠的方法。因此，动载试验必然包括冲击系数测试这一项重要内容。

（一）动载试验加载方式

1. 均速跑车试验

动载试验一般安排标准汽车车列（对小跨径桥也可用单车）以不同车速分别进行匀速跑车试验。跑车时速一般定为5km、10km、20km、30km、40km、50km，高速公路桥梁采用60km。同时也可根据桥梁实际情况，结合跑车安排其他动载试验项目，如需测定桥梁承受活载水平力性能时做车辆制动试验；为测定桥梁自振频率做跳车后余振观测；在无荷载时进行脉动观测等。

2. 动载试验效率

动载试验效率为：

$$\eta_d = \frac{S_d}{S} \tag{3-123}$$

式中：S_d——动载试验荷载作用下控制截面最大计算内力值；

S——标准汽车荷载作用下控制截面最大计算内力值（不计入汽车荷载冲击系数）。

η_d值一般采用1，动载试验的效率不仅取决于试验车型及车重，而且取决于实际跑车时的车辆间距。因此在动载试验跑车时应注意保持试验车辆之间的间距，并采用实际测定跑车时的行车间距作为修正动载试验效率η_d的计算依据。

（二）活载冲击系数测定

活载冲击系数（动力系数），可根据控制截面测点在跑车试验时记录的动应变或动挠度曲线（见图3-91）进行分析处理而得，按下式计算：

$$1 + \mu = \frac{S_{max}}{S_{mean}} \tag{3-124}$$

式中：S_{max}——动载作用下该测点最大应变（或挠度）值；

S_{mean}——相应的静载作用下该测点最大应变（或挠度）值，其值可由动应变（或动挠度）曲线求得：

$$S_{mean} = \frac{1}{2}(S_{max} + S_{min}) \tag{3-125}$$

式中：S_{min}——与S_{max}相应的最小应变（或挠度）值。

图3-92所示为25m预应力混凝土梁桥的强迫振动记录。图3-92a）为跨中挠度的时历曲线，图3-92b）为跨中截面预应力钢丝的应变时历曲线。试验采用的动荷载为解放牌载重汽车，速度为22km/h，桥面为平整度很差的泥结碎石。

由图3-92可见，两条记录曲线除了振动强度略有差别外，振幅的变化规律及相位是相同的。一般认为挠度值反映了桥梁结构的整体变形情况，因此，根据实测挠度的时历曲线分析计算得到的冲击系数,可以比较全面地反映车辆荷载对桥梁的动力作用。主筋应变的时历曲线虽然仅反映了桥跨主筋的局部变化情况,却可以比较准确地表达车辆荷载对桥跨的动力作用。

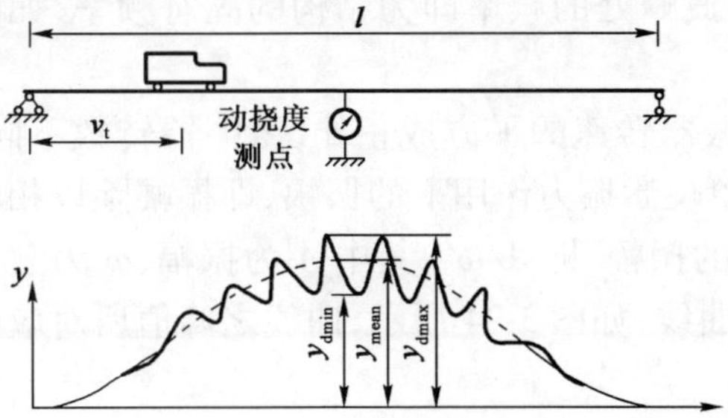

图 3-91 移动荷载下简支梁跨中挠度时历曲线

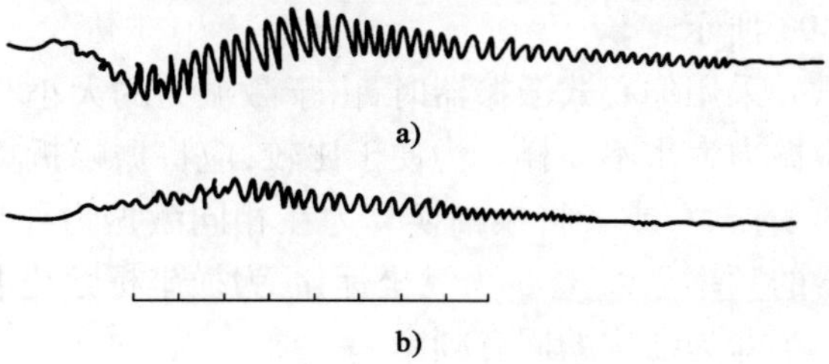

图 3-92 汽车过桥时结构变形(应变)时历曲线

工程实践中要获取桥跨结构控制截面测点动挠度的时历曲线往往不容易,如无法设置动挠度计支架等,则需要借助控制截面测点动应变时历曲线分析计算冲击系数,原理上是可行的,但应变信号会受到其他多种因素的干扰,噪声较大,给分析带来较大偏差。因此,对于大跨径、大建筑高度的桥梁,在测试动应变时历曲线时,应采取必要措施,并结合实践经验,将非动力荷载影响因素降到最低限度。

根据不同车速的活载冲击系数绘制出活载冲击系数与车速的关系曲线,并从中求出活载冲击系数的最大值,可用于桥梁结构的强度及稳定性检算。此外,在动力荷载作用下,桥梁结构某些部位的振动参数如振幅、频率、动应变、动挠度等的测定,可根据试验的具体要求和结构的形式布置测点,采用适当的仪表进行测试。

桥梁结构的动力特性(例如结构的固有频率、阻尼系数和振型等),只与结构本身的固有性质有关(如结构的组成形式、刚度、质量分布和材料的性质等),而与荷载等其他因素无关。结构的动力特性是结构振动系统的基本特性,是进行结构动力分析所必需的参数。

对于比较简单的结构,一般只需结构的一阶频率,对于较复杂的结构动力分析,还应考虑第二、第三甚至更高阶的固有频率及相应的振型。至于系统的阻尼特性只能通过试验的方法确定。

桥梁在实际的动荷载作用下结构各控制部位的动力响应,如振幅、频率、速度和加速度以及反映结构整体动力作用的冲击系数等,除了可用来分析结构在动荷载作用下的受力状态外,还可验证或修改理论计算值,并作为结构工作状况评定的依据。

二、固有频率的测定

采用适当的激振方法使桥梁产生自由振动,通过测试系统实测记录结构的衰减振动波形,如图 3-93 所示。在记录的振动波形曲线上,可根据时标符号直接计算出结构的固有频率 f_0:

$$f_0 = \frac{Ln}{t_1 S} \tag{3-126}$$

式中:L——两个时标符号间的距离(mm);

n——波数;

S——n 个波长的距离(mm);

t_1——时标的间隔(常用 1s、0.1s、0.01s 三种标定值)。

在计算频率时,为消除冲击荷载的影响,开始的两个波形应舍弃,从第三个波形开始计算分析。

当使用激振器时，结构产生连续的周期性强迫振动，在激振器振动频率与结构的固有频率一致时，结构出现共振现象，振幅达到最大值，共振波峰处的频率即为结构的固有频率，如图3-93 所示。

采用偏心式激振器时，由于激振力的大小与激振器转速的平方成正比，激振器转数不同，激振力大小不一样。为便于比较，应将振幅折算成单位激振力作用下的振幅，即振幅除以相应的激振力；或者将振幅换算为在相同激振力作用下的振幅，即 A/ω^2，其中 A 为振幅，ω 为激振器的频率。以 A/ω^2 为纵坐标，ω 为横坐标绘出共振曲线，如图 3-94 所示，曲线之峰值所对应的频率即为结构的固有频率。

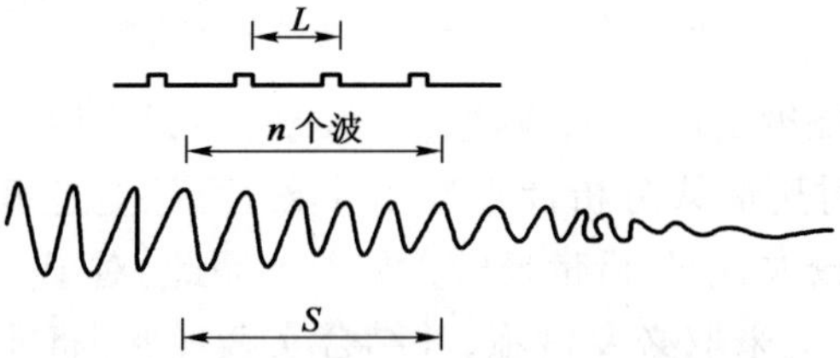

图 3-93　由衰减振动曲线求固有频率

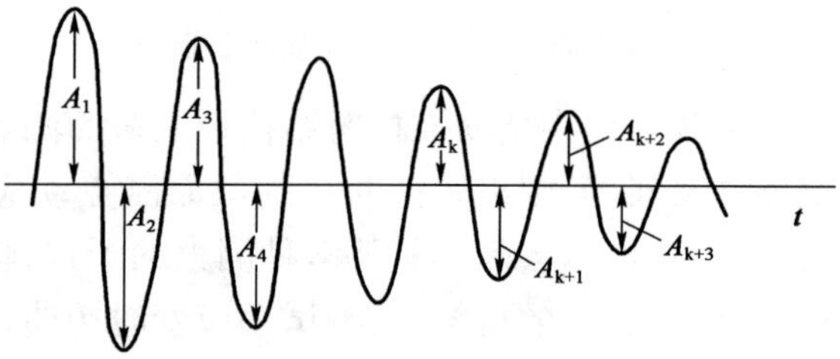

图 3-94　衰减振动波形

三、阻尼比的测定

桥梁结构的阻尼特性，一般用对数衰减率 δ 或阻尼比 ξ 来表示。

(一)结构的频率和阻尼及其计算

1. 阻尼自由振动的周期(或频率)计算

阻尼自由振动的周期为：

$$T_D = \frac{2\pi}{\sqrt{\omega^2 - \varepsilon^2}} = \frac{2\pi}{\omega} \cdot \frac{1}{\sqrt{1 - \left(\frac{\varepsilon}{\omega}\right)^2}}$$

$$= T \cdot \frac{1}{\sqrt{1 - D^2}} = \frac{1}{f_D} \tag{3-127}$$

式中：f_D——阻尼振动频率；

D——阻尼比。

2. 阻尼计算

单自由度系统的阻尼计算，在结构和测振仪器的分析中是很重要的。阻尼的计算常常通过衰减振动的过程曲线(波形)振幅的衰减比例来进行计算。衰减振动波形示于图 3-94。用衰减波形求阻尼可以通过半个周期 $T_D/2$ 的相邻两个振幅绝对值之比，或经过一个周期 T_D 的两个同方向相邻振幅之比，这两种基准方式进行计算。通常以相隔半个周期的相邻两个振幅绝对值之比为基准来计算的较多。两个相邻振幅绝对值之比，称为波形衰减系数 ψ。

(1)对经过半周期为基准的阻尼计算。

每经过半周期的振幅的比值为一常量，

$$\psi = \frac{|A_K|}{|A_{K+1}|} = \frac{Ae^{-et}}{Ae^{-e\left(t-\frac{T_D}{2}\right)}} = e^{\frac{1}{2}eT_D} = e^{\pi\frac{D}{\sqrt{1-D^2}}} \tag{3-128}$$

这个比例系数 ψ 表示阻尼振动的振幅(最大位移)按几何级数递减。衰减系数 ψ 常用来表示振幅的减小速率。

如果用衰减系数 ψ 的自然对数来表示振幅的衰减则更加方便,得:

$$\delta = \ln\psi = \ln\frac{|A_K|}{|A_{K+1}|} = \frac{1}{2}\varepsilon T_D\frac{\pi D}{\sqrt{1-D^2}} \tag{3-129}$$

δ 称为振动的对数衰减率。可以利用 δ 来求得阻尼比 D:

$$D = \frac{\delta}{\sqrt{\pi^2+\delta^2}}$$

引入常用对数:

$$\delta_{10} = \lg\psi = \delta\lg e = \ln\psi\lg e$$

$$\lg e = 0.4343, \delta = \frac{\delta_{10}}{\lg e} = 2.303\delta_{10}$$

便得

$$D = \frac{0.733\lg\psi}{\sqrt{1+(0.733\lg\psi)^2}} = \frac{\lg\psi}{\sqrt{1.862+(\lg\psi)^2}} \tag{3-130}$$

阻尼比的通常求法就是用式(3-130)来进行计算,为使用方便起见,可将 ψ 和 D 的关系数值列成一套表格,称为 ψ-D 表以方便计算。因此,只要从衰减振动图上最出 A_K、A_{K+1} 之后算出 ψ,查表就可得出所需之 D 值。

(2)在小阻尼时,由于 ψ 很小,这样读数和计算误差较大,所以一般地取相隔若干个波峰序号的振幅比来计算对数衰减率和阻尼比。

$$\psi^n = \frac{|A_K|}{|A_{K+n}|} = e^{\frac{1}{2}n\varepsilon T_D} \tag{3-131}$$

所以

$$\delta = \frac{1}{n}\ln\psi = \frac{1}{n}\ln\frac{|A_K|}{|A_{K+n}|} \tag{3-132}$$

在实际阻尼波形振幅读数时,由于基线甚难处理,阻尼较大时,基线差一点,ψ 就相差很大,所以往往读取相邻两个波形的峰峰值之比:

$$\frac{|A_K|+|A_{K+1}|}{|A_{K+1}|+|A_{K+2}|}$$

在 $\frac{|A_K|}{|A_{K+1}|} = \frac{|A_{K+1}|}{|A_{K+2}|}$ 时,得:

$$\psi = \frac{|A_K|}{|A_{K+1}|} = \frac{|A_K|+|A_{K+1}|}{|A_{K+1}|+|A_{K+2}|} \tag{3-133}$$

这样,实际阻尼波形读取数值就大为方便,求得阻尼比也更加正确。

应该注意,不同资料中的所谓对数衰减率的数值有不同定义,有些资料中采用半周期取值,有的采用整周期取值,所以计算结果不同。

(二)阻尼比的测定

由振动理论可知,对数衰减率为:

$$\delta = \ln\frac{A_i}{A_{i+1}} \tag{3-134}$$

式中：A_i、A_{i+1} ——相邻两个波的振幅值，可直接从衰减曲线上量取。

实践中常在衰减曲线（图 3-96）上量取 m 个波形，求得平均的衰减率为：

$$\delta_a = \frac{1}{m}\ln\frac{A_i}{A_{i+m}} \tag{3-135}$$

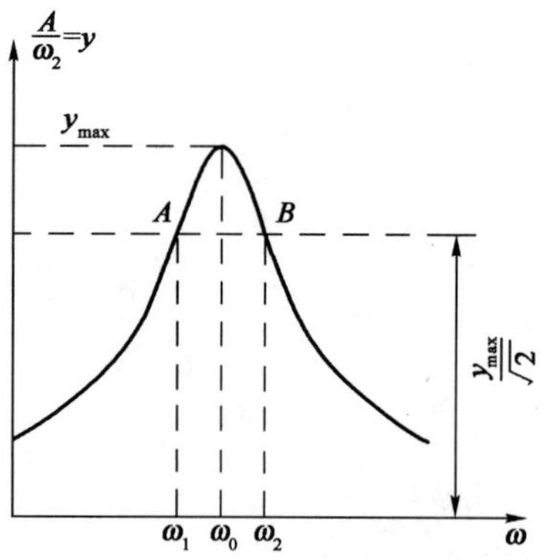

图 3-95　桥梁结构共振曲线

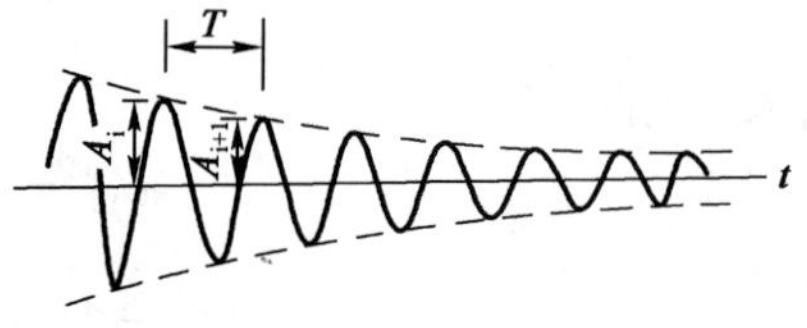

图 3-96　由衰减振动曲线求阻尼比

对数衰减率 δ 与阻尼比 ξ 的关系为：

$$\delta = \frac{2\pi\xi}{\sqrt{1-\xi^2}} \tag{3-136}$$

对于一般工程建筑材料，其阻尼比都很小，因此得：

$$\xi = \frac{\delta}{2\pi} \tag{3-137}$$

在实测的共振曲线上也可推算阻尼比，如图 3-95 所示。具体做法是取纵坐标 $y_{max}/\sqrt{2}$，作一平行于坐标横轴的直线，与曲线相交于 A、B 两点，其对应的横坐标为 ω_1 和 ω_2，即：

衰减系数：
$$n = \frac{1}{2}(\omega_2 - \omega_1) \tag{3-138}$$

阻尼比：
$$\xi = \frac{n}{\omega_0} = \frac{1}{2\omega_0}(\omega_2 - \omega_1) \tag{3-139}$$

式中：ω_0 ——结构的固有频率。

四、振型的测定

结构的振型是结构相应于各阶固有频率的振动形式，一个振动系统振型的数目与其自由度数目相等。桥梁结构是一个具有连续分布质量的体系，也就是说，是一个无限多自由度体系，因此，其固有频率及相应的振型也有无限多个。但是对于一般的桥梁结构，第一固有频率即基频对结构的动力分析才是重要的。对于较复杂的动力分析问题，也仅需前面几个固有频率。

采用共振法测定振型时，将若干传感器安装在结构各有关部位，当激振装置激发结构共振时，同时记录结构各部位的振幅和相位，比较各测点的振幅及相位便可绘出振型曲线。

振型的测定一般采用两种方法：一是在结构上同时安装许多传感器，这时必须保证预先要精确标定所有传感器的灵敏度，在用多路放大器时，还要求放大器的特性相同；另一种方法只用一个传感器，测试时要不断改变它的位置，以便测出各点的振幅。后一种方法需要对传感器多次拆卸和安装,并且还需要有一个作为参考点不能移动的传感器,各次测定值均应同参考点对应比较。

五、试验报告编写

一般情况下,桥梁荷载试验报告同时包括静载试验与动载试验两部分内容。在第2章静载试验报告的基础上,另增加动载试验内容,形成完整的荷载试验报告。

在全部动载试验资料整理与分析处理的基础上,编写桥梁结构动载试验部分报告。其主要内容应该包括下列各项:

1. 试验目的

根据试验对象的特点,要有针对性地说明结构动载试验所要达到的目的和要求。

2. 试验方案

根据动载试验目的,在试验方案设计中要说明以下主要内容:

(1)测试项目和测试方法、测点布置和仪器配备情况,并附以简图。

(2)试验荷载的形式(标准车列或汽车荷载)以及选择何种激振方法(试验汽车跳车、跑车或其他激振形式)。

(3)根据桥梁结构动力分析专用程序计算动力试验荷载效率 η_d,并通过调整动力试验荷载的布置(如载车质量、车辆间距),满足 $\eta_d \approx 1.0$ 的要求。

3. 试验过程

说明具体组织桥梁动载试验的起讫日期、试验准备阶段的情况、整个试验阶段的特殊问题及其解决办法。

4. 试验精度

将试验中使用的各种仪器、仪表的类型、精度(最小读数)列表说明;同时还要说明试验中可能使用的夹具对试验精度的影响程度。

5. 试验成果

依据桥梁结构动载试验项目,将理论计算值与实测值进行对比,说明理论与实践二者的符合程度,从中得出试验桥梁所具体的实际结构动力特性及桥梁营运状况,以及从试验中所发现的问题。绘制结构振型图、冲击系数与不同车速的关系分析图等。

6. 试验记录

将试验中所实测的控制数据以列表或曲线的形式表达出来。

7. 技术结构

根据综合分析的结果,得出最后的技术结论,对试验桥梁作出科学的评价,同时根据存在的问题,对新建桥提出改进设计或加强养护方面的建议;对旧桥提出加固方案或维修养护甚至是拆除重建方面的建议。

8. 技术建议

从桥梁动载试验的角度,对本次试验的计划、程度、测试方法,指出存在的不足并提出改进意见。

9. 图表信息

在报告的最后,一般要附上具有代表性的动载记录图表。这里特别指出,图表中除描述检测试验的图形和表格外,表头设计应详实。如应列出工程名称、检测部位、检测项目、检测单位、所用设备、检测时间、检测人员、图表分类、图表编号等项目。

第四章　超声波检测技术

波动是自然界中普遍存在的一种物质运动形式。波有两类:电磁波和机械波。电磁波是由电磁振荡产生的变化电场和变化磁场在空间的传播过程;机械波是机械振动在介质中的传播过程。无线电波、紫外线、伦琴射线和可见光等均属于电磁波的范畴;水波、声波、超声波均属于机械波的范畴。当机械波的频率在人耳可闻的范围内(20 ~ 2 000Hz)时,称为可闻声波,低于此范围的称为次声波,而超过 20 000Hz 的称为超声波。超声波用于非破损检测,就是以超声波为媒介,获得物体内部信息的一种方法。目前超声波检测方法已应用于医疗诊断、钢筋探伤、混凝土检测等许多领域。混凝土超声检测是混凝土非破损检测技术中的一个重要方面,其应用主要有两个方面,一是推定混凝土强度,二是测定混凝土内部缺陷。

混凝土超声检测目前主要是采用"穿透法",其基本原理是用一发射换能器重复发射一定频率的超声脉冲波,让超声波在所检测的混凝土中传播,然后由接收换能器将信号传递给超声仪,由超声仪测量接收到的超声波信号的各种声学参数,并转化为电信号显示在示波屏上。研究表明:在混凝土中传播的超声波的波速、振幅、频率和波形等波动参数与所测混凝土的力学参数如弹性模量、泊松比、剪切模量以及内部应力分布状态有直接的关系,也与混凝土内部缺陷如断裂面、孔洞的大小及形状的分布有关。因此,当超声波在混凝土中传播后,它携带了有关混凝土的材料性能、内部结构及其组成的信息,准确测定这些声学参数的大小及变化,可以推断混凝土的强度和内部缺陷等情况。

第一节　超声波检测物理基础

一、振动与波

物体在一定位置附近作来回往复的运动,称为振动。超声波是机械波,超声波的产生必须依赖于作高频机械振动的"声源",同时还必须依赖于弹性介质的传播。超声波的传播过程,包括振动状态和能量的同时传递。也就是说,振动是波动产生的根源,波动是振动的传播过程。

物体振动时的运动轨迹,可以是一条线,也可以是一条平面曲线或空间曲线。空间曲线的振动是最复杂的,但仍可以看作是振动在三个坐标轴上的三个直线振动的合成。因此,直线振动是基本的振动。

(一)机械振动和机械波

1. 机械振动

在物理学术语中,振动的定义为:一个物理量的值在观测时间内不停地经过极大值和极小值的周期变化，这种变化状态称为振动。如果振动量是一个力学量，如位移、角位移等，所作的振动则称为机械振动。例如，如图4-1所示，往下拉一下安装在弹簧一端的小质点之后，由于松开而产生的运动就是机械振动；平摆的运动（如图4-2）则是机械振动的另一个例子，当摆移离其平衡位置之后放开时，摆也就在其平衡位置附近作机械振动。单位时间内所完成的周期数即称为频率。

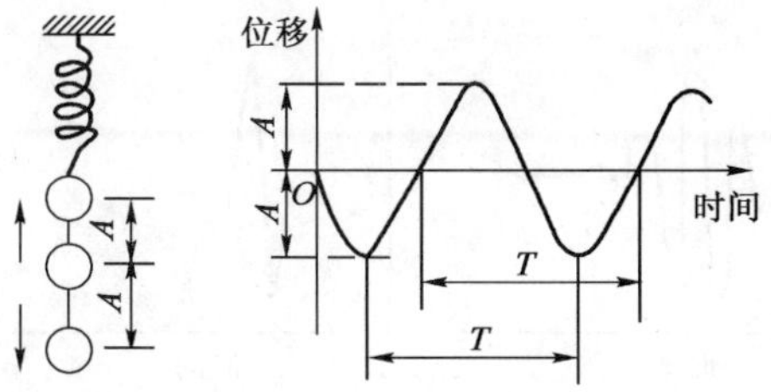

图4-1　弹簧的振动

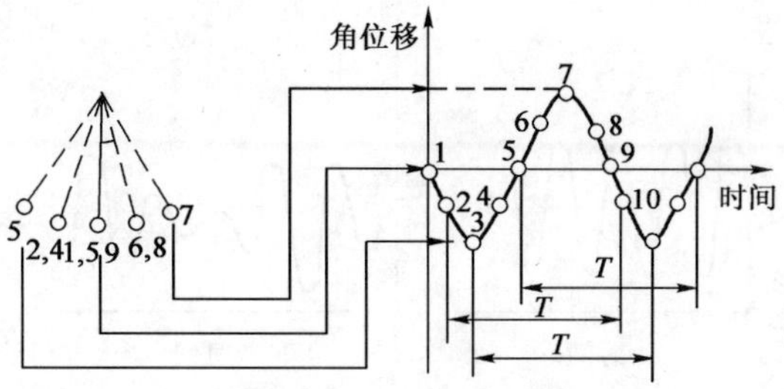

图4-2　平摆的振动

2. 机械波和声波

我们可以认为，物体是由以弹性力保持平衡的各个质点所构成的，这种弹性体的简化模型如图4-3所示。当某一质点受到外力的作用后，该质点就在其平衡位置附近振动。由于一切质点都是彼此联系着的，振动质点的能量就能够传递给周围的质点而引起周围质点的振动。机械振动在介质中的传播过程称为机械波；机械振动在上述弹性体中的传播就称为弹性波（即声波）——它是一种重要的机械波。

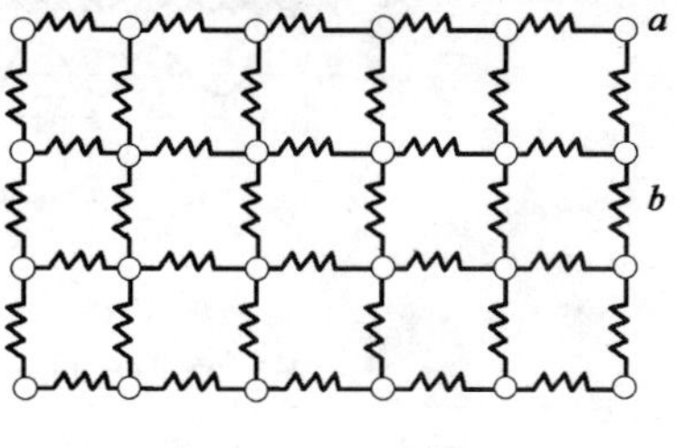

a)　　b)

图4-3　弹性体的模型

a）质点；b）表示弹性的弹簧

由此可知，机械波产生的条件是：首先要有一个作机械振动的质点作波源，其次要有传播振动的介质。此外，当振动传播时，振动的质点并不随波而移走，只是在自己的平衡位置附近振动而已，关于这一点要特别注意。

3. 超声波

倘若以频率范围来划分，并以人的可感觉频率为分界线，以频率f来表征声波，则可把声波分为次声波（$f<20$Hz），可闻声波（20Hz$\leqslant f \leqslant$20kHz）及超声波（$f>20$kHz）。在超声波检测中，最常使用的频率范围为0.5～10MHz。

（二）连续波、简谐波和脉冲波

连续波是指介质各质点振动持续时间为无穷的波动；其中最重要的特例是各质点都作同频率的谐振动，这种情况下的连续波称为简谐波（也称正弦波、余弦波）。

振动持续时间有限（单个或间发）的波动，则称脉冲波。图4-4表示连续与脉冲波的振动情况。

我们知道，任何周期性振动可以分解为许多谐振动之和，对于非周期性的振动也可分解为无限多个频率连续变化的谐振动之和。这种把复杂振动分解为谐振动的方法，称为频谱分析。图4-5为连续波、脉冲波和脉冲频谱的图示。

当物体作谐振动时，位移是时间的正弦或余弦函数，其数学表达式是：

$$y = A\cos(\omega t + \varphi) \tag{4-1}$$

式中：y——振动幅度在任意瞬刻 t 时的数值；

A——振幅，是 y 的最大值；

$\omega t+\varphi$——相位角，其中 ω 为角频率（角速度），φ 为初始位相角（$t=0$ 时的相位角）。

我们可以用几何的方法来研究谐振动中位移与时间的关系以便对上式有更好的理解。

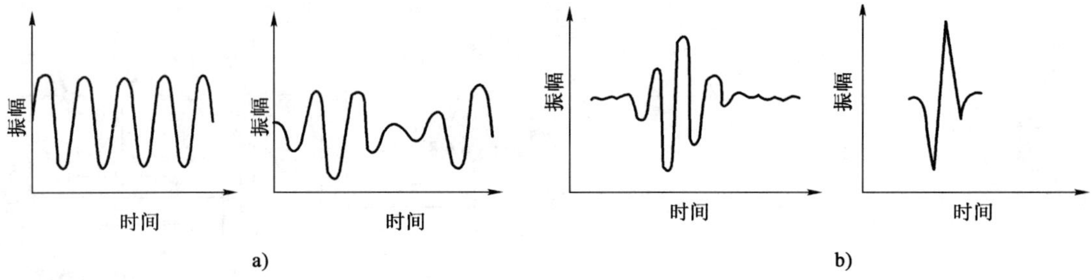

图 4-4　连续波与脉冲波

a）连续波；b）脉冲波

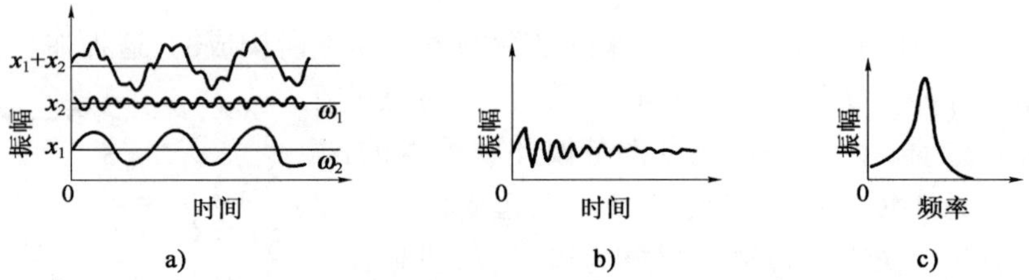

图 4-5　脉冲的频谱

a）频率为 ω_1 和 ω_2 的两个谐振动的合成；b）阻尼振动；c）该阻尼振动的频谱

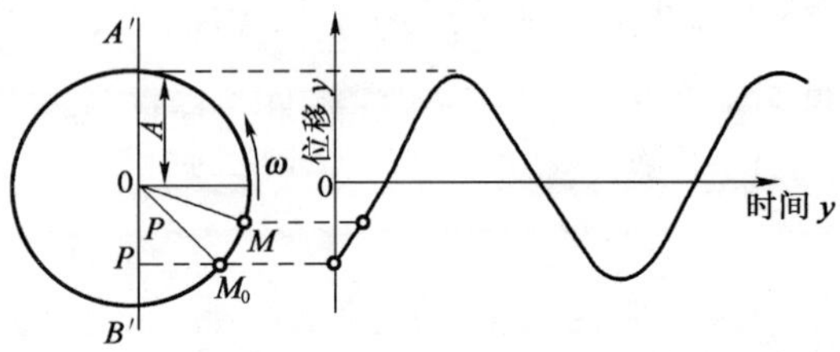

图 4-6　谐振动的位移与时间的关系

如图 4-6 所示，设有质点 M 以角速度 ω 在半径为 A 的圆周上作匀速圆周运动，则在直径 $A'B'$ 上的投影点 P 就在 $A'B'$ 上作来回的运动，设 $t=0$ 时（即开始观测时）M 点在 M_0 处，半径 OM_0 和 OB' 间的夹角是 φ，经过时间 t 后，M_0 点到 M 处，半径 OM 和 OB' 间的夹角将变为 $\omega t+\varphi$，这时投影点 P 离开圆心的位移为：

$$y = A\cos(\omega t + \varphi) \tag{4-2}$$

式中：φ——为初始相位角，表示位移的起始值或开始观测时的值；

ω——为角频率（角速度），表示振动的快慢程度；

$\omega t+\varphi$——为相位角，它表示振动的某一瞬时状态。这样，在比较两个谐振动在某一时刻的位移时，就可以用 $A_1,\omega_1 t+\varphi_1$ 和 $A_2,\omega_2 t+\varphi_2$ 的差来表示，如果两个谐振动的 A 和 ω 相同，则可用 $\varphi_1-\varphi_2=\Delta\varphi$ 来表示。

特别指出，谐振动是指 M 点的投影点 P 在直径 $A'B'$ 上的运动，而不是 M 点本身在圆周上的运动。M 点的运动在这里只有辅助意义。

当振源作谐振动时，所产生的波是最简单最基本的简谐波，它的数学表示式为：

$$y = A\cos(\omega t + \varphi) \tag{4-3}$$

式中：y——波的幅度在任意一瞬间 t 的数值；

A——波的振幅，是 y 的最大值；

$\omega t+\varphi$——为相位角，其中 ω 为角频率（角速度），$\omega=2\pi f$，而 φ 则为初始相位角；

f——为频率，单位是赫兹（Hz），它表示单位时间内质点振动的次数，$f=1/T$，其中，T 为周期。

二、波的类型

波动的种类或类型称波型，它是根据介质质点的振动方向与波的传播方向的关系（即振动模式）来加以区分的。据此，可分为纵波、横波、表面波和板波等。

（一）纵波（压缩波、疏密波）

当无限均匀的弹性介质受到交替变化的正弦作用力的拉—压应力作用时，就会相应地产生交替变化的拉伸和压缩变形，质点也就产生疏密相间的纵向波动。已振动的质点又推动相邻的质点，在介质中继续向前传播。这时，介质中质点振动方向与波的传播方向一致，这种波称为纵波。纵波也称压缩波或疏密波，以符号“L”表示，如图 4-7 所示。纵波在介质中传播时，仅使介质各部分改变体积而无转动的超声波。

因为，任何弹性介质在体积变化时，都会产生弹性力。所以，纵波可以在任何弹性介质（气体、液体、固体）中传播。

纵波的产生和接收比较容易，因而在工程结构检测中应用广泛。

（二）横波（切变波）

由于固体介质既具有体积弹性，又具有剪切弹性。因此，当固体介质受到正弦交变应力作用时，将会产生相应的交变剪切变形，介质质点就产生具有波峰和波谷的横向振动，并在介质中传播。这时，介质质点的振动方向与波的传播方向相垂直。这种波称为横波，也称切变波，以符号“T”或“S”表示，如图 4-8 所示。横波是指在介质中传播时，使介质各部分产生形变而体积不变的超声波。

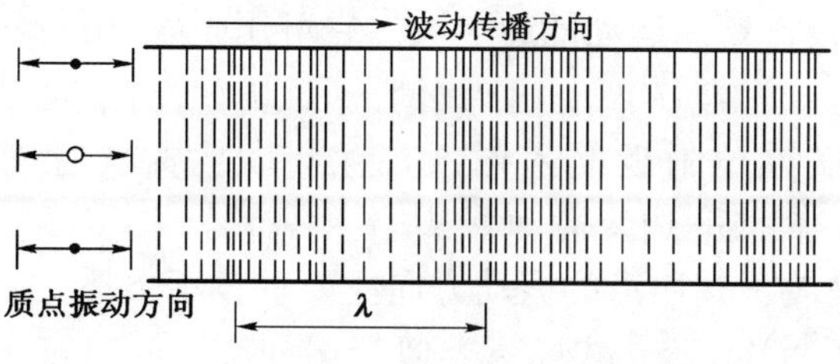

图 4-7　纵波

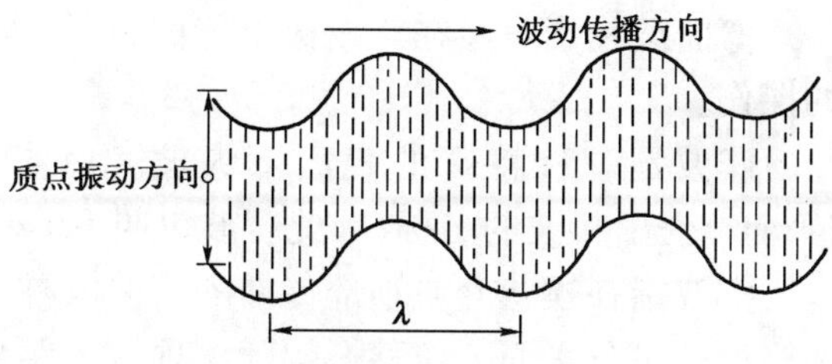

图 4-8　横波

由于液体和气体不具有剪切弹性，因此它们只能传播纵波，而不能传播横波或具有横波分量的其他型的波。目前，横坡在焊缝探伤等检测中应用较多。

（三）表面波（瑞利波）

当固体半无限弹性介质表面受到交替变化的表面张力作用时，介质表面的质点就产生相应纵向振动和横向振动。其结果将导致质点作这两种振动的合成振动，即绕其平衡位置作椭圆轨迹的振动，并作用于相邻的质点而在介质表面传播。这种波称为表面波。通常说的表面波，一般是指瑞利波，以符号“R”表示，如图 4-9 所示。图中表示的是瞬时的质点位移状态，左侧的椭圆表示质点振动的轨迹。

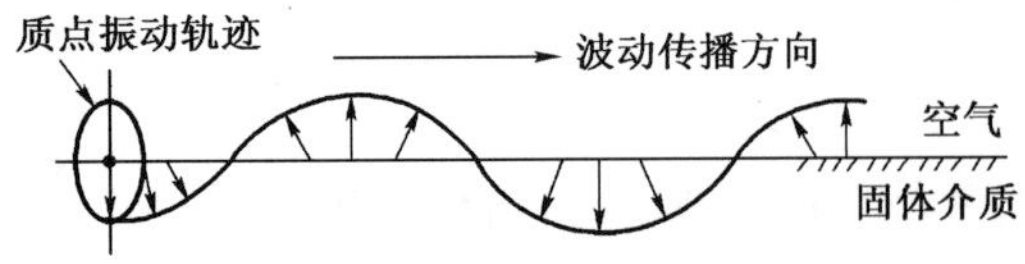

图 4-9　表面波

瑞利波是表面波的一种，其振幅随着深度的增加而迅速减小，当深度达到两个波长时，其振幅将降至最大振幅的 0.37 倍（$1/e$）。

表面波主要用于探测表面和管件表面的缺陷，以及测定表面裂纹的深度等。

（四）板波（兰姆波）

在无限长宽的弹性板状介质受到交替变化的表面张力作用，且板厚度和波长相当时，与表面波的形成过程相类似，介质质点将产生相应的纵向和横向振动。两种振动的合成，使质点作椭圆轨迹的振动并传播的波称为板波，以符号“P”表示，如图 4-10 所示。

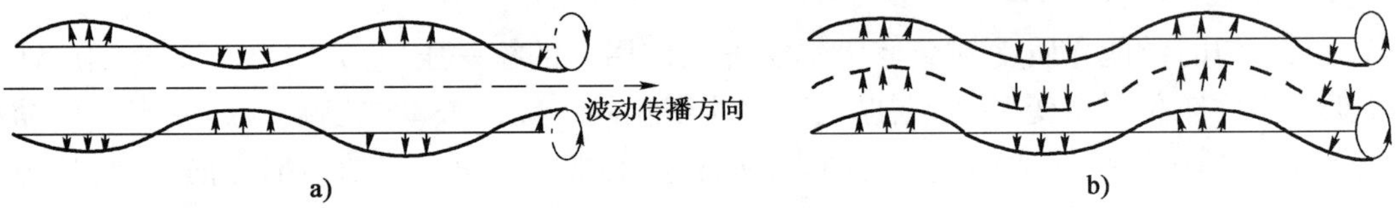

图 4-10　板波

a）对称型（S 型）；b）非对称型（A 型）

板波与表面波不同的，它是在板状介质中传播的弹性波，一般板的厚度为几个波长。因此，板波的传播要受到两个界面的束缚，从而形成对称型（S 型）和非对称型（A 型）两种情况。对称型板波在传播中，质点的振动以板厚的中心面为对称，即板的上下表面上质点振动的相位相反，中心面上质点的振动方式类似于纵波。非对称型板波在传播中，上下表面质点振动的相位是相同的，板的中心面上质点振动方式类似于横波，这是板波的特性之一。

板波的另一个特点，是它具有频散特性，即板波相速度随着频率的变化而变化。板波主要用于探测薄板材料的分层，裂纹等缺陷。

（五）其他波型

除上述几种波型外，还有弯曲波、爬波、楔波等几种类型。

弯曲波是当声波在棒或板中传播时，使棒或板作弯曲运动的超声波。它可用于丝、板材料的探伤。

爬波是一种特殊的表面下纵波。由第一临界角附近的入射波产生。因为是夫兰兹（Franz）提出爬波的名称，因此爬波也叫 Fanz 波。爬波一边传播，而一边不断衰减。

楔波指在楔状介质顶部传播的弯曲波称为楔波。其质点的振动方向主要垂直于传播方向和楔项的对分平面。位移振幅随离顶端的距离而减小，其衰减规律类似于瑞利波。同时楔项越小，衰减越快。这时超声波能量集中在楔的顶部，而楔就形成声波导。

三、超声波的传播——波动

（一）波动方程

我们可以用数学方程式来描述一个前进中的波，即描述介质中质点相对于平衡位置的位移随时间变化的规律。这样的方程称为波动方程。

如前所述，简谐振动是最简单基本的振动，因此由它产生的波也是最简单和最基本的。如图 4-11 所示，设有一个平面纵波在各向同性的、无吸收的、无限均匀的介质中传播，传播方式是沿 x 方向以波（声）速 c 传播。设 O 为波线上的任意一点，并取作 x 轴的原点。如 O 点上质点的振动方程为：

$$y_o = A\cos\omega t$$

式中：A——振幅；

ω——角频率；

y_o——O 点上质点在时间 t 时离开平衡位置的位移。若是纵波，则其方向平行于 x 轴，若是横波，其方向则垂直于 x 轴。

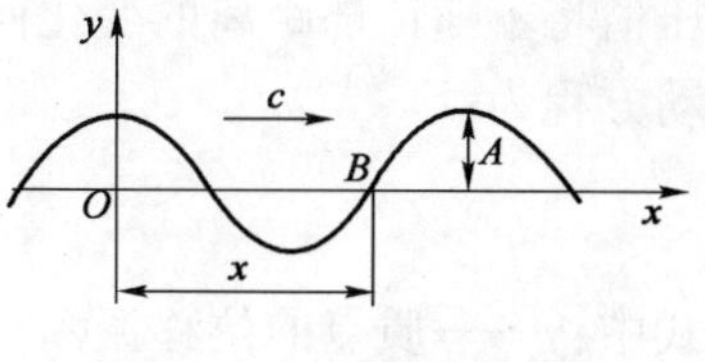

图 4-11　波动方程推导用图

设 B 为波线上另外任意一点，距原点 O 的距离为 x_o。因为振动从 O 点传播到 B 点所需的时间为 x/c，所以 B 点处质点在时间 t 的位移等于 O 点上质点在时间 $(t-x/c)$ 的位移，即：

$$y = A\cos\omega(t - x/c) \tag{4-4}$$

式(4-4)表示在波线上离原点距离为 x 的任意一点上的质点在任一瞬时的位移，即沿 x 方向传播的声波的波动方程。

波在一个周期 T 内(即质点完成一次完全振动)所传播的路程，称为波长，以 λ 表示，单位是 m(米)。(声)波在单位时间内所传播的距离称为(声)波速，以 c 表示，单位是 m/s(米/秒)。波长 λ、波速 c 和频率 f 三者之间有如下关系：

$$c = f\lambda \tag{4-5}$$

由式(4-4)可以看出，每当波动前进一个波长时，波的相位就变化了 $w\lambda/c = 2\pi$，即波在传播方向上相隔整数倍波长的各点的振动是同相位的。

令 $k = \omega/c = 2\pi/\lambda$，$k$ 称为波数。k 和 λ 也是描述波动的物理量。因此，式(4-4)也可以写为：

$$y = A\cos(\omega t - kx) \tag{4-6}$$

(二) 波的形式

波的形式，也叫波形。它是用以描述波阵面的几何形状。

所谓波阵面，是指行波在弹性介质中的传播时，在同一时刻介质中振动相位相同的所有各点的轨迹。它一般是空间平面或曲面。对于表面波的情况，波阵面则为介质表面的一条直线或曲线。

按波阵面的几何形状，可以将波分为平面波、球面波和柱面波，如图 4-12 所示。波的传播方向称为波线。在某一时刻振动所传到距声源最远的各点的轨迹称为波前。在任何时刻，波前只有一个，而波阵面是任意多的。波线恒垂直于波阵面。

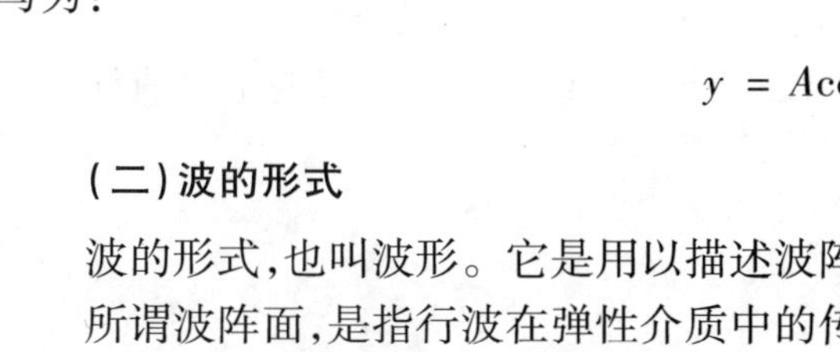

图 4-12　波线、波前、波阵面

a) 平面波；b) 球面波；c) 柱面波

1-波线；2-波前；3-波阵面

1. 平面波

波阵面为平面的波，称为平面波，如图 4-12a)所示。由图中可以看出，波的传播方向垂直于波阵面。

一个作谐振动的无限大的平面声源(即波长与声源尺寸相比可以忽略不计的声源)向各向同性的弹性介质所发射的、其波阵面为与声源平面平行的波，就是平面波。同时，从无限远处的点状声源传来的波，也可以视为平面波。

若忽略介质对声传播的衰减，则平面波的声

压值将不随传播距离的变化而变化,即声压是一个恒定值。这时,质点振动的振幅不变,其波动方程为:

$$y = A\sin(\omega t + \varphi) \tag{4-7}$$

式中:y——质点的位移振幅;

A——质点位移的最大振幅;

ω——角频率;

t——时间;

φ——初相角。

2. 球面波

当在弹性介质中所传播的波的波阵面为同心球面时,这种波称为球面波,如图 4-12b)所示。

当声源是个小球体,或声源尺寸与波长大小可比时,这种声源可视为点状声源。它所发射出来的声波,其波阵面就是以声源为中心的同心球面。

若忽略介质对声传播中的衰减,即介质不吸收波的能量时,根据通过各个波阵面的平均能流相等的原理,可以证明,球面波的波动方程为:

$$y = \frac{A}{r}\sin(\omega t + \varphi) \tag{4-8}$$

式中:r——离开声源的距离;

A——距声源单位距离处的质点振幅。

3. 柱面波

波阵面为同轴圆柱面的波,称为柱面波,如图 4-12c)所示。其声源是一个无限长的直柱形。

柱面波的波动方程为:

$$y = \frac{A}{\sqrt{r}}\sin(\omega t + \varphi) \tag{4-9}$$

(三)声波的波动特性

声波的波动特性,主要是指几个波相遇时出现的干涉、叠加和其他情况。下面分别予以讨论。

1. 波的叠加与干涉

在一个介质中传播的几个声波,如果同时到达某一质点,那么,对该质点振动的共同影响就是各个声波在该点所引起振动的合成。在任一时刻各质点的位移是各个声波在这一质点上引起的位移的矢量和,这就是声波的叠加原理。叠加之后,每一个波仍保持自己原有的特性(频率、波长、振动方向等),仍按自己传播的方向继续前进,好像在各自的途中没有遇到其他波一样,因此波的传播是独立进行的。

当两个频率相同,振动方向相同、相位相同或相位差恒定的波动在介质某些点相遇后,会使一些点处的振动始终加强,而在另一些点处的振动始终减弱或完全抵消,这种现象称为干涉现象,这两束波为相干波,它们的波源称为相干波源。

干涉现象是波动的重要特性,是造成波的超声场呈现较为复杂的声压分布的原因,尤其在离声源较近的近场区内,干涉引起的声压极大值和极小值变化频繁,从而给缺陷定量带来很大的困难。

2. 驻波

两个振幅和频率都相同的相干波,在同一直线上沿相反方向传播时叠加而成的波,称为驻波。驻波是波的干涉现象的特例。如图 4-13 所示。设有两个振幅和频率相同的相干波,一个向右传播,另一向左传播。设 $t=0$ 时,两波叠加。经过 $t=T/4$ 时,分别在自己的传播方向上相向移动 $\lambda/4$ 的距离,这时各点的位移为零。经过 $t=T/2$ 时,两波又相互叠加,不过位移的方向和 $t=0$ 时相反。依此类推。

由图 4-13 可以看出,波线上某些点始终静止不动,另一些点的振幅则有极大值,其值为单个波振幅的两倍。其他各点的振幅则在零和极大值之间,结果是波线作分段振动,因而称驻波。

振幅有极大值的各点称为波腹,始终静止不动的各点称为波节。两个相邻波节或波腹之间的距离是半波长。驻波就是由波腹和波节相间组成的波,其振幅随时间按余弦规律变化。

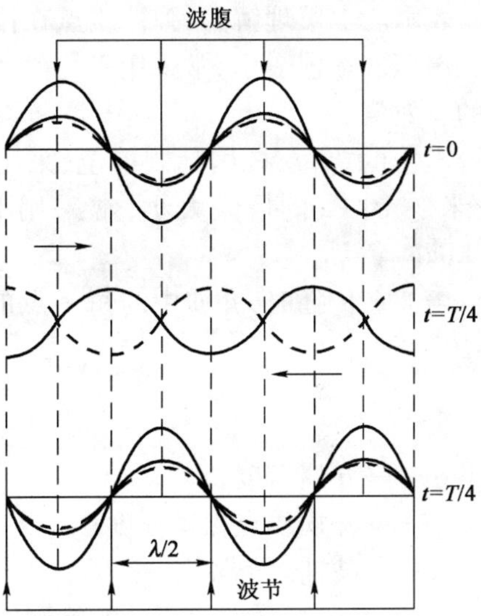

图 4-13　驻波

3. 波的衍射和惠更斯原理

当波在弹性介质中传播时,如果遇到障碍物或其他不连续的情况,而使波阵面发生畸变的现象,称为波的衍射。

如图 4-14 所示,当一个任意形状的波,在传播过程中遇到一个障碍 AB。当 AB 上有一个宽度为 a 的狭缝,且当 a 的大小与波长相当时,可以看到穿过狭缝的波是以狭缝为中心的圆形波,与原来的波阵面无关。这说明狭缝可以看作新的波源。波前上的所有点,都可以看作产生球面子波的点源。经过一段时间后,该波前的新位置将是与这些子波波前相切的包迹面。这一原理称为惠更斯原理。

惠更斯原理在超声检测中获得了广泛的应用。如图 4-15 所示,一个作活塞式振动的压电晶片,振动面上各点以速度 c 向外辐射超声波,设在 t 时刻的波前为 S_1,在 $t+\Delta t$ 时刻的波前为 S_2。具体画法是:先以 S_1 面上各点为中心,以 $c\Delta t$ 为半径,画出许多球形子波,再作相切于各子波的波前的包迹面,就得新的波前 S_2。

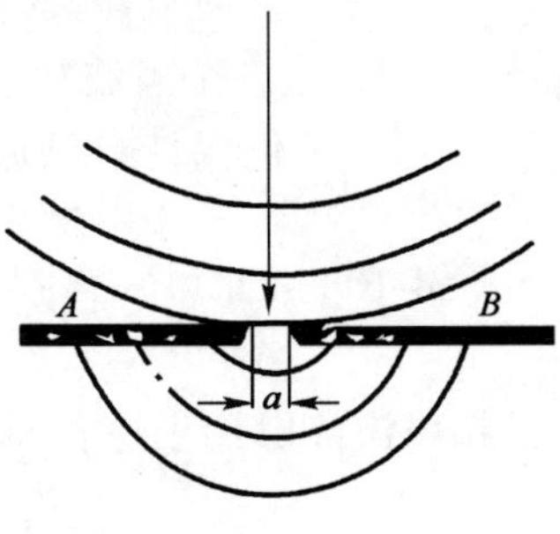

图 4-14　障碍物的狭缝成为新的波源

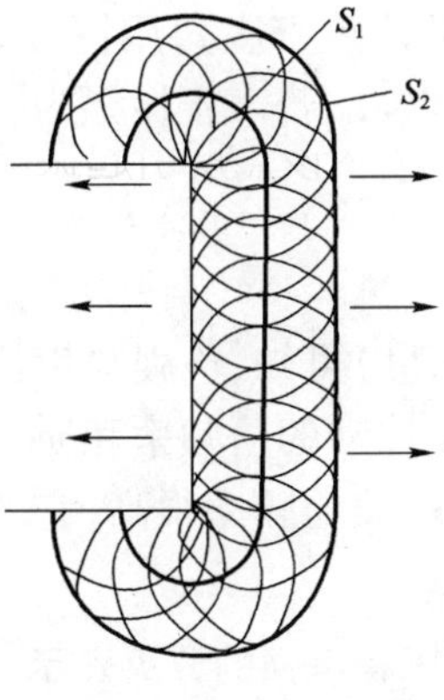

图 4-15　按惠更斯原理从子波画出新的波前

惠更斯原理不仅适用于机械波，而且适用于电磁波。它用几何方法比较广泛地解决了波的传播问题。

四、声场及其特征量

充满声波的空间，称为声场。通常用声压、声强、声阻抗等几个特征量来描述声特性。

(一)声压

当有声传播时，介质中某一点的压强超过没有声波存在时的静态压强的量值，称为声压，以 p 表示。也可理解为，弹性质点在传递声时，相邻质点所受到的附加压力。

声压的量值表示，常采用平均值、瞬时值、有效值、最大值和峰对峰值等，一般情况下指声压的有效值。

声压的单位，按国际制单位，采用帕斯卡，以 Pa 表示。$1\text{Pa}=1\text{N/m}^2$，即 1 帕斯卡 =1 牛顿/米^2。因 Pa 的量值太小，常采用 kPa(千帕斯卡)或 MPa(兆帕斯卡)，$1\text{MPa}=10^6\text{Pa}=10^3\text{kPa}$。

声波在传播时，介质中的每一点的声压将随时间和距离的变化而变化，其表达式如公式(4-10)所示：

$$p = pc\omega A\cos(\omega t + \varphi) = \rho cv \tag{4-10}$$

式中：ρ——介质密度；

v——介质质点振动速度；

c——波速。

由式(4-10)可知，声压 p 的绝对值与波速 c 和角频率 ω 成正比，而 $\omega=2\pi f$，所以声压也与频率 f 成正比。在超声检测中测量的量值就是声压。

(二)声阻抗

由式(4-10)可知，在 $p=\rho cv$ 中，若声压 p 不变，ρc 越大，质点振动速度越小，反之亦然，所以将 ρc 用 Z 来表示($Z=\rho c$)，称 Z 为介质的特性声阻抗(俗称声阻抗)。

声阻抗能直接表示介质的声学性质，是一个独立概念，这与超声检测领域中许多方程式中出现的 $\rho\times c$ 在概念上不要混淆。

(三)声强度

在垂直于声波传播方向上，单位面积上在单位时间内通过的平均声能，称为声强度，简称声强(或声的能量密度)，用符号 I 表示。

对于简谐波，若声压振幅为 p_m，其数学表达式为：

$$I = \frac{1}{2}\frac{p_m^2}{Z} = \frac{p_m^2}{2\rho c} \tag{4-11}$$

从式(4-11)可知，声强与声压振幅的平方成正比。结合式(4-10)进而可知声强与质点位移振幅，质点振动的角频率和质点振动振幅的平方成正比。

因为超声波的频率很高，它的强度远大于可闻声，这就是超声波能够用于探测厚大工件的前提之一。

(四)声压和声强的分贝表示

由于声强的变化范围很大，如人耳可分辨和忍受的声强大小可达 10^{12} 倍，用通常数字表示和运算很不方便，且人耳对声音响度的感觉近似地与声强的对数成正比，于是采用对数来表示两个拟比较声强的比值，再取以10为底的常用对数则得到声强级(IL)：

$$IL = \log_{10}\frac{I_1}{I_2} = \lg\frac{I_1}{I_2} \quad (\text{Bel,贝尔})$$

在实用上，贝耳数(Bel)这个单位太大，取其1/10称为分贝(dB)数：

$$IL = 10\lg\frac{I_1}{I_o} \quad (\text{dB}) \tag{4-12}$$

又因 $I=\frac{p^2}{2Z}$，式(4-12)可写成：

$$IL = 10\lg\frac{\left(\frac{p_1^2}{2Z_1}\right)}{\left(\frac{p_2^2}{2Z_2}\right)}$$

同一介质中，$Z_1=Z_2$，所以：

$$IL = 10\lg\left(\frac{p_1}{p_2}\right)^2 = 20\lg\frac{p_1}{p_2} \quad (\text{dB}) \tag{4-13}$$

当超声波检测仪具有较好的放大线性(垂直线性)时，则有：

$$IL = 20\lg\frac{p_1}{p_2} = 20\lg\frac{H_1}{H_2} \quad (\text{dB}) \tag{4-14}$$

式中：H_1、H_2——反射声压为 p_1 和 p_2 时的回波高度，不同回波高度比值(实数比)所对应的dB数见表4-1所示。

实数比与dB的关系 表4-1

H_1/H_2	10	5	3.2	2	1.1	1	$\frac{1}{1.1}$	$\frac{1}{2}$	$\frac{1}{3.2}$	$\frac{1}{5}$	$\frac{1}{10}$
dB	20	14	10	6	1	0	-1	-6	-10	-14	-20

(五)声速

声波在介质中传播的速度，称为声速，以符号 c 表示。

超声波有纵波、横波、表面波等不同波型。波型不同，其传播速度是不同的。声速还决定于介质特性(如密度、弹性模量等)。因此，声速又是一个表征介质声学特性的参数。

声速，按不同情况又可以分为相速度和群速度。相速度是声波传播到介质的某一选定相位点时在传播方向上的声速。群速度是指传播声波的包络上具有某种特性，如幅值最大的点上沿传播方向上的声速。群速度是波群的能量传播速度。在非频散介质中，群速度等于相速度。

从理论上说，声速应从波动方程求出，并根据介质的弹性系数和密度来计算。其一般表达式为弹性率与密度比值的平方根，即：

$$v = \sqrt{E/\rho}\cdot K \tag{4-15}$$

式中：E——正弹性模数（弹性率）；

v——声速；

ρ——密度；

K——与材料泊松比 σ 有关的常数。

五、超声波在平面和曲面界面上的行为

（一）超声平面波在大平异质界面上的行为

无限介质的概念，只是在理论上成立。实际工程上，任何介质总是有边界的。因此，波的传播总会受到界面干扰。

所谓异质界面，是指由两种声阻抗不同的介质所构成的界面，如气体/液体界面、气体/固体界面、液体/固体界面以及固体(z_1)/固体(z_2)界面等。

如前所述，超声波属于机械波，它只能在弹性介质中传播。因此，当它遇到真空界面时，就只能以某种形式返回。这种现象若发生在光滑界面上，则称为反射；若发生在粗糙界面（其粗糙度以波长来衡量）上时，称为散射。如果一种介质与前一种介质紧贴着，一部分将被界面反射回第一介质，称反射波；另一部分将通过界面进入第二介质，称为透射波，并且，可能发生折射和波型转换，其方向和强度变化的大小决定于两种介质的声阻抗值和原波的入射方向。

下面，我们将首先应用几何光学原理，讨论超声波在平面异质界面上的反射波和折射波的传播方向，然后再从能量分配的角度来讨论声波在异质界面上的反射声压、透射声压与入射声压的关系。

1. 几何光学原理在声波界面效应上的应用

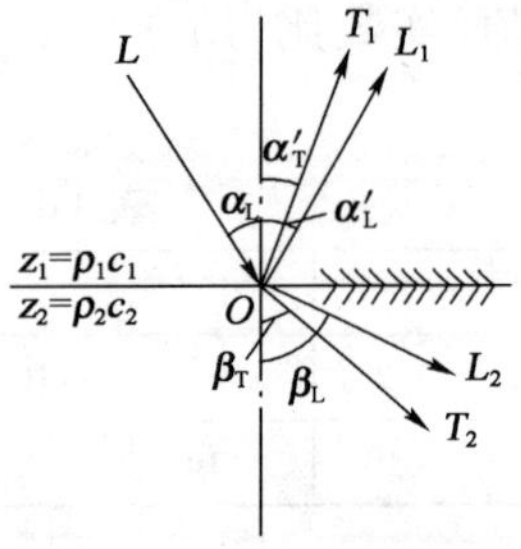

图4-16　声波在平面异质界面上的反射和折射

当超声波从一种介质倾斜入射到另一种介质时，除反射外，透射波要发生折射现象，同时伴随有波型转换，就是在第二介质中传播的波形已不同于入射波的波形，如图4-16所示。

如果入射波是横波，同样可以按上述方法分析。

（1）反射

如图4-17a）所示，设纵波 L 以入射角 α_1 倾斜入射到由阻抗为 $\rho_1 c_1$ 和 $\rho_2 c_2$ 构成的平面界面上时，将产生反射纵波。与此同时，由于波型转换，又产生反射横波。

根据几何光学的反射定律，有：

$$\frac{\sin\alpha_L}{\sin\alpha'_L} = \frac{c_{L1}}{c_{T1}} = 1$$

所以

$$\alpha_L = \alpha'_L$$

又

$$\frac{\sin\alpha_L}{\sin\alpha'_T} = \frac{c_{L1}}{c_{T1}} = 1$$

所以

$$\alpha'_T = \sin^{-1}\left(\frac{c_{t1}}{c_{L1}}\sin\alpha_T\right) \tag{4-16}$$

式中：α_L——纵波入射角；

α'_L——纵波反射角；

α'_T——横波反射角；

c_{L2}——第一介质中的纵波声速；

c_{T2}——第一种介质中的横波声速。

同理，如图 4-17b）所示，当入射波为横波时，有：

$$\frac{\sin\alpha_t}{\sin\alpha'_L} = \frac{c_{L1}}{c_{T1}} = 1$$

即

$$\alpha_T = \alpha'_T$$

又

$$\frac{\sin\alpha_T}{\sin\alpha'_L} = \frac{c_{T1}}{c_{L1}}$$

即

$$\alpha'_L = \sin^{-1}\frac{c_{L1}}{c_{T1}}\sin\alpha_T \tag{4-17}$$

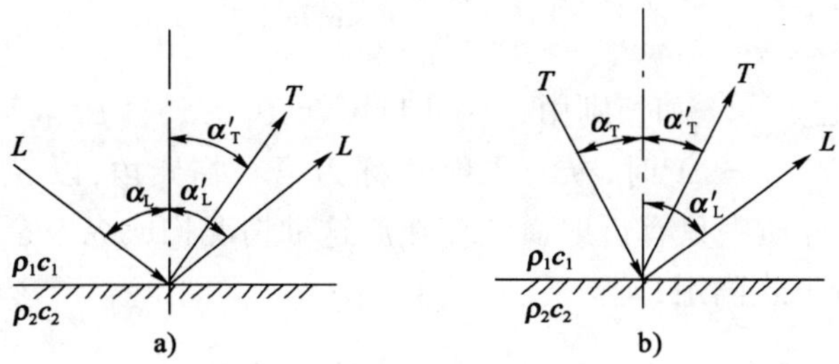

图 4-17　声波投射示意图

a）纵波入射；b）横波入射

在特殊情况下，当入射角为零，即垂直入射时，将产生一个与入射方向相反的反射波，反射角也等于零。这是最简单的情况，见图 4-19。

（2）折射

当入射波以某一入射角入射到第二介质为固体的异质平面界面上时，将发生波型转换。透射波将分离为折射纵波和折射横波。这两种折射波的传播方向是不同的，且都不同于入射波的方向。如图 4-18a）所示。

根据几何光学的折射定律，折射波的折射角可按下式确定：

$$\frac{\sin\alpha}{c_1} = \frac{\sin\beta_L}{c_{L2}} = \frac{\sin\beta_T}{c_{T2}} \tag{4-18}$$

$$\beta_L = \sin^{-1}\left(\frac{c_{T2}}{c_1}\sin\alpha\right) \tag{4-19}$$

$$\beta_T = \sin^{-1}\left(\frac{c_{T2}}{c_1}\sin\alpha\right) \tag{4-20}$$

式中：α——入射角；

β_L——纵波折射角；

β_T——横波折射角；

c_L——入射波在第一介质中的声速；

c_{L2}——折射纵波在第二介质中的声速；

c_{T2}——折射横波在第二介质中的声速。

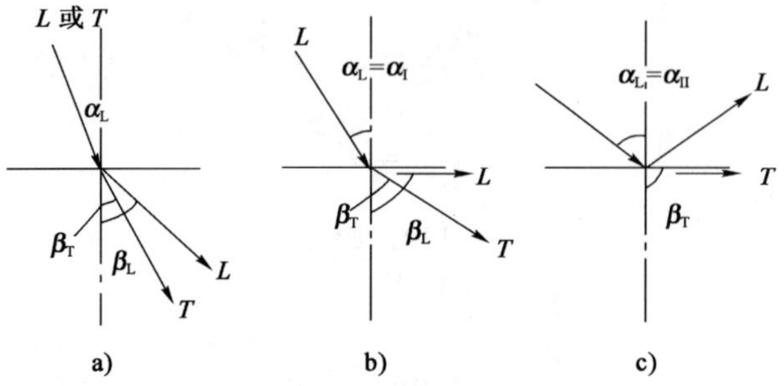

图 4-18　声波折射示意图

a) $c_{T1}<c_{T2}$, $\alpha_T<\alpha_L$; b) $c_{L1}<c_{T2}$, $\alpha_L<\alpha_I$; c) $c_{L1}<c_{T2}$, $\alpha_L<\alpha_{II}$

当纵波入射时，且在 $c_{L1}<c_{L2}$ 时，则由式(4-19)可知：$\beta_L>\alpha$，且 β_L 将随着 α 的增大而增大。

如图 4-18b)所示，当 $\beta_L=90°$ 时，纵波入射角称为第一临界角，以 α_I 表示。显然，当纵波入射角 $\alpha_L>\alpha_I$ 时，第二介质中只有折射横波存在。这种情况构成纵波全反射。

第一临界角可以按下式确定：

$$\alpha_I = \sin^{-1}\frac{c_{L1}}{c_{T2}} \tag{4-21}$$

若 $c_{L1}<c_{L2}$ 则 $\beta_T<\alpha$，β_T 也随着 α 的增大而增大。

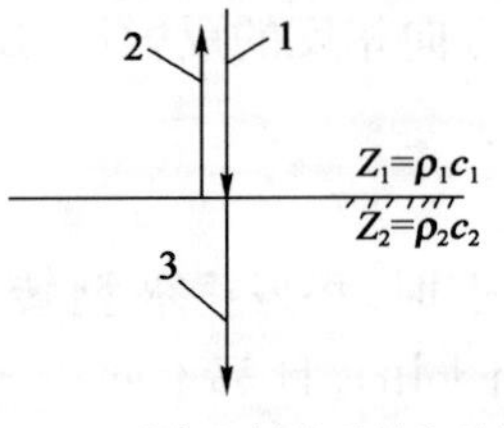

图 4-19　垂直入射的反射和透射

1-入射波；2-反射波；3-透射波

如图 4-18c)所示，当 $\beta_T=90°$ 时，纵波入射角称为第二临界角，以 α_{II} 表示。且：

$$\alpha_{II} = \sin^{-1}\frac{c_{L1}}{c_{T2}} \tag{4-22}$$

当纵波入射角等于零的特殊情况下，在第二介质中只有一个与入射方向相同的透射波。如图 4-19 所示。

常用介质的纵波 α_I 和 α_{II} 见表 4-2 所示。

常用介质中纵波的第一临界角(α_I)和第二临界角(α_{II})　　表 4-2

介　　质	纵波第一临界角 a_I	纵波第二临界角 α_{II}
有机玻璃/铅	$\sin^{-1}\frac{2\,700}{6\,300}=25.4°$	$\sin^{-1}\frac{2\,700}{3\,080}=61.2°$
有机玻璃/钢	$\sin^{-1}\frac{2\,700}{5\,900}=27.2°$	$\sin^{-1}\frac{2\,700}{3\,230}=56.7°$
水/铅	$\sin^{-1}\frac{1\,500}{6\,300}=13.8°$	$\sin^{-1}\frac{1\,500}{3\,080}=29.1°$
水/钢	$\sin^{-1}\frac{1\,500}{5\,900}=14.7°$	$\sin^{-1}\frac{1\,500}{3\,230}=27.7°$

如果入射波为横波，斜射至固/气界面，将会产生反射横波和反射纵波，且 $\alpha'_T > \alpha_T$（参见图 4-20）。当入射角 α_T 达到某一数值时，可使 $\alpha'_L = 90°$，定义此时的 α_T 为第三临界角，用 α_{III} 表示，则：

$$\alpha_{III} = \sin^{-1}\frac{c_{T1}}{c_{L1}} \tag{4-23}$$

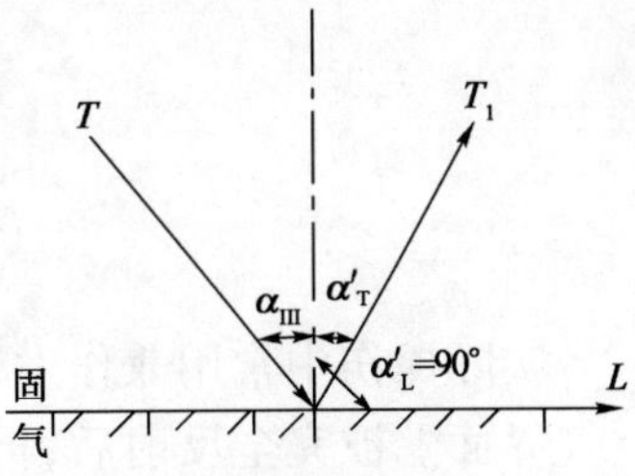

图 4-20　第 III 临界角示图

2. 声波在异质平面上的能量分配

在超声波的工程应用中，主要依赖于反射波的回波声压大小来进行判伤或完成相应的检测任务，所以必须研究界面上的参量分配或声压的变化规律，即透射率和折射率。

（1）垂直入射时的反射率和透射率

当超声平面波垂直射于异质大平面时（如图 4-19），反射波以与入射波方向相反的方向返回，若设入射波声强为 I、声压力 P，反射声强和声压分别为 I_α 和 P_α，透射声强和声压分别为 I_T 和 P_T，入射和透射声阻抗分别为 Z_1 和 Z_2，根据界面上声压连续和振速连续的原则，并令 $m = Z_1/Z_2$，则可得到：

声压反射率：
$$r_p = \frac{P_\alpha}{P} = \frac{Z_2 - Z_1}{Z_1 + Z_2} = \frac{1-m}{1+m} \tag{4-24}$$

声压透射率：
$$t_p = \frac{P_T}{P} = \frac{2Z_2}{Z_1 + Z_2} = \frac{2}{1+m} \tag{4-25}$$

声压属于力的范畴，作用于同一平面的力应符合力的平衡原理，即 $P + P_\alpha = P_T$，等式两边除以 P，得：

$$1 + \frac{P_\alpha}{P} = \frac{P_T}{P}$$

即
$$1 + r_p = t_p \tag{4-26}$$

声强反射率：

$$R = \frac{I_\alpha}{I} = \frac{\dfrac{P_\alpha^2}{2Z_1}}{\dfrac{P^2}{2Z_1}} = \frac{P_\alpha^2}{P^2} = r_p^2 \tag{4-27}$$

声强透射率：

$$D = \frac{I_T}{I} = 1 - r_p^2 \tag{4-28}$$

声强是属于能量范畴，作用于同一界面的声能，应满足能量守恒定律，所以有 $I = I_\alpha + I_T$，等式两边除以 I，得到：

$$1 = \frac{I_\alpha}{I} + \frac{I_T}{I} = R + D$$

$$D = 1 - R = 1 - r_p^2$$

$$R = r_p^2 = \left(\frac{Z_2 - Z_1}{Z_1 + Z_2}\right)^2 = \left(\frac{1 - m}{1 + m}\right)^2 \tag{4-29}$$

$$D = 1 - r_p^2 = \frac{4Z_1 \cdot Z_2}{(Z_1 + Z_2)^2} = \frac{4m}{(1 + m)^2} \tag{4-30}$$

实际探伤中常用兼作发射和接收声波的单探头工作，并认为透射至工件底面的声压在钢/空气界面上被完全反射后，再次透过界面后被探头所接收，因此，探头接收到的返回声压 P'_T 与入射声压 P 之比，即为声压往复透过率 T_p。见图 4-21 所示。

$$T_P = \frac{P'_T}{P} = \frac{P_T}{P} \cdot \frac{P'_T}{P_T} = t_{p1} \cdot t_{p2}$$

因为 $$t_{p1} = \frac{P_T}{P} = \frac{2Z_2}{Z_1 + Z_2}, t_{p2} = \frac{P'_T}{P_T} = \frac{2Z_1}{Z_2 + Z_1},$$

所以 $$T_p = t_{p1} \cdot t_{p2} = \frac{4Z_1 \cdot Z_2}{(Z_1 + Z_2)^2} = \frac{4m}{(1 + m)^2} \tag{4-31}$$

比较式(4-30)和式(4-31)可以看出，声压往复透过率和声强透射率在数值上相等。超声波垂直入射于两种不同声阻抗介质的平面界面，可以有相应不同的反射和透射情况。

(2)斜入射时的反射率和折射率

斜入射时的声压反射和折射率的计算比较复杂，我们作出反射、折射的纵波、横波声压与入射角之间的关系图，但在超声检测工作中，我们更感兴趣的是纵波从第一介质向第二介质斜入射时，透过界面在第二介质中传播，并从一个很大的光滑界面全部反射回来，在次透过界面进行第一介质时的声压和入射纵波声压之比(即所谓的声压往返透过率)与入射角之间的关系。显然，往返透过率等于声波从第Ⅰ介质到第二介质的透过率与从第二介质到第一介质的透过率的乘积。下面利用极图表示法介绍超声检测中常用的一些情况。

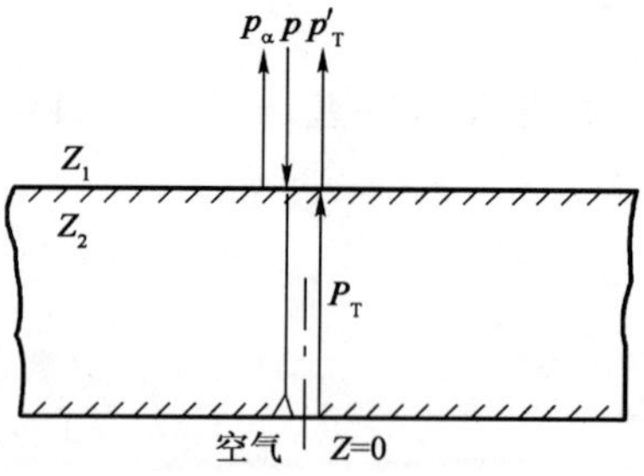

图 4-21　声压往复透过率

①纵波斜入射至有机玻璃/钢界面的情况：当纵波斜入射至有机玻璃/钢界面时，图 4-22 为对于有机玻璃/钢界面，往返透过率和纵波入射角之间的关系。

②纵波斜入射至水/钢界面时的情况：对于纵波斜入射至水/钢界面时，往返透过率与入射角之间的关系如图 4-23 所示。

③纵波及横波斜入射至钢/空气界面时，其反射率与入射角的关系如图 4-24 及图 4-25 所示。

(二)声波在曲面上的聚焦和发散

如果平面波入射到介质Ⅰ和另一个介质Ⅱ之间的曲界面(球面或柱面)上，如图 4-26 所示。那么只有垂直入射的声射线才能不改变角度地反射或透射。偏离轴线的声射线则按某一角度反射和折射。声射线离轴越远该角度越大，此时声束将会聚焦或发散，如同曲面镜或透镜产生的光学现象一样。

平面波入射至凹界面和凸界面时的反射如图 4-27 所示。由简单的几何作图可知，对于凹界面，反射后将会聚于一个焦点上，对于凸界面，则声束反射后将是发散的。

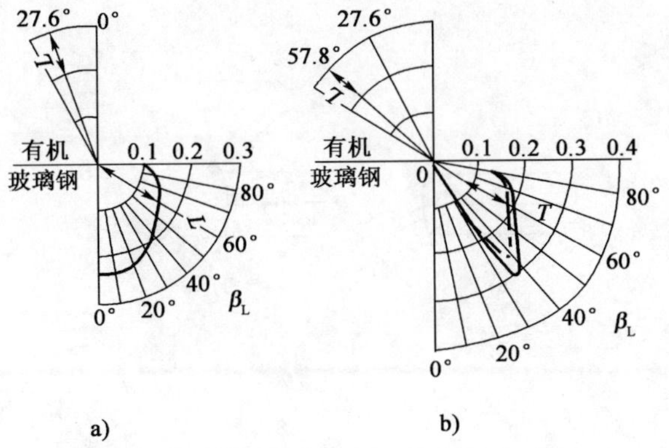

图 4-22　有机玻璃/钢界面纵波入射往返透过率与入射角之间的关系

a) 钢中纵波折射；b) 钢中横波折射（液体耦合）

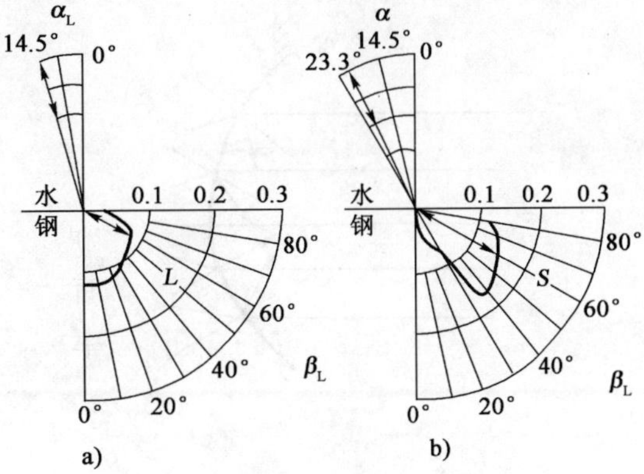

图 4-23　水面/钢界面纵波入射往返透过率与入射角之间的关系

a) 钢中纵波折射；b) 钢中横波折射

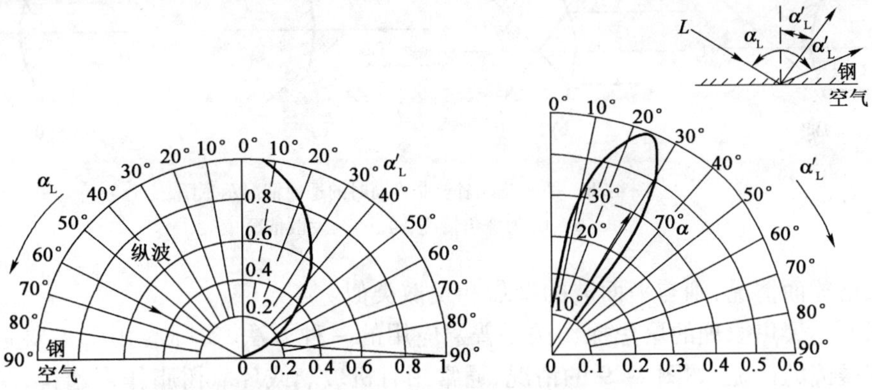

图 4-24　纵波斜入射至钢/空气界面时的情况

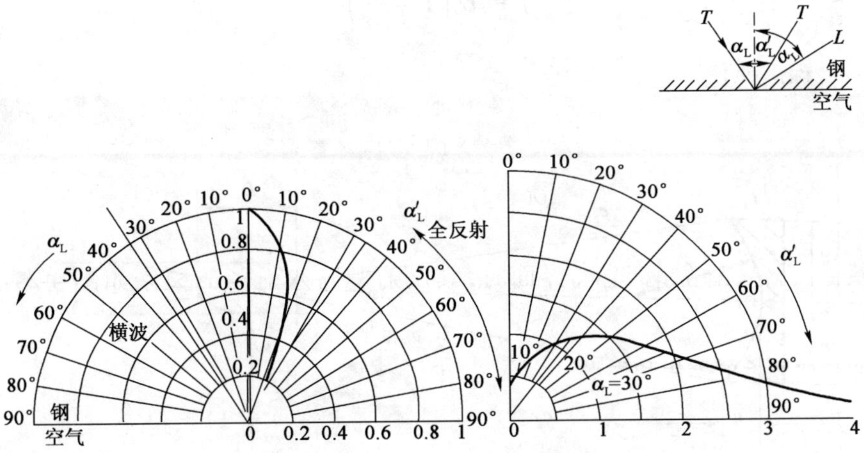

图 4-25　横波斜入射至钢/空气界面时的情况

曲界面对相邻介质中的透射波所起的作用，就像光学上聚焦透镜和发散透镜一样，也同样要考虑界面的弯曲方向和两介质的声速比（c_2/c_1）。图 4-28 以水/钢为例说明四种可能情况，其中 a、b 为聚焦情况，c、d 为发散情况。

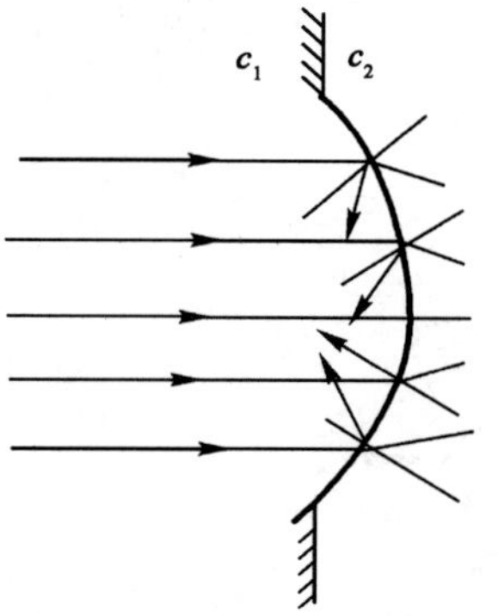

图 4-26　平面波入射至曲界面时的反射和折射

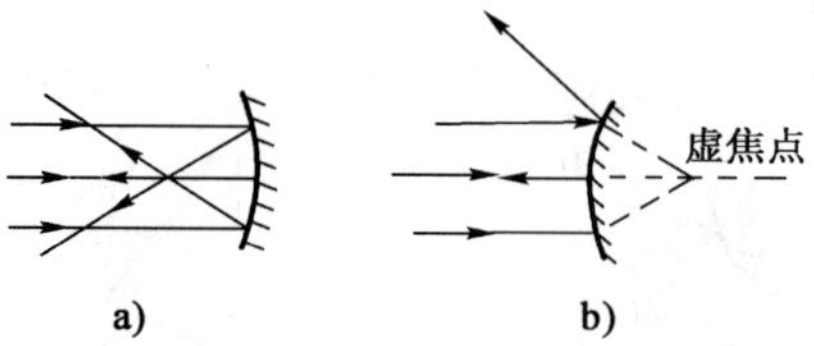

图 4-27　平面波入射至凹面和凸面时的反射
a) 凹面;b) 凸面

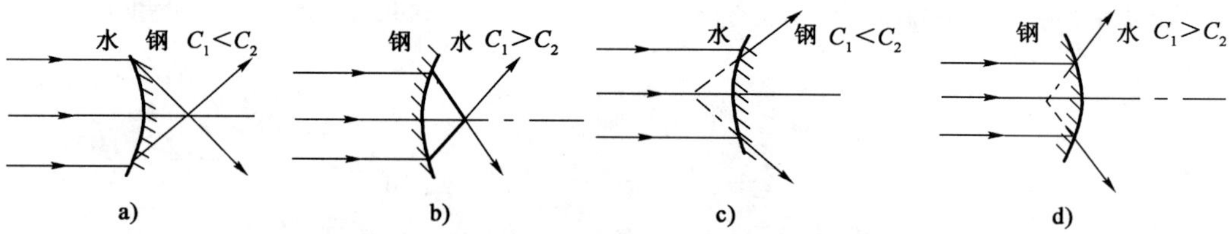

图 4-28　平面波入射至曲界面时的透射情况示意图
a)、b) 为聚焦情况;c)、d) 为发散情况

如果是球面情况,则与平面波的聚焦和发散类似。

利用上述聚焦原理的聚焦探伤法是普遍应用的一种方法,实际应用中主要是平面波入射到凹面声透镜的情况,如图 4-29 的情况,通常用有机玻璃或环氧树脂作声透镜,晶片与透镜接触的声入射面为平面。

$$f \approx r/\left(1 - \frac{1}{n}\right) \tag{4-32}$$

式中:$n = c_1/c_2$,称声速比。

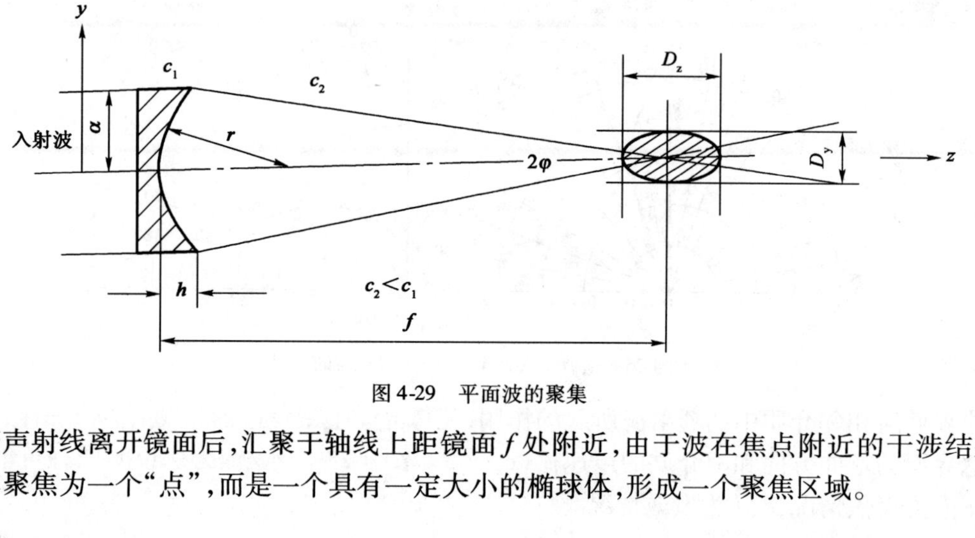

图 4-29　平面波的聚集

当声射线离开镜面后,汇聚于轴线上距镜面 f 处附近,由于波在焦点附近的干涉结果,声束并非聚焦为一个"点",而是一个具有一定大小的椭球体,形成一个聚焦区域。

聚集区域的大小和形状,取决于透镜的直径,焦距和波长。以最大声强降至3dB计,椭球体的尺寸为:

$$D_y = D_x = \frac{k_t \lambda_2 f}{2a}$$

$$D_z = k_a D_y$$

式中:D_x、D_y、D_z——焦点区域在X、Y、Z方向上的投影直径;

k_t、k_a——无量纲因子,它们取决于开角 φ_o,当 $\varphi < 50°$时,$k_t = 1$,计算误差不大于20%;$k_a = 15(1-0.01\varphi)$,计算误差小于15%。

表4-3为一组聚焦声透镜的典型数值。当透镜材料为聚乙烯,介质为水($c_1 = 2\,350$m/s,$c_2 = 1\,500$m/s),$n = c_1/c_2 = 1.57$,$r = 36.3$mm,$f = 100$mm时的值。

一组聚焦声透镜的典型数值 表4-3

频率(MHz)	波长 λ_2(mm)	开角 φ_{max}(°)	半径 a(mm)	$D_x = D_y$	D_z	G
1	1.5	18.6	33.6	2.2	27.2	750
3	0.5	14	24.8	1	13.0	2 000
10	0.15	10.2	18	0.4	5.6	6 500

六、超声波在传播过程中的衰减

以前各节只讨论波在无衰减介质中的传播,本节讨论介质衰减的影响,超声波在实际介质传播时,其幅度将随距离的增大而逐渐减小,这种现象称为衰减。

(一)超声波传播衰减的起因

从理论上讲,衰减的起因有三个主要方面。

1. 由声束扩展引起的衰减

在声波的传播过程中,随着传播距离的增大,非平面声波的声束不断扩展增大,因此单位面积上的声能(或声压)随距离的增大而减弱,这种衰减称为扩散衰减。

扩散衰减仅取决于波阵面的几何形状而与传播介质的性质无关。在远离声源的声场中,球面波的声压 p 与至声源距离 r 成反比(即 $p \propto 1/r$),而柱面波则为 $p \propto \sqrt{1/r}$。对于平面波,声能(或声压)不随传播距离而变化,不存在扩散衰减。

2. 由超声的散射引起的衰减

由于实际材料不可能是绝对均匀的,如材料中有外来杂质、金属中的第二相析出、晶粒的任意取向等均会导致整个材料声阻抗不均,从而引起声的散射。被散射的超声波在介质中沿着复杂的路径传播下去,最终变成热能,这种衰减称为散射衰减。

3. 由介质的吸收引起的衰减

超声波在介质中传播时,由于介质的黏滞性而造成质点之间的内摩擦,从而使一部分声能转变成热能。同时,由于介质的热传导,介质的稠密和稀疏部分之间进行热交换,从而导致声能的损耗,以及由于分子弛豫造成的吸收,这些就是介质的吸收现象,这种衰减称为吸收衰减。

(二)衰减规律和衰减系数

对于平面余弦波来说,声压衰减规律可用下式表示:

$$p = p_o e^{-2a} \tag{4-33}$$

式中：p_o——入射到材料界面上时的声压；

p——超声波在材料中传播一段距离 s 后的声压；

a——衰减系数。

特别指出，对于大多数固体和金属介质来说，通常所说的超声波的衰减，即由 a（衰减系数）表征的衰减仅包括散射衰减 a_s 和吸收衰减 a_a 而不包括扩散衰减。如果考虑衰减的扩散部分，则在晶片中心轴线上某一距离处，可将衰减写成：

$$p_s = p_o \frac{A}{\lambda s} e^{-2a} \tag{4-34}$$

式中：$a = a_a + a_s$。

吸收衰减系数 a_a 可表示为：

$$a_a = c_1 f$$

式中：f——超声波频率；

c_1——与晶粒大小和各向异性无关的常数。

散射衰减系数 a_s 根据晶粒大小（d）与波长（λ）之比分为三种：

$$d \ll \lambda : a_s = c_2 F d^3 f^4$$

$$d \approx \lambda : a_s = c_3 F d f^2$$

$$d \gg \lambda : a_s = c_4 F \frac{1}{d}$$

式中：c_2、c_3、c_4——常数；

F——各向异性因子；

d——晶粒直径。

（三）衰减系数的粗略测定

1. 对于厚度范围为 $2N < T \leqslant 200$mm 的试件。

$$a = \frac{V_{m-n}(\text{dB}) - \left(20\lg\frac{n}{m}\right)}{2(n-m)T} \quad (\text{dB/mm}) \tag{4-35}$$

式中：a——材料的单程衰减系数；

V_{m-n}(dB)——表示试样第 m 次与第 n 次底面回波幅度的 dB 差（$n > m$）；

$20\lg\frac{n}{m}$——声扩散修正项。

（2）$T > 200$mm 的试样，可用一次底回波和二次底回波。

例如，试样 $T < 200$mm，第五次底回波和二次底回波 dB 差为 14dB。

则 $$a = \frac{14 - 20\lg\frac{5}{2}}{2(5-2)200} = 0.075 \quad (\text{dB/mm})$$

七、超声波的获得和超声场

(一)超声波的获得

超声波的产生是利用某些物质的特定物理效应来实现的。原则上,凡是能将其他形式能量转换成超声的能量,都可以用来产生超声波。但在超声检测中,应用最多的是利用某些晶体或多晶陶瓷的声电、电声转换效应——压电效应来获得超声波。

某些电介晶体,如石英、锆钛酸铅、铌酸锂等,通过纯粹的机械作用使材料在某一方面(如厚度)伸长或缩短,这时晶体表面产生电荷效应而带正或负电荷,这种效应称为正压电效应。当这种晶体的电极面上施加高频交变电压时,晶体就会按电压的交变频率和大小在厚度方向相应地伸长或缩短,产生振动,从而辐射出高频声波,晶体的这种效应称为逆压电效应。具有正、逆压电效应的晶体称为压电体(压电晶片),它是超声检测中最常采用的一种换能器。

(二)超声场

有超声波分布的空间称为超声场。

1. 纵波声源在声速轴线上的声压分布

根据迭加原理,声带中心轴线上任何一点处的声压等于声源上各点辐射的声压在该点的叠加。由于压电晶片上各点到达该点的声程不同,叠加时有相位差,因而在整个声束轴线上出现有声压极大值和声压极小值的波动。如果声源发出的波为连续简谐波,且不考虑衰减,则圆盘形纵波声源在声束轴线上瞬时的声压分布如图 4-30 所示。其数学表达式如下:

$$p = 2p_o \sin\left[\frac{\pi}{\lambda}\left(\sqrt{\frac{D^2}{4} + S^2} - S\right)\right] \tag{4-36}$$

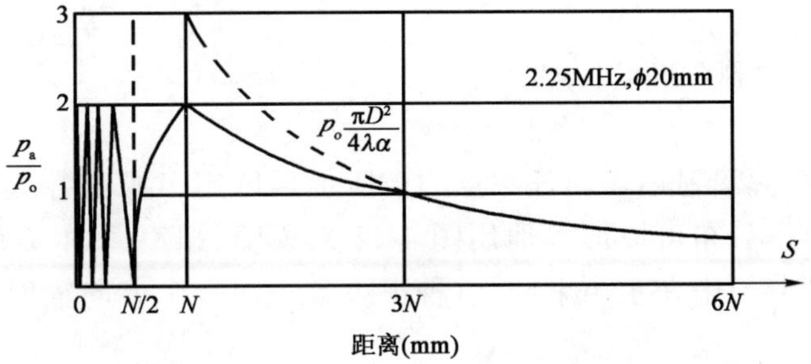

图 4-30 圆盘声源轴线上的声压

从图 4-30 和公式(4-36)可知,其变化规律是一个正弦周期函数,在 N 区(称为近场)内瞬时声压 p 在 0 ~ $2p$(声压幅值)内变化,有几个极大极小值,只有当传播距离 S(称声程)大于 N 值时,声压随 S 增加单调降,只有当 $S > 6N$ 时,p 与 S 的关系才符合 $p \propto 1/S$,即距离增加 1 倍,声压下降一半。

声轴线上最后一个声压极大值点至声源的距离称为近场长度以 N 表示。当晶片直径 D 远大于波长 λ 时:

$$N \approx \frac{D^2}{4\lambda} = \frac{A}{\pi\lambda} \tag{4-37}$$

式中：A——晶片的面积；

D——晶片直径；

λ——波长。

距离小于 N 的范围称为近距离声场，简称近场；距离大于 N 的范围称为距离声场。在远声距离声中，图内还表示出了球面波声压（图中虚线所示曲线）。可以看出，在距离 $S>3N$ 时，圆声源轴线上的声压与球面波的声压之间的差别已甚小。$S=2N$ 时，误差近乎为 10%，$S=1.6N$时，误差约为 15%。

对方形晶片来说，如果把方片的一边长度看作 D，按上式也能算出大致的数值。

2. 近场区在二种介质中的分布

在实际工作中，有时近场区分布于两种不同的介质中，此时需要了解近场的两种介质中的分布。

倘若超声场全部在第一种介质中，$N_1=\frac{A}{\pi\lambda}=\frac{D^2f}{4c_1}$（$c_1$ 为第一种介质中的声速）；如果超声场全部在第二种介质中，$N_2=\frac{A}{\pi\lambda}=\frac{D^2f}{4c_2}$（$c_2$ 为第二种介质中的声速）。

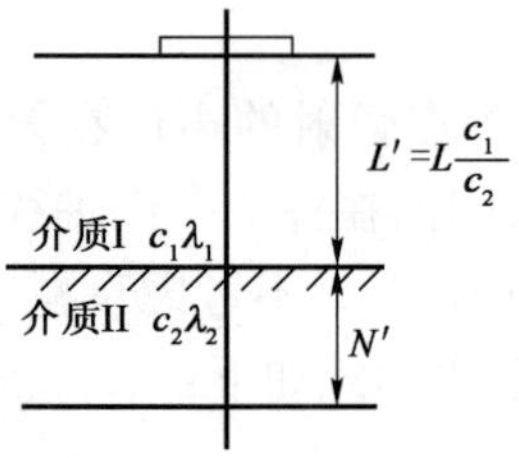

图 4-31 近场在两种介质中的分布折算示意图

如图4-31所示，如果波先经厚度为 L_1 的第一种介质再进入第二种介质，则可将第一种介质的厚度 L_1 折合成第二种介质的长度为 L'，据超声波在弹性介质中传播行为的等效原理，$\frac{L_1}{N_1}=\frac{L'}{N_2}$，则$l'=L_1\frac{c_1}{c_2}=L_1\frac{N_2}{N_1}$，所以此时第二介质中声压的分布与第二介质上叠加一个厚度相当于 L'的第二介质时的情况相同。

故 $$N'=N_2-L_1\frac{c_1}{c_2}=\frac{D^2}{4\lambda_2}-L_1\frac{c_1}{c_2}$$

式中：N'——第二介质中剩余近场长度。

3. 指向性

根据叠加原理，声源辐射声场内任一点的声压也可以用声源上各点辐射声压在该点叠加来计算。声场内声压分布可以形象地用图 4-32 来说明，超声场内有主声束和副瓣声束。超声波能量的主要部分集中在主声束内，这种声束集中向一个方向辐射的性质叫做声的指向性。

在与声源相距（r）甚大于声源尺寸（D）$\left(r\geqslant\frac{3D^2}{4\lambda}\right)$处有一个声压正好为零的方向，这个方向与中心轴之间的夹角 θ_o 可用来表示声束的指向性，称为指向角。

指向角 θ_o 可用下式表示：

$$\sin\theta_o=\eta_o\frac{\lambda}{D} \tag{4-38}$$

式中：λ——传播介质中声波的波长；

D——圆声源的直径、方声源的边长。

$\eta_o=1.22$（圆晶片）；$\eta_o=1.0$（方晶片）。

显然，声源的直径（边长）D 愈大，波长 λ 愈短。θ_0 愈小，指向愈尖锐；尺寸相同，方晶片的指向性要比圆晶片好。

由于超声能量基本集中在主声束，因此，对于圆晶片当距离 $a \leqslant \overline{ob}$ 时（图 4-33），可以认为超声能量未逸出以晶体面积为底的圆柱体，$\overline{ob}$ 就称为非扩散区。按几何关系：

$$\overline{ob} = 1.6N$$

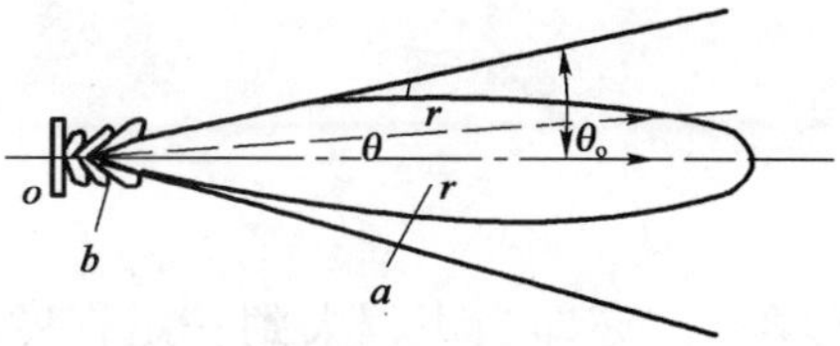

a–主声束；b–副瓣声束

图 4-32　声场指向性示意图（圆盘形声源）

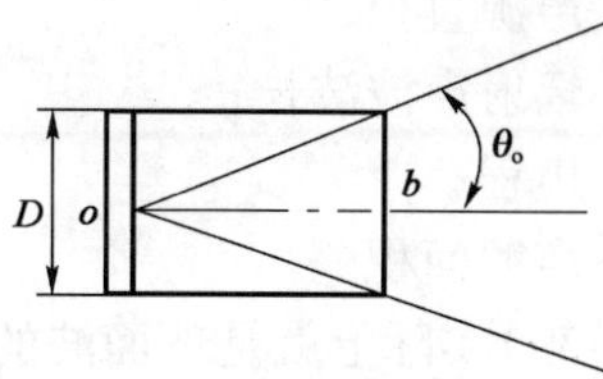

$\overline{ob} \approx 1.6N$；$N$–近场长度

图 4-33　圆盘形声源非扩散区示意图

（三）远声场中规则反射体的反射规律

前面讨论了超声波入射到大平面上的行为，而实际超声检测中缺陷的尺寸相对较小，形状各异，现讨论几种典型理想化界面的情况。

1. 超声波的散射和衍射

超声波在传播过程中如果遇到一个障碍物，就可能产生若干现象，这些现象与障碍物的大小有关（图 4-34）。

如果障碍物的尺寸比超声波的波长小得多，则它们对超声波的传播几乎没有影响［图 4-34a）］。

如果障碍物的尺寸小于超声波的波长，则波到达这障碍物后将使其成为新的波源而向四周发射波；如果障碍物的尺寸与超声波的波长近似，其声阻抗与周围介质不同，则超声波将发生不规则的反射、折射和透射［图 4-34b）］。

如果障碍物的尺寸比超声波的波长大得多，且其声阻抗与周围介质不同，则有入射声波的反射和透射。如果它的声阻抗与周围介质的声阻抗差别很大，则在障碍物界面上发生超声波的反射而无透射，此时在障碍物后面将形成一个声影区，声影区随着离障碍物的距离的增大则逐渐缩小，到一定的距离后声影区才消失。但是因为声波也是一种波动，声波可绕过障碍物的边缘不按原来的方向而弯曲向障碍物后面传播。即存在所谓绕射（衍射）现象。此现象可用惠更斯原理作定量讨论，本质上是子波的干涉［图 4-34c）］。

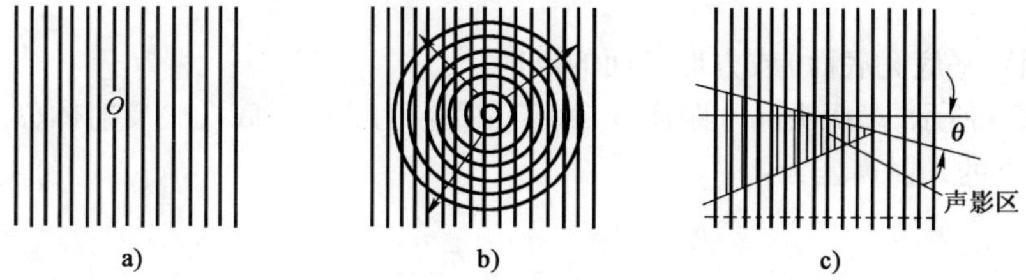

图 4-34　声波遇障碍物时的散射、衍射和声影

a）水障碍物；b）散射；c）衍射和声影区形成

2. 远声场中的声压

远声场中的声压可用式(4-39)计算：

$$p = 2p_{\circ}\frac{\pi D^2}{8\lambda S} = p_{\circ}\frac{\pi D^2}{4\lambda S} = p_{\circ}\frac{F}{\lambda S} \tag{4-39}$$

式中：$p_{\circ}$——声压振幅；

D——声源直径；

λ——辐射声波波长；

S——声程；

F——声源面积。

公式(4-39)实际上就是球面波的声压变化规律数学式。亦即当声程大到一定程度后，平面晶片辐射的声场，完全可以用球面波规律来处理，从而使超声波检测中的缺陷定量计算变得方便简单了。当 $1.6N < S < 6N$ 时，以式(4-39)为基础的定量结果就有误差，当 $S \leqslant 3N$，误差较大，最高可达15%，使用时要十分小心；当 $3N \leqslant S \leqslant 6N$ 时，其误差往往在工程误差允许的范围内；当 $S \geqslant 6N$ 时，应使用式(4-39)为基础的定量测定。

3. 远声场中规则反射体的反射

如前所述，在 $S > 2N$ 在远声场中，探头中心轴线上的声压变化随距离的增加呈单调递降，基本上可以看成球面波的声压变化规律，从而使之实际运算得到了简化，为理论运用于实践提供了方便。直径为 D 的圆晶片辐射至 $S(S > 2N)$ 处的球面波声压可用 $p = p_{\circ}\frac{\pi D^2}{4\lambda S}$ 计算。

(1)大平面(底面)的反射

大平面是常见的规则反射面，如工件平底面等。处于远声场中的大平底面为 B，它距声源的距离 S_B，则入射到大平底面 B 上的入射声压为：

$$p = p_{\circ}\frac{\pi D^2}{4\lambda S_B} \tag{4-40}$$

大平底面反射到晶片上的返回声压为 p_B，若把大平底面看作镜面反射，那么探头上接收到的返回声压，相当于传播了 $2S_B$ 声程远处假想晶片 D' 上接收到的声压为入射声压的一半，见图4-35所示。

$$p_B = p \cdot \frac{1}{2} = p_{\circ}\frac{\pi D^2}{4\lambda S_B} \cdot \frac{1}{2} \tag{4-41}$$

(2)圆形(平底孔底面)或方形平面的反射

如图4-36所示，离探头晶片距离 S_δ 处有一直径为 δ 的平底孔底反射体($\delta < D$)，则入射到平底孔底面上的入射声压为：

$$p = p_{\circ}\frac{\pi D^2}{4\lambda S_\phi}$$

若把平底孔底面看作一个直径为 ϕ 的新圆盘声源，上式 p 可看作新声源的起始声压，它的辐射规律也是遵循球面波声压公式，那么，探头晶片上接收到声压 p_ϕ 为：

$$p_{\phi} = p\frac{\pi\phi^2}{4\lambda S_{\phi}} = p_o\frac{\pi D^2}{4\lambda S_{\phi}}\cdot\frac{\pi\phi^2}{4\lambda S_{\phi}} = p_o\frac{F_D F_{\phi}}{\lambda^2 S_{\phi}} \tag{4-42}$$

式中：F_D，F_{ϕ}——晶片和平底孔面积。

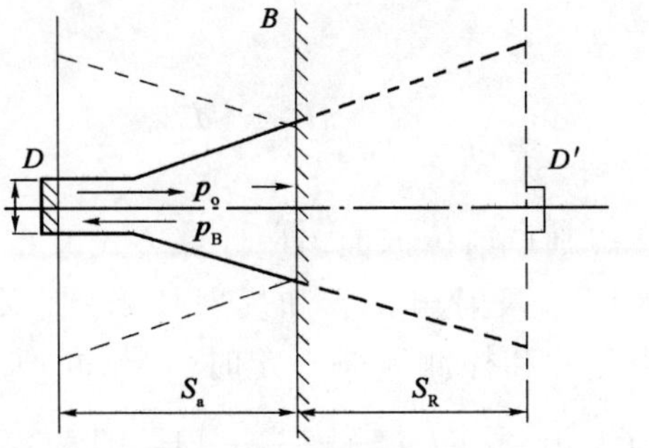

图 4-35　大平底面的反射

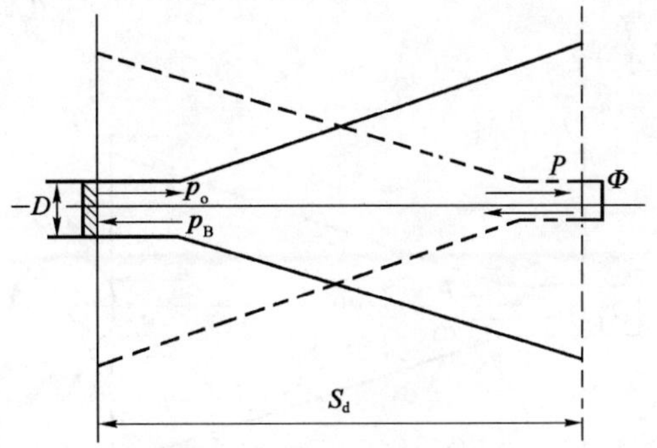

图 4-36　平底孔底面的反射

对于方形平面或其他形状平面，只要把反射体面积代入 F_{ϕ}，式(4-42)同样适用。

(3)圆柱面的反射

当超声波垂直入射到圆柱形反射体侧面时，反射波束向多个方向反射，若圆柱体直径为 ϕ_f，长度为 L，晶片至反射体反射面距离为 S_{ϕ}，则当 $\phi/\lambda \geqslant 2$ 时，圆柱面反射声压 p_{ϕ}，有两种情况。

①当圆柱形反射体长度大于声束直径时，该反射体就称为长横孔。晶片 D 的声源入射至横孔上的入射声压为 $p = p_o\frac{\pi D^2}{4\lambda S_{\phi}}$，长横孔返回声压 P 可由下式计算（见图 4-37）所示：

$$p = p_o\frac{\pi D^2}{4\lambda S_{\phi}}\cdot\frac{1}{2}\sqrt{\frac{\phi}{2S_{\phi}}} \tag{4-43}$$

长横孔的反射波具有柱面波的性质，因此其返回声压的后一部分与孔径平方根成正比，与声程平方根成反比。斜探头横波探测时，长横孔回波规律性较好，故常用来作为焊缝探伤的标准试块和对比试块的基准孔。

②当圆柱形反射体长度小于或等于声束直径时，该反射体就称为短横孔。设短横孔长度为 l，直径为 $\phi_{短}$，晶片入射至短横孔上的入射声压为 $p = p_o\frac{\pi D^2}{4\lambda S_{\phi短}}$，短横孔的返回声压可由下式计算（见图 4-38）：

$$p_{\phi短} = p_o\frac{\pi D^2}{4\lambda S_{\phi短}}\cdot\frac{1}{2S_{\phi短}}\sqrt{\frac{\phi_{短}}{\lambda}} \tag{4-44}$$

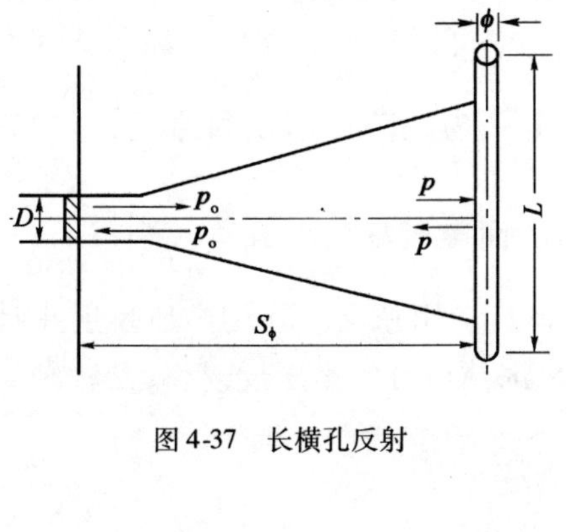

图 4-37　长横孔反射

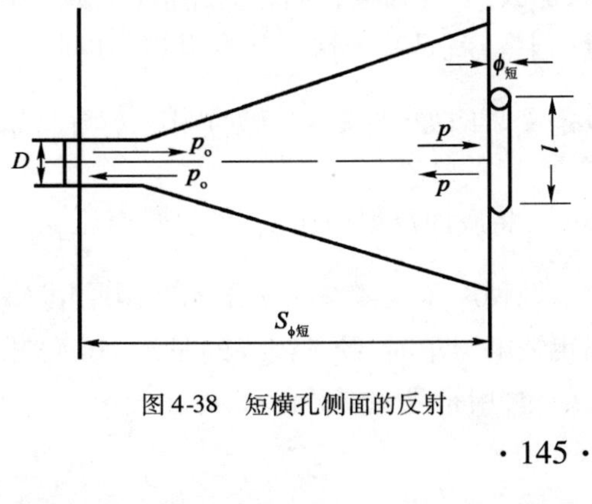

图 4-38　短横孔侧面的反射

(4)球形面的反射

有一处于远声场中的球形反射体，球体直径为 d（d 小于声束直径），晶片至反射面前沿距离为 S_d，则球面的入射声压 $p = p_o \dfrac{\pi D^2}{4\lambda S_d}$，球面的返回声压 p_d 由下式计算（见图 4-39 所示）：

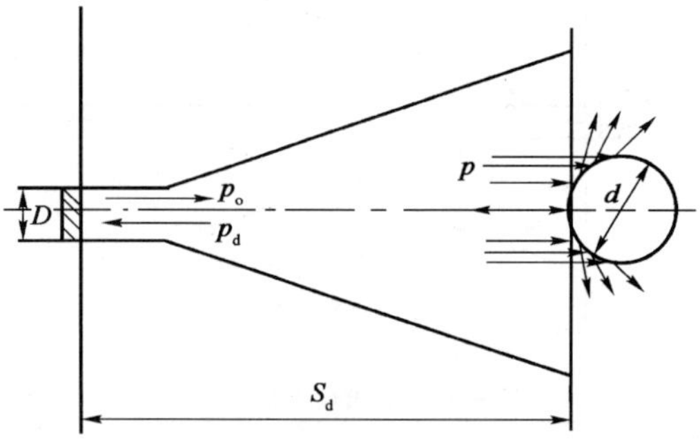

图 4-39　球孔的反射

$$p = p_d \frac{\pi D^2}{4\lambda S_d} \cdot \frac{d}{4S_d} \tag{4-45}$$

从规则反射体返回声压计算公式可知，返回声压大小与入射声压 p 和反射体形状、尺寸有关。当晶片和探测频率一定时，在相同声程上，它们的入射声压 $\left(p = p_o \dfrac{\pi D^2}{4\lambda S}\right)$ 是相同的，所经它们返回声压的差异仅与反射体状形、尺寸有关，即与它们的形状系数有关。规则反射体返回声压及其形状系数归纳于表 4-4。

规则反射体的返回声压和形状系数　　表 4-4

反射体种类	入 射 声 压	形 状 系 数	返 回 声 压
大平底面		$\frac{1}{2}$	$p_B = p \cdot \frac{1}{2}$
平底孔		$\frac{\pi\phi^2}{4\lambda S}$	$p_\phi = p \cdot \frac{\pi\phi^2}{4\lambda S}$
长横孔	$p = p_o \frac{\pi D^2}{4\lambda S}$	$\frac{1}{2}\sqrt{\frac{\phi}{2S}}$	$p_\phi = p \cdot \frac{1}{2}\sqrt{\frac{\phi}{2S}}$
短横孔		$\frac{1}{2S}\sqrt{\frac{\phi_{短}}{\lambda}}$	$p_{\phi短} = p \cdot \frac{1}{2S}\sqrt{\frac{\phi_{短}}{\lambda}}$
球孔		$\frac{d}{4S}$	$p_d = p \cdot \frac{d}{4S}$

（四）声压反射率及其应用

1. 声压反射率的定义和种类

超声波检测中用未知量（缺陷）与已知量（基准）相比较的方法来确定未知量的量值，而声压反射率表示了两个声压之比，如果一个为所求的求知量的声压，另一个为基准反射体的声压，那么，只要知道它们相对比值（或分贝数），就可求得知量。实际超声波检测中对缺陷的定量（当量）就是基于这一基本思想。由此看来，声压反射率可以根据具体情况和所选基准来加以定义。例如，将缺陷反射声压 p_f 与起始声压之比定义为缺陷声压反射率 $r_f = \left|\dfrac{p_f}{p_o}\right|$，$V_f = 20\lg r_f$；将底面反射声压 p_B 与起始声压 p_o 之比定义为底面声压反射率 $r_B = \left|\dfrac{p_B}{p_o}\right|$，$V_B = 20\lg r_B$。以下两种声压反射率在制作和应用通用 AVG 线图时有其实用意义。在用声压反射率计算法确定缺陷当量时，经常需要的是缺陷（p_f）相对于基准反射体（p_j）的声压反射率，简称缺陷相对反射率，用符号 r 或 r' 表示，即：

$$r(r') = \frac{p_f}{p_j} \tag{4-46}$$

r 用于缺陷与基准反射体同声程（$S_f \neq S_j$），r' 用于缺陷与基准反射体不同声程（$S_j \neq S_f$）。式中 p_j 为基准反射体声压，它可以是 p_B（B 大平底）、p_ϕ（ϕ 平底孔）。在锻件探伤中以 p_B 和 p_ϕ 为多，焊缝探伤中以 p_ϕ 为多。p_j 为缺陷反射体声压，锻件探伤中以 p_ϕ 居多，在焊缝探伤中以 p_ϕ 居多。

2. 声压反射率的应用

利用声压反射率及其相应的 dB 差，可以用来计算灵敏度调整量和调节（校正）探测灵敏度，以此确定缺陷当量的大小、孔型换算以及制作通用 AVG 线图。

AVG 曲线也称 DGS 曲线，它描述了距离—增益量—缺陷尺寸三者之间的关系。由于它能方便地用来进行缺陷当量的计算，所以它也是一种主要的缺陷定量方法。为使这类曲线具有通用性，即使其不受工件探测声程、探头晶片直径和探测频率的限制，在通用 AVG 曲线图中采用相对缺陷距离和相对缺陷尺寸的概念，用标准化处理（或称归一化处理）的方法来表示所需的基本量。

相对缺陷距离 A，也称标准化距离，它是以探头近场长度 N 为单位来衡量的反射体距离（S_d 或 S_f），即 $A = S/N$。通用 AVG 线图中以 A 作为横坐标，并用常用对数来刻度。

相对缺陷尺寸 G，也称标准化缺陷尺寸，它是以探头晶片直径 D 为单位来衡量的反射体直径（ϕ_f 或 ϕ_j），即 $G = \phi/D$。通用 AVG 线图中对应一个 G 就有一条相应的曲线，相邻 G 值之间的变化也是常用对数规律。

波幅增益量 V(dB)，它表示反射声压相对于起始声压的 dB 值。

$$V_f = 20\lg r_f = 20\lg \frac{p_f}{p_o}, V_B = 20\lg r_B = 20\lg \frac{p_B}{p_o}$$

通用 AVG 线图中以 V(dB) 作为纵坐标，采用十进制常用坐标。

第二节　超声波检测仪具与通用技术

一、探头（电声换能器）

在声波的发射中需要将声频振荡器的电信号转换成发射探头的机械振动，再向被测介质发送声波。声波在介质中传播一段距离后需要由接收探头接收，转换成电信号后再送入仪器进行处理，显示和读数。由于将一种能量转换成另一种能量的器件称为换能器。所以上述发射探头和接收探头都是电声换能器。电声换能器一般都是由压电晶体构成的。压电晶体是一种受到拉力或压力产生形变时，能在其界面上产生电荷的特殊晶体。晶体的压电性能是可逆的，即这类晶体交变的电场的作用下将产生形变。如果加在晶体界面上的是交变的电场，则晶体由于反复的形变而振动，将向其周围的介质发射声波。

（一）探头的种类

声波探头根据其构造和使用场合的不同可以分为直探头、斜探头、喇叭探头和水探头等。现将各种探头的构造分述如下：

1. 直探头

这种探头主要用来发射和接收纵波。它的基本结构如图 4-40 所示。压电晶体作成圆板形，其两个界面镀有银层作为引出电极。为避免工件与晶片直接接触，在晶片下黏合一层保护膜。晶片的另一面放有一个阻尼块，其作用是吸收声能，降低机械品质因数 Q，以防止电脉冲间歇时，压电晶体由于惯性作用而继续产生衰减振动，加大超声波的脉冲宽度，降低分辨率。某些频率较低的探头（如喇叭探头）也可以不加阻尼块。整个探头用一个外壳密封起来，晶体的两条引线，一条接处外壳，一条由探头顶面引出。

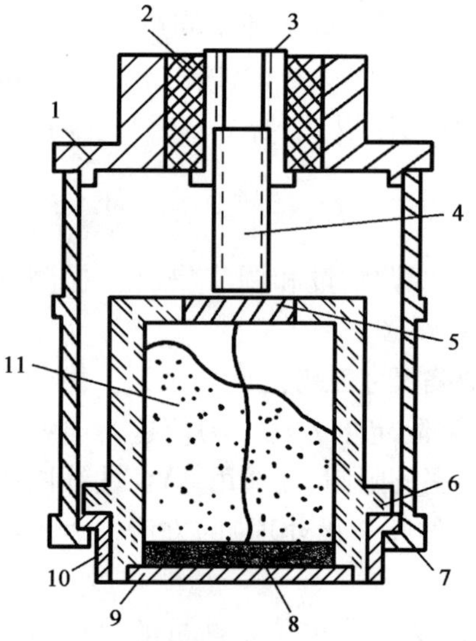

图 4-40　直探头的结构

1-金属盖；2-绝缘柱；3-接触座；4-导线螺杆；5-接线片；6-晶片座；7-金属外壳；8-晶片；9-保护膜；10-接地铜圈；11-吸收块

2. 斜探头

这种探头主要用来发射和接收横波，它是由直探头和变换波形的斜楔组成。直探头发射纵波，经斜楔斜射入被测结构中，转换成横波（图 4-41）。这种探头在混凝土结构检验中很少应用。

3. 喇叭探头

喇叭探头主要用于混凝土、岩石一类非金属材料的检验，它的基本构造如图 4-42 所示。喇叭形的前盖板由铝等轻金属构成，它的作用是扩大探头对被测结构的作用面积，以提高探头的指向性。探头的后盖板用钢制成。前后盖板和压电晶片用螺杆固定，并施加预压力，以增加换能器的机械强度。晶片和后盖板用外壳密封。

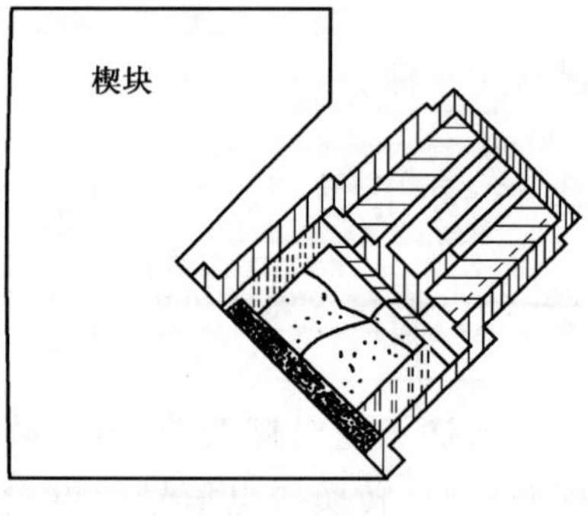

图 4-41　斜探头

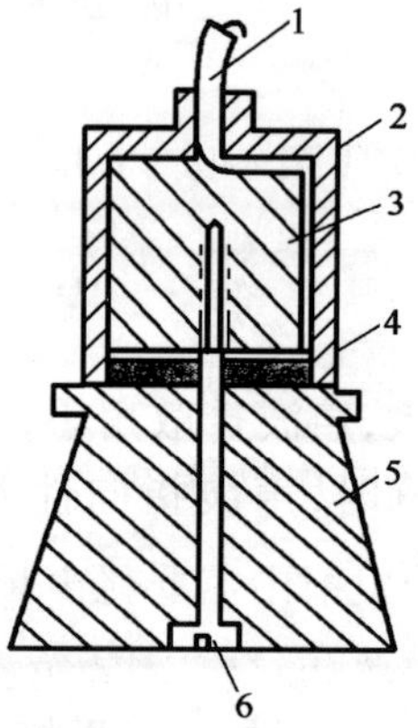

图 4-42　喇叭探头

1-导线；2-外壳；3-后盖板；4-压电晶体；5-前盖板；6-联结螺丝

4. 水探头

水探头检测时放置在液体中、通过液体向被测结构发射声波。它由一个径向振动的长圆筒形压电晶体构成。如果圆筒的半径远小于波长，就可以看作一个理想的直线振动源。它的基本构造如图 4-43 所示。

(二)探头的性能和参数

1.探头的指向性

探头的指向性取决于它的扩散角。当声波为一点源时,声波从声源向四面八方辐射。如果声源(探头)的尺寸比波长大时,则声波集中成为一个波束,以一定的方向和角度发射出去。在探头中心轴线上能量越大,偏离中心线一定角度时,能量逐渐减小。以极坐标表示角度与能量的关系时,其能量分布如图 4-44 所示。图中探头附近的副瓣是由于声波干涉现象所形成的,θ 为半扩散角。当声源为圆板形时,半扩散角 θ 由下面的公式计算。

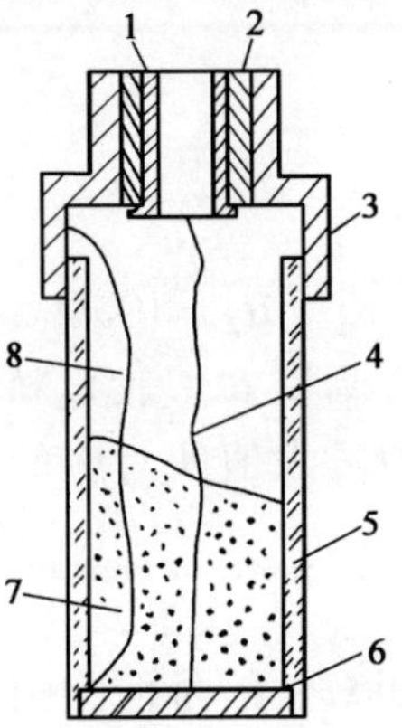

图 4-43 水探头

1-接插芯;2-绝缘柱;3-金属壳;4-导线;5-晶片座;6-压电晶片;7-吸收块;8-导线

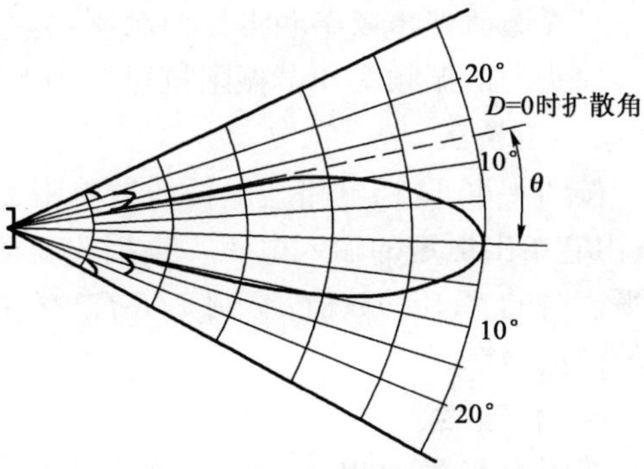

图 4-44 声波的扩散

$$\sin\theta = K\frac{\lambda}{D}$$

式中:λ——声波在介质中的波长;

D——声源直径;

K——常数,当波束边沿声波能量为零时,$K=1.22$。

由上述分式可知,扩散角的大小取决于比值 D/λ。比值大,声波扩散角小,指向性好;比值小(声波尺寸过小)时,声波指向性差,向四周发散,如图 4-45所示。

图 4-45 扩散角与 $\frac{D}{\lambda}$ 的关系

2.探头的品质因数

探头的品质因数有机械品质因数 Q_m 和电品质因数 Q_e。

当探头谐振时

$$Q_m = \frac{\pi}{2}\cdot\frac{Z_c}{Z_L Z_b}$$

式中:Z_c——压电晶片的声阻抗;

Z_L——被测结构的声阻抗;

Z_b——阻尼块的声阻抗。

由上式可知,Q_m 不仅取决于探头本身的特征,而且还与被测介质有关。此外,探头的固定方法对 Q_m 也有影响。Q_m 是一个重要的参数,Q_m 小,探头辐射出去的能量小,效率低,但分辨率较高。

电品质因数 Q_e 反映探头和发射电路匹配的性能。谐振时，由 Q_e 计算出的阻抗必须和发射电路匹配，方可得到最佳的输出。

Q_e 可由下式计算：

$$Q_e = \frac{\pi}{4K^2} \cdot \frac{Z_L}{Z_c}$$

式中：K——机电耦合系数。

3. 探头的谐振频率和谐振阻抗测定

探头的谐振频率和谐振阻抗可以用下述的方法测定。

（1）电桥法

按图 4-46 联结电路。电桥桥臂电阻为精密电阻，其阻值 $R_1 = R_2 = 100\Omega$。信号源为恒压源，由它给出恒定的输入电压。逐挡改变信号发生器的频率 f，调整 R、C 使电桥平衡。记录电桥平衡时的 R、C 的数值，绘制 $1/R$-f；$1/C$-f 曲线。$1/R$ 曲线的极大值所对应的频率即为换能器的谐振频率。

（2）传输线法

按图 4-47 联结电路。R_0 为负载电阻，其阻值约为 1～10kΩ。信号源为恒压源。改变信号源的频率，观察在探头引出线两端并联的毫伏表。当信号源调整到某一频率时，毫伏表指示最小，此时信号源的频率即为探头谐振频率。此时如用一可变电阻代替探头联结在电路相同位置上，调整可变电阻使毫伏表指示同样的电压值，则可变电阻的阻值为探头谐振时的等效阻抗。

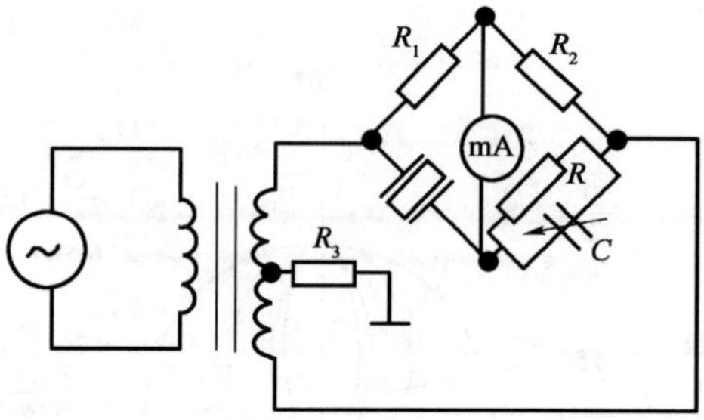

图 4-46　测量探头谐振频率的电桥法

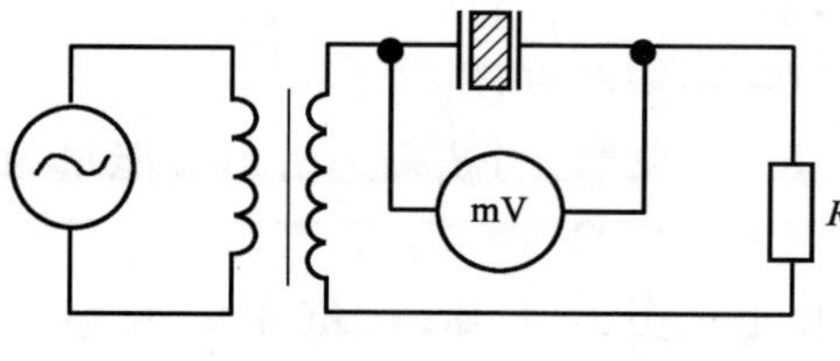

图 4-47　测量探头谐振频率的传输线法

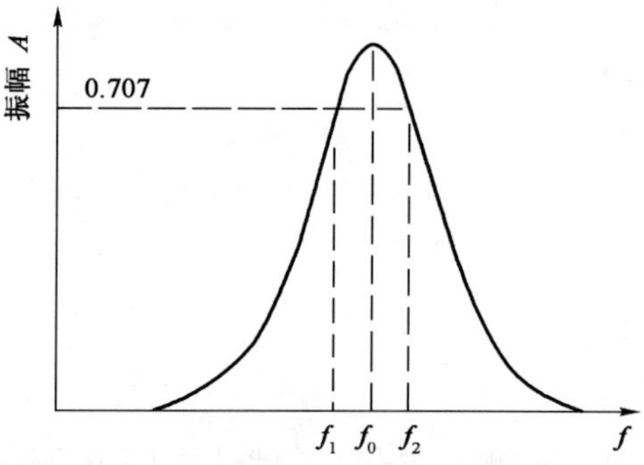

图 4-48　探头的谐振曲线

（3）探头的频带宽度

探头的频带宽度与机械品质因数成反比：

$$\Delta f = f_2 - f_1 \approx \frac{f_0}{Q_m}$$

式中：f_2——振幅下降 −3dB 时的上限频率；

f_1——振幅下降 −3dB 时的下限频率；

f_0——探头的自振频率。

探头的谐振曲线如图 4-48 所示。

二、超声波检测仪

（一）超声波检测仪的种类

超声波检测仪是超声检测设备的一种仪器，是超声波检测中的主体设备，它的作用是产生或接收与换能器相关的电振荡，并由换能器获得的电信号进行放大，以一定的方式显示出来，从而得到被检对象内部结构和缺陷存在否、缺陷位置和大小等有用信息。

仪器的分类方法很多，用于固体材料超声检测的仪器按声源的能动性可分为：主动测量（超声波检测仪）和被动测量仪（声发射仪）两类。若按所测参数可划分为三类：第一类，为测定穿透能量的幅值，如穿透法探伤仪；第二类，为测定反射能量的幅值和传播时间，如常用的脉冲反射法探伤仪，它又可分为Ⅰ、Ⅱ、Ⅲ型显示三种；第三类，为测定频率可变的超声连续波在试件中谐振规律的共谐法测厚仪，谐振仪等。若按不连续信号的处理方式又可分为模拟信号处理和数字化处理二类。前者使用十分普遍，数字化处理的所谓"智能化数字式"电脑超声检测仪即属后者。

由于探测对象、探测目的、探测场合、探测速度等方面的要求不同，因而超声检测有各种不同的具体设计类型，常见的分类方式如下：

- 超声波检测仪
  - 按发射波连续分
    - 连续波探伤仪
      - 一般连续波探伤仪
      - 共振式探伤仪
      - 调频式探伤仪
    - 脉冲波探伤仪
  - 按缺陷显示方式分
    - Ⅰ型显示（显示方式为示波器；显示内容为缺陷反射幅值及深度）
    - Ⅱ型显示（由记录纸及监视屏显示缺陷深度及其在横断面上分布）
    - Ⅲ型显示（由记录纸及监视屏显示缺陷在剖面视图上分布）
    - 主体显示
      - 3D 显示
      - 全息显示
  - 按声通道分
    - 单通道
    - 多通道
  - 按操作方式分
    - 便携式超声检测仪
    - 自动化超声检测仪
  - 按发射脉冲频带范围分
    - 窄频带探伤仪
    - 宽频带探伤仪
  - 按信号处理分
    - 模拟式仪器
    - 数字化智能仪器

在超声检测应用的仪器中，以脉冲反射式居多，显示方式通常为Ⅰ、Ⅱ和Ⅲ型，其中又以Ⅰ型显示的仪器最为普遍，单（双）通道的便携式仪器常作为造船、石油、化工、机械、冶金、交通、建筑和国防工业部门产品和设备现场探伤的重要工具，也是超声波检测人员必须掌握的仪器，并以模拟式仪器为基础。

（二）常用的超声检测仪的一般原理

为使发射探头向被测的构件发送声波，必须向其提供声频电信号。接收探头接收声波信号并将其转换为电信号后也必须进行放大、处理和显示才能进行判断和识别。上述任务都是由声波检测仪器来完成的，它是声波检测的中心环节。

声波检测仪器根据其发射的声波类型，分为三种：

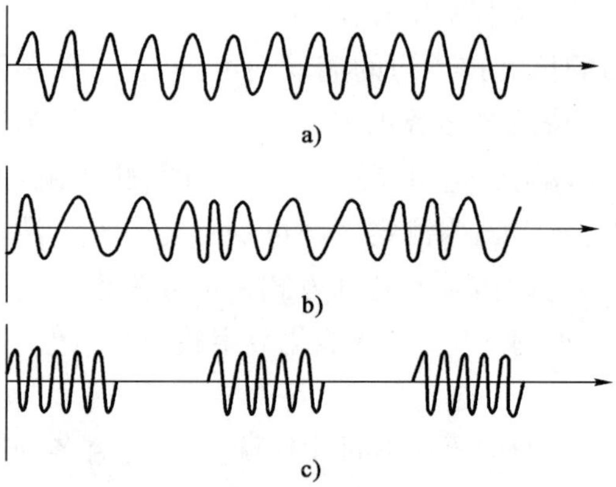

图4-49　声波检测仪器发射的声波类型
a）连续波；b）调频波；c）脉冲波

连续波型仪器发射的声波是连续的，并且声波频率保持不变，其波型如图4-49a）所示。

调频波型仪器发射的声波是调频的连续波，即以声波作为载频，用另一较低频信号来调制载频的频率，其波型如图4-49b）所示。

脉冲波型仪器周期性地发射不连续的，频率不变的声波。这种波型可以看作矩形脉冲调制的声波。用于非金属检测的仪器主要就是这种类型，其波型如图4-49c）所示。

接收信号的显示有荧光屏显示、数字显示和同时采用荧光屏、数字显示三种。早期的仪器基本上都采用示波管荧光屏显示，它具有直观，便于测读声波的幅度等优点。但是，为了提高测读的精度必须采用较大屏幕的示波管。使得仪器相当笨重，并且易于在运输中损坏，不便于仪器在现场使用。随着数字技术的发展和集成电路的普遍应用，近年来声波检测仪器逐渐广泛地采用数字显示。数字显示精度高，便于测读，易于实现自动记录，并且大大减小了仪器质量和提高了可靠性。但是，单纯的数字显示不便于测读波幅度的变化，而且不够直观。因此，某些仪器在采用数字显示声波传播时间的同时，还配以小屏幕示波管显示波形，使仪器能满足各方面的要求。

近年来，随着电子计算机的广泛应用，信号数字处理技术有了很大的发展。人们已不满足于对接收到的声波信号作简单的判读。为了从接收信号中提取更多的、反映工程结构特征的、有用的信息，使声波信号的数字处理、分析更有着诱人的前景的。对信号进行数字处理必须使记录的声波信号能恢复成电信号，以便送入计算机进行处理，所以记录装置必须采用磁带记录器。下面只介绍常用于混凝土等非金属材料检测的脉冲型仪器。

1.脉冲型声波检测仪的一般原理

声波检测仪的类型很多，电路及结构随生产的厂家而异，但基本上可以由图4-50所示的电原理方框图来概括。

时标电路的主体是一个高稳定度的石英振荡器，它产生的标准振荡频率除在示波管荧光屏上产生时标刻度之外，经分频及相应的延迟以后作为扫描和发射的同步协调控制信号。同步信号的重复周期即为声波的脉冲周期 T。同步信号分频器输出的同步脉冲经发射延迟电路延时后，送到发射电路方波发生器的触发输入端，使方波发生器输出脉宽为 T_K 的方波（$T_K < T$），去调制声频振荡器，使其在 T_K 这段时间内振荡。输出的脉冲声波经前置放大和功率放大后，推动发射探头，转换成声频机械振动，向被测结构发射声波。发射延时电路的作用是使送到发射电路（即方波调制器、声频振荡器及放大电路等）的同步触发脉冲进行适当的延时。延时电路的时间延迟量可以在一定范围内连续调节，使发射脉冲的起始时间对准时标的整数刻度，便于读取声波传播时间。由发射探头向被测结构发射的脉冲声波在介质中传播一段距离

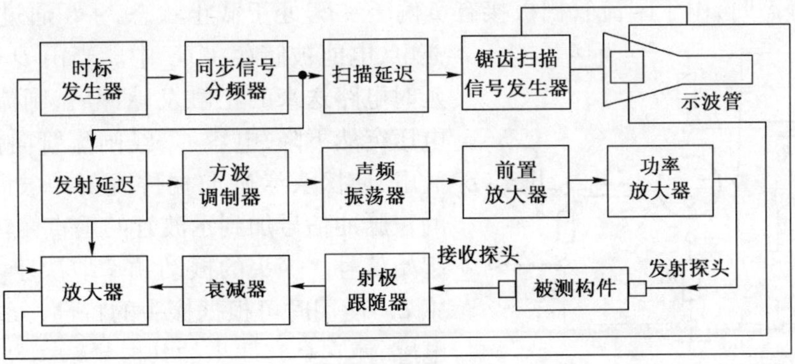

图 4-50　脉冲声波检测仪电原理方框图

以后,由接收探头接收,并转换为电信号,再由射极跟随器转换为低阻抗,经衰减器、放大器放大后,送到示波管的垂直偏转板进行显示。同步信号分频器输出的周期为 T 的另一路同步信号,经扫描延时电路延迟后,触发扫描锯齿波发生器。发生的锯齿波加到示波管水平偏转板光点在脉冲持续时间内从左至右地扫描,此时加到垂直偏转板上的声波信号及时标信号在时间上展开。扫描延时电路的作用是使接收到的声波信号到达接收点的前夕,光点才开始扫描。通过对延迟时间的调节,可以使接收到的声波波形在荧光屏上移动,以选择最有利的观测位置,这对于声波穿透的距离很大时特别有用。上述各电路的相互关系可以用图 4-51 的波形图来说明。

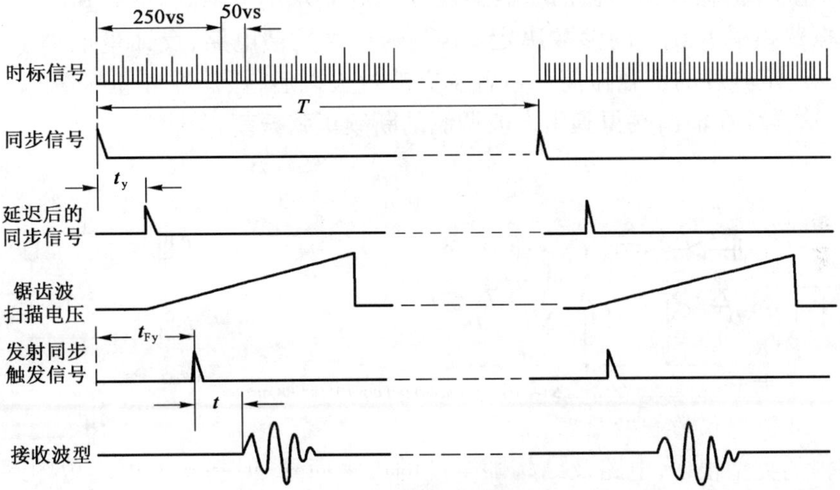

图 4-51　声波检测仪工作波形图

t_{Fy}-发射延迟时间;t_y-扫描延迟时间;t-声波传播时间

2. 脉冲型发射部分电路原理

脉冲型超声发射电路有两种类型:一种是由发射延时电路直接触发闸流管或可控硅电路,使储能电容突然对探头压电晶体放电产生衰减振荡;另一种是由发射延时电路先触发方波发生器,再由方波发生器触发断续振荡器,使其在方波持续时间内产生声频振荡,再经功率放大推动探头晶体作等幅振荡。现将这两种发射电路的原理作简要介绍。

(1)储能放电式发射电路

早期的声波检测仪(如 CTS-10 型非金属超声波检测仪)采用闸流管电路,其电路原理如

图4-52所示。静态时，由于闸流管栅极接有负偏压 $-E$，处于截止状态，$+E$ 通过 R_2 对电容 C_1 充电，电能被储存在 C_1 中。当由 D 端输入从发射延时电路送来的正触发脉冲后，闸流管导通，屏极电压突然下降，电容 C_1 经闸流管向探头压电晶体放电，使探头激励向构件发射声波。由 B 端输出的正脉冲信号加到示波管的垂直偏转板，作为发射起始信号。探头的振动频率取决于与之并联的电感 L。使用时可根据探头的特性，分档并联不同的电感，使它具有适当的共振频率。没有并联电感的一档为探头的自振频率。

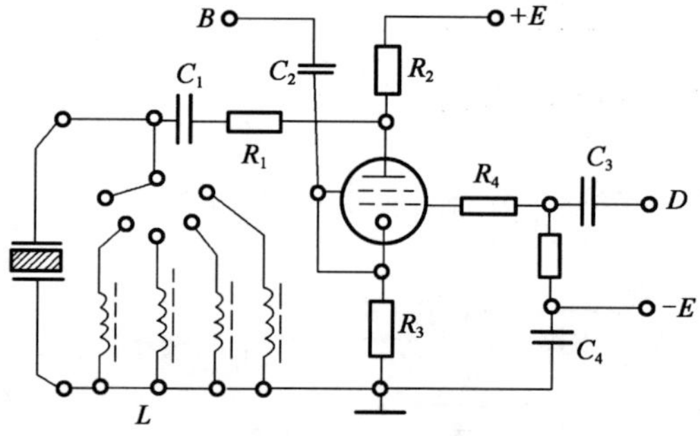

图 4-52　闸流管发射电路

图 4-53 是可控硅触发电路。晶体管 BG_1 和 C_1、R_1 及变压器 T 构成变流器将直流变换为交流电，经 T 升压后，由 C_2、D_1、D_2 组成的倍压整流器可以得到500V 以上的直流高压。静态时可控硅 D_3 截止，直流高压经 R_2、C_3、C_4 构成的滤波器滤波后向 C_5 充电。当发射延迟脉冲送入 D_3 控制极后，可控硅 D_3 导通，C_5 通过 R_3、D_3 向探头压电晶体放电产生衰减振荡。当放电电流小于可控硅的维持电流时，D_3 截止，振荡也就结束。此时高压再对 C_5 充电，重复上述过程。

（2）断续振荡器型发射电路

这种发射电路如图 4-54 所示。静态时 BG_1 导通，R_{c1} 相当于并联在电感 L 的两端，使 LG 谐振回路的 Q 值下降，振荡器不振荡。当触发方波从 BG_1 的基极送入时，BG_1 截止，R_{c1} 断开，振荡器起振，振荡频率由 L、C 的参数决定。BG_2 为放大反馈电路，反馈量取决于 R_f。适当调节 R_f 即可得到一定幅度的正弦振荡。当触发方波过去以后，振荡器停止振荡，等待下一次触发方波送入。这样就在输出端得到由方波调制的断续正弦振荡。

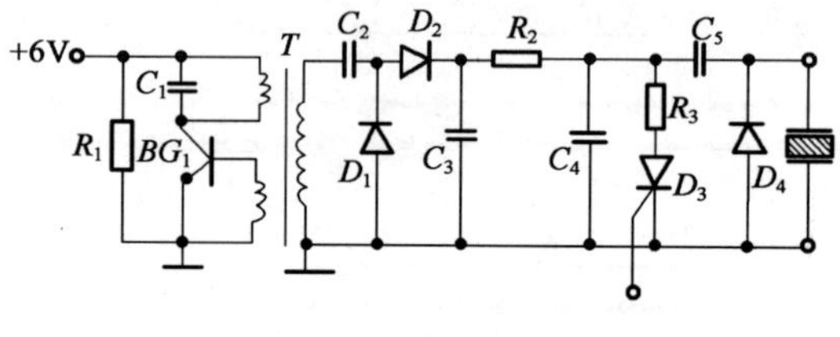

图 4-53　可控硅触发电路

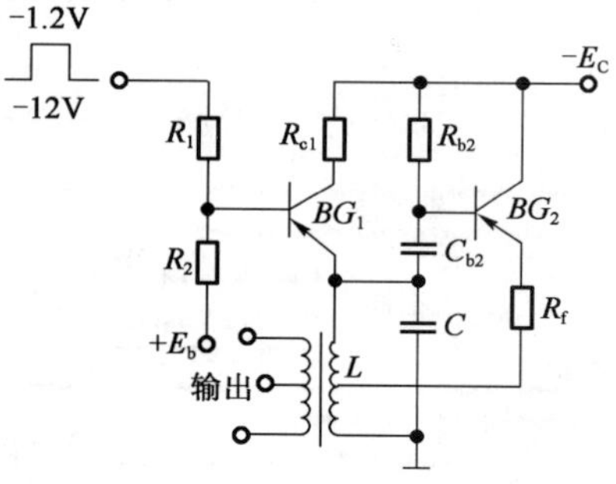

图 4-54　断续振荡器型发射电路

3. 时标电路与同步信号分频电路

时标电路由标准石英振荡器和几级分频器构成。石英振荡器产生高稳定的振荡，作为频率标准。石英振荡器的输出经过几级分频，各级分频信号由叠加电路复合后构成时标信号。该信号再经放大器放大后加到示波管垂直偏转板，作为时标显示。

声波检测仪的分频器根据显示方式的不同可以采用不同的型式，在示波管显示的仪器中。主要采用间隙振荡分频器，其电原理如图4-55a）、b）所示。图4-55a）为电子管仪器（如 CTS-10 型非金属超声检测仪）所采用。三极电子管、脉冲变压器 T、电阻 $R' = R_1 + R_2$ 和电容 C_1 构成间隙振荡器，它输出一系列间隔相等的尖脉冲，作为标距信号。振荡重复周期为：

$$T = RC\ln\left(1 + \frac{1}{n_{12}}\right)$$

式中：n_{12}——脉冲变压器初、次级匝数比。

一般选择 T 略大于 Nt。N 为分频倍数，t 为分频以前的输入信号周期。被分频的信号作为间隙振荡的同步信号输入时，其同步振荡周期 $T = Nt$。这样就达到了 N 倍分频的作用。

图 4-55b)是晶体管仪器的分频电路，它的作用原理与电子管电路相似。间隙振荡器由双基极单结晶体管构成。自振周期为：

$$T = RC\ln\left(\frac{1}{1-n}\right)$$

式中：n——双基极晶体管的分压比。

电阻 R_1、R_2 是双基极晶体管的温度稳定电阻，它们的作用是稳定管子的结温，使振荡周期稳定。

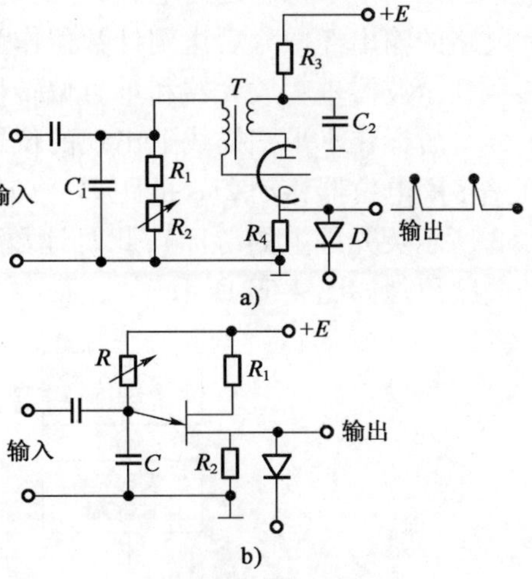

图 4-55　间隙振荡分频器电路

a)电子管型；b)晶体管型

完整的时标电路与同步信号分频电路如图 4-56 所示。整个电路由 500kHz 石英晶体振荡器及三级 5 倍分频电路组成。第一级时标标度为 10μs，第二级为 50μs，第三级为 250μs。三级时标信号输出在 3kΩ 的电阻上叠加。后级时标输出的幅度应比前级稍大(即大标距的标度线应比小标距的标度线长)，以便于读数。

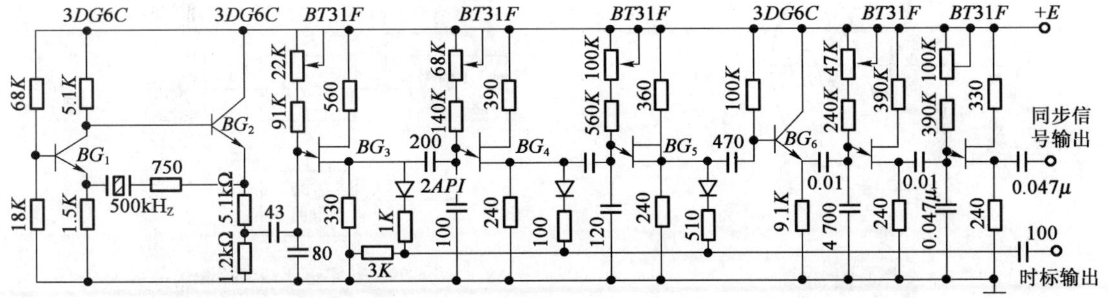

图 4-56　时标及同步信号分频电路

图中※表示其旁边的元件数值可调整

同步信号分频电路是在三级分频时标电路的基础上再加上两级分频电路，分频倍数为 8 与 10，其作用原理与时标分频电路完全相同。经过这两级分频后可以得到周期 T 为 20ms 的同步信号。这个周期即为仪器的脉冲重复周期。为避免时标分频电路和同步分频电路的相互影响，在它们之间加有射极输出器作隔离级。

一些声波检测仪器(如 SYC-2 型岩石声波探测仪)的显示方式为示波和数字显示两种都采用，即由示波管显示声波波形，数字显示声波传播时间。这种仪器的电路除时标电路外，其余部分与示波型仪器基本相同。它的时标电路原理如图 4-57 所示。同步信号发生器为一多谐振荡器，由它产生周期 T 约为 10ms 的同步控制信号。这个信号经微分后分别触发扫描延时电路和发射延时电路，这两个电路都是单稳态触发器。发射延时电路输出的脉冲信号经微分后,一路送到发射电路作为触发启动脉冲信号,另一路送到计数器作为开门信号使计数器开始计数。扫描延时电路的输出,一路送到扫描电路使其开始扫描,另一路送到游标电路。游标电路也是一个单稳态延时电路,它的延迟时间由精密多圈电位器调节,最大可以变化2ms。游标电路的输出经微分后送到计数器作为关门信号,使计数器停止计数。游标电路也输出一路信号到示波器垂直放大器和垂直偏转板,在荧光屏的水平基线上产生一个垂直的尖脉冲作为游标。游标在水平扫描线上出现的位置就表示出了计数器关门的时刻。游标的位置可以通过调整多圈电位器移动2ms 的距离。如果将游标的位置移动到接收的声波波形的起始端(如图4-58 所示荧光屏上的游标),此时计数器的读数就表示声波在被测构件中传播的时间。仪器的电路原理如图4-59 所示。

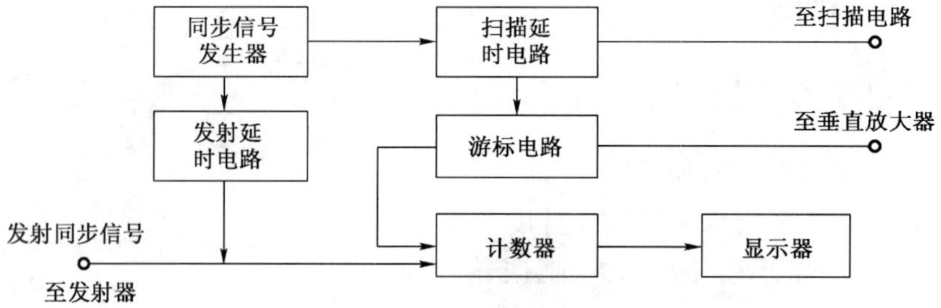

图4-57 示波、数字型时标电路原理方框图

同时采用示波和数字显示的仪器比较直观,也有足够的计时精度。

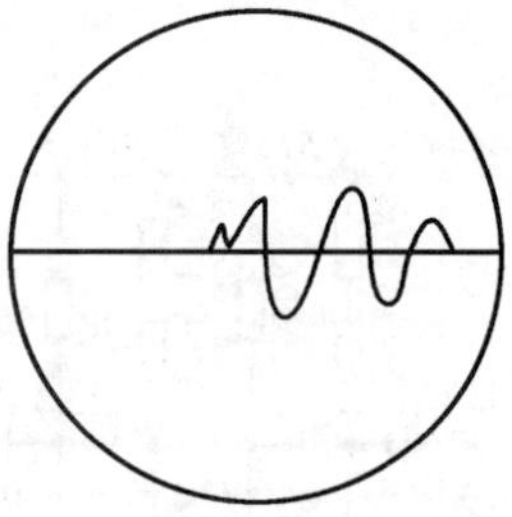

图4-58 荧光屏上的游标

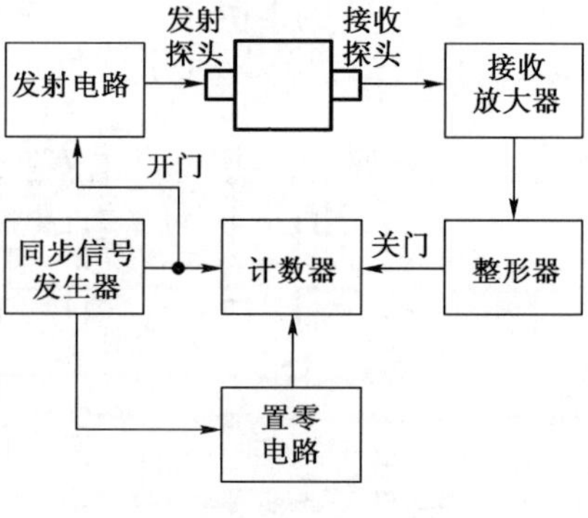

图4-59 数字显示声波检测仪

三、超声波检测通用技术

(一)按原理分类

超声波检测方法按原理分类,可分为脉冲反射法、穿透法和共振法。

1. 脉冲反射法

超声波探头发射脉冲波到被检试件内,根据反射波的情况来检测试件缺陷的方法,称为脉冲反射法。脉冲反射法包括缺陷回波法、底波高度法和多次底波法。

(1)缺陷回波法:根据仪器示波屏上显示的缺陷波形进行判断的方法,称为缺陷回波法。该方法是反射法的基本方法。

图4-60 是缺陷回波探伤法的基本原理,当试件完好时,超声波可顺利传播到达底面,探伤图形中只有表示发射脉冲 T 及底面回波 B 两个信号,如图4-60a)所示。若试件中存在缺陷,

在探伤图形中，底面回波前有表示缺陷的回波 F 如图 4-60b）所示。

（2）底波高度法：当试件的材质和厚度不变时，底面回波高度应是基本不变的。如果试件内存在缺陷，底面回波高度会下降甚至消失，如图 4-61 所示。这种依据底面回波的高度变化判断试件缺陷情况的探伤方法，称为底波高度法。

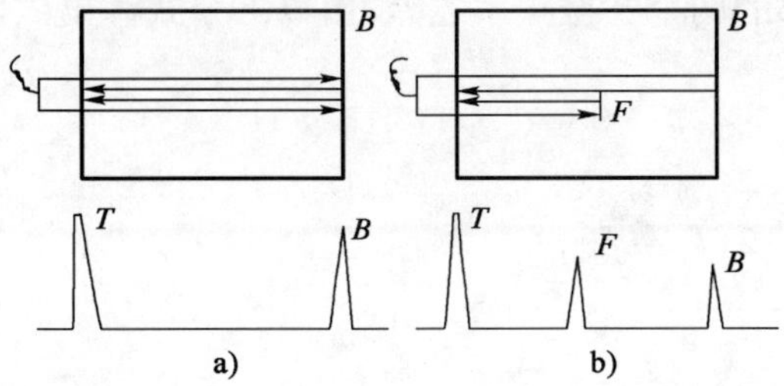

图 4-60　缺陷回波法

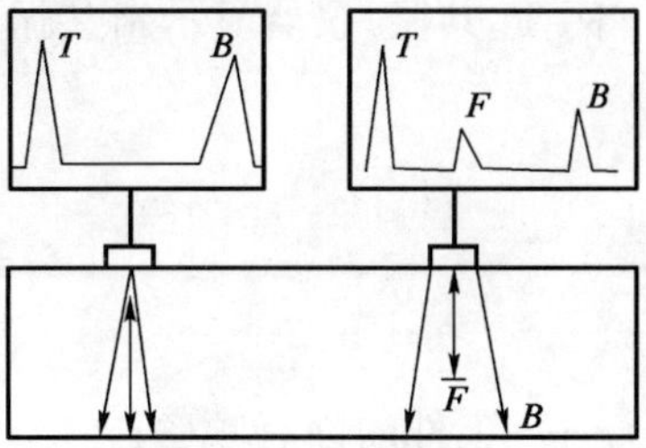

图 4-61　底波高度法

底波高度法的特点在于同样投影大小的缺陷可以得到同样的指示，而且不出现盲区，但是要求被探试件的探测面与底面平行，耦合条件一致。由于该方法检出缺陷定位定量不便，灵敏度较低，因此，实用中很少作为一种独立的探伤方法，而经常作为一种辅助手段，配合缺陷回波法发现某些倾斜的和小而密集的缺陷。

（3）多次底波法：当透入试件的超声波能量较大，而试件厚度较小时，超声波可在探测面与底面之间往复传播多次，示波屏上出现多次底波 B_1、B_2、B_3…如果试件存在缺陷，则由于缺陷的反射以及散射而增加了声能的损耗，底面回波次数减少，同时也打乱了各次底面回波高度依衰减的规律，并显示出缺陷回波，如图 4-62 所示。这种依据底面回波次数，而判断试件有无缺陷的方法，即为多闪底波法。

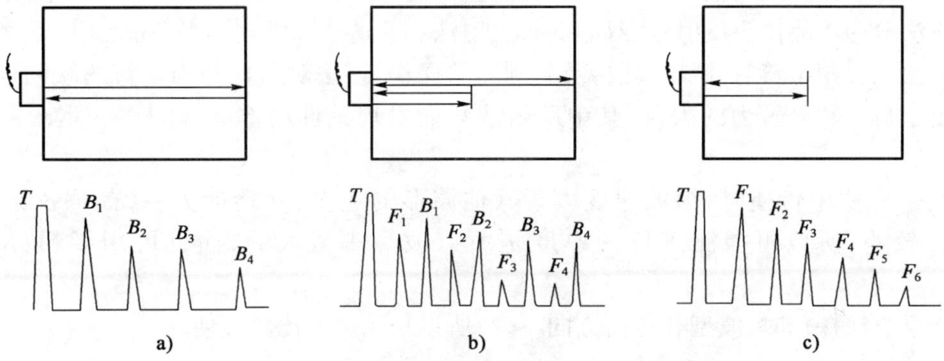

图 4-62　多次底波法

a）无缺陷；b）小缺陷；c）大缺陷

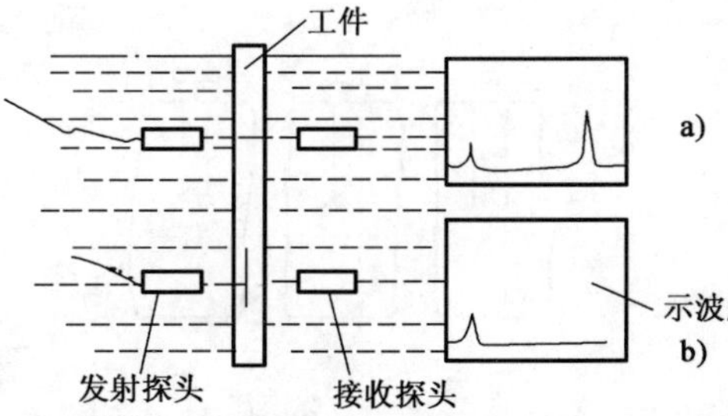

图 4-63　穿透法

多次底波法主要用于厚度不大、形状简单、探测面与底面平行的试件探伤，缺陷检出的灵敏度低于缺陷的回波法。

2. 穿透法

穿透法是依据脉冲波或连续波穿透试件之后的能量变化来判断缺陷情况的一种方法，如图 4-63 所示。

穿透法常采用两个探头，一个作发射用，一个作接收用，分别放置在试件的两侧进行探测，图4-63a）为无缺陷时的波形，图4-63b）为有缺陷时的波形。

3. 共振法

若声波（频率可调的连续波）在被检工件内传播，当试件的厚度为超声波的半波长的整数倍时，将引起共振，仪器显示出共振频率，用相邻的两个共振频率之差，由以下公式算出试件厚度：

$$\delta = \frac{\lambda}{2} = \frac{C}{2f_o} = \frac{C}{2(f_m - f_{m-1})} \tag{4-47}$$

式中：f_o——工件的固有频率；

f_m、f_{m-1}——相邻两共振频率；

C——被检试件的声速；

λ——波长；

δ——试件厚度。

当试件内存在缺陷或工件厚度发生变化时，将改变试件的共振频率。依据试件的共振特性，来判断缺陷情况和工件厚度变化的方法称为共振法。共振法常用于试件测厚。

（二）按波型分类

根据检测采用的波形，可分为纵波法、横波法、表面波法、板波法、爬波法等。

1. 纵波法

使用直探头发射纵波，进行探伤的方法，称为纵波法。此法波束垂直入射至试件探测面，以不变的波型和方向透入试件，所以又称为垂直入射法，简称垂直法，如图4-64所示。

垂直法分为单晶探头反射法、双晶探头反射法和穿透法。常用的是单晶探头反射法。

垂直法主要用于铸造、锻压、轧材及其制品的探伤，该法对与探测面平行的缺陷检出效果更佳。由于盲区和分辨力的限制，其中反射法只能发现试件内部离探测面一定距离以外的缺陷。

在同一介质中传播时，纵波速度大于其他波形的速度，穿透能力强，晶界反射或散射的敏感性较差，所以可探测工件的厚度是所有波型中最大的，而且可用于粗晶材料的探伤。

由于垂直法探伤时，波型和传播方向不变，所以缺陷定位比较方便。

2. 横波法

将纵波通过楔块、水等介质倾斜入射至试件探测面，利用波型转换得到横波进行探伤的方法，称为横波法。由于透入试件的横波束与探测面成锐角，所以又称斜射法，如图4-65所示。

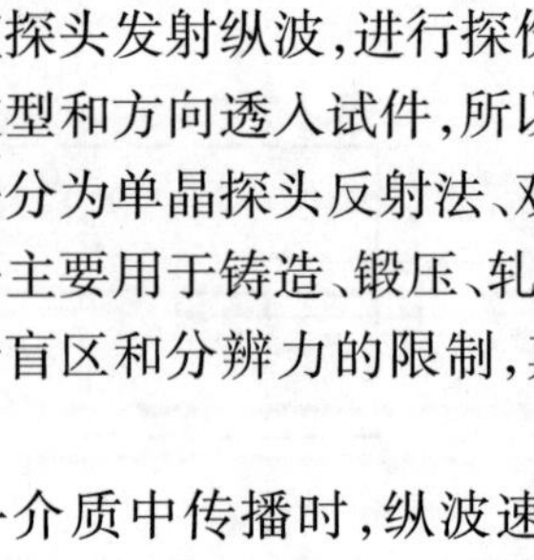

图4-64　纵波法

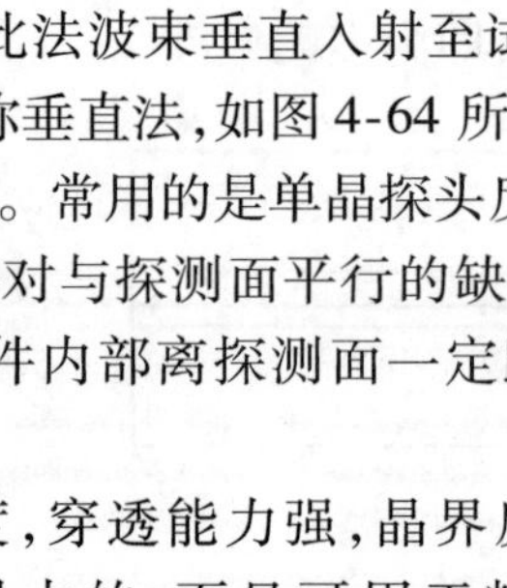

图4-65　横波法

此方法主要用于管材、焊缝的探伤。其他试件探伤时，则作为一种有效的辅助手段，用以发现垂直探伤法不易发现的缺陷。

3. 表面波法

使用表面波进行探伤的方法，称为表面波法。这种方法主要用于表面光滑的试件。

表面波波长比横波波长还短，因此衰减也大于横波。同时，它仅沿表面传播，对于表面上的复层、油污、不光洁等，反应敏感，并被大量地衰减。利用此特点可以通过手沾油在声束传播方向上进行触摸并观察缺陷回波高度的变化，对缺陷定位。

4. 板波法

使用板波进行探伤的方法，称为板波法。主要用于薄板、薄壁管等形状简单的试件探伤，板波充塞于整个试件，可以发现内部的和表面的缺陷。但是检出灵敏度除取决于仪器工作条件外，还取决于波的形式。

5. 爬波法

爬波是指表面下纵波，它是当第一介质中的纵波入射角位于第一临界角附近时在第三介质中产生的表面下纵波。这时第二介质中除了表面下纵波外，还存在折射横波。这种表面下纵波不是纯粹的纵波，还存在有垂直方向的位移分量。

爬波对于检测表面比较粗糙的工件的表层缺陷，如铸钢件、有堆焊层的工件等，其灵敏度和分辨力均比表面波高。

(三)按探头数目分类

1. 单探头法

使用一个探头兼作发射和接收超声波的探伤方法称为单探头法。单探头法操作方便，大多数缺陷可以检出，是目前最常用的一种方法。

单探头法探伤，对于与波束轴线垂直的片状缺陷和立体型缺陷的检出效果最好。与波束轴线平行的片状缺陷难以检出。当缺陷与波束轴线倾斜时，则根据倾斜角度的大小，能够收到部分回波或者因反射波束全部反射在探头之外而无法检出。

2. 双探头法

使用两个探头(一个发射，一个接收)进行探伤的方法称为双探头法。主要用于单探头法难以检出的缺陷。

双探头法又可根据两个探头排列方式和工作方式进一步分为并列式、交叉式、V 型串列式、K 型串列式、串列式等。

(1)并列式：两个探头并列放置，探伤时两者作同步向移动。但直探头作并列放置时，通常是一个探头固定，另一个探头移动，以便发现与探测面倾斜的缺陷，如图 4-66a)所示。分割式探头的原理，就是将两个并列的探头组合在一起，具有较高的分辨能力和信噪比，适用于薄试件，近表面缺陷的探伤。

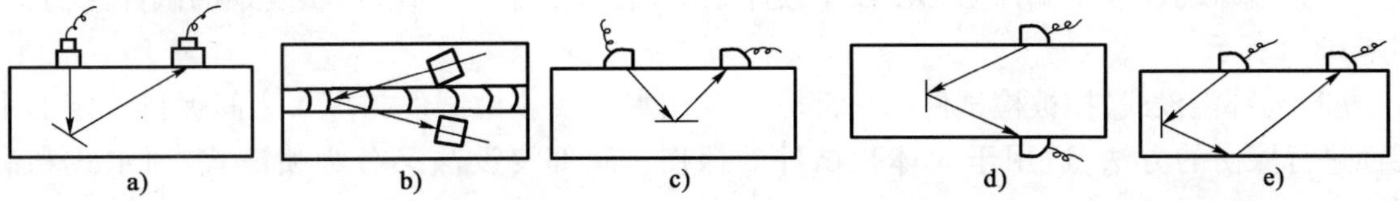

图 4-66 双探头的排列方式

a)并列式；b)交叉式；c)V 形式；d)K 形式；e)串列式

(2)交叉式:两个探头轴线交叉,交叉点为要探测的部位,如图4-66b)所示。此种探伤方法可用来发现与探测面垂直的片状缺陷,在焊缝探伤中,常用来发现横向缺陷。

(3)V形串列式:两探头相对放置在同一面上,一个探头发射的声波被缺陷反射,反射的回波刚好落在另一个探头的入射点上,如图4-66c)所示。此种探伤方法主要用来发现与探测面平行的片状缺陷。

(4)K形串列式:两探头以相同的方向分别放置于试件的上下表面上。一个探头发射的声波被缺陷反射,反射的回波进入另一个探头,如图4-66d)所示。此种探伤方法主要用来发现与探测面垂直的片状缺陷。

(5)串列式:两探头一前一后,以相同方向放置在同一表面上,一个探头发射的声波被缺陷反射的回波,经底面反射进入另一个探头,如图4-66e)所示。此种探伤方法用来发现与探测面垂直的片状缺陷(如厚焊缝的中间未焊透)。两个探头在一个表面上移动,操作比较方便,是一种常用的探测方法。

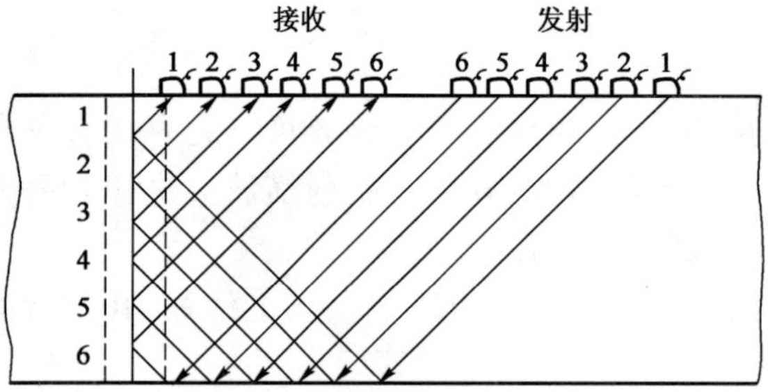

图4-67 多探头法

3. 多探头法

使用两个以上的探头成对地组合在一起进行探伤的方法,称为多探头法。多探头法的应用,主要是通过增加声束来提高探伤速度或发现各种类型的缺陷。通常与多通道仪器和自动扫描装置配合,如图4-67所示。

(四)按探头接触方式分类

依据检测时探头与试件的接触方式,可以分为接触法与液浸法。

1. 直接接触法

探头与试件探测面之间,涂有很薄的耦合剂层,因此可以看作为两者直接接触,这种探伤方法称为直接接触法。

此方法操作方便,探伤图形较简单,判断容易,检出缺陷灵敏度高,是实际探伤中用得最多的方法。但是,直接接触法探伤的试件,要求探测面光洁度较高。

2. 液浸法

将探头和工件浸于液体中以液体作耦合剂进行探伤的方法,称为液浸法。耦合剂可以是水,也可以是油。当以水为耦合剂时,称为水浸法。

液浸法探伤,探头不直接接触试件,所以此方法适用于表面粗糙的试件,探头也不易磨损,耦合稳定,探测结果重复性好,便于实现自动化探伤。

液浸法按探伤方式不同又分为全浸没式和局部浸没式。

(1)全浸没式:被检试件全部浸没于液体之中,适用于体积不大,形状复杂的试件探伤,如图4-68a)所示。

(2)局部浸没式,把被检试件的一部分浸没在水中或被检试件与探头之间保持一定的水层而进行探伤的方法,适用于大体积试件的探伤。局部浸没法又分为喷液式、通水式和满溢式。

喷液式:超声波通过以一定压力喷射至探测表面的液流进入试件,称为喷液式如图4-68b)所示。

通水式：借助于一个专用的有进水、出水口的液罩，以使罩内经常保持一定容量的液体，这种方法称为通水式，如图 4-68c)。

满溢式：满溢罩结构与通水式相似，但只有进水口，多余液体在罩的上部溢出，这种方法称为满溢式，如图 4-68d) 所示。

根据探头与试件探测面之间液层的厚度，液浸法又可分为高液层法和低液层法。

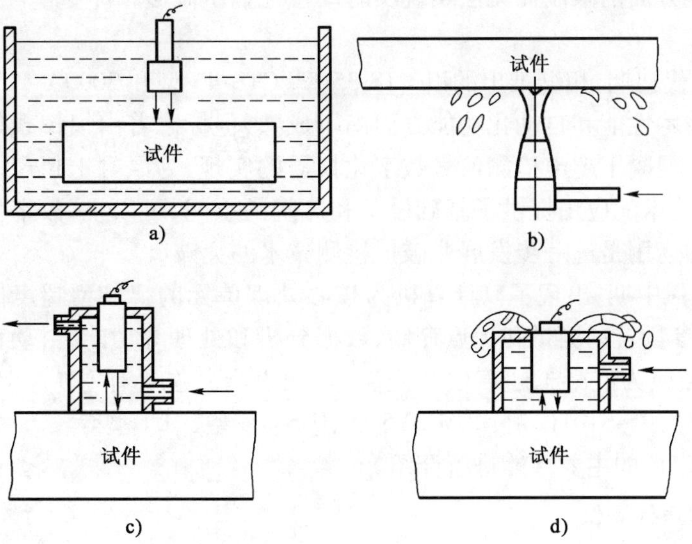

图 4-68　液浸法

第三节　混凝土超声检测设备

一、混凝土超声检测分析仪

(一) 混凝土超声检测仪

混凝土超声检测仪的基本任务，是向待测的结构混凝土发射超声脉冲，然后接收穿过混凝土的脉冲信号，仪器显示超声脉冲穿过混凝土所需的时间、接收信号的波形、波幅等。根据超声脉冲穿越混凝土的时间（称为声时）和距离（称为声距），即可计算声速，根据波幅的变化可求得超声脉冲穿越混凝土的能量衰减；根据所显示的波形，经适当处理后可得到接收信号的频谱等信息。

混凝土超声检测仪器与混凝土超声检测技术是在相互制约而又相互促进的过程中得到发展的，尤其是近年来，在计算机技术、电子技术和数字信号处理方法等技术的推动下，混凝土超声检测仪器的发展更为迅速。我国混凝土超声检测仪的研制生产和推广应用，主要始于 20 世纪 70 年代，历经了模拟仪器、数字式仪器和智能型仪器三个阶段。

20 世纪 80 年代前期，以晶体管与小规模集成电路为核心元件的模拟式超声仪为主。该类仪器基本上都可以直接显示接收的模拟信号波形，并用游标手动判读或整形自动判读方式来测量声时参量，一般由数码管数字显示声时测量值，可交、直流供电，但自动判读精度低，不具有对接收信号数字化自动采集功能，需人工记录数据和进行后期的数据分析处理，工作效率较低。模拟式仪器的代表型号是国产的 CTS-25 型、SYC-2 型、JC-2 型等以及英国产的 Pundit 型。

20 世纪 80 年代后期,出现了以 Z80 单片机为核心处理单元的数字式超声仪,该类仪器具有对信号的数字采集、数字波形显示功能,不同程度地实现了声参量自动检测和存储,具有一定的数据处理功能。体积、质量、价格适中;但由于受到数据采集传输速度、存储容量、运算速度以及编程语言等方面的限制而无法实现实时动态地显示波形和声参量快速、准确的检测,自动化程度较低。

20 世纪 90 年代初期,相继推出的以 CTS-35 型、CTS-45 型和 2000A 型为代表的初级数字化超声仪虽然在技术性能和自动化功能方面尚不成熟,但标志着由模拟式仪器向数字式仪器发展的一大进步。混凝土超声检测信号数字化仪器的实现,为混凝土超声检测技术的深入研究,特别是为信息技术的应用提供了基础设备和广阔的空间,可以说,数字化仪器中带来的各种信息处理技术的运用是进一步发展非破损检测技术的突破口。

20 世纪 90 年代中期,出现了以计算机为核心处理单元的智能型超声仪。这类仪器具有高速数字采集、声参量自动测量和优点存储、数据分析和处理等功能,自动化程度较高。目前智能型超声仪已经成为混凝土超声仪的主流,其代表产品主要有 NM 系列(NM-3B、NM-3C、NM-4A、NM-4B 型)、RS-ST01C 型、RSM-SY5 型、U-Sonic 型、CUT 型等。下面以 NM-4A 智能型超声仪为例,对超声仪的主要性能进行介绍。

(二)智能型超声检测仪

随着超声检测技术的发展,将越来越多地应用信息处理技术,以便充分运用波形所携带的材料内部的各种信息,对被测混凝土结构作出更全面、更可靠的判断。为了满足这些要求,它必须具备数据的高速采集和传输、大容量的存储与处理、高速运算和配置各种应用软件等条件。智能型超声仪就是为了适应这一需求而发展起来的新一代仪器。

以 NM-4A 超声仪为例,总体框图如图 4-69 所示,主要由计算机(主机)、高压发射系统、程控放大系统、数据采集及传输系统、电源系统五大部分组成。其工作原理为:高压发射电路在主机控制下,产生高压脉冲,通过发射换能器转换为声波信号并传入被测介质,接收换能器接收通过被测介质的声波信号并转换为电信号,受主机控制的程控放大系统对接收的电信号作自动增益调整达到设定状态,经数据采集系统转换为数字信号,并将其高速地送入主机系统,

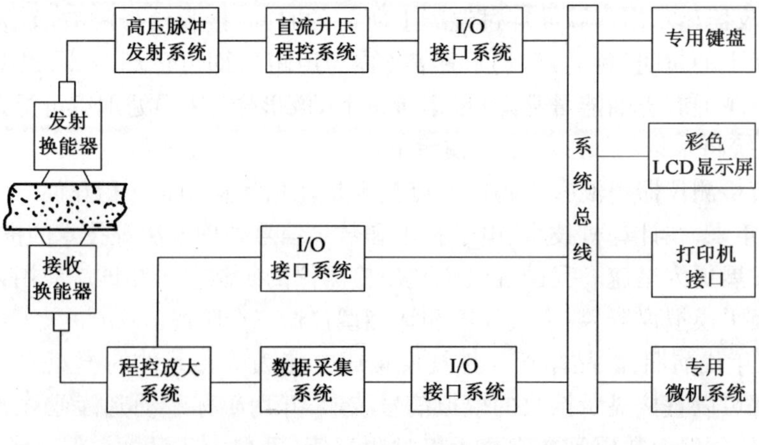

图 4-69　NM 超声仪工作原理框图

然后在主机系统控制下进行波形显示、声参量的判读和存储，或者对所存储的声参量进行分析处理等。

1. 主机系统

主机系统是核心控制部分，以体积小、容量大的计算机作为核心部件，目前市场上的智能型超声仪主机计算机系统的实现方式有两大类：第一类是采用通用型计算机系统为主控单元，具有通用计算机的程控、存储和高速运算等功能，可以解决现场测试自动化，大容量存储以及后期分析处理的全部工作，且全部计算机资源交给用户管理，利用系统的二次开发。通用型计算机系统可以采用分体式的超声仪外接笔记本电脑形式（如 NM-3A、RSM-SY5 型）或一体化的以通用工控机为主控单元，相应设计与之配套的外围超声检测电路形式（如 NM-3B/3C、U-sonic 型）。分体式超声仪采用外接笔记本电脑的方式具有开发工作量小、单体器件较为轻便等优点。但是 A/D 采集系统大容量存储模块与计算机内存之间难于进行高速数据通信，笔记本电脑的液晶显示器在强光与低温环境下难于正常工作，而一体化结构克服了上述弊病，并可进一步降低成本，具有更高的功能造价比。例如，成都工程检测研究所研制的 CUT 手持式混凝土超声仪，以掌上电脑为主控单元，轻便小巧。

第二类是采用专用的计算机主机系统（如 NM-4A/4B 型）。现代超大规模电路的发展使得高性能、小体积、低功耗的主机系统的设计成为可能。NM-4A、NM-4B 型超声仪应用目前流行的嵌入式主板（ALL-IN-ONE）设计方式，并根据仪器本身需要进行优化设计，电路结构紧凑而且接插件大量减少，使得该仪器的专用主机系统在保证性能及功能的前提下，其可靠性大大提高；采用最新的大规模集成芯片减少了外围器件的数量，大幅降低了主机功耗；采用固态存储器件——DOC 电子盘代替硬盘作为数据存储器件，容量越来越大，保证仪器有足够的数据存储空间；具有体积小、质量轻、功耗小、可靠性高等优点。系统采用部分 PC/104 总线接口，与 PC 总线兼容。

2. 数据采集系统（A/D）

数据采集系统采集模拟波形信号转换为数字信号，数字采集系统的主要技术指标包括采样频率、采样位数和最大采样长度。

采样频率表示单位时间内采集的样本点数，采样频率越高，采集的样本点的时间间隔越小，对声时的分辨率越高，在混凝土检测中，为保证 0.1μs 的声时分辨率，要求采样频率在 10MHz 以上。采样位数表示数字信号的精度，以每个信号的字长来表示，位数越多，字长越长，信号精度越高，目前混凝土超声仪的采样位数一般为 8 位。最大采样长度表示一次采集的最大样本点数，在同样的采样频率下，采样长度越长，波形样本时间序列越长。

数据采集系统将采集的波形样本传输给主机内存进行处理和显示，每次传输显示后对前一次波形刷新，刷新速度越快，显示波形的实时动态效果越好，屏幕波形刷新速度主要决定于传输方式和速度。目前大部分仪器采用串口传输方式，速度较慢，NM 超声仪在 A/D 采集系统与主机系统之间采用 DMA 的数据传输方式，即运用并处理技术，采用独立的时钟系统和时序逻辑系统，数据采集与传输不经 CPU 控制。这种方式可以大大提高系统整体运行速度，使动态实时采样和波形显示成为可能。屏幕上可获得良好视感的数字波形“动画”效果，并具有丰富的波形显示方式，对于可重复采集的信号可实时监测被测目标，观察接收波形的动态变化，对于超声检测中判断换能器的耦合效果，尤其是在时域波形中观察识别后续波的波形，离析反射信号等具有重要的实用价值。

3. 衰减放大系统

衰减放大系统改变换能器的接收信号的幅度使之符合数据采集系统输入端的要求。NM超声仪的衰减放大系统由分级固定增益放大系统(最大78dB)和 -63dB 的连续衰减系统构成,增益在 -63 ~78dB 范围内连续可调。仪器放大系统灵敏度≤30μV,频带宽度为10 ~500kHz。

4. 电源及发射系统

超声仪的超声波产生是通过对发射换能器施加一定电压激励脉冲,使发射换能器的压电晶体产生振荡来实现,如果要产生能量足够大的超声波信号,需要对发射换能器加很高电压的激励脉冲(通常1 000V 左右)。超声仪一般采用交流升压的方式来产生高压,这种方式存在一些缺点:必须由交流220V 供电,对于不能提供交流电源的检测现场受到很大限制,如果用充电电池加逆变器产生交流电源,则外围设备笨重,不方便操作;发射信号容易受电网波动的影响,造成信号幅值不稳,对测试结果造成影响;容易受电网高电压的冲击,破坏发射电路;电磁干扰严重等。为避免上述缺点可采用直流升压方式(如 NM-4 型),避免了交流升压的缺陷,而且使单一直流电源供电成为可能,单电源经多路隔离 DC/DC 转换模块变换为电路需要的电压,可以避免各个部分之间在电源上相互干扰,有利于降低噪声,提高接收灵敏度。

(三)智能超声仪的主要技术指标

相关技术规范规定的混凝土超声仪的主要技术指标如表4-5 所示。国产智能型混凝土超声仪的主要技术指标如表4-6 所示。国外主要的混凝土超声仪如表4-7 所示。

相关技术规范规定的混凝土超声仪的主要技术指标 表4-5

序号	项　　目	中华人民共和国行业标准《混凝土超声波检测仪》(JG/T 5004—92)	中国工程建设标准化委员会标准《超声回弹综合法检测混凝土强度技术规程》(CECS 02:2005)	中国工程建设标准化委员会标准《超声法检测混凝土缺陷技术规程》(CECS 21:2000)	《NM 系列非金属超声检测分析仪企业标准》(Q/SZY001—95)
1	声时测量范围	0.1 ~999.9μs 1 ~9999μs	0.5 ~9999μs	波形最大存储长度不宜小于4kbytes	0.1 ~9999.9μs
2	声时测读精度	±1μs 或±0.1μs	0.1μs	0.1μs	±0.1μs
3	声时测读重复性	数字式:当测读声时小于50μs 时。 游标读数稳定性:末位±1 个字/h。 智能式:同一测试条件下多次激发其声时值之差不大于末位±2 个字	声时显示调节在20 ~30μs 范围内时,2h 内声时显示的漂移不得大于±0.2μs	模拟式:声时调节在20 ~30μs 范围,连接1h,数字变化不大于±0.2μs。 数字式:自动判读时,在同一测试条件下,1h 每隔5min 测读一次声时的差异不大于±2 个采样点	同一测试条件下多次激发声时值之差不大于末位±2 个字
4	幅度分辨率	衰减器精度小于1dB	—	具有最小分度为1dB 的衰减系统,波形显示幅度分辨率应不低于1/256	—

续上表

序号	项目	中华人民共和国行业标准《混凝土超声波检测仪》(JG/T 5004—92)	中国工程建设标准化委员会标准《超声回弹综合法检测混凝土强度技术规程》(CECS 02:2005)	中国工程建设标准化委员会标准《超声法检测混凝土缺陷技术规程》(CECS 21:2000)	《NM 系列非金属超声检测分析仪企业标准》(Q/SZY001—95)
5	声参量测读方式	数字式:手动游标读数自动整形测读。 智能式:手动游标读数程序判读声时	手动游标测读 自动整形测读	模拟式:手动游标测读和自动整形读数。 数字式:手动游标和自动测读	手动判读或自动判读
6	发射方式和重复频率	数字式:连续激发大于50。 智能式:单次激发或连续激发大于50	—	—	连续激发重复频率≥50
7	发射电压	大于500V或分几档	—	—	250V、500V、1 000 V 程控可选
8	放大器频带宽度	10~250kHz	宜分为10~200kHz和200~500kHz两个频段	10~500kHz	10~250kHz
9	放大器总增益或衰减器衰减范围	0~80dB	—	总增益不小于80dB	放大衰减系统范围0~133dB
10	接收灵敏度	小于100μV为合格品、50μV为一等品、小于30μV为优等品	不大于50μV	信噪比3:1时,不大于50μV	≤50μV
11	触发方式	—	—	—	—
12	显示方式	外接示波器或仪器内装示波管	具有波形清晰、显示稳定的示波装置	宜具有示波屏显示,显示清晰稳定	仪器内装计算机通用显示器
13	通道数	—	—	—	—
14	工作温度	0~40℃	-10~40℃	—	0~40℃
15	工作湿度	相对湿度小于80%	相对湿度不大于80%	—	小于80%
16	电源	AC:200V±22V(50±1)Hz DC:标称值±5%	220V±22V	标称值±10%	220V±22V(50±1)Hz
17	连续工作时间	不小于4h	不小于4h	不少于4h	不少于4h
18	体积	—	—	—	—
19	质量	—	—	—	—

国产智能型混凝土超声仪的主要技术指标 表4-6

序号	项目	江苏东华测试仪器厂	武汉岩海工程技术有限公司	中科院武汉岩土力学研究所	成都工程检测研究所	同济大学声学所	长春科技大学工程技术研究所	重庆奔腾数控技术研究所	地矿部技术研究所
		NM-4A、4B超声检测分析仪	RS-ST01C一体化数字超声仪	RSM-SY5智能声波检测仪	手持式CUT超声仪	U-sonic超声检测系统	SRS20型岩土体超声波仪	WSD-1多道数字声波仪	GD-9A超声检测系统
1	声时测量范围	0.1～210 000μs	[(0～4 000)+(0～16 383)]×采集间隔	0.1～1.05×10^8μs	0.1～10 000μs	5 000.0μs	100μs～160ms	0～32 767×采集间隔	1 000μs
2	声时测读精度	0.1μs	0.1μs	0.05μs	0.1μs	0.05μs	0.1μs	±1.0μs	1.0μs
3	声时测读重复性	±1.5个采样间隔	±0.1μs	0.05μs	0.1μs	0.1μs	小于1个采样间隔	≤1个采样间隔	±1.0μs
4	幅度分辨率	8位A/D 3.9‰	3%	2mV～2V(±3.5%)	3.9‰	8位A/D	12bit	0.1μs	122dB
5	声参量测读方式	自动/手动	自动/手动	自动/手动	自动/手动	自动/手动	微机化数字化	自动/手动	自动/手动
6	发射方式和重复频率	单脉冲/连续脉冲	阶跃脉冲/矩形脉冲	单脉冲、1.6K～10^4 kHz	连续5次/s	脉冲100Hz	单脉冲	脉冲脉宽1～500μs可选，频率15次/s	单次或连续
7	发射电压	250V/500V/1 000V	500V/1 000V	300～800V	250V/500V/750V/1000V	200V/500V/1 000V	1 000V	100V/250V/500V/750V/1000V	400V连续可调
8	放大器频带宽度	10Hz～400kHz	10Hz～200kHz	1～500kHz	5～500kHz	10Hz～500kHz	5kHz～10MHz	10Hz～500kHz	1～60kHz
9	放大器总增益或衰减器衰减范围	0～177dB	-40～+78dB	-20～80dB可自动浮点放大或程控指定增益值	-40～78dB	80dB	20～80dB	-20～84dB	0～80dB
10	接收灵敏度	≤30μV	60μV	≤100μV	≤30μV	≤30μV	≤1μV	—	≤10μV

续上表

序号	项目	江苏东华测试仪器厂	武汉岩海工程技术有限公司	中科院武汉岩土力学研究所	成都工程检测研究所	同济大学声学所	长春科技大学工程技术研究所	重庆奔腾数控技术研究所	地矿部技术研究所
		NM-4A、4B超声检测分析仪	RS-ST01C一体化数字超声仪	RSM-SY5智能声波检测仪	手持式CUT超声仪	U-sonic超声检测系统	SRS20型岩土体超声波仪	WSD-1多道数字声波仪	GD-9A超声检测系统
11	触发方式	信号触发、外触发	内触发、外触发、稳态、信号	连击状态有外同步、内同步、单击状态有信号自同步，键盘触发	发射信号同步触发	内、外两种	内、外	单次、连续、信号、外触发	内、外、手动
12	显示方式	640×480单色液晶显示（带背光）	彩色液晶、支持CRT	VGA	液晶存储示波器	真彩液晶	实线、变面积	640×480单色液晶显示（带背光）	显示屏
13	通道数	2	2	2	CUT201A一发一收 CUT201B一发双收	2	2	2	2
14	工作温度	-10～40℃	-15～45℃	-10～40℃	0～65℃	0～55℃	-10～50℃	-10～+40℃	—
15	工作湿度	≤80%	<95%	≤80%	≤80%	95%	95%	85%	—
16	电源	AC220V（±10%）DC12V（±5%）	220V 50Hz/12V	AC220（±10%）DC12V（±5%）	内置锂离子充电电池	AC220（±10%）/DC12V	DC12V	8.5Ah镍氢充电电池	交、直流
17	连续工作时间	AC：>8h DC：>4h	>8h	>8h	>8h	8h	不限	6～7h	任意
18	体积（mm^3）	245×300×85	230×250×100	270×250×75	210×170×45(50)	150×370×320	320×220×80	305×200×210	—
19	质量（kg）	1.8	4.3	1.5	1.5(含电池)	9	4.5	≤7	≤10

国外主要的混凝土超声仪 表 4-7

序号	型　号	国家/公司	模拟式/数字式	技 术 特 点	体积(mm),质量(kg)
1	PUNDIT	英国 C. N. C	模拟式	测时范围 0.1 ~ 9 999μs; 发射电脉冲 250V、500V、1 200V; 整形自动判读、数码显示,自动数据存储,数据以 EXCEL 方式输入微机,可外接计算机、示波器、衰减器	185 × 130 × 1 853
2	V-meter	美国 JAMES	模拟式	仿 PUNDIT,交、直流两用电源; 液晶显示器显示波形,数据可输入计算机 R-232 端口	190 × 100 × 2 202.7
3	58/E46/C	意大利 CONTROLS	模拟式	测时范围 0.1 ~ 1 999.9μs; 测时精度 1μs; 发射电压 500V、1.5kV、2.5kV; 数码显示,外接示波器,带 RS23 接口 12V 可充电电池	仪器箱:500 × 500 × 35 030 电缆箱:600 × 600 × 50 030
4	TCP3	荷兰 FUGRO	数字式	信号数字采集与处理,液晶显示,内装打印机,交、直流两用电源。带有两个升降测桩探头的滑轮装置及深度显示,用于超声波跨孔法桩基完整性测试	440 × 170 × 3 107
5	TICO	瑞士 PROCEQ	数字式	测时范围 0.1 ~ 6 553.5μs; 测时精度 0.1μs; 发射电压 1kV; 单片机主控,128 × 128LCD 显示,直流供电,便携式,可存储 250 次测试结果,测量混凝土缺陷、强度、弹性模量等	325 × 295 × 1 052.2
6	Ultrosonic Concrete Tester	加拿大 ANDEC	数字式	测时精度 0.05μs 、1μs; 放大器带宽 5kHz ~ 1MHz; 增益前放 50dB 主放 55dB; 发射电压 250 ~ 2 000V	

二、超声换能器

(一)超声换能器的材料与技术参数

1. 超声波的产生与接收

如前已述,超声换能器的作用是通过声能与电能的相互转换产生和接收超声波。发射换能器是将电能转化成超声能量,即产生并发射超声波,超声波在混凝土中传播后,被接收换能器接收并将超声能量转换为电能,转换后的电信号送到主机进行处理。混凝土的超声换能器一般应用压电体材料的压电效应实现电能与声能的相互转换,即使用压电换能器。

2. 压电体与压电效应

在本书第三章曾经谈到,某些不显电性的晶体或多晶陶瓷受到拉力或压力而产生变形时,会引起介质内部正负电荷中心发生相对位移而极化,表面出现电荷,这种现象称为压电效应。反之,若在晶体或多晶陶瓷表面施加电压,在电场的作用下引起介质内部正负电荷中心发生位移从而产生变形,这种现象称为逆压电效应。具有压电效应的晶体或多晶陶瓷称为压电体。

若在压电体上施加突变的脉冲电压，则压电体产生突然的激烈变形，同时产生自振，发出一组声波，实现了电能向超声能量的转换，这就是发射换能器的基本原理。反之，若压电体与具有声振动的物体（被测混凝土构件）接触而受到压缩或拉伸时，会产生与声振动频率相对应的交变电信号，实现了声能向电能转换，这就是接收换能器的基本原理。

在混凝土超声换能器中，应用最多的压电材料是各种多晶体的压电陶瓷材料，主要有钛酸钡、钛酸铅、锆钛酸铅等。最常用的是锆钛酸铅压电陶瓷材料，用 PZT 表示，PZT-4 为发射型，PZT-5 为接收型，后面的编号表示不同的配方，具有不同的性能指标。压电陶瓷用作换能器材料时需经过高温烧结、极化等处理过程，未经极化处理的压电陶瓷在宏观上不显示压电性。压电陶瓷的使用温度取决于材料的相变温度，又称居里点。以钛酸铅为例：当温度高于某一温度 T_c 时，它属于立方晶系；而温度低于 T_c 时属于四方晶系。T_c 即为相变温度（居里点）。由于在居里点以下时，呈四方晶系，钛离子向长轴方向偏移，因而使电荷几何中心不再重合，出现自发极化，并在晶体中出现与自发极化方向一致的小区域，称为电畴。每个电畴均具有压电性，但在整块多晶体中取向混乱。所以，未经极化的压电陶瓷在宏观上不显电性，经极化处理后使电畴转向，成定向排列，才能具有总体压电效应。显然，压电陶瓷的使用温度不应超过居里点，同时随使用时间的延长，或受冲击等因素的影响，电畴的定向排列渐趋混乱，而使灵敏度下降，通常称为老化。

3. 压电体的主要技术参数

定量表征压电体材料特性的主要技术参数为：

(1) 机电耦合系数 K：压电晶片转换的能量与输入的能量之比，K 值越大则能量转换效率越高。

(2) 品质因素 Q：压电晶片谐振时储存的机械能与在一个周期内损耗的机械能量之比，Q 越大，则损耗越小，自振的延续时间越长。

(3) 自振频率 f_0：压电晶片的自振频率即发射的超声频率，与压电体的性质和尺寸有关。以 PZT-4 厚度纵向振动晶片为例，频率常数为 2 000Hz · m。

若陶瓷片厚度 4mm，则厚度纵向自振频率 $f_0 = \dfrac{2\,000}{4 \times 10^{-3}} = 500\text{kHz}$。

(4) 居里温度：压电体在一定的温度范围内具有压电效应，超出这一范围则不产生压电效应，混凝土超声检测一般均在居里温度范围之内。

表 4-8 为常用压电体的性能表。

几种常用压电体的性能 表 4-8

技术参数	石英	硫酸锂	钛酸钡		锆钛酸铅		偏铌酸铅
	0_x^0 切割	0_y^0 切割	*A* 型	*B* 型	4*a* 型	5*a* 型	
密度（10^3kg/m^3）	2.65	2.06	5.7	5.7	7.6	7.5	5.8
声阻抗 10^6kg/(m · s)	15.2	11.2	30	31.5	22.8	22.5	16
杨氏模量（10^{11}Pa）	80	—	11.0	11.0	6.75	5.85	—
原向机电耦合系数	0.1	0.35	0.52	0.52	0.76	0.675	0.42
径向机电耦合系数	0.1	0	0.22	0.22	0.30	0.318	0.07
品质因素	10	—	400	400	500	75	11
居里温度（℃）	570	—	115 ~ 150	115 ~ 150	320	365	550

(二)智能超声仪配套的换能器

由于被测混凝土结构的尺寸、密实程度的不同以及检测目的与检测方法的不同,需要使用不同的换能器。常用的超声换能器按波型分为纵波换能器和横波换能器。

1. 纵波换能器

纵波换能器发射与接收的波形是纵波,混凝土超声检测中所用的大多是纵波换能器。纵波换能器按照压电晶片的振动模式和声辐射面的形状可分为平面换能器和径向换能器。

1)平面换能器

(1)平面换能器的构造如图4-70所示,当电脉冲加到压电片上时,压电片在厚度方向变形振动产生纵波脉冲波,从壳体平面辐射出去,压电片的不同材料及厚度可以产生或接收不同频率的超声脉冲。为了消除压电片的反向辐射,使发射脉冲变窄(短余振、宽频带),在压电片后部加一个大阻尼的吸声块,使压电片振动产生的反向辐射在吸声块中被衰减,而且使压电片的自振阻尼加大。混凝土检测中,50kHz以上的换能器一般为此种结构。混凝土测试中因一般测试距离较大,发射脉冲宽度要求不高,而且发射频率较低,吸声块作用不明显,因此常省去吸声块。

换能器的常见故障是换能器中压电片极板引线通过接插件引出后连接到超声仪的发射或接收电路,在长期使用中由于多次接插有可能造成接触不良要及时维护。

(2)夹心式换能器(朗芝万型换能器)

当检测大体积混凝土时,需要产生和接收较低频率的超声波,如20~30kHz,这就需要制作较厚的压电陶瓷片(80mm左右),这样厚的压电陶瓷片不便于加工,也不经济。低频换能器常采用夹心式,见图4-71,它由配重块、压电陶瓷片和辐射体三个部分叠合而成,配重块用重金属(钢),辐射体用轻金属(铝合金),叠合体在受激励后一起振动,辐射体端面处振幅最大,使大部分超声能量向辐射体方向单向辐射。

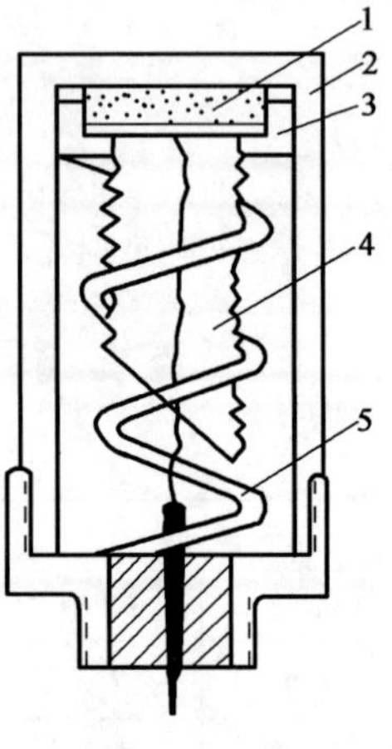

图4-70 平面换能器构造图

1-压电片;2-外壳;3-绝缘圈;4-吸收块;5-压簧

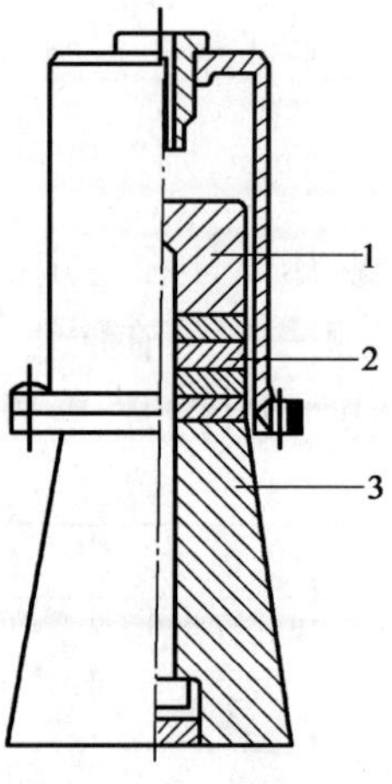

图4-71 夹心式换能器构造图

1-配重块;2-压电体;3-辐射体

2)径向换能器

径向换能器是利用圆片状或管状的压电陶瓷的径向振动模式来发生和接收超声波,声辐射面是曲面,这类换能器主要用于在检测基桩等下部结构混凝土时,置于结构物的钻孔或声测管中进行检测。

（1）增压式换能器

增压式换能器的结构如图 4-72 所示。

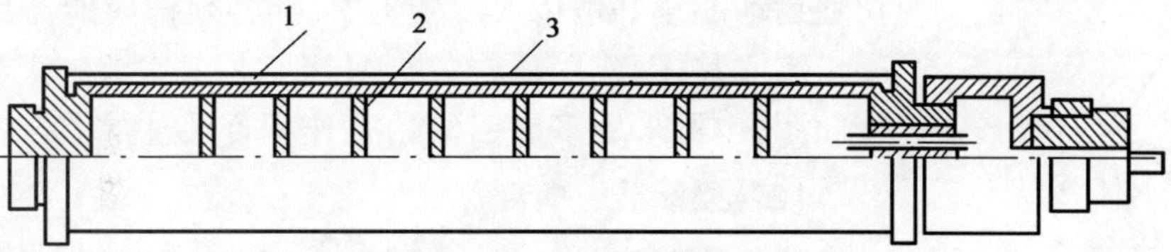

图 4-72　增压式换能器构造图

1-增压管；2-压电体；3-密封层

在一金属圆管内侧等距排列一组径向振动模式的压电陶瓷圆片，圆片周边与金属管内壁密合，圆片间可串联、并联或串并联混合联结。这种组合方式可使金属圆管表面上所受到的声压全部加在面积较小的压电陶瓷圆片柱面上，从而起到增压和提高灵敏度的作用。为了减少声压在金属管上的损失，常把金属管切成 2 瓣或 4 瓣。为了供水下使用，整个换能器和电缆接头均需用树脂或橡胶类材料加以密封，密封材料的选拔应以尽量减少声能的损失为准。

目前常用的孔中径向换能器的频率一般为 20kHz、35kHz、40kHz 等几种频率。

（2）一发双收换能器

一发双收换能器由一个发射振子和两个接收振子组成（见图 4-73），测试时将发射、接收置于同一孔中，检测的部位是沿钻孔周围的混凝土质量情况，也可以在各种与地平面成不同角度的单孔内测试松动圈或断层面。

由于一发双收换能器具有两只固定距离的接收振子，因此可以根据两个振子分别接收的首波到时，计算出孔壁混凝土的声速值，从而推断出沿钻孔垂直方向混凝土的质量。

一发双收换能器有三根引出电缆线，分别为发射、接收 1、接收 2，连接到双通道超声仪上，可以同时测读出二组接收波的声时。

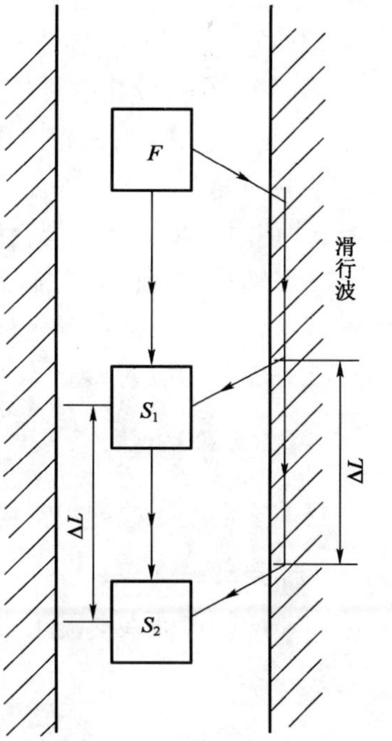

图 4-73　一发双收换能器原理

F-发射；S_1-接收 1；S_2-接收 2

2. 横波换能器

横波换能器产生或接收横波，通过测量介质的横波波速和纵波波速可以测出材料的动弹性参数（如弹性模量、泊松比）。

（1）直入式横波换能器

直入式横波换能器利用压电片的厚度切变振动模式，当加上激励电压后，压电片作切向振动，由换能器辐射面传出的主要是横波。其换能器构造与纵波平面换能器类似。

（2）斜入式横波换能器

斜入式横波换能器主要是利用界面上的波形转换现象产生横波。其基本构造与纵波换能器相同，不同之处只是在压电晶片前垫一块楔形波形转换板，见图 4-74。压电晶片发射的纵波垂直进入波形转换板，在转换板与被测物体表面上纵波以一角度 θ（即楔形板角度）射入被测物，这时只要角度 θ 选择适当，即可使纵波产生全反射，而在被测物中形成纯横波入射，波形转换板可用有机玻璃等制成。

对于横波换能器,无论是直入式还是斜入式,为了使横波的切变运动能较好地传入混凝土中,都必须把换能器用胶黏剂与混凝土牢固黏接,或用适当的夹具将它们夹紧,一般柔性耦合剂不宜使用,也可采用多层铝(锡)箔作耦合层进行耦合。

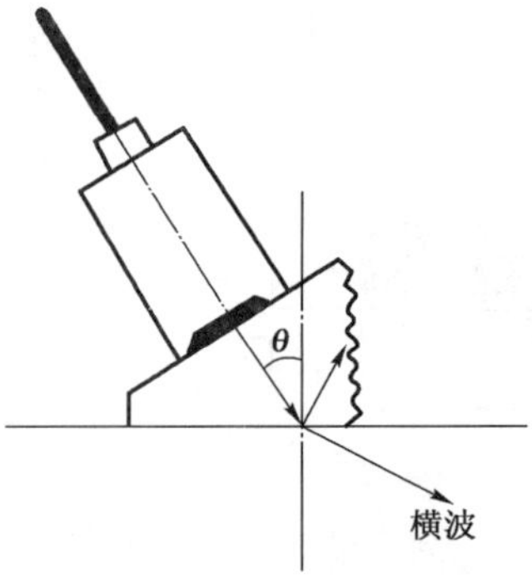

图 4-74 斜入式换能器

(三)换能器的耦合

从换能器辐射面发出的超声波要进入被测体或者接收被测体中传播的超声波,都必须保证换能器与被测体之间有良好的声耦合。耦合方法是在被测体和换能器之间涂抹耦合剂。耦合剂可以减少超声波穿过耦合界面处空气层造成的反射损失,使尽可能多的声能可以由换能器辐射面进入被测体,从而达到耦合的目的。

耦合剂应满足以下几项要求:

(1)耦合剂的声阻抗应介于换能器与被测混凝土之间,当耦合层的声阻抗与混凝土的声阻抗接近时,反射系数最小而透射系数最大。

(2)耦合剂应有良好的塑性,能容易填满换能器与混凝土接触处的各种空隙,因此,耦合剂多半选用液态、胶状或浆状的物质。

(3)对人体无害,无腐蚀作用,不影响混凝土表面的再施工,易于清洗。

平面换能器的常用耦合剂是黄油、凡士林、石膏浆等,耦合剂在一定程度上对测试结果有影响,使用时应尽可能使耦合层减薄并排除气泡。

当在钻孔中用径向换能器进行测量时,通常用清水作耦合剂。当孔钻好后,应冲洗钻孔,注满清水将径向换能器置入钻孔即可观测。孔中水应不含悬浮物(如泥浆、砂等),悬浮液对超声波有较强的散射衰减,影响振幅的测量。

三、声参量检测

目前在混凝土检测中常用的声学参数是声速、波幅、频率以及波形。

(一)声速测量

声速即超声波在混凝土中传播的速度,它是混凝土超声检测中一个主要参数,声速 C 的计算公式是:

$$C = \frac{l}{t} \tag{4-48}$$

式中:l——超声测距,即发、收换能器辐射面之间被测体的尺寸;

t——超声波在 l 距离内的传播时间。

声速参数,其直接测量参数是测距 l 与声时 t,测距 l 的测量一般宜用钢卷尺测量发、收换能器辐射面之间的距离,测量误差应不大于 ±1%,声时的测量精度则决定于超声仪的性能和测试人员的正确测试方法。

1. *声时测量方法*

对于声速来说,测距是换能器间的直线距离,所以声时应以最先到达接收换能器的波前为测读声时的依据。在实际测试中,准确读取首波起始的时间读数并不容易,尤其是当接收信号微弱、波形畸变、仪器本身噪声过大等情况下,更难于读准。

智能型超声仪的声时自动判读技术通过计算机软件自动捕捉首波并确定首波起点，从根本上克服了模拟式仪器整形关门自动判读方法中因首波起点判不准以至丢波所造成的声时误差，在智能型仪器中，绝大部分现场检测都可以使用自动判读技术，大大提高了现场检测的精度和效率。

以 NM 超声仪为例，说明声时自动判读方法的特点（见图 4-75）：第一，用“基线控制线”方法快速寻找并捕捉首波，基线控制线幅度可调，使固定的计数脉冲关门电平变为可控，始终保证基线控制线与基线的间距略大于噪声波动幅度，只要首波信号与噪声信号可以区分，正确使用基线控制线均可以自动捕捉到首波并确定首波起始点。第二，首波准确确定后用软件判定出首波真实起点 b，有效地解决了信噪比低的条件下，首波起点平缓以至被噪声淹没而无法判定的困难，有效地降低了声时判读误差和人为读数的偏差，提高了声时读数的准确度和重复性。

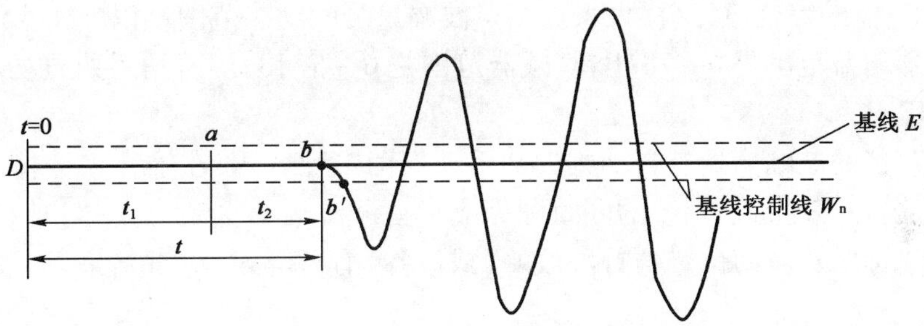

图 4-75　智能型超声仪的声时判读方法

在停止采样后即可自动读取声时值并用光标显示出判读位置，当声时自动测读光标所对应的位置与首波前沿基线弯曲的起始点有差异时，应重新采样或改为手动游标读数。

2. 声时测读精度

对于模拟式超声仪要求声时的可读精度为 0.1μs，但实际上声时的读数误差主要决定于信号质量和操作者水平，当接收信号的信噪比较小或操作者读法不正确时，声时测读误差可达几个微秒或更多。

智能型超声仪的判读方法基本上能保证对首波起始点的正确判定，对首波起点样品点的判定偏差应不大于 ±2 个采样点，对应的声时读数偏差则与采样频率相关，采样频率越高，相邻采样点时间间隔越小，则声时偏差越小。例如，若采样频率为 5MHz，则相邻采样点时间间隔为 0.2μs，当声时偏差为 2 个采样点时，声时读数偏差为 0.4μs。

（二）波幅测量

波幅是标志接收换能器接收到的声波信号能量大小的参量。

波幅的测量是用某种指标来度量接收波首波波峰的高度，并将它们作为比较多个测点声波信号强弱的一种相对指标。目前在波幅测量中一般都采用分贝（dB）表示法，即将测点首波信号峰值（a）与某一固定信号量值（a_0）的比值取对数后的量值定为该测点波幅的分贝（dB）值，表示为 $A = 20\lg(a/a_0)$。

1. 模拟式仪器的波幅测量

在模拟式仪器中由于示波器显示的模拟波形信号幅值无法量化，因此只能用衰减器的衰减量值表示信号的幅度。有两种方法读取波幅：①刻度法，固定仪器发射电压、增益和衰减器在某一预定刻度，读取首波波谷（或波峰）的高度（mm 数或格数）。以此高度作为度量各测点振幅值大小的相对指标。但当各测点振幅值相差较大时，振幅大的可能会超出示波屏，无法读出其振幅，所以增益与衰减器的预定刻度应选择适当：使强信号的测点不至超出示波屏，信号弱的测点又有一定幅度。②衰减器法，将仪器发射电压、增益固定于预定刻度，用仪器的衰减器将首波的高度衰减至某预定高度，再从衰减器上读得（dB）数，以此作为首波幅度的指标。预定的增益与预定的首波高度应估计得当，使各测点中最弱的信号在 0dB 情况下波幅能比预定高度略高一些。

2. 智能型仪器的波幅测量

在智能型仪器中，由于数字化信号屏幕波幅可以量化，因此通过调整放大衰减系统，只要满足首波幅度不超出满屏的条件，即可用软件自动判定出首波波峰样品幅值并计算出接收到的原始信号的幅值。波幅的量值是放大器的增益（dB）值，衰减器的衰减（dB）值和屏幕显示波形的波幅（dB）值的综合值，这样大大提高了波幅量测的动态范围。以 NM-4A 超声仪为例，仪器提供放大器增益范围是 0～78dB，衰减器范围是 0～57dB，屏幕信号纵向分辨率为 42dB，合计达到 177dB。

智能型超声仪的波幅测量有自动判读和手动判读二种方式，在绝大多数情况下均可使用自动判读的方法，在声时自动判读的同时即完成了首波波幅的自动判读；同时观察屏幕，如果波幅自动测读光标所对应的位置与首波波峰（或波谷）有差异时，应重新采样或改为手动游标读数。

3. 保证波幅的相互可比性

由于接收波幅度大小不仅取决于混凝土本身的性能、质量，还与换能器性能（灵敏度、频率及频率特性）、仪器等一系列因素以及换能器与混凝土的声耦合状态有关。为使波幅值能相对地反映混凝土性质、质量，在波幅测量中必须保证测量系统因素的一致性，以保证波幅的相互可比性：①要保持测试系统状态的一致性，即仪器、换能器及信号电缆线在同一批测试中保持不变。②要保持测试参数不变，如发射电压、采样频率等。③还要特别注意接收换能器与混凝土之间的耦合状况，尽量使其良好一致。如果被测体表面平整光滑或在钻孔中的水耦合条件下测试，耦合容易做到一致，波幅值具有较好的可比性；若难于保证耦合状况的良好一致，则波幅值将受到耦合状态的干扰，在这种情况下，波幅测值只能作为评定混凝土质量的参考。④在运用波幅作相对比较时，还应尽可能保持测试在相同测距和相同测试角度情况下进行。

（三）频率测量

超声脉冲是由多种频率分量组成的复频脉冲波，在传播过程中，由于高频成分比低频成分的衰减大，因而主频率将向低频端漂移。接收脉冲波主频率相对发射脉冲波主频率的漂移程度，是混凝土对超声衰减作用的表征量。在混凝土超声检测中，测量接收波的主频率并在同一批测试中进行比较，其目的就是比较声脉冲主频率的漂移程度。

1. 模拟式超声仪的频率测量

模拟式超声仪以在时域波形图上测量接收波周期的方法来计算主频率。方法如下：接收波形如图 4-76 所示，移动示波屏游标，使其前沿分别与接收波的 a、b、c、d 各波峰、波谷对准，读取相应的声时读数 t_1、t_2、t_3、t_4（t_1 即首波信号起点，声时测量中已测得），则接收波主频 f 可按下式计算：

$$f=\frac{1}{4(t_2-t_1)}\text{或}\frac{1}{2(t_3-t_2)}\text{或}\frac{1}{t_4-t_2} \tag{4-49}$$

由于在接收波全波列中各个波段的频率并不完全相同，且后面的波段频率将下降，所以计算主频率的波应当取前一、二周期的波段。另外，实测发现，按 $f=\frac{1}{4(t_2-t_1)}$ 计算出的频率明显偏小，因此，若要测得较真实的主频率值以 $\frac{1}{2(t_3-t_2)}$ 计算为好。

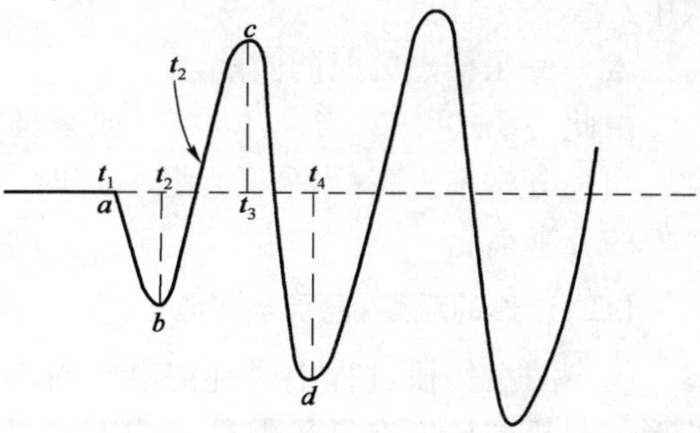

图 4-76　模拟式超声仪的频率测量

模拟式仪器的主频率测读方法在时域进行，既烦琐又不准确，限制了频率参量的开发与应用。

2. 智能型仪器的频率测量

智能型仪器的频率测量由接收波频谱图获得，将接收到的时域波形截取一定的波列长度通过傅里叶变换（FFT）获得频率幅度谱图，频率幅度谱分析的结果可以获得信号幅度随频率的分布，频率幅度谱中的主峰对应的频率值即信号的主频值。目前智能型仪器一般都提供了幅度谱分析功能，可自动判定主频率，对主频值快速准确的检测能力以及频谱分析软件的开发有效地推动了频率参量的开发与应用。混凝土超声频谱分析的目的是分析超声脉冲穿越混凝土后的频谱变化，在超声频谱分析中，超声换能器的特性、采样频率或采样时间间隔、波列的截取位置和长度都会影响频谱分析的结果，因此，在超声频谱的工程应用中，应对测试仪器和条件作出规定，以便使结果有可比性。首先，要适当选择换能器的频率，应在可穿透被测混凝土的前提下选择较高的频率，以便提高对缺陷的分辨力；要求换能器有较宽的频率范围，而且在该频率范围内灵敏度基本不变，以便在发射脉冲穿过混凝土后能明显地显现出各频率成分幅值的变化。在同批测试中要保持发射信号的频率特性不变，即换能器应保持不变。其次，时域波形截取长度对谱线的分辨率有直接的影响，当对同一时域波形的采样结果采用不同的截取长度进行频谱分析时，谱线会有明显区别，一般来说，截取长度越长，分辨率越高，泄漏的信号也越少，但加长截取长度后，超声脉冲在混凝土中多次反射和折射形成的后续波会叠加在一次波上，使问题变得更加复杂。再其次，进行超声频谱分析，要求在对时域波形数字化过程中保持波形不失真，这就要求超声仪的采样系统必须满足采样定理的要求。根据采样定理，采样频率 f 应满足：

$$f=\frac{1}{\Delta t}>2f_c \tag{4-50}$$

式中：Δt——采样时间间隔；

f_c——被采集波形中各频率成分的最大值，即截止频率。

在混凝土检测中，换能器常用的主频率为 20～200kHz，频带较宽的换能器其 f_c 值比主频大得多，因此一般要求仪器的采样频率达到 10MHz。

在超声频谱分析中，采样频率与截取长度以及频率分辨率三者之间是相互关联的，其间的关系表示为：

$$\Delta f=\frac{1}{T}=\frac{1}{N\cdot\Delta t} \tag{4-51}$$

式中：N——采样点数；

Δt——采样点的时间间隔。

由此关系式可知，当采样频率（或采样点的时间间隔）一定时，增加截取长度（或采样点数），可使分辨率提高；当采样点数一定时，降低采样频率（或加大采样点时间间隔）可以提高频率的分辨率。

（四）波形的观察、记录与存储

超声波在传播过程中遇到混凝土内部缺陷、裂缝或异物时会使波形畸变，因此，对接收波形的分析与研究有助于混凝土内部质量及缺陷的判断，模拟式仪器的波形记录只能用屏幕拍照方法。智能型仪器的高速数字信号采集系统既可实时观察接收波形的动态变化又可将波形以数字信号方式记录并存储在波形文件中，波形可以文件的方式存储、显示、调用，并打印出波形图。将多次采样后的一组波列文件明显在同一屏中，可以形成波列列表图。同一测线上多个连续测点的波形记录组合为波列图后，可以直观地显示出声参量的变化。

第四节　超声法检测混凝土强度

一、超声法检测混凝土强度的依据与技术途径

（一）超声法检测混凝土强度的依据

混凝土材料是弹黏塑性的复合体，各组分的比例变化、制造工艺条件不同，以及硬化混凝土结构随机性等，十分错综复杂地影响了凝聚体的性质，采用一种普通的数字模型，严密定量地描述结构混凝土强度是比较困难的。超声波检测结构混凝土的强度是最捷径的方法之一。

超声波检测混凝土强度的基本依据是超声波传播速度与混凝土抗压强度的密切关系。

超声测强以混凝土立方试块28d龄期抗压强度为基准，大体是把这种混凝土当作弹性体看待，而原材料品种规格、配合比、施工工艺等影响着超声检测参数，所以采用预先校正方法建立超声测强的经验公式。

（二）超声法检测混凝土强度的技术途径

混凝土超声测强曲线因原材料的品种规格和含量、配合比和工艺条件的不同而有不同的试验结果，因此，建立按常用的原材料品种规格、不同的技术条件和测强范围进行试验，大量的试验数据经适当的数学拟合和效果分析，建立超声声速 v_i 与混凝土抗压强度的相关关系，取参量的相关性好、统计误差小的曲线作为基准校正曲线；并经试验验证。测强误差小的经验公式作为超声测强之用。

超声测强有专用校正曲线、地区曲线和统一曲线。校正曲线和地区曲线在试验设计中一般均考虑了影响因素，而校正试验的技术条件与工程检测的技术条件基本相同，曲线的使用，一般不要特殊的修正，因此，建议优先使用。在没有专用或地区测强曲线的情况下，如果应用统一的测强曲线，则需验证，按不同的技术条件提出修正系数，使推算结构混凝土的精度控制在许可的范围内。这些修正系数也可根据各种不同的影响因素分项建立，以扩大适用

范围。

由于超声法测强精度受许多因素的影响，测强曲线的适应范围受到较大限制。为了消除影响，扩大测强曲线的适应性，除了采用修正系数法外还可采用水泥净浆声速换算法和水泥砂浆声速，再由较匀质的砂浆或水泥净浆声速与混凝土强度建立相关关系，以便消除骨料的影响，扩大所建立的相关关系的适用范围，并提高测强精度。

（三）混凝土超声法测强的特点与技术稳定性

1. 超声法的特点

（1）属于无损检测。检测过程无损于材料、结构的组织和使用性能；

（2）推定实际强度直接在构筑物上检测试验并推定其实际的强度；

（3）可以重复检测。重复或复核检测方便，重复性良好；

（4）利用测强和测缺。超声法具有检测混凝土质地均匀性的功能，有利于测强和测缺的结合，保证检测混凝土强度建立在无缺陷、均匀的基础上合理地评定混凝土的强度；

（5）有特殊的适用性。超声法采用单一声速参数推定混凝土强度。当有关影响因素控制不严时，精度不如多因素综合法，但在某些无法测量回弹值及其他参数的结构或构件（如基桩、钢管混凝土等）中，超声法仍有其特殊的适应性。

2. 技术稳定性

混凝土超声测强技术稳定性是一个综合性的技术指标。为了保证技术稳定性，除继续深入开展技术完善和评价方法的研究之外，就广泛研究证实和工程检测的经验，归纳起来有如下方面需加以控制：

（1）明确原理并熟悉规程。明确超声仪器设备的工作原理，熟悉仪器设备的操作规程和使用方法；

（2）掌握操作和误差分析。正确掌握超声声速测量技术和精度误差的分析；

（3）精确建立校正曲线。建立校正曲线务必精确，技术条件和状况尽可能与实际检测的接近；

（4）从宏观与微观上分析原因。从混凝土材质组分和组织构造上理解影响超声声速及测量的原因，并在实测中加以排除或作必要的修正；

（5）确保均质前提下的强度推定。研究和确定超声检测"坏值"（指混凝土缺陷的指标）区别处理方法，以保证在混凝土材质均匀基础上推定强度值。

二、超声测强曲线的建立

混凝土中的超声波传播的速度与混凝土的抗压强度之间有着良好的相关性，即混凝土的强度越高，相应的超声声速也越高。一般说来，以非线性的数学模型拟合其间的相关性更能反映两者间的规律性。

混凝土强度与超声传播声速之间相关规律是随着技术条件变化而异，即定量关系是受混凝土的组分及技术条件影响的，如水灰比、水泥用量、骨料粒径和用量、养护条件、含水率等因素。因此，各类混凝土没有统一的强度与光速的关系曲线，即尚不能根据超声声速推算预先不知道强度与光速关系的某种混凝土强度。目前，国内外在超声检测混凝土强度的规程和方法中，都规定需以一定数量的相同技术条件的混凝土试件进行校正试验，预先建立强度校正曲线，然后用超声声速推算混凝土的强度，这样推算的强度值才能达到比较满意的精度。

(一)超声测强曲线

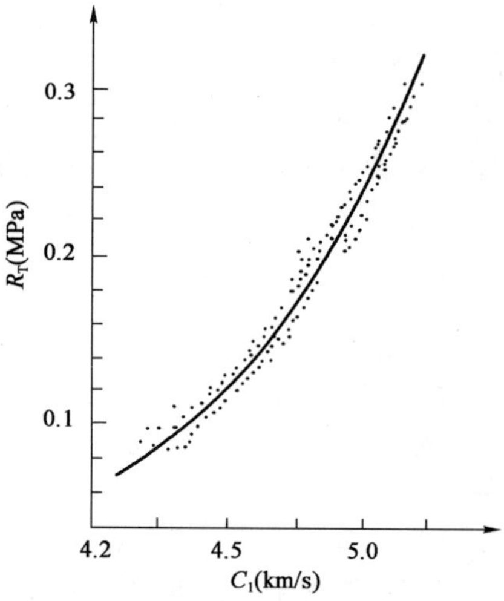

图4-77　混凝土的抗压强度和纵波传播速度的关系曲线

大量的实验表明,混凝土的抗压强度 R_T 与纵波传播速度 C_l 之间存在着明确的关系(图4-77)。国内外进行了一系列的试验研究,并在工程中用测量声波在混凝土中的传播速度 C_l 来判定混凝土的强度 R_T,获得了较为显著的效果。这种方法与目前广泛采用的混凝土质量检验方法相比较,具有速度快,操作简便,可直接检验混凝土构件和工程结构,并且在检验过程中不破坏被测结构等优点,因而较适宜用于非破损检验大体积混凝土的质量。如果该法与回弹法配合使用,可以进一步提高测试的精确度。

混凝土的抗压强度 R_T 与纵波速度 C_l 的关系一般可以用下面两个经验公式表示:

$$R_T = ae^{bc_l} \tag{4-52}$$

$$R_T = k_0 C_l^k \tag{4-53}$$

式中:R_T——混凝土抗压强度(Pa);

a、b、k——与混凝土原材料、配合比有关的系数,可以通过实验求得;

k_0——根据计算求得的系数;

C_l——测量声波在混凝土中的传播速度。

式(4-52)多用于龄期较短的新混凝土的构件。式(4-53)多用于竣工后很长时间的旧混凝土结构。

上列经验公式的系数 a、b 必须通过多次试验,用统计的方法求出。

设 $A = \lg a \quad B = b\lg e$

则式(4-53)变为　$\lg R_T = A + BC_l$

式中:

$$A = \frac{\overline{\lg R_i}\sum_{i=1}^{n} C_l^2 - \overline{C}_i\sum_{i=1}^{n}\lg R_i C_i}{\sum_{i=1}^{n} C_i^2 - n\,\overline{C}_i^2} \tag{4-54}$$

$$B = \frac{\sum_{i=1}^{n}\lg R_i C_i - n\,C_i\lg R_i}{\sum_{i=1}^{n} C_i^2 - n\,\overline{C}_i^2} \tag{4-55}$$

式中:C_i、R_i——同一次试验的纵波速度和抗压强度;

$\overline{C}$——n 次试验的波速平均值;

$$\overline{C}_i = \frac{1}{n}\sum C_i \tag{4-56}$$

$\overline{\lg R_i}$——n 次试验的抗压强度取对数后的平均值,$\overline{\lg R_i} = \frac{1}{n}\sum \lg R_i$;

n——试验次数。

由于混凝土的抗压强度和传播速度的关系受水泥品种、用量、集料性质和级配,混凝土的龄期、湿度，外掺剂的品种和用料等因素的影响，在用超声波测量混凝土抗压强度时必须注意这个问题。通常有修正系数法和对比法两种试验方法。

1. 修正系数法

这种方法是选用施工中常用的混凝土材料作为标准，即其修正系数为1。经过大量的试验求出标准材料的 R_T-C_l 曲线和计算公式中的 a 和 b，然后变化诸多影响因素中的一个，固定其他的数个。作出试件，由试验得出相应的 R_T-$C_l i$ 曲线。从两组曲线的差异求出该次因素变化后的修正系数。然后依次变化其他因素，求出各自的修正系数。则总的修正系数为式(4-57)。

$$c_f = c_c \cdot c_d \cdot c_a \cdot c_\phi \cdot c_g \cdot c_m \cdot c_u \cdot c_p \tag{4-57}$$

式中：c_c——水泥品种修正系数；

c_d——水泥用量修正系数；

c_a——集料性质修正系数；

c_ϕ——集料粒径修正系数；

c_g——0 ~ 1mm 细集料的比例修正系数；

c_m——混凝土龄期修正系数；

c_u——混凝土混度修正系数；

c_p——混凝土掺和料修正系数。

在具体进行测试时，将测量出的声波速度 C_l 用公式(4-52)计算，或查标准 R_T-C_l 曲线得到标准混凝土的抗压强度 R_c 之后，用下式计算结构实际的抗压强度：

$$R_{cf} = R_c \cdot C_f \tag{4-58}$$

也可以根据混凝土的组成和养护条件计算出修正系数 C_f，再查取对不同 C_f 值绘制的 R_T-C_l 曲线，由测得的 C_l 直接查出 R_T(图4-78)。有的国家已将标准混凝土的特性和各项修正系数写入规范，使用时可以方便地查取。

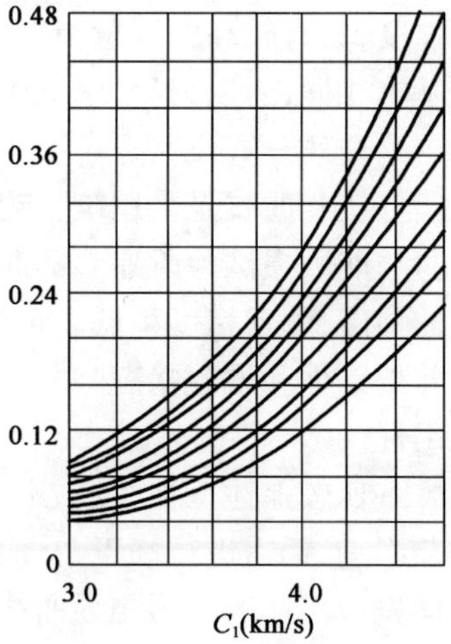

图 4-78 不同修正值 C_f 的 R_T-C_l 曲线

2. 对比法

在工程结构施工时，预留混凝土试件，对试件先进行超声波测试，求出波速，然后再进行破坏性试验求出抗压强度，根据试验的结果即可作出 R_T-C_l 曲线。在结构声波检验中测出波速后，即可由该曲线查取抗压强度 R_T。

如果检验竣工已很长时间的混凝土结构，可以搜集被测结构在施工时遗留下来的混凝土试块，作为建立校正曲线的基础，其方法是先由试件测出波速和抗压强度的平均值 $\overline{C}_l$、$\overline{R}_T$，然后计算 k_0：

$$k_0 = \frac{\overline{R}_T}{\overline{C}_l^4}$$

根据公式 $R_T = k_0 C_l^4$ 可以得到一条近似的 C_l-R_T 校正曲线。利用上述方法只能得到偏差较大的近似结果。

应该注意的是，利用超声波传播速度确定混凝土抗压强度时，要求被测部位的声通路材料是连续的。如果声通路上材料有缺陷，则由于声波的绕射，使传播时间明显增加，造成较大的测试误差。

材料的另一个重要参数是它的动弹性模量。这个参数也是评价混凝土质量的重要指标。混凝土的动弹性模量与波速之间有确定的数学关系。利用超声波测出纵波速度 C_l，横波速度 C_t 及表面波速度 C_R 三种波速的任意两种，即可求解二元联立方程，计算出弹性模量 E 和泊松系数 μ 值。

（二）超声测强曲线类型和适用范围

根据相关曲线的制定和使用条件可分为校准曲线、地区性曲线、统一曲线三种。

1. 校准曲线

校准曲线是采用与本工程、工厂的构件混凝土相同的原材料、配合比和成型养护工艺配制的混凝土试块，对于技术管理健全、混凝土质量比较稳定的工程或工厂，也可以从生产过程中随机而又均匀地直接取料（混凝土拌和物）制作混凝土试块，通过一定数量的破损与非破损试验所建立的曲线。它适用于检测与该试块相同技术条件的混凝土制品的强度，测强精度高。由于混凝土结构与制定曲线的混凝土试块的组成、养护条件和试验状态等基本上一致，推算混凝土强度时，不存在影响因素，故无需做修正。

2. 地区性曲线

地区性曲线是采用本地区常用的原材料、成型养护工艺配制的混凝土试块，通过较多的破损与非破损所建立的曲线。它适用于无校准曲线时检测相同技术条件的本地区混凝土制品的强度，具有较高的测量精度。选用地区性曲线推算混凝土强度时，由于试块的组成、养护条件基本相同，所以，只考虑试验状态影响因素的修正系数。

3. 统一曲线

统一曲线是采用统一规定的标准混凝土制作试块，在标准养护条件下，通过大量的破损试验与非破损试验所建立的曲线。它适用于无校准曲线时检测符合规定使用条件的混凝土构件的强度，测量精度稍低。选用统一曲线推算混凝土强度时，由于现场结构与标准条件（组成、养护条件和试验状态）的差异，需要建立影响因素的修正系数，以提高测量精度和曲线的适用性。

比较上述三种曲线，不难看出，当使用校准曲线推算混凝土强度时，避免了多种因素的复杂影响，无需进行修正，从而使测试精度高于其他两种曲线。在我国的专业技术规程中也规定优先应用地区专用测强曲线，对于不具备地区专用曲线，要事先做校正试验，以便确定修正系数借用统一的曲线推算混凝土的强度。

（三）试验方法设计

为了建立混凝土强度与声速的相关曲线，并且有较宽的适用范围，要求试件强度和超声声速对应的检测值要有较大的变动范围。一般按不同原材料规格品种采用变化配合比、龄期和水灰比等方法制备一批混凝土试件，测定试件的平均声速，然后作抗压强度试验。

为了使校准曲线既有代表性又有可比性，试验设计和试验方法一般可遵循如下几点拟订试验方案：

(1)配制混凝土试块。根据本地区或本部门工程常用的原材料品种、规格，按最佳配合比配制 C10 ~ C50 的混凝土制作试块，试块的尺寸有边长为 150mm 立方体（粗集料最大粒径为

40mm)、边长为100mm立方体(粗集料最大粒径为20mm)和边长为200mm的立方体(粗集料最大粒径为60mm)三种。

(2)宜当随机抽样。制作试块所用的混凝土拌和料,最好是在施工过程中随机抽取试样,也可采用符合工程的配料和工艺条件在试验室中成型制作。

(3)合理确定龄期和试块数。按7、14、28、60、90、180、365(d)等龄期制备试块和进行测试,每一龄期需有3个(或6个)试块,每种强度等级试块不少于30块。

(4)试验与结构条件相同。试块养护与被测的结构混凝土养护条件尽可能相同。

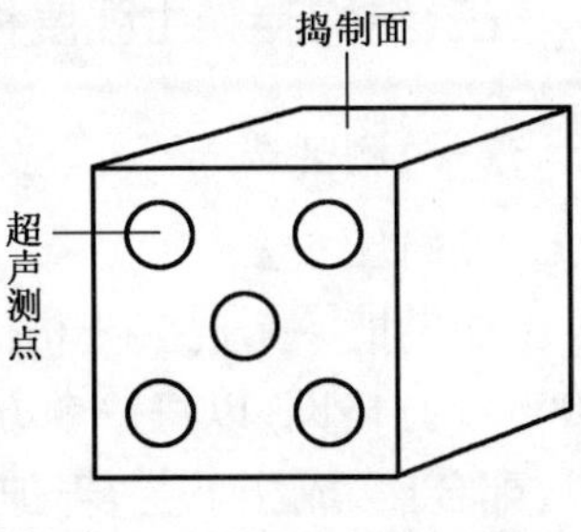

图4-79 试块超声测点示意

(5)测试面的合理选择。试块的超声声速值 v_i 的测量应取试块的捣制侧面为测试面,测点布置采用三对(或五对)(见图4-79),取试块的平均声时,(扣除声时零读数)除以试块的测距计算超声声速 v_i。

(6)合理控制加荷速度。最后,将试块另一对侧面作为承压面置于压力机上,以0.3~0.8MPa/s的速度连续而均匀地加荷(低强度等级混凝土取0.3~0.5MPa/s的加荷速度;≥C30的混凝土取0.5~0.8MPa/s的加荷速度)计算极限破坏抗压强度 f_{cu}。

(7)统计分析试验数据。以数理统计方法对试验数据 v_i 和 f_{cu} 进行回归分析,建立统计的数学模型,并确定回归的效果和误差范围。

(四)试块的声速试验数据处理

由下式计算 C_i,精确度为0.01(km/s)。

$$C_i = \frac{l}{t_m} \times 10 \quad (\text{km/s}) \tag{4-59}$$

式中:l——发、收换能器的测试距离,即试块的测试宽度(cm),计算精度0.01m;

t_m——测区(试块)的平均声时值(单位 $\mu s = 10^{-6} s$),计算精度 $0.1\mu s$。

如果个别测点声时偏差超过试块声时平均值的±5%时,则该试块应予以弃除。

试块的极限抗压强度 $R_{极限}$ 按下式计算:

$$R_{极限} = \frac{F}{A} \cdot K \quad (\text{MPa}) \tag{4-60}$$

式中:F——极限载荷(N);

A——试块承压面积(mm^2);

K——试块尺寸换算系数(边长为150mm立方体的系数为1;边长为100mm立方体的系数为0.95;边长为200mm立方体的系数为1.05)。

混凝土立方体试块抗压强度计算应精确至0.1MPa。以三个试块的算术平均值作为该组试块的抗压强度值。三个测值中的最大值或最小值中如有一个与中间值的差超过中间值的15%,则把最大值及最小值一并弃除,取中间值作为该组试块的抗压强度;如两个测试值与中间值相关均超过15%,则此组试验结果无效。

(五)拟合测强曲线与效果分析

混凝土超声测强曲线,受混凝土的原材料品种规格、养护方法、龄期、含水率等的综合影响。因此，对应的大量实测混凝土强度值超声声速之间属于非确定关系。要确定这些非确定性试验数据之间数学经验表达式，通常采用数理统计方法寻求参量之间的统计相关关系。

混凝土超声测强的数学表达式有线性和非线性两种，采用非线性的拟合曲线，更精确地描述参量之间的相关性，且用声速推算混凝土强度的精确度更高些。

采用超声测强的试验数据所拟合的混凝土测强曲线，包括假设数学模型、计算实验常数、拟合效果和精度的分析，以及验证等内容。

三、结构混凝土强度检测与推定

（一）测区选择

1. 测区布置

如果把一个混凝土构件作为一个检测总体，要求在构件上均布划出不少于 10 个200mm × 200mm 方格网，以每一个方格网视为一个测区。如果对同批构件（指混凝土强度相同，原材料，配合比，成型工艺，养护条件相同）的 30%，且不少于 4 个。同样，每个构件测区数不少于 10 个。

每个测区应满足下列要求：

（1）测区布置在构件混凝土浇筑方向的侧面；

（2）测区与测区的间距不宜大于 2m；

（3）测区宜避开钢筋密集区和预埋铁件；

（4）测试面应清洁和平整，如有杂物粉尘应清除；

（5）测区应标明编号。

2. 测点布置

为了使构件混凝土测试条件和方法尽可能与率定曲线时的条件、方法一致，在每个测区网格内布置三对或五对超声波的测点。

构件相对面布置测点应力求方位对等，使每对测点的测距最短。如果一对测点在任一测试面上布在蜂窝、麻面或模板漏浆缝上，可适当相应改变该对测点的位置，使各对测点表面平整声耦合良好。

（二）结构混凝土强度的推定

根据各测区超声声速检测值，按率定的回归方程计算或查表取得对应测区的混凝土强度值。最后按下列情况推定结构混凝土的强度。

（1）按单个构件检测时，单个构件的混凝土强度推定值取该构件各测区中最小的混凝土强度计算值；

（2）按批抽样检测时，该批构件的混凝土强度推定值按下式计算：

$$R_{推} = mR - 1.645S_{推} \tag{4-61}$$

式中：

$$m = \frac{1}{n}\sum_{i=1}^{n} R_i \tag{4-62}$$

$$S_{推} = \sqrt{\frac{1}{n-1}(R_i)^2 - n(m)^2} \tag{4-63}$$

（3）当同批测区混凝土强度换算值的标准差过大时，该批构件的混凝土强度推定值可按下式计算：

$$R_{推} = \frac{1}{m}\sum_{i=1}^{m} R_{算i} \tag{4-64}$$

式中：$R_{推}$——批中各构件的混凝土强度推定值（MPa）；

$R_{算i}$——第 i 个构件中的最小测区混凝土强度换算值（MPa）；

m——批中抽取的构件数。

(4)按批抽样检测时，若全部测区强度的标准差出现下列情况时，则该批构件应全部按单个构件检测和推定强度：

①当混凝土强度等级低于或等于 C20 时：

$$S > 2.45(\text{MPa})$$

②当混凝土强度等级高于 C20 时：

$$S > 5.5(\text{MPa})$$

第五节　超声法检测混凝土缺陷

一、混凝土缺陷超声波检测技术发展概况

混凝土和钢筋混凝土结构物，有时因施工管理不善或受使用环境及自然灾害的影响，其内部可能存在不密实或空洞，其外部形成蜂窝麻面、裂缝或损伤层等缺陷。这些缺陷的存在会不同程度地影响结构承载力和耐久性，采用较有效的方法查明混凝土缺陷的性质、范围及尺寸，以便进行技术处理。这是工程建设中一个重要课题。

混凝土缺陷无损检测技术，大体可分为两大类：一类是机械波法，其中包括超声脉冲波、冲击脉冲波和声发射等；另一类是辐射法，其中包括 χ 射线、γ 射线和中子流等。近年来又出现了红外热谱、电磁波和雷达扫描等技术。

射线法和雷达技术虽然可用于探测混凝土的密实度、空洞、裂缝及预应力混凝土预留孔洞灌浆饱满程度，但由于其穿透能力有限，检测深度和应用范围受到很大限制，实际应用并不多。

超声脉冲波的穿透能力较强，尤其是用于检测混凝土，这一特点显得更为突出，而且超声检测设备较简单，操作使用较方便，所以广泛应用于结构混凝土缺陷检测。早在 20 世纪 40 年代末 50 年代初，加拿大、德国、英国和美国的学者相继进行了简单的模拟试验，当时由于受仪器灵敏度低，分辨率差的限制，加上混凝土超声检测的影响因素尚未弄清楚，因此难以普遍用于工程实测。自 20 世纪 70 年代末期以来，随着电子技术的发展，超声波仪器的性能不断改进，测试技术不断提高，混凝土质量超声检测技术发展很快。检测仪器由笨重的电子管单示波显示型，发展到半导体集成化、数字化进而到智能化的多功能型；测量参数由单一的声速发展到声速、波幅和频率等多参数；缺陷检测范围由单一的大空洞或浅裂缝检测发展到多种性质的缺陷检测；缺陷的判定由大致定性发展到半定量或定量的程度。不少国家已将超声脉冲法检测混凝土缺陷的内容，列入结构混凝土质量检测标准。

在我国，自 20 世纪 60 年代初期便有单位采用超声脉冲波检测混凝土表面裂缝的尝试，到 60 年代中期全国不少单位开展了超声法检测混凝土缺陷的研究和应用。尤其是 1976 年以

来，建设部组织了全国性协作组，对混凝土超声检测技术进行了较系统、深入地研究，并逐步应用于工程实践中。1982 年至 1983 年期间，水电部、建设部先后组织了对超声脉冲法检测混凝土缺陷科研成果鉴定，使这项检测技术进入实用阶段。1990 的颁布了《超声法检测混凝土缺陷技术规程》，使这项检测技术实现规范化，更有利于推广应用。该规程实施以来，在消除工程隐患、确保工程质量、加快工程进度等方面取得显著的社会经济效益。根据该规程的实施现状及我国建设工程质量控制和检验的实际需要，1998～1999 年对该规程进行了修订和补充，并由中国工程建设标准化协会批准为《超声法检测混凝土缺陷技术规程》(CECS 21:2000)。修订后的规程吸收了国内外超声检测设备最新成果和检测技术最新经验，使其适应范围更宽，检测精度更高，可操作性更好，更有利于超声法检测技术的推广应用。

混凝土缺陷超声检测技术发展较金属超声探伤技术晚得多，技术性也复杂得多，金属探伤是采用高频超声脉冲波，以反射波的特征作为判断缺陷的基本依据。同一种金属材料的声速基本固定，测试前仪器先用试件标定，在工作上检测时，可根据反射信号特征直接判断缺陷的位置和大小。而混凝土是非均质的弹黏塑性材料，对超声脉冲波的吸收、散射衰减较大，其中高频成分更易衰减，而且混凝土声速在相当大的范围内变化，不可能事先设置一个判断缺陷的指标。因此，用于混凝土缺陷检测的超声法，系指采用带波形显示功能的超声波检测仪和频率为 20～250kHz 的声波换能器，测量超声脉冲波在混凝土中传播的速度(简称声速)、首波幅度(简称波幅)和接收信号主频率(简称主频)等声学参数，并根据这些参数及其相对变化，判定混凝土中的缺陷情况。

混凝土缺陷，系指破坏混凝土的连续性和完整性，并在一定程度上降低混凝土的强度和耐久性的不密实区、空洞、裂缝或夹杂泥沙、杂物等。所谓不密实区，系指混凝土因漏振、离析或架空而形成的蜂窝状，或因缺少水泥而形成的松散状，或受意外操作而造成的酥松状区域。对于结构混凝土来说，其质量受到所用材料和配合比以及整个施工过程中混凝土搅拌、运输、浇注、振捣、养护、支模脱模等诸多因素的影响，很难保证不出一点质量问题，根据大量工程实际情况来看，以下几种缺陷比较多见：因漏振或石子架空造成的蜂窝空洞；因养护不及时或混凝土内外温差过大造成早期裂缝；冬季施工未采取有效防冻措施造成混凝土早期受冻；施工接槎处理不当造成结合不良。

对于上述施工质量问题，仅从外观检查、分析是无法做出正确结论的，必须通过科学方法检测其内部质量情况，从而做出正确判断。一旦出现缺陷，需及时查明其范围及严重程度，并提出处理意见，以消除隐患。对于影响结构安全性和耐久性的缺陷，通过科学方法检测，为结构混凝土质量事故处理提供可靠依据。对于压力灌浆处理的结构混凝土，可用超声波监控灌浆处理的效果。通过检测、灌浆、复测、补灌反复多次处理，最后达到满意效果。对于修补加固的混凝土，通过检测可以查明新老混凝土的结合是否良好。

二、超声法检测混凝土缺陷原理与方法

(一)超声法检测混凝土缺陷基本原理

利用超声脉冲波检测混凝土缺陷依据的原理归纳如下：

(1)超声脉冲波在混凝土中遇到缺陷时产生绕射，可根据声时及声程的变化，判别和计算缺陷的大小；

(2)超声脉冲波在缺陷界面产生散射和反射，到达接收换能器的声波能量(波幅)显著减小，可根据波幅变化的程度判断缺陷的性质和大小；

(3)超声脉冲波中各频率成分在缺陷界面衰减程度不同,接收信号的频率明显降低,可根据接收信号主频或频率谱的变化分析判别缺陷情况;

(4)超声脉冲波通过缺陷时,部分声波会产生路径和相位变化,不同路径或不同相位的声波叠加后,造成接收信号波形畸变,可参考畸变波形分析判断缺陷。

当混凝土的组成材料、工艺条件、内部质量及测试距离一定时,各测点超声传播速度、首波幅度和接收信号主频率等声学参数一般无明显差异。如果某部分混凝土存在空洞、不密实或裂缝等缺陷,破坏了混凝土的整体性,通过该处的超声波与无缺陷混凝土相比较,声时明显偏长,波幅和频率明显降低。超声法检测混凝土缺陷,正是根据这一基本原理,对条件下的混凝土进行声速、波幅和主频测量值的相对比较,从而判断混凝土的缺陷情况。

(二)超声法检测混凝土缺陷基本方法

1. 平面检测(采用厚度振动式换能器)

①对测法

将一对发射(T)、接收(R)换能器,分别耦合于被测构件相互平行的两个表面,两个换能器的轴线位于同一直线上。该方法适用于具有两对相互平行表面可供检测的构件。

②斜测法

将一对 T、R 换能器,分别耦合于被测构件的两个表面,两个换能器的轴线不在同一直线上。该方法适用于具有一对相互平行或两个相邻表面可供测试的构件。

③平测法

将一对 T、R 换能器,置于被测构件同一个表面进行检测。该方法适用于被测部位只有一个表面可供测试的结构。

2. 钻孔或预埋管检测(采用径向振动式换能器)

①孔中对测

将一对发射(T)、接收(R)换能器,分别置于被测结构的两个对应钻孔(或预埋管)中,处于同一高度进行测试。该方法适用于大体积混凝土结构的普测。

②孔中斜测

将一对 T、R 换能器,分别置于被测结构的两个对应钻孔(预埋管)中,但两个换能器不在同一高度而是保持一定高程差进行检测。该方法适用于大体积混凝土结构细测,以进一步查明两个测孔之间的缺陷位置和范围。

③孔中平测

将一对 T、R 换能器,或一发一收(一发双收)换能器,置于被测结构的同一个钻孔中,以一定的高程差同步移动进行检测。该方法适用于大体积混凝土结构细测,进一步查明某一钻孔附近的缺陷位置和范围。

3. 混合检测

混合检测通常指采用一个厚度振动和一个径向振动式换能器将一个径向振动式换能器置于钻孔中,一个厚度振动式换能器耦合于被测结构与钻孔轴线相平行的表面,进行对测和斜测。该方法适用于断面尺寸不太大或不允许多钻孔的混凝土结构。

三、混凝土裂缝深度检测

混凝土出现裂缝,混凝土除了荷载作用造成的裂缝外,更多的是混凝土收缩和温度变形导致开裂,还有地基不均匀沉降引起的混凝土裂缝。对各种原因引起的混凝土裂缝,一般都需要进行观察、描绘、测量和分析,并根据裂缝性质、原因、尺寸及对结构危害情况作适当处理。其中裂缝分布、走向、长度、宽度等外观特征容易检查和测量,而裂缝深度以及是否在结构或构件截面上贯穿,无法用简单方法检查,过去传统方法多用注入渗透性较强的带色液体,再局部凿开观测,也有用跨缝钻取芯样或钻孔压水进行裂缝深度观测。这些传统方法既费事又对混凝土造成局部破坏,而且检测的裂缝深度局限性很大。采用超声脉冲法检测混凝土裂缝深度,既方便省事,又不受裂缝深度限制,而且可以进行重复检测,以便观察裂缝发展情况。

超声法检测混凝土裂缝深度,一般根据被测裂缝所处部位的具体情况,采用单面平测法、穿透斜测法或钻孔测法。

(一)单面平测法

当混凝土结构被测部位只有一个表面可供超声检测时,可采用单面平测法进行裂缝深度检测,如混凝土路面、飞机跑道、隧道、洞窟建筑裂缝检测,以及其他大体积混凝土的浅裂缝检测。

由于平测时的声传播距离有限,单面平测法的适应范围只适于检测深度为500mm以内的裂缝,且结构的裂缝部位只有一个可测表面。

1. 单面平测法的基本原理

在利用声波对混凝土进行检测时,如果直达声路上有裂缝存在,声波在裂缝处产生反射和通过裂缝顶端绕射,使接收到的声波信号幅度减少。由于绕射使声程增加,传播时间也有所增加。

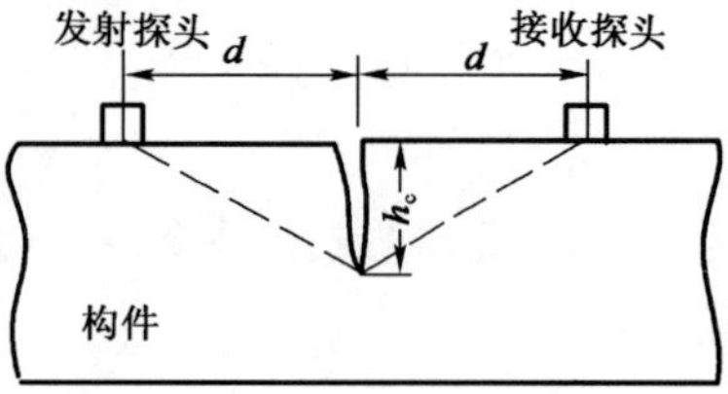

图4-80 沿面法检测混凝土裂缝

当构件断面很大或只有开裂的那一个表面能够安置探头时,可以采用沿面检测。首先在裂缝附近完好的表面处,选择一定长度作为校准距离,设这段距离为$2d$。在这段距离的两端放置探头,测出声波通过$2d$的时间为t_0,然后把发射和接收探头放置于裂缝的两侧,并使两个探头至裂缝的距离均为d(图4-80)。测得此处的声波传播时间t_1。如果裂缝与表面正交,则可得到下列公式:

$$\frac{4(d^2+h_c^2)}{t_1^2}=\frac{4d^2}{t_0^2} \tag{4-65}$$

则裂缝深度:

$$h_c=d\sqrt{\frac{t_1^2}{t_0^2}-1} \tag{4-66}$$

上述方法假定裂缝面与施测的结构表面正交。这一假定并不能代表所有开裂的情况,但是对混凝土梁、板、柱等截面不十分大的构件而言,由于受力或收缩产生的裂缝,还是较为符合实际情况的。

在检测混凝土开裂情况时,检测的位置要尽量避开贯穿裂缝的横向钢筋,以免声波通过钢筋传播,影响测量精度。在选择测定校正波速C和传播时间t_0的混凝土的表面位置时,要注意该处的混凝土质量应该与被测裂缝处的混凝土质量基本相同,校正位置最好靠近裂缝处。此外必须注意当裂缝中有液体或杂物填充时,会产生较大的测量误差。

2. 单面平测法的基本假设

(1)裂缝附近混凝土质量基本一致;

(2)跨缝与不跨缝检测,其声速相同;

(3)跨缝测读的首波信号绕裂缝末端至接收换能器。

根据以上基本假设,可推导出平测法的裂缝深度的另一种公式。如图4-81,根据几何学原理,可知:

$$h_c^2 = AC^2 - (l/2)^2$$

∵ $AC = c \cdot t_c^0/2$ 而 $c = l/t_c$

$$AC = l/t_c \cdot t_c^0/2$$

∴ $h_c^2 = (l/t_c \cdot t_c^0)^2/4 - l^2/4$

则
$$h_c = \sqrt{(l^2(t_c^0/t_c)^2 - l^2)/4} = l/2 \cdot \sqrt{(t_c^0/t_c)^2 - 1} = l/2 \cdot \sqrt{(t_c^0/l)^2 - 1} \quad (4\text{-}67)$$

式中:h_c——裂缝深度;

l——超声测距;

l'——首波仅相时的测距;

t_c——不过缝测量的混凝土声时;

t_c^0——过缝测量的混凝土声时;

c——不过缝测量的混凝土声速。

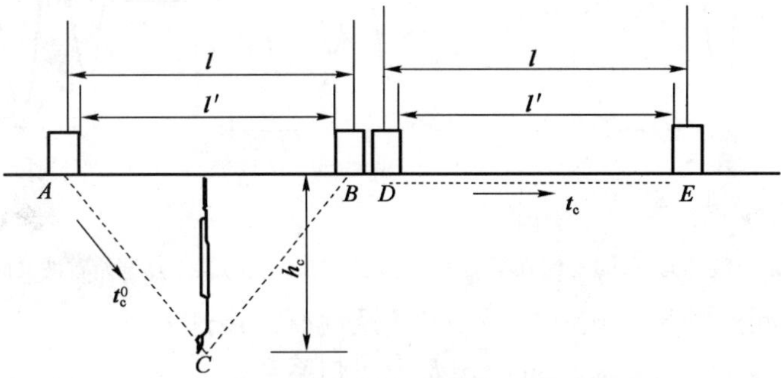

图4-81 平测裂缝示意图

3. 单面平测法的检测步骤

(1)选择裂缝和测试部位。选择被测裂缝较宽且便于测试操作的部位;

(2)打磨清理混凝土表面。当被测部位不平整时,应打磨、清理表面,以保证换能器与混凝土表面耦合良好;

(3)布置超声测点。所测的每一条裂缝,在布置跨缝测点的同时,都应该在其附近布置不跨缝测点。测点间距一般可设 $l'_1 = 80 \sim 100$ mm, $l'_2 = 2l'_1$、$l'_3 = 3l'_1$ ⋯,如图4-82所示;

(4)分别进行超声测试。分别作跨缝、不跨缝超声测试。跨缝测试过程中注意观察首波相位变化。

(5)记录首波反相时的测试距离 l' 。在模拟试验和工程检测中,跨缝测试常出现首波相位翻转现象,如图4-83所示。

值得注意,首波反相时的测距 l'与裂缝深度 h_c存在一定关系,当被测结构断面尺寸较大,且不存在边界面及钢筋影响的情况下,首波反相最为明显,而且在 l'小于 h_c的情况下各测点首波都反相，当 l' 大于 h_c 时首波相位恢复正常。但检测现浇板时又出现另一种情况，如果出现首波反相时的 $l' \approx 2$ 倍板厚，裂缝必定贯穿板厚，即此时又存在 $l' \approx 2h_c$。对这种现象的理论研究有待深入。

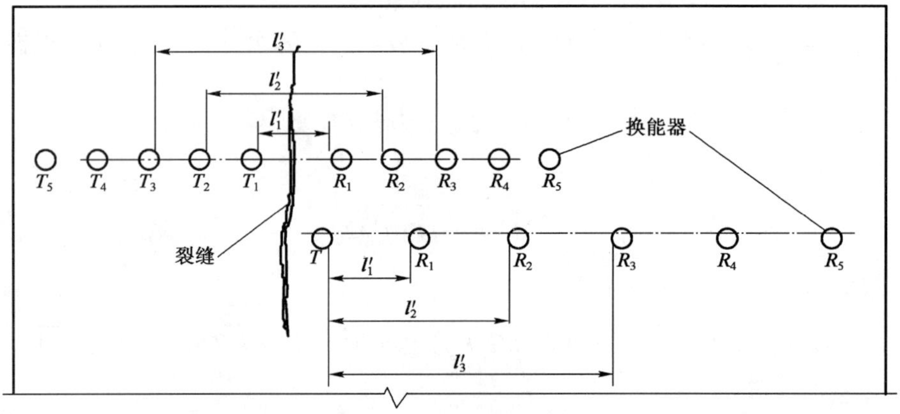

图 4-82　单面平测裂缝平面示意图

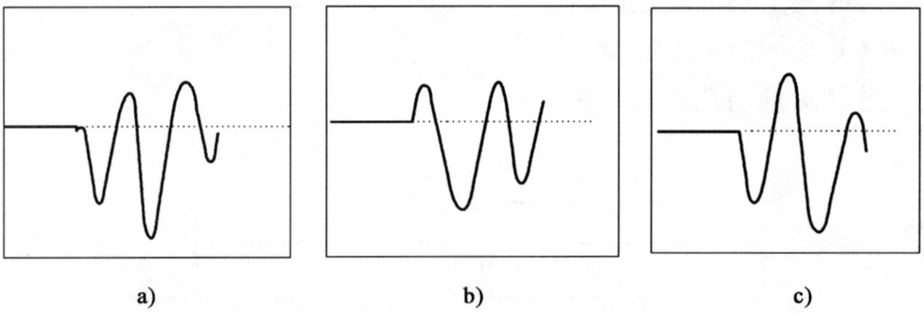

图 4-83　首波反相示意图

a）一般首波都向下；b）有时在某测距范围内首波向上；c）某一点开始首波又向下

（6）求不过缝各测点的声波实际传播距离 l_i 及混凝土声速 c。

①用回归分析方法：$l_i = a + bt_i$（mm）；a、b 为回归系数。

②绘制"时—距"坐标图法，如图 4-84 所示。

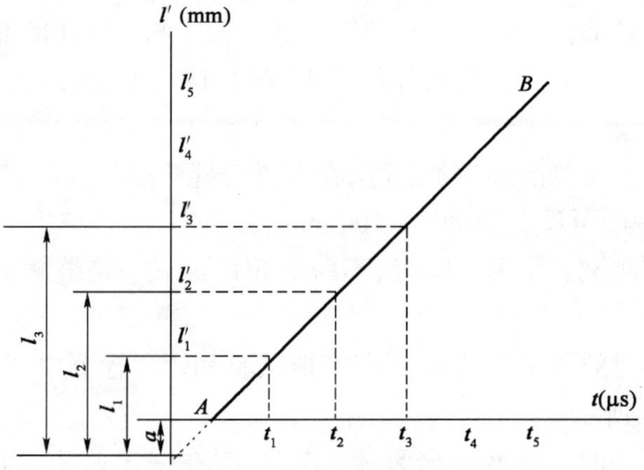

图 4-84　平测"时—距"图

从图 4-61 看出每一测点超声实际传播距离 $l_i = l'_i + |a|$，考虑"a"是因为声时读取过程中存在一个与对测法不完全相同的声时，初读数 t_0 及首波信号的传播距离并非是 T、R 换能器内边缘的距离，也不等于 T、R 换能器中心的距离，所以"a"是一个 t_0 和声传播距离的综合修正值。

混凝土声速 $c = (d_n - d_1)/(t_n - t_1)$。

4. 裂缝深度计算

(1)各测点裂缝深度计算值按式(4-68)计算。

$$h_{ci} = d_i \cdot \sqrt{(t_i^0 \cdot c/2d_i)^2 - 1}\,(\text{mm}) \tag{4-68}$$

(2)测试部位裂缝深度的平均值按式(4-69)计算。

$$m_{hc} = 1/n \cdot \sum h_{ci} \tag{4-69}$$

需要说明的是，这里采用计算式(4-68)，而不是原来传统的计算式(4-67)，其理由有两个方面。其一是，该计算式推导的基本原理是基于跨缝与不跨缝测试的混凝土声速一致；跨缝测试的声波绕过裂缝末端形成折线传播；不跨缝测试的声波是直线传播到接收换能器。但实际检测中，不跨缝测出的各测距声速值往往存在一定差异，如按单点声时值计算缝深，会产生较大误差。因此取不跨缝测试的声速平均值，代入原计算式更为合理。其二是，试验和工程实测证明，跨缝测试出现首波反相时的测距，不一定等于不跨缝测试的某测距。因此，先将不跨缝测试的混凝土声速(c)求出来，再以 $t_i = l_i/c$ 代入原式，应用更为方便。

5. 裂缝深度的确定

(1)三点平均值法：跨缝测试在某测距发现首波反相时，用该测距及其两个相邻测距的声时测量值分别计算 h_{ci}，取此三点 h_{ci} 的平均值作为该裂缝的深度 h_c。

(2)平均值加剔除法：当跨缝测量难以发现首波反相对，可先求出各测距计算深度(h_{ci})的平均值(m_{hc})，再将各测距 l'_i 与 m_{hc} 相比较，凡 $l'_i < m_{hc}$ 和 $l'_i > 3m_{hc}$，剔除其 h_{ci}，取余下 h_{ci} 的平均值作为该裂缝深度 h_c。

这里剔除 $2d'_i$ 小于 m_{hc} 和大于 $3m_{hc}$ 的数据，是因为从大量检测数据和模拟试验结果看出，按式(4-68)计算的裂缝深度有着随着 T、R 换能器距离增大而增大的趋势，当 l'_i 与裂缝深度相近时，测得的裂缝深度较准确。测距过小或远大于裂缝深度，声时测读误差较大，对裂缝深度计算产生较大影响，所以对 T、R 换能器的测距要加以限制。

此法是基于裂缝中完全充满空气，超声波只能绕过裂缝末端传播到接收换能器，当裂缝中填充了水或泥浆，超声波将通过水耦合层穿过裂缝直接到达接收换能器，不能反映裂缝的真实深度。因此，检测时裂缝中不得填充水和泥浆。如果裂缝中的水无法排除而又需要及时检测，可采用横波换能器进行测试，因横波不能在水中传播，从而可排除水的干扰。不过用横波检测时，如何正确识别纵波和横波信号的起始点，以便准确测量出横波的声时值，乃是一项难度相当大的工作，需要操作人员具备一定实践经验。

当有钢筋穿过裂缝时，如果 T、R 换能器的连线靠近该钢筋，则沿钢筋传播的超声波首先到达接收换能器，检测结果也不能反映裂缝的真实深度。因此，布置测点时应使 T、R 换能器的连线离开穿缝钢筋一定距离，但实际工程中很难离开足够距离，最好使 T、R 换能器连线与穿缝钢筋轴线保持一定夹角(40°～50°)。

(二)直接检测法

当构件的截面不大，而且有裂缝表面的两个侧面都能放置探头时，可以对裂缝直接进行检

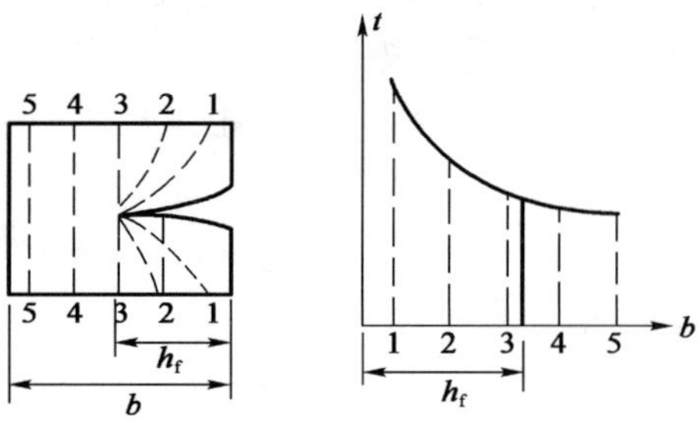

图 4-85　直接检测混凝土裂缝

测(图 4-85)。当发射、接收两个探头在两个侧面相对的位置移动时,测出不同位置声波传播的时间 t,作出 b-t 曲线。曲线转折处的横坐标即为裂缝的深度。

由于实际裂缝中不可能被空气完全隔开,总是存在局部连通点,单面平测时超声波的一部分绕过裂缝末端传播,另一部分穿过裂缝中的连通点,以不同声程到达接收换能器,在仪器接收信号首波附近形成一些干扰波,严重影响首波起始点的辨认,如操作人员经验不足,有可能产生较大的测试误差。

(三)双面斜测法

当混凝土结构的裂缝部位,具有一对相互平行的表面时,宜优先选用双面斜测法。

只要裂缝部位具有两个相互平行的表面,都可用斜测法检测。如常见的梁、柱及其结合部位。这种方法较直观,检测结果较为可靠。

1. 双面斜测检测方法

如图 4-86 所示,采用等测距、等斜角的过缝与不过缝的斜测法检测。

由图 4-86 看出,从上至下共布置 5 排测点,除第一排没有过缝测点外,第②~⑤排的 1、7 号点也为不过缝测点。如果该裂缝在某一排测点处尚未贯穿,如图 4-86a)所示,则 3 号、4 号点的测线不通过裂缝。

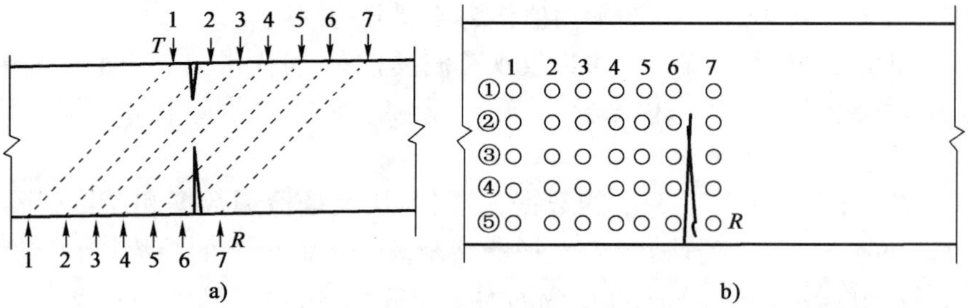

图 4-86　斜测裂缝测点布置示意图

a)平面图;b)立面图

2. 裂缝深度的判定

该方法是在保持 T、R 换能器连线的距离相等、倾斜角一致的条件下进行过缝与不过缝检测,分别读取相应的声时、波幅和主频值。当 T、R 换能器连线通过裂缝时,由于混凝土失去连续性,超声波在裂缝界面上产生很大衰减,仪器接收到的首波信号很微弱,其波幅、声时测值与不过缝测点相比较,存在显著差异(一般波幅差异最明显)。据此便可判定裂缝深度以及是否在所处断面内贯通。

(四)钻孔对测法

对于水坝、桥墩、大型设备基础等大体积混凝土结构,在浇筑混凝土过程中由于水泥的水化热散失较慢,混凝土内部温度比表面高,在结构断面形成较大的温度梯度,内部混凝土的热膨胀量大于表面混凝土,使表面混凝土产生拉应力。当由温差引起的拉应力大于混凝土抗拉强度时,便在混凝土表面产生裂缝。温差越大,形成的拉应力越大,混凝土裂缝越深。因此,大体积混凝土在施工过程中,往往因均温措施不力而造成混凝土裂缝。对于大体积混凝土裂缝检测,一般不宜采用单面平测法,即使被测部位具有一对相互平行的表面,因其测距过大,测试灵敏度满足不了检测仪器的要求,也不能在平行表面进行检测,一般多采用钻孔法检测。

所谓钻孔测法,是在裂缝两侧分别钻出直径略大于换能器直径的测试孔,将径向振动式换能器置于测试孔中,用水耦合进行裂缝深度检测的方法。

钻孔对测法适用于水坝、桥墩、承台等大体积混凝土,预计深度在500mm以上的裂缝检测,被测混凝土结构允许在裂缝两侧钻测试孔。

1. 对测试孔的要求

(1)孔径应比所用换能器直径大5~10mm,以便换能器在孔中移动顺畅。

(2)钻孔测试方法是以超声波通过有缝和无缝混凝土的波幅变化来判定裂缝深度,因此测孔必须深入到无缝混凝土内一定深度,测孔深度应在所测裂缝深600~800mm。为便于判别,通过无缝混凝土的测点应不少于3点。实际检测中一般凭经验先钻出一定深度的孔,通过测试,如发现测孔深度达不到检测要求,再加深钻孔。

(3)对应的两个测试孔,必须始终位于裂缝两侧,其轴线应保持平行。因声时和波幅测值随着测试距离的改变而变化,如果两个测孔的轴线不平行,各测点的测试距离不一致,读取的声时和波幅值缺乏可比性,将给测试数据的分析和裂缝深度判断带来困难。

(4)两个对应测试孔的间距宜为2m左右,同一检测对象各对测孔间距宜保持相同。根据超声波检测仪器和径向振动式换能器的灵敏度情况及实践经验,测孔间距过大,超声波接收信号很微弱,过缝与不过缝测得的波幅差异不明显,不利于测试数据分析和裂缝深度判定。如果测孔间距过小,测试灵敏度虽然提高了,但是延伸的裂缝有可能位于两个测孔的连线之外,造成漏检和误判。

(5)孔中粉末碎屑应清理干净。如果测孔中存在粉尘碎屑,注水后便形成悬浮液,使超声波在测孔中大量散射而衰减,影响测试数据的分析和判断。

(6)横向测孔的轴线应具有一定倾斜角。当需要在混凝土结构侧面钻横向测试孔时,为保证测孔中能蓄满水,应使孔口高出孔底一定高度。必要时可在孔口做“围堰”,以提高测孔的水位。

(7)如图4-87a)所示,宜在裂缝一侧多钻一个孔距相同但较浅的孔(C),通过B、C两孔测量无裂缝混凝土的声学参数。

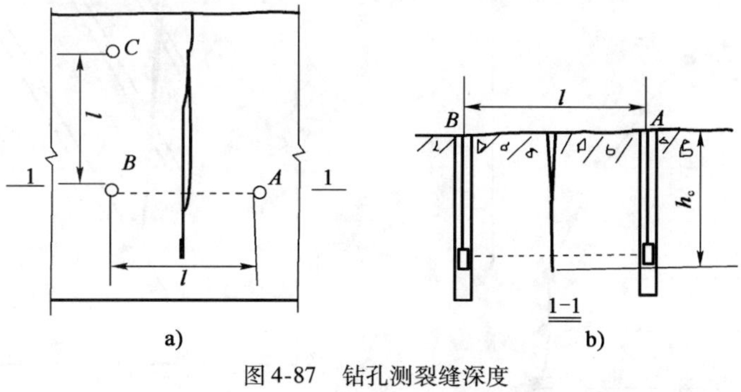

图4-87　钻孔测裂缝深度

a)平面图(C为比较孔);b)1-1剖面图

2. 钻孔对测的方法

(1)在钻孔中检测时,应采用频率为20k~60kHz的径向振动式换能器。为提高测试灵敏度，接收换能器宜带有前置放大器。

(2)向钻孔注满清水并检查是否有漏水现象。如果发现漏水较快，说明该测孔与裂缝相交，应重新钻孔。

(3)先将两个换能器分别置于 B、C 两孔中，测量无缝混凝土的声时、波幅值。检测时，根据混凝土实际情况，将仪器发射电压、采样频率等参数调整至首波信号足够高，且清晰稳定，在固定仪器参数的条件下，将 T、R 换能器保持相同高度，自上而下等间距同步移动，逐点测读声时、波幅及换能器所处深度。然后再将两个换能器分别置于 A、B 两孔中，以相同方法逐点测读声时、波幅及换能器所处深度。

3. 裂缝深度的判断

混凝土结构产生裂缝，总是表面较宽，越向里深入越窄直至完全闭合，而且裂缝两侧的混凝土不可能被空气完全隔开，个别地方被石子、砂粒等固体介质所连通，裂缝越宽连通的地方越少。反之，裂缝越窄连通点越多。当 T、R 换能器连线通过裂缝时，超声波的一部分被空气层反射，一部分通过连通点穿过裂缝传播到接收换能器，成为仪器的首波信号，随着连通点增多，超声波穿过裂缝的部分增加。就是说 T、R 换能器连线通过裂缝的测点，超声传播距离仍然为两个对应测孔的间距，只是随着裂缝宽度的变化，接收到的声波能量发生明显变化。因此，过缝与不过缝的测点，其声时差异不明显，而被幅差异却很大，且随着裂缝宽度减小波幅值增大，直至两个换能器连线超过裂缝末端，波幅达到最大值。所以此种检测方法只用深度(h_i)—波幅(A_i)坐标图来判定混凝土裂缝深度。如图 4-88 所示，随着换能器位置的下移，波幅值逐渐增大，当换能器下移至某一位置后，波幅达到最大值并基本保持稳定，该位置对应的深度，便是所测裂缝的深度值 h_c。

钻孔测裂缝深度的方法，与传播的压水法和渗透法检验相比较，超声法检测结果的准确性最高，并能反映极细微的裂缝，所以比其他方法检验的结果深一些。例如在某水利枢纽工程混凝土质量检测中，采用超声波进行钻孔法检测裂缝深度，为了验证检测结果，对所测的个别裂缝再用压水法进行复检。如图 4-89 所示，在裂缝一侧钻几个斜向裂缝的孔，使其分别在裂缝所处平面的不同深度穿处，然后由浅孔至深孔，逐个进行压力灌水检验。如斜孔穿过裂缝，压

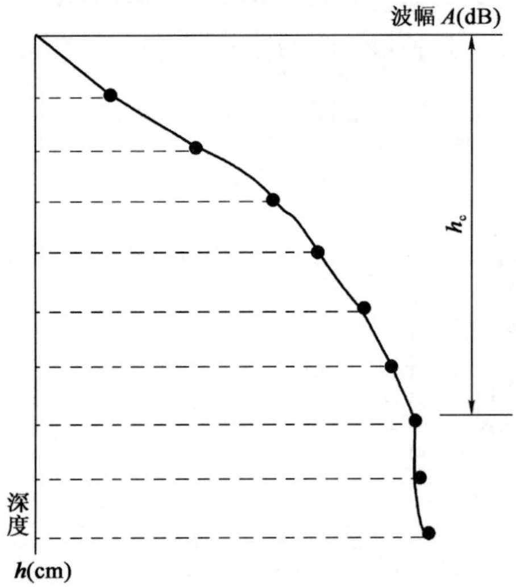

图 4-88 孔深—波幅坐标图

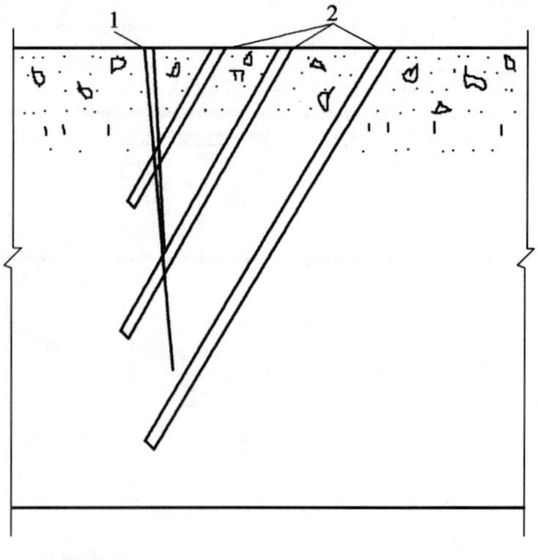

图 4-89 压水检验裂缝深度

1-裂缝；2-压水孔

水时沿裂缝渗泄，压力不能保持。当向某一钻孔压水时，水压缓慢降低，说明该孔穿过较细的裂缝。如向某钻孔压水时，水压很快保持稳定，说明该孔未穿过裂缝，根据相邻两孔的水压变化情况，可判定裂缝深度。两种方法检验结果列于表4-9。

压水法与超声法检测结果对比 表4-9

所测裂缝编号	14号	16号	5号	7号	2号	3号
压水法检验结果(m)	3.3	4.0	3.2	3.5	4.3	7.9
超声法检验结果(m)	3.7	4.3	3.3	5.5	5.7	10.7

应用钻孔法检测裂缝深度时，应注意下列事项：

(1)混凝土不均匀性的影响。当放置 T、R 换能器的测孔之间混凝土质量不均匀或者存在不密实和空洞时，将使 h-A 曲线偏离原来趋向，此时应注意识别和判断，以免产生误判。

(2)温度和外力的影响。由于混凝土本身存在较大的体积变形，当温度升高而膨胀时，其裂缝变穿甚至完全闭合。当结构混凝土在外力作用下，其受压区的裂缝也会产生类似变化。在这种情况下进行超声检测，难以正确判断裂缝深度。因此，最好在气温较低的季节或结构卸荷状态下进行裂缝检测。

(3)钢筋的影响。当有主钢筋穿过裂缝且靠近一对测孔，T、R 换能器又处于该钢筋的高度时，大部分超声波将沿钢筋传播到接收换能器，波幅测值难以反映裂缝的存在，检测时应注意判别。

(4)水分的影响。当裂缝中充满水时，绝大部分超声波经水穿过裂缝传播到接收换能器，使得有无裂缝的波幅值无明显差异，难以判断裂缝深度。因此，检测时被测裂缝中不应填充水或泥浆。

(五)超声法裂缝检测实例

某铁路桥，共有十多个桥墩，系用强度等级为C35的素混凝土浇筑而成。其中，2号、3号、4号、5号桥墩在海拔347.7~349.4m标高处各产生1~2条环向裂缝，缝宽0.3~0.7mm，该标高处桥墩直径约3.6m。下面以3号墩为例，介绍单面平测裂缝的过程。

因该裂缝所处部位的断面尺寸较大，故采用单面平测法检测，沿桥墩四周布置四个测试部位，每部位分别布置过缝与不过缝测点7个，测距 $l'=100$、200、300…700(mm)。见图4-90所示。各测点的声时值测完后，再将 T、R 换能器分别耦合于裂缝两侧($l'=60$mm)发现首波向上，在保持换能器与混凝土表面耦合良好的状态下，将 T、R 换能器缓慢向外侧滑动，同时观察首波相位变化情况。当换能器滑动到某一位置首波反转向下时，再反复调节 T、R 换能器的距离，至首波刚好明显向下为止。

测量两个换能器内边沿的距离 l' 并存储波形。最后再将两换能器向内侧滑动至首波明显向上为止，量其测距 l' 并存储波形。此过程应尽量将信号放大。

现将1号测位的数据列入表4-10。用不过缝 l'_i、t_i 求得回归直线式 $l=-28.7+4.51t$，计算各测点裂缝深度值(mm)：

混凝土桥墩平测裂缝数据 表4-10

测距 l'(mm)	100	200	300	400	500	600	700
过缝 t_i^0(μs)	46.7	68.5	87.9	119.1	134.8	157.6	179.7
不过缝 t_i(μs)	30.1	50.5	70.1	98.8	113.7	140.5	162.1

$h_{c1}=76.3$；$h_{c2}=104.8$；$h_{c3}=124.3$；$h_{c4}=143.8$；$h_{c5}=168.4$；$h_{c6}=159.7$；$h_{c7}=174.3$；平均值 $m_{hc}=136.0$ mm。

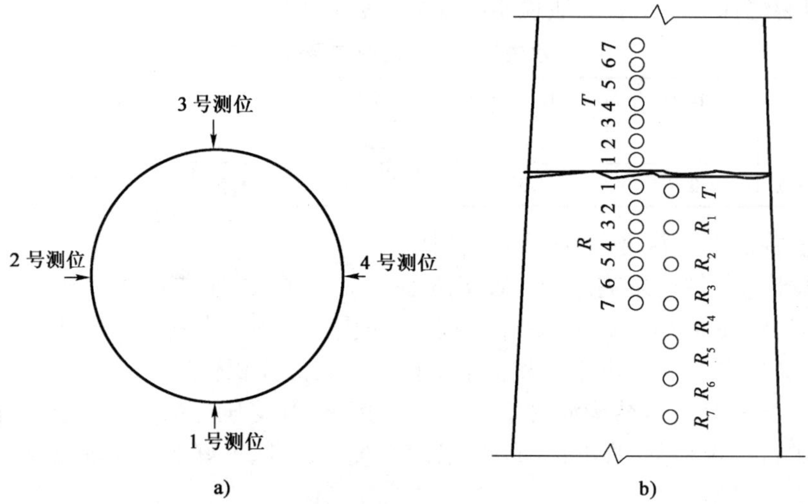

图 4-90　桥墩环向裂缝检测

a)测位布置平面图；b)1 号测位测点布置侧面图

由于在 100～150mm 处出现反相波，这里可用两种方法评定裂缝深度。

(1)取前三点 h_{ci}的平均值：$h_c=(76.3+104.8+124.3)/3=101.8$mm

(2)剔除 h_{c1}、h_{c5}、h_{c6}、h_{c7}后再求平均值

$$h_c=(104.8+124.3+143.8)/3=124.3\text{mm}$$

最后取两种计算结果的平均数(113mm)作为该测位的裂缝深度。经钻芯验证，裂缝实际深度为 116mm。检测结果各测试部位裂缝深度为：1 号 113mm；2 号 65mm；3 号 61mm；4 号 90mm。

检测时仪器屏幕显示的首波相位反转情况如图 4-91 所示。

四、不密实区和孔洞检测

(一)概念及检测原理

所谓不密实区，系指因振捣不够、漏浆或石子架空等造成的蜂窝状，或因缺少水泥而形成的松散状以及遭受意外损伤所产生的疏松状混凝土区域。尤其是体积较大的结构或构件，因混凝土浇筑量大，且不允许产生施工缝必须连续浇筑，因此施工管理稍有疏忽，便会产生漏振或混凝土拌和物离析等现象。对于一般工业与民用建筑物的混凝土构件，处于钢筋较密集的部位(如框架结构梁、柱节点和主次梁交接部位)，往往产生石子架空现象。对于楼层较高的柱子和剪力墙的混凝土浇筑，如工艺上不采取一定措施，也容易产生漏振和离析。工程检测中有时还发现结构混凝土内部混入杂物(砂石混合物、木块、砖头、土块、纸团等)。从广义上讲，上述缺陷内容都属于混凝土不密实范畴。对这种隐蔽在结构内部的缺陷，要及时查明情况并作适当的技术处理。

各种类型混凝土构件和结构，用超声波检测其内部质量情况的原理是基于超声波在介质中传播时，如果在声路上遇有空隙时，声波就产生反射。一部分能量受到衰减，另一部分能量可以绕过空隙继续向前传播，即所谓绕射现象图 4-92。因此，接收到的信号与无空隙时相比，

不但能量大大减少。而且传播的时间也有所增加。

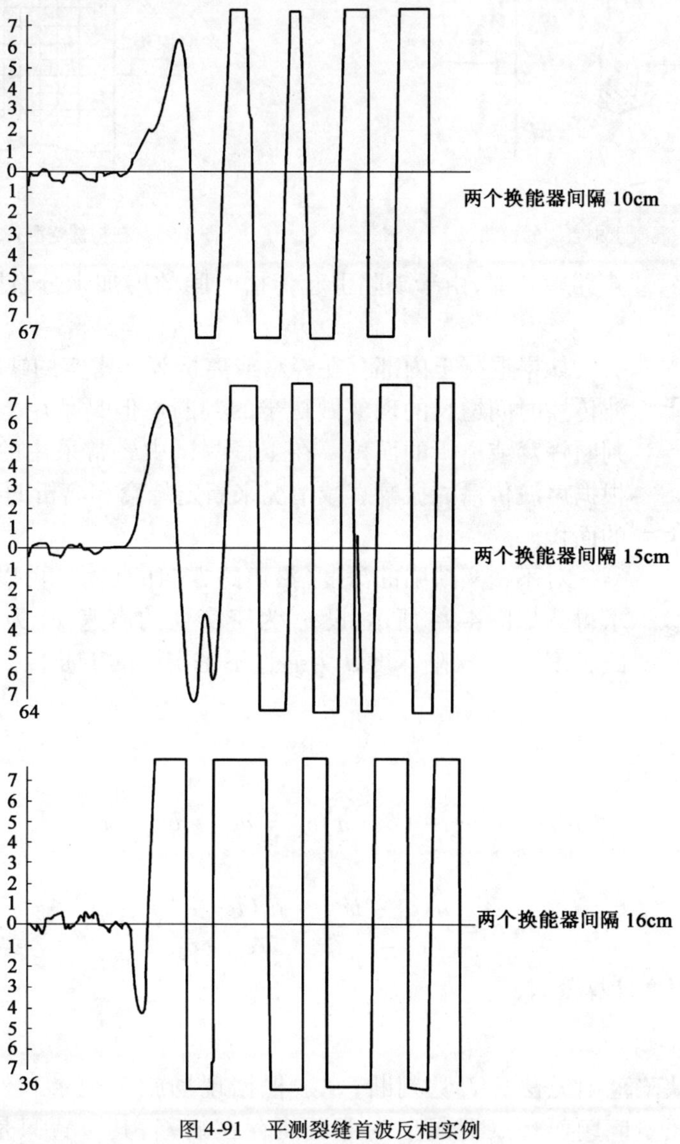

图 4-91　平测裂缝首波反相实例

为进一步说明混凝土缺陷检测原理,现以混凝土空洞缺陷检测原理来说明。

对于混凝土内部大于 10cm 的空洞,可以通过测量超声波传播时间的突然变化来判定它的存在,并计算出空洞的尺寸。计算空洞半径的公式为:

$$R = \frac{l}{2}\sqrt{\left(\frac{t_d}{t_c}\right)^2 - 1} \tag{4-70}$$

式中:l——直达声路长度;

t_d——有空洞处超声波传播时间;

t_c——无空洞处超声波传播时间。

为了正确判断空洞的大小及形状,可在空洞的范围内打网格增加测点(图 4-93),这样判定空洞的形状、大小和所在部位。

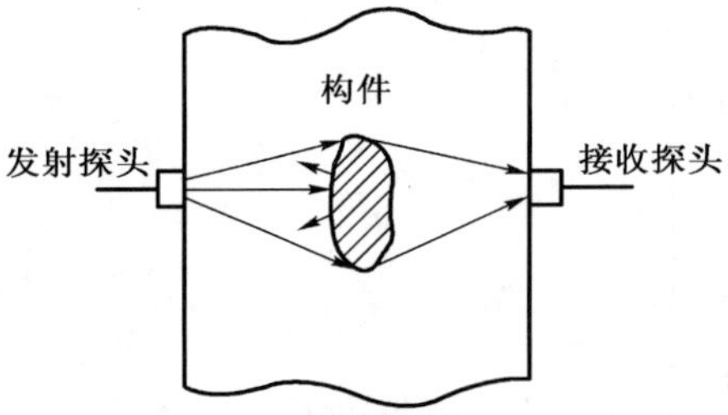

图 4-92　混凝土中空洞的检测

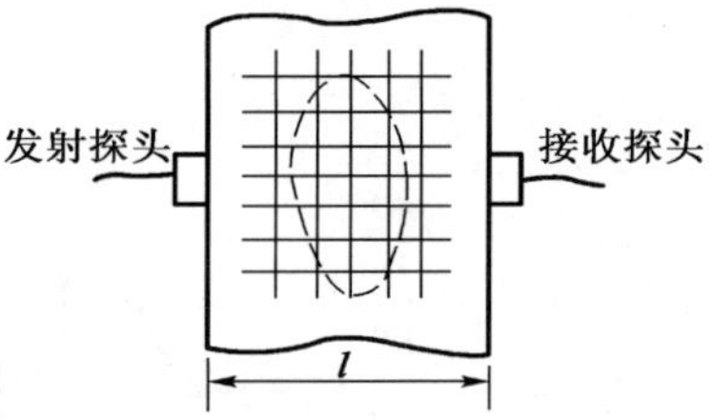

图 4-93　在构件空洞处打网格增加测点

在空洞比较小,或声路较长时,由于缺陷引起传播时间的增加十分有限,这时计算的误差较大。

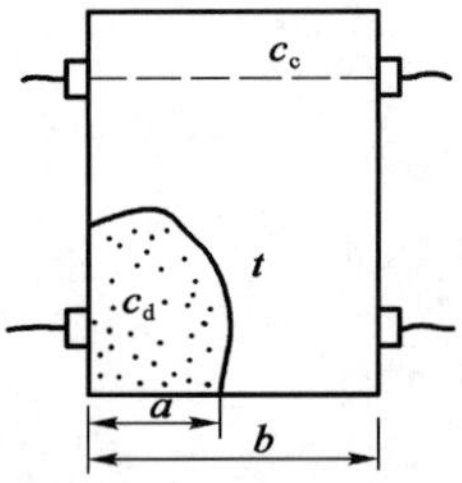

图 4-94　混凝土不密实缺陷的探测

如果混凝土内部存在蜂窝或离析等不密实的缺陷时,也可以根据声波传播时间增长的现象做初步的判断。但是采用上面的办法不能正确判断蜂窝或离析的面积。在工程测试中经常采用的比较有效的方法是根据声波传播的振幅衰减情况来断定蜂窝和离析的存在,并检测出缺陷的面积。

对不密实缺陷的深度(沿声路方向的长度)可以根据下述的公式来求得。如图 4-94 所示,设 c_c 为密实处的声速,c_d 为缺陷处声速,b 为声路长度,a 为缺陷深度,t 为通过不密实层的声波传播时间,则:

$$t = \frac{a}{c_d} + \frac{b-a}{c_c} \tag{4-71}$$

两端同乘 c_d、c_c 得:

$$tc_dc_c = ac_c + (b-a)c_d = ac_c + bc_d - ac_d \tag{4-72}$$

移项可得:

$$a = \frac{tc_cc_d - bc_d}{c_c - c_d} = \frac{c_d(tc_c - b)}{c_c - c_d} \tag{4-73}$$

上式即为不密实深度计算公式。

(二)测试方法分类

混凝土内部缺陷范围无法凭直觉判断,一般根据现场施工记录和外观质量情况,或在使用过程中出现质量问题而怀疑混凝土内部可能存在缺陷,其位置只是大致的,因此对这类缺陷进行检测时,测试范围一般都要大于所怀疑的区域,或者先进行大范围粗测,根据粗测的数据情况再着重对可疑区域进行细测。检测时一般根据被测结构实际情况选用适宜的测试方法。

1. 对测法

对测法适用于具有两对相互平行表面的构件检测。测点布置如图 4-95 所示。

检测时,先将 T、R 换能器分别置于其中一对相互平行测试面的对应测点上,逐点测读声时、波幅和主频值。当某些测点的数据存在异常时,除了清理表面进行复测外,再将 T、R 换能器分别置于另一对相互平行的测试面上,逐点进行检测,以便判断缺陷的位置和范围。

对测法简单省事,两个方向测完即可根据声时、波幅的变化情况判定缺陷的空间位置。

2. 斜测法

斜测法适用于只有一对相互平行表面的构件检测。

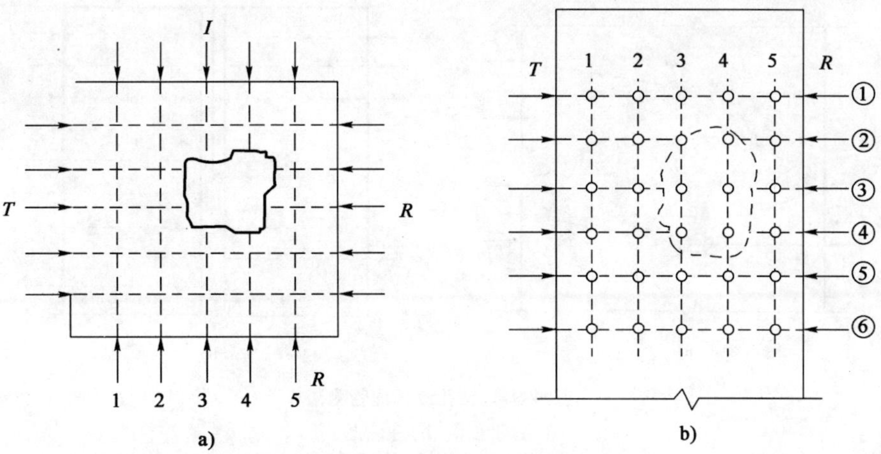

图 4-95　对测法示意图

a) 平面图；b) 立面图

注：图中箭头和○代表超声测点位置

测试步骤同对测法，一般是在对测的基础上围绕可疑测点进行斜测（包括水平方向和竖直方向的斜测），以确定缺陷的空间位置。测点布置如图 4-96 所示。

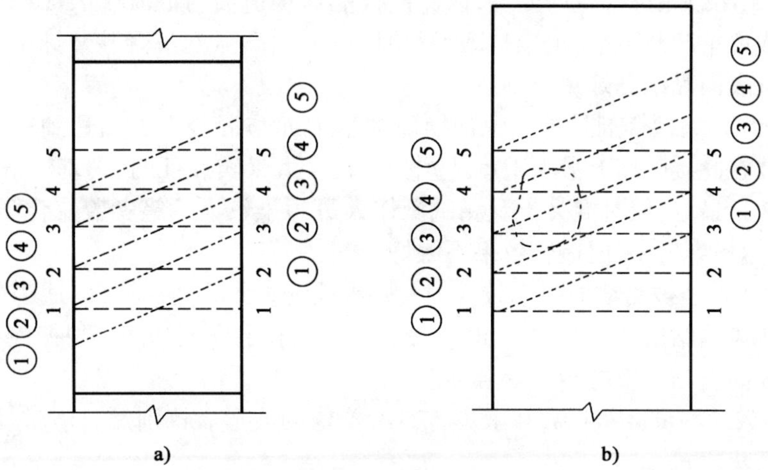

图 4-96　斜测法示意图

a) 平面图；b) 立面图

3. 钻孔测法

对于断面较大的结构，虽然具有一对或两对相互平行的表面，但测距太大，若穿过整个断面测试，接收信号很弱甚至接收不到信号。为了提高测试灵敏度，可在适当位置钻测试孔或预埋声测管，以缩短测距。测点布置如图 4-97 所示。

检测时，钻孔中放置径向振动式换能器，用清水作耦合剂，在结构侧表面放置厚度振动式换能器，用黄油耦合。一般是将钻孔中的换能器置于某一高度保持不动，在结构侧面相应高度放置平面式换能器，沿水平方向逐点测读声时 t_i 和波幅 A_i，然后将孔中换能器调整一定高度，再沿水平方向逐点测试。必要时也可以沿竖直方向，使孔中换能器与测面换能器保持一定高度差进行测试，以便进一步判定缺陷位置。

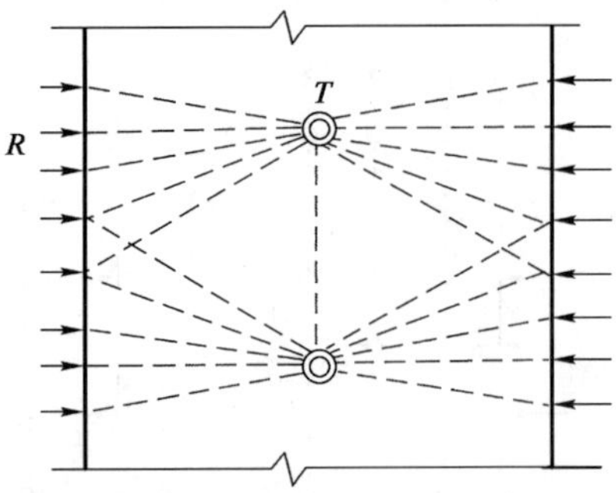

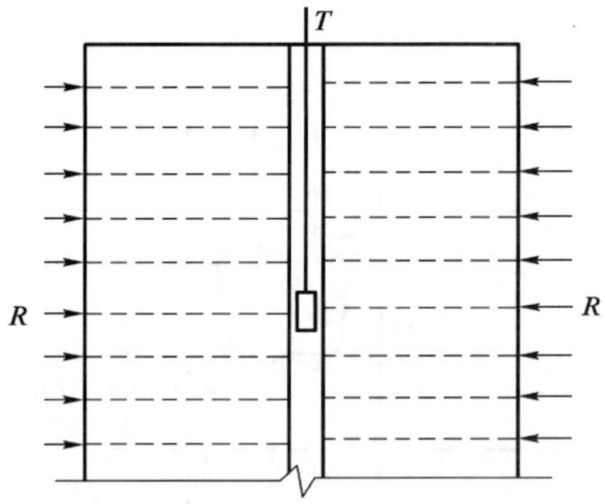

图4-97　钻孔或预埋管测法

a)平面图;b)立面图

4. 测试步骤

(1)布点画线。在结构或构件被测部位两对(或一对)相互平行的表面,分别画出等间距(间距大小可根据构件被测部位断面大小及混凝土外观质量情况确定,一般为100~300mm)网格线,并在两个相对表面的网格交叉点编号,定出T、R换能器对应测点位置。

(2)表面处理。超声测点处混凝土表面必须平整、干净。对不平整或黏附有泥砂等杂物的测点表面,应采用砂轮进行打磨处理,以保证换能器辐射面与混凝土表面耦合良好;当测试表面存在麻面或严重凹凸不平,很难打磨平整时,可采用高强度快凝砂浆抹平,但必须保证抹平砂浆与混凝土表面黏结良好。

(3)涂耦合剂。涂耦合剂是为了保证换能器辐射面与混凝土表面达到完全平面接触,以确保超声脉冲波在此接触面上最大限度地减少损耗。大量实践证明,钙基润滑脂(黄油)和凡士林作耦合剂效果最好,但对混凝土及测试操作人员污染较大。笔者曾用化学糨糊和面粉糨糊作耦合剂,虽然污染较小,但耦合效果不太好。

(4)钻测试孔。当被测结构断面较大时,为提高测试灵敏度,需要在适当部位钻测试孔。一般采用电锤或风钻钻出孔径为38~40mm的竖向孔,孔的深度和间距根据检测需要确定,孔中注满清水作径向振动式换能器的耦合剂。

(5)测量参数。测量声学参数和采集有参考价值的波形。特别是对声时、波幅、频率的测量和波形进行采集。

(6)测超声距。测量超声波传播距离。当同一测试部位各点测距不同时,应逐点测量T、R换能器之间的距离,一般要求精确至1%。

(7)描绘图形。描绘所测部位的测点布置示意图。现场描绘测点布置示意图,有助于数据分析判断,亦便于出报告时绘制缺陷位置图。

(8)数据处理。这是一个极其重要的环工,根据对各声学参数的分析处理,并结合检测人员实践经验,进行综合判断,从而获取被测对象的真实信息,以便对被测混凝土作出正确评价。

(9)提供报告。检测报告是整个工程检测的最终成果,必须以科学、认真、求实的态度编写。

(三)数据处理及判断

1. 利用概率统计法判断混凝土内部缺陷的原理

混凝土内部缺陷判断,比金属内部缺陷判断复杂得多,金属是均质材料,只要材料型号一定，其声速值基本固定，用标准试件校准好仪器，可以用高频超声反射法，直接在工件上测出缺陷的位置和大小。

而混凝土是非均质材料，它是固—液—气三相混合体，而且固相中，粗集料的品种、级配差异较大，即使无缺陷的正常混凝土，测得的声速、波幅和主频等参数在相当大的范围波动。因此，不可能用一个固定的临界指标作为判断缺陷的标准，一般都利用概率统计法进行判断。

概率统计法的基本思想在于，对总体（或母体）进行抽样检测时，根据观测数据的平均值（m_x）和标准差（S_x），先给定一置信水平（如0.90）并确定一个相应的置信范围（如 $m_x \pm 2S_x$），凡超过这个范围的观测值，就认为它是由于观测失误或者是被测对象性质改变所造成的异常值。如果在一系列观测值中混有异常值，必然歪曲试验结果，为了能真实地反映被测对象，应剔除测试数据中的异常值。

对于混凝土超声测缺技术来讲，一般认为正常混凝土的质量服从正态分布，在测试条件基本一致，且无其他因素影响的情况下，其声速、波幅、频率观测值也基本属于正态分布。在一系列观测数据中，凡属于混凝土本身不均匀性或测试中的随机误差带来的数值波动，都应服从统计规律，处在所给定的置信范围以内。

在混凝土缺陷超声检测中，凡遇到读数异常的测点，一般都要查明原因（如表面是否平整、耦合层中有否砂粒或测点附近有否预埋件、空壳等），并清除或避开干扰因素进行复测。因此，可以说基本不存在观测失误的问题。出现异常值，必然是混凝土本身性质改变所致。这就是利用统计学方法判定混凝土内部缺陷的基本思想。

2. 声学参数均值和标准差计算

测试部位声学参数平均值（m_x）和标准差（S_x），应按下列公式计算：

$$m_x = \sum x_i / n \quad (4\text{-}74)$$

$$S_x = \sqrt{(\sum x_i^2 - n \cdot m_x^2)/(n-1)} \quad (4\text{-}75)$$

式中：x_i——第 i 点声学参数测量值；

n——参与统计的测点数。

五、混凝土损伤层检测

（一）概念和基本原理

混凝土构件或结构，在施工或使用过程中，其表层有时会在物理或化学因素作用下受到损伤：物理因素如火焰、冰冻等；化学因素如一些酸和盐碱类等。结构物受到这些因素作用时，其表层损伤程度除了与作用时间长短及反复循环次数有关外，还与混凝土本身某些特征有关，如比表面积大小、水泥用量、龄期长短、水灰比及捣实程度等。

当混凝土表层受到损伤时，其表面会产生裂缝或疏松脱离，降低对钢筋的保护作用，影响结构的承载力和耐久性。用超声法检测混凝土损伤层厚度，既能查明结构表面损伤程度，又为结构加固提供技术依据。

在考虑上述问题时，是假定混凝土的损坏层与未损伤部分有一个明显分界线。实际情况并非如此，国外一些研究人员曾用射线照相法，观察化学作用对混凝土产生的腐蚀情况，发现损伤层与未损伤部分不存在明显的界限。从我们的工程实测结果来看，也说明了这一点，总是最外层损伤严重，越向里深入，损伤程度越轻微，其强度和声速的分布曲线应该是连续圆滑的，如图4-98所示。为了计算方便，把损伤层与未损伤部分截然分成两部分来考虑，如图4-99所示。

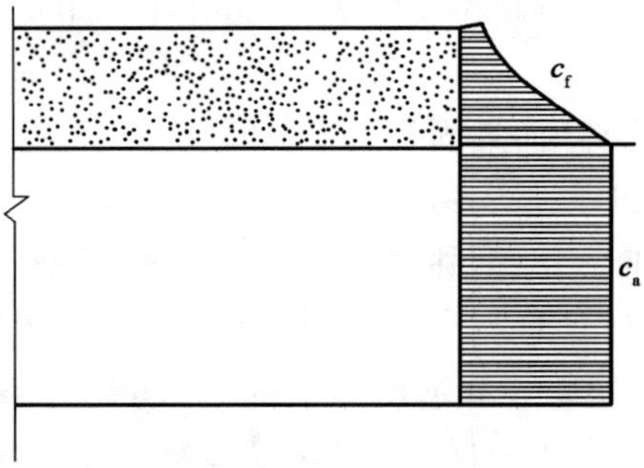

图 4-98　斜测施工缝测点布置

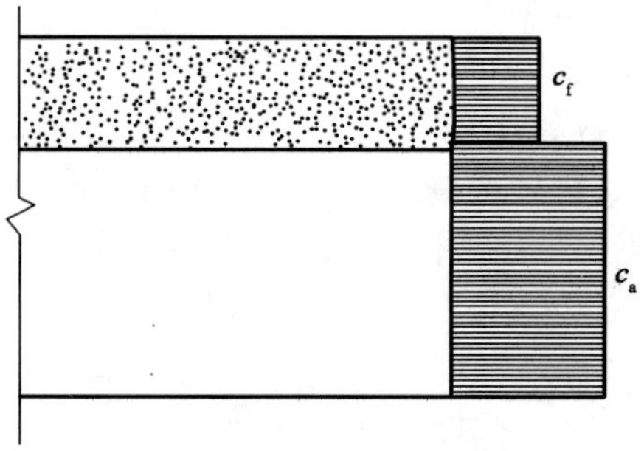

图 4-99　假设声速分布

该方法的基本原理如图 4-100 所示。

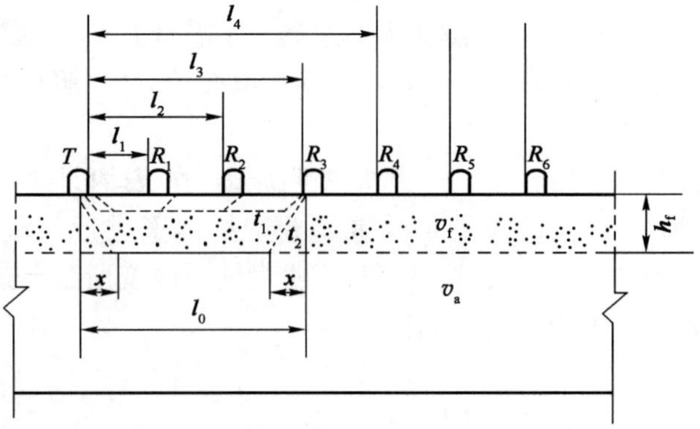

图 4-100　实际声速分布

当 T、R 换能器的间距较近时，超声波沿表面损伤层传播的时间最短，首先到达 R 换能器，此时读取的声时值反映了损伤层混凝土的传播速度。随着 T、R 换能器间距增大，部分声波穿过损伤层，沿未损伤混凝土传播一定间距后，再穿过损伤层到达 R 换能器。当 T、R 换能器间距增大到某一距离（l_0）时，穿过损伤层经未损伤混凝土传播一定距离再穿过损伤层到达 R 换能器的声波，比沿损伤层直接传播的声波早到达或同时到达 R 换能器，即 $t_2 \leqslant t_1$。

由图 4-100 看出：

$$t_1 = l_0 / c_f$$

$$t_2 = 2 \cdot (\sqrt{h_f^2 + x^2}) / c_f + (l_0 - 2x) / c_a$$

则

$$l_0 / c_f = 2 / c_f \cdot \sqrt{h_f^2 + x^2} + (l_0 - 2x) / c_a \tag{4-76}$$

因为

$$l_0 = t_1 \cdot c_f$$

所以

$$t_1 = 2 / c_f \sqrt{h_f^2 + x^2} - (l_0 - 2x) / c_a$$

为使 x 值最小，可取 t_1 对 x 的导数等于 0。

则

$$\mathrm{d}t_1 / \mathrm{d}x = 2 / c_f \cdot 2x / (2\sqrt{h_f^2 + x^2}) - 2 / c_a = 2x / (c_f \sqrt{h_f^2 + x^2}) - 2 / c_a = 0$$

$$x / (c_f \sqrt{h_f^2 + x^2}) = 1 / c_a \tag{4-77}$$

将式(4-77)整理后得：

$$x = h_f c_f / \sqrt{c_a^2 - c_f^2}$$

将 x 代入式(4-76)得：

$$l_0 / c_f = 2 / c_f \cdot \sqrt{h_f^2 + c_f^2 h_f^2 / (c_a^2 - c_f^2)} + l_0 / c_a - 2 h_f c_f / (c_a \cdot \sqrt{c_a^2 - c_f^2}) \tag{4-78}$$

将式(4-78)整理后得：

$$h_f = l_0 / 2 \cdot \sqrt{(c_a - c_f) / (c_a + c_f)} \tag{4-79}$$

式(4-79)便是常用于检测混凝土损伤层厚度的通用计算式。

(二)测试方法

1. 基本要求

(1)选取有代表性的部位。选取有代表性的部位进行检测,既可减少测试工作量,又使测试结果更符合混凝土实际情况。

(2)清理并干燥被测表面。被测表面应处于自然干燥状态,且无接缝和饰面层。由于水的声速比空气声速大4倍多,疏松或有龟裂的损伤层很易吸收水分,如果表面潮湿,其声速测量值必然偏高,与未损伤的内部混凝土声速差异减小,使检测结果产生较大误差。测试表面存在裂缝或饰面层,也会使声速测值不能反映损伤混凝土真实情况。

(3)钻芯验证损伤层厚。如条件允许,可对测试结果作局部破损验证。为了提高检测结果的可靠性,可根据测试数据选取有代表性的部位,局部凿开或钻取芯样验证其损伤层厚度。

(4)合理选择低频换能器。用频率较低的厚度振动式换能器。混凝土表面操作层检测,一般是将 T、R 换能器放在同一表面进行单面平测,这种测试方法接收信号较弱,换能器主频越高,接收信号越弱。因此,为便于测读,确保接收信号具有一定首波幅度,宜选用较低频率的换能器。

(5)测点避开钢筋位置。布置测点应避开钢筋的影响。布置测点时,应使 T、R 换能器的连线离开钢筋一定距离或与附近钢筋轴线形成一定夹角。

2. 检测步骤

如图4-101所示。先将 T 换能器通过耦合剂与被测混凝土表面耦合好,且固定不动,然后将 R 换能器耦合在 T 换能器旁边,并依次以一定间距移动 R 换能器,逐点读取相应的声时值 t_1、t_2、t_3…并测量每次 T、R 换能器内边缘之间的距离 l_1、l_2、l_3…为便于检测较薄的损伤层,R 换能器每次移动的距离不宜太大,以30mm或50mm为好。为便于绘制"时—距"坐标图,每一测试部位的测点数应不少于6点,当损伤层较厚时,应适当增加测点数。

当发现损伤层厚度不均匀时,应适当增加测位的数量,使检测结果更具有真实性。

(三)数据处理及判断

1. 绘制"时—距"坐标图

以测试距离 l 为纵坐标、声时 t 为横坐标,根据各测点的测距(l_i)和对应的声时值(t_i)绘制"时—距"坐标图,如图4-102所示。其中前三点反映了损伤混凝土声速(c_f),$c_f=(l_3-l_1)/(t_3-t_1)$;后三点反映了未损伤混凝土的声速(c_a),$c_a=(l_6-l_4)/(t_6-t_4)$。

2. 求回归直线方程

由图4-102看出,在斜线中间形成一拐点,拐点前、后分别表示损伤和未损伤混凝土的 l 与 t 相关直线。用回归分析方法分别求出损伤、未损伤混凝土 l 与 t 的回归直线方程:

损伤混凝土:
$$l_f = a_1 + b_1 \cdot t_f \tag{4-80}$$

未损伤混凝土:
$$l_a = a_2 + b_2 \cdot t_a \tag{4-81}$$

式中: l_f——拐点前各测点的测距mm,对应于图4-101中的 l_1、l_2、l_3;

t_f——拐点前各测点的声时,μs,对应于图4-101中的 t_1、t_2、t_3;

l_a——拐点后各测点的测距,mm,对应于图4-101中的 l_4、l_5、l_6;

t_a——拐点前各测点的声时,μs,对应于图4-101中的 t_4、t_5、t_6;

a_1、b_1、a_2、b_2——回归系数,即图4-102中损伤和未损伤混凝土直线的截距和斜率。

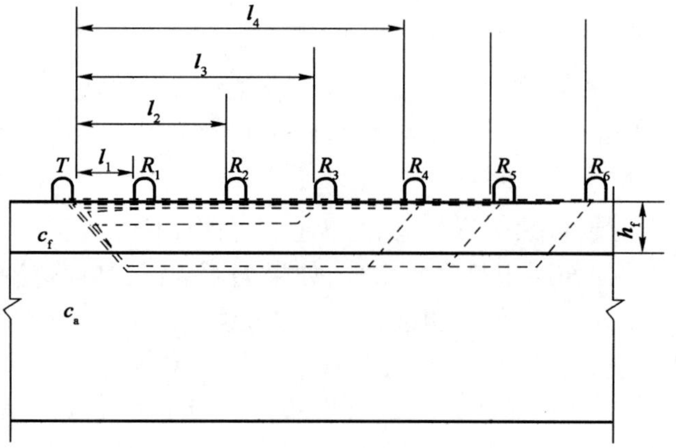

图 4-101　检测损伤层厚度示意图

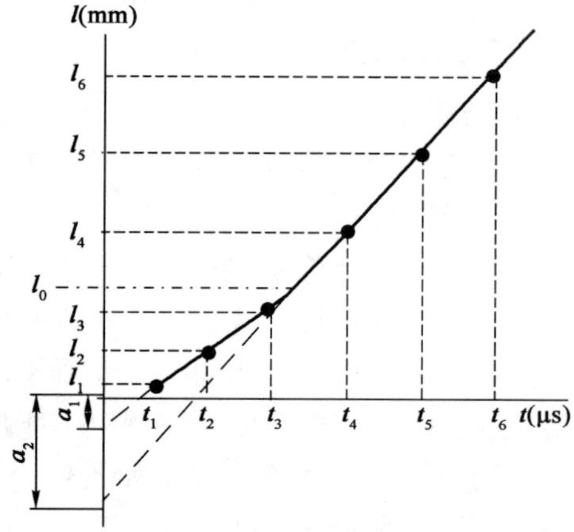

图 4-102　损伤层检测“时—距”图

3. 损伤层厚度计算

两条直线的交点对应的测距：

$$l_0 = (a_1 b_2 - a_2 b_1)/(b_2 - b_1) \tag{4-82}$$

损伤层厚度：

$$h_f = l_0/2 \cdot \sqrt{(b_2 - b_1)/(b_2 + b_1)} \tag{4-83}$$

4. 损伤层检测实例

某框架楼第三层柱（断面尺寸 600mm × 400mm），浇筑混凝土第 8d 后正进行顶板和大梁支模（木模）、绑扎钢筋时不慎失火，几十根柱子遭受不同程度烧伤，被烧柱子浇水养护 30d 后进行检测。

采用平测法检测，并选取一个柱子在迎火面烧伤较重的部位，凿去 50mm 左右的表层再进行平测，同时在基本未烧的柱子上进行对比测试，测点布置如图 4-103a）和图 4-103b）所示。

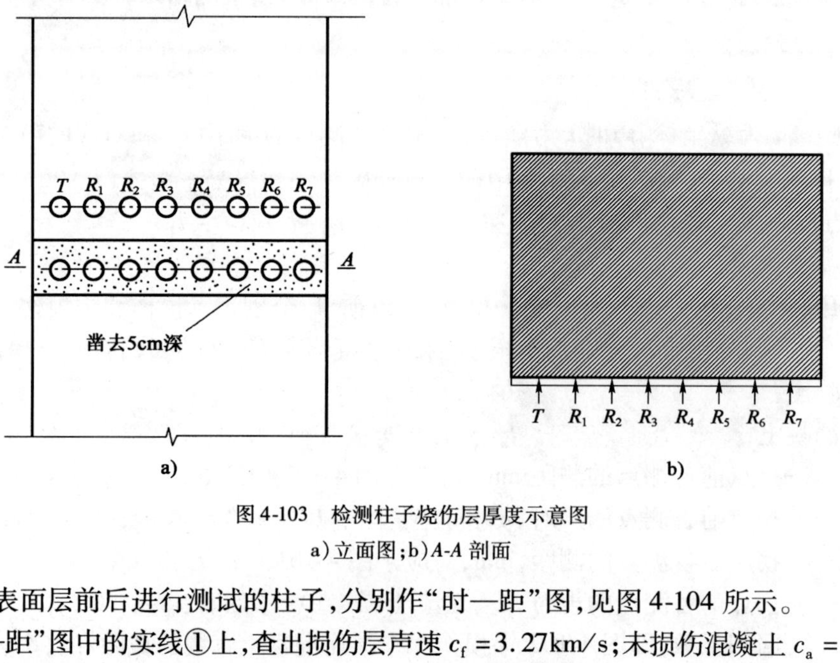

图 4-103　检测柱子烧伤层厚度示意图

a）立面图；b）A-A 剖面

对凿掉表面层前后进行测试的柱子，分别作“时—距”图，见图 4-104 所示。

由“时—距”图中的实线①上，查出损伤层声速 $c_f = 3.27\text{km/s}$；未损伤混凝土 $c_a = 4.17\ \text{km/s}$；

损伤厚度 $h_f = 56mm$。由虚线②上，查得 $c_a = 4.14km/s$。基本未烧伤柱子的声速 $c = 4.0 \sim 4.13 km/s$。由此表明，用平测法检测损伤和未损伤混凝土的声速是可靠的。

对明显烧伤的十多根柱子，分别用测距 l 和对应声时 t 进行回归分析，分析结果如下：

$c_f = b_1 = 2.81 \sim 3.34km/s$；$c_a = b_2 = 4.08 \sim 4.34km/s$；烧伤层厚度 $h_f = 40 \sim 72mm$。

距火源越近的柱子，烧伤越深，同一根柱子迎火面比背火面烧伤深，完全符合着火现场实际情况。

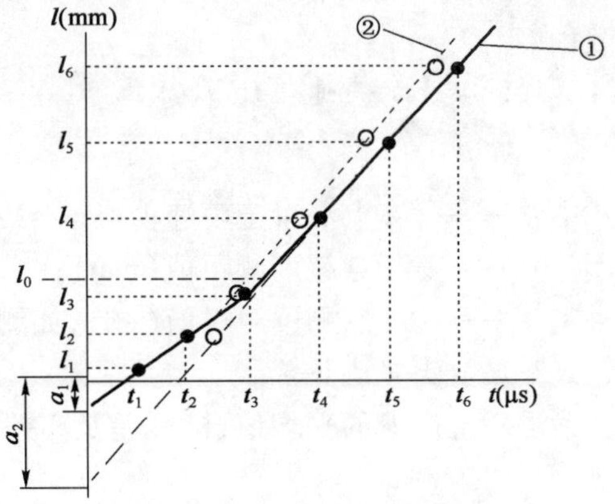

图 4-104　烧伤柱检测"时—距"图

①-未凿表面的测试数据；②-凿去表面的测试数据

六、混凝土匀质检测

(一)基本概念

所谓匀质性检测，是对整个结构物或同一批构件的混凝土质量均匀性进行检验。混凝土匀质性检验的传统方法，是在浇筑混凝土的同时，现场取样作混凝土标准试块，以其破坏强度的统计值来评价混凝土的匀质性水平。这种方法存在三种局限性：其一是，试块的数量有限；其二是，几何尺寸、浇筑养护方法与结构不同；其三是，混凝土硬化条件与结构存在差异。有鉴于此，用标准试块的强度很难全面反映结构混凝土的质量情况。

超声法是直接在结构上进行全面检测，虽然测试精度尚不太高，但其数据代表性较强，因此用该法检验混凝土的匀质性具有一定实际意义。国际标准及国际材料和结构实验室协会都建议用超声法检验混凝土的匀质性。

(二)测试方法

一般采用厚度振动式换能器进行穿透对测法检验结构混凝土的匀质性，要求被测结构应具备一对相互平行的测试表面，并保持平整、干净。先在两个相互平行的表面分别画出等间距网格，并编上对应的测点序号，网格间距大小由结构类型和测试要求确定，一般为 200 ~ 500mm，对于断面尺寸较小，质量要求较高的结构，测点间距可小一些；对尺寸较大的大体积混凝土，测点间距可取大一些。

测试时，应使 T、R 换能器在对应的一对测点上保持良好耦合状态，逐点读取声时 t_i。超声测距的测量，可根据构件实际情况确定，若各点测距完全一致，可在被测构件的不同部位测量几次，取其平均数作为该构件的超声测距值 l。当各测点的测距不尽相同(相差≥2%)时，应分别进行测量。如条件许可，最好采用专用工具逐点测量 l_i 值。

(三)计算和分析

为了比较或评价混凝土质量均匀性的优劣，需要应用数理统计学中两个特征值——标准差和离差系数。在数理统计中，常用标准差来判断一组观测值的波动情况或比较几组测量过程的准确程度。但标准差只能反映一组观测值的波动情况，要比较几组测量过程的准确程度，则概念不够明确，没有统一的基准，缺乏可比性。例如，有两批混凝土构件，分别测得混凝土强度的平均值为 20MPa 和 45MPa，标准差为 4MPa、5MPa，仅从标准差来看，前者的强度均匀性较好。其实不然，若以标准差除以其平均值，则分别为 0.2 和 0.11，实际上是后者的强度均匀性较好。所以人们除了用标准差以外，还常采用离差系数来反映一组或比较几组观测数据的离散程度。

1. 混凝土的声速值计算

$$c_i = l_i / t_i \tag{4-84}$$

式中：c_i——第 i 点混凝土声速值(km/s)；

l_i——第 i 点超声测距值(mm)；

t_i——第 i 点测读声时值(μs)，如测距较小，应扣除声时初读数 t_0 值。

2. 混凝土声速评价

混凝土声速的平均值、标准差及离差系数按下列公式计算：

$$m_v = \frac{1}{n}\sum c_i \tag{4-85}$$

$$S_v = \sqrt{(\sum_{i=1}^{n} c_i^2 - n m_v^2)/(n-1)} \tag{4-86}$$

$$C_v = \frac{S_v}{m_v} \tag{4-87}$$

式中：m_v——混凝土声速平均值(km/s)；

S_v——混凝土声速的标准差(km/s)；

C_v——混凝土声速的离差系数；

n——测点数。

如果事先建立有混凝土强度与声速的相关曲线，可将测点声速值换算成混凝土强度值，再进行强度平均值、标准差和离差系数计算更好。

由于混凝土的强度与其声速之间存在较密切的相关关系，结构混凝土各测点声速值的波动，基本反映了混凝土强度质量的波动情况。因此，可以直接用混凝土声速的标准差(S_v)和离差系数(C_v)来分析比较相同测距的同类结构混凝土质量均匀性的优劣。

但是，混凝土声速与强度之间存在的相关关系并非线性，所以直接用声速的标准差和离差系数，与现行验收规范以标准试块28d抗压强度的标准差和离差系数，不属于同一量值，因此，最好将声速值换算成混凝土强度，再用混凝土强度的标准差和离差系数来评价同一批混凝土的匀质性等级。

七、钻孔灌注桩混凝土质量的超声波检测

此法适用于检验地下的大体积构件或钻孔灌注桩等。在浇注构件的混凝土时，在桩径相对的两侧，埋设两根测管，如图4-105所示。发射和接收探头分别放入两根管内，管中充满流动性的油类或水作为耦合剂。

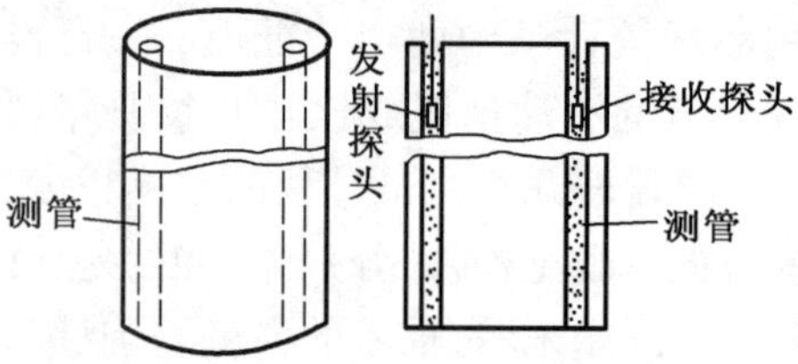

图4-105　桩基础检测

两管之间的距离最大不应超过1.5m，以1m以内较为适宜。管径应略大于探头的外径。管子截面积总和应小于桩截面积的1%。过大的测管外径会削弱桩基础。由于管内径限定了探头的尺寸，所以必须选择截面较小的环形水探头。

测试时，使接收和发射探头等距离的移动(兼作吊缆的导线上应有距离标尺)，观察声波传播时间的变化。当探头之间的混凝土有缺陷时，声波传播时间将有明显变化，接收的信号幅度也将有大的变化。据此，即可判断缺陷的位置和估计缺陷的尺寸。在检验大直径的桩基础时，为了较全面的判断桩的缺陷，可以埋设三个测管，并按三角形顶点的位置来布置。

当桩有钢筋骨架，测管可以固定在其上。如果没有钢筋骨架，则必须设置一个轻便的骨架，以使沿桩长度方向的测管间距基本相等。

测管的材料一般为塑料，也有用钢管制成。塑料管的优点是其声速在混凝土和水之间。既有相当的阻尼，也不会产生共振，对声波传播比较有利。缺点是管壁不易和混凝土黏合。使用钢管的优点是测管与混凝土黏合良好，使混凝土的配筋得到增强，在某些情况下还可以作为主钢筋使用。缺点是声阻抗与混凝土和水的差异过大，在声波的传播中形成明显的不连续性，使接收信号的干扰加大，不易进行判读。

一般情况下，发射与接收探头处于同一高程，声波的通路是水平的，位于通路之间的缺陷即可检查出来。如果缺陷为水平的狭缝则测不出来，此时可将两个探头倾斜布置，如图4-106a)所示。图4-106b)的扇形布置可以探测水平位置的缺陷。

特别指出，由于钻孔灌注桩配有钢筋且混凝土有湿度，检测时要注意采取技术措施。

由于钢的声速比混凝土快，在混凝土的声波检测中，如果声波通过钢筋到达接收探头，将会产生较大的测量误差。

当钢筋轴线垂直于声通路时(图4-107)，即使通路上配有大量钢筋，声波传播速度也不会随配筋的增加而加快。这是混凝土中含有的石料与钢筋声速接近，可以认为石料的位置被钢筋所取代，并不会对声速产生过大的影响。只有配筋极密的构件(如混凝土桁架的下弦杆)，才需要考虑钢筋的影响。

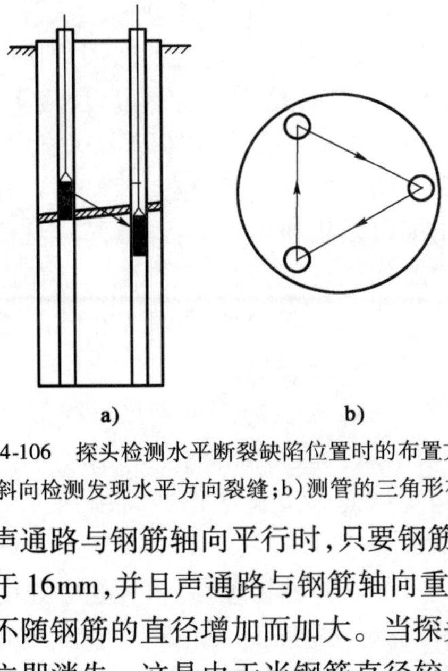

a)　　b)

图4-106　探头检测水平断裂缺陷位置时的布置方法

a)斜向检测发现水平方向裂缝；b)测管的三角形布置

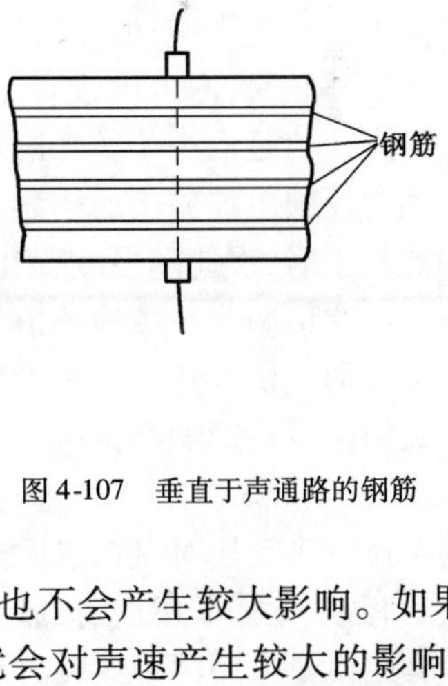

图4-107　垂直于声通路的钢筋

当声通路与钢筋轴向平行时，只要钢筋直径小于12mm，也不会产生较大影响。如果钢筋直径大于16mm，并且声通路与钢筋轴向重合，钢筋的存在就会对声速产生较大的影响，而且影响并不随钢筋的直径增加而加大。当探头距钢筋边沿的距离大于1~1.5倍探头直径时，这种影响立即消失。这是由于当钢筋直径较小时，声波经混凝土和钢筋两条通路传播，由钢筋传送的能量不大，使接收器检测不出。而当钢筋直径过大时，探头已可明显地感受，此时传播速度即取决于钢筋的声速。在试验时，如果遇到这种情况要设法避开。另外，混凝土湿度对抗压强度和声速产生相反的影响，消除其影响的方法，通常是作校正曲线予以校正。

第五章　混凝土强度无损检测技术

无损检测(non-destructive methods):系指以不损坏构件或材料将来使用和使用可靠性的前提下,对其进行宏观缺陷检测、几何特征测量、化学成分、组织结构和力学性能变化的评定,并进而就材料或制件对特定应用的适用性进行评价的一门学科。

由于混凝土结构无损检测技术能反映结构物中混凝土的强度、均匀性、连续性等各项质量指标,对保证新建工程质量,以及对已建工程的安全性评价等方面具有重要意义。

混凝土强度的无损检测方法根据其原理可分为非破损法、半破损法和综合法三种。

非破损法是以混凝土强度与混凝土某些物理量(如波速、密度等)之间的相关性为基础,测试这些物理量时不影响混凝土结构或构件的任何性能,然后根据相关关系推算被测混凝土的标准强度换算值,并据此推算出强度标准值的推定值或特征强度。属于这类方法的有回弹性、超声法、超声回弹综合法、射线吸收、散射法、成熟度法等。这类方法的特点是测试方便、费用低廉,但其测试结果的可靠性主要取决于被测物理量与强度之间的相关性。因此,必须在测试前建立严格的相关公式或校准曲线。由于这种相关关系的影响因素很多,所以,所建立的相关公式有其局限性,当条件变化时,应进行种种修正,以保证检测结果的可靠性。

超声回弹综合法属于典型的非破损检测法,首先由罗马尼亚建筑经济科学研究院提出,并编制了有关技术规程,同时在罗马尼亚推广应用。我国引进这一方法并结合实际进行了大量试验,在混凝土工程检测中广泛应用。顾名思义,该法是同时利用超声法和回弹法对混凝土同一测区进行检测的方法。它可以弥补单一方法固有的缺欠,做到互补。例如,回弹法中的回弹值主要受表面硬度影响,但当混凝土强度较低时,由于塑性变形增大,表面硬度反应不敏感,又如当构件尺寸较大,内外质量有差异时,表面硬度和回弹值难以反映构件的实际强度。相反,超声法的声速值是取决于整个断面的动弹性,主要以其密实性来反映混凝土强度,这种方法可以较敏感地反映出混凝土的密实性、混凝土内集料组成以及集料种类。此外,超声法检测强度较高的混凝土时,声速随强度变化不太敏感。由此粗略剖析可见,超声回弹综合法可以利用超声声速与回弹值两个参数检测混凝土强度,弥补了单一方法在较高强度区或在较低强度区各自的不足。通过试验建立超声波脉冲速度—回弹值—强度的相关关系。

半破损法以不影响结构或构件的承载能力为前提,在结构或构件上直接进行局部破坏性试验,或直接钻取芯样对芯样进行破坏性试验,然后根据试验值与混凝土标准强度或标准构件强度的参比物进行比对,按统计方法推算出被测结构实体的强度标准值或特征强度。属于这类方法的有钻芯法、拔出法、拔脱法、板析法。

综合法就是采用两种或两种以上的无损检测方法,获取多种物理参量,并建立强度与多项物理参量的综合相关关系,以便从不同角度综合评价混凝土的强度。由于综合法采用多项物理参数,能较全面地反映构成混凝土强度的各种因素,并且还能抵消部分影响强度与物理量相关关系的因素,因而它比单一物理量的无损检测方法具有更高的准确性和可靠性。目前已被采用的综合法有超声回弹综合法、超声钻芯综合法、声速衰减综合法等。

有关超声法检测混凝土强度的检测方法已在第四章进行了介绍,下面介绍回弹法、拔出法和钻芯法等常用检测方法。

第一节 回 弹 法

利用回弹仪检测普通混凝土结构构件抗压强度的方法简称回弹法。回弹仪是一种直射锤击式仪器。回弹值大小反映了与冲击能量有关的回弹能量，而回弹能量反映了混凝土表层硬度与混凝土抗压强度之间的函数关系，反过来说，混凝土强度是以回弹值 R 为变量的函数。

回弹值测定使用的仪器为回弹仪，回弹仪的质量及其稳定性是保证回弹法检测精度的重要技术关键。这个技术的关键在于科学地规定并保证回弹仪工作时所应具有的标准状态。国内回弹仪的构造及零部件和装配质量必须符合国家计量检定规程《混凝土回弹仪》（JJG 817—1993）的要求。回弹仪按回弹冲击能量大小分为重型、中型、轻型。普通混凝土抗压强度≤C50 时，通常采用中型回弹仪；混凝土抗压强度≥C60 时，宜采用重型回弹仪。轻型回弹仪主要用于非混凝土材料。由于影响回弹法测强的因素较多，通过实践与专门试验研究发现，回弹仪的质量是否符合《回弹法检测混凝土抗压强度技术规程》（JGJ/T 23—2011）规定的标准状态要求，是保证稳定的检测结果的前提。在此前提下，混凝土抗压强度与回弹性、混凝土表面碳化深度有关，不可忽视混凝土表面碳化深度对混凝土抗压强度的影响。此外，对长龄期混凝土，即对既有建筑物的混凝土还应考虑龄期影响因素。

一、回弹仪

（一）回弹仪的构造及工作原理

我国自 20 世纪 50 年代中期，相继投入生产指针直读式、自记式、带电脑自动记录及处理数字功能等回弹仪，其中以指针直读的直射锤击式仪器应用最广，其构造如图 5-1。

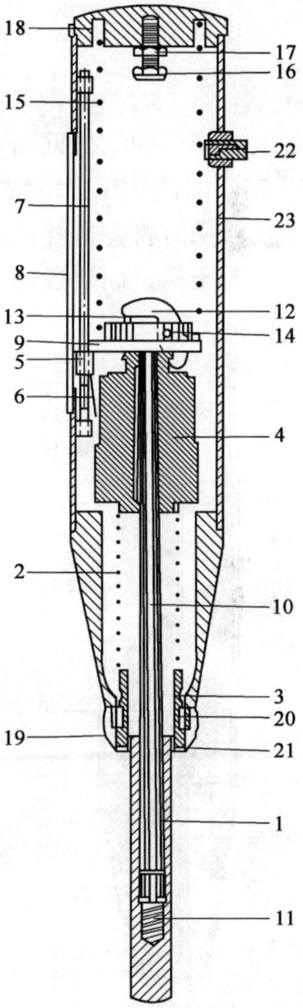

图 5-1 回弹仪构造

1-弹击杆；2-弹击拉簧；3-拉簧座；4-弹击锤；5-指针块；6-指针片；7-指针轴；8-刻度尺；9-导向法兰；10-中心导杆；11-缓冲压簧；12-挂钩；13-挂钩压簧；14-挂钩销子；15-压簧；16-调零螺钉；17-紧固螺母；18-尾盖；19-盖帽；20-卡环；21-密封毡帽；22-按钮；23-外壳

仪器工作时，随着对回弹仪施压，弹击杆 1 徐徐向机壳内推进，弹击拉簧 2 被拉伸，使联结弹击拉簧的弹击锤 4 获得恒定的冲击能量 E，当仪器水平状态工作时，其冲击能量 E 可由式（5-1）计算：

$$E = \frac{Kh^2}{2} = 2.207 \qquad (\mathrm{J}) \qquad (5\text{-}1)$$

式中：K——弹击拉簧的刚度为 785.0 N/m；

h——弹击拉簧工作时拉伸长度 0.075m。

当挂钩 12 与调零螺钉 16 互相挤压时，使弹击锤脱钩，于是弹击锤的冲击面与弹击杆的后端平面相碰撞，此时弹击锤释放出来的能量借助弹击杆传递给混凝土构件,混凝土弹性反应的能量又通过弹击杆传递给弹击锤,使弹击锤获得回弹的能量向后弹回,计算弹击锤回弹的距离 h' 和弹击锤脱钩前距弹击杆后端平面的距离 h 之比,即得回弹值 N(见图 5-2)和式(5-2),它由仪器外壳上的刻度尺 8 示出。

$$N = \frac{h'}{h} \times 100 \tag{5-2}$$

式中:N——回弹值;

h'——弹击锤向后弹回的距离;

h——冲击前弹击锤距弹击杆的距离。

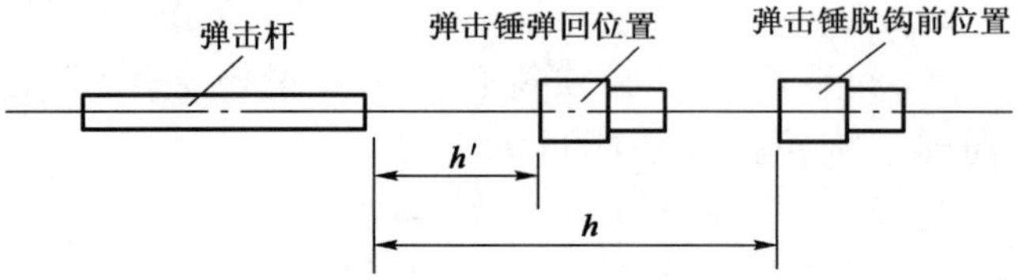

图 5-2 回弹值示意图

混凝土回弹仪的结构见图 5-3 所示。该仪器用于各种水泥混凝土厚度不小于 100cm,湿度不低于 20℃时的抗压强度快速评定。

回弹仪使用时将弹击杆顶住混凝土的表面,轻压仪器,按钮松开,弹击杆徐徐伸出。使仪器对构件混凝土测试面缓慢均匀施压,待弹击锤脱钩冲击弹击杆后即回弹带动指针向后移动并停留在某一位置上,即为回弹值。继续顶住构件混凝土测试面读取并记录回弹值后,逐渐对仪器减压,使弹击杆自仪器内伸出,重复进行上述操作,即可测得被测构件或结构的回弹值,操作中应注意仪器的轴线应始终垂直于构件混凝土的测试面。

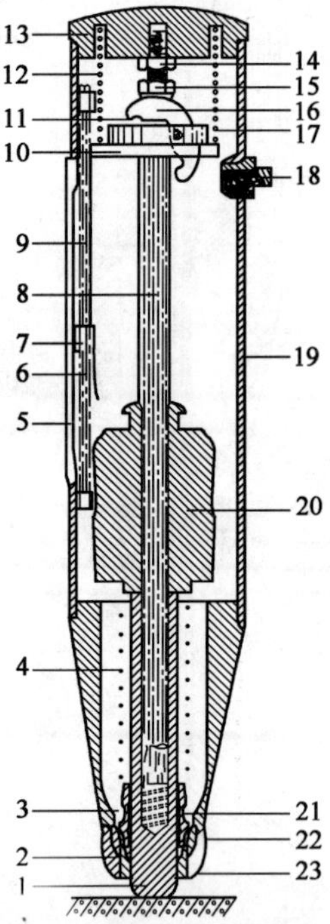

图 5-3 混凝土回弹仪的结构

1-弹击杆;2-盖帽;3-缓冲压簧;4-弹击拉簧;5-刻度尺;6-指针片;7-指针块;8-中心导杆;9-指针轴;10-导向法兰;11-挂钩压簧;12-压簧;13-尾盖;14-紧固螺母;15-调零螺丝;16-挂钩;17-挂钩销子;18-按钮;19-外壳;20-弹击重锤;21-拉簧座;22-卡环;23-密封毡圈

(二)回弹仪检定与保养

1. 仪器校验

回弹仪有下列情况之一时,应送检定单位校验。检验合格的回弹仪应具有检定合格证,其有效期为半年。

(1)累计弹击次数超过 6 000 次。

(2)弹击拉簧座、弹击杆、缓冲压簧、中心导杆、导向法兰、弹击锤、指针轴、指针片、指针块、挂钩及调零螺丝等主要零件之一经更换后。

(3)弹击拉簧前端不在拉簧座原孔位或调零螺丝松动。

(4)遭受严重撞击或其他损害。

2. 率定试验

回弹仪有下列情况之一时,应在钢砧上进行率定试验:

(1)进行构件测试前后,如连续数天测试,可在每天测试完毕后率定一次。

(2)测定过程中对回弹值有怀疑时。

如率定试验结果不在规定的 80 ±2 范围内,应对回弹仪进行常规保养后再行率定;如再次率定仍不合格,应送检定单位检验。

回弹仪率定试验,宜在室温为20℃ ±5℃的条件下进行。率定时,钢砧应稳固地平放在刚度大的混凝土地坪上,回弹仪向下弹击时,弹击杆应分 4 次旋转,每次旋转约 90°,弹击 3 ~ 5 次,取其中最后连续 3 次且读数稳定的回弹值进行平均作为率定值。

仪器使用完毕后,要及时清除伸出仪器外壳的弹击杆、刻度尺表面和外壳上的污垢、尘土,当测试次数较多,对测试值有怀疑时,应将仪器拆卸,并用清洗剂清洗机芯的主要零件特别是中心导杆、弹击杆和弹击锤的冲击面及其内孔,然后在中心导杆上薄薄地抹上一层钟表油,其他零部件均不得抹油。要注意检查尾盖的调零螺钉有无松动,弹击拉簧前端是否钩入拉簧座的原孔位内,否则应送检定单位检定。

二、回弹法测强曲线的建立

回弹法测定混凝土的抗压强度,是以混凝土的抗压强度与回弹值之间的相关关系为基础,由于影响混凝土抗压强度的因素很多,怎样用回弹值间接地测定混凝土的强度,参比物的选取是至关重要的,一旦参比物与被测混凝土没有可比性,即使回弹仪精度再高其测定结果也不能用。这种关系可用“R-N”相关曲线(或公式)来表示。这种相关曲线除了必须满足测定精度要求外,应尽量简单、方便实用、应用范围广。对有条件的地区和部门应选择适当的参比物建立本地区的测强曲线或专用测强曲线,经上级主管部门组织审定和批准后实施;各检测单位应按专用测强曲线、地区测强曲线、统一测强曲线的次序选用测强曲线。

(一)回弹测强相关曲线

我国的回弹法测强相关曲线,根据曲线制定的条件及使用范围分为以下三类(见表 5-1)。

回弹法测强相关曲线 表 5-1

名 称	相关曲线		
	统一曲线	地区曲线	专用曲线
定义	由全国有代表性的材料、成型、养护工艺配制的混凝土试块,通过大量的破损与非破损试验所建立的曲线	由本地区常用的材料、成型、养护工艺配制的混凝土试块,通过较多的破损与非破损试验所建立的曲线	由与结构或构件混凝土相同的材料、成型、养护工艺配制的混凝土试块,通过一定数量的破损与非破损试验所建立的曲线
适用范围	适用于无地区曲线或专用曲线时检测符合规定条件的构件或结构混凝土强度	适用于无专用曲线时检测符合规定条件的构件或混凝土结构强度	适用于检测与该结构或构件相同条件的混凝土强度
误差要求	测强曲线的平均相对误差≤±15%,相对标准差≤18%	测强曲线的平均相对误差≤±14%,相对标准差≤17%	测强曲线的平均相对误差≤±12%,相对标准差≤14%

相关曲线一般可用回归方程式来表示,对于无碳化混凝土或在一定条件下成型养护的混凝土,可用下列回归方程表示:

$$R = f(N) \tag{5-3}$$

对于已经碳化的混凝土或龄期较长的混凝土,可由下列函数关系表示:

$$R = f(N,L) \tag{5-4}$$

$$R = f(N,L,H) \tag{5-5}$$

式中:N——回弹值;

f——混凝土立方体抗压强度；

L、H——分别为混凝土的碳化深度和龄期。

如果能够定量测出已硬化的混凝土构件或结构的含水率，可考虑采用下列函数式：

$$R = f(N, L, H, w) \tag{5-6}$$

式中：w——混凝土的含水率。

必须指出，在建立相关曲线时，混凝土试块的养护条件应与被测构件的养护条件相一致或基本相符，不能采用标准养护的试块。因为回弹法测强，往往是在缺乏标养试块或对标养试块强度有怀疑的情况下进行的，并且通过直接在结构或构件上测定的回弹值、碳化深度值推定该构件在测试龄期时的实际抗压强度值，这一强度值相当于施工现场或混凝土预制厂在与构件材料质量以及成型、养护工艺和龄期等相同条件下制作的混凝土试块的抗压强度值。因此，作为制订回归方程式的混凝土试块，必须与施工现场或加工厂浇筑的构件在材料质量、成型、养护、龄期等条件基本相符的情况下制作。

（二）专用测强曲线的绘制

1. 试块成型

（1）原材料选择。采用与被测结构或构件相同的原材料，若掺有外加剂，其外加剂的品种和用量也应相同。

（2）确定配合比。根据最佳配合比原则，设计五个强度等级的混凝土配合比。

（3）制作试验试块。采用与被测结构或构件相同的浇捣工艺，每一强度等级的混凝土成型150mm×150mm×150mm 立方体试块2组（1组供龄期的前限试压，另一组供龄期后限试压，每组3块）。一个龄期五个强度等级混凝土的试块共10组，全部试块宜在同一天内成型完毕。

（4）试件标准养生。在成型后的第二天，将试块移至与被测结构或构件相同的硬化条件下养护至规定的龄期；试块的拆模日期宜与构件的拆模日期相同。试块在自然养护过程中应按“品”字形堆放，并使试块的底面向下，表面向上，四个侧面（与试模侧板相邻的一面）均能接触空气。堆放于室外的试块应避免暴晒或雨淋。

2. 试块测试

采用专用测强曲线测试时，对龄期的要求并不十分严格。每一龄期的前、后限可根据被测结构或构件要求的可能变动范围和测定误差的要求来确定。一般前、后限规定为其龄期的10%左右，例如28d龄期的前、后限为25~31d，此外龄期的前限不宜早于结构或构件成型后14d。

（1）试块预加压力。将到达龄期前限或后限的每一强度等级1组，五个强度等级共5组的试块表面擦抹干净；以试块与试模侧板相接触的两个表面置于压力机上下两承压板之间，加压30~80kN（低强度试块取低吨位设备加压）。

（2）试块侧面回弹。在试块保持30~80kN的压力下，用符合标准状态的回弹仪按规定的操作程序，在试块两个相对侧面上选择均匀分布的8个点进行弹击，测读每点的回弹值取整数值，点与点之间、点与试块边缘之间的距离不小于30mm，并不得弹击在外露石子和气孔上。

（3）求平均回弹值。在每一试块的16个回弹值中分别剔除其中3个最大值和3个最小值，然后再求余下的10个回弹值的平均值，计算取小数点后一位，即得该试块的平均回弹值 R_m。

（4）求试块抗压强度。将试块加荷直至破坏，然后计算试块的抗压强度 R（MPa）准确至0.1MPa。

每一龄期的前限或后限试块应分别在同一天内试压完毕。

3. 专用测强曲线的建立

用于表达每一龄期的专用测强曲线的回归方程式,应采用 30 个试块中每一试块成对的 R、N 数据,按最小二乘法的原理求得。

(1)推荐采用的回归方程式如下:

$$R = a + bN \tag{5-7}$$

$$R = aN^{b} \tag{5-8}$$

$$R = a + bN + cN^{2} \tag{5-9}$$

(2)用同一批 30 个数据按不同形式的回归方程式进行试算比较,取其中平均相对误差和相对标准差均符合要求且其值较小的一个回归方程式作为绘制专用测强曲线的依据。

$$m_{\delta} = \pm \frac{1}{n}\sum_{i=1}^{n}\left|\frac{R_{i}}{R_{S}} - 1\right| \times 100 \tag{5-10}$$

$$S_{r} = \sqrt{\frac{1}{n-1}\sum_{i=1}^{n}\left(\frac{R_{i}}{R_{S}} - 1\right)^{2}} \times 100 \tag{5-11}$$

式中:m_{δ}——回归方程的强度平均相对误差(%),精确至一位小数;

S_{r}——回归方程的强度标准差(%),精确至一位小数;

R_{i}——由第 i 个试块抗压试验得出的混凝土抗压强度值(MPa),精确至 0.1MPa;

R_{S}——由同一试块的平均回弹值 m_{R} 按回归方程算出的混凝土强度值(MPa),精确至 0.1MPa;

n——用以建立回归方程式的试块数。

应该指出,专用测强曲线仅适用于在它建立时用以统计试块的最大和最小回弹值区间,及强度区间、龄期区间、养护成型方式相同的范围内,不得外推,为方便起见,可制成表格使用。

应定期取一定数量的同条件试块对专用测强曲线进行校核,发现有显著差异时,应查明原因并采取措施,否则不得继续使用。

(三)统一测强曲线的绘制

统一测强曲线,是在统一了中型回弹仪的标准状态、测试方法及数据处理的基础上制定的。虽然它的测试精度比专用曲线和地区曲线稍差,但仍能满足一般建筑工程的要求且适用范围较广。我国有些地区尚未建立本地区的测强曲线,因此集中力量建立一条统一测强曲线是需要的。

我国现行标准采用的统一曲线总结了全国 12 个地区、省、市共 2000 余组基本数据(每组数据为 R_{i},N_{i},L),经计算了 300 多个回归方程后,按照既满足测定精度要求,又方便使用、适应性强的原则进行选定。

统一曲线的回归方程形式为:

$$R_{s} = aN^{b} \times 10^{L} \tag{5-12}$$

误差为 $m_{\delta} = \pm 14.0\%$,$S_{r} = 18.0\%$。

能满足一般建筑工程对混凝土强度质量非破损检测平均相对误差不大于 ±15% 的要求。其相对误差基本呈正态分布。

统一测强曲线可以不按材料品种分别计算成多条曲线,同样能满足误差要求。这就说明这条测强曲线所包含的材料品种的差别对回弹测强影响不大。计算时,曾对同批数据用同一形式回归方程分别按材料品种(主要是卵、碎石和不同水泥品种)分类及全部组合计算,结果是各类公式精度相差不大，并未发现因按材料品种分类而使精度有较大幅度提高的情况。现将按粗集料品种分类计算及合并计算的对比误差情况列于表5-2。

粗集料品种误差情况对比 表5-2

公式形式	碎石		卵石		全部	
	m_δ	S_r	m_δ	S_r	m_δ	S_r
$R_S = a\overline{N} + b\sqrt{\overline{L}} + c$	13.66	18.16	14.79	19.01	14.29	18.75
$R_S = a\overline{N}^a \times \overline{L}^b$	13.89	17.66	15.56	18.96	14.65	18.60
$R_S = a\overline{N} + b\overline{L} + cH + d$	12.97	17.26	14.47	18.48	13.88	18.23
$R_S = a\overline{N} + b\sqrt{\overline{L}} + c\ln H + d$	13.60	18.30	14.68	18.75	14.29	18.77
$R_S = (a\overline{N} + b) \times 10^{\overline{L}}$	13.21	17.98	15.23	18.64	13.61	17.28
$R_S = a\overline{N}^b \times 10^{\overline{L}}$	13.50	17.18	14.88	18.21	14.00	18.00

表中：R_S——由回归方程算出的混凝土强度值；

$\overline{N}$、$\overline{L}$、H——分别为试块的平均回弹值、平均碳化深度值、龄期；

m_δ、S_r——分别为回归方程的混凝土强度平均相对误差，相对标准差；

a、b、c、d——回归方程的系数。

统一测强曲线的回归方程中两个参数采用回弹值 N 和碳化深度值 L，这与目前国际上常用的回归方程不同。把 L 作为除 N 以外的另一个自变量，不仅反映了水泥品种对回弹测强的影响，还可在相当程度上综合反映构件所处环境条件差异及龄期等因素对回弹法测强的影响。计算结果表明，同批数据计算的回归方程中含 N、L 两个自变量的要比只有一个自变量或有 N、H 两个自变量的测定精度有显著的提高，见表5-3。

同批数据计算分析 表5-3

回归方程式	m_δ	S_r
$R = a + bN + cN^2 + dN^3$	18.25	22.58
$R = aN + b\ln H + c$	17.53	22.22
$R = aN^b \times 10^L$	14.00	18.00

我国地域辽阔，各地区气候环境差异较大，若以一条统一测强曲线作为回弹法的测强曲线，采用 N、L 两个自变量是较合适的。今后随着湿度影响研究的深入，也可考虑在公式中再增加湿度自变量，或作为修正系数加以修正，以进一步提高测试精度并扩大公式应用范围。

通过分析比较采用修正系数来考虑碳化深度的影响，概念较明显，方法较简便。统一测强曲线采用的回归方程形式为 $R = aN^b \times 10^L$。该公式可以看作两部分：当 $L = 0$ 时即无碳化影响时，回归方程由前半部分幂函数形式 $R = aN^b$ 来表达；当 $L > 0$ 时，即有碳化影响，其后半部分保留修正系数 $K = 10^L$，即碳化修正系数 K 对无碳化的公式 $R = aN^b$ 进行修正，K 为小于1的系数，当混凝土表面被碳化以后，利用这一修正系数对计算出来的混凝土强度进行折减，以扣除因碳化使混凝土表面回弹值增高从而导致计算强度偏高的那一部分强度值。研究表明，碳化的影响对不同强度等级混凝土的影响是不一致的，一般讲对高强度的影响大，对低强度的影响要偏小，这一差异在上述公式中没有体现出来。

研究表明：低等级混凝土比高等级混凝土的碳化速度快；碳化层厚度对回弹值的影响，低等级混凝土比高等级混凝土的小。这是因为低等级混凝土一般密实性差，碱储备小，易碳化，生成的碳酸钙不足以形成一个坚硬的外壳,所以对回弹值的影响不明显,对强度的修正幅度就较小。反之,高等级混凝土,一般密实性好,碱储备充足,不易碳化。但一经碳化,就形成比水泥石更坚硬的碳酸钙硬壳,使回弹值显著增高,对强度的修正幅度就较大。

由于统一测强曲线是经验公式,不能外推,因此使用时必须符合其规定的条件,如有超出规定的范围,则必须按行业标准的有关规定执行。

统一测强曲线的适用范围为:①普通混凝土采用的材料、拌和用水符合现行国家有关标准;②不掺外加剂或仅掺非引气型外加剂;③采用普通成型工艺;④采用符合现行国家标准《混凝土结构工程施工质量验收规范》(GB 50204—2002)规定的钢模、木模及其他材料制作的模板;⑤自然养护或蒸汽养护出池后经自然养护7d以上,且混凝土表层为干燥状态;⑥龄期为14~1 000d;⑦抗压强度为10~60MPa。

三、检测技术及数据处理

(一)检测准备

用回弹法检测的混凝土结构或构件,需要同条件试块或标准试块数量充足;试块的质量要有代表性;试块的试压结果符合现行标准、规范、规程所规定的要求。因此,在对混凝土结构强度进行检测之前应全面、正确地了解被测结构或构件的情况。检测前一般需要了解:工程名称及设计、施工和建设单位名称;结构或构件名称、外形尺寸、数量及混凝土设计强度等级;水泥品种、安定性、标号、生产厂名;砂、石种类、粒径;外加剂或掺和料品种、掺量;施工时材料计量情况等;模板、浇筑及养护情况等;成型日期;配筋及预应力情况;结构或构件所处环境条件及存在的问题。其中以了解水泥的安定性合格与否最为重要,若水泥的安定性不合格,则不能采用回弹法检测,若不清楚水泥的安定性合格与否,则应在回弹性检测报告中予以说明。

一般检测混凝土结构或构件有两类方法:一类是逐个检测结构或构件;另一类是抽样检测,视测试要求而择之。逐个检测方法主要用于对混凝土强度质量有怀疑的独立结构(如现浇整体的壳体、烟囱、水塔、隧道、连续墙等)、单独构件(如结构物中的柱、梁、屋架、板、基础等)和有明显质量问题的某些结构或构件。抽样检测主要用于在相同的生产工艺条件下,强度等级相同、原材料和配合比基本一致且龄期相近(指同批构件浇筑龄期前后相差不超过15%)的同类混凝土结构或构件,被检测的试样应随机抽取不少于同类结构或构件总数的30%且构件数量不得少于10件;抽检构件时,应随机抽取并使所选构件具有代表性。

回弹法需要下列仪具和材料:

(1)混凝土回弹仪:指针直读式混凝土回弹仪的构造和主要零件名称,见图5-1,也可采用数字显示式或自记录式的回弹仪。回弹仪应符合下列标准:

①水平弹击时,在弹击锤脱钩的瞬间,回弹仪的标称动能应为2.207J。

②弹击锤与弹击杆碰撞的瞬间,弹击拉簧处于自由状态,此时弹击锤起点应位于刻度尺的零点处。

③在洛氏硬度为HRC60±2的钢砧上,回弹仪的率定值应为80±2。

(2)酚酞酒精溶液:浓度1%。

(3)手提式砂轮。

(4)钢砧:洛氏硬度HRC60±2。

(5)其他:卷尺、游标卡尺、凿子、锤、吸耳球等。

（二）检测方法

1. 测区和测点布置

在进行回弹检测时，需要在构件上选择测点和布置测区。所谓“测区”系指每一试样的测试区域，每一测区相当于该试样同条件混凝土的一组试块。《回弹法检测混凝土抗压强度技术规程》（JGJ/T 23—2001）规定，取一个结构或构件作为检测混凝土强度的最小单元，一般要取不少于10个测区。但对某一方向尺寸小于4.5m且另一方向尺寸小于0.3m的结构或构件，其测区数量可适当减少，但不应少于5个。测区的面积不宜小于$0.04m^2$。相邻两点间距不小于3cm，测点距路面或接缝的距离应不小于5cm。测区表面应清洁、平整、干燥，不应有接缝、疏松层、饰面层、粉刷层、浮浆、油垢、蜂窝麻面等，必要时可采用砂轮清除疏松层和杂物。测区宜均匀布置在构件或结构的检测面上，相邻测区间距不宜过大，当混凝土浇筑质量比较均匀时可酌情增大间距，但不宜大于2m；构件或结构的受力部位及易产生缺陷部位（如梁与柱相接的节点处）须布置测区；测区优先考虑布置在混凝土的侧面（与混凝土浇筑方向相平行的贴模板的一面），如不能满足这一要求时，可选在混凝土浇筑的表面或底面；测区须避开位于混凝土内保护层附近设置的钢筋和埋入铁件。对于体积小、刚度差的构件，应设置支撑加以固定。

按上述方法选取试样和布置测区后，先测定回弹值。测定时回弹仪应始终与测试面相垂直，并不得在气孔和石子上弹击。如果已弹击在气孔和石子上，则该数据不能计入该测区的16点中。每一测区的两个测面用回弹仪各弹击8点，如一个测区只有一个测面，则需测16点。同一测点只允许弹击一次，测点宜在测面范围内均匀分布，每一测点的回弹值读数准确至小数点后1位，点和点间距一般不小于20mm，测点距构件边缘或外露钢筋、预埋件的间距一般不小于30mm。

2. 回弹值测定方法

在测试过程中，回弹仪的轴线应始终垂直于混凝土表面，具体操作应符合下列规定：

（1）将回弹仪的弹击杆顶住混凝土表面，轻压仪器，使按钮松开，弹击杆徐徐伸出，并使挂钩挂上弹击锤。

（2）手持回弹仪对混凝土表面缓慢均匀施压，待弹击锤脱钩，冲击弹击杆后，弹击锤即带动指针向后移动到达一定位置，指针刻度线在刻度尺上的示值即为该点的回弹值。

（3）使用上述方法在混凝土表面依次读数并记录回弹值，如条件不利于读数，可按下按钮，锁住机芯，将回弹仪移至他处读数，准确至1个单位。

（4）使用完毕后应将弹击杆压入仪器内，经弹击后按下按钮锁锁住机芯，待下一次使用。

对龄期超过3个月的硬化混凝土，应选择不少于构件的30%测区数在有代表性的位置上测量碳化深度值。取其平均值为该构件每测区的碳化深度值。在每测区测定碳化深度值时，首先用合适的工具在测区表面形成直径约为15mm的孔洞，清除洞中的粉末和碎屑（注意不能用液体冲洗孔洞），再用1%的酚酞酒精溶液滴在混凝土孔洞内壁的边缘处，当已碳化与未碳化界线清楚时（未碳化部分变成紫红色），再用碳化深度测量仪或其他深度测量工具（如游标卡尺）测量已碳化与未碳化混凝土交界面至混凝土表面的垂直距离1～2次，取其平均值，该距离即为该测区的碳化深度值，每次读数精确至0.5mm。

（三）数据处理

现场作业完毕，即进入数据处理过程。

1. 回弹值的计算

当回弹仪以水平方向测试混凝土浇筑侧面时，应从每一测区的16个回弹值中剔除其中3

个最大值和3个最小值,取余下的10个回弹值的算术平均值作为该测区的平均回弹值,取一位小数。计算公式为:

$$\overline{N}_S = \frac{\sum_{i=1}^{n} N_i}{10} \tag{5-13}$$

式中:$\overline{N}_S$——测区平均回弹值,精确至小数点后一位;

N_i——第 i 个测点的回弹值。

由于回弹法测强曲线是根据回弹仪水平方向测试混凝土试件侧面的试验数据计算得出的,因此当测试中无法满足上述条件时需对测得的回弹值进行修正。首先将非水平方向测试混凝土浇筑侧面时的数据参照式(5-13)计算出测区平均回弹值 N_S,再根据回弹仪轴线与水平方向的角度(见图5-4)。按表5-4查出其修正值,按下式换算为水平方向测试时的测区平均回弹值。

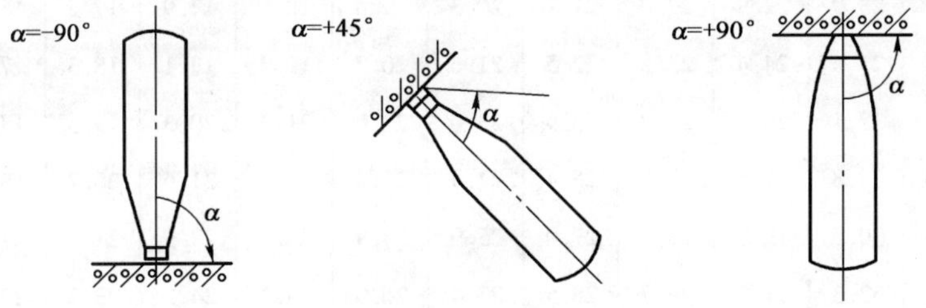

图5-4 测试角度示意图

$$\overline{N} = \overline{N}_S + \Delta N$$

式中:$\overline{N}_S$——回弹仪与水平方向成 α 角测试时测区的平均回弹值,计算精确至0.1;

ΔN——按表5-4查出的不同测试角度 α 的回弹值修正值,由表5-4查取或内插求得,计算精确至0.1;

$\overline{N}$——经非水平测定修正的测区平均回弹值(表5-5)。

非水平方向测定的修正回弹值 表5-4

$\overline{N}_S$	+90°	+60°	+45°	+30°	-30°	-45°	-60°	-90°
20	-6.0	-5.0	-4.0	-3.0	+2.5	+3.0	+3.5	+4.0
30	-5.0	-4.0	-3.5	-2.5	+2.0	+2.5	+3.0	+3.5
40	-4.0	-3.5	-3.0	-2.0	+1.5	+2.0	+2.5	+3.0
50	-3.5	-3.0	-2.5	-1.5	+1.0	+1.5	+2.0	+2.5

注:表中未列入的 $\overline{N}_S$,可用内插法求得。

测区混凝土抗压强度值换算表 表5-5

平均回弹值 $\overline{N}$	测区混凝土抗压强度值 R_i(MPa)												
	平均碳化深度值 $\overline{L}$(mm)												
	0	0.5	1.0	1.5	2.0	2.5	3.0	3.5	4.0	4.5	5.0	5.5	6.0
20	10.3	9.9											
21	11.4	10.0	10.5	10.1									
22	12.5	12.0	11.5	11.0	10.6	10.2	9.8						
23	13.7	13.1	12.6	12.1	11.6	11.1	10.7	10.2	9.8				

续上表

平均回弹值 $\overline{N}$	测区混凝土抗压强度值 R_i(MPa) 平均碳化深度值 $\overline{L}$(mm)												
	0	0.5	1.0	1.5	2.0	2.5	3.0	3.5	4.0	4.5	5.0	5.5	6.0
24	14.9	14.3	13.7	13.2	12.6	12.1	11.6	11.2	10.7	10.3	9.8		
25	16.2	15.5	14.9	14.3	13.7	13.1	12.6	12.1	11.6	11.1	10.7	10.3	9.9
26	17.5	16.8	16.1	15.4	14.8	14.2	13.7	13.1	12.6	12.1	11.6	11.1	10.7
27	18.9	18.1	17.4	16.7	16.0	15.8	14.7	14.1	13.6	13.0	12.5	12.0	11.5
28	20.3	19.5	18.7	17.9	17.2	16.5	15.8	15.2	14.6	14.0	13.4	12.9	12.4
29	21.8	20.9	20.1	19.2	18.5	17.7	17.0	16.3	15.7	15.0	14.4	13.8	13.3
30	23.3	22.4	21.5	20.6	19.8	19.0	18.2	17.5	16.8	16.1	15.4	14.8	14.2
31	24.9	23.9	22.9	22.0	21.1	20.3	19.4	18.7	17.9	17.2	16.5	15.8	15.2
32	26.5	25.5	24.4	23.5	22.5	21.6	20.7	19.9	19.1	18.3	17.6	16.9	16.2
33	28.2	27.1	26.0	25.0	23.9	23.0	22.0	21.2	20.3	19.5	18.7	17.9	17.2
34	30.0	28.8	27.6	26.5	25.4	24.4	23.4	22.5	21.6	20.7	19.9	19.1	18.3
35	31.8	30.5	29.8	28.1	27.0	25.9	24.9	23.8	22.9	21.9	21.0	20.2	19.4
36	33.6	32.3	31.0	29.7	28.5	27.4	26.3	25.2	24.2	23.2	22.3	21.4	20.5
37	35.5	34.1	32.7	31.4	30.1	28.9	27.8	26.6	25.6	24.5	23.5	22.6	21.7
38	37.5	36.0	34.5	33.1	31.8	30.0	29.3	28.1	27.0	25.9	24.8	23.8	22.9
39	39.5	37.9	36.4	34.9	33.5	32.2	30.9	29.6	28.4	27.8	26.2	25.1	24.1
40	41.6	39.9	38.3	36.7	35.3	33.8	32.5	31.2	29.9	28.7	27.5	26.4	25.4
41	43.7	41.9	40.2	38.6	37.0	35.6	34.1	32.7	31.4	30.1	28.9	27.8	26.6
42	45.9	44.0	42.2	40.5	38.9	37.8	35.8	34.4	33.0	31.6	30.4	29.1	28.0
43	48.1	46.1	44.3	42.5	40.8	39.1	37.5	36.0	34.6	33.2	31.8	30.6	29.3
44		48.3	46.4	44.5	42.7	41.1	39.5	37.9	36.4	34.9	33.3	32.0	30.7
45			48.5	46.6	44.7	42.9	41.1	39.5	37.9	36.4	34.9	33.5	32.1
46				48.7	46.7	44.8	43.0	41.3	39.6	38.0	36.5	35.0	33.6
47					48.8	46.8	44.9	43.1	41.3	39.7	38.1	36.5	35.1
48						48.8	46.8	44.9	43.1	41.4	39.7	38.1	36.6
49							48.8	46.9	45.0	43.1	41.4	39.7	38.1
50								48.8	46.8	44.9	43.1	41.4	39.7
51									48.7	46.8	44.9	43.1	41.8
52										48.6	46.7	44.8	43.0
53											48.5	46.5	44.6
54												48.3	46.4
55													48.1

注:表中未列入的 $\overline{N}$,可用内插法求得。

当回弹仪水平方向测试混凝土浇筑表面或底面时，应将测得的数据参照式(5-13)求出测区平均回弹值$\overline{N}_{表}$或$\overline{N}_{底}$后，按下式修正。

$$\left.\begin{aligned} N_{表} &= \overline{N}_{底} + \Delta N_{底} \\ N_{底} &= \overline{N}_{表} + \Delta N_{表} \end{aligned}\right\} \tag{5-14}$$

式中：$\overline{N}_{表}$、$\overline{N}_{底}$——分别为水平方向检测混凝土浇筑表面或底面时测区的平均回弹值；

$\Delta N_{表}$、$\Delta N_{底}$——按表5-6查出的不同浇筑面的回弹值修正值，计算精确至0.1。

不同浇筑面的回弹值修正值 表5-6

$\overline{N}_{S表}$或$\overline{N}_{S底}$	表面修正值$\Delta N_{表}$	底面修正值$\Delta N_{底}$	$\overline{N}_{S表}$或$\overline{N}_{S底}$	表面修正值$\Delta N_{表}$	底面修正值$\Delta N_{底}$
20	+2.5	-3.0	36	+0.9	-1.4
21	+2.4	-2.9	37	+0.8	-1.3
22	+2.3	-2.8	38	+0.7	-1.2
23	+2.2	-2.7	39	+0.6	-1.1
24	+2.1	-2.6	40	+0.5	-1.0
25	+2.0	-2.5	41	+0.4	-0.9
26	+1.9	-2.4	42	+0.3	-0.8
27	+1.8	-2.3	43	+0.2	-0.7
28	+1.7	-2.2	44	+0.1	-0.6
29	+1.6	-2.1	45	+0	-0.5
30	+1.5	-2.0	46	+0	-0.4
31	+1.4	-1.9	47	+0	-0.3
32	+1.3	-1.8	48	+0	-0.2
33	+1.2	-1.7	49	+0	-0.1
34	+1.1	-1.6	50	+0	0
35	+1.0	-1.5			

注：①$\overline{N}_{S表}$或$\overline{N}_{S底}$小于20或大于50时，均分别按20或50查表。

②表中有关混凝土浇筑表面的修正系数，是指一般原浆抹面的修正值。

③表中有关混凝土浇筑底面的修正系数，是指构件底面与侧面采用同一类模板在正常浇筑情况下的修正值。

④表中未列入的相应于$\overline{N}_{S表}$或$\overline{N}_{S底}$的$\Delta N_{表}$和$\Delta N_{底}$修正值，可用内插法求得，精确至一位小数。

如果测试时仪器既非水平方向，而测区又非混凝土的浇筑侧面，则应对回弹值先进行角度修正，然后再进行浇筑面修正。

2. 碳化深度值的计算

把在测点不少于构件的30%测区数上，测定的碳化深度值的平均值作为该构件每测区的碳化深度值。平均碳化深度按式(5-15)计算。

$$\overline{L} = \frac{1}{n}\sum_{i=1}^{n} L_i \tag{5-15}$$

式中：$\overline{L}$——平均碳化深度(mm)；

L_i——第i测点碳化深度(mm)；

n——测点数。

如果平均碳化深度$\overline{L}$小于或等于0.4mm时，按无碳化处理；如果$\overline{L}$大于或等于6.0mm时，取6mm。

四、结构或构件混凝土强度的确定

现行有关设计、施工、混凝土强度检验等国家标准，均以标准养护28d的150mm立方体试块强度作为确定强度等级和结构或构件混凝土强度合格与否的依据。但是，当标准养护试件或同条件养护试件与所成型的构件在材料用量、配合比、水灰比等方面有较大差异，已不能代表构件的混凝土质量时，标准试件或同条件试件的试压结果，不符合现行标准、规范的强度要求，并且对该结果持有怀疑时，要进行检测，检测结果可作为处理混凝土质量的一个依据。

一般情况下，结构或构件由于施工、养护等方面原因，其强度值要低于标准立方体试件的强度值。回弹法所推定的强度值为结构或构件本身具有95%保证率的强度值。实际应用时，不应将该值直接与标准养护28d的150mm立方体试件强度对比，一般情况下构件或结构强度推定值要低于试件强度值，这里除了上述原因外，尚有不同保证率的差异，因此在处理混凝土质量事故时应注意这一差别。同时，结构或构件混凝土强度推定值是在自然养护情况下，测试龄期不一定为28d且又是构件自身的强度，它与强度等级不是同一条件，不能相互比较并判断是否合格或有否达到其强度等级。

(一)由回弹值换算强度

1. 利用测强曲线换算

有试验条件时，宜通过试验建立实际的测强曲线，但测强曲线仅适用于材料质量、成型、养护和龄期等条件基本相同的混凝土。混凝土标准试块尺寸为15cm×15cm×15cm，采用1.5、1.75、2.0、2.25、2.50五个灰水比，以便得到不少于30对数据。试件与被测对象有相同的养护条件，到达龄期后，将试块用压力机加压至30~50kN稳住，用回弹仪在两侧面分别测定8个测点，按式(5-13)计算平均回弹值，然后进行抗压强度试验，用最小二乘法建立二者相关关系的推定式。推定式可为直线式或其他适当的形式，相关系数不得小于0.90。然后根据测区平均回弹值利用测强曲线推定混凝土抗压强度。

2. 采用经验公式计算

当无足够的试验数据或相关关系的推定式不够满意时，可按式(5-16)推算混凝土抗压强度。

$$R = 0.025\overline{N}^2 \tag{5-16}$$

式中：R——水泥混凝土的抗压强度(MPa)；

$\overline{N}$——测区混凝土平均回弹值。

(二)查表确定混凝土强度

在没有条件通过试验建立实际的测强曲线时，每个测区混凝土的抗压强度值 R_i 可按平均回弹值 $\overline{N}$ 及平均碳化深度值 $\overline{L}$ 根据表5-4和表5-5查得。

(三)强度推定值与标准差计算

计算测定对象全部测区的推定混凝土抗压强度的平均值、标准差、变异系数。

(1)由各测区的混凝土强度换算值按下列公式可得出结构或构件混凝土强度平均值，当测区数等于或大于10时，平均值 $\overline{R}$ 及标准差 S 按下式计算：

$$\overline{R} = \frac{\sum_{i=1}^{n} R_i}{n} \tag{5-17}$$

$$S = \sqrt{\frac{\sum_{i=1}^{n} R_i - \overline{R}^2}{n-1}} \tag{5-18}$$

式中：$\overline{R}$——构件混凝土强度平均值（MPa），精确至0.1MPa；

n——对于单个测定的结构或构件，取一个试样的测区数；对于抽样测定的结构或构件，取各抽检试样测区数之和；

S——构件混凝土强度标准差（MPa），精确至0.01MPa。

（2）构件混凝土强度推定值 R' 应按下列公式确定：

①当该结构或构件测区数少于10个时：

$$R' = R_{min} \tag{5-19}$$

式中：R_{min}——构件中最小的测区混凝土强度换算值。

②当该结构或构件测区数不少于10个或按批量检测时，应按下列公式计算：

$$R' = \overline{R} - 1.645S \tag{5-20}$$

（3）对于按批量检测的构件，当该批构件混凝土强度标准差出现下列情况时，则该批构件应全部按单个构件检测：即，当该批构件混凝土强度平均值小于25MPa时：$S > 4.5$MPa；当该批构件混凝土强度平均值等于或大于25MPa时：$S > 5.5$MPa。

第二节　拔　出　法

拔出法是指将安装在混凝土中的锚固件拔出，测出极限拔出力，利用事先建立的极限拔出力和混凝土强度间的相关关系，推定被测混凝土结构构件的混凝土强度的方法。拔出法分为预埋（或先装）拔出法和后装拔出法两种。顾名思义，预埋拔出法是指预先将锚固件埋入混凝土中的拔出法，它适用于成批的、连续生产的混凝土结构构件，按施工程序要求和预定检测目的预埋好锚固件。例如，确定现浇混凝土结构拆模时的混凝土强度、现浇冷却混凝土结构的拆模强度、预应力混凝土结构预应力张拉或放张时的混凝土强度、预制构件运输、安装时的混凝土强度、冬季施工时混凝土养护过程中的混凝土强度等。后装拔出法指混凝土硬化后，在现场混凝土结构上后装锚固件，可按不同目的检测现场混凝土结构构件的混凝土强度的方法。

尽管极限拔出力与混凝土拔出破坏机理看法尚不一致，但试验证明，在常用混凝土范围（≤C60），拔出力与混凝土强度有良好的相关关系，检测结果与立方体试块强度的离散性较小，检测结果令人满意。

拔出法在北欧、北美国家得到广泛应用，被认为是现场应用方便，检测费用低廉，尤其适用于现场控制的一种常用方法。

国际上不少国家和国际组织发布了拔出法检测规程类文件，例如美国著名的组织ASTM发表的《硬化混凝土拔出强度标准试验方法》（ASTMC-900-99），国际标准化组织（ISO）发表了《硬化混凝土拔出强度的测定》（ISO/DIS 8046）等。

拔出法的试验方法是指一个用金屑制作的锚固件预埋入未硬化的混凝土浇筑构件内，或在已硬化的混凝土构件上钻孔埋入一个锚固件，然后根据测试锚固件被拔出时的拉力，来确定混凝土的拔出强度，并据以推算混凝土的立方抗压强度。在浇筑时预埋锚固件的方法叫预埋法（又称LOK试验），混凝土硬化后再埋入锚固件的方法叫后装法（又称CAPO试验）。一般来说，采用预埋法时，锚固件与混凝土的黏结较好，拉拔时着力点较稳定，试验结果也较好，但采用预埋法必须预先有进行拔出法测定的打算。例如,为了确定混凝土的拆模时间、停止养护时间及施加后张法预应力的时间,均可采用预埋法,预先按计划布置测点和预埋锚固件。在现场检测混凝土的强度时,如果试块强度不足,或对质量有怀疑,则只能采用后装法埋入锚固件。

由于对拉拔时混凝土中的应力状态尚无定论,要建立拉拔强度与混凝土抗压强度之间的稳定关系是困难的。目前还只能用拉拔强度作为衡量混凝土质量的相对指标。当用拔出法推定混凝土抗压强度时,则必须建立混凝土标准抗压强度与拉拔强度之间的经验关系。在拔出试验中,混凝土的受力状态是一个有待进一步研究

一、后装拔出法的试验装置

拔出试验装置由钻孔机、磨槽机、锚固件及拔出仪等组成。

钻孔机与磨槽机用以在混凝土上钻孔,并在孔壁上磨出凹槽,以便安装胀簧和胀杆(见图5-5,图5-6)。钻孔机可采用金刚石薄壁空心钻或冲击电锤,并应带有控制垂直度及深度的装置及水冷却装置;磨槽机可采用电钻配以金刚石磨头、定位圆盘及水冷装置组成。

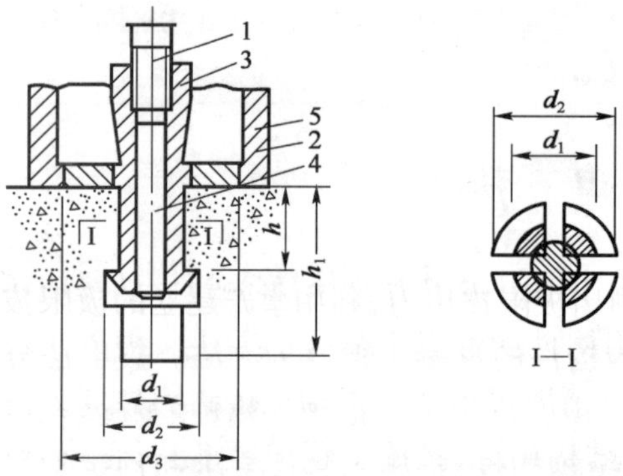

图5-5 圆环式拔出试验装置示意图

1-拉杆;2-对中圆盘;3-胀簧;4-胀杆;5-反力支承

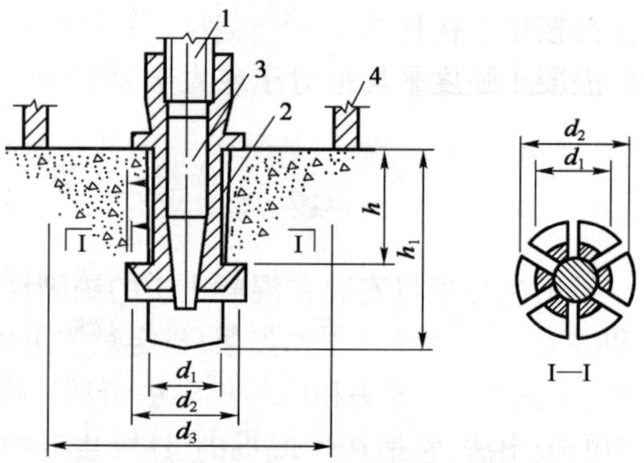

图5-6 三点式拔出试验装置示意图

1-拉杆;2-胀簧;3-胀杆;4-反力支承

锚固件及反力支承见图5-5、图5-6。

拔出试验的反力装置可采用圆环式或三点式两种。圆环式适用于粗集料最大粒径不大于40mm的混凝土,三点式支承则适用于粗集料最大粒径不大于60mm的混凝土。

圆环式反力支承的内径 $d_3=55$mm,锚固件的锚固深度 $h=(25\pm0.8)$mm,钻孔直径 $d_1=(18^{+0.1}_{-1.0})$mm。三点式反力支承的内径 $d_3=120$mm,锚固件的锚固深度 $h=(35\pm0.8)$mm,钻孔直径 $d_1=22$mm。

锚固件由胀簧和胀杆组成,胀簧锚固台阶宽度 $b=3.5$mm。

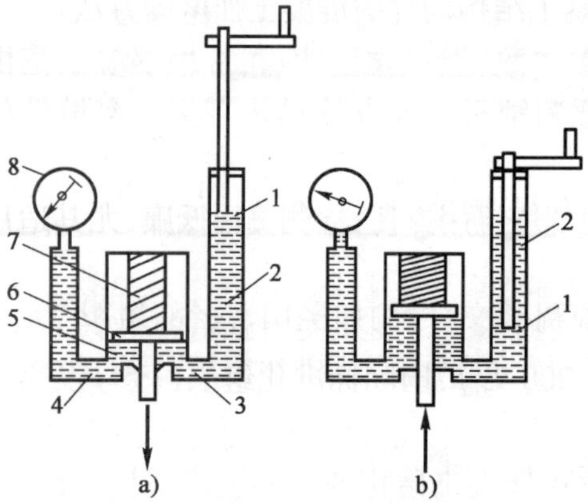

图5-7 手动油压加荷装置示意图

a)原始状态;b)加荷状态

1-活塞;2-泵;3、4-油管;5-工作油缸;6-工作活塞;7-复位弹簧;8-压力表

拔出仪由加荷装置、测力装置及反力支承三部分组成。加荷装置常采用液压式(见图5-7),其额定拔出力应大于测试范围内的最大拔出力,工作行程

应大于4mm（圆环式支承）和6mm（三点式支承），测力装置的允许示值误差为±2%，并具有峰值保持功能。

二、后装拔出法的检测方法

（一）检测方法与步骤

1. 测点布置

根据工程需要，后装拔出试验可分为按单个构件检测和同批构件按批抽样检测两种。

当按单个构件检测时，应在构件上均匀布置3个测点。拔出试验完成后，如果3个拔出力数值中最大或最小值与中间值之差不超过中间值的15%，则可用该3个值来推算构件混凝土强度；若3个拔出力数值中最大或最小值与中间值之差大于中间值的15%，则应在最小拔出力测点附近再加2个测点。

当按批抽样检验时，抽检的构件数应不少于同批构件总数的30%，且不少于10件，每个构件不应少于3个测点。

测点应尽可能布置在混凝土的成型侧面，并应在构件受力较大及薄弱部位布置测点，两测点间距应大于10倍锚固深度，测点距构件边缘应不小于4倍锚固深度，测点应避开表面缺陷及钢筋和预埋件，反力支承面应平整、清洁，无浮浆与饰面。

2. 钻孔、磨槽与拔出操作

钻孔与混凝土表面应相互垂直，垂直度偏差不大于35°。环形槽是拉拔时的主要着力点，应力求槽面平整，槽深约为3.6～4.5mm。将孔清理干净后把胀簧塞入孔中，通过胀杆使胀簧锚固台阶嵌入环形槽内，然后安装拔出仪。

用拔出仪按0.5～1.0kN/s的速度施加拉力，直至破坏，记录拔出力，精确至0.1kN。检测完毕后，应对局部破损区用高于构件混凝土强度的细石混凝土或砂浆修补。

（二）测强曲线的建立

根据拔出力推定混凝土的立方体抗压强度换算值，必须首先建立可靠的拔出力（F）与立方体抗压强度之间的关系曲线。通常，该曲线的建立有以下三种方法：

（1）采用同条件立方体试件的抗压强度与相应的试件上的拔出力建立曲线。

（2）在构件拔出测点部位钻取岩芯，以芯样抗压强度与拔出力建立曲线。

（3）在立方体试块（边长可根据拔出试验的需要和压力机容量确定）上做拔出试验，然后对损伤部位进行修补后做抗压试验，抗压值应考虑损伤及试件尺寸的因素进行修正，再与拔出力建立曲线。

试验一般采用同条件试块法确定混凝土强度。强度等级的试块不少于6个，拔出试验的最低强度应≥C10。因此，建议采用C10～C60级范围（如工程需要可增加强度等级）。每个强度等级应不少于6组数据，以便进行回归处理。进行回归处理时，可用各种适当的方程拟合，择其相关性较好者，为了使用方便，应优先选用线性方程。

三、混凝土强度的换算

（一）强度的换算

混凝土强度应根据事先建立的测强曲线公式换算，通常曲线公式为如下线性方程：

$$R = aF + b \tag{5-21}$$

式中：R——混凝土强度的换算值（MPa），精确至0.1MPa；

F——拔出力（kN），精确至0.1kN；

a、b——回归系数。

当预先建立的曲线与被检工程的混凝土材料有较大差异时，应用被检工程的混凝土芯样进行校验和修正，一般应取3个以上的芯样，并在每个钻芯孔附近取3个拔出力数据，取其平均值，并按式(5-22)求得修正系数：

$$\eta = \frac{1}{n}\sum_{i=1}^{n}\frac{R_i}{\overline{R}_i} \tag{5-22}$$

式中：η——修正系数，精确至0.01；

R_i——第i个芯样试件的抗压值，精确至0.1MPa；

$\overline{R}_i$——对应于第i个芯样的3个拔出力的平均值的混凝土强度换算值（MPa），精确至0.1MPa；

n——芯样数。

（二）构件混凝土强度的推定

1. 单个构件的检测

单个构件进行检测时，取3个测点换算强度的最小值作为该构件混凝土的推定强度。若3个测点值较离散，即最大或最小值与中间值之差超过中间值的15%，则应加测两个测点，并将这两个加测点的拔出力与最小拔出力一起取平均值，再与前次的拔出力中间值比较，取较小值作为该构件拔出力计算值，并将其换算强度作为该构件混凝土强度推定值。

2. 批抽检构件的强度推定

将所有测定的拔出力代入式(5-21)，求得各点的换算强度（若需修正，则乘以η），然后按式(5-23)、式(5-24)计算该批构件的强度推定值R'和批中每个构件混凝土强度换算值中最小值的平均值$\overline{R}$，然后择R'，并选与$\overline{R}$中较大值作为该批构件的最终强度推定值。

$$R' = \overline{R}_c - 1.645S \tag{5-23}$$

$$\overline{R} = \frac{1}{J}\sum_{j=1}^{j}R_j \tag{5-24}$$

式中：$\overline{R}_c$——批抽检构件混凝土强度换算值的平均值（MPa），精确至0.1MPa，按式(5-25)计算：

$$\overline{R}_c = \frac{1}{n}\sum_{i=1}^{n}R_i \tag{5-25}$$

R_i——第i个测点混凝土强度换算值（MPa）；

S——批抽检构件混凝土强度换算值的标准差（MPa），精确至0.1MPa，按式(5-26)计算：

$$S = \sqrt{\frac{\sum_{i=1}^{n}R_i^2 - n\overline{R}_c^2}{n-1}} \tag{5-26}$$

$\overline{R}_c$——批抽检每个构件混凝土强度换算值中最小值的平均值（MPa），精确至0.1MPa；

R_j——第j个构件混凝土强度换算值中的最小值（MPa），精确至0.1MPa；

n——批抽检构件的测点总数；

j——批抽检的构件数。

若批抽检构件混凝土强度换算植的平均值小于或等于25MPa，而$S>4.5$MPa，或平均值大于25MPa，而$S>5.5$MPa时，该批构件混凝土强度均匀性太差，不宜按批抽检下结论，而应改为逐个构件按单个构件检测和推定。

第三节 钻 芯 法

钻芯法是利用钻芯机、钻头、切割机等配套机具，在结构构件上钻取芯样，通过芯样抗压强度直接推定结构构件强度或缺陷，无需通过立方体试件或其他参数等环节。它的优点是直观、准确、代表性强，缺点是对结构构件有局部破损，芯样数量不可太多，而且价格也比较昂贵。钻芯法在国外的应用已有几十年历史，一般来说发达国家均制定有钻芯法检测混凝土强度的规程。

我国从20世纪80年代开始，对钻芯法开展了广泛研究，目前我国已广泛应用并已能配套生产供应钻芯机、人造金刚石薄壁钻头、切割机及其他配套机具，钻机和钻头规格可达十几种。

钻芯法除用以检测混凝土强度外，还可通过钻取芯样方法检测结构混凝土受冻、火灾损伤深度、裂缝深度以及混凝土接缝、分层、离析、孔洞等缺陷。

从以上方法的简单介绍可知，半破损方法与非破损方法相比，有直观、可靠的特点，但有一定的局限性。

半破损法测定值都是混凝土局部破坏条件下的具体指标，与混凝土强度的联系比非破损法更为直接。又由于测值的换算关系较直接，因而可靠性提高。有一定的局限性是因为上述试验会造成结构混凝土的局部破坏，因此测试点不宜过多，而且在构件的主要受力部位不宜布点。

鉴于上述原因，我们常把半破损法作为非破损法的重要验证手段。把两法结合使用，往往可以取长补短。

由于钻芯法是根据芯样的抗压强度推定结构混凝土立方抗压强度的一种半破损现场检测方法。钻芯法的测定值就是圆柱状芯样的抗压强度，试件抗压强度之间，需进行必要的形状修正。已为较多国家如采用，例如，前苏联、美国、英国、日本、法国、德国以及澳大利亚、比利时等国都制订了各自的标准。国际标准化组织也提出了相应的国际标准草案（ISO/DIS 7034）。

一、钻芯法的主要机具

1. 钻孔取芯机

钻孔取芯机是钻芯试验法的基本设备。它的主要作用是从混凝土结构物上钻取合格的芯样。通常钻孔取芯机由机架、驱动部分、减速部分、进钻部分及冷却和排渣系统五部分所组成。现以HZQ100型混凝土钻孔取芯机为例，图5-8为HZQ100型取样机的外形示意图，各部分说明如下：

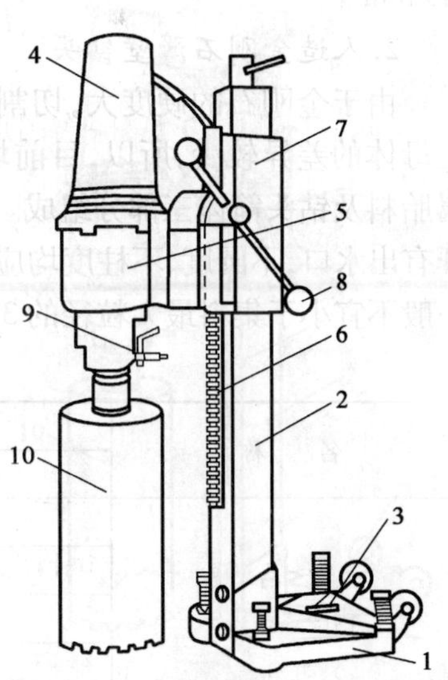

图5-8 HZQ100型混凝土钻孔取芯机

1-底座；2-立柱；3-固定螺孔；4-电动机；5-变速箱；6-齿条；7-滑块；8-手柄；9-水口；10-钻头

（1）机架。这是整个机械各个部分的联系和支承部件。一般由底座1、主柱2等组成。根据工作时各种取芯机的固定方法的不同，在机架上还装有撑杆（用以顶在上部结构物上，使取芯机稳定工作，如GZ1120型）或固定螺孔3（用以套在已打入混凝土中的膨胀螺栓上，使整个取芯机通过膨胀螺栓牢固地固定在被钻的混凝土表面，这种固定方式的取芯机可附着于各种角度的混凝土表面上工作，如HZQ100型）或压重块（用以压住机架，使取芯机稳定工作，一般用于路面或地坪取样，如JXZ-83-1型）。

（2）驱动部分。它是取芯机的动力源，由于工程现场均有电源供应，因此大部分均采用电动机。但为了在远离电源的情况下能够使用，有时也采用轻便型柴油机作为动力源，如JXZ-83-1型。

（3）减速或调速系统。据试验，钻头钻切点的线速度以3～5m/s为宜。因此，驱动部分均通过减速器与钻芯机主轴连接。变速系统最好做成可调式，以便根据钻进情况调节钻速。

（4）进钻系统。它由齿条6、滑块7及齿轮和操纵手柄8所组成，用以推进钻头。

整个进钻系统以及驱动和调速系统等各部件均应配合良好，确保主轴在进钻时的径向跳动不超过0.1mm，钻芯时的噪声不应大于90dB，钻头的径向跳动不超过1.5mm。

进钻系统一般为垂直作业，但有些取芯机（如GZ-1120型）可调整方向，以任意角度钻进，满足不同取样部位的要求。附着式固定的钻孔取样机，其进钻方法取决于附着面的方向，始终沿与附着面垂直的方向进钻。

（5）冷却和排渣系统。一般均通以冷却水，水从水口9流入，通过钻头及切槽流出。一方面是为了防止金刚石钻头温度升高（一般来说，当温度超过450℃时，金刚石即可能石墨化而降低强度，而且金刚石与钻头胎体的嵌接强度也下降，以致烧坏钻头），另一方面是为了排出钻屑，以利于钻刃切削新的表面，提高钻进速度。

冷却水的水量由水口9上的阀门控制。其大小与钻进速度和钻头直径成正比，以达到钻渣能快速排出，又不致使水四处飞溅为宜。出水温度不宜超过30℃，出水速度一般为3～5L/min。

2. 人造金刚石薄壁钻头

由于金刚石的硬度大，切割效率高，而且取出的芯样表面光洁，芯样受损程度较轻，与混凝土母体的差异较少，所以，目前均采用人造金刚石薄壁钻头。这种钻头由高强人造金刚石、金属胎料及钻头筒体三部分组成。钻头工作冠部呈薄壁空芯管状，切口宽度为3～5mm。钻头上应开有出水口，不圆度、不柱度均应符合要求。钻头的内径应视被钻混凝土集料的最大粒径而定，一般不宜小于集料最大粒径的3倍，在任何情况下不得小于2倍，常用钻头规格见表5-7。

常用钻头规格 表5-7

名称	规格(mm)		
	外径	内径	长度
内冷式钻头	76	70.5	200
	76	70.5	400
	82	76	400
	108	101	550
	159	152	550

3. 锯切机

用来切平芯样端面，要求切割后表面平整并与主轴垂直。芯样锯切机一般由电动机、锯片、芯样夹具和推移系统及冷却系统五部分组成。其中锯片应采用金刚石锯片，其直径应视芯样直径而定，一般要求锯片直径大于切割厚度的3倍，锯片旋转线速度不低于40～45m/s。

4. 端面补平机具

芯样锯切后端面如果达不到平整度的要求，或端面与中轴线不垂直，则需对端面进行磨平或补平处理。

磨平时采用端面磨平机，也可用硫磺或水泥净浆或砂浆补平。补平器如图5-9所示。它由底板和夹持器组成，底板的不平度要求为每100mm不超过0.05mm。夹持器与底板的垂直度一般不超过1°。

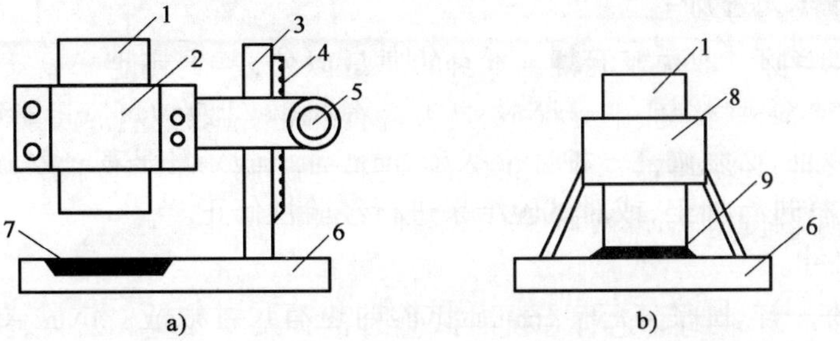

图5-9 芯样端面补平器

a)硫磺补平器；b)水泥浆补平器

1-芯样；2-夹具；3-立柱；4-齿条；5-手轮；6-底板；7-硫磺；8-套模；9-水泥浆

5. 钢筋位置探测器

为了避免在钻芯时切断钢筋，应探明钢筋位置。常用钢筋位置探测器应用电磁感应原理，其探头分感应型和谐振型两种。要求探测器的最大探测深度不小于60mm，探测位置偏差不大于±5mm。

二、芯样的钻取与加工

1. 钻前的准备

钻芯法一般用于原有预留试块强度不足或对试块强度有怀疑；因原材料条件、施工工艺等因素而造成的质量事故；混凝土受各种物理或化学侵蚀需了解其侵蚀程度；对老结构物进行安全鉴定等。因此，和其他方法一样，检测人员必须详细了解工程情况，以利于检测后的分析评定。

由于强度太低的混凝土钻芯时芯样极易损伤，所以钻芯法一般不宜用于强度低于10MPa的混凝土。钻芯的位置应选择在结构受力较少，没有钢筋或预埋件的部位。而且应考虑取样的代表性。取芯的数量应视检测的要求而定，可分以下两种情况：

(1)为了对已知的质量薄弱部位进行验证性检测，这时，取芯的位置和数量可由已知质量薄弱部位的大小确定。检测结果仅代表取芯位置的质量，而不应据此对整个构件或结构物强度作出总体评价。

(2)为了对某一构件的混凝土强度作出评估，这时，在该构件上的取芯个数一般不少于3个，较小的构件可少于3个，但不得少于2个。

2. 钻芯方法

在选定的取芯点上将钻机就位，使钻机主轴与混凝土表面垂直，并用钻机上的固定装置，把钻机固定。

接通水、电，若为三相电机，接电时应检查电动机旋转方向是否正确，然后即可安装钻头，用进钻操作手柄调节钻头位置，逐渐进钻。同时，调整好冷却水流量，一般约为3～5L/min，出水口水温不得超过30℃。

钻到预定深度后将钻头提出，用长度约为300mm，宽度约为20mm，并与钻头弧度一致的带销扁钢插入钻缝隙中。用小锤敲击扁钢，芯样即可在底部剪断。用夹钳或钢丝活套从钻孔中将芯样取出。

应当随时对芯样做好标记，记录钻取位置、长度及外观质量。若长度及外观质量不能满足要求则应重新钻取。

3. 芯样的标准状态与加工

芯样的抗压强度除了取决于混凝土本身的质量以外，还受其他试验条件的影响，例如，芯样的尺寸、端部的状态、平整度、干湿状态、是否含有钢筋、钻取方向等因素的影响。因此，在进行芯样抗压试验以前，必须确立一种标准状态，使芯样试验条件基本一致。当芯样与标准状态有差异时，或对试样进行加工，或对试验结果进行经验性修正。

(1)芯样的尺寸。

与立方体试件一样，圆柱体芯样在抗压试验时也有尺寸效应。试验表明，芯样直径越大，强度就越低；这与立方体试件的试验结果一致。但当芯样直径为150mm或100mm时，强度相差甚小。芯样直径一般不宜小于集料最大粒径的3倍，在任何情况下不得小于集料最大粒径的2倍。鉴于普遍混凝土集料的最大粒径一般均在40mm以下，芯样直径取100～150mm便足以满足要求，所以我国与大多数国家一样，规定以直径100mm及150mm芯样作为抗压强度试验的标准芯样试件。

必须指出，当芯样直径小到一定程度时，芯样强度并不随直径的减小而增大，反而随直径的减小而下降。这一现象与立方体试块所表现的现象不同。其原因可能是由于试件越小，钻切面的损伤对混凝土的影响越明显的缘故；由于芯样尺寸效应造成芯样强度随芯样直径减小而增加，芯样钻切损伤效应造成芯样强度随芯样直径减小而下降，两者往往相互抵消，致使大尺寸芯样与小尺寸芯样抗压强度相差很小。所以有人认为，采用小直径芯样既可保证试验结果的可靠性，又可使钻芯费用降低，并可减轻结构受损程度。

进行芯样抗压试验时，由于端面与试验机上下压板之间的摩擦力所造成的“环箍效应”，使芯样的高径比对试验结果产生明显影响，高径比越大，则测定的强度值越低，因此，必须对不同高径比的芯样试验强度值进行修正。

我国一般使用高径比为1～2的芯样进行抗压试验，并以高径比为1的芯样作为标准芯样，即高径比为1时试验强度值的尺寸修正系数α为1，当高径比为其他值时，应采用表5-8中所列的尺寸修正系数。

芯样强度高径比修正系数 表5-8

高径比h/d	修正系数α	高径比h/d	修正系数α
1.0	1.00	1.6	1.17
1.1	1.04	1.7	1.19
1.2	1.07	1.8	1.21
1.3	1.10	1.9	1.22
1.4	1.13	2.0	1.24
1.5	1.15		

注：①直径100mm和150mm的标准芯样试件，当高径比相同时，可采用相同修正系数。

②对于$1<h/d<2$的芯样试件，修正系数可采用内插法确定。

芯样端面与轴线之间的垂直度(不柱度)偏差过大,会降低芯样抗压强度。试验证明,当不柱度不超过2°时,影响不明显。因此,芯样的不柱度应控制在2°以内。

为了满足上述要求,芯样取回后,应在试验室进行切割加工。切割在专用锯切机上进行。切割后的试样高度应在0.95~2.05d范围内(d为芯样直径),不柱度小于2°。

(2)芯样的端面状态及补平方法。

芯样端面的不平整,会造成试件与压力机压板之间的局部接触,因而导致应力集中,使实测强度偏低。为此,要求对不平整的端面进行适当加工,通常用磨平法或端面补平法。可用硫磺胶泥补平或用水泥净浆补平。

当用硫磺胶泥补平时,使用图5-9a)的补平器。首先将芯样端面洗净,垂直地夹持在补平器夹具中,置于一定高度。同时在补平器的圆盘上涂一层脱模剂,以防硫磺与盘模黏结,将硫磺预先熔化(约150℃),倒入补平器底盘中,然后转动手轮使芯样下移,坐入硫磺中,待硫磺冷却凝固后提起芯样,一个端面即已补平,另一端面采用同样方法补平。

当用水泥净浆或砂浆补平时,使用图5-9b)所示的补平器。首先将水泥净浆或砂浆倒在已涂有脱模剂的平整钢板上,然后将芯样装入套模,使其垂直坐入水泥浆中,待2h后同样补平另一面,清理侧面多余的砂浆,静置24h后送入养护室养护,直至补平层强度不低于芯样强度,方能进行抗压试验。

补平层厚度对强度有一定影响。因此,用硫磺补平时,厚度不超过1.5mm。用水泥净浆或砂浆补平时,厚度不超过5mm。修补后以端面不平度在100mm长度内不超过0.1mm。补平层应与芯样结合牢固,进行抗压试验时补平层与芯样的结合面不能提前开裂。

(3)芯样中所含钢筋对强度的影响。

钻取芯样时,应事先探明钢筋位置,并尽量避免钻到钢筋。若有钢筋存在于芯样中,将对强度产生影响,其影响程度视钢筋直径及其在芯样中的位置不同而不同。

与芯样轴线平行的纵向钢筋,将严重影响芯样强度。因此,芯样中不允许存在与芯样轴线平行的纵向钢筋。

对与芯样轴线垂直的钢筋,其影响较复杂。若钢筋较细,则影响较小,但其影响可能是正的也可能是负的。一般认为,若钢筋较长或通过轴心,在抗压试验时,钢筋抑制了芯样的横向膨胀,因而起增强作用;若钢筋处于芯样边缘附近的位置,则由于钢筋与砂浆的黏结力低于砂浆与集料的黏结力,会降低芯样强度。

所以,为了避免钢筋对芯样强度的影响,原则上芯样中不应含有钢筋,万一无法避免时,也不允许有纵向钢筋,最多只允许有2根直径在10mm以内,并与芯样轴线垂直的钢筋,而且这些钢筋不得露出端面。

(4)芯样的干湿状态。

一般来说,混凝土含水状态的抗压强度总低于干燥状态的抗压强度。这里所说的是试验时的干湿状态,而不是养护条件。为了使芯样强度更能表示结构混凝土的实际强度,在进行芯样抗压试验时,可采用与结构混凝土工作条件一致的干湿状态。干压时,芯样在抗压前应在室内自然干燥3d。湿压时,芯样在抗压前应在(20±5)℃清水中浸泡40~48h,从水中取出后立即进行抗压试验。

三、芯样强度及混凝土强度推定

当芯样试件各项尺寸及端面条件等均满足上述要求后,即可进行抗压试验。芯样的抗压

强度可按式(5-27)计算:

$$R_c = 4P\alpha/\pi d^2 \tag{5-27}$$

式中:R_c——芯样在试验龄期时的抗压强度(MPa),精确至0.1MPa;

P——芯样破坏荷载(N);

d——芯样直径(mm),精确至0.5mm;

α——高径比修正系数,见表5-8。

根据试验证明,直径为100mm和150mm,高径比为1的标准芯样抗压强度,与边长为150mm的立方体抗压强度相当。因此,基本上可用标准芯样的抗压强度代替立方体强度。

当采用钻芯法检测单个构件或单个构件的局部区域时,可取芯样试件混凝土强度换算值中的最小值作为其代表值。

四、钻孔的修补

钻孔取芯后,结构物上留下的圆孔必须及时加以修补。一般可采用以合成树脂为胶结料的细石聚合物混凝土,也可采用微膨胀水泥细石混凝土,修补时应充分清除孔中污物。修补后应妥善养护,保证新填混凝土与结构母体的良好结合。一般来说,即使修补后构件的承载能力仍有可能低于未钻孔前的承载能力,所以,钻孔取芯法不宜普遍使用,更不宜在一个受力区域内集中钻孔。

钻芯法与其他方法比较,虽然更为直观和可靠,但是它毕竟是一种半破损的方法,试验费用也较高,一般不宜把钻芯法作为经常性的检测手段。近年来,国内外都主张把钻芯法与其他非破损方法结合使用,一方面利用非破损方法来减少钻芯的数量,另一方面又利用钻芯法来提高非披损方法的可靠性。把这两者结合使用,是钻芯法发展的必由之路。

钻芯法的关键问题是,如何用适当的机具钻取合格的芯样,并考虑各种影响因素,如何将芯样强度换算成立方体强度及结构混凝土的特征强度。

第六章 桩基动力检测技术

第一节 桩基动力检测物理基础

一、桩基动力检测及其发展历史

桩基动力检测是指在现场原型试验基础上，基于一些理论假设和工程实践经验并加以综合分析才能最终获得检测项目结果的检测方法。主要包括以下三种方法：第一种方法是，低应变法。在桩顶面实施低能量的瞬态或稳态激振，使桩在弹性范围内做弹性振动，利用波动和振动理论对桩身的完整性做出评价的一种检测方法。主要包括反射波法、机械阻抗法、水电效应法等，其中反射波法物理意义明确、测试设备轻便简单、检测速度快、成本低，是基桩质量（完整性）普查的良好手段。第二种方法是，高应变法。通过在桩顶实施重锤撞击，使桩产生的动位移量级接近常规静载试桩的沉降量级，致使桩周岩土阻力充分发挥，通过测量和计算判定单桩竖向抗压承载力是否满足设计要求并对桩身完整性做出评价的一种检测方法。主要包括锤击贯入试桩法、波动方程法和静动法等，其中波动方程法是我国目前常用的高应变检测方法。高应变动力试桩物理意义较明确，检测准确度相对较高，而且检测成本低，抽样数量较静载试验大，还可用于预制桩在打桩过程中的监控和桩身完整性检查。高应变法在我国目前仍处于发展和完善阶段。作为一种以检测承载力为主的试验方法，尚不能完全取代静载试验。高应变法检测的可靠性比静载试验低，实施现场测试及对测试数据的分析很大程度上取决于检测人员的技术水平和经验，不单纯领先静动对比试验资料，因为检测一旦超出高应变法的适用范围，如锤击设备无法匹配时，静动对比在机理上就不具备了可比性。尤其是灌注桩，实测信号质量不易保证，分析中的不确定因素多，更需不断积累验证资料，提高分析判断能力和现场检测技术水平。第三种方法是，声波透射法。通过在桩身预埋声测管（钢管或塑料管），将声波发射、接收换能器分别放入2根管内，管内注满清水作为耦合剂，换能器可置于同一水平面或保持一定高差，进行声波发射和接收，使声波在混凝土中传播，通过对声波传播时间、波幅及主频等声学参数的测试与分析，对桩身完整性做出评价的一种检测方法。

把桩假定为刚体模型，并根据牛顿撞击定律，可推导出动力打桩公式。它是由锤击能量、贯入度和一些经验系数进行单桩承载力估算和打桩监控。动力打桩公式有很多种，一度成为除静荷载试验以外唯一能用来准确判断桩的承载力的依据。

在理论模拟中，桩被视为一维弹性杆件，打桩过程是弹性应力波的传播过程。1885年，B. De Saint-Venant提出一维波动方程问题。20世纪30年代曾有人把波动方程引入土参数，研究了一维杆件内应力波的传播，但终因数学求解程度复杂，而无法被工程实际所应用。直到20世纪50年代后期，美国学者A. Smith教授提出了波动方程数值差分求解法，并在桩基工程中得到成功应用。它把锤—桩—土系统简化为质量块、弹簧和阻尼器组成的离散化计算模型，利用计算机进行迭代运算，从而使波动方程打桩分析进入实用化阶段。在此后的十余年里，国外许多学者在计算机上进行编程、参数设定、可靠性研究及波动方程的应用方面做了大量的实际工作。

基桩动测方法的分类如下：

- 基桩动测法
  - 低应变
    - 反射波法
    - 机械阻抗法
    - 水电效应法
    - 球击法
    - 动参数法等
  - 高应变
    - 锤击贯入法
    - 波动方程法
    - 动力打桩公式法等

基桩动测法是基于动力学理论和桩土结构的边界条件而建立起来的。动测法的承载力测试结果在精确度方面有时还不能令人满意，但是，它却因操作简便快速，费用低，不完全受场地条件的限制，且大都能准确地进行基桩完整性检测而被广泛应用。

从测试机理上，动测又分为低应变和高应变两类方法。它们都是通过在桩头激振、桩头接收，然后分析桩的动态特性来判别桩身质量以及单桩承载力。其不同点主要表现在激振方式、激振能量、检测系统、研究对象及分析方法，比如说应力波反射法主要研究弹性波在桩身中的传播特性，而动参数法研究桩土体系的有阻尼自由振动特性。高应变试桩方法与低应变试桩方法的根本区别是前者适当地考虑了桩周土的弹塑性响应，大应变试桩的应变量约为 10^{-3} 级别。它包括锤击贯入法、波动方程法以及动力打桩公式法等。

基桩动测和静荷载试验比较，不论是检测速度、方法，还是试验设备以及费用，都有着明显的优势。因此这种方法的出现，迅速在国内外推广应用，并越来越受到人们的重视和欢迎。

对于较大静荷载试桩，动测方法同样可以测定单桩的极限承载力。而且动测法还可以提供桩身完整性分析、缺陷位置及类型，在波动方程分析中还能提供周摩阻力分布，模拟 Q-s 曲线；打桩工程监控及桩的动态特性测定等功能，这是静荷载试验所不能取得的结果。

桩被打入地下，属于“地下隐蔽工程”，成桩质量的好坏，直接关系到桩身所能承受的承载力的大小，桩的承载力取决于桩身结构强度和地基土对桩的支承力。在静荷载试验方法中，它所量测的是桩顶受到荷载压力所产生的沉降量，通过不同级别的加载和对应的位移量，而得出 Q-s 曲线。当 Q-s 曲线出现转折点或沉降量达到某一规定值时，获得单桩的极限承载力。

尽管基桩动测技术有效地弥补了静力试桩的不足，满足了桩基工程发展的需要，各种动测法特别是大应变动测方法在多年的实际应用中，不同程度地存在着一些问题，有待进一步研究解决。由于诸多问题存在造成测试结果有时误差较大，这些误差主要有以下几个方面：

（1）计算模型误差。所有动测法都需要对桩和土作出一些假定，以达到以“动”求“静”的目的，因此不可避免地带来一定的误差。有些方法的假定与实际情况出入较大，从而误差也大；有些方法虽能较好地反映实际，但有时现场条件的变化也会造成测试结果误差大。

（2）参数取值的误差。有些动测方法中除了现场试验确定的参数外，还有一些需靠经验或已有动力与静力对比试验资料确定的参数，这些参数本身与实际均有一定出入。

（3）试验仪器与操作误差。动力试桩中所用的测试仪器本身带有的误差一般不是很大，但是测点安装不当、误操作以及现场干扰等因素往往会引起较大的误差。

（4）波形判读与分析误差。由于动测的波形判读和资料分析比较困难，如果没有对动测法很熟悉的并有一定理论基础和实际经验的专业人员来分析，可能导致不准确的分析结果，甚至出现误判。

近年来，国内外学者除了通过对桩—土理论模型及计算参数的不断完善与改进、打桩系统和锤垫及桩垫性能的研究、新的检测仪器不断推出与改进外，还考虑动力试桩在不同地质和桩型条件下应用的经验系数，动、静对比试验系数，特别是开始用动测法和桩的承载力以及工程设计所采用的安全系数等问题联系起来的。这一问题的深入研究，必将对今后的基桩动测技术的发展产生很大影响。

如何在完善、保持基桩动力检测方法所具有的轻便、高效的基础上，更好地模拟桩的静力特性，尽量减少动力荷载引起的影响，是目前国内外研究的重点。20 世纪 90 年代以来，国外一些专家根据"火箭"原理设计出的"动静试桩法"，虽尚在试验完善中，但所采取的延长动荷载在桩顶的作用时间，以更好地模拟静荷载试验的受力机理，从而使得测试结果更加符合实际。

二、桩基动力检测物理基础

（一）杆的纵向振动

在动测理论分析中通常将桩作为杆件来处理，并且假设桩身材料是均匀各向同性的；在微小激振力时，其反应是线弹性的；还规定纵波的波长比杆的横截面尺寸应大得多，而杆的横截面尺寸应远远小于其长度，在此情况下杆内的横向位移对纵向运动影响的效应可以略去。

1. 杆的纵向振动方程

考虑图 6-1 所示的等截面均匀直杆的纵向运动。理论假定：

（1）变形前的平截面在变形过程中始终保持平面。

（2）除了沿横截面上恒为均匀分布的轴向应力 σ（此处省去下标 x）外，所有其他应力分量均为零。在这些假定下，借助第三章第一节振动测试物理基础，可得到一维杆的动力学平衡方程：

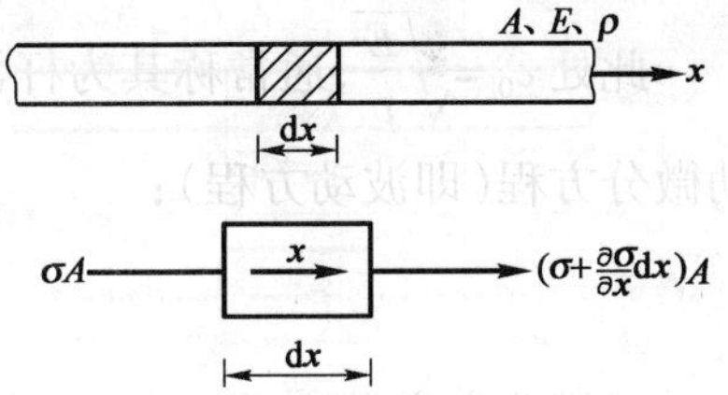

图 6-1　直杆的纵向运动

设杆的质量为 m，振动速度为 v，轴向位移为 u，推动力为 F，由动量守恒定律：

$$F \cdot \Delta t = m \cdot \Delta v \tag{6-1}$$

杆中应力为 σ，杆的密度为 ρ，则上式中：

$$F = A \cdot \sigma \text{（}A\text{ 为杆的截面积）} \tag{6-2}$$

取杆一微段长 dx，则：

$$m = \rho \cdot A \cdot dx \tag{6-3}$$

将式(6-1)和式(6-2)分别代入式(6-3)有：

$$A \cdot \sigma\Delta t = \rho \cdot A \cdot dx \cdot \Delta v \tag{6-4}$$

$$\sigma\Delta t = \rho dx\Delta v$$

即

$$\frac{\sigma}{dx} = \rho\frac{\Delta v}{\Delta t} \tag{6-5}$$

考虑杆应力是时间和位移的函数，故写成偏微方程式为：

$$\sigma = f(x \cdot t)$$

$$\frac{\sigma(x \cdot t)}{\partial x} = \rho\frac{\Delta v}{\Delta t} = \rho\frac{\partial^2 u}{\partial t^2} \tag{6-6}$$

考虑体力影响，则式(6-6)可写成式(6-7)形式：

$$\frac{\sigma(x,t)}{\partial x} + X = \rho\frac{\partial^2 u}{\partial t^2} \tag{6-7}$$

式中：X——x 方向的体力；

u——轴向位移；

ρ——杆的材料密度。

式(6-6)可从图 6-1 考虑 dx 微元段的动量守恒直接得到。注意到这里的轴向应力 σ，实际上是采用了工程应力，即 $\sigma = P/A$（P 为杆中轴向力，A 为杆的横截面积）。引用胡克定律：

$$\varepsilon = \frac{\partial u}{\partial x}$$
$$\sigma = E\varepsilon = E\frac{\partial u}{\partial x} \tag{6-8}$$

式中：ε——轴向应变；

E——杆的弹性模量。

将式(6-8)代入式(6-7)并考虑杆波速影响可得式(6-9)

$$c_0^2\frac{\partial^2 u(x,t)}{\partial x^2} = \frac{\partial^2 u}{\partial t^2} - \frac{1}{\rho}X \tag{6-9}$$

此处 $c_0 = \sqrt{\frac{E}{\rho}}$，通常称其为杆波速。在不计体力的情况下，便由式(6-9)得到杆的纵向振动微分方程（即波动方程）：

$$c_0^2\frac{\partial^2 u(x,t)}{\partial x^2} = \frac{\partial^2 u}{\partial t^2} \tag{6-10}$$

采用分离变量法，将 $u(x,t)$ 表示为 $u(x,t) = X(x)U(t)$ 解，得振型函数：

$$X(x) = C\sin\frac{\omega}{c}x + D\cos\frac{\omega}{c}x \tag{6-11}$$

则某点振动为：

$$U(t) = A\sin\omega t + B\cos\omega t \tag{6-12}$$

上式中的固有频率及振型函数 $X(x)$ 的系数 C、D，由不同边界约束条件确定。

2. 不同边界条件下杆的固有频率及振型

(1)两端自由的杆

这种边界条件给出了一般桩的力学约束模型，当土质刚度远低于桩身刚度时，就类似于这种情况。

这时杆两端的应力为零，故边界条件为：

$$\frac{dX}{dx}(O) = \frac{dX}{dx}(L) = 0 \tag{6-13}$$

由此得：

$$\frac{\omega}{c}D\sin\frac{\omega}{c}L = 0$$

故杆的固有频率为：

$$\omega_i = \frac{i\pi}{L}\sqrt{\frac{E}{\rho}} \quad i = 0,1,2\cdots \tag{6-14}$$

相应的振型函数为：

$$X(x) = \cos(i\pi x/L) \quad i = 1,2\cdots \tag{6-15}$$

(2)一端自由、一端固定的杆

其边界条件为：

$$X(O) = 0 \quad 及 \frac{dX}{dx}(L) = 0$$

由此得：

$$\frac{\omega}{c}\cos\frac{\omega}{c}L = 0$$

故杆的固有频率为：

$$\omega_i = \frac{i\pi}{L}\sqrt{\frac{E}{\rho}} \quad i = 1,2\cdots \tag{6-16}$$

相应的振型函数为：

$$X_i(x) = \sin\left(\frac{2i-1}{2}\cdot\frac{\pi x}{L}\right) \quad i = 1,2\cdots \tag{6-17}$$

(3)两端固定的杆

边界条件为：

$$X(O) = X(L) = 0$$

由此得杆的固有频率为：

$$\omega_i = \frac{i\pi}{L}\sqrt{\frac{E}{\rho}} \quad i = 1,2\cdots \tag{6-18}$$

与自由杆相同，相应的振型函数为：

$$X_i(x) = \sin(i\pi x/L) \quad i = 1,2\cdots \tag{6-19}$$

(二)基桩动测测试系统

基桩承载力的确定与基桩完整性的检测都是基于桩头的动力响应分析。在高应变试验中，须测量桩头的加速度和截面承受的压力；在低应变试验中，仅记录桩顶的加速度响应。无论高应变还是低应变，桩顶测量结果是整个检测过程中的唯一用作分析的信息，用该信息反演桩的承载能力和完整性，是属于微分方程边值问题的反问题，反问题的求解结果对所选力学模型依赖很大。因此，在选择测试方法和设备仪器时要慎重考虑。

1. 基桩动测测试系统的组成

测量是利用专门的仪器和设备，通过实验和计算分析得被测量的值，它实际上是个比较的过程，即将被测量与特定的标准量进行比较，获取相对的比值。桩顶的加速度和压力都是非电量，而测量它们均是通过电子测量装置完成的，故称为非电量电测。它是把待测的非电量，通过一些器件或装置，转变成相关的电信号(电压、电流等)，然后利用电子测量装置测量该电信号，最终获得被测的非电量值。

对于桩基动测测试系统，非电量(加速度与压力)电测系统主要由三部分组成：传感器(加速度传感器与应变传感器)、数据采集仪和笔记本电脑，如图6-2所示。

加速度计和压力传感器分别将桩顶加速度和压力转换成相应的电信号。数据采集仪是将传感器输出的电信号，进行放大、滤波等处理后，通过模拟——数字转换器(A/D)将模拟信号变换为数字信号，然后输入存储器或直接输入电脑中。电脑中的动测软件将对输入的非电量信号进行各种方便的处理、分析、显示和存储。

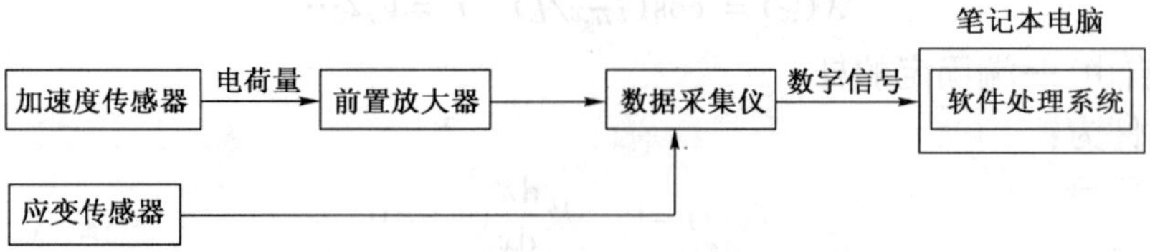

图 6-2　桩基动测系统结构示意图

测量方法是否正确直接关系到测量结果的好坏。测量方法分类形式有多种多样。例如根据在测量过程中被测量是否随时间变化,分为静态测量和动态测量。桩顶的加速度和压力响应是随时间变化的,因此它们属于动态测量。按测量手续分类,可分为直接测量、间接测量和组合测量。利用按已知标准标定好的测量仪器,对某一被测量直接进行测量,获得被测量的数值,这类测量称为直接测量。桩顶加速度和压力都是分别用加速度计和压力传感器直接测量的,故属于直接测量方法。同时,在基桩检测试验中将加速度计和压力传感器直接安装在桩头上,故它们又属于接触式测量一类。

2. 测试仪器的基本性能指标

测试仪器的性能直接关系到测量结果的误差大小,评价测试仪器基本性能的主要指标有下列几个。

1)精确度

精密度、准确度和精确度(简称精度)构成了精确度的三个指标。

(1)精密度。它反映了仪器指示值的分散性。对某一稳定的被测量,由同一个测量者,用同一个仪器连接重复测量多次,其测量指示值的分散程度即是精密度。它表示了随机误差的大小,精密度高,意味着随机误差小。

(2)准确度。它反映了测量值与真值的偏离程度。它是系统误差大小的标志,准确度越高,系统误差越小。

(3)精确度。精密度与准确度两者的综合指标是精确度。有时可取两者的代数和。精确度常以测量误差的相对值表示。

2)稳定性

仪表的稳定性用两个指标表示。

(1)稳定度。在测量条件不变的情况下,在规定时间内,由仪表随机性变动、周期性变动、漂移等引起指示值的变化称为稳定度。

(2)影响量。外界环境变化引起的仪表指示值变化称为影响量。例如由温度、湿度、振动、电源电压及频率等变化而引起的指示值偏差。

3)输出—输入的静态特性

输入的被测量参数不随时间变化,或变化很缓慢时,测量仪表的输出量与输入量之间的关系,称为静态特性。主要指标有线性度、灵敏度和滞环等。

(1)线性度。又称非线性误差。它反映输出量和输入量的实际关系曲线偏离拟合直线的程度。表示为:

$$\varepsilon_i = \frac{\Delta y_{\max}}{y_{\max}} \times 100\% \tag{6-20}$$

式中:ε_i——线性度;

$\Delta y_{\max}$——输出量与输入量实际关系曲线与拟合直线之间的最大偏差;

y_{max}——仪表的输出满刻度。

(2)灵敏度。是指在稳态下输出量增量与输入量增量之间的函数关系。它可用稳态下输出—输入特性曲线上各点的斜率来表示。

$$S = \frac{dy}{dx} = f(x) \tag{6-21}$$

式中:S——灵敏度;

x——输入量;

y——输出量。

灵敏度表示单位被测量的变化所引起的输出值的变化量。例如,电阻应变仪的灵敏度 S 用 $mA/\mu\varepsilon$(毫安/微应变)表示,即每一微应变将引起多少毫安电流输出。

灵敏度阈与分辨力:灵敏度阈是指测量仪表能够区别的最小读数变化量。对于数字式仪表,灵敏度阈称为分辨力,它是指数字式仪表指示数字值的最后一位数字所代表的值。

(3)滞环。仪表正向(上升)特性和反向(下降)特性不一致的程度,用滞环来表示。当被测量 x 连续增加时,相应的输出量 y_c 也相应地增大;当 x 连续减小时,相应的输出 y_d 也逐渐下降;输出 y_d 和 y_c 之间的差值称为滞环误差 E_h,定义为:

$$E_h = |y_d - y_c| \tag{6-22}$$

最大滞环率 E_{hm} 定义为:

$$E_{hm} = \frac{E_{hm}}{y_{max}} = \frac{|y_d - y_c|_{max}}{y_{max}} \tag{6-23}$$

式中:E_{hm}——在测量范围内的最大滞环误差;

y_{max}——最大的输出值。

(4)输出—输入的动态特性。仪表的动态特性是描述动态响应性能的指标。当测量随时间迅速变化时,由于一般仪表都存在机械惯性和电惯性,因此在测量过程中输出值与被测量之间往往发生延时和畸变,产生动态测量误差。为此应研究仪表的动态响应性能。借助于标准信号源及扫描频率分析仪可测试、标定动态测试仪表。

(三)数字信号数据处理

在测试中,应力、应变、振动位移、速度、加速度、声波的波动及传播都是在一定的观察条件下随时间变化的物理量,均可以把上述物理量作为纵坐标,时间作为横坐标,便可以得到一种变化曲线,即波形,在实际工程测试中又被称为信号。由于被测物本身的复杂性及外界干扰扰动,使信号变得甚为复杂,直接观察这些实测到的信号往往难以认识到事物的本质,由此需要对信号进行处理。

1. 信号采样

1)采样的基本原理

从传感器获得的模拟信号代表某一时刻的实际物理量值。也可以说,模拟信号是一个连续时间函数。然而,计算机只能处理数字,因此必须将连续的模拟信号转换成一系列数值输送到计算机中。信号采样就是在一系列离散的时间瞬间对模拟信号取值的过程。由于计算机存储空间是有限的,因此必须对采样点数加以限制。单位时间内采样的点数称为信号的采样频率,它决定了离散时间函数表示的精度。

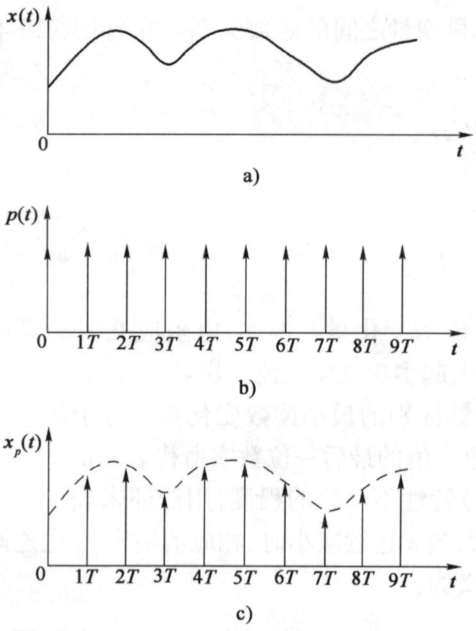

图 6-3　信号采样示意图

a) 调制信号；b) 载波信号；c) 调制后的信号

信号采样也可以表示为信号相乘的数学过程。图 6-3 中分别显示了模拟信号 $x(t)$，脉冲串信号 $p(t)$ 及两者相乘后的信号 $x_p(t)$，所得信号 $x_p(t)$ 也是一个脉冲串，但是它的幅值由 $x(t)$ 作为包络线所限定。这就是调制过程，信号 $x(t)$ 称为调制信号，$p(t)$ 是载波信号，调制后的信号用 $x_p(t)$ 表示。

信号采样不仅仅是将连续函数简单地离散化，便于计算机处理，还要求采样应完全地表示原来的连续函数，保留它的全部信息，并可以完全恢复原来的信号。这就是采样理论所要考虑的在什么条件下，一个连续时间信号可以完全地用等时间间隔的瞬时值或采样来表示，并且当获得这些采样值后，可以完全恢复信号本身。采样定理告诉我们，当采样频率高于信号所包含最高频率的两倍时，采样值可以完全恢复信号本身。

2) 模数转换器(A/D)的分辨率

信号动态范围是指被测信号中所需测定信号的最小值与最大值之比。在基桩小应变完整性测试中，信号的最大值是冲击入射波的峰值，而最小值为桩尖反射波峰值的 1/10；在基桩应力波检测试验中，桩尖反射波峰值与锤击激发的入射波峰值之比可小于1∶5 000。因此，对基桩小应变完整性测试，信号动态范围小于1∶5 000。在模拟信号数字化时，A/D 分辨率(即位数)决定了可表示的最小电压(MRV)，MRV = 满刻度 × 分辨率，例如，若模拟信号的满刻度是 10V，使用 8 位 A/D，则有：$\mathrm{MRV} = 10\mathrm{V} \times 1/2^8 = 39\mathrm{mV}$。

由上式可见对于 8 位 A/D 板卡，分辨率为 $1/2^8 = 1/256$，刻度长度为 256，若采用 12 位 A/D，分辨率可达 $1/2^{12} = 1/4096$，这就基本满足了基桩动测信号的动态范围要求1∶5 000。

图 6-4 给出了一根桩长为 17m 打入桩在不同 A/D 板卡分辨率下，基桩动力测试结果。从图中曲线可以看出，低分辨率 A/D 输出波形的前一部分有较大的失真，后面的桩尖反射也不很好。采用高分辨率数字技术后，大大地改进了桩顶动力响应波形的质量。随着 A/D 板卡分辨率从 8 位增加到 12 位，波形越加清晰。桩周土阻力的细微变化都反映出来了，特别是桩尖反射波非常清楚，这就为试验结果的解释和分析提供了精确的原始资料。

2. 频谱分析

频谱分析是把时域动态信号通过富氏变换，变换为频域信号进行分析。富氏变换公式为：

$$F(\omega) = \int_{-\infty}^{\infty} S(t) e^{-j\omega t} dt \tag{6-24}$$

式中：$S(t)$——时域信号；

ω——角频率。

$F(\omega)$ 表示用频域描述的时域信号，它的反变换为：

$$S(t) = \frac{1}{2\pi} \int_{-\infty}^{\infty} F(\omega) e^{-j\omega t} d\omega \tag{6-25}$$

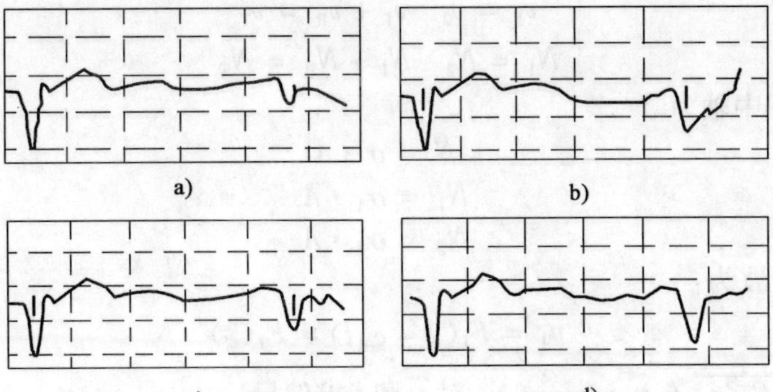

图 6-4 A/D 转换器分辨率对桩动力试验结果的影响

a) 8bit 分辨率；b) 9bit 分辨率；c) 10bit 分辨率；d) 12bit 分辨率

目前，动测仪器均已数字化，它可将接收到的连续动态信号转换成离散的二进制数字信号序列，因此，通常采用离散量富里埃变换，简称 DFT。其最基本的计算公式如下：

$$F(f) = \Delta t \sum_{n=0}^{n} S_n e^{-j2\pi\varphi\Delta t} \tag{6-26}$$

式中：Δt ——采样时间间隔。

3. 数字滤波

数字滤波是在数字信号情况下对信号作滤波处理，同样可进行低通、高通和带通滤波。按处理方法的不同可分为两类：即频域滤波与时域滤波。频域滤波是在频域上选定某一范围，使这一范围内的信息通过或去除，可在 FFT 变换的运算及反 FFT 变换上对信号进行处理。时域滤波是在时域上根据所需要的信息用褶积滤波或递归的方法对信号进行数字处理。

第二节 低应变法测试与分析

一、桩身完整性判定的理论基础

应力波在桩身传播时，桩—土相互作用以及桩身材料的阻尼作用要引起应力波（图 6-5）在变截面杆中的反射与透射的衰减，由于尺寸效应要产生弥散，用一维应力波理论对桩身完整性进行检测判定属低应变动测法的理论基础。

现在我们讨论一维杆中纵波在两个性质不同的半无限长杆的交界处的反射和透射。在处理这类问题时，通常是认为在交界面处，两种介质是密接的，于是在交界面处就给我们提供了位移、速度和力的连续条件，利用这些条件可以建立入射波、反射波和透射波之间的关系。如图 6-5 所示，两根半无限长杆在截面 M-N 处共轴密接。当一个右行波到达 M-N 截面时，将产生反射和透射。用 I、R、T 分别表示入射波、反射波和透射波。M-N 截面的左侧杆记为 1 杆，标记杆 1 的各个量均为下标 1。交界面右侧杆记为 2 杆，其相应的量加下标 2。在交界面处连续条件为：

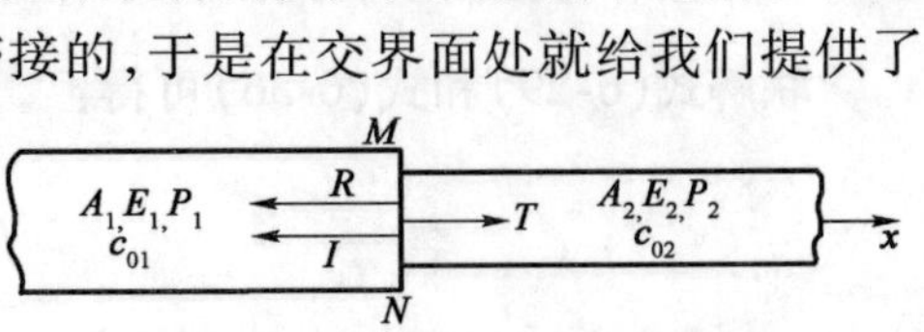

图 6-5 波在变截面杆中的反射与透射

位移 $$u_1 = u_2 \quad u_2 + u_R = u_T \tag{6-27}$$

速度 $$v_1 = v_2 \quad v_1 + v_R = v_T \tag{6-28}$$

力 $$N_1 = N_2 \quad N_I + N_R = N_T \tag{6-29}$$

此处 N 表示杆中轴力。

$$N = \sigma \cdot A$$
$$N_1 = \sigma_1 \cdot A$$
$$N_2 = \sigma_2 \cdot A$$

若入射的右行波为：

$$u_I = F_I(x - c_{01}t) = F_I(\xi) \tag{6-30}$$

其中：$c_{01} = \sqrt{E_1/\rho_1}$，$\xi = x - c_{01}t$，$u_1$ 对 x 和 t 求偏导：

$$\left.\begin{aligned}\frac{\partial u_I}{\partial x} &= \frac{dF_I}{d\xi}\\ \frac{\partial u_I}{\partial t} &= -c_{01}\frac{dF_I}{d\xi}\end{aligned}\right\} \tag{6-31}$$

由式(6-31)可得：

$$\frac{\partial u_1}{\partial t} = -c_{01}\frac{\partial u_I}{\partial x} \tag{6-32}$$

同理对反射波和透射波有：

$$\frac{\partial u_R}{\partial t} = c_{01}\frac{\partial u_R}{\partial x} \tag{6-33}$$

$$\frac{\partial u_T}{\partial t} = -c_{02}\frac{\partial u_T}{\partial x} \tag{6-34}$$

因速度 $v = \frac{\partial u}{\partial t}$，则将式(6-32)，式(6-33)，式(6-34)代入到速度连续条件式(6-28)可得：

$$-c_{01}\frac{\partial u_I}{\partial x} + c_{01}\frac{\partial u_R}{\partial x} = -c_{02}\frac{\partial u_T}{\partial x} \tag{6-35}$$

注意到 $\frac{\partial u}{\partial x} = \varepsilon = \frac{\sigma}{E} = \frac{N}{A}/E$，于是式(6-35)可改用轴力来表达：

$$-\frac{c_{01}}{A_1E_1}N_I + \frac{c_{01}}{A_1E_1}N_R = -\frac{c_{02}}{A_2E_2}N_T$$

或 $$N_T = \alpha(N_I - N_R) \tag{6-36}$$

其中 $$\alpha = \frac{c_{01}A_2E_2}{c_{02}A_1E_1} = \frac{\rho_2 c_{02}A_2}{\rho_1 c_{01}A_1}$$

联解式(6-29)和式(6-36)可得：

$$\left.\begin{aligned}N_R &= \frac{\alpha - 1}{\alpha + 1}N_I\\ N_T &= \frac{2\alpha}{\alpha + 1}N_I\end{aligned}\right\} \tag{6-37}$$

或 $$\frac{N_R}{N_I} = \frac{\alpha - 1}{\alpha + 1}, \frac{N_T}{N_I} = \frac{2\alpha}{\alpha + 1} \tag{6-38}$$

式(6-38)给出了力的反射和透射系数。又由于：

$$\left.\begin{aligned} N_{\mathrm{I}} &= A_1E_1\frac{\partial u_{\mathrm{I}}}{\partial x} = -\frac{A_1E_1}{c_{01}}\frac{\partial u_{\mathrm{I}}}{\partial t} \\ N_{\mathrm{R}} &= A_1E_1\frac{\partial u_{\mathrm{R}}}{\partial x} = \frac{A_1E_1}{c_{01}}\frac{\partial u_{\mathrm{R}}}{\partial t} \\ N_{\mathrm{T}} &= A_2E_2\frac{\partial u_{\mathrm{T}}}{\partial x} = -\frac{A_2E_2}{c_{02}}\frac{\partial u_{\mathrm{T}}}{\partial t} \end{aligned}\right\} \tag{6-39}$$

将式(6-39)代入式(6-37)的第一式,得:

$$\frac{A_1E_1}{c_{01}}\frac{\partial u_{\mathrm{R}}}{\partial t} = -\frac{A_1E_1}{c_{01}}\frac{\alpha-1}{\alpha+1}\frac{\partial u_{\mathrm{I}}}{\partial t}$$

积分上式给出:

$$u_{\mathrm{R}} = -\frac{\alpha-1}{\alpha+1}u_{\mathrm{I}} \tag{6-40}$$

同理将式(6-39)代入式(6-37)第二式,积分后给出:

$$u_{\mathrm{T}} = \frac{2}{\alpha+1}u_{\mathrm{I}} \tag{6-41}$$

由式(6-40)和式(6-41)可得位移反射和透射系数:

$$\frac{u_{\mathrm{R}}}{u_{\mathrm{I}}} = -\frac{\alpha-1}{\alpha+1},\frac{u_{\mathrm{T}}}{u_{\mathrm{I}}} = \frac{2}{\alpha+1} \tag{6-42}$$

当两杆截面积相同,即 $A_1 = A_2$,则:

$$\alpha = \frac{c_{01}E_2}{c_{02}E_1} = \frac{\rho_2c_{02}}{\rho_1c_{01}}$$

于是式(6-43)给出:

$$\frac{u_{\mathrm{R}}}{u_{\mathrm{I}}} = -\frac{\rho_1c_{01}-\rho_2c_{02}}{\rho_1c_{01}+\rho_2c_{02}}, \tag{6-43}$$

$$\frac{u_{\mathrm{T}}}{u_{\mathrm{I}}} = \frac{2\rho_1c_{01}}{\rho_1c_{01}+\rho_2c_{02}} \tag{6-44}$$

(二)一维杆纵坡在不同边界和约束条件下的反射和透射

以下讨论几种特殊情形:

1. 完全透射

如果相邻两杆的性质完全相同,即两杆的材料和断面都一样,或者虽材料和端面不同但能使得 $\alpha = 1$(称为阻抗匹配),则有 $u_{\mathrm{R}} = N_{\mathrm{R}} = 0, u_{\mathrm{T}} = u_{\mathrm{I}}, N_{\mathrm{I}} = N_{\mathrm{T}}$。此时如无交界面存在那样,杆1中的入射波形状毫不改变地通过界面完全透射到杆2中,而无反射波存在。

2. 自由端反射

可以看作是 $\frac{A_2E_2}{c_{02}} \leqslant \frac{A_1E_1}{c_{01}}$,即 $\alpha \to 0$ 的极限情况。此时由式(6-41)给出自由端处位移为 $u_{\mathrm{T}} = 2u_{\mathrm{I}}, u_1 = u_{\mathrm{R}} + u_{\mathrm{I}} = u_2 = u_{\mathrm{T}} = 2u_{\mathrm{I}}$;自由端处的轴力由式(6-37)给出为 $N_{\mathrm{R}} = -N_{\mathrm{I}}, N_{\mathrm{T}} = 0, N_1 = N_{\mathrm{I}} + N_{\mathrm{R}} = N_2 = N_{\mathrm{T}} = 0$,可见自由端反射时,端部的总位移是入射波位移的两倍。而端部轴力恒为零正是自由端应满足的力的边界条件。图6-6给出了一个位移波及其相应的应力波在自由端经受反射的情况。

3. 固定端反射

这相当于 $\frac{A_2E_2}{c_{02}} \geqslant \frac{A_1E_1}{c_{01}}$,即 $\alpha \to \infty$ 的极限情况,于是由式(6-42)给出 $u_{\mathrm{T}} = 0, u_{\mathrm{R}} = -u_{\mathrm{I}}$,

$u_1 = u_R + u_I = 0$，又由式(6-37)给出 $N_R = N_I$，$N_1 = N_2 = 2N_I$。可见固定端反射时，端部总的内力是入射波内力的两倍。而端部位移恒为零，正是固定端位移应满足的边界条件。图6-7给出一个位移波及与其对应的应力波，在固定端经受反射的情况。

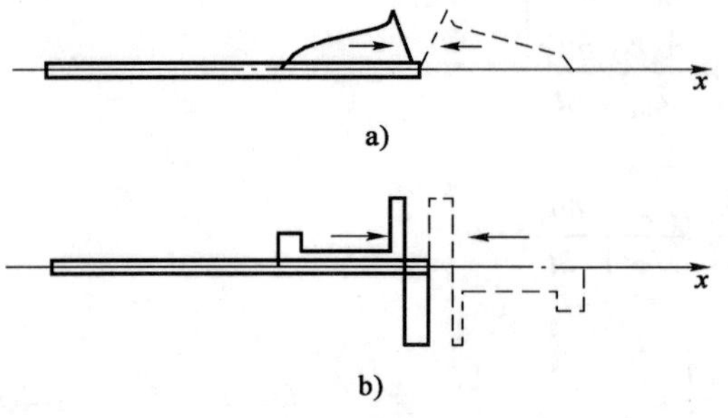

图6-6　自由端的反射

a)位移波；b)应力波

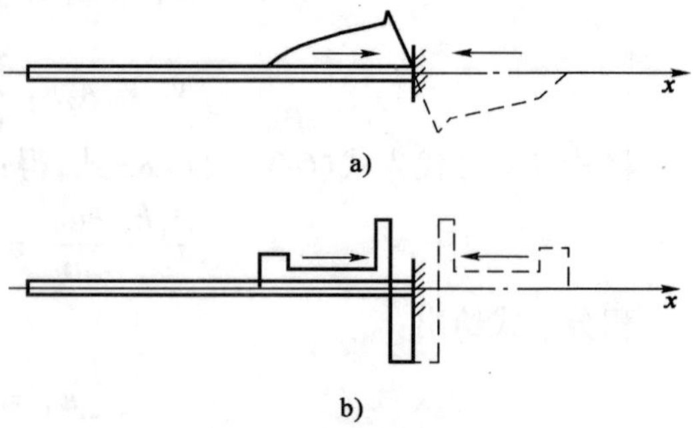

图6-7　固定端反射

a)位移波；b)应力波

从式(6-32)和式(6-34)可以看出，对于沿 x 正向行进的波，质点速度和应变进而和应力差一个符号。而从式(6-33)看出，对于沿 x 负向行进的波，质点速度和应力的符号总是相同。然而无论沿哪个方向行进的波，只要质点速度方向与波行进的方向相同，则应力恒为负，即为压应力这样的波称为压缩波。反之，如果质点运动方向与波行进方向相反，则应力恒为正，称为拉伸波。从图6-7b)看出，压缩波入射到自由端时将反射成为相同幅值的拉伸波，拉伸波入射到自由端时将反射成为相同幅值的压缩波。图6-7b)给出的应力波入射到固定端的情况则与此相反。

二、低应变法的适用范围

采用瞬态冲击方式，通过实测桩顶加速度或速度响应的时域曲线，借一维波动理论分析来判定基桩的桩身完整性，这种方法称之为反射波法(或瞬态时域分析法)。采用反射波法，即以速度时域曲线分析、判断桩身完整性为主；因所用动测仪器一般都具有傅立叶变换功能，则也可通过速度频域曲线辅助分析、判断桩身完整性，即所谓瞬态频域分析法；也有些动测仪器还具备实测锤击力并判断桩身完整性，即所谓瞬态频域分析法；也有些动测仪器还具备实测锤击力并对其进行傅立叶变换的功能，进而得到导纳曲线，这称之为瞬态机械阻抗法。当然，为保证每条谱线上的力值分配均匀，提高导纳曲线测试的准确性，也有用稳态激振方式直接测得导纳曲线，称之为稳态机械阻抗法。

无论瞬态激振的时域分析还是瞬态或稳态激振的频域分析，只是习惯上从波动理论或振动理论两个不同角度去分析，数学上若忽略截断和泄露误差，则时域信号和频域信号可通过傅立叶变换建立对应关系。所以，对于同一根桩，只要边界和初始条件相同，时域和频域分析结果理应殊途同归。综上所述，考虑到目前国内外使用方法的普遍程度和可操作性，规范(JGJ 106—2003)将上述方法合并编写并统称为低应变法。

1. 波长对桩几何尺寸的限制

低应变法的理论基础是一维线弹性杆波动理论。一维理论要求应力波在桩身中传播时平截面假设成立，因此受检桩的长细比、瞬态激励脉冲有效高频分量的波长与桩的横向尺寸之比均宜大于5；设计桩身截面宜基本规则。

对于设计桩身截面多变的灌注桩，需要考虑多截面变化时的应力波多次反射的交互影响，所以应慎重使用。

2. 缺陷的定量与类型的区分

基于一维理论，检测结论给出桩身纵向裂缝、较深部缺陷方位的依据是不充分的。

如前已述，低应变法对桩身缺陷程度只作定性判定，尽管利用实测曲线拟合法分析能给出定量的结果，但由于桩的尺寸效应、测试系统的幅频相频响应、高频波的弥散、滤波等造成的实测波形畸变，以及桩侧土阻尼、土阻力和桩身阻尼的耦合影响，曲线拟合法还不能达到精确定量的程度，但它对复杂桩顶响应波形判断、增强对应力波在桩身中传播的复杂现象了解是有帮助的。

对于桩身不同类型的缺陷，只有少数情况可能判断缺陷的具体类型：如预制桩桩身的裂隙，使用挖土机械大面积开挖将中小直径灌注桩浅部碰断，带护壁灌注桩有地下水影响时措施不力造成局部混凝土松散，施工中已发现并被确认的异常情况。多数情况下，在有缺陷的灌注桩低应变测试信号中主要反映桩身阻抗减小的信息，缺陷性质往往较难区分。例如，混凝土灌注桩出现的缩颈与局部松散或低强度区、夹泥、空洞等，只凭测试信号共发缺陷类型尚无理论依据。将低应变方法"神化"成无所不能，如指出桩身两个以上的严重缺陷及其各自对应的深度、某一深部缺陷的方位，检测出钢筋笼长度、桩底沉渣厚度等，可能会使这一方法成为伪科学。因此，规范对检测结果的判定没有要求区分缺陷类型，如果需要，应结合地质、施工情况综合分析，或采取钻芯、声波透射等其他方法。

3. 最大有效检测深度

由于受桩周土约束、激振能量、桩身材料阻尼和桩身截面阻抗变化等因素的影响，应力波从桩顶传至桩底、再从桩底反射回桩顶的传播过程为一能量和幅值逐渐衰减的过程。若桩过长（或长径比较大，桩土刚度比过小）或桩身截面阻抗多变或变幅较大，往往应力波尚未反射回桩顶甚至尚未传到桩底，其能量已完全耗散或提前反射；另外还有一种特殊情况——桩的阻抗与桩端持力层阻抗匹配。上述情况均可能使仪器测不到桩底反射信号，而无法判定整根桩的完整性。在我国，若排除其他条件差异而只考虑各地区地质条件的差异时，桩的有效检测长度主要受桩土刚度比大小的制约。因有效检测范围变化很大，如长径比30∶50、桩长 30 ~ 50m 不等，对有效检测长度的控制范围应视具体工程的有效检测桩长，通过现场试验，依据能否识别桩底反射信号等来确定。

对于最大有效检测深度小于实际桩长的超长桩检测，尽管测不到桩底反射信号，但若有效检测长度范围内存在缺陷，则实测信号中必有缺陷反射信号。此时，低应变方法只可用于查明有效检测长度范围内的缺陷。

4. 强度等级和波速校准

(1)工程桩验收时，桩身混凝土强度是否满足设计要求，是依据桩身混凝土标准立方体试件或同条件养护试件强度来评定的。采用一维波速评定桩身混凝土强度等级和声波透射法检测不同，因为声透法可直接将试件声速与强度建立关系，而低应变法是通过测试得到的桩的平均纵波速度，从而推定桩身混凝土的强度。这是全桩长范围内的平均强度。由于桩的结构强度受桩身局部的混凝土强度（或缺陷）控制，所以从保证桩身混凝土抗压承载力的角度讲，用平均波速推定桩身平均强度的实用意义不大。

(2)一维波速的确定还受激励与传感器安装点之间的时间滞后以及截面尺寸变化引起波绕行距离的增加之影响。

(3)波速除与桩身混凝土强度有关外，还与混凝土的集料品种、粒径级配、密度、水灰比、成桩工艺(导管灌注、振捣、离心)等因素有关。波速与桩身混凝土强度一般呈正相关关系,即强度高波速高,这是毫无疑义的。但二者并不是一一对应关系。在影响混凝土波速的诸多因素中,强度对波速的影响并非首位。采用普通硅酸盐水泥,集料相同,不同试配强度及龄期强度相差1倍时,声速变化仅为10%左右;采用矿渣水泥,28d强度为3d强度的4~5倍,一维波速增加20%~30%;分别采用碎石和卵石并按相同强度等级试配,发现以碎石为粗集料的混凝土一维波速比卵石高约13%。同一组(粗集料相同)混凝土试配强度不同的杆件或试块,同龄期强度低约10%~15%,但波速或声速略有提高。也有资料报道正好相反,采用普通硅酸盐水泥,按相同强度等级试配,集料为卵石的混凝土声速略高于集料为碎石的混凝土声速。因此不能依据波速去准确评定混凝土强度等级,反之亦然。

(4)波速测量还存在定位读数误差,施工和凿桩头高程控制等误差,再加上上述多种原因引起的误差,波速测量不确定度引起的估算桩长误差超过1m是可能的。若桩长20m,波速测量误差为5%,推定桩长误差为1.0m。另外是关于偷工减料的事实认定问题,"校核"桩长与实际书面记载的施工桩长不符通常被怀疑为桩短,遇到争议时,认定事实时就会出现令人尴尬的局面。因此,一般是大致估算桩长,当根据当地经验估算的桩长与记录的桩长确实差别很大时,首先应综合施工工艺、地质条件和施工记录等开展有关调查,然后提出是否采用其他方法验证的建议。

5.复合地基中的竖向增强体的检测

复合地基竖向增强体分为柔性桩(砂桩、碎石桩)、半刚性桩即水泥土桩(搅拌桩、旋喷桩、夯实水泥土桩)、刚性桩(水泥粉煤灰碎石桩即CFG桩)。因为CFG桩实际为素混凝土桩,桩体混凝土抗压强度一般设计为20~25MPa(过去也有15MPa)。采用低应变动测法对CFG桩的桩身完整性检验是《建筑地基处理技术规范》(JGJ 79—2002)明确规定的项目。而对于水泥土桩,桩身施工质量离散性较大,混凝土强度从零点几兆帕到几兆帕变化范围大,虽有用低应变法检测桩身完整性的报道,但可靠性和成熟性还有待进一步探究,因此规范尚未规定。此外,国标规定的桩身混凝土强度等级最低不小于C20,规范对低应变受检桩的桩身混凝土强度的最低要求是15MPa,这主要是考虑到工期紧和便于信息化施工的原因,而放宽了对混凝土龄期的限制。因此从基桩检测的角度上讲,一般要求桩身混凝土强度等级不低于C20。

三、低应变法现场检测技术

1.测试仪器和激振设备的选择

(1)测量响应系统。建议采用压电式加速度传感器。根据压电式加速度计的结构特点和动态性能,当传感器的可用上限频率在其安装谐振频率的1/5以下时,可保证较高的冲击测量精度,且在此范围内,相位误差完全可以忽略。所以应尽量选用自振频率较高的加速度传感器。

对于桩顶瞬态响应测量,习惯上是将加速度计的实测信号积分成速度曲线,并据此进行判读。实践表明:除采用小锤硬碰硬敲击外,速度信号中的有效高频成分一般在2 000Hz以内。但这并不等于说,加速度计的频响线性段达到2 000Hz就足够了。这是因为,加速高原始信号比积分后的速度波形中要包含更多和更尖的毛刺,高频尖峰毛刺的宽窄和多寡决定了它们在频谱上占据的频带宽窄和能量大小。事实上,对加速度信号的积分相当于低通滤波,这种滤波作用对尖峰毛刺特别明显。当加速度计的频响线性段较窄时,就会造成信号失真。所以,在±10%幅频误差内,加速度计幅频线性段的高限不宜小于5 000Hz,同时也应避免在桩顶敲击处表面凹凸不平时用硬质材料锤(或不加锤垫)直接敲击。

由于磁电式速度传感器的稳态和冲击响应性能，高频窄脉冲冲击响应测量不宜使用速度传感器。此外，由于速度传感器的体积和质量均较大，其安装谐振频率受安装条件影响很大，安装不良时的安装谐频会大幅下降并产生自身振荡，虽然可通过低通滤波将自振信号滤除，但由于安装谐振频率与信号的有用频率成分重叠，则安装谐振频率附近的有用信息也将随之滤除。

(2)激振设备。瞬态激振操作应通过现场试验选择不同材质的锤头或锤垫，以获得低频宽脉冲或高频窄脉冲。除大直径桩外，冲击脉冲中的有效高频分量可选择不超过2 000Hz(钟形力脉冲宽度为1ms，对应的高频截止分量约为2 000Hz)。桩直径小时脉冲可稍窄一些。选择激振设备没有过多的限制，如力锤、力棒等。锤头的软硬或锤垫的厚薄和锤的质量都能起到控制脉冲宽窄的作用，通常前者起主要作用；而后者(包括手锤轻敲或加力锤击)主要是控制力脉冲幅值。因为不同的测量系统灵敏度和增益设置不同，灵敏度和增益都较低时，加速度或速度响应弱，相对而言降低了测量系统的信噪比或动态范围；两者均较高时又容易产生过载和削波。通常手锤即使在一定锤重和加力条件下，由于桩顶敲击点处凹凸不平、软硬不一，冲击加速度幅值变化范围很大(脉冲宽窄也发生较明显变化)，有些仪器没有加速度超载报警功能，而削波的加速度波形积分成速度波形后可能不容易被察觉。所以，锤头及锤体质量选择并不需要拘泥某一种固定形式，可选用工程塑料、尼龙、铝、铜、铁、硬橡胶等材料制成的锤头，或用橡皮垫作为缓冲垫层，锤的质量也可几百克至几十千克不等，主要目的有两个方面。其一是，控制激励脉冲的宽窄以获得清晰的桩身阻抗变化的反射或桩底反射(见图6-8)，同时又不产生明显波形失真或高频干扰；其二是，获得较大的信号动态范围而不超载。

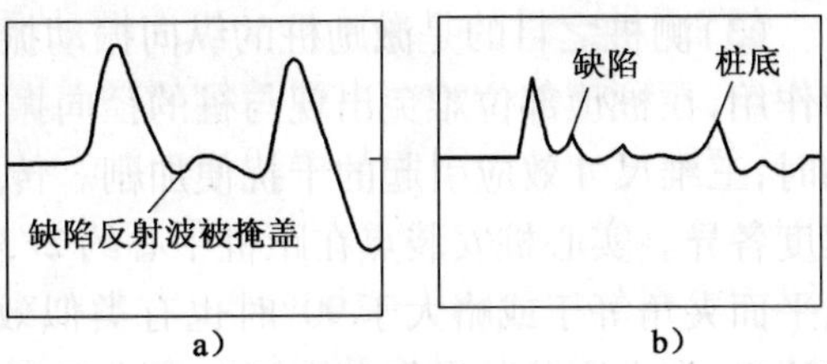

图6-8　不同激励脉冲宽度
a)脉冲过宽；b)脉冲宽度合适

稳态激振设备可包括扫频信号发生器、功率放大器及电磁式激振器。由于扫频信号发生器输出等幅值、频率可调的正弦信号，通过功率放大器放大至电磁激振器，输出同频率正弦激振力作用于桩顶。

2. 桩头部位处理

对低应变动测而言，判断桩身阻抗相对变化的基准是桩头部位的阻抗。因此，要求受检桩桩顶的混凝土质量、截面尺寸应与桩身设计条件基本等同。灌注桩应凿去桩顶浮浆或松散、破损部分，并露出坚硬的混凝土表面；桩顶表面应平整干净且无积水；应将敲击点和响应测量传感器安装点部位磨平，多次锤击信号重复性较差时，多与敲击或安装部位不平整有关；妨碍正常测试的桩顶外露主筋应割掉。对于预应力管桩，当法兰盘与桩身混凝土之间结合紧密时，可不进行处理，否则，应采用电锯将桩头锯平。

当桩头与承台或垫层相连时，相当于桩头处存在很大的截面阻抗变化，对测试信号会产生影响。因此，测试时桩头应与混凝土承台断开；当桩头侧面与垫层相连时，除非对测试信号没有影响，否则应断开。

3. 测试参数设定

从时域波形中找到桩底反射位置，仅仅是确定了桩底反射的时间，根据 $\Delta T = 2L/c$，只有已知桩长 L 才能计算波速 c，或已知波速 c 计算桩长 L。因此，桩长参数应以实际记录的施工桩长为依据，按测点至桩底的距离设定。测试前桩身波速可根据本地区同类桩型的测试值初步设定。对于时域信号,采样频率越高,则采集的数字信号越接近模拟信号,越有利于缺陷位置的准确判断。一般应在保证测得完整信号(时段 $2L/c+5$ ms,1 024 个采样点)的前提下,选用较高的采样频率或较小的采样时间间隔。但是,若要兼顾频域分辨率,则应按采样定理适当降低采样频率或增加采样点数。如采样时间间隔为50μs,采样点数1 024,FFT 频域分辨率仅为19.5Hz。

稳态激振是按一定频率间隔逐个频率激振,要求在每一频率下激振持续一段时间,以达到稳态振动状态。频率间隔的选择决定了速度幅频曲线和导纳曲线的频率分辨率,它影响桩身缺陷位置的判定精度;间隔越小,精度越高,但检测时间很长,会降低工作效率。一般频率间隔设置为3Hz、5Hz 或10Hz。每一频率下激振持续时间的选择,理论上越长越好,这样有利于消除信号中的随机噪声和传感器阻尼自振项的影响。实际测试过程中,为提高工作效率,只要保证获得稳定的激振力和响应信号即可。

4. 传感器安装和激振操作

(1)传感器用黏合剂黏结时,黏结层应尽可能薄;必要时可采用冲击钻打孔安装方式,但传感器底安装面应与桩顶面紧密接触。激振以及传感器安装均应沿桩的轴线方向。

(2)激振点与传感器安装点应远离钢筋笼的主筋,其目的是减少外露主筋振动对测试产生干扰信号。若外露主筋过长而影响正常测试时,应将其割短。

(3)测桩之目的是激励桩的纵向振动振型,但相对桩顶横截面尺寸而言,激振点处为集中力作用,在桩顶部位难免出现与桩的径向振型相对应的高频干扰。当锤击脉冲变窄或桩径增加时,三维尺寸效应引起的干扰便加剧。传感器安装点与激振点距离和位置不同,所受干扰的程度各异。实心桩安装点在距桩中心约2/3 半径时,所受干扰相对较小;空心桩安装点与激振点平面夹角等于或略大于90°时也有类似效果,该处相当于径向耦合低阶振型的驻点。另外应注意,加大安装与激振两点间距离或平面夹角,将增大锤击点与安装点响应信号的时间差,造成波速或缺陷定位误差。传感器安装点、锤击点布置见图6-9。

(4)当预制桩、预应力管桩等桩顶高出地面很多,或灌注桩桩顶部分桩身截面很不规则,或桩顶与承台等其他结构相连而不具备传感器安装条件时,可将两支测量响应传感器对称安装在桩顶以下的桩侧表面,且宜远离桩顶。

(5)瞬态激振通过改变锤的重量及锤头材料,可改变冲击入射波的脉冲宽度及频率成分。锤头质量较大或刚度较小时,冲击入射波脉冲较宽,低频成分为主;当冲击力大小相同时,其能量较大,应力波衰减较慢适合于获得长桩桩底信号或下部缺陷的识别(见图6-10)。锤头较轻或刚度较大时,冲击入射波脉冲较窄,含高频成分较多;冲击力大小相同时,虽其能量较小并加剧大直径桩的尺寸效应影响,但较适宜于桩身浅部缺陷的识别及定位。

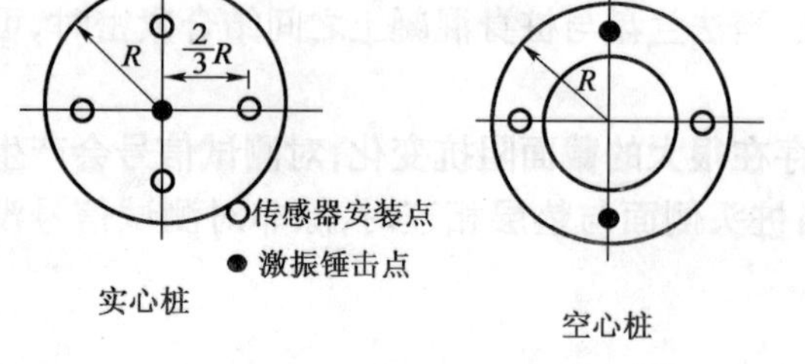

图6-9 传感器安装点、锤击点布置示意图

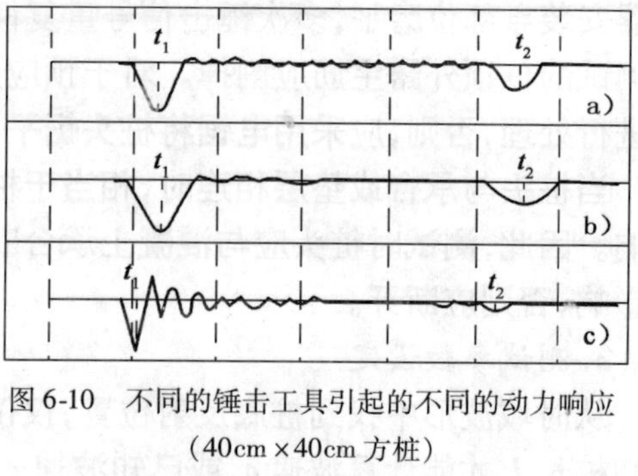

图6-10 不同的锤击工具引起的不同的动力响应(40cm×40cm 方桩)

a)手锤;b)带尼龙头力锤;c)细金属杆

(6)稳态激振在每个设定的频率下激振时，为避免频率变换过程产生失真信号，应具有足够的稳定激振时间，以获得稳定的激振力和响应信号，并根据桩径、桩长及桩周土约束情况调整激振力。稳态激振器的安装方式及好坏对测试结果有很大的影响。为保证激振系统本身在测试频率范围内不出现谐振，激振器的安装宜采用柔性悬挂装置，同时在测试过程中应避免激振器出现横向振动。

(7)检测过程中，同一工程的同一批试桩的试验操作宜保持同条件，不仅要对激振操作、传感器和激振点布置等某一条件改变进行记录，也要记录桩头外观尺寸和混凝土质量的异常情况。

(8)桩径增大时，桩截面各部位的运动不均匀性也会增加，桩浅部的阻抗变化往往表现出明显的方向性。故应增加检测点数量，通过各接收点的波形差异，大致判断浅部缺陷是否存在方向性。每个检测点有效信号数不宜少于3个，而且应具有良好的重复性，通过叠加平均提高信噪比。

四、检测数据分析与判定

1. 通过统计确定桩身波速平均值

为分析不同时段或频段信号所反映的桩身阻抗信息、核验桩底信号并确定桩身缺陷位置，需要确定桩身波速及其平均值。

当桩长已知、桩底反射信号明确时，在地质条件、设计桩型、成桩工艺相同的基桩中，选取不少于5根Ⅰ类桩的桩身波速值，并按下列公式计算其平均值：

$$c_m = \frac{1}{n}\sum_{i=1}^{n} c_i \tag{6-45}$$

$$c_i = \frac{2L}{\Delta T} \tag{6-46}$$

或

$$c_i = 2L\Delta f \tag{6-47}$$

式中：c_m——桩身波速的平均值；

c_i——第 i 根受检桩的桩身波速值，c_i 取值的离散性不能太大，即 $\frac{|c_i - c_m|}{c_m} \leqslant 5\%$；

L——测点下桩长；

ΔT——速度波第一峰与桩底反射波峰间的时间差，见图6-11；

Δf——幅频曲线上桩底相邻谐振峰间的频差，见图6-12；

n——参加速波平均值计算的基桩数量（$n \geqslant 5$）。

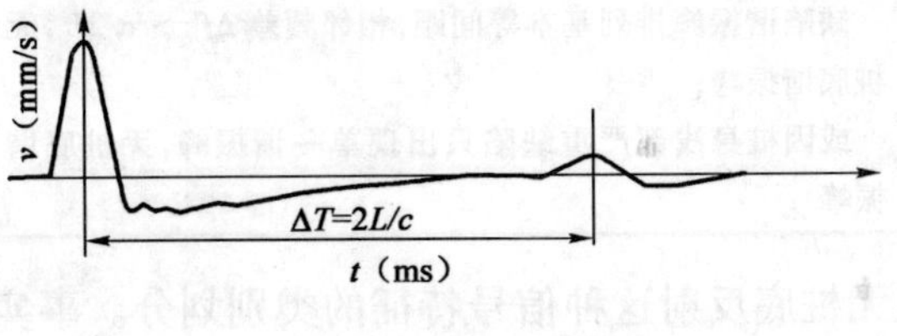

图6-11　完整桩典型时域信号特征

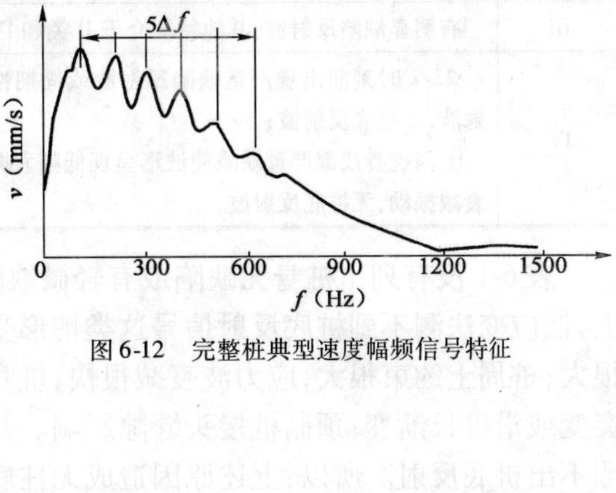

图6-12　完整桩典型速度幅频信号特征

2. 桩身缺陷位置计算

桩身缺陷位置计算，可采用以下两式之一：

$$x = 0.5\Delta t_x c \tag{6-48}$$

或

$$x = 0.5c/\Delta f' \tag{6-49}$$

式中：x——桩身缺陷至传感器安装点的距离；

Δt_x——速度波第一峰与缺陷反射波峰间的时间差，见图6-13；

c——受检桩的桩身波速，无法确定时用 c_m 值替代；

$\Delta f'$——幅频信号曲线上缺陷相邻谐振峰间的频差，见图6-14。

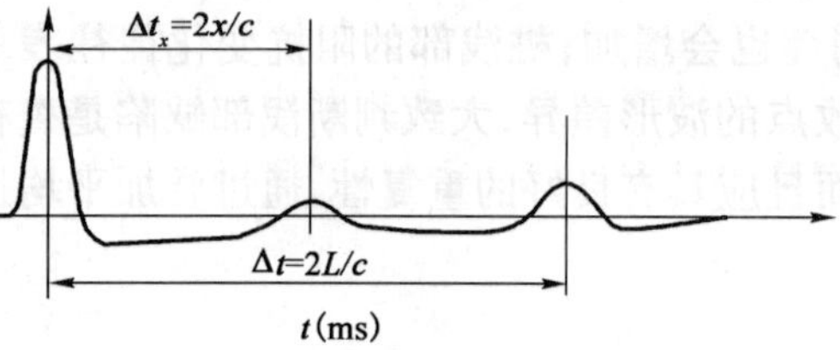

图6-13　缺陷桩典型时域信号特征

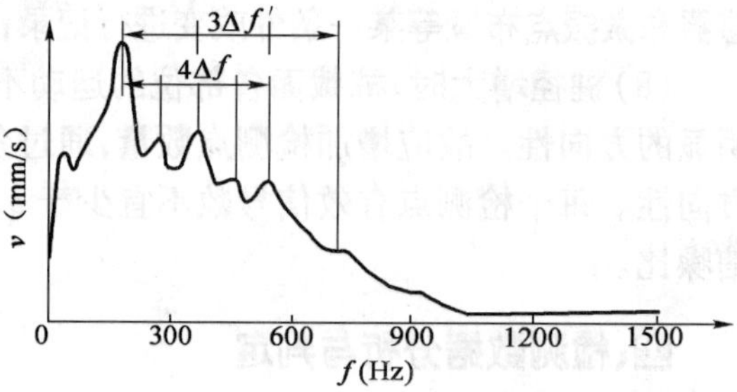

图6-14　缺陷桩典型速度幅频信号特征

3. 桩身完整性判定

由于桩身完整性检测不仅是低应变动测法的功能，钻芯法、高应变法和声波透射法也有此项功能，故在表6-1中规定了桩身完整性分类的统一四类划分标准，以便于检测结果的采纳。

(1)时域和频域波形结构判别法。建议采用时域和频域波形分析相结合的方法进行桩身完整性判定，也可根据单独的时域或频域波形进行完整性判定。一般在实际应用中是以时域分析为主、频域分析为辅。

依据实测时域或幅频信号特征进行桩身完整性判定的分类标准见表6-1，显然缺陷类别的判定是定性的。这里需特别强调，仅依据信号特征判定桩身完整性是不够的，需要检测分析人员结合缺陷出现的深度、测试信号衰减特性以及设计桩型、成桩工艺、地质条件、施工情况等综合分析判定。

桩身完整性判定　　表6-1

类别	时域信号特征	幅频信号特征
I	$2L/c$ 时刻前无缺陷反射波，有桩底反射波	桩底谐振峰排列基本等间距，其相邻频差 $\Delta f \approx c/2L$
II	$2L/c$ 时刻前出现轻微缺陷反射波，有桩底反射波	桩底谐振峰排列基本等间距，其相邻频差 $\Delta f \approx c/2L$，轻微缺陷产生的谐振峰与桩底谐振峰之间的频差 $\Delta f' > c/2L$
III	有明显缺陷反射波，其他特征介于II类和IV类之间	
IV	$2L/c$ 时刻前出现严重缺陷反射波或周期性反射波，无桩底反射波； 或因桩身浅部严重缺陷使波形呈现低频大振幅衰减振动，无桩底反射波	缺陷谐振峰排列基本等间距，相邻频差 $\Delta f' > c/2L$，无桩底谐振峰； 或因桩身浅部严重缺陷只出现单一谐振峰，无桩底谐振峰

表6-1没有列出桩身无缺陷或有轻微缺陷但无桩底反射这种信号特征的类别划分。事实上，低应变法测不到桩底反射信号这类情形受多种因素影响，例如，软土地区的超长桩，长径比很大；桩周土约束很大，应力波衰减很快；桩身阻抗与持力层阻抗匹配良好；桩身截面阻抗显著突变或沿桩长渐变；预制桩接头缝隙影响。其实，当桩侧和桩端阻力很强时，高应变法同样也测不出桩底反射。所以，上述原因造成无柱底反射也属正常。此时的桩身完整性判定，只能结

合经验、参照本场地和本地区的同类型桩综合分析或采用其他方法进一步检测。

所以,绝对要求同一工程所有的I、II类桩都有清晰的桩底反射也不现实。对同一场地、地质条件相近、桩型和成桩工艺相同的基桩,因桩端部分桩身阻抗与持力层阻抗相匹配而导致实测信号无桩底反射波时,只能按本场地同条件下有桩底反射波的其他桩实测信号判定桩身完整性类别。按常理,当两根桩的桩型、施工工艺、桩以及地质条件相同且都不存在桩身缺陷反射时,有明显桩底正向反射信号的桩的竖向承载力理应低于没有清晰桩底正向反射信号的桩,但是,不能忽视动测法的这种局限性。例如,图6-15是人工挖孔桩的实测波形,桩长38.4m,从波形上很难判断桩身存在缺陷,但钻芯和声波透射法检测均反映在28~31m范围存在缺陷。因为缺陷出现部位较深,桩侧土阻力较强,此时,低应变法不宜采用。

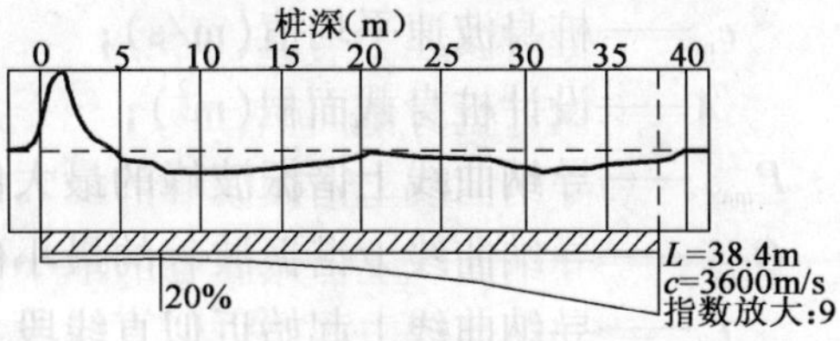

图6-15 无法测到深部缺陷反射的实测信号

桩身完整性为I类的信号分析判定,从时域信号或频域曲线特征表现的信息判定,相对来说较简单直观,而分析缺陷桩信号则复杂些。有的信号的确是因施工质量缺陷产生的,但也有因设计构造或成桩工艺本身局限性导致的不连续(断面)而产生的,例如预制打入桩的接缝、灌注桩的逐渐扩径再缩回原桩径的变截面、地层硬夹层影响等。因此,在分析测试信号时,应仔细分清哪些是缺陷波或缺陷谐振峰,哪些是因桩身构造、成桩工艺、土层影响造成的类似信号特征。另外,根据测试信号幅值大小判定缺陷程度,除受缺陷程度影响外,还受桩周土阻尼大小及缺陷所处深度的影响。相同程度的缺陷因桩周土性不同或缺陷埋深不同,在测试信号中其幅值大小各异。因此,如何正确判定缺陷程度,特别是缺陷十分明显时,如何区分是II类桩还是IV类桩,应仔细对照桩型、地质条件、施工情况并结合当地经验综合分析判断。不仅如此,还应结合基础和上部结构形式对承载安全性的要求,考虑桩身承载力不足引发桩身结构破坏的可能性,进行缺陷类别划分,不宜单凭测试信号定论。

(2)时域信号曲线拟合法。将桩划分为若干单元,以实测或模拟的力信号作为已知边界条件,设定并调整桩身阻抗及土参数,通过一维波动方程数值计算,计算出速度时域波形并与实测的波形进行反复比较,直到两者吻合程度达到满意为止,从而得出桩身阻抗的变化位置及变化量大小。该计算方法类似于高应变的曲线拟合法,只是拟合所用的桩—土模型没有高应变拟合法那么复杂。

(3)根据导纳值和动刚度判定。根据速度幅频曲线或导纳曲线中基频位置(如理论上的刚性支承桩的基频为$\Delta f/2$),利用实测导纳几何平均值与计算导纳值相对高低、实测动刚度的相对高低进行判断。此外,还可对速度幅频信号曲线进行二次谱分析。

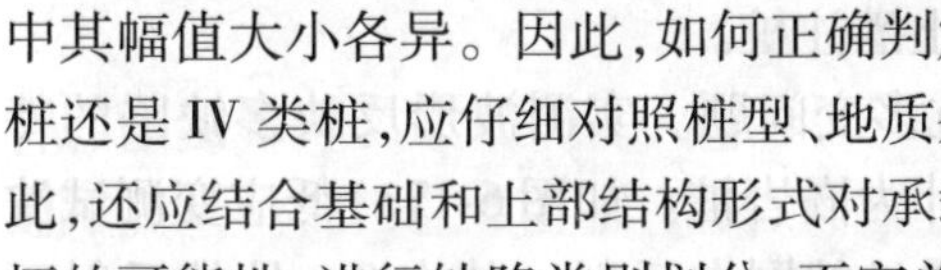

图6-16 均匀完整桩的速度导纳曲线

图6-16为完整桩的导纳曲线。计算导纳值N_c、实测导纳值N_m和动刚度K_d分别按下列公式计算:

导纳理论计算值:

$$N_c = \frac{1}{\rho c_m A} \tag{6-50}$$

实测导纳几何平均值:

$$N_m = \sqrt{P_{max} Q_{min}} \tag{6-51}$$

动刚度:

$$K_d = \frac{2\pi f_m}{\left|\frac{V}{F}\right|_m} \quad (6\text{-}52)$$

式中：ρ——桩材质量密度（kg/m^3）；

c_m——桩身波速平均值（m/s）；

A——设计桩身截面积（m^2）；

P_{max}——导纳曲线上谐振波峰的最大值（$m/s \cdot N^{-1}$）；

Q_{min}——导纳曲线上谐振波谷的最小值（$m/s \cdot N^{-1}$）；

f_m——导纳曲线上起始近似直线段上任一频率值（Hz）；

$\left|\frac{v}{F}\right|_m$——与$f_m$对应的导纳幅值（$m/s \cdot N^{-1}$）。

理论上，实测导纳值N_m、计算导纳值N_c和动刚度K_d就桩身质量好坏而言，存在一定的相关关系：完整桩，N_m约等于N_c，K_d值正常；缺陷桩，N_m大于N_c，K_d值低，且随缺陷程度的增加其差值增大；扩径桩，N_m小于N_c，K_d值高。

应该指出，由于稳态激振过程在某窄小频带上激振，其能量集中、信噪比高、抗干扰能力强等特点，所测得的导纳曲线、导纳值及动刚度比采用瞬态激振方式重复性好、可信度更高。

4. 桩身阻抗多变或渐变

低应变法的误判高发区中，主要包含了桩身出现阻抗多变或渐变的情况。因此，对以下两种情况的桩身完整性判定宜结合其他检测方法进行：实测信号复杂，无规律，无法对其进行准确评价；桩身截面渐变或多变，且变化幅度较大的混凝土灌注桩。

（1）桩身阻抗多变。下面用一个实例说明桩身阻抗多变问题。实测波形反映多缺陷的特征：一根直径ϕ1350mm、L = 19.1m的钻孔灌注桩，设计为嵌岩桩。如图6-17a）低应变测试波形所示，取c = 3700m/s，在4m、8m和18m处出现三个明显的同向反射。其中8m处的反射不排除是4m处缺陷的二次反射；18m处的反射可能是缺陷（或桩偏短），也可能是桩底沉渣过厚，但也不排除是桩底反射（但这时波速取值为3 900m/s）。继而用高应变法进行验证，试验时没有采用大能量冲击，仅用50kN重锤，锤的落距1m，所测波形见图6-17b）。虽然混凝土的非线性可使高应变波速低于低应变波速，但波速的取值为3 200m/s时才能与18m处缺陷对应，若要与19.1m的桩底反射对应，则波速取值要降至3 000m/s左右。由于该桩设计为嵌岩桩，因此，可以下结论说18m处存在严重缺陷。通过高应变试验对比，该桩在18m以上不可能存在明显或严重的桩身缺陷。这个案例也表明，如果能测到明显的桩底或桩深部缺陷反射，则桩身上部的缺陷一般不可能属于很明显或严重的缺陷。

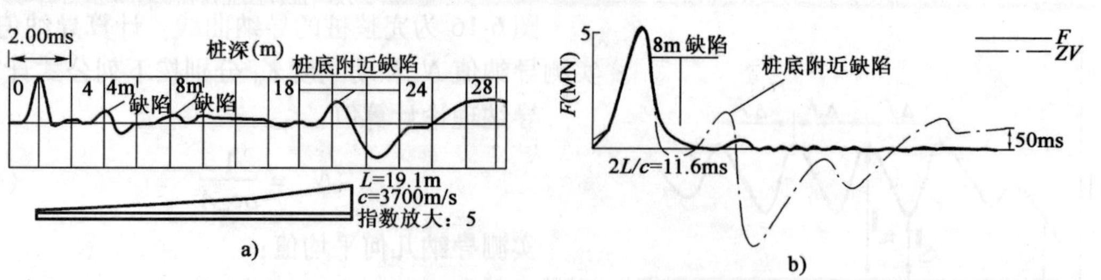

图6-17 高、低应变桩身完整性测试波形对比

a）低应变波形；b）高应变波形

当桩身存在不止一个阻抗变化截面(包括在桩身某一范围内阻抗渐变的情况)时,由于各阻抗变化截面的一次和多次反射波相互叠加,除距桩顶第一阻抗变化截面的一次反射能辨认外,其后的反射信号可能变得十分复杂,难于分析判断。此时,首先要查找测试各环节是否有疏漏,然后再根据施工和地质情况分析原因,并与同一场地、同一测试条件下的其他桩测试波形进行比较,有条件时可采用实测曲线拟合法试算。确实无把握、且怀疑桩对基础与上部结构的安全或正常使用可能有较大影响时,应提出验证检测的建议。

(2)桩身阻抗渐变。对于混凝土灌注桩,采用时域信号分析时应区分桩身截面渐变后,恢复至原桩径并在该阻抗突变处的一次反射,或扩径突变处的二次反射。当灌注柱桩截面形态呈现如图6-18情况时,桩身截面(阻抗)渐变或突变,在阻抗突变处的一次或二次反射常表现为类似明显扩径、严重缺陷或断桩的相反情形,从而造成误判。因此,可结合成桩工艺和地质条件综合分析,加以区分;无法区分时,应结合其他检测方法综合判定。必要时,可采用实测曲线拟合法辅助判定桩身完整性或借助实测导纳值、动刚度的相对高低辅助判定桩身完整性。采用实测曲线拟合法进行辅助分析时,宜符合下列规定:

①信号不得因尺寸效应、测试系统频响等影响而产生畸变。

②桩顶横断面尺寸应按现场实际测量结果确定。

③通过同条件下、截面基本均匀的相邻桩曲线拟合,确定引起应力波衰减的桩土参数取值。

④宜采用实测力波形作为边界条件输入。

图6-19是一根桩长16.4m,桩径600mm的钻孔扩底灌注桩实测曲线拟合法的实例。可以看出,约在9.5m处的同向反射属先扩后缩的反射,拟合计算"缩颈"处的直径不小于设计桩径。该场地在深度7~9m(扩径处)为砂层,几乎所有被测的桩均在砂层有扩径反射。

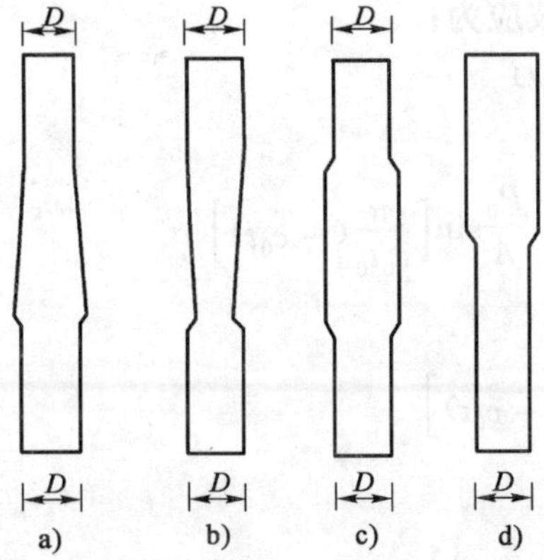

图6-18 混凝土灌注桩截面(阻抗)变化示意图

a)逐渐扩径;b)逐渐缩颈;c)中部扩径;d)上部扩径

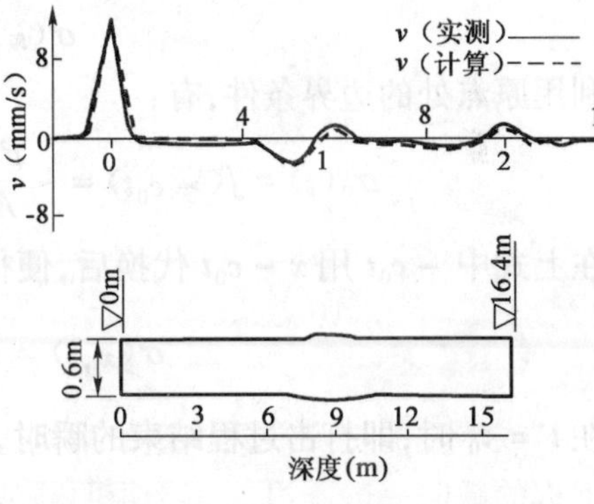

图6-19 扩径桩曲线拟合法分析实例

5. *嵌岩桩*

对于嵌岩桩,桩底沉渣和桩端持力层是否为软弱层、溶洞等是直接关系到该桩能否安全使用的关键因素。虽然低应变动测法不能确定桩底情况,但理论上可以将嵌岩桩桩端视为杆件的固定端,并根据桩底反射波的方向判断桩端端承效果。当桩底时域反射信号为单一反射波且与锤击脉冲信号同向时,或频域辅助分析时的导纳值相对偏高,动刚度相对偏低时,理论上表明桩底有沉渣存在或桩端嵌固效果较差。注意,虽然沉渣较薄时对桩的承载能力影响不大,但低应变法很难回答桩底沉渣厚度到底能否影响到桩的承载力和沉降性状,并且确实出现过有些嵌入坚硬基岩的灌注桩的桩底同向反射较明显，而钻芯却未发现桩端与基岩存在明显胶结不良的情况。所以，出于安全和控制基础沉降考虑，若怀疑桩端嵌固效果差时，应采用静载试验或钻芯法等其他检测方法核验桩端岩情况，确保基桩使用安全。

第三节　高应变法测试与分析

一、高应变动测理论

桩的高应变动测技术在国外已有100多年的历史，最早的动测方法是利用能量守恒原理和牛顿撞击定理，根据打桩时测得的贯入度建立起关系式，来推算桩的极限承载力，称之为动力打桩公式。其中著名的有海利(Hiley)打桩公式、格尔谢凡诺夫公式、工程新闻公式和修正的新闻公式等，据不完全统计，世界各国曾出现400多个动力打桩公式。

近代桩基高应变动测技术是以应力波理论为基础发展起来的。本节讨论土木工程中打桩过程形成的应力波的传播问题。

当锤质量远小于桩质量时，通常假定锤对桩的作用是个半波正弦压力脉冲。如果脉冲的持续时间为 t_0，则该脉冲可表示为：

$$P(t) = -P_0\sin(\pi t/t_0) \tag{6-53}$$

坐标选取如图6-20所示，受锤击时原点的应力为：

$$\sigma(t) = -\frac{P_0}{A}\sin(\pi t/t_0) \tag{6-54}$$

式中：A——桩的断面积。

设桩的压缩波速为 c_0，则在桩中向下传播的应力波应为：

$$\sigma(x,t) = f(x - c_0 t) \tag{6-55}$$

利用原点处的边界条件，有：

$$\sigma_0(t) = f(-c_0 t) = -\frac{P_0}{A}\sin(\pi t/t_0) = \frac{P_0}{A}\sin\left[\frac{\pi}{c_0 t_0}(-c_0 t)\right]$$

在上式中 $-c_0 t$ 用 $x - c_0 t$ 代换后，便得：

$$\sigma(x,t) = \frac{P_0}{A}\sin\left[\frac{\pi}{c_0 t_0}(x - c_0 t)\right] \tag{6-56}$$

在 $t = t_0$ 时，即打击过程结束的瞬时，有：

$$\sigma(x,t_0) = \frac{P_0}{A}\sin\left[\pi\left(\frac{x}{c_0 t_0} - 1\right)\right] \tag{6-57}$$

它的图形见图6-20，脉冲分布长度为 $c_0 t_0$。当 $t > t' = l/c_0$（l 为杆长）后，波将产生反射，后继的行为将依赖于桩底端支承条件。如果桩置于基岩上，可视为固定端支承，此时入射的压缩波反射后仍为压缩波，此后总的应力等于入射波应力和反射波应力的叠加。如当 $t' < t < t' + t_0$ 的某一时刻，应力分布如图6-21a)所示。

另一种极限情况是，如桩搁置在极软的泥中，于是根本不能限制位移，可近似作为自由端处理，反射的应力波为拉伸波。柱中总应力应为入射波和反射波应力的代数和（图6-21b）。如果桩由抗拉强度远小于抗压强度的混凝土材料制成。不难想到，当桩打入抗力很小的介质中时，则可能离桩底某一距离处将会被拉裂而破坏。这一现象在此不作深入地讨论。

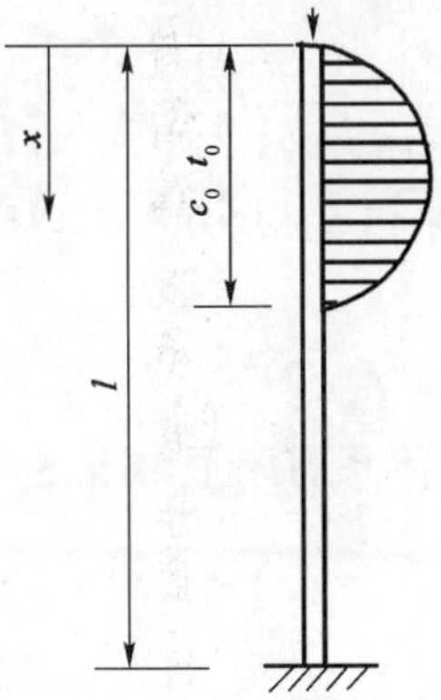

图 6-20　打桩过程中的应力波

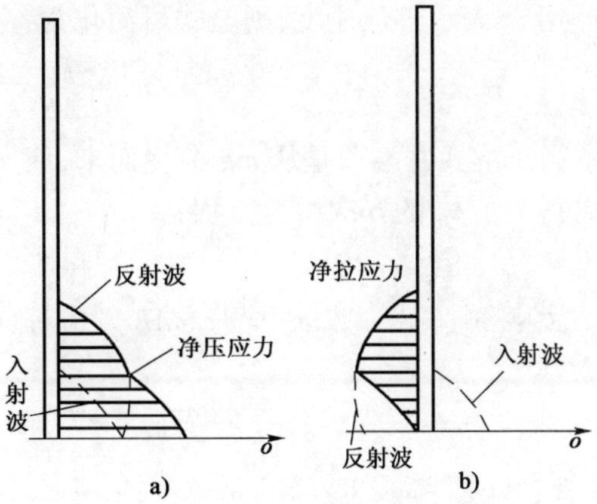

图 6-21　应力波在桩端的反射

工程中实际的反射情况介于以上两种极限情况之间，可根据土质的情况假定某一 α 值来估算。

上面假定锤质量远小于桩质量，锤对桩的作用可近似用一半波正弦脉冲来表示。然而，在实际情况下锤的质量是相当大的，这种情况下打击脉冲的性质是比较复杂的，下面讨论考虑桩的位移对脉冲性质的影响。

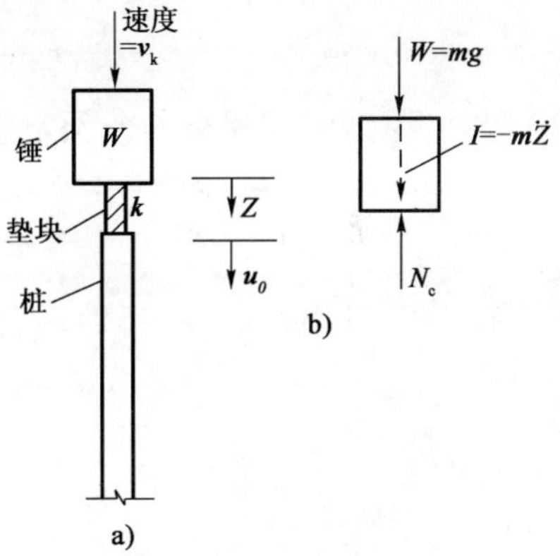

图 6-22　考虑桩的位移

假定锤是刚性质量块 m，桩与锤之间的垫块视为刚度为 k 的无重弹簧，桩的断面积为 A，弹性模量为 E，波速为 c_0。用 Z 表示锤从它与打击垫块的接触点算起的位移，用 u_0 表示被打击的桩顶的位移（图 6-22）。打击时桩锤的动力平衡方程为：$N_c = W + I$，式中 $W = mg$ 为锤质量，$I = -mZ$ 为锤的惯性力，N_c 为对锤的反力。于是有：

$$N_c = m(g - Z) \tag{6-58}$$

由位移的连续性可给出：

$$Z = u_0 + N_c/k \tag{6-59}$$

对 t 求二次导数后得：

$$\ddot{Z} = \ddot{u}_0 + \frac{\ddot{N}_c}{k}$$

将上式代入到式(6-58)，则有：

$$N_c = m\left(g - \ddot{u}_0 - \frac{\ddot{N}_c}{k}\right) \tag{6-60}$$

N_c 可用桩顶位移来表示，即：

$$N_c = -\sigma_0 A = -AE\varepsilon_0 = -AE\frac{\partial u_0}{\partial x} = \frac{AE}{c_0}\frac{\partial u_0}{\partial t} \tag{6-61}$$

此式代入式(6-59)重新整理后得：

$$\frac{m}{k}\frac{AE}{c_0}\ddot{u}_0 + m\ddot{u}_0 + \frac{AE}{c_0}\dot{u}_0 = mg$$

用 v_0 表示桩顶速度，则上式可简化为：

$$\ddot{v}_0 + \frac{kc}{AE}\dot{v}_0 + \frac{k}{m}v_0 = \frac{kc}{AE}g$$

由于上式右端项是从 mg 演变而来，而 mg 相对于惯性力来讲是很小的，可以略去不计，从而可得关于 v_0 的齐次微分方程：

$$\ddot{v}_0 + 2\omega\xi\dot{v}_0 + \omega^2 v_0 = 0 \tag{6-62}$$

式中 $\omega^2 = k/m$，$2\omega\xi = kc_0/AE$。方程(6-62)为单自由度体系有阻尼情况的运动方程，其解为：

$$V_0 = e^{-\xi\omega t}(B\cos\omega_D t + C\sin\omega_D t) \tag{6-63}$$

式中 $\omega_D = \omega\sqrt{1-\xi^2}$，常数 B、C 须通过考虑桩顶速度 v_0 的初始条件来确定。对于撞击时为稳定的桩，这一速度为零，即：

$$v_0|_{t=0} = \frac{\partial u_0}{\partial t}|_{t=0} = 0 \tag{6-64}$$

另外，撞击瞬间锤有一个预定速度 v_h，它与锤下落高度有关。对式(6-59)求导，有：

$$v_h = \dot{Z}(0) = \dot{u}_0(0) + \frac{\dot{N}_c(0)}{k} = \frac{\dot{N}_c(0)}{k} \tag{6-65}$$

将式(6-61)代入式(6-65)后，变成：

$$v_h = \frac{AE}{c}\dot{v}_0(0)\frac{1}{k}$$

由此得：

$$\dot{v}_0|_{t=0} = v_h\frac{kc_0}{AE} = v_h 2\omega\xi \tag{6-66}$$

利用初始条件式(6-64)和式(6-66)，则由式(6-63)可得：

$$v_0 = e^{-\xi\omega t}\frac{2\xi\omega}{\omega_D}\sin\omega_D t \tag{6-67}$$

再由式(6-61)给出：

$$N_c = \frac{kv_h}{\omega_D}e^{-\xi\omega t}\sin\omega_D t \tag{6-68}$$

这个解直到波从桩底反射回来之前是正确的。注意到式(6-68)中的参数 ξ 标志着桩的反应对接触力的影响程度，它可以写成：

$$\xi = \frac{c_0 k}{2\omega AE} = \frac{1}{2}\sqrt{\frac{km}{\bar{m}AE}}$$

式中 $\bar{m} = A\rho$，ρ 为桩的材料密度。显而易见，相对于打桩体系来讲，桩的质量和刚度越大，ξ 就越小。极限情况下，当桩为不可动的刚性桩时，ξ 就成为零，此时式(6-68)就可简化为正弦脉冲。图 6-23 给出了刚性桩和考虑桩位移时两种情况下打击脉冲的比较。从图中看出，脉冲持续时间几乎不受桩的弹性反应影响，而幅值却减少约 20%。计算数据：v_h =

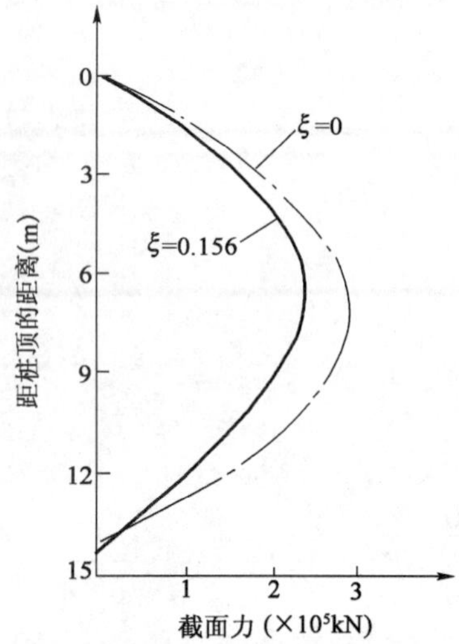

图 6-23　刚性桩和考虑桩位移时脉冲的比较

4.67m/s,$W=8.896\text{kN}$, $k = 359.7\text{kN/m}$,混凝土桩的 $AE = 5.34\text{kN}$,混凝土相对密度 $\gamma = 23.56\text{kN/m}^3$,波速 $c_0 = 2.92 \times 10^8$ m/s, $\xi = 0.156$。

二、高应变法的适用范围

高应变法的主要功能是判定单桩竖向抗压承载力是否满足设计要求。这里所说的承载力是指在桩身强度满足桩身结构承载力的前提下,得到的桩周岩土对桩的抗力(静阻力)。所以要得到极限承载力,应使桩侧和桩端岩土阻力充分发挥,否则不能得到承载力的极限值,只能得到承载力检测值。

与低应变法检测的快捷、廉价相比,高应变法检测桩身完整性虽然是附带性的,但由于其激励能量和检测有效深度大的优点,特别在判定桩身水平整合型缝隙、预制桩接头等缺陷时,能够在查明这些"缺陷"是否影响竖向抗压承载力的基础上,合理判定缺陷程度。当然,带有普查性的完整性检测,采用低应变法更为恰当。

高应变检测技术是从打入式预制桩发展起来的,试打桩和打桩监控属于其特有的功能,是静载试验无法做到的。

灌注桩的截面尺寸和材质的非均匀性、施工的隐蔽性(干作业成孔桩除外)及由此引起的承载力变异性,普遍高于打入式预制桩,导致灌注桩检测采集的波形质量低于预制桩,波形分析中的不确定性和复杂性,又明显高于预制桩。与静载试验结果对比,灌注桩高应变检测判定的承载力误差也如此。因此,积累灌注桩现场测试、分析经验和相近条件下的可靠对比验证资料,对确保检测质量尤其重要。

除嵌入基岩的大直径桩和纯摩擦型大直径桩外,对于大直径灌注桩、扩底桩(墩),由于尺寸效应,通常其静载 Q-s 曲线表现为缓变型,端阻力发挥所需的位移很大。另外,在土阻力相同条件下,桩身直径的增加使桩身截面阻抗(或桩的惯性)与直径成平方的关系增加,锤与桩的匹配能力下降。而多数情况下高应变检测所用锤的质量有限,很难在桩顶产生较长持续时间的作用荷载,达不到使土阻力充分发挥所需的位移量。

三、高应变法的仪器设备要求

1. 加速度计选择

由于动测仪器的使用环境恶劣,所以仪器的环境性能指标和可靠性也很重要。对不同类型的桩,各种因素影响使最大冲击加速度变化很大。加速度计的量程可根据实测经验来合理选择,宜使选择的量程大于预估最大冲击加速度值的一倍以上。

2. 自由落锤要求

自由落锤安装加速度计测量桩顶锤击力的依据是牛顿第二定律和第三定律。其成立条件是同一时刻锤体内各质点的运动和受力无差异,也就是说,虽然锤为弹性体,只要锤体内部不存在波传播的不均匀性,就可视锤为一刚体或具有一定质量的质点。波动理论分析结果表明:当沿正弦波传播方向的介质尺寸小于正弦波波长的1/10时,可认为在该尺寸范围内无波传播效应,即同一时刻锤的受力和运动状态均匀。除钢桩外,较重的自由落锤在桩身产生的力信号中有效频率分量(占能量的90%以上)在200Hz以内,超过300Hz后可忽略不计。按最不利估计,对力信号有贡献的高频分量波长也超过15m。所以,在大多数采用自由落锤的场合,牛顿第二定律能较严格地成立。规定锤体需整体铸造且高径(宽)比不大于1.5正是为了避免分片锤体在内部相互碰撞和波传播效应造成的锤内部运动状态不均匀。这种方式与在桩头附近

的桩侧表面安装应变式传感器的测力方式相比,有以下几个方面:

(1)避免了桩头损伤和安装部位混凝土差导致的测力失败以及应变式传感器的经常损坏。

(2)避免了因混凝土非线性造成的力信号失真(混凝土受压时,理论上讲是对实测力值放大,是不安全的)。

(3)直接测定锤击力,即使混凝土波速、弹性模量改变,也无需修正。

(4)测量响应的加速度计只能安装在距桩顶较近的桩侧表面,尤其不能安装在桩头变阻抗截面以下的桩身上。

(5)桩顶只能放置薄层桩垫,不能放置尺寸和质量较大的桩帽(替打)。

(6)需采用重锤或软锤垫以减少锤上的高频分量。但因锤高度一般不大于1.5m,则最大适宜锤重可能受到限制,如直径1.0m、高1.5m的圆柱形锤仅为92kN。

(7)由于基线修正方式的不同,锤体加速度测量可能有1g(g为重力加速度)的误差。大锤上的测试效果可能比小锤差。

3.控制锤的质量

进行高应变承载力检测时,锤的质量应大于预估单桩极限承载力的1.0%~1.5%以上。主要理由如下:

(1)桩较长或桩径较大时,一般使侧阻、端阻充分发挥所需位移大。

(2)桩是否容易被“打动”取决于桩身“广义阻抗”的大小。广义阻抗与桩周土阻力大小和桩身截面波阻抗大小两个因素有关。随着桩直径增加,波阻抗的增加通常快于土阻力,仍按预估有限承载力的1%选取锤质量,将使锤对桩的匹配能力下降。因此,不仅从土阻力,而从多方面考虑提高锤重的措施是更科学的做法。

4.实测贯入度

重锤对桩冲击使桩周土产生振动,在受检桩附近架设的基准梁也将受影响,导致桩的贯入度测量结果不可靠。也有采用加速度信号两次积分得到的最终位移作为实测贯入度,虽然最方便,但可能存在下列问题:

(1)由于信号采集时段短,信号采集结束时桩的运动尚未停止,以柴油锤打长桩时为甚。

(2)加速度计的质量优劣影响积分精度,零飘大和低频响应差(时间常数小)时极为明显。

所以,对贯入度测量精度要求较高时,宜采用精密水准仪等光学仪器测定。

四、高应变法现场检测方法

(一)检测主要影响因素

承载力时间效应因地而异,以沿海软土地区最显著。成桩后,若桩周岩土无隆起、侧挤、沉陷、软化等影响,承载力随时间增长。

锤击装置垂直、锤击平稳对中、桩头加固和加设桩垫,是为了减小锤击偏心和避免击碎桩头;在距桩顶规定的距离下的合适部位对称安装传感器,是为了减小锤击在桩顶产生的应力集中和对偏心进行补偿。所有这些措施都是为保证测试信号质量提出的。

采样时间间隔为100μs,对常见的桩基是合适的。但对于超长桩,例如桩长超过60m,采样时间间隔可放宽为200μs,当然也可增加采样点数。

应变式传感器直接测到的是其安装面上的应变，并按下式换算成锤击力：

$$F = AE\varepsilon \tag{6-69}$$

式中：F——锤击力；

A——测点处桩截面积；

E——桩材弹性模量；

ε——实测应变值。

显然，锤应力的正确换算依赖于测点处设定的桩参数是否符合实际。另一需注意的问题是：计算测点以下原桩身的阻抗变化、包括计算的桩身运动及受力大小，都是以测点处桩头单元为相对“基准”的。

测点下桩长是指桩头传感器安装点至桩底的距离，一般不包括桩尖部分。

对于混凝土桩，桩身波速取决于混凝土的集料品种、粒径级配、成桩工艺（导管灌注、振捣、离心）及龄期，其值变化范围大多为 3 000 ~ 4 500m/s。混凝土预制桩可在沉桩前实测无缺陷桩的桩身平均波速作为设定值；混凝土灌注桩应结合本地区混凝土波速的经验值或同场地已知值初步设定，但在计算分析前，应根据实测信号进行修正。

（二）现场检测要求

1. 仪器外壳接地

传感器外壳与仪器外壳接地。测试现场潮湿，传感器对地未绝缘，交流供电时常出现 50Hz 干扰，解决办法是良好接地或改用直流供电。

2. 采用“重锤低击”

根据波动理论分析，若视锤为一刚体，则桩顶的最大锤击应力只与锤冲击桩顶时的初速度有关，落距越高，锤击应力和偏心越大，越容易击碎桩头。轻锤高击并不能有效地提高桩锤传递给桩的能量和增大桩顶位移，因为力脉冲作用持续时间不仅与锤垫有关，还主要与锤质量有关；锤击脉冲越窄，波传播的不均匀性，即桩身受力和运动的不均匀性（惯性效应）越明显，实测波形中土的动阻力影响加剧，而与位移相关的静土阻力呈明显的分段发挥态势，使承载力的测试分析误差增加。事实上，若将锤质量增加到预估单桩极限承载力的 5% ~10% 以上，则可得到与静动法（STATNAMIC 法）相似的长持续力脉冲作用。此时，由于桩身中的波传播效应大大减弱，桩侧、桩端岩土阻力的发挥更接近静载作用时桩的荷载传递性状。因此，“重锤低击”是保障高应变法检测承载力准确性的基本原则，这与低应变法充分利用波传播效应（窄脉冲）准确探测缺陷位置有着概念上的区别。

打桩全过程监测是指预制桩施打开始后，从桩锤正常爆发起跳直到收锤为止的全部过程测试。

3. 把握信号质量

高应变试验成功的关键是信号质量以及信号中的信息是否充分。所以应根据每锤信号质量以及动位移、贯入度和大致的土阻力发挥情况，初步判别采集到的信号是否满足检测目的的要求。同时，也要检查混凝土桩锤击拉、压应力和缺陷程度大小，以决定是否进一步锤击，以免桩头或桩身受损。自由落锤锤击时，锤的落距应由低到高；打入式预制桩则按每次采集一阵（10 击）的波形进行判别。

4. 排除干扰因素

检测工作现场情况复杂，经常产生各种不利影响。为确保采集到可靠的数据，检测人员应能正确判断波形质量，熟练地诊断测量系统的各类故障，排除干扰因素。

(三)贯入度分析

贯入度的大小与桩尖刺入或桩端压密塑性变形量相对应，是反映桩侧、桩端土阻力是否充分发挥的一个重要信息。贯入度小，即通常所说的“打不动”，使检测得到的承载力低于极限值。其目的是从保证承载力分析计算结果的可靠性出发，给出的贯入度合适范围，不能片面理解成在检测中应减小锤重使单击贯入度不超过6mm。贯入度大且桩身无缺陷的波形特征是$2L/c$处桩底反射强烈，其后的土阻力反射或桩的回弹不明显。贯入度过在造成的桩周土扰动大，高应变承载力分析所用的土的力学模型，对真实的桩—土相互作用的模拟接近程度变差。据国内发现的一些实例和国外的统计资料：贯入度较大时，采用常规的理想弹塑性土阻力模型进行实测曲线拟合分析，不少情况下预示的承载力明显低于静载试验结果，统计结果离散性很大，而贯入度较小，甚至桩几乎未被打动时，静动对比的误差相对较小，且统计结果的离散性也不大。若采用考虑桩端土附加质量的能量耗散机制模型修正，与贯入度小时的承载力提高幅度相比，会出现难以预料的承载力成倍提高。原因是：桩底反射强意味着桩端的运动加速度和速度强烈，附加土质量产生的惯性力和动阻力恰好分别与加速度和速度成正比。可以想见，对于长细比较大、摩阻力较强的摩擦型桩，上述效应就不会明显。此外，6mm贯入度只是一个统计参考值。

五、检测数据的分析

(一)测试信号选取与分析

1. 信号选取注意事项

从一阵锤击信号中选取分析用信号时，除要考虑有足够的锤击能量使桩周岩土阻力充分发挥外，还应注意下列问题：

(1)连续打桩时桩周土的扰动及残余应力。

(2)锤击使缺陷进一步发展或拉应力使桩身混凝土产生裂隙。

(3)在桩易打或难打以及长桩情况下，速度基线修正带来的误差。

(4)对桩垫过厚和柴油锤冷锤信号，加速度测量系统的低频特性所造成的速度信号误差或严重失真。

2. 信号特性分析

(1)可靠的信号是得出正确分析计算结果的基础。除柴油锤施打的长桩信号外，力的时程曲线应最终归零。对于混凝土桩，高应变测试信号质量不但受传感器安装好坏、锤击偏心程度和传感器安装面处混凝土是否开裂的影响，也受混凝土的不均匀性和非线性的影响。这种影响对应变式传感器测得的力信号尤其敏感。混凝土的非线性一般表现为：随应变的增加，弹性模量减小，并出现塑性变形，使根据应变换算到的力值偏大且力曲线尾部不归零。通常锤击偏心很难避免，因此严禁用单侧力信号代替平均力信号。

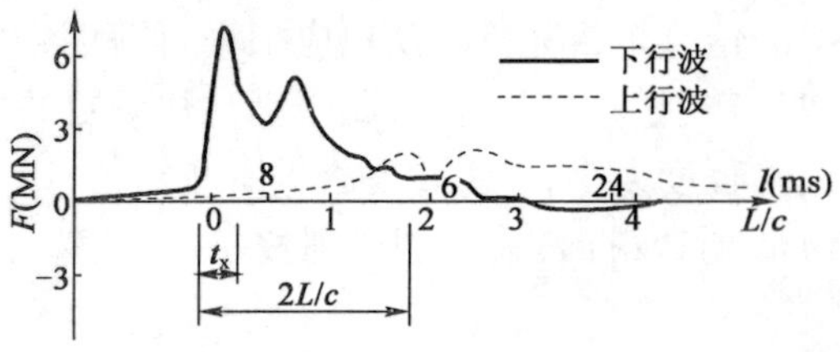

图6-24　桩身波速的确定

(2)桩底反射明显时，桩身平均波速也可根据速度波形第一峰上升波的起点和桩底反射峰的起点之间的时差与已知桩长值确定(图6-24)。

对桩底反射峰变宽或有水平裂缝的桩,不应根据峰与峰间的时差来确定平均波速。桩较短且锤击力波上升缓慢时,可采用低应变法确定平均波速。

(3)通常,当平均波速按实测波形改变后,测点处的原设定波速也按比例线性改变,桩身材料弹性模量则应按平方的比例关系改变,即:

$$E = \rho c^2$$

式中:E——桩身材料弹性模量(kPa);

c——桩身应力波传播速度(m/s);

ρ——桩身材料质量密度(t/m^3)。

当采用应变式传感器测力时,多数仪器并非直接保存实测应变值,如有些是以速度($V = c\varepsilon$)的单位存储。若弹性模量随波速改变后,仪器不能自动修正以速度为单位存储的力值,则应对原始实测力值校正。

(4)在多数情况下,正常施打的预制桩,力和速度信号第一峰应基本成比例。但在以下几种情况下比例失调属于正常:

①桩浅部阻抗变化和土阻力影响。

②采用应变式传感器测力时,测点处混凝土的非线性造成力值明显偏高。

③锤击力上升缓慢或桩很短时,土阻力波或桩底反射波的影响。

除第②种情况减小力值,可避免计算的承载力过高外,其他情况的随意比例调整均是对实测信号的歪曲,并产生虚假的结果。因此,禁止将实测力或速度信号重新标定。这一点必须引起重视,因为有些仪器具有比例自动调整功能。

(5)高应变分析计算结果的可靠性高低取决于动测仪器、分析软件和人员素质三个要素。其中起决定作用的是具有坚实理论基础和丰富实践经验的高素质检测人员。高应变法之所以有生命力,表现在高应变信号不同于随机信号的可解释性——即使不采用复杂的数学计算和提炼,只要检测波形质量有保证,就能定性地反映桩的承载性状及其他相关的动力学问题。在建设部工程桩动测资质复查换证过程中,发现不少检测报告中,对波形的解释与分析计算已达到盲目甚至是滥用的地步。对此,如果不从提高人员素质入手加以解决,这种状况的改观显然是仅靠技术规范以及仪器和软件功能的增强是无法做到的。因此,承载力分析计算前,应有高素质的检测人员对信号进行定性检查并作出正确判断。

(6)应注意以下四种情况:

①桩身存在缺陷,无法判定桩的竖向承载力。

②桩身缺陷对水平承载力有影响。

③单击贯入度大,桩底同向反射强烈且反射峰较宽,侧阻力波、端阻力波反射弱,即波形表现出竖向承载性状明显与勘察报告中的地质条件不符合。

④嵌岩桩桩底同向反射强烈,且在时间 $2L/c$ 后无明显端阻力反射;也可采用钻芯法核验。

因高应变法难于分析判定承载力和预示桩身结构破坏的可能性,建议采取静载法进一步验证检测。上述第③、④项反映的代表性波形见图 6-25,原因解释参见本节四。由图 6-26 可见,静载验证试验尚未压至破坏,但高应变测试的锤重、贯入度却“符合”要求。当采用波形拟合法分析承载力时,由于承载力比按地质报告估算的低很多,除采用直接法验证外,不能主观臆断或采用能使拟合的承载力大幅提高的桩—土模型及其参数。

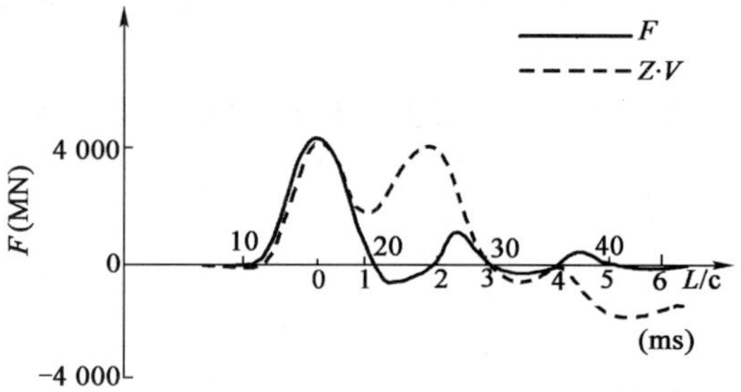

图 6-25　灌注桩高应变实测波形

注：ϕ800mm 钻孔灌注桩，桩端持力层为全风化花岗片麻岩，测点下桩长 16m。采用 60kN 重锤，先做高应变检测，后做静载验证检测。

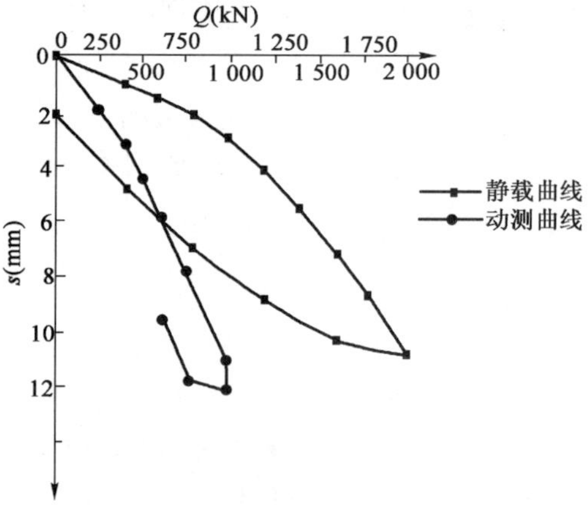

图 6-26　静载和动载模拟的 Q-s

(二)实测曲线拟合

实测曲线拟合法是通过波动问题数值计算，反演确定桩和土的力学模型及其参数值。其过程为：假定各桩单元的桩和土力学模型及其模型参数，利用实测的速度（或力、上行波、下行波）曲线作为输入边界条件，数值求解波动方程，反算桩顶的力（或速度、下行波、上行波）曲线。若计算的曲线与实测曲线不吻合，说明假设的模型及参数不合理，有针对性地调整模型及参数再行计算，直至计算曲线与实测曲线（以及贯入度的计算值与实测值）的吻合程度良好且不易进一步改善为止。虽然从原理上讲，这种方法是客观的，但由于桩、土以及它们之间的相互作用等力学行为的复杂性，实际运用时还不能对各种桩型、成桩工艺、地质条件，都能达到十分准确地求解桩的动力学和承载力问题的效果。所以，针对该法应用中的关键技术问题，作了具体阐述和规定：

1. 桩与土模型

①目前已有成熟使用经验的土的静阻力模型为理想弹—塑性或考虑土体硬化或软化的双线性模型；模型中有两个重要参数——土的极限静阻力 R_u 和土的最大弹性位移 s_q，可以通过静载试验（包括桩身内力测试）来验证。在加载阶段，土体变形小于或等于 s_q 时，土体的弹性范围工作；变形超过 s_q 后，进入塑性变形阶段（理想弹—塑性时，静阻力达到 R_u 后不再随位移增加而变化）。对于卸载阶段，同样要规定卸载路径的斜率和弹性位移。

②土的动阻力模型一般习惯采用与桩身运动速度成正比的线性黏滞阻尼，带有一定的经验性，且不易直接验证。

③桩的力学模型一般为一维杆模型，单元划分应采用等时单元（实际为连续模型或特征线法求解的单元划分模式），即应力波通过每个桩单元的时间相等，由于没有高阶项的影响，计算精度高。

④桩单元除考虑 A、E、c 等参数外，也可考虑桩身阻尼和裂隙。另外，也可考虑桩底的缝隙、开口桩或异形桩的土塞、残余应力影响和其他阻尼形式。

⑤所用模型的物理力学概念应明确，参数取值应能限定；避免采用可使承载力计算结果产生较大变异的桩—土模型及参数。

2. 桩土参数取值

拟合时应根据波形特征，结合施工和地质条件合理确定桩土参数取值。因为拟合所用的桩土参数的数量和类型繁多，参数各自和相互间精合的影响非常复杂，而拟合结果并非唯一解,需通过综合比较判断进行取舍。正确判断取舍条件的要点是参数取值应在岩土工程的合理范围内。

由于自由落锤产生的力脉冲持续时间通常不超过20ms(除非采用很重的落锤),但柴油锤信号在主峰过后的尾部仍然产生较长的低幅值延续;加之与位移相关的总静阻力一般会不同程度地滞后于2 L/c 发挥,当端承型桩的端阻力发挥所需位移很大时,土阻力发挥将产生严重滞后,因此规定2 L/c 后延时足够的时间,使曲线拟合能包含土阻力响应区段的全部土阻力信息。

为防止土阻力未充分发挥时的承载力外推,设定的 s_q 值不就超过对应单元的最大计算位移值。若桩、土间相对位移不足以使桩周岸土阻力充分发挥,则给出的承载力结果只能验证岩土阻力发挥的最低程度。

土阻力响应区是指波形上呈现的静土阻力信息较为突出的时间段。所以本条特别强调此区段的拟合质量,避免只重波形头尾,忽视中间土阻力响应区段拟合质量的错误做法,并通过合理的加权方式计算总的拟合质量系数,突出其影响。

贯入度的计算值与实测值是否接近,是判断拟合选用参数、特别是 s_q 值是否合理的辅助指标。

高应变法动测承载力检测值多数情况下不会与静载试验桩的明显破坏特征或产生较大的桩顶沉降相对应,总趋势是沉降量偏小。这里需要强调指出:验收检测中,单桩静载试验常因加荷量或设备能力限制,而做不出真正的试桩极限承载力。于是一组试桩往往因某一根桩的极限承载力达不到设计要求的特征值的两倍,使一组试桩的承载力统计平均值不满足设计要求。动测承载力则不同,可能出现部分桩的承载力远高于承载力特征值的两倍。所以,即使个别桩的承载力不满足设计要求,但"高"和"低"取平均后仍能满足设计要求。为了避免可能高估承载力的危险,不得将极差超过30%的"高值"参与统计平均。

高应变法检测桩身完整性具有锤击能量大,可对缺陷程度定量计算,连续锤击可观察缺陷的扩大和逐步闭合情况等优点。但和低应变法一样,检测的仍是桩身阻抗变化,一般不宜判定缺陷性质。在桩身情况复杂或存在多处阻抗变化时,可优先考虑用实测曲线拟合法判定桩身完整性。

对于等截面桩,可按表6-2并结合经验判定;桩身完整性系数 β 和桩身缺陷位置 x 应分别按下列公式计算:

桩身完整性判定 表6-2

类　别	β值	类　别	β值
I	$\beta = 1.0$	III	$0.6 \leqslant \beta < 0.8$
II	$0.8 \leqslant \beta < 1.0$	IV	$\beta < 0.6$

$$\beta = \frac{[F(t_1) + ZV(t_1)] - 2R_x + [F(t_x) - ZV(t_x)]}{[F(t_1) + ZV(t_1)] - [F(t_x) - ZV(t_x)]} \tag{6-70}$$

$$x = c\frac{t_x - t_1}{2\,000} \tag{6-71}$$

式中:β——桩身完整性系数;

t_x——缺陷反射峰对应的时刻(ms);

x——桩身缺陷至传感器安装点的距离(m);

R_x ——缺陷以上部位土阻力的估计值,等于缺陷反射波起始点的力与速度乘以桩身截面力学阻抗之差值,取值方法见图6-27。

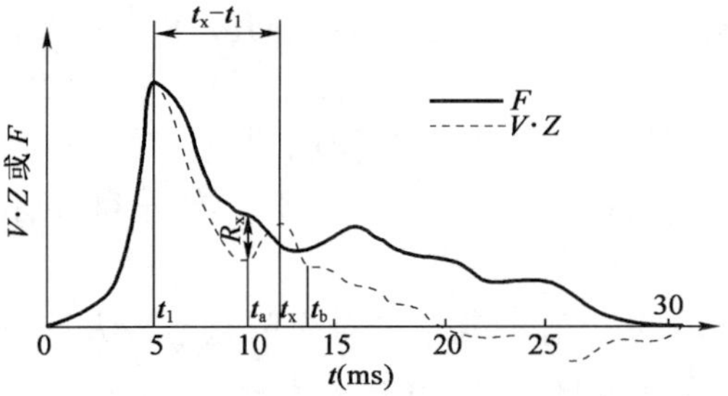

图6-27　桩身完整性系数计算

式(6-70)适用于截面基本均匀桩的桩顶下第一个缺陷的程度定量计算。当有轻微缺陷,并确认为水平裂缝(如预制桩的接头缝隙)时,裂缝宽度 δ_w 可按式(6-71)计算:

$$\delta_w = \frac{1}{2}\int_{t_a}^{t_b}\left(V - \frac{F - R_x}{Z}\right)dt \qquad (6\text{-}72)$$

采用实测曲线拟合法分析桩身扩径、桩身截面渐变或多变的情况,应注意合理选择土参数。

高应变法锤击的荷载上升时间一般不小于2ms,因此对桩身浅部缺陷位置的判定存在盲区,也无法根据式(6-70)来判定缺陷程度。只能根据力和速度曲线的比例失调程度来估计浅部缺陷程度,不能定量给出缺陷的具体部位,尤其是锤击力波上升非常缓慢时,还大量耦合有土阻力的影响。对浅部缺陷桩,宜用低应变法检测并进行缺陷定位。

桩身锤击拉应力是混凝土预制桩施打抗裂控制的重要指标。在深厚软土地区,打桩时侧阻和端阻虽小,但桩很长,桩锤能正常爆发起跳,桩底反射回来的上行拉力波的头部(拉应力幅值最大)与下行传播的锤击压力波尾部叠加,在桩身某一部位产生净的拉应力。当拉应力强度超过混凝土抗拉强度时,引起桩身拉裂。开裂部位一般发生在桩的中上部,且桩越长或锤击力持续时间越短,最大拉应力部位就越往下移。

有时,打桩过程中会突然出现贯入度骤减或拒锤,一般是碰上硬层(基岩,孤石,漂石,卵石等碎石土层)。继续施打会造成桩身压应力过大而破坏。此时,最大压应力部位不一定出现在桩顶,而是接近桩端的部位。

第四节　声波透射法测试与分析

声波透射法是利用声波的透射原理对桩身混凝土介质状况进行检测,因此仅适用于在灌注成型过程中已经预埋了两根或两根以上声测管的基桩。

一、仪器设备选择

声波换能器有效工作面长度指起到换能作用的部分的实际轴向尺寸,该长度过大将夸大缺陷实际尺寸并影响测试结果。

提高换能器谐振频率,可使其外径减少到30mm以下,利于换能器在声测管中升降顺畅或减小声测管直径。但因声波发射频率的提高,使长距离声波穿透能力下降。所以,一般仍推荐目前普遍采用的30~50kHz的谐振频率范围。

二、现场检测要求

标定法测定仪器系统延迟时间的方法是将发射、接收换能器平行悬于清水中,逐次改变点源距离并测量相应声时,记录若干点的声时数据并作线性回归的时距曲线:

$$t = t_0 + bl \qquad (6\text{-}73)$$

式中：b——直线斜率（μs/mm）；

l——换能器表面净距离（mm）；

t——声时（μs）；

t_0——仪器系统延迟时间（μs）。

按下式计算声测管及精合水层声时修正值：

$$t' = \frac{d_1 - d_2}{v_t} + \frac{d_2 - d'}{v_w} \tag{6-74}$$

式中：d_1——声测管外径（mm）；

d_2——声测管内径（mm）；

v_t——声测管材料声速（km/s）；

v_w——水的声速（km/s）；

t'——声测管及耦合水层声时修正值（μs）。

同一根桩检测时，强调各检测剖面的声波发射电压和仪器设置参数保持不变，目的是使各检测剖面的检测结果具有可比性，便于综合判定（图6-28）。

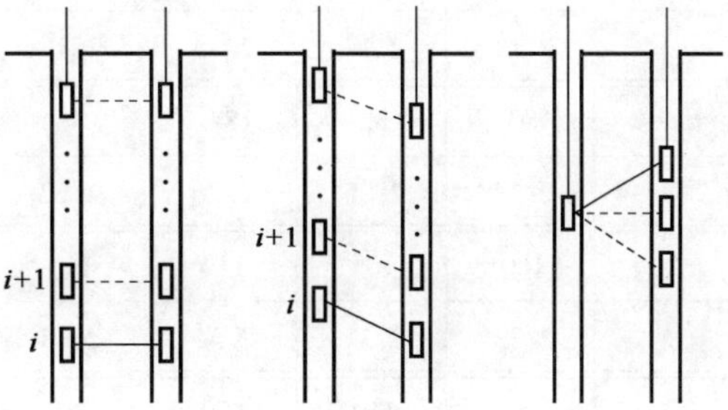

图6-28　平测、斜测和扇形扫描示意图

a）平测；b）斜测；c）扇形扫描

三、检测数据的分析

（一）声学参数判据

声速、波幅和主频都是反映桩身质量的声学参数测量值。大量实测经验表明：声速的变化规律性较强，在一定程度上反映了桩身混凝土的均匀性，而波幅的变化较灵敏，主频在保持测试条件一致的前提下也有一定规律。因此在确定测点声学参数测量值的判据时，采用了三种不同的方法。

声速异常临界值判据中的临界值 v_c 是参考数理统计学判断异常值的方法，经过多次试算而得出的。其基本原理如下：

在 n 次测量所得的数据中，去掉 k 个较小值，得到容量为（$n-k$）的样本，取异常测点数据不可能出现的次数为1，则对于标准正态分布假设，可得异常测点数据不可能出现的概率为：

$$P(u \geqslant \lambda) = \frac{1}{\sqrt{2\pi}}\int_{\lambda}^{\infty} e^{-\frac{x^2}{2}}dx = \frac{1}{n-k} \tag{6-75}$$

由 $\varphi(\lambda) = 1/(n-k)$，在标准正态分布表可得与不同的 $n-k$ 相对应的 λ 值，从而得到表6-3。

每次去掉样本中的最小数据，计算剩余数据的平均值、标准差，由表6-3查得对应的 λ 值。由式 $v_0 = v_m - \lambda s_x$ 计算异常判断值并将样本中当时的最小值与之比较；当 v_{n-k} 仍为异常值时，继续去掉最小值重复计算和比较，直至剩余数据中不存在异常值为止。此时，v_0 则为异常判断的临界值 v_c。

桩身混凝土均匀性可采用离差系数 $C_v = s_x/v_m$ 评价，其中 s_x 和 v_m 分别为 n 个测点的声速

标准差和 n 个测点的声速平均值。

统计数据个数($n-k$)与对应的 λ 值 表6-3

$n-k$	20	22	24	26	28	30	32	34	36	38
λ	1.64	1.69	1.73	1.77	1.80	1.83	1.86	1.89	1.91	1.94
$n-k$	40	42	44	46	48	50	52	54	56	58
λ	1.96	1.98	2.00	2.02	2.04	2.05	2.07	2.09	2.10	2.11
$n-k$	60	62	64	66	68	70	72	74	76	78
λ	2.13	2.14	2.15	2.17	2.18	2.19	2.20	2.21	2.22	2.23
$n-k$	80	82	84	86	88	90	92	94	96	98
λ	2.24	2.25	2.26	2.27	2.28	2.29	2.29	2.30	2.31	2.32
$n-k$	100	105	110	115	120	125	130	135	140	145
λ	2.33	2.34	2.36	2.38	2.39	2.41	2.41	2.43	2.45	2.46
$n-k$	150	160	170	180	190	200	220	240	260	280
λ	2.47	2.50	2.52	2.54	2.56	2.58	2.61	2.64	2.67	2.69

当桩身混凝土的质量普遍较差时,可能同时出现下面两种情况:其一是,检测剖面的 n 个测点声速平均值 v_m 明显偏低。其二是,n 个测点的声速标准差 s_x 很小。

则由统计计算公式 $v_0 = v_m - \lambda s_x$ 得出的判断结果可能失效。此时可将各测点声速 v_i 与声速低限值 v_L 比较得了判断结果。

(二)波幅临界值判据

波幅临界值判据式为:

$$A_{pi} < A_m - 6$$

$$A_m = \frac{1}{n}\sum_{i=1}^{n} A_{pi} \tag{5-76}$$

式中:A_m ——波幅平均值(dB);

n——检测剖面测点数。

即选择当信号首波幅值衰减量为其平均值的一半时的波幅分贝数为临界值,在具体应用中应注意下面几点:

第一,因波幅的衰减受桩材不均匀性、声波传播路径和点源距离的影响,故应考虑声测管间距较大时波幅分散性而采取适当的调整。

第二,因波幅的分贝数受仪器、传感器灵敏度及发射能量的影响,故应在考虑这些影响的基础上再采用波幅临界值作为判断依据。

第三,当波幅差异性较大时,应与声速变化及主频变化情况相结合进行综合分析。

(三)辅助异常点判据

当采用斜率法的 PSD 值作为辅助异常点判据时,PSD 值应按下列公式计算:

$$\text{PSD} = K\Delta t \quad K = \frac{t_{ci} - t_{ci-1}}{z_i - z_{i-1}} \quad \Delta t = t_{ci} - t_{ci-1}$$

式中：t_{ci} ——第 i 测点声时（μs）；

t_{ci-1} ——第 $i-1$ 测点声时（μs）；

z_i ——第 i 测点深度（m）；

z_{i-1} ——第 $i-1$ 测点深度（m）。

根据 PSD 值在某深度处的突变，结合波幅变化情况，进行异常点判定。

实测信号的主频值与诸多影响因素有关，因此仅作辅助声学参数选用。在使用中应保持声波换能器具有单峰的幅频特性和良好的耦合一致性；若采用 FFT 方法计算主频值，还应保证足够的频率分辨率。

（四）桩身完整性判定注意事项

桩身完整性判定与分类除依据声速、波幅等变化规律和借助其他辅助方法外，还与诸多复杂因素有关，故在使用中应注意以下几点：

（1）可结合钻芯法将其结果进行对比，从而得出更符合实际情况的分类。

（2）可将实测时程曲线的畸变及频谱、PSD 值的变化相结合，进行综合判定与分类。

（3）可结合施工工艺和施工记录等有关资料具体分析。

声波透射法一般不受场地限制，测试精度高，在缺陷的判断上较其他方法更全面，检测范围可覆盖全桩长的各个横截面，但由于需要预埋声测管，抽样的随机性差，且对桩身直径有一定的要求，检测成本也相对较高。

第七章　路基路面试验检测技术

利用快速、先进的现场检测技术，以数据有效控制与评价路基路面施工质量与使用性能，引起了越来越多的重视。本章根据目前我国路基路面现场检测技术的现状，主要介绍路基路面承载能力和使用品质等，包括压实度、回弹弯沉、回弹模量、水泥混凝土劈裂强度、平整度、抗滑性能、结构层厚度、路面渗水等方面内容的试验检测方法。

第一节　路基路面间接强度（压实度）试验检测

压实度是路基路面施工质量间接强度的关键指标之一，其定义为现场干密度与标准干密度的比值百分率式(7-1)。现场干密度试验方法有挖坑灌砂法、环刀法、核子密度仪法、钻芯法、水袋法等；标准干密度一般采用击实试验法，其中又分为轻型和重型两种。压实度是表征现场压实后的密实状况，压实度越高，密实度越大，路面结构层或土基强度越高。因此，路基路面施工中，压实机其选择、材料选择、碾压工艺成为施工质量控制的关键工序。

$$K = \frac{\rho_d}{\rho_c} \times 100\% \tag{7-1}$$

式中：K——测试地点的施工压实度；

ρ_d——试样干密度（亦称现场干密度）(g/cm^3)；

ρ_c——由击实试验得到的最大干密度（亦称标准干密度）(g/cm^3)。

对于路基土、路面半刚性基层及粒料类柔性基层以及沥青面层、沥青稳定基层而言，压实度是指现场实际达到的密度与室内标准密度的比值。因此，压实度的测定主要包括室内标准密度（最大干密度）确定和现场密度试验。

按照土基稳定，基层坚实，面层耐用的路面设计与施工原则，路面系指由面层和基层以及垫层（必要时）共同构成的路面结构体。因此路面压实度应分层进行测定。而对路基土则应按不同的深度范围来测定压实度。压实度测定分现塌干密度测定和最大干密度确定。

一、标准干密度（最大干密度）确定

如前已述，标准密度亦称最大干密度，是压实度评定的基准值，直接决定着评定结果的可靠性。标准密度（最大干密度）由击实试验确定。操作简便，且试验条件应与实际压实条件相接近。近年来，逐渐被引起重视的振动击实、大型马歇尔击实等均是考虑到目前施工中广泛使用振动压路机进行碾压成型而对试验条件进行改进的结果。

由于路基土和筑路材料类型不同，标准密度（最大干密度）的室内确定试验方法也有所不同。

（一）路基土最大干密度确定

根据路基土类别与性质的不同，路基土最大干密度试验方法主要有击实法、振动台法和表面振动压实仪法，适用范围见表7-1。

击实试验是我国路基土最大干密度确定的主要方法。大量实验表明，路基土和无机结合料的干密度和含水率之间存在密切的对应的曲线规律关系，由于此关系由击实试验得出，称为击实曲线。图7-1为路基土和无机结合料路面材料由击实试验得到的最大干密度和最佳含水率及击实曲线示意图。曲线峰值对应的含水率为最佳含水率，与此相应的干密度为最大干密度。即通过试验得出的击实曲线，用来确定最佳含水率和最大干密度。根据击实功的不同，可分为重型和轻型击实，两个试验的原理和基本规律相似，但重型击实试验的击实功提高了4.5倍。按采集土样的含水率，又分湿土法和干土法；按土能否重复使用，也分为两种，即土能重复使用和不能重复使用。根据工程的具体要求，按击实试验方法的规定，选择轻型或重型试验方法；根据土的性质选用干土法或湿土法，对于高含水率土宜选用湿土法，对于非高含水率土则选用干土法；除易击碎的试样外，试样可以重复使用。

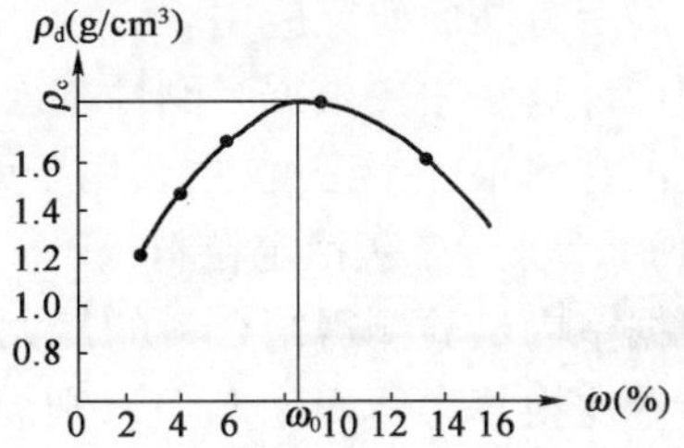

图7-1 路基土和无机结合料路面基层的击实曲线

ρ_d-干密度(g/cm^3)；ρ_c-最大干密度(g/cm^3)；w-含水率；w_0-最佳含水率

路基土最大干密度确定方法比较 表7-1

试验方法	适用范围	土的粒组
轻型、重型击实法	小试筒适用于粒径不大于25mm的土； 大试筒适用于粒径不大于38mm的土	细粒土 粗粒土
振动台法	①本试验规定采用振动台法测定无黏性自由排水粗粒土和巨粒土(包括堆石料)的最大干密度。②本试验方法适用于通过0.074mm标准筛的土颗粒质量百分数不大于15%的无黏性自由排水粗粒土和巨粒土。③对于最大颗粒大于60mm的巨粒土，因受试筒允许最大粒径的限制，宜按相似级配法的规定处理	粗粒土 巨粒土

振动台法与表面振动压实仪法均是采用振动方法测定土的最大干密度。前者是整个土样同时受到垂直方向的振动作用，而后者是振动作用自土体表面垂直向下传递。研究结果表明，对于无黏聚性自由排水土，这两种方法最大干密度试验的测定结果基本一致，但前者试验设备及操作较复杂，后者相对容易，且更接近于现场振动碾压的实际状况。因此，使用时可根据试验设备拥有情况择其一即可，但推荐优先采用表面振动压实仪法。

已有的国内外研究结果表明，对于砂、卵(漂)石及堆石料等无黏聚性自由排水土而言，一致公认采用振动方法而不是普通击实法。因此，建议采用振动方法测定无黏聚性自由排水土的最大干密度。

路基土各试验方法的仪器设备、试验步骤等详见《公路土工试验规程》(JTG E40—2007)。

(二)路面基层材料标准密度(最大干密度)确定试验方法

路面基层主要包括半刚性基层和柔性基层两类，其中柔性基层主要有以级配碎石为代表的粒料类基层和以沥青稳定碎石为代表的沥青稳定类基层。依据强度构成原则划分，又可分为整体型、级配型和嵌锁型三类，半刚性材料属于整体基层，如水泥稳定土等。

1.半刚性基层材料

半刚性基层材料最大干密度，目前主要按照现行《公路工程无机结合料稳定材料试验规程》(JTG E51—2009)标准击实法确定，但当粒料含量高时(50%以上)，由于击实筒空间的限制，现行方法就不能得出真正的最大干密度。若以此为准，按施工规范要求的压实度成型，所测得的强度和有关参数偏小，据此进行设计，势必造成浪费。同样，如以此为准进行施工质量控制，容易使控制要求偏低，不能保证施工质量。同时，随着振动压路机的广泛使用，标准击实试验无法反映实际施工中的振动压实状态。因此，理论计算法、振动击实法等更为科学的最大干密度确定方法已研究应用。

理论计算法主要根据半刚性基层材料的体积组成，利用结合料和粒料级配组成与密度综合确定混合料最大干密度，主要用于无机结合料稳定粒料类材料。

（1）石灰土、二灰稳定粒料

根据室内试验测得结合料的最大干密度 ρ_1 和集料的相对密度 γ，把已确定的结合料与集料的质量比换算为体积比 $V_1:V_2$，则混合料的最大干密度 ρ_0 为：

$$\rho_0 = V_1\rho_1 + V_2\gamma \tag{7-2}$$

石灰土、二灰稳定粒料的最佳含水率 w_0 是结合料的最佳含水率 w_1 和集料饱水裹覆含水率 w_2 的加权值，可按下式计算：

$$w_0 = w_1A + w_2B \tag{7-3}$$

式中：A、B——结合料和集料的质量百分比，以小数计。

饱水裹覆含水率是指把集料浸水饱和后取出，不擦去表面裹覆水时的含水率。除吸水率特大的集料外，此值对于砾石可取3%，碎石可取4%。

（2）水泥稳定粒料

水泥稳定粒料的最大干密度 ρ_0 与集料的最大干密度 ρ_G 和水泥硬化后的水泥质量有关，即：

$$\rho_0 = \frac{\rho_G}{1 - \frac{(1+k)a}{100}} \tag{7-4}$$

式中：ρ_G——集料在振动台上加载振动而得到的最大干密度（g/cm^3）；

a——水泥含量（%）；

k——水泥水化时水的增量，视水泥品种不同而异，一般为水泥质量的10%～25%，以小数计。

水泥加水拌匀后，在105℃烘箱中烘干，称试验前水泥质量和烘干后硬化时水的泥质量，即可求得水泥水化的水增量。

因水泥中含有水化水，故用烘箱法不能正确测出水泥稳定粒料的最佳含水率。根据对比试验，水泥稳定粒料的最佳含水率 w_0 由水泥的水化水、集料的饱水裹覆含水率和拌和水泥所需要的水（水灰比为0.5）三者组成，即：

$$w_0 = (0.5 + k)a + w_2\left(1 - \frac{a}{100}\right) \tag{7-5}$$

式中：a——水泥含量（%）；

w_2——集料饱水裹覆含水率（%），同式（7-2）中规定；

k——水泥水化水增量，以小数计，同式（7-3）中规定。

2.以级配碎石为代表的粒料类基层

粒料类基层材料最大干密度确定试验方法，有重型击实法和振动法两种，重型击实参照《公路土工试验规程》（JTG E40—2007）击实试验，对于大于37.5mm的颗粒进行筛除，利用公式校正计算最大干密度。振动法参考粗粒土、巨粒土的振动法，以振动台法或表面振动压实法确定最大干密度。

目前,国内外对级配碎石等粒料类材料重型击实法和振动法开展了许多对比研究,表明振动法与重型击实法具有很好的相关性,都能够很好地反映级配碎石的密实度。但考虑到目前振动试验尚未形成标准,振动参数不统一,且重型击实设备一般施工单位都有,试验方法简单易操作,因此,国内外仍以重型击实试验为主。

3. *沥青稳定碎石基层*

沥青稳定碎石基层材料标准密度的试验方法,主要有标准马歇尔击实法、大型马歇尔击实法、旋转压实法和振动法。我国主要采用马歇尔击实试验,对于公称最大粒径等于或大于31.5mm的混合料采用大型马歇尔击实法。

标准密度取值有3种情况可以选择:以沥青拌和厂每天取样实测的马歇尔试件密度,取平均值作为该批混合料铺筑路段压实度的标准密度;以每天真空法实测的最大理论密度作为标准密度;以试验路密度作为标准密度。可以根据工程需要与实际情况,选择其中一个或两个作为标准密度。

密度可以采用蜡封法、体积法和表干法进行测定。

(三)沥青面层混合料

沥青面层混合料标准密度试验方法与沥青稳定碎石基层相同,我国仍以马歇尔击实法为主,有3个标准密度可供选择。

具体密度测定,根据混合料本身的特点,可采用下列方法之一:

(1)水中重法。本法仅适用于密实的I型沥青混凝土试件,不适用于采用了吸水性大的集料的沥青混合料试件。

(2)表干法。本法适用于测定吸水率不大于2%的各种沥青混合料试件。

(3)蜡封法。本法适用于吸水率大于2%的沥青混凝土试件以及沥青碎石混合料试件。

(4)体积法。本法适用于孔隙率较大的沥青碎石混合料及大孔隙透水性开级配沥青混合料试件。

具体的试验方法见《公路路基路面现场测试规程》(JTG E60—2008)。

二、现场干密实度试验检测方法

现场密度主要检测方法及各方法的适用范围见表7-2。

现场密度检测方法及适用范围比较 表7-2

试验方法	适用范围
灌砂法	适用于在现场测定基层(或底基层)、砂石路面及路基土的各种材料压实层的密度和压实度,也适用于沥青表面处治、沥青贯入式面层的密度和压实度检测,但不适用于填石路堤等有大孔洞或大孔隙材料的压实度检测
环刀法	适用于细粒土及无机结合料稳定细粒土的密度测试。但对无机结合料稳定细粒土,其龄期不宜超过2d,且宜用于施工过程中的压实度检验
核子法	适用于现场用核子密度仪以散射法或直接透射法测定路基或路面材料的密度和含水率,并计算施工压实度。适用于施工质量的现场快速评定,不宜用作仲裁试验或评定验收试验
钻芯法	适用于检验从压实的沥青路面上钻取的沥青混合料芯样试件的密度,以评定沥青面层的施工压实度,同时适用于龄期较长的无机结合料稳定类基层和底基层的密度检测

(一)挖坑灌砂法

挖坑灌砂法用于确定压实度指标的现场干密度。做法是在压实的土基或路面结构层上挖一个试坑,将试坑中的土样全部掏出称量其湿质量,并测定其含水率,将其换算为干质量再除以试坑体积得到干密度的方法。由于开挖试坑的坑壁不规则且有空隙和凹凸等现象,体积就难以直接量测,采用往试坑灌砂的办法来间接测定其体积,即灌满试坑用砂的体积便是试坑的体积。由于砂能将坑壁孔洞填满。因此坑洞体积间接量测是较为准确的。试验现场灌入坑内砂的体积是称量灌入试坑内砂的质量(而不是体积),来确定灌入砂的体积(试坑体积),试验时预先要标定砂的密度来作为由质量换算为砂体积的依据。综上所述,挖坑灌砂法的实质是利用均匀颗粒的砂去置换试洞的体积的方法,很多工程都把灌砂法列为现场测定密度的主要方法。该方法可用于测试各种土或路面材料的密度,它的缺点是:需要携带较多的量砂,而且称量次数较多,因此它的测试速度较慢。

采用此方法时,应符合下列规定:

(1)当集料的最大粒径小于13.2mm、测定层的厚度不超过150mm时,宜采用ϕ100mm的小型灌砂筒测试。

(2)当集料的粒径等于或大于13.2mm,但不大于31.5mm,测定层的厚度超过150mm,但不超过200mm时,应用ϕ150mm的大型灌砂筒测试。

下面,介绍挖坑灌砂法的具体操作方法。

1. 仪具与材料

(1)灌砂筒:有大小两种,根据需要采用。形式和主要尺寸见图7-2及表7-3。当尺寸与表7-3不一致,但不影响使用时,亦可使用。上部为储砂筒,储砂筒筒底中心有一个圆孔,下部装一倒置的圆锥形漏斗,漏斗上端开口,直径与储砂筒的圆孔相同。漏斗焊接在一块铁板上,铁板中心有一圆孔与漏斗上开口相接。储砂筒筒底与漏斗之间设有开关。开关为一薄铁板,一端与筒底及漏斗铰接在一起,另一端伸出洞身外,开关铁板上也有一个相同直径的圆孔。

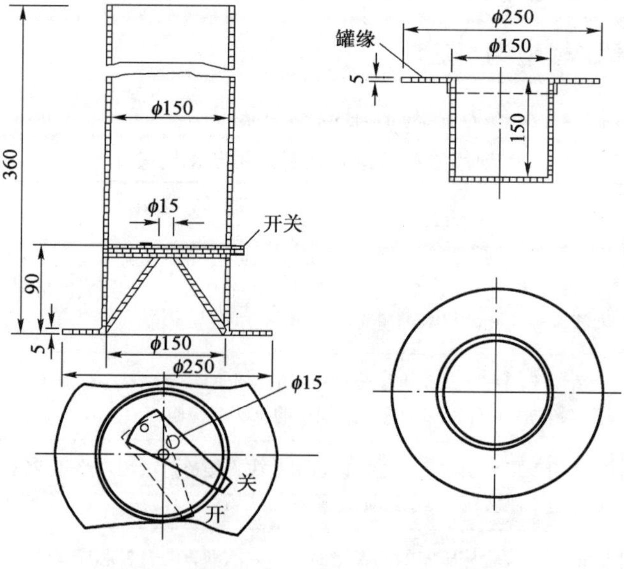

图7-2 灌砂筒和标定罐(尺寸单位:mm)

(2)金属标定罐：用薄铁板制作的金属罐，上端周围有一罐缘。

(3)基板：用薄铁板制作的金属方盘，盘的中心有一圆孔。

(4)玻璃板：边长500～600mm的方形板。

(5)试样盘：小筒挖出的试样可用铝盒存放，大筒挖出的试样可用300mm×500mm×40mm的搪瓷盘存放。

(6)天平或台秤：称量10～15kg，感量不大于1g。用于含水率测定的天平精度，对细粒土、中粒土、粗粒土宜分别为0.01g、0.1g、1.0g。

灌砂筒的主要尺寸 表7-3

结构		小型灌砂筒	大型灌砂筒
储砂筒	直径(mm)	100	150
	容积(cm^3)	2 120	4 600
流砂孔	直径(mm)	10	15
金属标定罐	内径(mm)	100	150
	外径(mm)	150	200
金属方盘基板	边长(mm)	350	400
	深(mm)	40	50
	中孔直径(mm)	100	150

注：如集料的最大粒径超过31.5mm，则应相应地增大灌砂筒和标定罐的尺寸。如集料的最大粒径超过53mm，灌砂筒和现场试洞的直径应为200mm。

(7)含水率测定器具：如铝盒、烘箱等。

(8)量砂：粒径0.30～0.60mm及0.25～0.50mm清洁干燥的均匀砂，约20～40g，使用前须洗净、烘干，并放置足够长的时间，使其与空气的湿度达到平衡。试验时可采用标准砂，亦可使用现场或砂场经过筛选标定的砂。

(9)盛砂的容器：塑料桶等。

(10)其他：凿子、螺丝刀、铁锤、长把勺、小簸箕、毛刷等。

2. 试验方法与步骤

(1)标定筒下部圆锥体内砂的质量

①在灌砂筒口高度上，向灌砂筒内装砂至距筒顶15mm左右为止。称取装入筒内砂的质量m_1，准确至1g。以后每次标定及试验都应该维持装砂高度与质量不变。

②将开关打开，使灌砂筒筒底的流砂孔、圆锥形漏斗上端开口圆孔及开关铁板中心的圆孔上下对准重叠在一起，让砂自由流出，并使流出砂的体积与工地所挖试坑内的体积相当(可等于标定灌的容积)，然后关上开关，称灌砂筒内剩余砂质量m_5，准确至1g。

③不晃动储砂筒的砂，轻轻地将灌砂筒移至玻璃板上，将开关打开，让砂流出，直到筒内砂不再下流时，将开关关上，并细心地取走灌砂筒。

④收集并称量留在板上的砂或称量筒内的砂，准确至1g。玻璃板上的砂就是填满锥体的砂m_2。

⑤重复上述测量三次，取其平均值。

(2)标定量砂的松方密度ρ_s

①用水确定标定罐的容积V，准确至1mL。

②在储砂筒中装入质量为m_1的砂，并将灌砂筒放在标定罐上，将开关打开，让砂流出，在

整个流砂过程中，不要碰动灌砂筒，直到砂不再下流时，将开关关闭。取下灌砂筒，称取筒内剩余砂的质量 m_3，准确至 1g。

③按式(7-5)计算填满标定罐所需砂的质量 m_a。

$$m_a = m_1 - m_2 - m_3 \tag{7-6}$$

式中：m_a——标定罐中砂的质量(g)；

m_1——装入罐砂筒内的砂的总质量(g)；

m_2——灌砂筒下部圆锥体内砂的质量(g)；

m_3——灌砂入标定罐后，筒内剩余砂的质量(g)。

④重复上述测量三次，取其平均值。

⑤按式(7-7)计算量砂的单位质量。

$$\rho_s = \frac{m_a}{V} \tag{7-7}$$

式中：ρ_s——量砂的单位质量(g/cm^3)；

V——标定罐的体积(cm^3)。

(3)试验步骤

①在试验地点，选一块平坦表面，并将其清扫干净，其面积不得小于基板面积。

②将基板放在平坦表面上。当表面的粗糙度较大时，则将盛有量砂 m_5 的灌砂筒放在基板中间的圆孔上，将灌砂筒的开关打开，让砂流入基板的中孔内，直到储砂筒内的砂不再下流时关闭开关。取下灌砂筒，并称量筒内砂的质量 m_6，准确至 1g。当需要检测厚度时，应先测量厚度后再进行这一步骤。

③取走基板，并将留在试验地点的量砂收回，重新将表面清扫干净。

④将基板放回清扫干净的表面上(尽量放在原处)，沿基板中孔凿洞(洞的直径与灌砂筒一致对路基土而言，试坑深要挖至压实机械每层的碾压厚度，对路面结构层要挖到本层底部，即挖透整层)。在凿洞过程中，应注意勿使凿出的材料丢失，并随时将凿出的材料取出装入塑料袋中，不使水分蒸发，也可放在大试样盒内。试洞的深度应等于测定层厚度，但不得有下层材料混入，最后将洞内的全部凿松材料取出。对土基或基层，为防止试样盘内材料的水分蒸发，可分几次称取材料的质量。全部取出材料的总质量为 m_W，准确至 1g。

⑤从挖出的全部材料中取出有代表性的样品，放在铝盒或洁净的搪瓷盘中，测定其含水率(w，以 1%计)。样品的数量如下：用小灌砂筒测定时，对于细粒土，不少于 100g；对于各种中粒土，不少于 500g。用大灌砂筒测定时，对于细粒土，不少于 200g；对于各种中粒土，不少于 1 000g；对于粗粒土或水泥、石灰、粉煤灰等无机结合料稳定材料，宜将取出的全部材料烘干，且不少于 2 000g，称其质量 m_d，准确至 1g。当为沥青表面处治或沥青贯入结构类材料时，则省去测定水量步骤。

⑥将基板安放在试坑上，将灌砂筒安放在基板中间(储砂筒内放满砂质量 m_1)，使灌砂筒的下口对准基板的中孔及试洞，打开灌砂筒的开关，让砂流入试坑内。在此期间，应注意勿碰动灌砂筒。直到储砂筒内的砂不再下流时，关闭开关。仔细取走灌砂筒，并称量筒内剩余砂的质量 m_4，准确至 1g。

⑦如清扫干净的平坦表面的粗糙度不大，也可省去上述②和③的操作。在试洞挖好后，将灌砂筒直接对准放在试坑上，中间不需要放基板。打开筒的开关，让砂流入试坑内。在此期间，应注意勿碰动罐砂筒。直到储砂筒内的砂不再下流时，关闭开关，小心取走灌砂筒，并称量

剩余砂的质量 m_4'，准确至1g。

⑧仔细取出试筒内的量砂，以备下次试验时再用，若量砂的湿度已发生变化或量砂中混有杂质，则应该重新烘干、过筛，并放置一段时间，使其与空气的湿度达到平衡后再用。

3. 计算

(1)按式(7-8)或式(7-9)计算填满试坑所用的砂的质量 m_b。

灌砂，试坑上放有基板时：

$$m_b = m_1 - m_4 - (m_5 - m_6) \tag{7-8}$$

灌砂，试坑上不放基板时：

$$m_b = m_1 - m_4' - m_2 \tag{7-9}$$

式中：m_b——填满试坑的砂的质量(g)；

m_1——灌砂前砂筒内砂的质量(g)；

m_2——灌砂筒下部圆锥内砂的质量(g)；

m_4、m_4'——灌砂后，灌砂筒内剩余砂的质量(g)；

$m_5 - m_6$——灌砂筒下部圆锥体内及基板和粗糙表面间砂的合计质量(g)。

(2)按下式计算试坑材料的湿密度 ρ_w：

$$\rho_w = \frac{m_w}{m_b} \times \rho_s \tag{7-10}$$

式中：m_w——试坑中取出的全部材料的质量(g)；

ρ_s——量砂的单位质量(g/cm^3)。

(3)按下式计算试坑材料的干密度 ρ_d：

$$\rho_d = \frac{\rho_w}{1 + 0.01w} \tag{7-11}$$

式中：w——试坑材料的含水率(%)。

(4)水泥、石灰、粉煤灰等无机结合料稳定土，可按下式计算干密度 ρ_d：

$$\rho_d = \frac{m_d}{m_b} \times \rho_s \tag{7-12}$$

式中：m_d——试坑中取出的稳定土的烘干质量(g)。

(5)按式(7-1)计算施工压实度。

当试坑材料组成与击实试验的材料有较大差异时，可以试坑材料做标准击实，求取实际的最大干密度。

4. 试验注意事项

灌砂法是施工过程中最常用的试验方法之一。此方法看似简单，但实际操作时常常不好掌握，并会引起较大误差；又因为它是测定压实度的依据，故经常是质量检测监督部门与施工单位之间发生矛盾或纠纷的环节，因此应严格遵循试验的每个细节，以提高试验精度。为使试验准确，应注意以下几个环节：

(1)量砂要规则。量砂一般不宜重复使用，如果重复使用，一定要注意晾干，处理一致，否则影响量砂的松方密度。

(2)量砂须标定。每换一次量砂，都必须测定松方密度，漏斗中砂的数量也应该每次重做。因此量砂宜事先准备较多数量。切勿到试验时临时找砂，又不做试验，仅使用以前的数据。

(3)表面要平整。只要表面凸出一点(即使1mm)，使整个表面高出一薄层，其体积就算到试坑中去了，也会影响试验结果。因此本方法一般宜采用放在基板先测定一次粗糙表面消耗的量砂，按式(7-8)和式(7-9)计算填坑的砂量，只有在非常光滑的情况下方可省去此操作步骤。

(4)坑壁要竖直。在挖坑时试坑周壁应竖直，避免出现上大下小或上小下大的情形，这样就会使检测密度偏大或偏小。

(5)挖透全层测。灌砂时检测厚度应为整个碾压层厚，不能只取上部或者取到下一个碾压层中。

(6)坑内莫套袋。近年来，在施工现场发现有的试验人员为了节省量砂和图省事，在试洞内灌砂时套了超薄塑料袋，这样就失去了灌砂法的意义，这是绝不允许的。

(二)环刀法

环刀法是测量现场密度的传统方法。试验现场是用一个内径为6～8cm，高2～5cm，壁厚为1.5～2.2mm的圆形不锈钢环，环的一端带有刃角，称环刀。将其打入压实土层中，然后连土带环刀一并挖出，再掏出环内所有的土体，及时称取质量和含水率得到干质量，用干质量再除以环刀的内体积求得土体干密度的方法，而环刀的体积是已知的，这样就很方便计算出环刀内土的密度了，环刀内土体密度便是现场干密度。国内习惯采用的环刀容积通常为200cm^3，环刀高度通常约5cm。用环刀法测得的密度是环刀内土样所在深度范围内的平均密度。它不能代表整个碾压层的平均密度。由于碾压土层的密度一般是从上到下减小的，若环刀取在碾压层的上部，则得到的数值往往偏大，若环刀取的是碾压层的底部，则所得的数值将明显偏小。就检查路基土和路面结构层的压实度而言，我们需要的是整个碾压层的平均压实度，而不是碾压层中某一部分的压实度，因此，在用环刀法测定土的密度时，应使所得密度能代表整个碾压层的平均密度。然而，这在实际检测中是比较困难的，只有使环刀所取的土恰好是碾压层中间的砂，环刀法所得的结果才可能与灌砂法的结果大致相同。另外，环刀法适用面较窄，对于含有粒料的稳定土及松散性材料无法使用。

1. 仪器设备

环刀法需要下列仪具与材料：

(1)人工取土器。如图7-3所示，包括环刀、环盖、定向筒和击实锤系统(导杆、落锤、手柄)。环刀内径6～8cm，高2～3cm，壁厚1.5～2mm。

(2)电动取土器。如图7-4所示，由底座、行走轮、立柱、齿轮箱、升降机构、取芯头等组成。

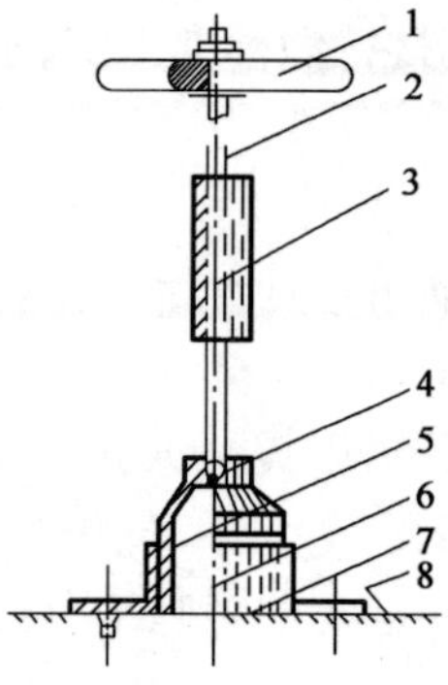

图7-3 人工取土器

1-手柄；2-导杆；3-落锤；4-环盖；5-环刀；6-定向筒；7-定向筒齿钉；8-试验地面

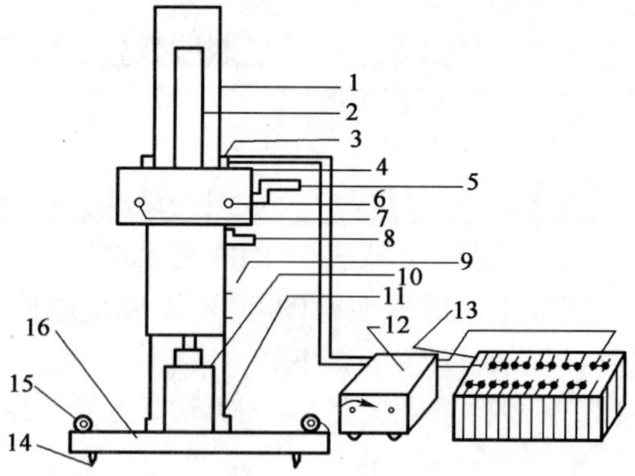

图7-4 电动取土器

1-立柱；2-升降轴；3-电源输入；4-直流电机；5-升降手柄；6、7-电源指示；8-锁紧手柄；9-升降手轮；10-取芯头；11-立柱套；12-调速器；13-蓄电池；14-定位销；15-行走轮；16-底座平台

①底座。由底座平台(16)、定位销(15)、行走轮(14)组成。平台是整个仪器的支撑基础;定位销供操作时仪器定位用;行走轮供换点取芯时仪器近距离移动用,当定位时四只轮子可扳起离开地表。

②立柱。由立柱(1)与立柱套(11)组成,装在底座平台上,作为升降机构、取芯机构、动力和传动机构的支架。

③升降机构。由升降手轮(9)、锁紧手柄(8)组成,供调整取芯机构高低用。松开锁紧手柄,转动升降手轮,取芯机构即可升降,到所需位置时拧紧手柄定位。

④取芯机构。由取芯头(10)、升降轴(2)组成。取芯头为金属圆筒,下口对称焊接两个合金钢切削刀头,上端面焊有平盖,其上焊螺母,靠螺旋接于升降轴上。取芯头有三种规格,即50mm×50mm、70mm×70mm、100mm×100mm,取芯头为可换式。另配有相应的取芯套筒、扳手、铝盒等。

⑤动力和传动机构。主要由直流电机(4)、调速器(12)、齿轮箱组成,另配蓄电池(13)和充电器。当电机工作时,通过齿轮箱的齿轮将动力传给取芯机构,升降轴旋转,取芯头进入旋切工作状态。

⑥电动取土器主要技术参数为:工作电压DC24V(36A·h);转速50~70r/min,无级调速;整机质量约35kg。

(3)天平:感量0.1g(用于取芯头内径小于70mm样品的称量),或1.0g(用于取芯头内径100mm样品的称量)。

(4)其他:镐、小铁锹、修土刀、毛刷、直尺、钢丝锯、凡士林、木板及测定含水率设备等。

2.试验步骤

(1)用人工取土器测定黏性土及无机结合料稳定细料土密度。

①擦净环刀,称取环刀质量m_2,准确至0.1g。

②在试验地点,将面积约30cm×30cm的地面清扫干净。并将压实层铲去表面浮动及不平整的部分,达到一定深度,使环刀打下后,能达到要求的取土深度,但不得扰动下层。

③将定向筒齿钉固定于铲平的地面上,顺次将环刀、环盖放入定向筒内与地面垂直。

④将导杆保持垂直状态,用取土器落锤将环刀打入压实层中,至环盖顶面与定向筒上口齐平为止。

⑤去掉击实锤和定向筒,用镐将环刀及试样挖出。

⑥轻轻取下环盖,用修土刀自边至中削去环刀两端余土,用直尺检测直至修平为止。

⑦擦净环刀外壁,用天平称取环刀及试样合计质量m_1,准确至0.1g。

⑧自环刀中取出试样,取具有代表性的试样,测定其含水率。

(2)用人工取土器测定砂性土或砂层密度。

①如为湿润的砂土,试验时不需要使用击实锤和定向筒。在铲平的地面上,细心挖出一个直径较环刀外径略大的砂土柱,将环刀刃口向下,平置于砂土柱上,用两手平衡地将环刀垂直压下,直到砂土柱突出环刀上端约2cm时为止。

②削掉环刀口上的多余砂土,并用直尺刮平。

③在环刀上口盖一块平滑的木板,一手按住木板,另一只手用小铁锹将试样从环刀底部切断,然后将装满试样的环刀转过来,削去环刀刃口上部的多余砂土,并用直尺刮平。

④擦净环刀外壁,称环刀与试样合计质量m_1,精确至0.1g。

⑤自环刀中取具有代表性的试样测定其含水率。

⑥干燥的砂土不能挖成砂土柱时，可直接将环刀压入或打入土中。

(3)用电动取土器测定无机结合料细粒土和硬塑土密度。

①装上所需规格的取芯头。在施工现场取芯前，选择一块平整的路段，将四只行走轮打起，四根定位销钉采用人工加压的方法，压入路基土层中。松开锁紧手柄，旋动升降手轮，使取芯头刚好与土层接触，锁紧手柄。

②将蓄电池与调速器接通，调整器的输出端接入取芯机电源插口。指示灯亮，显示电路已通；启动开关，电动机工作，带动取芯机构转动。根据土层含水率调节转速，操作升降手柄，上提取芯机构，停机，移开机器。由于取芯头圆筒外表有几条螺旋状突起，切下的土屑排在筒外顺螺纹上旋抛出地表，因此，将取芯套筒套在切削好的土芯立柱上，摇动即可取出样品。

③取出样品，立即按取芯套筒长度用修土刀或钢丝锯修平两端，制成所需规格土芯，如拟进行其他试验项目，装入铝盒，送试验室备用。

④用天平称量土芯带套筒质量 m_1，从土芯中心部分取试样测定含水率。

3. 计算

按下式分别计算试样的湿密度 ρ 及干密度 ρ_d：

$$\rho = \frac{4 \times (m_1 - m_2)}{\pi d^2 h} \tag{7-13}$$

$$\rho_d = \frac{\rho}{1 + 0.01w} \tag{7-14}$$

式中：ρ——试样的湿密度(g/cm³)；

ρ_d——试样的干密度(g/cm³)；

m_1——环刀或取芯套筒与试样合计质量(g)；

m_2——环刀或取芯套筒质量(g)；

d——环刀或取芯套筒直径(cm)；

h——环刀或取芯套筒高度(cm)；

w——试样的含水率(%)。

本法测定土体密度时注意事项参见《公路土工试验规程》(JTG E40—2007)，在此限于篇幅不再赘述。

(三)核子密度湿度仪法

该法是利用放射性元素(通常是 γ 射线和中子射线)测量土或路面材料的密度和含水率。它是基于 γ 射线穿过不同密度介质时，其能量衰减程度不同的机理。在土基或路面结构层钻一个小洞，将核子探头置入，由其发出 γ 射线，在土层(或路面结构层)面上的接发装置可知发出和接收的情况，进而识别土层(或路面结构层)之密度方法。这类仪器的特点是测量速度快，需要人员少。该类方法适用于测量各种土或路面材料的密度和含水量，有些进口仪器可储存打印测试结果。它的缺点是，放射性物质对人体有害，另外需要打洞的仪器，在打洞过程中使洞壁附近的结构遭到破坏，影响测定的准确性。对于核子密度湿度仪法，可作施工控制使用，但需与常规方法比较，以验证其可靠性。

1. 仪具与材料

(1)核子密度湿度仪：符合国家规定的关于健康保护和安全使用标准，密度的测定范围为

1.12 ~ 2.73g/cm³,测定误差不大于 ±0.03g/cm³,含水测量范围为 0 ~ 0.64g/cm³,测定误差不大于 ±0.015g/cm³。它主要包括下列部件:

①射线源:双层密封的同位素放射源,如铯-137、钴-60 或镭-226 等。

②中子源:如镅(241)-铍等。

③探测器:γ 射线探测器或中子探测器等。

④读数显示设备:如液晶显示器、脉冲计数器、数率表或直接计数表。

⑤标准计数板:提供检验仪器操作和散射计数参考标准用。

⑥安全防护设备:符合国家规定要求的设备。

⑦刮平板、钻杆、接线等。

(2)细砂:0.15 ~ 0.3mm。

(3)天平或台秤。

(4)其他:毛刷等。

2. 试验方法与步骤

核子密湿度仪是现场检测压实度较常用的一种方法,适用于现场用核子密湿度仪以散射法或直接透射法测定路基或路面材料的密度和含水率,并计算施工压实度。仪器按规定方法标定后,其检测结果可用为工程质量评定与验收的依据。本方法可检测土壤、碎石、土石混合物、沥青混合料和非硬化水泥混凝土等材料。

核密仪检测属非破坏性检测,允许对同一个测试位置进行重复测试,并监测密度和压实度的变化,以确定合适的碾压方法,达到所要求的压实度。用于测定沥青混合料面层的压实密度时,在表面用散射法测定,所测定沥青面层的层厚应不大于根据仪器性能决定的最大厚度。用于测定土基或基层材料的压实密度及含水率时,打洞后用直接透射法测定,测定层的厚度不宜大于 30cm。

(1)干扰因素排除

①核子密湿度仪对靠近表层材料的密度最为敏感,当测试材料的表面与仪器底部之间存在空隙时,测试结果可能存在表面偏差(仅对散射法)。如果采用直接透射法测试,表面偏差不明显。

②材料的粒度、级配、均匀度以及组成成分等因素对密度的测试结果影响较小。但是对一些含有结晶水或有机物的材料,如高岭土、云母、石膏、石灰等可能会对水分的测试有明显的影响,检测时需要与其他可靠的方法进行对比,对测试结果进行调整。

③对刚铺筑完的热沥青混合料路面标测时,仪器不能长时间放置在路面上,测试完成后仪器应该从路面上移走冷却,避免影响测试结果。

④测量进行时,在周围 10m 之内不能存在其他核子仪和任何其他放射源。

(2)仪器标定时机

①每 12 个月以内要对核子密湿度仪进行一次标定。标定可以由仪器生产厂家或独立的有资质的服务机构进行。

②对新出厂的仪器事先已经标定过的,可以不标定。对现存仪器如果经过维修后,可能影响仪器的结构,必须进行新的标定后才能使用。现存仪器如果在标定核实过程中被发现不能满足规定的限值,也必须重新标定。

③标定后的仪器密度(或含水率)值应达到要求,所有标定块上的每一测试深度上的标定响应应该在 ±16kg/m³。

(3)试验准备

测定沥青混合料面层的压实密度或硬化水泥混凝土等难以打孔材料的密度时宜使用散射法;用于测定土基、基层材料或非硬化水泥混凝土等可以打孔材料的密度及含水率时,应使用直接透射法。

在表面用散射法测定时,所测定沥青面层的层厚应根据仪器的性能决定最大厚度。用于测定土基或基层材料的压实密度及含水率时,打洞后用直接透射法所测定的层厚不宜大于30cm。

①测定仪器标准值

每天使用前或者对测试结果有怀疑的时候,按下列步骤用标准计数块测定仪器的标准值:

a. 进行标准值测定时的地点至少离开其他放射源10m的距离,地面必须经压实而且平整。

b. 接通电源,按照仪器使用说明书建议的预热时间,预热测定仪。

c. 在测定前,应检查仪器性能是否正常。将仪器在标准计数块上放置平稳,按照仪器使用说明书的要求进行标准化计数并判断仪器标准化计数值必须符合要求。如标准化计数值超过规定的限值时,应确认标准计数的方法和环境是否符合要求,并重复进行标准化计数;若第二次标准化计数值仍超出规定的限界时,需视作故障并进行仪器检查。

②测试仪器标定

在进行沥青混合料压实层密度测定前,应用核子密湿度仪与钻孔取样的试件进行标定;测定其他材料密度时,宜与挖坑灌砂法的结果进行标定。标定的步骤如下:

a. 选择压实的路表面,与试验段测定时的条件一致,对纹理较大的路面必须用细砂填平,然后将仪器放置在测试点上转动几下,或者在测试点上用刮平板平刮几下,以达到测试条件。按要求的测定步骤用核子密湿度仪测定密度,读数。

b. 在测定的同一位置用钻机钻孔法或挖坑灌砂法取样,量测厚度,按相关规范规定的标准方法测定材料的密度。

c. 对同一种路面厚度及材料类型,在使用前至少测定15处,求取两种不同方法测定的密度的相关关系,其相关系数 R 应不小于0.95。

③测试位置的选择

a. 按照随机抽样方法确定测试位置,但距路面边缘或其他物体的最小距离不得小于30cm。核子密湿度仪距其他放射源的距离不得少于10m。

b. 当用散射法测定时,应按图7-5的方法用细砂填平测试位置路表结构凹凸不平的空隙,使路表面平整,能与仪器紧密接触。

c. 当使用直接透射法测定时,应按图7-6的方法用导板和钻杆打孔。在拟测试材料的表面打一个垂直的测试孔,测试孔要以插进探测杆后仪器在测点表面上不倾斜为准。孔深必须大于探测杆达到的测试深度。再按图7-6的方法将探测杆放下插入已打好的测试孔内,前后或左右移动仪器,使之安放稳固。

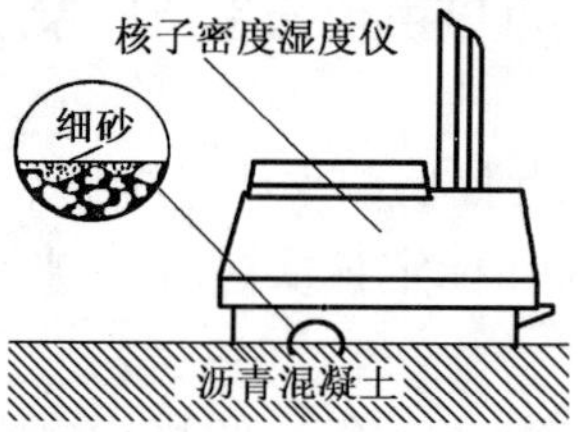

图7-5　用细砂填平测试位置的方法图

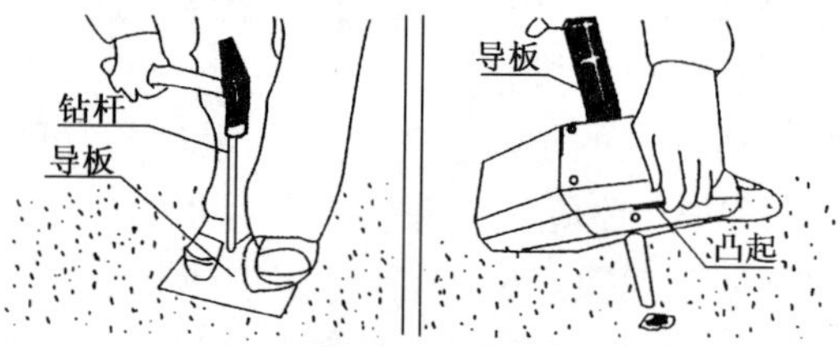

图7-6　在路表面上打孔的方法

④按照规定的时间,预热仪器。

(4)测定步骤

①如用散射法测定时,应按图 7-7 的方法将核子仪平衡地置于测试位置上。

②如用直接透射法测定时,应按图 7-8 方法将放射源棒放下插入已预先打好的孔内。

③打开仪器,测试员退出仪器 2m 以外,按照选定的测定时间进行测量,到达测量时间后,读取显示的各项数值,并迅速关机。

各种型号的仪器具体操作步骤略有不同,可按照仪器使用说明书进行。

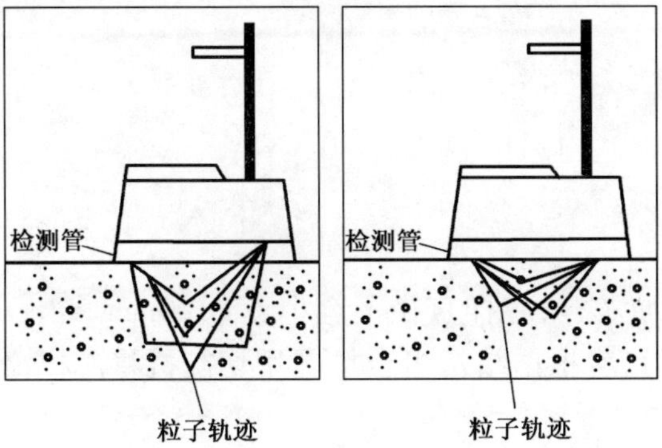

图 7-7　用散射法测定的方法

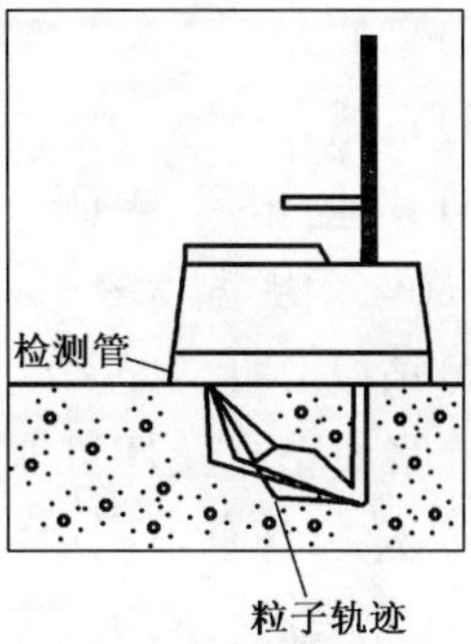

图 7-8　用透射法测定的方法

3. 干密度和压实度计算

按照以下两个公式分别计算施工干密度及压实度。

$$\rho_d = \frac{\rho_w}{1 + w} \tag{7-15}$$

$$K = \frac{\rho_d}{\rho_c} \times 100 \tag{7-16}$$

式中:K——测试地点的施工压实度(%);

w——含水率,以小数表示;

ρ_w——试样的湿密度(g/cm^3);

ρ_d——由核子密湿度仪测定的压实沥青混合料的实际密度(g/cm^3),一组不少于 13 个点,取平均值;

ρ_c——沥青混合料的标准密度(g/cm^3),按照《公路沥青路面施工技术规范》(JTG F40—2004)附录 E 的规定选用。

4. 试验报告填写

测定路面密度及压实度的同时,应同时记录温度、材料类型、路面的结构层厚度及测试深度等数据和资料。

5. 使用注意事项

(1)仪器工作时,所有人员均应退到距仪器 2m 以外的地方。

(2)仪器不使用时,应将手柄置于安全位置,仪器应装入专用的仪器箱内,放置在符合核辐射安全规定的地方。

(3)仪器应由经有关部门审查合格的专人保管,专人使用。对从事仪器保管及使用的人员,应遵照有关核辐射检测的规定,不符合核防护规定的人员,不宜从事此项工作。

（四）钻芯法测定沥青面层密度

沥青混合料面层的施工压实度，是指按规定方法测得的混合料试样的毛体积密度与标准密度之比，以百分率表示。对沥青混合料，国内外均以取样测定作为标准试验方法。

1. 仪具与材料

（1）路面取芯钻机。

（2）天平：感量不大于0.1g。

（3）溢流水槽。

（4）吊篮。

（5）石蜡。

（6）其他：卡尺、毛刷、小勺、取样袋（容器）、电风扇。

2. 试验方法与步骤

（1）钻取芯样

按“路面钻孔及切割取样方法”钻取路面芯样，芯样直径不宜小于ϕ100mm。当一次钻孔取得的芯样包含有不同层位的沥青混合料时，应根据结构组合情况用切割机将芯样沿各层结构面锯开分层进行测定。

（2）测定试件密度

①将钻取的试件在水中用毛刷轻轻刷净粘附的粉尘。如试件边角有松散颗粒，应仔细清除。

②将试件晾干或用电风扇吹干不少于24h，直至恒重。

按现行《公路工程沥青及沥青混合料试验规程》（JTJ 052—2000）的沥青混合料试件密度试验方法，测定试件的视密度或毛体积密度。当试件的吸水率小于2%时，采用水中重法或表干法测定；当吸水率大于2%时，用蜡封法测定；对孔隙率很大的透水性混合料及开级配混合料用体积法测定。

3. 计算

（1）当计算压实的沥青混合料的标准密度采用马歇尔击实试件成型密度或试验路段钻孔取样密度时，沥青面层的压实度按式（7-17）计算。

$$K = \frac{\rho_s}{\rho_0} \times 100 \tag{7-17}$$

式中：K——沥青面层的压实度（%）；

ρ_s——沥青混合料芯样试件的视密度或毛体积密度（g/cm^3）；

ρ_0——沥青混合料的标准密度（g/cm^3）。

（2）由沥青混合料实测最大密度计算压实度时，应按式（7-15）进行孔隙率折算，作为标准密度，再按式（7-18）计算压实度：

$$\rho_0 = \rho_t \times \left(\frac{100 - V_V}{100}\right) \tag{7-18}$$

式中：ρ_t——沥青混合料的实测最大密度（g/cm^3）；

ρ_0——沥青混合料的标准密度（g/cm^3）；

V_V——试件的孔隙率（%）。

4. 试验检测中应注意的问题

(1)不得调整标准密度

压实度的大小取决于实测的压实密度,同样也与标准密度的大小有关。但目前对标准密度的规定并不统一,有些工程在压实度达不到时便重新进行马歇尔试验,调整标准密度使压实度达到要求,这样实际上是弄虚作假。为防止这种情况,新的检测方法规定了三种标准密度。在进行检测时,应结合工程实际情况,采用相应的标准密度。

(2)及时进行对比试验

钻芯取样法试件成型及其重要,如发生变异应及时作对比试验加以补救。

三、压实度检测结果评定

路基、路面压实度以 1 ~3km 长的路段为检验评定单元,按要求的检测频率及方法进行现场压实度抽样检查,求算每一测点的压实度 K_i。

1. 压实度评定要点

(1)控制平均压实度的置信下限,以保证总体水平。

(2)规定单点极值不得超出规定值,防止局部隐患。

(3)规定扣分界限,以区分质量优劣。

压实度是否合格是采用数理统计中的算术平均值的置信区间的概念来评定。检验评定段的压实度代表值 K(算术平均值的下置信界限)为:

$$K = \bar{k} - t_{\alpha} S / \sqrt{n} \geqslant K_0 \tag{7-19}$$

式中:$\bar{k}$——检验评定段内各测点压实度的平均值;

t_{α}——t 分布表中随测点数和保证率(或置信度 α)而变的系数:高速公路、一级公路:基层、底基层为99%,路基、路面面层为95%;其他等级公路:基层、底基层为95%,路基、路面面层为90%;

S——检测值的均方差;

n——检测点数;

K_0——压实度标准值。

2. 压实度评定

(1)路基、基层和底基层:$K \geqslant K_0$且单点压实度全部大于或等于规定值减 2 个百分点时,评定路段的压实度合格率为100%;当 $K \geqslant K_0$,且单点压实度全部大于或等于规定极值时,按测定值不低于规定值减 2 个百分点的测点数计算合格率。

$K < K_0$或某一单点压实度 K_i小于规定极值时,该评定路段压实度为不合格。

路堤施工段落短时,分层压实度要每点都符合要求,且实际样本数不小于 6 个。

(2)沥青面层:当 $K \geqslant K_0$且全部测点大于或等于规定值减 1 个百分点时,评定路段的压实度合格率为 100%;当 $K \geqslant K_0$时,对于测定值低于规定值减 1 个百分点的测点,按测定值不低于规定值减 1 个百分点的测点数计算合格率。

第二节　路基路面整体强度(回弹弯沉)试验检测

国内外表征路面强度高低的办法有两种:其一是一定荷载下的变形;其二是一定变形下的荷载。回弹弯沉属于前者;CBR 法属于后者。

一、弯沉及其一般测试方法

采用回弹弯沉值来表征路基路面的承载能力，回弹弯沉值越大，承载能力越小，反之则越大。通常所说的回弹弯沉值，是指标准后轴双轮组轮隙中心处的最大回弹弯沉值。在路表测试的回弹弯沉值可以反映路基、路面的综合承载能力。回弹弯沉值在我国已广泛使用且有很多的经验及研究成果，不仅用于新建路面结构的设计（设计弯沉值）和施工控制与验收（竣工验收弯沉值），也用于旧路补强设计。

弯沉分总弯沉、回弹弯沉和残余弯沉。总弯沉和回弹弯沉分别用后退加载法和前进卸载法测定。

总弯沉是指在规定的标准轴载作用下，路基路面表面轮隙位置产生的总垂直变形（总弯沉）；回弹弯沉指在荷载撤离后路表轮隙中心垂直回弹变形值（回弹弯沉），以 0.01mm 为单位。残余弯沉为总弯沉与回弹弯沉的差值。

根据设计与施工之用途不同，回弹弯沉还可划分为设计弯沉和竣工验收弯沉。

在路面设计中采用的一个车道上预测通过的累计当量轴次、公路等级、面层和基层类型而确定的路面弯沉设计值，叫做设计弯沉。

竣工验收弯沉值是检验路面是否达到设计要求的指标之一。当路面厚度计算以设计弯沉值为控制指标时，则验收弯沉值应小于或等于设计弯沉值；当厚度计算以层底拉应力为控制指标时，应根据拉应力计算所得的结构厚度，重新计算路面弯沉值，该弯沉值即为竣工验收弯沉值。

弯沉值的测试方法较多，目前应用最多的是贝克曼梁法，在我国已有成熟的经验，但由于其测试速度等因素的限制，各国都对快速连续或动态测定进行了研究，主要有法国洛克鲁瓦式自动弯沉仪，丹麦等国家发明并几经改进形成的落锤式弯沉仪（FWD），美国的振动弯沉仪等。这些在我国均有引进，现将几种方法各自的特点作简单比较，见表 7-4。

几种弯沉测试方法比较　　表 7-4

方　法	特　点
贝克曼梁法	传统方法，速度慢，静态测试，比较成熟，目前属于标准方法
自动弯沉仪法	利用贝克曼梁原理快速连续测试，属于静态测试范畴，但测定的是总弯沉，因此使用时应用贝克曼梁进行标定换算
落锤式弯沉仪法	利用重锤自由落下的瞬间产生的冲击荷载测定弯沉，属于动态弯沉，并能反算路面的回弹模量，快速连续，使用时应用贝克曼梁法进行标定换算

二、贝克曼梁法测定路面整体强度和刚度（回弹弯沉）

贝克曼梁也叫杠杆式弯沉仪，杠杆比通常为 2∶1，长度有 360cm、540cm、720cm 几种。图 7-9 是使用贝克曼梁用前进卸载法可测得回弹弯沉测定示意图。适用于测定各类路基、路面的弯沉，用以评定其整体承载能力，可供路面结构设计使用。测定的路基、沥青路面的回弹弯沉值经过换算后可供交工和竣工验收使用。

另外，测定的路面回弹弯沉可为公路养护管理部门制订养路修路计划提供依据。

沥青路面的弯沉以标准温度 20℃ 时为准，在其他温度下（超过 20℃ ±2℃ 范围）测试时，对厚度大于5cm 的沥青路面，弯沉值应进行温度修正。

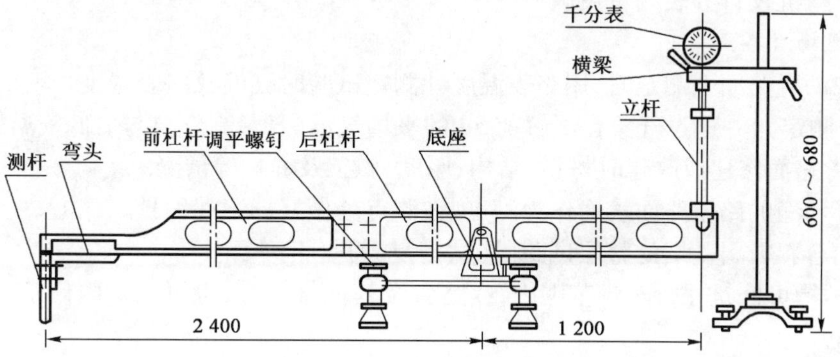

图 7-9　贝克曼梁（杠杆式弯沉仪）（尺寸单位：mm）

（一）仪具与材料

（1）标准测试车：双轴、后轴双侧 4 轮的载货车，其标准轴荷载、轮胎尺寸、轮胎间隙及轮胎气压等主要参数应符合表 7-5 的要求。测试车可根据需要按公路等级选择，测定车采用后轴 100kN 的 BZZ-100。

测定弯沉用的标准轴参数　　表 7-5

标准轴载等级	BZZ-100
后轴标准轴载 P(kN)	100 ±1
一侧双轮荷载(kN)	50 ±0.5
轮胎充气压强(MPa)	0.70 ±0.05
单轮传压面当量圆直径(cm)	21.30 ±0.5
轮隙宽度	应满足能自由插入弯沉仪测头的测试要求

（2）路面弯沉仪：由贝克曼梁、百分表及表架组成，贝克曼梁由铝合金制成，上有水准泡，其前臂（接触路面）与后臂（装百分表）长度比为 2∶1。弯沉仪长度一般选用两种：一种长 3.6m，前后臂分别为 2.4m 和 1.2m；另一种加长的弯沉仪长 5.4m，前后臂分别为 3.6m 和 1.8m。当在半刚性基层沥青路面或水泥混凝土路面上测定时，宜采用长度为 5.4m 的贝克曼梁弯沉仪，并采用 BZZ-100 标准车。弯沉值采用百分表量得，也可用自动记录装置进行测量。

（3）接触式路面温度计：端部为平头，分度不大于 1℃。

（4）接长杆：直径 ϕ16mm，长 500mm。

（5）其他：皮尺、口哨、白油漆或粉笔、指挥旗等。

（二）试验方法与步骤

1. 车辆仪表标定

（1）检查并保持测定用标准车的车况及制动性能良好，轮胎内胎符合规定充气压力。

（2）向汽车车槽中装载（铁块或集料），并用地中衡称量后轴总质量，符合要求的轴重规定，汽车行驶及测定过程中，轴重不得变化。

（3）测定轮胎接地面积：在平整光滑的硬质路面上用千斤顶将汽车后轴顶起，在轮胎下方铺一张新的复写纸，轻轻落下千斤顶，即在方格纸上印上轮胎印痕，用求积仪或数方格的方法测算轮胎接地面积,精确至0.1cm^2。

(4)检查弯沉仪百分表测量灵敏情况。

2.测试现场准备

(1)当在沥青路面上测定时,用路表温度计测定试验时气温及路表温度(一天中气温不断变化,应随时测定),并通过气象台了解前5d的平均气温(日最高气温与最低气温的平均值)。

记录沥青路面修建或改建时材料、结构、厚度、施工及养护等情况。

(2)选择洁净的路基路面表面作为测点,在测点处做好标记并编号。

(3)无结合料粒料基层的整层试验段(试槽)应符合下列要求:

①整层试槽可修筑在行车带范围内,或路肩及其他合适处,也可在室内修筑,但均应适于用汽车测定弯沉。

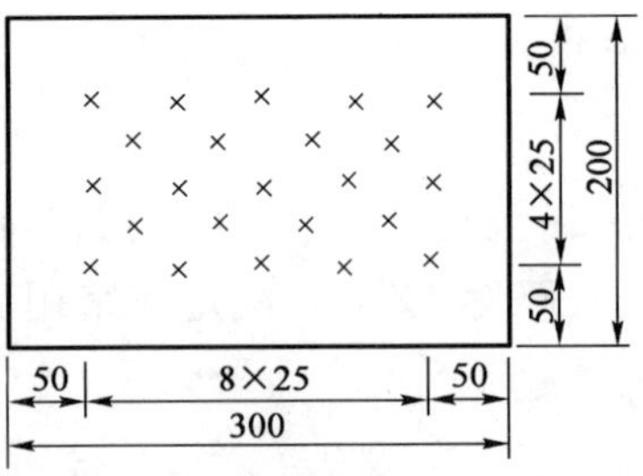

图7-10 试槽表面的测点布置(尺寸单位:cm)

②试槽应选择在干燥或中湿路段处,不得铺筑在软土基上。

③试槽面积不小于3m×2m,厚度不宜小于1m。铺筑时,先挖3m×2m×1m(长×宽×深)的坑;然后用欲测定的同一种路面材料按有关施工规范规定的压实层厚度分层铺筑并压实,直至顶面,使其达到要求的压实度标准。应严格控制材料组成,级配均匀一致,符合施工质量要求。

④试槽表面的测点间距可按图7-10布置在中间2m×1m的范围内,可测定23点。

3.测试步骤

(1)在测试路段布置测点,其距离随测试需要而定。测点应在路面行车道的轮迹带上,并用白油漆或粉笔画上标记。

(2)将试验车后轮轮隙对准测点后3~5cm处的位置上。

(3)将弯沉仪插入汽车后轮之间的缝隙处,与汽车方向一致,梁臂不得碰到轮胎,弯沉仪测头置于测点上(轮隙中心前方3~5cm处),并安装百分表于弯沉仪的测定杆上,百分表调零,用手指轻轻叩打弯沉仪,检查百分表是否稳定回零。

弯沉仪可以是单侧测定,也可以双侧同时测定。

(4)测定者吹哨发令指挥汽车缓缓前进,百分表随路面变形的增加而持续向前转动。当表针转动到最大值时,迅速读取初读数L_1。汽车仍在继续前进,表针反向回转,待汽车驶出弯沉影响半径(3m以上)后,吹口哨或挥动红旗指挥停车。待表针回转稳定后读取终读数L_2。汽车前进的速度宜为5km/h左右。

(三)弯沉仪的支点变形修正

(1)当采用长度为3.6m的弯沉仪对半刚性基层沥青路面、水泥混凝土路面等进行弯沉测定时,有可能引起弯沉仪支座处变形,因此测定时应检验支点有无变形。此时应用另一台检验用的弯沉仪安装在测定用的弯沉仪的后方,其测点架于测定用弯沉仪的支点旁。当汽车开出时,同时测定两台弯沉仪的弯沉读数,如检验用弯沉仪百分表有读数,即应该记录并进行支点变形修正。当在同一结构层上测定时,可在不同的位置测定5次,求平均值,以后每次测定时以此作为修正值,支点变形修正的原理如图7-11所示。

(2)当采用长5.4m的弯沉仪测定时,可不进行支点变形修正。

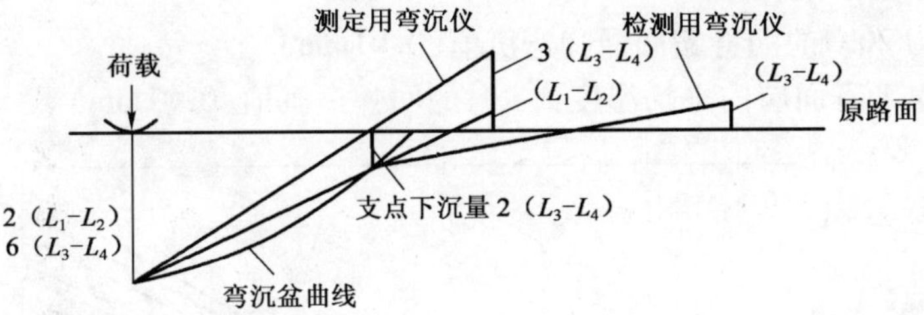

图7-11　弯沉仪支点变形修正原理

(四)贝克曼梁测定弯沉结果计算

测点的回弹弯沉值按下式计算：

$$l_T = (L_1 - L_2) \times 2 \tag{7-20}$$

式中：l_T——在路面温度为 T 时的回弹值(0.01mm)；

L_1——车轮中心临近弯沉仪测头时百分表的最大读数即初读数(0.01mm)；

L_2——汽车驶出弯沉影响半径后百分表的最大读数即终读数(0.01mm)。

进行弯沉仪支点变形修正时，路面测点的回弹弯沉值按下式计算：

$$l_T = (L_1 - L_2) \times 2 + (L_3 - L_4) \times 6 \tag{7-21}$$

式中：L_1——车轮中心临近弯沉仪测头时百分表的最大读数即初读数(0.01mm)；

L_2——汽车驶出弯沉影响半径后百分表的最大读数即终读数(0.01mm)；

L_3——车轮中心临近弯沉仪测头时检验用弯沉仪的最大读数(0.01mm)；

L_4——汽车驶出弯沉影响半径后检验用弯沉仪的终读数(0.01mm)。

此式适用于测定用弯沉仪支座处有变形，但百分表架处路面已无变形的情况。

(五)回弹弯沉温度修正

沥青面层厚度大于5cm且路面温度超过20℃±2℃范围时，回弹弯沉值应进行温度修正，温度修正有两种方法。

1. 查图修正法

(1)测定时的沥青层平均温度按下式计算：

$$t = (t_{25} + t_m + t_e)/3 \tag{7-22}$$

式中：t——测定时沥青层平均温度(℃)；

t_{25}——根据 t_0 由图7-12决定的路表下25mm处的温度(℃)；

t_m——根据 t_0 由图7-12决定的沥青层中间深度的温度(℃)；

t_e——根据 t_0 由图7-12决定的沥青层底面处的温度(℃)。

图7-13中 t_0 为测定时路表温度与测定前5d日平均气温的平均值之和，日平均气温为日最高气温与最低气温的平均值。

(2)不同基层的沥青路面弯沉值的温度修正系数 K，根据沥青平均温度 t 及沥青层厚度，分别由图7-13及图7-14求取。

实测各点处路面回弹弯沉 l_i，如在旧沥青面层上测定时，应读取温度进行温度修正，得到标准温度20℃时弯沉值。沥青路面回弹弯沉温度修正公式：

$$l_{20} = l_t \times K \tag{7-23}$$

式中：K——温度修正系数；

l_{20}——换算为20℃的沥青路面回弹弯沉值(0.01mm)；

l_t——测定时沥青面层内平均温度为 t 时的回弹弯沉值(0.01mm)。

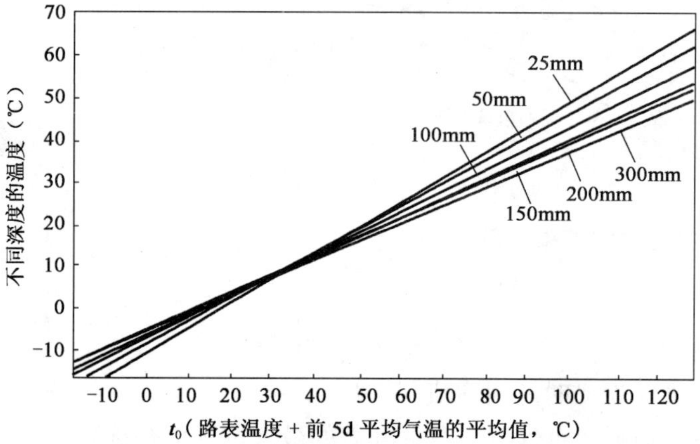

图7-12　沥青层平均温度的决定

注：线上的数字表示路表下的不同深度(mm)

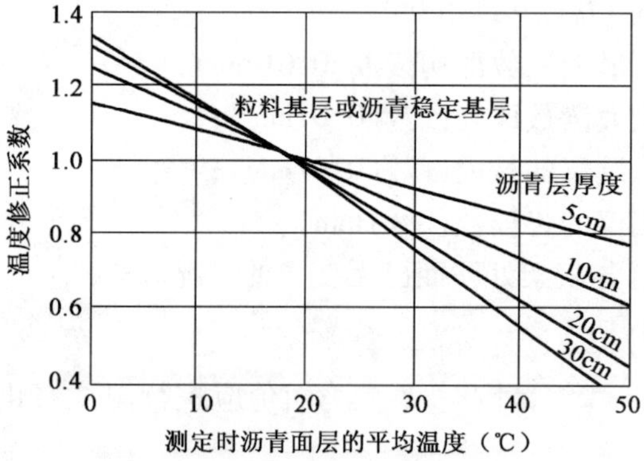

图7-13　路面弯沉温度修正系数曲线

(适用于粒料基层及沥青稳定基层)

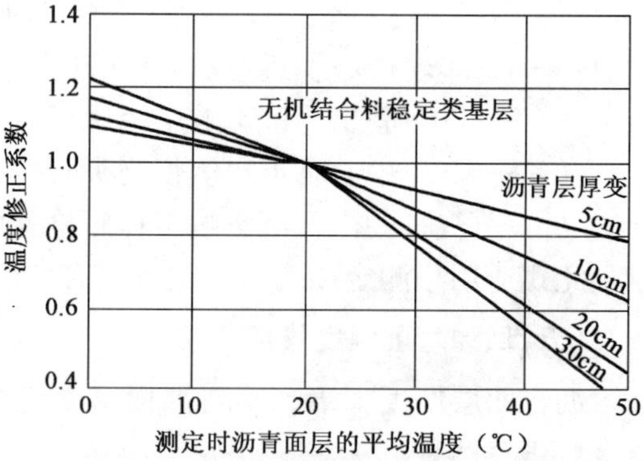

图7-14　路面弯沉温度修正系数曲线

(适用于无机结合料稳定的半刚性基层)

2.经验计算法(仅供参考)

(1)测定时的沥青面层平均温度 t 按下式计算：

$$t = a + bt_0 \tag{7-24}$$

式中：t——测定时沥青面层平均温度(℃)；

a——系数，$a = -2.65 + 0.52h$；

b——系数，$b = 0.62 - 0.008h$；

t_0——测定时路表温度与前5h平均气温之和(℃)；

h——沥青面层厚度(cm)。

(2)沥青路面弯沉的温度修正系数 K 按下式计算：

当 $t \geq 20$℃时：

$$K = e^{\left(\frac{1}{t}+\frac{1}{20}\right)h} \tag{7-25}$$

当 $t<20℃$ 时：

$$K = e^{0.002h}(20 - t) \tag{7-26}$$

(3)沥青路面回弹弯沉按式(7-20)计算。

(六)弯沉计算结果的评定

按式(7-27)和式(7-28)计算全部测定值的算术平均值 $\bar{L}$,单次测量的标准差 S_0。

$$\bar{L} = \frac{\sum L_i}{N} \tag{7-27}$$

$$S = \sqrt{\frac{\sum (L_i - L)^2}{N-1}} \tag{7-28}$$

式中：$\bar{L}$—— 回弹弯沉的平均值(0.01mm)；

S—— 回弹弯沉测定值的标准差(0.01mm)；

L_i—— 各测点的回弹弯沉值(0.01mm)；

N—— 测点总数。

按式(7-29)计算代表弯沉值。

$$L_r = \bar{L} + ZaS \tag{7-29}$$

式中：L_r——一个评定路段的代表弯沉(0.01mm)；

$\bar{L}$——舍弃不合要求的测点后所余各测点弯沉的算术平均值；

S——一个评定路段内经各项修正后的各测点弯沉的标准差；

Za——与保证率有关的系数，参考相关技术标准、规范选用。

计算平均值和标准差时，应将超出 $\bar{L} \pm (2 \sim 3)S$ 的弯沉特异值舍弃。对舍弃的弯沉值过大的点，应找出其周围界限，进行局部处理。用两台弯沉仪同时进行左右轮弯沉值测定时，应按两个独立测点计，不能采用左右两点的平均值。

若在非不利季节测定时，应考虑季节影响系数。

第三节　路基路面设计强度(回弹模量)试验检测

土基的回弹模量是公路路面设计一个必不可少的参数，确定方法有现场实测法和查表估值法。由于土基回弹模量的改变将会影响路面设计的厚度，所以建议有条件时最好直接测定，而且随着施工质量的提高，回弹模量值的检验将会作为控制施工质量的一个重要指标。现场测定回弹模量的方法，目前国内常用的主要有：承载板法、贝克曼梁法和其他间接测试方法(如贯入仪测定法和CBR测定法)。

一、承载板法

承载板法适用于在现场土基表面，通过承载板对土基逐渐加载、卸载的方法，测出每级荷载下相应的土基回弹变形值，经过计算求得土基回弹模量，作为路面设计参数使用。

(一)试验仪具与材料

(1)加载设施：载有铁块或集料等重物、后轴重不小于60kN的载货汽车一辆。在汽车大

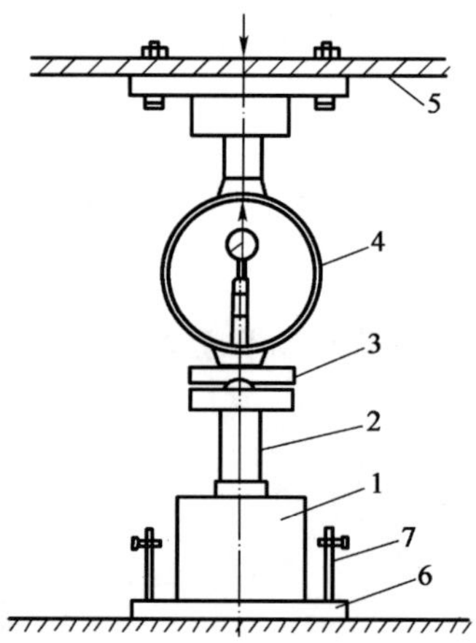

图 7-15　承载板测试装置图
1-加载千斤顶;2-钢圆筒;3-钢板及球座;4-测力计;5-加劲横梁;6-承载板;7-立柱及支座

梁的后轴之后约 80cm 处,附设加劲小梁一根作反力梁。汽车轮胎充分压强为 0.50MPa。

(2)现场测试装置,如图 7-15 所示。由千斤顶、测力计(测力环或压力表)及球座组成。

(3)刚性承载板一块,板厚 20mm,直径为 ϕ30cm,直径两端设有立柱和可以调整高度的支座供安放弯沉仪测头,承载板放在土基表面上。

(4)路面弯沉仪两台,由贝克曼梁、百分表及其支架组成。

(5)液压千斤顶一台,80 ~ 100kN,装有经过标定的压力表或测力环,其容量不小于土基强度,测定精度不小于测力计量程的 1/100。

(6)秒表。

(7)水平尺。

(8)其他:细砂、毛刷、垂球、镐、铁锹、铲等。

(二)试验方法与步骤

1. 试验前准备工作

(1)根据需要选择有代表性的测点,测点应位于水平的路基上,土质均匀,不含杂物。

(2)仔细平整土基表面,撒干燥洁净的细砂填平土基凹处,砂子不可覆盖全部土基表面避免形成一层。

(3)安置承载板,并用水平尺进行校正,使承载板置水平状态。

(4)将试验车置于测点上,在加劲小梁中部悬挂垂球测试,使之恰好对准承载板中心,然后收起垂球。

(5)在承载板上安放千斤顶,上面衬垫钢圆筒,并将球座置于顶部与加劲横梁接触。如用测力环时,应将测力环置于千斤顶与横梁中间,千斤顶及衬垫物必须保持垂直,以免加压时千斤顶倾倒发生事故并影响测试数据的准确性。

(6)安放弯沉仪,将两台弯沉仪的测头分别置于承载板立柱的支座上,百分表对零或其他合适的初始位置。

2. 测试步骤

(1)用千斤顶开始加载,注视测力环或压力表,至预压 0.05MPa,稳压 1min,使承载板与土基紧密接触,同时检查百分表的工作情况是否正常,然后放松千斤顶油门卸载,稳压 1min,将指标对零或记录初始读数。

(2)测定土基的压力—变形曲线。用千斤顶加载采用逐级加载卸载法,用压力表或测力环控制加载量,荷载小于 0.1MPa 时,每级增加 0.02MPa,以后每级增加 0.04MPa 左右。为了使加载和计算方便,加载数值可适当调整为整数。每次加载至预定荷载后,稳定 1min,立即读记两台弯沉仪百分表数值,然后轻轻放开千斤顶油门卸载至 0,待卸载稳定 1min 后,再次读数,每次卸载后百分表不再对零。当两台弯沉仪百分表读数之差小于平均值的 30% 时,取平均值。如超过 30%,则应重测。当回弹变形值超过 1mm 时,即可停止加载。

(3)各级荷载的回弹变形和总变形,按以下方法计算:

回弹变形 L =(加载后读数平均值 − 卸载后读数平均值)× 弯沉仪杠杆比　　(7-30)

总变形 L' =(加载后读数平均值 − 加载初始前读数平均值)× 弯沉仪杠杆比　　(7-31)

(4)测定汽车总影响量 a。最后一次加载卸载循环结束后，取走千斤顶，重新读取百分表初读数，然后将汽车开出 10m 以外，读取终值数，两只百分表的初、终读数差之平均值乘弯沉仪杠杆比即为总影响量 a。

(5)在试验点下取样，测定材料含水率。取样数量如下：

①最大粒径不大于 5mm，试样数量约 120g；

②最大粒径不大于 25mm，试样数量约 250g；

③最大粒径不大于 40mm，试样数量约 500g。

(6)在紧靠试验点旁边的适当位置，用灌砂法或环刀法及其他方法测定土基的密度。

3. 回弹模量计算

(1)计算荷载影响量。

各级压力的回弹变形加上该级的影响量后，则为计算回弹变形值。表 7-6 是以后轴重 60kN 的标准车为测试车的各级荷载影响量的计算值。当使用其他类型测试车时，各级压力下的影响量 a_i 按下式计算：

$$a_i = \frac{(T_1 + T_2)\pi D^2 p_i}{4T_1 Q} \cdot a \tag{7-32}$$

式中：T_1——测试车前后轴距(m)；

T_2——加劲小梁距后轴距离(m)；

D——承载板直径(m)；

Q——测试车后轴重(N)；

p_i——该级承载板压强(Pa)；

a——总影响量(0.01mm)；

a_i——该级压力的分级影响量(0.01mm)。

各级荷载影响量(后轴 60kN) 表 7-6

承载板压力(MPa)	0.05	0.10	0.15	0.20	0.30	0.40	0.50
影响量	0.06a	0.12a	0.18a	0.24a	0.36a	0.48a	0.60a

(2)绘制荷载与变形关系曲线。

将各级计算回弹变形值点绘于标准计算纸上，排除显著偏离的异常点并绘出顺滑的 p-L 曲线，如曲线起始部分出现反变，应按图 7-16 所修正原点 O，O' 则是修正后的原点。

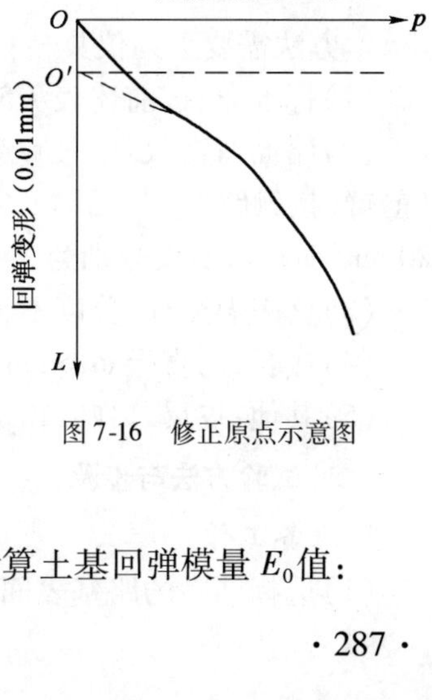

图 7-16 修正原点示意图

(3)计算土基回弹模量。

按下式计算相应于各级荷载下的土基回弹模量值：

$$E_i = \frac{\pi D}{4} \cdot \frac{p_i}{L_i}(1 - \mu_0^2) \tag{7-33}$$

式中：E_i——相应于各级荷载下的土基回弹模量(MPa)；

μ_0——土的泊松比，根据 JTG D60—2006 规定选取；

D——承载板直径，$D = 30$cm；

p_i——承载板压强(MPa)；

L_i——相对于荷载时的回弹变形(cm)。

(4)取结束试验前的各回弹变形值按线性回归方法由下式计算土基回弹模量 E_0 值：

$$E_0=\frac{\pi D}{4}\cdot\frac{\sum p_i}{\sum L_i}(1-\mu_0^2) \tag{7-34}$$

式中：E_0——土基回弹模量（MPa）；

μ_0——土的泊松比，根据 JTG D60—2006 规定选用；

L_i——相对于荷载时的回弹变形（cm）；

p_i——对应于 L_i 的各级压强值。

4. 试验报告填写

（1）试验采用的记录格式如表 7-7。

（2）试验报告应记录下列结果：试验时所采用的汽车；近期天气情况；试验时土基的含水率（%）；土基密度（g/cm^3）和压实度（%）；相应于各级荷载下的土基回弹模量值（MPa）；土基回弹模量值（MPa）。

承载板测定记录表 表 7-7

路线和编号： 路面结构：

测定层位： 测定用汽车型号：

承载板直径（cm）： 测定日期： 年 月 日

千斤顶	荷载 P（kN）	承载板压强 p（MPa）	百分表读数（0.01mm）			总变形（0.01mm）	回弹变形（0.01mm）	分级影响量（0.01mm）	计算回弹变形（0.01mm）	E_i（MPa）
			加载前	加载后	卸载后					
总影响量 a										
土基回弹模量 E_0 值（MPa）										

二、贝克曼梁法测定回弹模量

贝克曼梁法测定回弹模量的方法，用于在土基、厚度不小于 1m 的粒料整层表面，用弯沉仪测试各测点的回弹弯沉值，通过计算求得该材料的回弹模量值的试验；也适用于在旧路表面测定路基路面的综合回弹模量。

（一）仪具与材料技术要求

本方法需要下列仪具与材料：

（1）标准车：按前述表 7-5 的规定选用。

（2）路面弯沉仪：由贝克曼梁、百分表及表架组成。贝克曼梁由合金铝制成，上有水准泡，其前臂（接触路面）与后臂（装百分表）长度比为 2∶1，标准弯沉仪前后臂分别为 240mm 和 120mm，加长弯沉仪分别为 360mm 和 180mm。弯沉采用百分表量得。

（3）路表温度计：分度不大于 1℃。

（4）接长杆：直径 ϕ16mm，长 500m。

（5）其他：皮尺、口哨、粉笔、指挥旗等。

（二）试验方法与步骤

1. 准备工作

（1）选择洁净的路基表面、路面表面作为测点，在测点处做好标记并编号。

(2)无结合料粒料基层的整层试验段(试槽)应符合下列要求:

①整层试槽可修筑在行车带范围内或路肩及其他合适处,也可在室内修筑,但均应适于用汽车测定弯沉。

②试槽应选择在干燥或中湿路段处,不得铺筑在软土基上。

③试槽面积不小于 3m × 2m,厚度不宜小于 1m。铺筑时,先挖 3m ×2m ×1m(长 × 宽 × 深)的坑,然后用欲测定的同一种路面材料按有关施工规定的压实层厚度分层铺筑并压实,直至顶面,使其达到要求的压实度标准。同时应严格控制材料组成,配比均匀一致,符合施工质量要求。

④试槽表面的测点间距可按图 7-17 布置在中间 2m × 1m 的范围内,可测定 23 点。

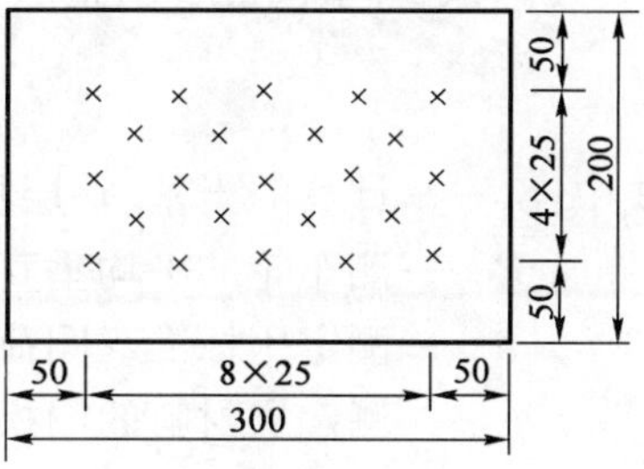

图 7-17　试槽表面的测点布置(尺寸单位:cm)

2. 测试步骤

按上述方法选择适当的标准车,实测各测点处的路面回弹弯沉值 L_i。如在旧沥青面层上测定时,应读取温度,并按规定的方法进行测定弯沉值的温度修正,得到标准温度 20℃时的弯沉值。

3. 回弹模量计算

(1)计算全部测定值的算术平均值、单次测量的标准差和自然误差:

$$\bar{L} = \frac{\sum L_i}{n} \tag{7-35}$$

$$S = \sqrt{\frac{\sum (L_i - \bar{L}^2)}{n-1}} \tag{7-36}$$

$$r_0 = 0.675 \times S \tag{7-37}$$

式中:$\bar{L}$——回弹弯沉的平均值(0.01mm);

S——回弹弯沉测定值的标准差(0.01mm);

r_0——回弹弯沉测定值的自然误差(0.01mm);

L_i——各测点的回弹弯沉值(0.01mm);

n——测点总数。

计算各测点的测定值与算术平均值的偏差值 $d_i = L_i - \bar{L}$,并计算较大的偏差与自然误差之比 d_i/r_0。当某个测点的观测值的 d_i/r_0 值大于表 7-8 中的 d/r 极限值时,则应舍弃该测点;然后重复式(7-26)、式(7-27)的步骤计算所余各测点的算术平均值 $\bar{L}$ 及标准差 S。

相应于不同观测次数的 *d/r* 极限值　　表 7-8

N	5	10	15	20	50
d/r	2.5	2.9	3.2	3.3	3.8

(2)计算各测点的测定值与算术平均值的偏差值 $d_i = L_i - \bar{L}$,并计算较大的偏差与自然误差之比 d_i/r_0。当某个测点观测值 d_i/r_0的值大于表 7-8 中的 d/r 极限值时则应舍弃该测点,然后重新计算所余各测点的算术平均值($\bar{L}$)及标准差(S)。

(3)按下式计算代表弯沉值:

$$L_r = \bar{L} + S \tag{7-38}$$

式中：L_r——计算代表弯沉；

$\bar{L}$——舍弃不符合要求的测点后所余各测点弯沉的算术平均值；

S——舍弃不符合要求的测点后所余各测点弯沉的标准差。

(4)按下式计算土基、整层材料的回弹模量(E_1)或旧路的综合回弹模量：

$$E_1 = \frac{2P\delta}{L_r}(1-\mu^2)K \tag{7-39}$$

式中：E_1——计算的土基、整层材料的回弹模量或旧路的综合回弹模量(MPa)；

P——测车轮的平均垂直荷载(MPa)；

δ——测定用标准双圆荷载单轮传压面当量圆的半径(cm)；

μ——测定层材料的泊松比，根据部颁路面设计规范的规定取用；

K——弯沉系数，为0.712。

4. 试验报告填写

报告应包括弯沉测定表、计算的代表弯沉、采用的泊松比及计算得到的材料回弹模量 E_1 等，对沥青路面应报告测试时的路面温度。

三、水泥混凝土路面芯样劈裂强度试验方法 *

水泥混凝土路面强度的控制指标是弯拉或劈裂强度。由于弯拉强度试件成型及试验过程比较麻烦，现多用劈裂强度来代替。

需要强调的一点是，用快速无破损方法与传统的钻芯试验方法比较，有其较大的优势，但不能代替钻芯的劈裂强度试验结果，也不能代替试验室标准条件下的弯拉强度，不适宜作为仲裁试验或工程验收的最终依据。

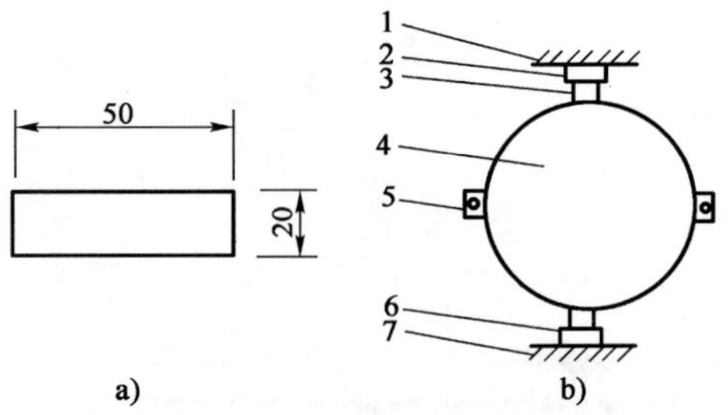

图7-18　芯样劈裂试验装置示意图(尺寸单位：mm)

a)夹具钢板条；b)劈裂夹具

1、7-压力机压板；2、6-夹具钢垫条；3-木质或纤维层；4-试件；5-侧杆

从硬化混凝土结构中钻取和检查芯样，测定芯样的劈裂抗拉强度，作为评定结构品质的主要指标。

(一)仪具与材料

(1)压力机。

(2)劈裂夹具、木质三合板垫条，如图7-18所示。

(二)试验方法与步骤

1. 芯样外观检查

每个芯样应详细描述有无裂缝、接缝、分层、麻面或离析等情况，必要时应记录以下事项：

①集料情况：估计集料的最大粒径、形状及种类，粗细集料的比例与级配。

②密实性：检查并记录存在的气孔及其位置、尺寸与分布情况，必要时应拍下照片。

2. 芯样尺寸测量

①测平均直径 d_m：在芯样的中间及两面各1/4处按两个垂直方向测量三对数值确定芯样的平均直径 d_m，精确至1.0mm。

* 水泥混凝土路面芯样劈裂强度是一种间接方法。

②测平均长度 L_m：取芯样直径两端侧面测定钻取后芯样的长度及端面加工后的长度，精确至1.0mm。

3.表观密度测定

如有必要，应测定芯样的表观密度。

（三）试验步骤

（1）试件的制作：试件两端平面应与其轴线相垂直，误差不应大于±1°，端面凹凸每100mm不超过0.05mm，承压线凹凸不应大于0.5mm。

（2）湿度控制：试验前试件应在20℃±2℃的水中浸泡40h，从水中取出后立即进行试验。

如有专门要求，可用其他养护或湿度控制条件。

（3）劈裂试验：

①将试件、劈裂垫条和垫层如图7-11所示放在压力机上，借助夹具两侧杆，将试件对中。

②开动压力机，当压力机压板与夹具垫条接近时调整球座使压力均匀接触试件。当压力加到5kN时，将夹具的侧杆抽出，以60N/s±4N/s的速度连续、均匀加荷，直至试件劈裂为止，记下破坏荷载，精确至0.01kN。

（四）数据整理与结果计算

芯样劈裂抗拉强度 R_a 按下式计算：

$$R_a = \frac{2P}{\pi A} = \frac{2P}{\pi d_m L_m} \tag{7-40}$$

式中：R_a——芯样劈裂抗拉强度（MPa），计算结果精确至0.1MPa；

P——极限荷载（N）；

A——芯样劈裂面面积（mm^2）；

d_m——芯样截面的平均直径（mm）；

L_m——芯样平均长度（mm）。

第四节 路面面层使用品质（平整度和抗滑性）试验检测

路面质量包括内在质量和外形控制两个方面。内在质量如压实度、弯沉CBR等；外形控制如宽度、厚度、平整度等。平整度是路面施工质量与服务水平的重要指标之一。它是指以规定的标准量规，间断地或连续地量测路表面的凹凸情况，即不平整度的指标。路面的平整度与路面各结构层次的平整状况有着一定的联系，即各层次的平整效果将累积反映到路面表面上，路面面层由于直接与车辆接触，不平整的表面将会增大行车阻力，将使车辆产生附加振动作用。这种振动作用会造成行车颠簸，影响行车的速度和安全及驾驶的平衡和乘客的舒适。同时，振动作用还会对路面施加冲击力，从而加剧路面和汽车机件损坏和轮胎的磨损，并增大油耗。而且，不平整的路面会积滞雨水，加速路面的破坏。因此，平整度的检测与评定是公路施工与养护的一个非常重要的环节。

平整度的测试设备分为断面类及反应类两大类。断面类实际上是测定路面表面凹凸情况，如最常用的3m直尺及连续式平整度仪，还可用精确测定高程得到；反应类测定路面凹凸引起车辆振动的颠簸情况。反应类指标是驾驶员和乘客直接感受到的平整度指标，因此它实际上是舒适性指标，最常用的测试设备是车载式颠簸累积仪。现已有更新型的自动化测试设备，如纵断面分析仪、路面平整度数据采集系统测定车等。常见几种平整度测试方法的特点及技术指标比较见表7-9。国际上通用国际平整度指数IRI衡量路面行驶舒适性或路面行驶质量，可通过标定试验得出IRI与标准差σ或单向累计值VBI之间的关系。

平整度测试方法比较 表7-9

方　法	特　点	技术指标
3m直尺法	设备简单，结果直观，间断测试，工作效率低，反映凹凸程度	最大间隙h(mm)
连续式平整度仪法	设备较复杂，连续测试，工作效率高，反映凹凸程度	标准差σ(mm)
颠簸累积仪	设备复杂、工作效率高，连续测试，反映舒适性	单向累计值VBI(cm/hm)

一、平整度测试方法

(一)3m直尺法检测平整度

3m直尺测定法有单尺测定最大间隙及等距离(1.5m)连续测定两种。两种方法测定的路面平整度有较好的相关关系。前者常用于施工质量控制与检查验收，单尺测定时要计算出测定段的合格率；等距离连续测试也可用于施工质量检查验收，要算出标准差，用标准差来表示平整程度。

用于测定压实成型的路基、路面各层表面的平整度，定义3m直尺基准面距离路表面的最大间隙表示路基路面平整度，以毫米计。以评定路面的施工质量及使用性能。

1.仪具与材料技术要求

本方法需要下列仪具与材料：

(1)3m直尺：测量基准面长度为3m长，基准面应平直，用硬木或铝合金钢等材料制成。

(2)最大间隙测量器具：

①楔形塞尺：硬木或金属制的三角形塞尺，有手柄。塞尺的长度与高度之比不小于10，宽度不大于15mm，边部有高度标记，刻度读数分辨率小于或等于0.2mm。

②深度尺：金属制的深度测量尺，有手柄。深度尺测量杆端头直径不小于10mm，刻度读数分辨率小于或等于0.2mm。

(3)其他：皮尺或钢尺、粉笔等。

2.测点选择及测试准备

(1)测试路段选择：按有关规范选择测试路段。

(2)测试地点选择：在测试路段路面上选择测试地点。

①当为施工过程中质量检测需要时，测试地点根据需要确定，可以单杆检测；

②当为路基、路面工程质量检查验收或进行路况评定需要时，应首尾相接连续测量10尺。除特殊需要外，应以行车道一侧车轮轮迹(距车道线80～100cm)带作为连续测定的标准位置。

③对已形成车辙的旧路面，应取车辙中间位置为测定位置，用粉笔在路面上做好标记。

(3)测试步骤

①在施工过程中检测时，按根据需要确定的方向，将3m直尺摆在测试地点的路面上。

②目测3m直尺底面与路面之间的间隙情况，确定间隙为最大的位置。

③用有高度标线的塞尺塞进间隙处，量记最大间隙的高度，准确至0.2mm。

④施工结束后检测时，按现行《公路工程质量检验评定标准》(JTG F80—2004)的规定，每1处连续检测10尺，按上述步骤测记10个最大间隙。

3. 平整度的计算

单杆检测路面的平整度计算，以 3m 直尺与路面的最大间隙为测定结果。连续测定 10 尺时，判断每个测定值是否合格，根据要求计算合格百分率，并计算 10 个最大间隙的平均值。

$$合格率 = （合格尺数 / 总测尺数）\times 100\% \tag{7-41}$$

4. 试验报告填写

单杆检测的结果应随时记录测试位置及检测结果。连续测定 10 尺时，应报告平均值、不合格尺数、合格率。

（二）连续式平整度仪检测平整度

用于测定路表面的平整度，评定路面的施工质量和使用质量，但不适用于在已有较多坑槽、破损严重的路面上测定。

1. 仪器设备

（1）连续式平整度仪：构造示意如图 7-19 所示。

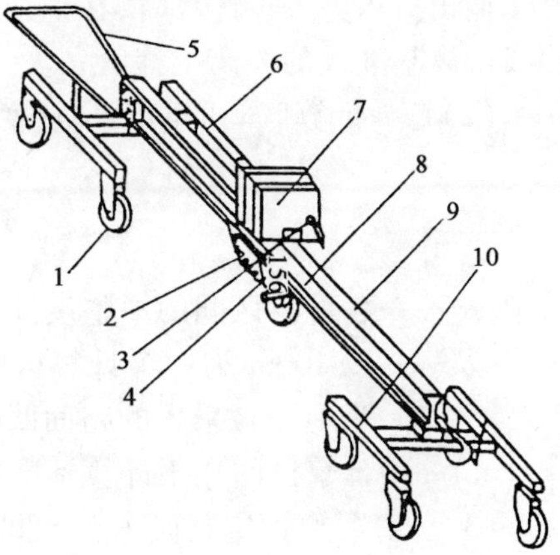

图 7-19　连续式平整度仪构造图

1-脚轮；2-拉簧；3-离合器；4-测架；5-牵引架；6-前架；7-纵断面绘图仪；8-测定轮；9-纵梁；10-后架

除特殊情况外，连续式平整度仪的标准长度为 3m，其质量应符合仪器标准的要求。中间为一个 3m 长的机架，机架可缩短或折叠，前后各有 4 个行走轮，前后两组轮的轴间距离为 3m。机架中间有一个能起落的测定轮。机架上装有蓄电源及可拆卸的检测箱，检测箱可采用显示、记录、打印或绘图等方式输出测试结果。测定轮上装有位移传感器，自动采集位移数据时，测定间距为 10cm，每一计算区间的长度为 100m，100m 输出一次结果。当为人工检测，无自动采集数据及计算功能时，应能记录测试曲线。机架头装有一牵引钩及手拉柄，可用人力或汽车牵引。

（2）牵引车：小面包车或其他小型牵引汽车。

（3）皮尺或测绳。

2. 试验方法与步骤

1）准备工作

（1）选择测试路段。

（2）当为施工过程中质量检测需要时，测试地点根据需要决定；当为路面工程质量检查验收或进行路况评定需要时，通常以行车道一侧车轮轮迹带作为连续测定的标准位置。对旧路已形成车辙的路面，取一侧车辙中间位置为测定位置。按规定在测试路段路面上确定测试位置，当以内侧轮迹带（IWP）或外侧轮迹带（OWP）作为测定位置时，测定位置距车道标线 80 ~ 100cm。

（3）清扫路面测定位置处的脏物。

（4）检查仪器，检测箱各部分应完好、灵敏，并将各连接线接妥，安装记录设备。

2）测试步骤

（1）将连续式平整度测定仪置于测试路段路面起点上。

（2）在牵引汽车的后部，将平整度的挂钩挂上后，放下测定轮，启动检测器及记录仪，随即起动汽车，沿道路纵向行驶，横向位置保持稳定，并检查平整度检测仪表上测定数字显示、打印、记录的情况。如检测设备中某项仪表发生故障，即停车检测。牵引平整度的速度应均匀，速度宜为 5km/h，最大不得超过 12km/h。

在测试路段较短时，亦可用人力拖拉平整度仪测定路面的平整度，但拖拉时应保持匀速前进。

3. 计算

(1)连续式平整度测定仪测定后,可按每 10cm 间距采集的位移值自动计算 100m 计算区间的平整度标准差,还可记录测试长度、曲线振幅大于某一定值(3mm、5mm、8mm、10mm 等)的次数、曲线振幅的单向(凸起或凹下)累计值及以 3m 机架为基准的中点路面偏差曲线图,并打印输出。当为人工计算时,在记录曲线上任意设一基准线,每隔一定距离(宜为 1.5m)读取曲线偏离基准线的偏离位移值 d_i。

(2)每一计算区间的路面平整度以该区间测定结果的标准差表示,按式(7-42)计算。

$$\sigma_i = \sqrt{\frac{\sum d_i^2 - (\sum d_i)^2/N}{N-1}} \tag{7-42}$$

式中:σ_i——各计算区间的平整度计算值(mm);

d_i——以 100m 为一个计算区间,每隔一定距离(自动采集间距为 10cm,人工采集间距为 1.5m)采集的路面凹凸偏差位移值(mm);

N——计算区间用于计算标准差的测试数据个数。

(3)计算一个评定路段内各区间平整度标准差的平均值、标准差、变异系数。

4. 报告

试验应列表报告每一个评定路段各测定区间的平整度标准差、各评定路段平整度的平均值、标准差、变异系数以及不合格区间数。

(三)车载式颠簸累积仪法测定路面平整度

用车载式颠簸累积仪(图 7-20)测量车辆在路面上通行时后轴与车厢之间的单向位移累积值 VBI 表示路面的平整度,以厘米每千米计。

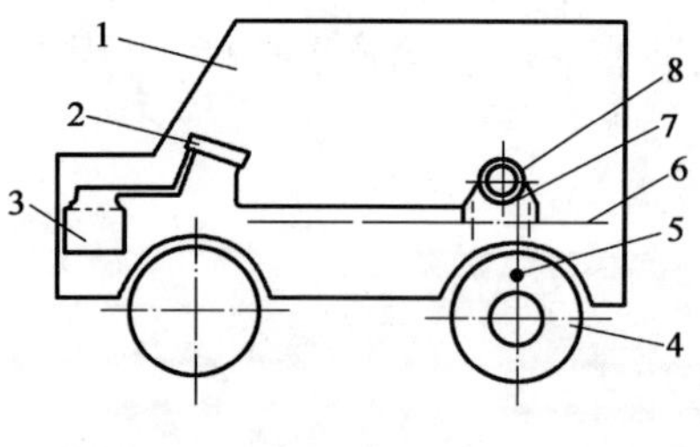

图 7-20 车载式颠簸累积仪安装示意图

1-测试车;2-数据处理器;3-电瓶;4-后桥;5-挂钩;6-底板;7-钢丝绳;8-颠簸累积仪传感器

车载式颠簸累积仪法适于测定路面表面的平整度,以评定路面的施工质量和使用期的舒适性。各类颠簸累积仪在新建、改建路面工程质量验收和无严重坑槽、车辙等病害的正常行驶条件下连续采集平整度数据。但不适用于在已有较多坑槽、破损严重的路面上测定。

其工作原理是基于测试车以一定的速度在路面上行驶,由于路面上的凹凸不平状况,引起汽车的激振,通过机械传感器可测量后轴的车厢之间的单向位移累积值 VBI,以 cm/km 计。VBI 越大,说明路面平整性越差,人乘坐汽车时越不舒适。

测试过程中,仪器安装应准确、牢固、便于操作;测试速度以 32km/h 为宜,一般不宜超过 80km/h;数据采集、传输、记录和处理分别由专用软件自动控制进行。

1. 仪具与材料技术要求

(1)测试系统

测试系统由承载车辆、距离测量装置、颠簸累积值测试装置和主控制系统组成,如图 7-19 所示。主控制系统对测试装置的操作实施控制,完成数据采集、传输、存储与计算过程。

(2)设备承载车要求

根据设备供应商的要求选择测试系统承载车辆。

(3)测试系统基本技术要求和参数

①测试速度:30 ~ 80km/h。

②最大测试幅值：±20cm。

③垂直位移分辨率：1mm。

④距离标定误差：<0.5%。

⑤系统工作环境温度：0～60℃。

⑥系统软件能够依据相关关系公式自动对颠簸累积值进行换算，间接输出国际平整度指数IRI。

2. 方法与步骤

(1)准备工作

①测试车辆具备下列条件之一时，都应进行仪器测值与国际平整度指数IRI的相关性标定，相关系数R应不低于0.99：在正常状态下行驶超过20 000km；标定的时间间隔超过1年；减振器、轮胎等发生更换、维修。

②检查测试车轮胎气压，应达到车辆轮胎规定的标准气压；车胎应清洁，不得黏附杂物；车上载质量、人数以及分布应与仪器相关性标定试验时一致。

③距离测量系统需要现场安装的，根据设备操作手册说明进行安装，确保紧固装置安装牢固。

④检查测试系统，各部分应符合测试要求，不应有明显的可视性破损。

⑤打开系统电源，启动控制程序，检查系统各部分的工作状态。

(2)测试步骤

①测试开始之前应让测试车以测试速度行驶5～10km，按照设备操作手册规定的预热时间对测试系统进行预热。

②测试车停在测试起点前300～500m处，启动平整度测试系统程序，按照设备操作手册的规定和测试路段的现场技术要求设置完毕所需的测试状态。

③驾驶员在进入测试路段前应保持车速在规定的测试速度范围内，沿正常行车轨迹驶入测试路段。

④进入测试路段后，测试人员启动系统的采集和记录程序，在测试过程中必须及时准确地将测试路段的起终点和其他需要特殊标记点的位置输入测试数据记录中。

⑤当测试车辆驶出测试路段后，仪器操作人员停止数据采集和记录，并恢复仪器各部分至初始状态。

⑥操作人员检查数据文件，文件应完整，内容应正常，否则需要重新测试。

⑦关闭测试系统电源，结束测试。

3. 测试结果计算

颠簸累积仪直接测试输出的颠簸累积值VBI，要按照相关性标定试验得到相关关系式，并以100m为计算区间换算成IRI(以m/km计)。

4. 颠簸累积仪测值与国际平整度指数IRI相关关系对比试验

(1)基本要求

由于颠簸累积仪测值受测试速度等因素影响，因此测试系统的每一种实际采用的测试速度都应单独进行标定，建立相关关系式。标定过程及分析结果应详细记录并存档。

(2)试验条件

①按照每段IRI值变化幅度不小于1.0的范围选择不少于4段不同平整度水平的路段，且有足够加速或减速长度的路段。根据实际测试道路IRI的分布情况，可以增加某些范围内

的标定路段。

②每路段长度不小于300m。

③每一段内的平整度应均匀，包括路段前50m的引道。

④选择坡度变化较小的直线路段，路段交通量小，便于疏导。

⑤标定宜选择在车道的正常行驶轮迹上进行，明确标出标定路段的轮迹、起终点。

(3)试验步骤

①距离标定

a.依据设备供应商建议的长度，选择坡度变化较小的平坦直线路段，标出起终点和行驶轨迹。

b.标定开始之前应让测试车以测试速度行驶5～10km，按照设备操作手册规定的预热时间对测试系统进行预热。

c.将测试车的前轮对准起点线，启动距离校准程序，然后令车辆沿着路段轨迹直线行驶，避免突然加速或减速，接近终点时，看指挥人员手势减速停车，确保测试车的前轮对准终点线，结束距离校准程序。重复此过程，确保距离传感器脉冲当量的准确性，应在允许误差范围之内。

②参照测试步骤，令颠簸累积仪按选定的测试速度测试每个标定路段的反应值，重复测试至少5次，取其平均值作为该路段的反应值。

③IRI值的确定

a.以精密水准仪作为标准仪具，分别测量标定路段两个轮迹的纵断高程，要求采样间隔为250mm，高程测试精度为0.5mm；然后用IRI标准计算程序对每个轮迹的纵断面测量值进行模型计算，得到该轮迹的IRI值。两个轮迹IRI值的平均值即为该路段的IRI值。

b.其他符合世界银行要求的一类平整度测试标准的纵断面测试仪具也可以作为确定标定路段标准IRI值的仪具。

5.试验数据处理

用数理统计的方法将各标定路段的IRI值和相应的颠簸累积仪测值进行回归分析，建立相关关系方程式，相关系数R不得小于0.99。

6.试验报告填写

(1)平整度测试报告应包括颠簸累积值VBI、国际平整度IRI平均值和现场测试速度。

(2)提供颠簸累积值VBI与国际平整度指数IRI在选定测试条件下的相关关系式及相关系数。

7.测试注意事项

(1)制定测试细则。

目前国内车载式反应类平整度仪(如颠簸累积仪)由于结构和原理简单、价格便宜，故使用范围依然较广，但由于反应类系统的测试结果与自身的动态性能、测试的速度以及路面类型有关，放置较长时间、行驶较长距离以及轮胎和减振器维修、更换等都会影响其动态性能，因此必须制定更为完善的测试规程保证测试结果的准确性。

(2)组件严格安装。

车载式颠簸累积仪由位移累积机械传感器安装在测试车上组装而成，故组装必须严格按要求做好。如有松动，测定数据将产生偏差。用钢丝绳连接机械传感器的方法，也可采用链条连接。

(3)测试速度标定。

建立反应类平整度仪测试结果(如 VBI)与国际平整度指数 IRI 的相关关系时,可选择不同的测试速度进行标定试验。由于不同车辆承载体系对行驶速度的反应不同,因此应根据不同测试速度分别建立与 IRI 的相关关系。实际现场测试时也必须采用相应的标定速度。

(4)控制测试速度。

检测结果与测试车机械系统的振动特性和车辆行驶速度有关。减振性能好,则 VBI 测值小;车速越高,VBI 测值越大。因此必须通过对机械系统的良好保养和检测时严格控制车速来保持测定结果的稳定性。

用车载式颠簸累积仪测出的颠簸累积值 VBI,与用连续式平整仪测出的标准差 σ 概念不同,可通过对比试验,建立两者的相关关系,将 VBI 值换算为 σ,用于路面平整度评定。通过大量研究观察得出:$\sigma = 0.61\text{IRI}$。

国际不整度指数 IRI,是国际上公认的衡量路面行驶舒适性或路面行驶质量的指数。也可通过标定试验,建立 VBI 与 IRI 的相关关系,将颠簸累积仪测出的颠簸累积值 VBI 换算为国际平整度指数 IRI。

8. 试验报告撰写

(1)应列表报告每一个评定路段内各测定区间的颠簸累积值,各评定路段颠簸累积值的平均值、标准差、变异系数。

(2)测试速度。

(3)试验结果与国际平整度指数等其他平整度指标建立的相关关系式、参数值、相关系数。

(四)平整度指标间相互关系的建立

1. 国际平整度指数

平整度测定的方法和仪器很多,相应采用的指标也各不相同。为了使采用不同的方法和仪器测定的结果可以相互比较,需要寻找一个标准的(或通用的)平整度指标,它同其他平整度指标应有良好的相关关系。同时,采用反应类平整度仪测定时,为使测定结果具有时间稳定性,必须经常进行标定;而标定曲线的精度取决于标定路段采用的平整度指标同反应类测定系统的相关性。

为了解决上述问题,世界银行于 1982 年组织了巴(西)、英、美、法等国专家参加的国际研究小组,在巴西进行了大规模的路面平整度试验。在此基础上提出采用国际平整度指数(IRI)作为评价标准的建议。

国际平整度指数(IRI)是一项标准化的平整度指标。它同反应类平整度测定系统类似,但是采用的是数学模型模拟 1/4 车轮(即单轮,类似于拖车)以规定速度行驶在路面断面上,分析行驶距离内动态反应悬挂系的累积竖向位移量。标准的测定速度规定为 80km/h,其测定结果的单位为米每千米。因而,这一指标与反应类仪器的平均调整坡 ARS 相似,称作参照平均调整坡($RARS_{80}$)。

求得每一个位置的变量值后,即可计算该位置的调整坡(RS)。

IRI 为路段长度内 RS 变量的平均值。因此,当每个断面点的调整坡求得后,便可按下式计算 IRI:

$$IRI = \frac{1}{n-1}\sum_{i=2}^{n} RS_i \tag{7-43}$$

上述计算过程已编制电算程序，在量测得到纵断面的高程资料后，便可按抽样点间距利用此程度计算该段路面平整度的国际平整度指数 IRI 值。

国际平整度指数 IRI 作为通用指标的效果，可以通过考察不同平整度测定方法的测定结果转换成以 IRI 表征后的一致性得到证实。

图 7-21 所示为各类路面国际平整度指数 IRI 的大致变化范围。

2. VBI 与其他平整度指标相关关系的建立

用车载式颠簸累积仪测定的 VBI 值需要与其他平整度指标（如连续式平整度仪测出的标准差、国际平整度指数 IRI 等）进行换算时，应将车载式颠簸累积仪的测试结果进行标定，即与相关的平整度仪测量结果建立相关关系，相关系数均不得小于 0.90。

为与其他平整度指标建立相关关系，选择的标定路段应符合下列要求：

①有 5～6 段不同平整度的现有道路，从好到坏不同程度的都应各有一段。

②每段路长宜为 250～300m。

③每一段中的平整度应均匀，段内应无太大差别。

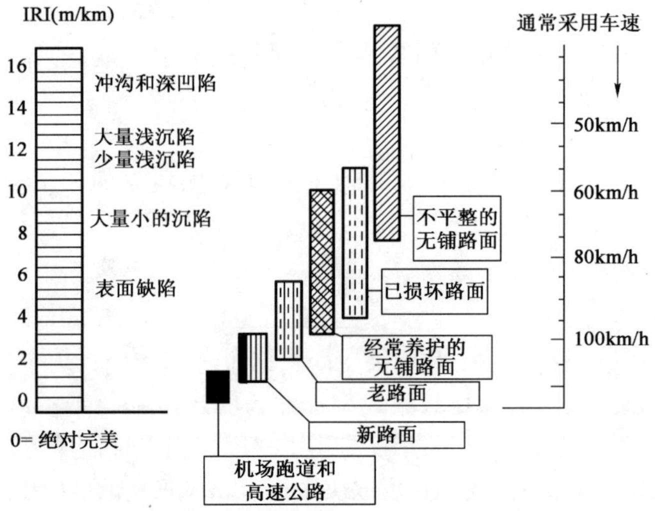

图 7-21　国际平整指数 IRI 变化范围

④标定路段应选纵坡变化较小的平坦、直线地段。

⑤选择交通量小或可以疏导的路段，减少标定时车辆的干扰。

标定路段起讫点用油漆作好标记，并每隔一定距离作中间标记，标定宜选择在行车道的正常轮迹上进行。

（1）用连续式平整度仪进行标定。

①用于标定的仪器应使用按规定进行校准后能准确测定路面平整度的连续式平整度仪。

②按现行操作规程用连续式平整度仪沿选择的每个路段全程连续测量平整度 3～5 次，取其平均值作为该路段的测试结果（以标准差表示）。

③用车载式颠簸累积仪沿各个路段进行测量，重复 3～5 次后，取其各次颠簸累积值的平均值作为该路段的测试结果，与平整度仪的各段测试结果相对应。标定时的测试车速应在 30～50km/h范围内选用一种或两种稳定的车速分别进行，记录车速及搭载量，以后测试时的

情况应与标定时的相同。

④整理相关关系

将连续式平整度仪测出的标准差 σ 及车载式颠簸累积仪测出的颠簸累积值 VBI_V 绘制出曲线并进行回归分析,建立相关关系:

$$\sigma = a + b \cdot VBI_V \tag{7-44}$$

式中:σ——用连续式平整度仪测定的以标准差表示的平整度(mm);

VBI_V——测试速度为 v 时用颠簸累积仪测得的累积值 VBI(cm/km);

a、b——回归系数。

(2)将车载式颠簸累积仪测定结果换算成国际平整度指数的标定方法。

①将所选择的标定路段在标记上每隔 0.25m 作出补充标记。

②在每个路段上用经过校准的精密水平仪分别测出每隔 0.25m 标点上的高程,计算国际平整度指数 IRI。

③用车载式颠簸累积仪测试得到各个路段的测试结果。

④将各个路段的国际平整度指数 IRI 与颠簸累积值 VBI_V 绘制出曲线并进行回归分析,建立相关关系:

$$IRI = a + b \cdot VBI_V \tag{7-45}$$

式中:IRI——国际平整度指数(m/km);

VBI_V——测试速度为 v 时颠簸积仪测得的颠簸累积值(cm/km);

a、b——回归系数。

二、路面抗滑性能试验检测

路面抗滑性能是指车辆轮胎受到制动时沿表面滑移所产生的力。通常,抗滑性能被看作是路面的表面特性,并用轮胎与路面间的摩阻系数来表示。表面特性包括路表面细构造和粗构造,影响抗滑性能的因素有路面表面特性、路面潮湿程度和行车速度。

路表面细构造是指集料表面的粗糙度,它随车轮的反复磨耗而逐渐被磨光。通常采用石料磨光值(PSV)表征抗磨光的性能。细构造在低速(30~50km/h 以下)时对路表抗滑性能起决定作用。而高速时主要起作用的是粗构造,它是由路表外露集料形成的构造,功能是使车轮下的路表水迅速排除,以避免形成水膜。粗构造由构造深度表征。

抗滑性能测试方法有:制动距离法、偏转轮拖车法(横向力系数测试)、摆式仪法、构造深度测试法(手工铺砂法、电动铺砂法、激光构造深度仪法)。各种方法的特点和测试指标见表7-10。

路面抗滑性能测试方法比较 表 7-10

测试方法	测试指标	原　　理	特点及适用范围
制动距离法	摩擦系数 f	以一定速度在潮湿路面上行驶的 4 轮小客车或货车,当 4 个车轮被制动时,测试出从车辆减速滑移到停止的距离,运用动力学原理,算出摩擦系数	测试速度快,必须中断交通
摆式仪法	摩擦摆值 BPN	摆式仪的摆锤底面装一橡胶滑块,当摆锤从一定高度自由下摆时,滑块面同试验表面接触。由于两者间的摩擦而损耗部分能量,使摆锤只能回摆到一定高度。表面摩擦阻力越大,回摆高度越小(即摆值越大)	定点测量,原理简单,不仅可以用于室内,而且可用于野外测试沥青路面及水泥混凝土路面的抗滑值

测试方法	测试指标	原　　理	特点及适用范围
手工铺砂法 电动铺砂法	构造深度 TD(mm)	将已知体积的砂，摊铺在所要测试路表的测点上，量取摊平覆盖的面积。砂的体积与所覆盖平均面积的比值，即为构造深度	定点测量，原理简单，便于携带，结果直观。选用于测定沥青路面及水泥混凝土路面表面构造深度，用于评定路面表面的宏观粗糙度、排水性能及抗滑性
激光构 造深度 测试法	构造深度 TD(mm)	中子源发射的许多束光线，照射到路表面的不同深度处，用200多个二极管接收返回的光束，利用二极管被点亮的时间差算出所测路面的构造深度	测试速度快，适用于测定沥青路面干燥表面的构造深度，用于评价路面抗滑及排水能力，但不适用于坑槽较多、显著不平整或裂缝过多的路段
摩擦系数 测定车测 定路面横 向力系数	横向力 系数 SFC	测试车上安装有两只标准试验轮胎，它们对车辆行驶方向偏转一定的角度。汽车以一定速度在潮湿路面上行驶时，试验轮胎受到侧向摩阻作用。此摩阻力除以试验轮上的载重，即为横向力系数	测试速度快，用于以标准的摩擦系数测试车测定沥青或水泥混凝土路面的横向力系数，结果中作为竣工验收或使用期评定路面抗滑能力使用

路面的抗滑摆值是指用标准的手提式摆式摩擦系数测定仪测定的路面在潮湿条件下对摆的摩擦阻力。路面构造深度是指一定面积的路表面凹凸不平的开口孔隙的平均深度。路面横向摩擦系数是指用标准的摩擦系数测定车测定，当测定轮与行车方向成一定角度且以一定速度行驶时，轮胎与潮湿路面之间的摩擦阻力与试验轮上荷载的比值。

(一)构造深度测试方法

1. 手工铺砂法

手工铺砂法适用于测定沥青路面及水泥混凝土路面表面的构造深度，用以评定路面表面的宏观粗糙度、路面表面的排水性能及抗滑性能。

(1)仪具与材料

①人工铺砂仪：由圆筒、摊平板组成。

②量砂筒：形状尺寸如图7-22a)所示，一端是封闭的，容积为25mL±0.15mL，可通过称量砂筒中水的质量以确定其容积V，并调整其高度，使其容积符合要求。带一专门的刮尺将筒口量砂刮平。

③推平板：形状尺寸如图7-22b)所示，推平板应为木制或铝制，直径50mm，底面粘一层厚1.5mm的橡胶片，上面有一圆柱把手。

④刮平尺：可用30cm钢尺代替。

⑤量砂：足够数量的干燥洁净的匀质砂，粒径为0.15~0.3mm。

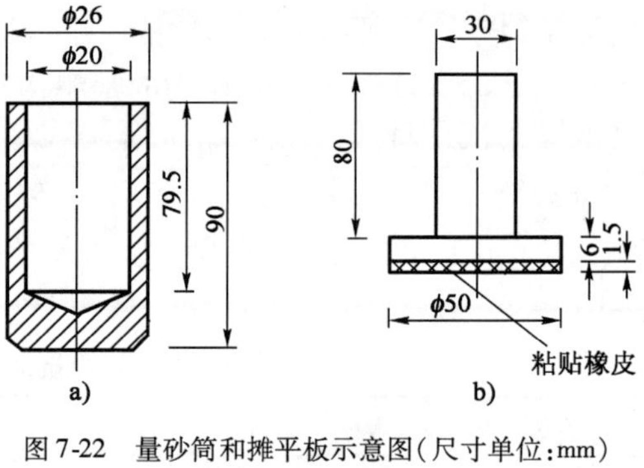

图7-22　量砂筒和摊平板示意图(尺寸单位:mm)
a)量砂筒;b)摊平板

⑥量尺：钢板尺、钢卷尺，或采用已按式(7-45)将直径换算成构造深度作为刻度单位的专用的构造深度尺。

⑦其他：装砂容器(小铲)、扫帚或毛刷、挡风板等。

(2)试验准备

①量砂准备:取洁净的细砂晾干、过筛,取0.15~0.3mm的砂置适当的容器中备用。量砂只能在路面上使用一次,不宜重复使用。回收砂必须经干燥、过筛处理后方可使用。

②对测试路段按随机取样选点的方法,决定测点所在横断面位置。测点应选在行车道的轮迹带上,距路面边缘不应小于1m。

(3)试验步骤

①用扫帚或毛刷子将测点附近的路面清扫干净,面积不小于30cm×30cm。

②用小铲向圆筒中注满砂,手提圆筒上方,在硬质路面上轻轻地叩打3次,使砂密实,补足砂面用钢尺一次刮平。不可直接用量砂筒装砂,以免影响量砂密度的均匀性。

③将砂倒在路面上,用底面粘有橡胶片的推平板,由里向外重复做摊铺运动,稍稍用力将砂细心地尽可能地向外摊开,使砂填入凹凸不平的路表面的空隙中,尽可能将砂摊成圆形,并不得在表面上留有浮动余砂。注意摊铺时不可用力过大或向外推挤。

④用钢板尺测量所构成圆的两个垂直方向的直径,取其平均值,准确至5mm。

⑤按以上方法,同一处平行测定不少于3次,3个测点均位于轮迹带上,测点间距3~5m。对同一处,应该由同一个试验员进行测定。该处的测定位置以中间测点的位置表示。

(4)路面构造深度计算

①路面表面构造深度测定结果按式(7-46)计算。

$$\mathrm{TD}=\frac{1\,000V}{\pi D^2/4}=\frac{31\,831}{D^2} \tag{7-46}$$

式中:TD——路面表面构造深度(mm);

V——砂的体积($25cm^3$);

D——摊平砂的平均直径(mm)。

②每一处均取3次路面构造深度的测定结果的平均值作为试验结果,准确至0.1mm。

③计算每一个评定区间路面构造深度的平均值、标准差、变异系数。

(5)试验报告撰写

①列表逐点报告路面构造深度的测定值及3次测定的平均值,当平均值小于0.2mm时,试验结果以<0.2mm表示。

②计算每一个评定区间路面构造深度的平均值、标准差、变异系数。

2. *电动铺砂法*

电动铺砂法适用于测定沥青路面及水泥混凝土路面表面构造深度,用以评定路面表面的宏观构造(粗糙度)及路面表面的排水性能和抗滑性能。

(1)仪具与材料

①电动铺砂仪:利用可充电的直流电源将量砂通过沙漏铺设成宽度5cm、厚度均匀一致的器具,如图7-23所示。

②量砂:足够数量的干燥洁净的匀质砂,粒径为0.15~0.3mm。

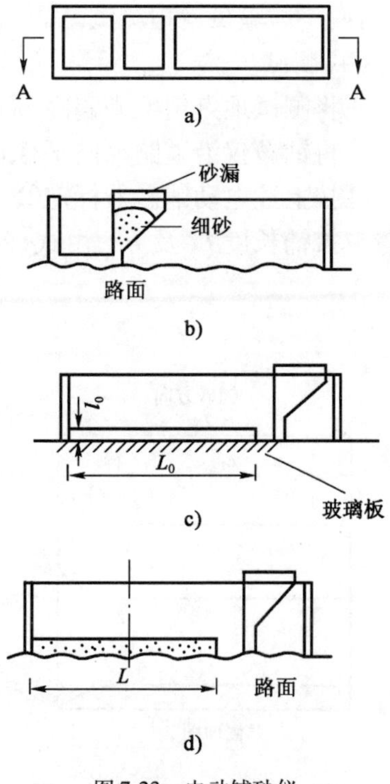

图7-23 电动铺砂仪

a)平面图;b)A-A断面;c)标定;d)测定

③标准量筒:容积 50mL。

④玻璃板:面积大于铺砂器,厚 5mm。

⑤其他:直尺、扫帚、毛刷等。

(2)试验准备

①量砂准备:取洁净的细砂,晾干过筛,取 0.15 ~ 0.3mm 的砂置适当的容器中备用。量砂只能在路面上使用一次,不宜重复使用。

②对测试路段按随机取样选点的方法,决定测点所在横断面的位置。测点应选在行车道的轮迹上,距路面边缘不应小于 1m。

(3)电动铺砂仪标定

①将铺砂仪平放在玻璃板上,将沙漏移至铺砂器端部。

②将灌砂漏斗口和量筒口大致齐平。通过漏斗向量筒中缓缓注入准备好的量砂至高出量筒成尖顶状,用直尺沿筒口一次刮平,其容积为 50mL。

③将漏斗口与铺砂器沙漏上口大致齐平。将砂通过漏斗均匀倒入沙漏,漏斗前后移动,使砂的表面大致齐平,但不得用任何其他工具刮动砂。

④开动电动机,使沙漏向另一端缓缓运动,量砂沿沙漏底部铺成图 7-24 所示的宽 5cm 的带状,待砂全部漏完后停止。

⑤按图 7-24,依式(7-47)由 L_1 及 L_2 的平均值确定量砂的摊铺长度 L_0,准确至 1mm:

$$L_0 = (L_1 + L_2)/2 \tag{7-47}$$

式中:L_0——量砂的摊铺长度(mm);

L_1、L_2——见图 7-24(mm)。

⑥重复标定 3 次,取平均值确定 L_0,精确至 1mm。标定应在每次测试前进行,用同一种量砂,由同一试验员承担测试。

(4)测试步骤

①将测试地点用毛刷刷净,面积大于铺砂仪。

②将铺砂仪沿道路纵向平稳地放在路面上,将沙漏移至端部。

③按上述电动铺砂器标定② ~ ⑤相同的步骤,在测试地点摊铺 50mL 量砂,按图 7-24 的方法量取摊铺长度 L_1 及 L_2,由式(7-48)计算 L,准确至 1mm。

$$L = \frac{L_1 + L_2}{2} \tag{7-48}$$

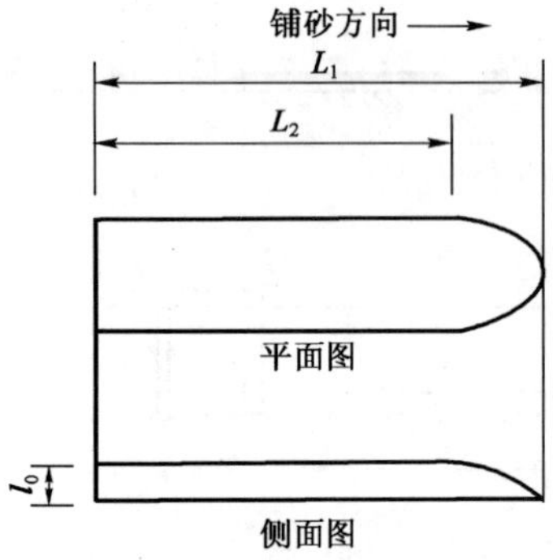

图 7-24　确定 L_0 的方法

④按以上方法,同一处平行测定不少于 3 次,3 个测点均位于轮迹带上,测点间距 3 ~ 5m,该处的测定位置以中间测点的位置表示。

(5)计算量砂厚度和路面构造深度

①按下式计算铺砂仪在玻璃板上摊铺的量砂厚度 t_0:

$$t_0 = \frac{V}{B \times L_0} \times 1\,000 = \frac{1\,000}{L_0} \tag{7-49}$$

式中:t_0——量砂在玻璃板上摊铺的标定厚度(mm);

V——量砂体积,$V = 50$mL;

B——铺砂仪铺砂宽度,$B = 50$mm;

L_0——玻璃板上 50mL 量砂摊铺的长度(mm)。

②按下式计算路面构造深度 TD：

$$TD=\frac{L_0-L}{L}\times t_0=\frac{L_0-L}{L\times L_0}\times 1\,000 \tag{7-50}$$

式中：TD——路面的构造深度(mm)；

L——路面上 50mL 量砂摊铺的长度(mm)。

③每一处均取 3 次路面构造深度的测定结果的平均值作为试验结果，准确至 0.1mm。

④计算每一个评定区间路面构造深度的平均值、标准差、变异系数。

(6)试验报告撰写

①列表逐点报告路面构造深度的测定值及 3 次测定的平均值，当平均值小于 0.2mm 时，试验结果以小于 0.2mm 表示。

②给出每一个评定区间路面构造深度的平均值、标准差、变异系数。

(二)摆式仪测定路面抗滑值试验

以摆式摩擦系数测定仪(摆式仪)测定沥青路面及水泥混凝土路面的抗滑值，用以评定路面在潮湿状态下的抗滑能力。

1. 仪具与材料

(1)摆式仪：形状及结构如图 7-25 所示，摆及摆的连接部分总质量为 1 500g ± 30g，摆动中心至摆的重心距离为 410mm ± 5mm，测定时摆在路面上滑动长度为 126mm ± 1mm，摆上橡胶片端部距摆动中心的距离为 510mm，橡胶片对路面的正向静压力为 22.2N ± 0.5N。

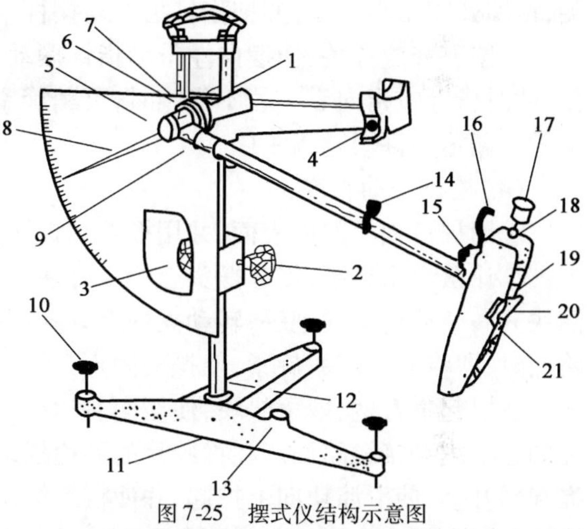

图 7-25　摆式仪结构示意图

1、2-紧固把手；3-升降把手；4-释放开关；5-转向节螺盖；6-调节螺母；7-针簧片或毡垫；8-指针；9-连接螺母；10-调平螺栓；11-底座；12-垫块；13-水准泡；14-卡环；15-定位螺钉；16-举升柄；17-平衡锤；18-并紧螺母；19-滑溜块；20-橡胶片；21-止滑螺钉

(2)橡胶片：用于测定路面抗滑值时的尺寸为 6.35mm × 25.4mm × 76.2mm，橡胶质量应符合表 7-11 的要求。当橡胶片使用后，端部在长度方向上磨损超过 1.6mm 或边缘在宽度方向上磨耗超过 3.2mm，或有油污染时，即应更换新橡胶片。新橡胶片应先在干燥路面上测 10 次后再用于测试。橡胶片的有效使用期规定为从出厂日期起算为 12 个月。

(3)标准量尺：长 126mm。

(4)洒水壶。

(5)硬毛刷。

(6)路面温度计：分度不大于 1℃。

(7)其他：皮尺或钢卷尺、扫帚、粉笔等。

橡胶物理性质技术要求　　表 7-11

性能指标	温度(℃)				
	0	10	20	30	40
弹性(%)	43 ~ 49	58 ~ 65	66 ~ 73	71 ~ 77	74 ~ 79
硬度	55 ± 5				

2. 试验准备

①检查摆式仪的调零灵敏情况,并定期进行仪器的标定。当用于路面工程检查验收时,仪器必须重新标定。

②对测试路段按随机取样方法,决定测点所在横断面位置。测点应选在行车车道的轮迹带上,距路面边缘不应小于1m,并用粉笔做出标记。测点位置宜紧靠铺砂法测定构造深度的测点位置,并与其一一对应。

3. 试验步骤

(1)清扫路面:用扫帚或其他工具将测点处路面清扫干净。

(2)仪器调平:

①将仪器置于路面测点上,并使摆的摆动方向与行车方向一致。

②转动底座上的调平螺栓,使水准泡居中。

(3)调零:

①放松上下两个紧固把手,转动升降把手,使摆升高并能自由摆动,然后旋紧紧固把手。

②将摆向右运动,按下安装于悬臂上的释放开关,使摆上的卡环进入开关槽,放开释放开关,摆即处于水平位置,并把指针抬至与摆杆平行处。

③按下释放开关,使摆向左带动指针摆动,当摆达到最高位置后下落时,用左手将摆杆接住,此时指针应指向零。若不指零时,可稍旋紧或放松摆的调节螺母,重复本项操作,直至指针指零。调零允许误差为 ±1。

(4)校核滑动长度:

①用扫帚扫净路面表面,并用橡胶刮板清除摆动范围内路面上的松散粒料。

②让摆自由悬挂,提起摆头上的举升柄,将底座上垫块置于定位螺钉下面,使摆头上的滑溜块升高。放松紧固把手,转动立柱上升降把手,使摆缓缓下降。当滑块上的橡胶片刚刚接触路面时,即将紧固把手旋紧,使摆头固定。

③提起举升柄,取下垫块,使摆向右运动。然后,手提举升柄使摆慢慢向左运动,直至橡胶片的边缘刚刚接触路面。在橡胶片的外边摆动方向设置标准尺,尺的一端正对准该点,再用手提起举升柄,使滑溜块向上抬起,并使摆继续运动至左边,使像胶片返回落下再一次接触地面,橡胶片两次同路面接触点的距离在126mm(即滑动长度)左右。若滑动长度不符合标准时,则升高或降低仪器底正面的调平螺钉来校正,但需调平水准泡,重复此项校核直至滑动长度符合126mm 的规定,而后,将摆和指针置于水平释放位置。

校核滑动长度时应以橡胶片长边刚刚接触路面为准,不可借摆力量向前滑动,以免标定的滑动长度过长。

(5)用喷壶的水浇洒测试路面,并用橡胶刮板除表面泥浆。

(6)再次洒水,并按下释放开关,使摆在路面滑过,指针即可指示出路面的摆值。但第一次测定,不做记录。当摆杆回落时,用左手接住摆,右手提起举升柄使滑溜块升高,将摆向右运动,并使摆杆和指针重新置于水平释放位置。

(7)重复(5)的操作测定5 次,并读记每次测定的摆值,即 BPN,5 次数值中最大值与最小值的差值不得大于 3BPN。如差数大于 3BPN,应检查产生的原因,并再次重复上述各项操作,至符合规定为止。取5 次测定的平均值作为每个测点路面的抗滑值(即摆值 F_B),取整数,以 BPN 表示。

(8)在测点位置上用路表温度计测记潮湿路面的温度,准确至1℃。

(9)按以上方法,同一处平行测定不少于 3 次,3 个测点均位于轮迹带上,测点间距 3 ~

5m。该处的测定位置以中间测点的位置表示。每一处均取3次测定结果的平均值作为试验结果，准确至1BPN。

4. 抗滑值的温度修正

当路面温度为t(℃)时，测得的值为BPN_t，必须按下式换算成标准温度20℃的摆值BPN_{20}：

$$BPN_{20} = BPN_t + \Delta BPN \tag{7-51}$$

式中：BPN_{20}——换算成标准温度20℃时的摆值(BPN)；

BPN_t——一定路面温度时测得的摆值(BPN)；

t——测定的路表潮湿状态下的温度(℃)；

ΔBPN——温度修正值，按表7-12选用。

温度修正值　　表7-12

温度t(℃)	0	5	10	15	20	25	30	35	40
温度修正值ΔBPN	−6	−4	−3	−1	0	+2	+3	+5	+7

5. 试验报告撰写

(1)报考中要详细描述测试日期、测点位置、天气情况、洒水后潮湿路面的温度，并描述路面类型、外观、结构类型等。

(2)列表逐点报告路面抗滑值的测定值BPN_t、经温度修正后的BPN_{20}及3次测定的平均值。

(3)给出每一个评定路段路面抗滑值的平均值、标准差、变异系数。

(三)单轮式横向力系数测试系统测定路面摩擦系数试验检测

单轮式横向力系数测试系统测试方法，适用于工作原理和结构与SCRIM测试车相同的横向力系数测试系统在新建、改建路面工程质量验收和无严重坑槽、车辙等病害的正常行车条件下连续采集路面的横向力系数。数据采集、传输、记录和处理分别由专用软件自动控制进行。

横向力系数测试系统在世界许多国家被采用，但在测试轮偏角、测试轮荷载、轮胎类型等方面的技术标准却有所差别。英国SCRIM系统是这类设备中性能较为优良、使用范围也较广的一种类型。我国标准体系中引入的横向力系数测试系统即是英国的SCRIM系统，国内现行规定的横向力摩擦系数测定车与英国SCRIM原型设备的基本参数指标保持一致。

测试系统在经过长期放置、长途行驶或进入温度、温度差别较大的地区时，其性能指标都可能发生变化，因此规定在每个测试项目开始前必须对设备进行重新标定。

为满足不同型号SCRIM系统的使用要求，对设备的具体操作程序和标定方法应依照厂家对每台设备提供的操作手册执行。

测试速度是影响SFC值大小的重要因素。通过对不同SFC值水平下的试验路段分别以40km/h、50km/h…80km/h等数组测试速度的重复试验，得到相关性较好的回归方程。由于所有回归方程的斜率都相近且修正值幅度一般较小，故近似取为常数−0.22，代入回归方程可计算得出标准速度下的SFC值。

路面SFC的测试结果受环境温度影响，原因是不同温度条件下测试轮胎的弹性和路面本身的抗滑性能都会发生变化。英国的Lander和Sabey分别进行了温度对SFC影响的试验，得到关系式如下：

Lander：
$$\frac{SFC_1}{SFC_{20}} = 1.106 - 0.0054t \qquad (r = -0.79) \tag{7-52}$$

Sabey: $$\frac{SFC_1}{SFC_{20}}=0.548+\frac{44.69}{t+80} \quad (r=0.81) \tag{7-53}$$

由上述试验得出的结果为，温度每升高1℃，SFC值减小0.3个单位。国内选取的8个路段进行的温度试验显示，温度每升高1℃，SFC值减小0.2～0.3个单位，结论基本一致。为简化修正方法，制定了温度修正表。

根据《公路工程质量检验评定标准（土建工程）》（JTG F80/1—2004）中相关规定，横向力摩擦系数使用代表值进行工程质量评定，具体计算公式如下：

按公式（7-54）计算SFC代表值。

$$SFC_r = \overline{SFC} - \frac{t_\alpha}{\sqrt{n}}S \tag{7-54}$$

式中：SFC_r——SFC代表值；

$\overline{SFC}$——SFC平均值；

S——标准差；

n——数据个数。

1.仪具与材料技术要求

（1）测试系统构成

测试系统由承载车辆、距离测试装置、横向力测试装置、供水装置和主控制系统组成，如图7-26所示。主控制系统除实施对测试装置和供水装置的操作控制外，同时还控制数据的传输、记录与计算等环节。

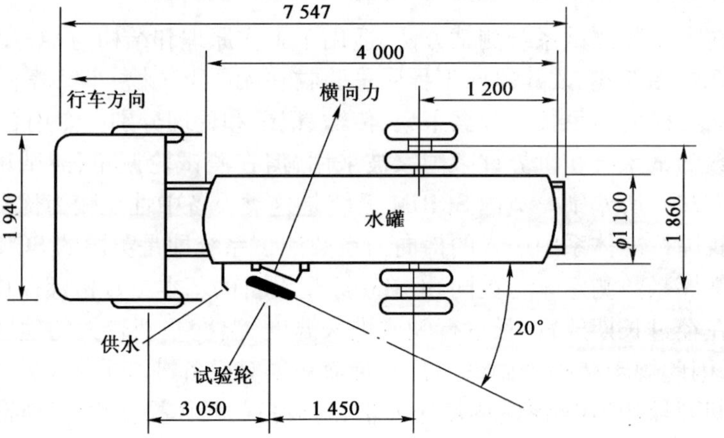

图7-26　横向摩擦系数测定机构示意图（尺寸单位：mm）

（2）测试系统技术要求和参数

横向力系数测试系统的承载车辆应为能够固定和安装测试、储供水、控制和记录等系统的载货车底盘，具有在水罐满载状态下最高车速大于100km/h的性能。

（3）测试系统技术要求和参数

①测试轮胎类型：光面天然橡胶充气轮胎。

②测试轮胎规格：3.00/20。

③测试轮胎标准气压：350kPa±20kPa。

④测试轮偏置角：19.5°～21°。

⑤测试轮静态垂直标准荷载：2 000N ±20N。

⑥拉力传感器非线性误差：<0.05%。

⑦拉力传感器有效量程：0 ~2 000N。

⑧距离标定误差：<2%。

2. 方法与步骤

(1)准备工作

①每个测试项目开始前或连续测试超过 1 000km 后必须按照设备使用手册规定的方法进行测试系统的标定，记录标定数据并存档。

②检查测试车轮胎气压，应达到车辆轮胎规定的标准气压。

③检查测试轮胎磨损情况，当其直径比新轮胎减小达 6mm（也即胎面磨损 3mm）以上或有明显磨损裂口时，必须立即更换新轮胎。更换的新轮胎在正式测试前应试测 2km。

④检测测试轮气压，应达到 0.35MPa ±0.02MPa 的要求。

⑤检查测试轮固定螺栓应拧紧。将测试轮放到正常测试时的位置，检查其应能够沿两侧滑柱上下自由升降。

⑥根据测试里程的需要向水罐加注清洁测试用水。

⑦检查洒水口出水情况和洒水位置应正常；洒水位置应在测试轮触地面中点沿行驶方向前方 400mm ±50mm 处，洒水宽度应为中心线两侧各不小于 75mm。

⑧将控制面板电源打开，检查各项控制功能键、指示灯和技术参数选择状态应正常。

(2)测试步骤

①正式开始测试前，首先应按设备操作手册规定的时间要求对于系统进行通电预热。

②进入测试路段前应将测试轮胎降至路面上预跑约 500m。

③按照设备操作手册的规定和测试路段的现场技术要求设置完毕所需的测试状态。

④驾驶员在进入测试路段前应保持车速在规定的测试速度范围内，沿正常行车轨迹驶入测试路段。

⑤进入测试路段后，测试人员启动系统的采集和记录程序。在测试过程中必须及时准确地将测试路段的起终点和其他需要特殊标记点的位置输入测试数据记录中。

⑥当测试车辆驶出测试路段后，仪器操作人员停止数据采集和记录，提升测量轮并恢复仪器各部分至初始状态。

⑦操作人员检查数据文件应完整，内容应正常，否则需要重新测试。

⑧关闭测试系统电源，结束测试。

3. SFC 值的修正

(1)SFC 值的速度修正

测试系统的标准测试速度范围规定为 50km/h ±4km/h，其他速度条件下测试的 SFC 值必须通过式(7-55)转换至标准速度下的等效 SFC 值。

$$SFC_{标} = SFC_{测} - 0.22(v_{标} - v_{测}) \tag{7-55}$$

式中：$SFC_{标}$——标准测试速度下的等效 SFC 值；

$SFC_{测}$——现场实际测试速度条件下的 SFC 测试值；

$v_{标}$——标准测试速度，取值 50km/h；

$v_{测}$——现场实际测试速度。

(2)SFC 值的温度修正

测试系统的标准现场测试地面温度范围为20℃ ±5℃,其他地面温度条件下测试的 SFC 值必须通过表7-13 转换至标准温度下的等效 SFC 值。系统测试要求地面温度控制在 8 ~ 60℃范围内。

SFC 值温度修正 表7-13

温度(℃)	10	15	20	25	30	35	40	45	50	55	60
修正	-3	-1	0	+1	+3	+4	+6	+7	+8	+9	+10

4. 不同类型摩擦系统测试设备间相关关系对比试验

(1)基本要求

不同类型摩擦系数测试设备的测值应换算成 SFC 值后使用,所以抽动式摩擦系数测试设备和其他类型横向力式测试设备在使用时必须和 SCRIM 系统进行对比试验,建立测试结果与 SCRIM 系统测值——SFC 值的相关关系。

(2)试验条件

①按 SFC 值 0 ~ 30、30 ~ 50、50 ~ 70、70 ~ 100 的范围选择 4 段不同摩擦系数的路段,路段长度可为 100 ~ 300m。

②对比试验路段地面应清洁干燥,地面温度应在 10 ~ 30℃ 范围内,天气条件宜为晴天无风。

(3)试验步骤

①测试系统和需要进行对比试验的其他类型设备分别按规范规定的方法及其操作手册规定的程序准备就绪。

②两套设备分别以 40km/h、50km/h、60km/h、70km/h、80km/h 的速度在所选择的 4 种试验路段上各测试 3 次,3 次测试的平均值的绝对差值不得大于 5,否则重测。

③两种试验设备设置的采样频率差值不应超过一倍,每个试验路段的采样数据量不应少于 10 个。

(4)试验数据处理

①分别计算出每种速度下各路段 3 次测试结果的总平均值和标准差,超过 3 倍标准差的值应予以舍弃。

②用数理统计的回归分析方法建立试验设备测值与速度的相关关系式,相关系数 R 不得小于 0.95。

③建立不同速度下试验设备测值 SFC 的相关关系式,相关系数 R 不得小于 0.95。

5. 试验报告编写

报告应包括横向力系数 SFC 的平均值、标准差、代表值及现场测试速度和温度。

(四)抗滑性能检测中应注意事项

(1)在使用摆式仪前必须按照说明书或者按照《公路工程集料试验规程》(JTG E42—2005)中的方法对摆式仪进行标定,否则所测数据缺乏可靠性。

(2)用摆式仪法测定时"标定滑动长度"是一个非常重要的环节,标定时应取滑溜块与路面正好轻轻接触的点进行量取。切不可给摆锤一个力,让它有滑动后再量取,这样标定,则滑动长度偏长,所测摆值偏大。

(3)在用手工铺砂法测路面构造深度时,不同的人进行测试,所测结果往往差别较大,其原因较多,例如装砂的方法不标准,摊砂用的推平板不标准,最主要的是砂摊开到多大程度为止，各人掌握不一。为了使测试结果准确可靠，在前面介绍时对容易产生误差的地方都有明确的规定，且摊开时用“尽可能向外摊平使砂填入凹凸不平的路表面空隙中，在地表面上形成一薄层”的提法。测试时应严格掌握操作方法中的细节问题。

第五节　路面施工尺寸（厚度与横坡）试验检测

一、路面施工厚度测定

在路面工程中，各个层次的厚度是和道路整体强度密切相关的。在路面设计中，不管是刚性路面，还是柔性路面，其最终要决定的，都是各个层次的厚度，只有在保证厚度的情况下，路面的各个层次及整体的强度才能得到保证。除了能保证强度外，严格控制各结构层的厚度，还能对路面的标高起到一定的控制作用的指标。

路面各结构层厚度的检测可与压实度同时进行，当用灌砂法进行压实度检查时，可量取挖坑灌砂深度即为结构层厚度。当用钻芯取样法检查压实度时，可直接量取芯样高度。结构层厚度也可以采用水准仪量测法求得，即在同一测点量出结构层底面及顶面的高程，然后求其差值。这种方法无需破坏路面，测试精度高。目前，国内外还用雷达、超声波等方法检测路面结构层厚度。

基层或砂石路面厚度，用挖坑法测定；沥青面层厚度及水泥混凝土路面板厚度可用钻孔法测定。

（一）挖坑法测定路面结构层施工厚度

1. 仪器与材料技术要求

（1）挖坑用镐、铲、凿子、锤子、小铲、毛刷。

（2）路面芯样机具及钻头，冷却水。钻头的标准直径为 ϕ100mm，如芯样仅供测量厚度，不做其他试验时，对沥青面层与水泥混凝土板可用直径 ϕ50mm 的钻头，对基层材料有可能损坏试件时，可用直径 ϕ150mm 的钻头，但钻孔深度必须达到层厚。

（3）量尺：钢板尺、钢卷尺、卡尺。

（4）补坑材料：与检查层位的材料相同。

（5）补坑用具：夯、垫夯、水等。

（6）其他：搪瓷盘、棉纱等。

2. 挖坑法厚度测试步骤

（1）根据相关规范要求，随机取样决定挖坑检查位置，如为旧路，该点有坑洞等显著缺陷或接缝时，可在旁边检测。

（2）在选择试验地点，选一块约 40cm × 40cm 的平坦表面，用毛刷将其清扫干净。

（3）根据材料坚硬程度，选择镐、铲、凿子等适当的工具，开挖这一层材料，直至层位底面。在便于开挖的前提下，开挖面积应尽量缩小，坑洞大体呈圆形，边开挖边将材料铲出，置于搪瓷盘中。

（4）用毛刷将坑底清扫，确认为下一层的顶面。

（5）将钢板尺平放横跨于坑的两边，用另一把钢尺或卡尺等量具有坑的中部位置垂直伸至坑底，测量坑底至钢板尺的距离，即为检查层的厚度，以 mm 计，准确至 1mm。

3. 测试步骤

（1）根据现行相关规范的要求，随机取样决定钻孔检查的位置，如为旧路，该点有坑洞等显著缺陷或接缝时，可在其旁边检测。

(2)用路面取芯钻机钻孔，芯样的直径应符合本方法第2条的要求，钻孔深度必须达到层厚。

(3)仔细取出芯样，清除底面灰土，找出与下层的分界面。

(4)用钢板尺或卡尺沿圆周对称的十字方向四处量取表面至上下层界面的高度，取其平均值，即为该层的厚度，准确至1mm。

在沥青路面施工过程中，当沥青混合料尚未冷却时，可根据需要随机选择测点，用大螺丝刀插入至沥青层底面深度后用尺读数，量取沥青层的厚度，以mm计，准确至1mm。

4. 坑洞填补

按下列步骤用与取样层相同的材料填补挖坑或钻孔：

(1)适当清理坑中残留物，钻孔时留下的积水应用棉纱吸干。

(2)对无机结合料稳定层及水泥混凝土路面板，应按相同配合比用新拌的材料分层填补并用小锤压实。水泥混凝土中宜掺加少量快凝早强剂。

(3)对无结合料粒料基层，可用挖坑时取出的材料，适当加水拌和后分层填补，并用小锤压实。

(4)对正在施工的沥青路面，用相同级配的热拌沥青混合料分层填补并用加热的铁锤或热夯压实，旧路钻孔也可用乳化沥青混合料修补。

(5)所有补坑结束时，宜比原面层略鼓出少许，用重锤或压路机压实平整。

补坑工序如有疏忽、遗留或补得不好，易成为隐患而导致开裂，所有挖坑、钻孔均应仔细做好。

5. 计算层厚

按式(7-56)计算路面实测厚度 T_{1i} 与设计厚度 T_{0i} 之差。

$$\Delta T_i = T_{1i} - T_{0i} \tag{7-56}$$

式中：T_{1i}——路面的实测厚度(mm)；

T_{0i}——路面的设计厚度(mm)；

ΔT_i——路面实测厚度与设计厚度的差值(mm)。

当为检查路面总厚度时，则将各层平均厚度相加即为路面总厚度。按规程附录B的方法，计算一个评定路段检测厚度的平均值、标准差、变异系数，并计算代表厚度。

6. 报告编写

路面厚度检测报告应列表填写，并记录与设计厚度之差，不足设计厚度为负，大于设计厚度为正。

路面厚度是施工过程中质量控制及施工验收的必测项目。此方法按工程实际经验编写。

路面厚度的检测，通常规定以测量钻孔试件厚度或挖坑法为标准试验方法，属于破坏性检验。因此，在沥青路面施工过程中，取消了施工过程中挖坑检测厚度的方法，应尽量采用无破损方法进行检验，以减少对路面造成损坏或留下隐患。测定点数或具体的检测方法参照相关规范执行。

(二)短脉冲雷达测定路面厚度试验方法

采用短脉冲雷达无损检测路面面层厚度，通常针对新建、改建路面工程质量验收和旧路加铺路面设计的厚度调查。

短脉冲雷达是目前国内外已普通用于测试路面结构层厚度的一种无损测试设备。其沥青面层的测试误差一般可控制在3mm内,但是其测试效率是传统方法所无法相比的。

建议测试路面厚度小于10cm时,宜选用频率大于2GHz的雷达天线;路面厚度为10~25cm时,宜选用频率大于1.5GHz的雷达天线;路面厚度大于25cm时,宜选用频率大于1GHz的雷达天线。

因雷达发射的电磁波在路面层传播过程中会逐渐削弱、消散、层面反射。雷达最大探测深度是由雷达系统的参数以及路面材料的电磁属性决定的。对于材料过度潮湿或饱和以及有高含铁量矿渣集料的路面不适合用本方法测试。

1. 仪具与材料技术要求

雷达测试系统由承载车、天线、雷达发射接收器和控制系统组成,设备部分如图7-27所示。

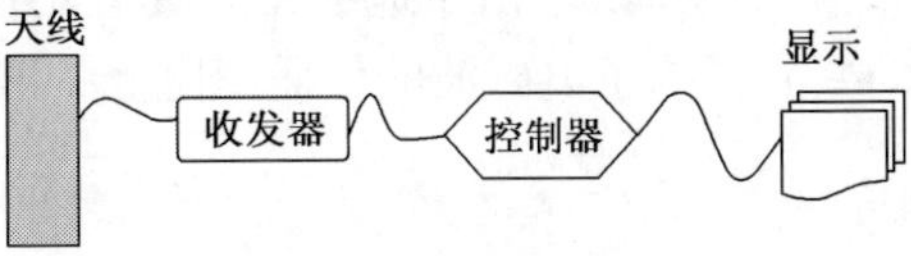

图7-27　雷达系统组成图

(1)设备承载车基本技术要求和参数

设备承载车车型应满足设备制造商的要求。

(2)测试系统技术要求和参数

①距离标定误差:≤0.1%。

②设备工作温度:0~40℃。

③最小分辨层厚:≤40mm。

④系统测量精度要求:见表7-14。

系统测量精度技术要求　　表7-14

测量深度(cm)	测量误差(mm)	测量深度(cm)	测量误差(mm)
<10	±3	>25	±10
10~25	±5		

⑤天线:喇叭形空气耦合天线,带宽能适应所选择的发射脉冲频率。

⑥收发器:脉冲宽度≤1.0ns,时间信号处理能力可以适应所需的测试深度。

2. 方法与步骤

(1)准备工作

①距离标定:承载车行驶超过20 000km,更换轮胎,或使用超过1年的情形下需要进行距离标定。距离标定方法根据厂商提供的使用说明进行。

②安装雷达天线:将雷达天线按照厂商提供的安装方法牢固安装好,并将天线与主机的连续连接好。

③检查连接线安装无误后开机预热,预热时间不得少于厂商规定的时间。

④将金属板放置在天线正下方,启动控制软件的标定程序,获取相应参数。

⑤打开控制软件的参数设置界面,根据不同的检测目的,设置采样间隔、时间窗、增益等参数。

(2)测试步骤

①将承载车停在起点,开启安全警示灯,启动软件测试程序,令驾驶员缓慢加速车辆到正常检测速度。

②检测过程中,操作人员应记录测试线路所遇到的桥梁、涵洞、隧道等构造物的起终点。

③当测试车辆到达测试终点后,操作人员停止采集程序。

④芯样标定：为了准确反算出路面厚度，必须知道路面材料的介电常数，通常采用在路面上钻芯取样方法以获取路面材料的介电常数。做法是首先令雷达天线在需要标定芯样点的上方采样，然后钻芯，最后将芯样的真实厚度数据输入到计算程序中，反算出路面材料的介电常数或者雷达波在材料中的传播速度；路面材料的介电常数会随集料类型、沥青产地、密度、湿度等而不同。测试过程中应根据实际情况增加芯样钻取数量，以保证测试厚度的准确性。

⑤操作人员检查数据文件，文件应完整，内容应正常，否则应重新测试。

⑥关闭测试系统电源，结束测试。

3. 计算厚度

(1)计算原理：由于地下介质具有不同的介电常数，造成各种介质具有不同的电导性，电导性的差异影响了电磁波的传播速度。一般用下面公式计算电磁波在不同介质中的传播速度。

$$v = \frac{c}{\sqrt{\varepsilon_r}} \tag{7-57}$$

式中：v——电磁波在介质中的传播速度(mm/ns)；

c——电磁波在空气中的传播速度，取300mm/ns；

ε_r——介质的相对介电常数。

根据雷达波在路面面层中的双程走时以及材料的相对介电常数，用下式确定面层厚度。

$$T = \frac{\Delta t \times c}{2\sqrt{\varepsilon_r}} \tag{7-58}$$

式中：T——面层厚度(mm)；

c——电磁波在空气中的传播速度，取300mm/ns；

ε_r——相对介电常数；

Δt——雷达波在路面面层中的双程走时(ns)。

(2)介电常数获取。路面材料的相对介电常数ε_r可以通过路面芯样获得。路面厚度的计算通常先由雷达波识别软件自动识别各层分界线，得到雷达波在各层中的双程走时，然后计算各层厚度。

4. 报告编写

路面厚度测试报告应包括检测路段的厚度平均值、标准差、厚度代表值。

二、几何数据测试系统测定路面横坡试验方法

数据测试、系统测试适用于各类几何数据测试系统在正常行车条件下连续采集路面的横坡数据。并对新建、改建路面工程质量验收和无严重坑槽、车辙等病害的通车运行路面的横坡评价。

数据采集、传输、记录和数据处理由专用软件自动控制进行。

测试过程中路面应整洁，宜选择风力较小时。

(一)仪具与材料技术要求

几何数据测试系统由承载车、数据采集处理系统和距离测量系统组成。

1. 设备承载车基本技术要求和参数

本试验方法适用于目前采用激光测距仪、加速度传感器和陀螺仪等设备测试地面横坡的自动化测试系统。由于车辆行驶过程中路面状况和外界风力等因素会影响测试结果，因此对车辆高度和测试速度作限制性规定。几何数据测试系统承载车的车身高度不宜超过1.7m，车型满足设备制造商的要求。

2. 测试系统技术要求和参数

(1)距离标定误差:≤0.1%。

(2)设备工作温度:-10~60℃。

(3)横坡分辨率:≤0.1°。

(二)测试方法与步骤

1. 准备工作

(1)检查轮胎气压,使气压达到车辆正常使用的轮胎气压。

(2)距离标定:承载车每行驶5 000km或者更换轮胎必须进行距离标定,距离标定长度1 000m,误差0.1%。

(3)将控制面板电源打开,检查各项控制功能键、指示灯和技术参数选择状态。

2. 测试步骤

(1)打开测试系统,通电预热时间不少于设备操作手册的规定。

(2)每次测试开始前或连续测试长度超过100km后必须按照设备使用手册规定的方法进行系统偏差标定。

(3)按照设备操作手册的规定和测试路段的现场技术要求设置完毕所需的测试状态。

(4)驾驶员以恒定加速度加速至测试速度,测试车速宜为30~90km/h。沿正常行车轨迹驶入测试路段。测试过程中承载车应沿车道线匀速行驶,不能超车、变线。

(5)进入测试路段后,测试人员在测试过程中必须及时准确地将测试路段的起终点和其他需要特殊标记的点的位置输入测试数据记录中。

(6)当承载车驶出测试路段后,停车,设备操作人员停止数据采集和记录,并恢复仪器各部分至初始状态。

(7)检查测试数据,内容应正常,否则重新测试。

(8)关闭测试系统电源,结束测试。

(三)报告编写

报告应包括横坡值的平均值、标准差和变异系数。

第六节 沥青路面渗水性能检测

一、渗水性能检测目的与意义

沥青路面铺筑的其中一个基本点是沥青层能够基本上封闭雨水的下渗,即路面必须具有良好的防渗水性,如果路面渗水严重,则沥青混合料和路面的耐久性将大幅降低。因此,沥青路面渗水性能成为反映沥青混合料级配组成的一个间接指标。如果整个沥青面层均透水,则表面水势必透入基层或路基,大幅降低路面承载能力,且易导致水损害快速出现。而沥青面层中至少有一层不透水,且表面层能透水,则表面水能及时下渗,不致形成水膜,提高抗滑性能,减少噪音,如OGFC等透水型路面。

沥青路面渗水性能通常用渗水系数表征,渗水系数是指在规定的水头压力下,水在间接时间内通过一定面积的路面渗入下层的数量,单位为mL/min。

研究与实践表明,路面渗水系数与空隙率有很大关系,通常剩余空隙率越大,路面渗水系数越大，路面渗水越严重。但同样的空隙率，路面的渗水情况却不同，因为空隙率包括了开空隙和闭空隙，而只有开空隙才能够透水。由此可见，渗水系数与空隙率又是性质不同的两项指标，控制好空隙率和压实度，并不能完全保证渗水性能。同时，渗水系数非常直观，所以很多国家越来越重视直接检查渗水系数。

由于路面在使用过程中，灰尘极易堵塞空隙，使渗水试验无法做好，因此，渗水系数测试应在路面施工结束后进行测试。同时，对于公称最大粒径大于26.5mm的下面层或基层混合料，由于渗水系数的测定方法及指标问题，不适用于渗水系数的测定。

二、沥青路面渗水试验方法

本方法适用于路面渗水仪测定沥青路面的渗水系数。

(一)仪具与材料

本试验需要下列仪具与材料：

(1)路面渗水仪：形状及尺寸如图7-28所示，上部盛水量筒由透明有机玻璃制成，容积600mL，上有刻度，在100mL及500mL处有粗标线，下方通过ϕ10mm的细管与底座相接，中间有一开关。量筒通过支架联结，底座下方开口内径150mm，外径165mm，仪器附压重铁圈两个，每个质量约5kg，内径ϕ160mm。

(2)水桶及大漏斗。

(3)秒表。

(4)密封材料：玻璃腻子、油灰或橡皮泥。

(5)其他：水、红墨水、粉笔、扫帚等。

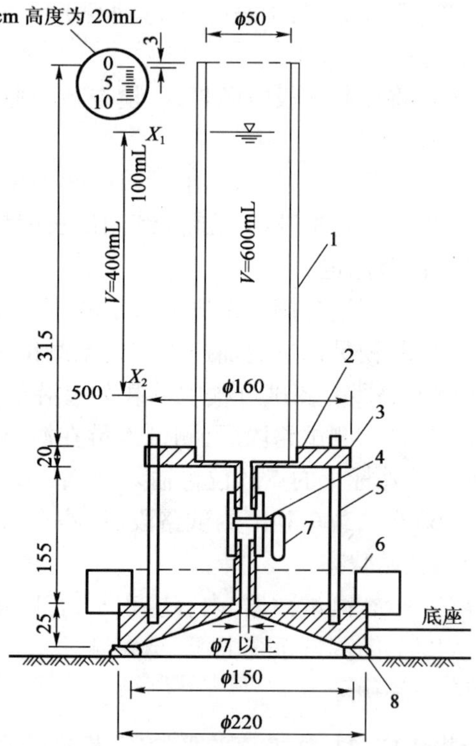

图7-28 渗水仪结构图(尺寸单位:mm)

1-透明有机玻璃筒;2-螺纹连接;3-顶板;4-阀;5-立柱支架;6-压重铁圈;7-把手;8-密封材料

(二)方法与步骤

1. 准备工作

(1)在测试路段的行车道路面上，按《公路路基路面现场测试规程》(JTG E60—2008)附录A的随机取样方法选择测试位置，每一个检测路段应测定5个测点，并用粉笔画上测试标记。

(2)试验前，首先用扫帚清扫表面，并用刷子将路面表面的杂物刷去。杂物的存在一方面会影响水的渗入；另一方面也会影响渗水仪和路面或者试件的密封效果。

2. 测试步骤

(1)将塑料圈置于试件中央或者路面表面的测点上，用粉笔分别沿塑料圈的内侧和外侧画上圈，在外环和内环之间的部分就是需要用密封材料进行密封的区域。

(2)用密封材料对环状密封区域进行密封处理，注意不要使密封材料进入内圈。如果密封材料不小心进入内圈，必须用刮刀将其刮走。然后再将搓成拇指粗细的条状密封材料摞在环状密封区域的中央，并且摞成一圈。

(3)将渗水仪放在试件或者路面表面的测点上，注意使渗水仪的中心尽量和圆环中心重合，然后略微使劲将渗水仪压在条状密封材料表面，再将配重加上，以防压力水从底座与路面间流出。

(4)将开关关闭,向量筒中注满水,然后打开开关,使量筒中的水下流排出渗水仪底部内的空气,当量筒中水面下降速度变慢时用双手轻压渗水仪使渗水仪底部的气泡全部排出。关闭开关,并再次向量筒中注满水。

(5)将开关打开,待水面下降至100mL刻度时,立即开动秒表开始计时,每间隔60s,读记仪器管的刻度一次,至水面下降500mL时为止。测试过程中,如水从底座与密封材料间渗出,说明底座与路面密封不好,应移至附近干燥路面处重新操作。当水面下降速度较慢,则测定3min的渗水量即可停止;如果水面下降速度较快,在不到3min的时间内到达了500mL刻度线,则记录到达了500mL刻度线时的时间;若水面下降至一定程度后基本保持不动,说明基本不透水或根本不透水,在报告中注明。

(6)按以上步骤在同一个检测路段选择5个测点测定渗水系数,取其平均值作为检测结果。

(三)渗水系数计算

沥青路面的渗水系数按式(7-59)计算,计算时以水面从100mL下降至500mL所需的时间为标准,若渗水时间过长,亦可采用3min通过的水量计算:

$$C_W = \frac{V_2 - V_1}{t_2 - t_1} \times 60 \tag{7-59}$$

式中:C_W——路面渗水系数(mL/min);

V_1——第一次读数时的水量(mL);通常为100mL;

V_2——第二次读数时的水量(mL);通常为500mL;

t_1——第一次读数时的时间(s);

t_2——第二次读数时的时间(s)。

(四)试验报告编写

报告中要列表逐点报告每个检测路段各个测点的渗水系数,及5个测点的平均值、标准差、变异系数。若路面不透水,则在报告中注明。

第七节　沥青路面耐久性(车辙)试验检测

路面耐久性是关系到其使用品质和使用年限的重要标志,因而受到各国关注。我国现行路面设计规范在采用疲劳等效原则的设计方法的基础上,竭力从材料、检测等诸方面提高路面的耐久性。路面耐久性不足表现为早期损坏,其中,车辙是路面常见的主要损坏形式,尤其对实行渠化交通的汽车专用公路更是如此。因此,各国将车辙检测作为衡量路面耐久性的主要指标之一。

车辙测定方法各国不尽相同(表7-15),早期最基本的原理是用直尺架在车道上测定直尺与车辙底部的距离,但直尺长度又不一致。美国AASHTO路面设计指南以前规定用1.2m直尺;美国战略公路研究计划长期路面使用性能(SHRP-LTPP)项目统一规定,除以前已使用1.2m直尺观测的路面需继续用1.2m直尺观测外,所有路面都应采用一个车道宽度的直尺观测;日本一直规定用一个车道宽度的直尺。如果一个车道的车辙是W形,轮迹轨迹集中,两种方法测定的结果可能没有差别,但如果车辙不是W形而是U形,或者虽然是W形而中间鼓出得少两边鼓出得多,则一个车辙的宽度大于2m,用1.2m或2m直尺就不能量出最大车辙深度。结合我国实际情况,除少数高速公路或城市道路主干线分道行驶非常严格者车辙宽度较窄外,大多数二级以下公路车辙均比较宽,有些属U形。因此,习惯上采用目前国外通用的方法，规定直尺长度不小于一个车道宽度。

由于造成车辙的原因不同（沥青混合料推挤流动、压密、路基压实、沉降）以及车轮横向分布的不同，车辙形状是不同的。

几种车辙测定方法 表7-15

国　　家	仪 器 名 称	方　　法	测定间隔
美国AASHTO(1987)	1.2m直尺	直尺中最大垂直变形	7m
美国SHRP(LTPP)	车道全宽直尺自动测定车	直尺中最大垂直变形	30.5m
瑞典	自动测定车（激光）	测定横断面用直尺法（一车道宽度），决定最大垂直变形	5m
英国	自动测定车（HRM）	后轴中部一个激光器测定与路面的距离，将其与平地上的距离之差作为车辙	10m
美国（南达科他州）	SDDOT横断面仪	超声波测距仪在两侧轮中及后轴中央测三点与路面距离（h_1、h_2、h_3），车辙由（$h_1+h_3-h_2$）/2得到	15m
日本	横断面仪自动测定车直尺法，全宽拉线法（全宽）	测定横断面后决定最大垂直变形	20m

一、沥青路面车辙试验仪具与材料

用于测定沥青路面的车辙，供评定路面使用状况及计算维修工作量时使用。

本方法可选用下列仪具与材料：

（1）路面横断面仪：如图7-29所示。其长度不小于一个车道宽度，横梁上有一位移传感器，可自动记录横断面形状，测试间距小于20cm，测试精度1mm。

（2）激光或超声波车辙仪：包括多点激光或超声波车辙仪、线激光车辙仪和线扫描激光车辙仪等类型，通过激光测距技术或激光成像和数字图像分析技术得到车道横断面相对高程数据，并按规定模式计算车辙深度。

要求激光或超声波车辙仪有效测试宽度不小于3.2m，测点不少于13点，测试精度1mm。

（3）横断面尺：如图7-30所示。横断面尺为硬木或金属制直尺，刻度间距5cm，长度不小于一个车道宽度。顶面平直，最大弯曲不超过1mm，两端有把手及高度为10～20cm的支脚，两支脚的高度相同。

（4）量尺：钢板尺、卡尺、塞尺，量程大于车辙深度，刻度至1mm。

（5）其他：皮尺、粉笔等。

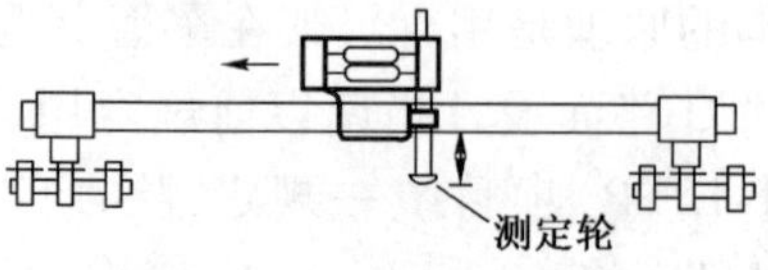

图7-29　路面横断面仪

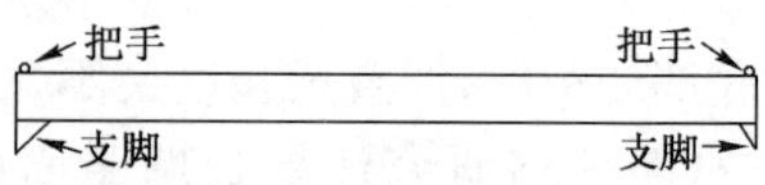

图7-30　路面横断面尺

二、沥青路面车辙测试方法与计算

（一）车辙测定的基准测量宽度

（1）对高速公路及一级公路，以发生车辙的一个车道两侧标线宽度中点到中点的距离为基准测量宽度。

(2)对二级及二级以下公路,有车道区画线时,以发生车辙的一个车道两侧标线宽度中点到中点的距离为基准测量宽度;无车道区画线时,以形成车辙部位的一个设计车道宽作为基准测量宽度。

以一个评定路段为单位,用激光车辙仪连续检测时,测定断面间隔不大于10m。用其他方法非连续测定时,在车道上每隔50m作为一测定断面,用粉笔画上标记进行测定。根据需要在行车道上随机选取测定断面,在特殊需要的路段如交叉口前后可予加密。

(二)路面车辙测试步骤

1.采用激光或超声波车辙仪的测试步骤

(1)将检测车辆就位于测定区间起点前。

(2)启动并设定检测系统参数。

(3)启动车辙和距离测试装置,开动测试车沿车道轮迹位置且平行于车道线平稳行驶,测试系统自动记录出每个横断面和距离数据。

(4)到达测定区间终点后,结束测定。

(5)系统处理软件按照图7-31规定的模式通过各横断面相对高程数据计算车辙深度。

2.采用路面横断面仪的测试步骤

(1)将路面横断面仪就位于测定断面上,方向与道路中心线垂直,两端支脚立于测定车道的两侧边缘,记录断面桩号。

(2)调整两端支脚高度,使其等高。

(3)移动横断面仪的测量器,从测定车道的一端移至另一端,记录出断面形状。

3.采用横断面尺的测试步骤

(1)将横断面尺就位于测定断面上,两端支脚置于测定车道两侧。

(2)沿横断面尺每隔20cm一点,用量尺垂直立于路面上,用目平视测记横断面尺顶面与路面之间的距离,准确至1mm。如断面的最高处或最低处明显不在测定点上应加测该点距离。

(3)记录测定读数,绘出断面图,最后连接成圆滑的横断面曲线。

(4)横断面尺也可用线绳代替。

(5)当不需要测定横断面,仅需要测定最大车辙时,亦可用不带支脚的横断面尺架在路面上由目测确定最大车辙位置用尺量取。

(三)测试计算与报告撰写

1.绘制断面图与基准线

根据断面线按图7-31的方法画出横断面图及顶面基准线。通常为其中之一种形式。

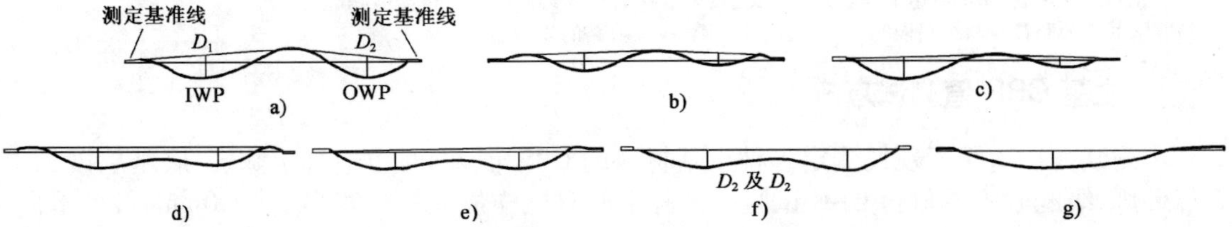

图7-31　不同形状、不同程度的路面车辙示意图

注:IWP、OWP表示内侧轮迹带及外侧轮迹带

2. 图上量取车辙深度

在图上确定车辙深度 D_1 及 D_2，读至 1mm。以其中最大值作为断面的最大车辙深度。

3. 计算平均车辙深度

求取各测定断面最大车辙深度的平均值作为该评定路段的平均车辙深度报告。

4. 填写试验报告

测试报告应记录下列事项：

(1)采用的测定方法。

(2)路段描述，包括里程桩号、路面结构及横断面、使用年限、交通情况等。

(3)各测定断面的横断面图。

(4)各测定断面的最大车辙深度表。

(5)各评定路段的最大车辙深度及平均车辙深度。

(6)根据测定目的应记录的其他事项或数据。

第八节　路基路面最弱强度(CBR 值)现场测试技术

CBR 又称加州承载比，是 California Bearing Ratio 的缩写，由美国加利福尼亚州公路局首先提出来，CBR 是借助一定荷载压入路面材料或土基的深度值来表征强度高低，用于评定路基土和路面材料的强度指标。在国外多采用 CBR 作为路面材料和路基土的设计参数。在公路路基施工现场，用载重汽车作为反力架，通过千斤顶连续加载，使贯入杆匀速压入土基。为了模拟路面结构对土基的附加应力，在贯入杆位置安放荷载板。路基强度越高，贯入量越大。

我国现行沥青和水泥混凝土路面设计规范，对路面、路基的设计参数系采用回弹模量指标，而在境外修建的公路工程多采用 CBR 指标。CBR 试验方法用于测定各种土基材料的 CBR 值，同时也可用于基层、底基层砂类土、天然砂砾级配碎石等材料的 CBR 值，集料的最大粒径不小于 19mm 且不大于 31.5mm。

路基填料最弱强度要求见表 7-16。

路基填料最弱强度(CBR 值)　　表 7-16

项 目 分 类	路面底面下深度(cm)	填料最弱强度 CBR(%)	
		高速公路、一级公路	其他等级公路
上路床	0～30	8	6
下路床	30～80	6	4
上路堤	80～150	4	3
下路堤	150 以上	3	2

注：①当路床填料 CBR 值达不到表列要求时，可采取掺石灰或其他稳定材料等措施进行处理。
②其他公路铺筑高级路面时，应采用高速公路、一级公路的规定值。

一、土基 CBR 值测试方法

本测试方法适用于现场测定各种土基材料的 CBR 值，同时也适合于基层，底基层砂类土、天然砂砾、级配砂砾等材料 CBR 试验。试验中所有试样最大粒径宜小于 19.0mm，最大不得超过 31.5mm。

(一)主要仪器

(1)荷载装置：装载有铁块或集料等重物的载重汽车，后轴重不小于 60kN。在汽车大梁后轴之后设有一加劲横梁作反力采用。

(2)现场测试装置:由千斤顶、测力计、球座、贯入杆、荷载板及百分表等组成,如图 7-32 所示。

①千斤顶可使贯入杆的贯入速度调节成 1mm/min;

②测力杆:容量不小于土基强度,测定精度不小于测力计量程的 1%;

③贯入杆:直径为 ϕ50mm,长约 200mm 的金属圆柱体;

④承载板:每块 1.25kg,直径 ϕ150mm,中心孔眼直径 ϕ52mm,不少于 4 块,并沿直径分为两个半圆块;

⑤贯入量测定装置:由平台及百分表组成;

⑥百分表:量程 20mm,精度 0.01mm,数量 2 个,对称固定于贯入杆上,端部与平台接触,平台跨度不小于 50cm;

⑦细砂:清洁干燥的细干砂,粒径 0.3 ~0.6mm;

⑧其他:铁铲、盘、直尺、天平、毛刷等。

(二)方法与步骤

1. 准备工作

(1)将试验地点约直径 ϕ30cm 范围的表面找平,用毛刷刷净浮土。如表面为粗粒土时,应撒布少许洁净的细砂填平,但不能覆盖全部土基表面避免形成夹层。

(2)安装测试设备:按图 7-32 设置贯入杆及千斤顶。千斤顶顶在加劲横梁上且调节至高度适中。贯入杆应与土基表面紧密接触。

(3)安装贯入量测定装置:将支架平台、百分表(或两台贝克曼梁弯沉仪)按图 7-32 所示位置安装好。

2. 测试步骤

(1)在贯入杆位置安放 4 块 1.25kg 的分开成半圆的承载板,共 5kg。

(2)试验贯入前,先在贯入杆上施加 45N 荷载后,将测力计及贯入量百分表调零,记录初始读数。

(3)启动千斤顶,使贯入杆以 1mm/min 的速度压入土基,相应于贯入量为 0.5mm、1.0mm、1.5mm、2.0mm、2.5mm、3.0mm、4.0mm、5.0mm、6.5mm、10.0mm 及 11.5mm 时,分别读取测力计读数。根据情况,也可以贯入量达 6.5mm 时结束试验。

特别指出:用千斤顶连续加载,两个贯入量百分表及测力计均应在同一时刻读数。当两个百分表读数差值不超过平均值的 30% 时,以其平均值作为贯入量;当两个百分表读数差值超过平均值的 30% 时,应停止试验。

(4)卸除荷载,移去测定装置。

(5)在试验点下取样,测定材料含水率。取样数量如下:

①最大粒径不大于 4.75mm,试样数量约 120g;

②最大粒径不大于 19.0mm,试样数量约 250g;

③最大粒径不大于 31.5mm,试样数量约 500g。

(6)在紧靠试验点旁边的适当位置,用灌砂法或环刀法等测定土基的密度。

(三)CBR 值计算

用贯入试验得到的等级荷重数除以贯入断面积(19.625cm^2),得到各级压强(MPa),绘制荷载压强—贯入量曲线,如图 7-34 所示。当图中曲线在起点处有明显凹凸的情况时,应在曲线的拐弯处作切线延长进行修正,以与坐标轴相交的点 O'作原点,得到修正后的压强—贯入量曲线。

从压强—贯入量曲线上读取贯入量为 2.5mm 及 5.0mm 时的荷载压强 p_1,按式(7-60)计算现场 CBR 值。CBR 一般以贯入量2.5mm 时的测定值为准，当贯入量5.0mm 时的CBR 大于2.5mm时的 CBR 时，应重新试验；如重新试验仍然如此时，则以贯入量 5.0mm 时的 CBR 为准。

$$现场\ CBR(\%) = \frac{p_1}{p_0} \times 100 \tag{7-60}$$

式中：p_1——荷载压强（MPa）；

p_0——标准压强（MPa），当贯入量为2.5mm 时为0.7；贯入量为5mm 时为10.5。

二、落球仪快速测定土基现场 CBR 值试验方法

本方法适用细粒土路基施工现场 CBR 值的测定，试验精度较高，方法可靠，快速简便，能满足路基施工现场检验的要求。

1. 主要仪器

（1）落球仪：结构与形状如图7-33所示，它包括底座、落球支架、导杆及落球、导杆卡口开关、刻度标尺、仪器平整水泡、100mm 内径的底座套板。

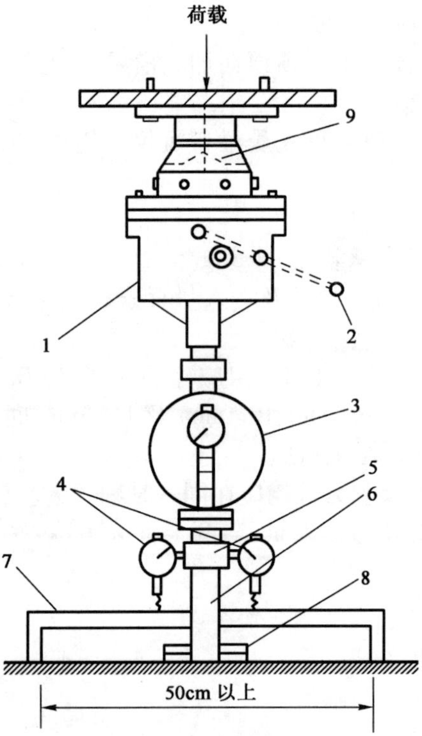

图7-32　现场 CBR 测试装置示意图

1-加载千斤顶；2-手柄；3-测力计；4-百分表；5-百分表夹持具；6-贯入杆；7-平台；8-承载板；9-球座

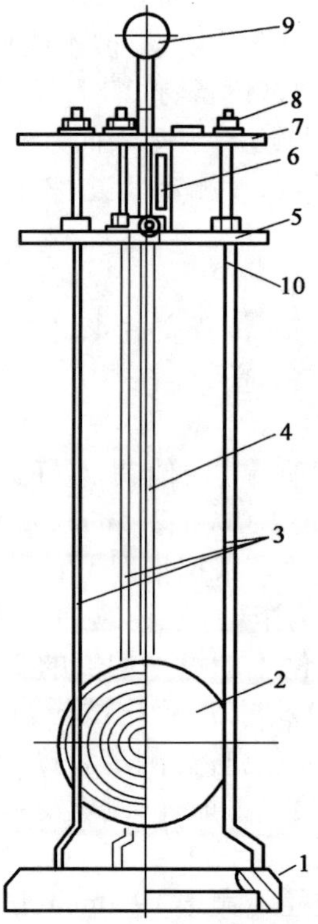

图7-33　落球仪的结构与形状

1-底座；2-球体；3-立柱；4-导杆；5-下顶板；6-刻度标尺；7-上顶板；8-调平气泡；9-提手；10-卡口开关

（2）卡尺或钢板尺、刮刀、水平尺等。

2. 试验原理

一定质量的球从一定高度自由下落到土基表面，陷入深度越小，表明路基强度越高。根据落球在一定高度自由下落陷入土面所做的功与室内标准试验贯入深度所做的功相等的原理，

推导得出由落球陷痕直径 D 值计算现场 CBR 值的公式(见图 7-34)。

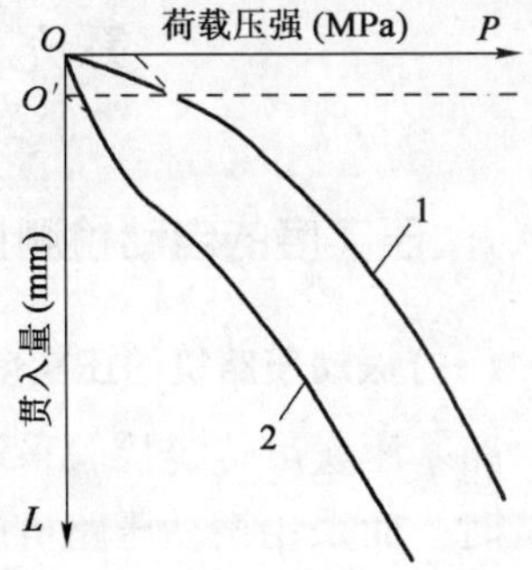

图 7-34　荷载压强—贯入量关系曲线

3. 试验技术要点

(1)将测点土基表面刮平。

(2)将落球仪置于测点,使球体自由落下,用卡尺量落球陷痕直径 D 值。

(3)计算现场 CBR 值:

$$\text{现场 CBR} = C\alpha \tag{7-61}$$

式中:C——有效系数,与土质有关,可通过试验,建立现场 CBR 值与用落球仪测定的陷痕直径 D 的相关关系予以确定;当无此条件时,黏性土类可取 0.35,砂性土类可取 0.45;

α——仪器系数;

$$\alpha = \frac{(H + R - \sqrt{R^2 - D^2/4})m}{1.01D^{1.39}(R - \sqrt{R^2 - D^2/4})^{1.62}} \tag{7-62}$$

式中:D——落球陷痕直径(cm);

m——导杆与落球质量,$m = 4.5$ kg;

H——球体落高,$H = 60$ cm;

R——球体半径,$R = 4.7$ cm。

应当指出,落球仪测定的现场 CBR 值,因土基的含水率和压实度与室内 CBR 试验标准条件不同,也未经泡水,所测结果与前述"土基现场 CBR 值测试方法"所得现场 CBR 值相近。同样,应通过对比试验,建立落球仪 CBR 值与室内 CBR 值相关关系,换算为室内 CBR 值后,再用于评定路基强度。

三、长杆贯入 CBR 间接推算法

土基回弹模量也可用长杆贯入综合次数法和 CBR 间接推算法来求算。长杆贯入综合次数法是利用长杆贯入仪,试验时记录测头击入土中每 10cm 所需的锤击次数,直至贯入土中 80cm 为止。综合贯入次数是按布辛公式以距路基表面深度为 5cm、15cm、25cm、35cm、45cm、55cm、65m 和 75cm 时压应力略加调整作为各层的权数。综合贯入次数 N_{80} 计算式为:

$$N_{80} = (20N_1 + 12N_2 + 7N_3 + 4N_4 + 2.5N_5 + 2N_6 + 1.5N_7 + N_{80})/50 \tag{7-63}$$

路基回弹模量 E_0 可按下式计算:

$$E_0 = KN_{80} \tag{7-64}$$

式中:K——试验确定系数,一般为 12 ~ 20;

N_{80}——综合贯入次数。

CBR 值间接推算法是利用 CBR 测试结果按下列关系式求算 E 值:

$$E = n\text{CBR} \tag{7-65}$$

式中:n——常数,一般为 80 ~ 100,需经试验确定。

第九节 路基路面自动化测试技术

一、压实度的自动检测技术

（一）振动压路机的压实度连续检测仪

路基压实度传统检验采取随机抽样的方法，通过检测密度来反映压实质量，人工操作，费工费时。而采用振动压路机的机载压实度计，驾驶员可从显示器上随时查看压实情况、振动频率、运行速度，能够实现压实质量的实时控制，并能保存数据以备其他数据处理之用，避免了漏检，使欠压、过压问题得以解决。

1. 工作原理

试验表明，土的物理状态固结压力和应变数量级等因素对其弹性模量都有影响。计算土弹性模量的经验公式为：

$$E_{\mathrm{d}} = 0.23\frac{(2.5-e)^{1/2}}{1+e}\cdot\sigma_0^{1/3}\cdot\varepsilon_{\mathrm{d}}^{-1} \tag{7-66}$$

式中：E_{d}——弹性模量；

e——孔隙比；

σ_0——平均固结压力；

ε_{d}——应变。

随着压实度的增加，压实基础的孔隙比减小。从公式可看出，基础的弹性模量在增加。由刚度和模量的正比关系，可得出刚度也在增加。另外经验试验证明，随压实度的增加，基础的阻尼在减小。

当基础填料比较疏松、密实度低时，可近似看作是一个松软的弹塑性体，振动轮在其上振实作业时，由于地面的弹性刚度小，阻尼较大，地面对振动轮的作用力较小，系统响应值较小。随着压实遍数的增加，填料被逐渐压实，其弹性刚度逐渐增加，阻尼变小，地面对振动轮的作用力变大，系统响应值逐步增大。

计算机仿真表明了振动轮的动力学参数的变化与地面材料的密度变化密切相关，振动轮的垂直加速度与相互作用材料的压实度正相关。

2. 技术要点

在压实前，选择一典型路段进行压实并记录相应的加速度值，利用传统方法测量压实度，对仪器显示值进行标定。

通过经验数据或现场标定后，与传统检测的压实度相比，压实度连续检测仪的误差可以控制在 ±3% 以内。

（二）落锤频谱式路基压实度快速测定仪

落锤频谱式路基压实度快速测定仪是利用落锤的冲击使土体产生反弹力，并利用低频测出土体响应值的一种不测含水率就能得到路基压实度的测试仪器。检测时，不需挖坑；每测一个点，只需 2 ~ 3min。该仪器体积小（仪器外形尺寸：320mm × 140mm × 300mm），质量轻（8.8kg），携带使用方便；即可在施工工地现场使用，也可在试验室土槽中使用。

1. 工作原理

落锤频谱式路基压实度快速测定仪的原理如图 7-35 所示。

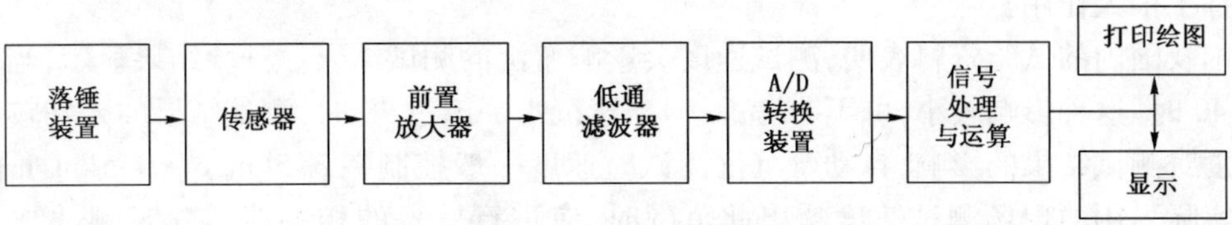

图 7-35 落锤频谱式路基压实度快速测定仪原理框图

在已碾压的路基表面上,使落锤自由落下,接触地面时,土体表面随即产生一反弹力。从理论上讲,上体越密实,吸能作用越弱,则反弹力越强。反弹力随即使加速度传感器工作,记录加速度值。经过电荷放大器的前置放大,并以电压信号输出,随即又通过低通滤波器,进入峰值采样保持电路。然后,再由阀值触发电路,进入 10 位数(精度高)A/D 模数转换电路,微机进行数据处理。最后,由 LED 显示器显示,同时,由打印机输出压实度数值。

2. 使用技术要点

(1)压实度曲线的标定

路基压实度曲线的标定工作十分重要,应在仪器各部分功能正常的情况下进行。标定工作实质上就是制作标定线,这种工作一般在试验室内进行。

标定时一定要选择工程所使用的土类,而且,选择的土类要具有工程代表性,这是确保标定精度的必要条件。压实度标定就是建立压实度加速度传感器响应值与压实度大小的关系曲线。

(2)测点数与测点布置

路基压实度测定以两次平均值作为测点压实度数值。如两次压实度测值的相对误差超过 1%,则需要进行第三次实测,利用三次平均值作为压实度最终结果。几次测定测点位置的安排主要取决于落锤的底面直径 d,以及路基土冲击后回弹恢复的时间 t。当 t 在 1min 之内时,就要将落锤的位置向旁侧移动 $1.50d$ 的距离作第二次测定;当 $t=3$min 时,则可在同一位置测定第二次,这样可大大减小或消除误差。

二、自动弯沉仪检测路面弯沉技术

自动弯沉仪的基本工作原理与贝克曼梁的原理是相同的,都是采用简单的杠杆原理。

自动弯沉仪测定车在检测路段以一定速度行驶,将安装在测试车前后轴之间底盘下面的弯沉测定梁放到车辆底盘的前端并支于地面保持不动,当后轴双轮隙通过测头时,弯沉通过位移传感器等装置被自动记录下来,这时,测定梁被拖动,以两倍的汽车速度拖到下一测点,周而复始地向前连续测定。通过计算机可输出路段弯沉检测统计计算结果。

利用贝克曼梁测定路面回弹弯沉值操作简便,应用广泛,我国路面设计及检测的标准方法和基本参数都是建立在这种试验方法基础之上的。但是,这种试验方法整个测试过程全是人工操作,测试结果受人为因素的影响较大,而且测速慢。自动弯沉仪是测定路面弯沉值的高效自动化设备,可对路面进行高密集点的强度测量,适用于路面施工质量控制、验收及路面养护管理。

贝克曼梁测值属于静态弯沉,该方法存在工作效率低、测试精度不易保证的缺点。我国从 20 世纪 80 年代末期开始陆续引进了英、法等国生产的 Lacroix 型自动弯沉仪,国内科研人员也研制出了国产自动弯沉仪。这种类型的自动弯沉仪利用了贝克曼梁的测试原理,可以连续检测,工作效率得到很大提高,近年来在我国得到较广泛的应用,特别是在高速公路验收、养护检测中发挥了很大作用。

英国及国内的试验资料表明,测试速度会影响弯沉的测试结果。试验结果显示,当弯沉水平小于40时,这种影响较小,可不予考虑;但当弯沉水平超过40时,测试结果的差别较大。为减小速度对测试结果的影响,自动弯沉仪测试时速度一般控制在3.5km/h ±0.5km/h 的范围内。当实际采用的现场测试速度超出此范围时,应进行设备的相关性试验对测试结果进行修正。

一般公路横坡不会影响自动弯沉仪测值的有效性,但是在有较大超高路段,这种影响就不可忽略了。当横坡小于4%时,修正值非常小,可以不予修正;当超高大于4%时,按照给定公式进行修正。所给出的计算方法是根据物理模型计算并参照英国道路和运输研究所(TRRL)试验结论给出的。

贝克曼梁测值与自动弯沉仪测值都属于静态弯沉。但贝克曼梁测值是回弹弯沉,而自动弯沉仪测值是总弯沉,两者是有区别的,必须找到两者的相关关系式以进行换算。

由于路面结构和路基条件的不同都会影响相关关系式的建立,因此选择对比试验的路段时,路面路基条件应基本相同。对于一个地区而言,可以选择几种不同的路面结构及路基条件,分别建立相关关系式进行换算。为了使关系式更具有代表性,对比试验路段的弯沉分布应尽量加宽。在做对比试验时,路段附近应没有重型交通和震动,这两种情况都对测值有较大影响。

在做贝克曼梁测试时,承载车不可长时间作用在测点的路面上。因此,选择每隔三个测试步距确定一个对比点。为了给路面一个充分的恢复时间,当自动弯沉仪测完后,等待30min后再进行贝克曼梁弯沉测试。

(一)主要仪器设备

自动弯沉仪测定车:洛克鲁瓦型,由测试汽车、测量机构、数据采集处理系统三部分组成。测量机构如图7-36所示,它安装在测试车底盘下面。

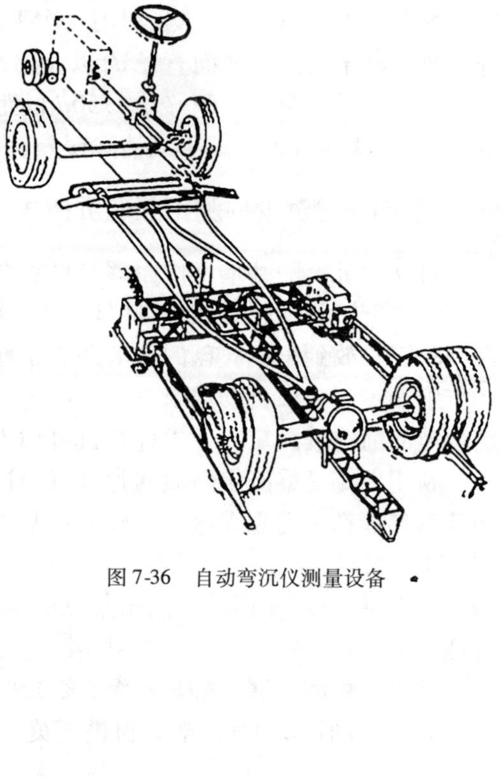

图7-36　自动弯沉仪测量设备

自动弯沉仪测定车的主要技术参数:

测试车轴距:	6.75m
测臂长度:	1.75 ~2.40m
后轴荷载:	100kN
测定轮对路面的压强:	0.7MPa
最小测试步距:	4 ~10m
测试精度:	0.01mm
测试速度:	1.5 ~4.0km/h

测试系统基本技术要求参数:

(1)位移传感器分辨率:0.01mm。

(2)位移传感器有效量程:≥3mm。

(3)设备工作环境温度:0 ~60℃。

(4)距离标定误差:≤1%。

(二)自动弯沉仪测试路面弯沉的方法与步骤

1.测试方法

(1)准备工作

①位移传感器标定。每次测试之前必须按照设备使用手册规定的方法进行位移传感器的标定,记录标定数据并存档。

②检查承载车轮胎气压。每次测试之前都必须检查后轴轮胎气压,应满足 0.70MPa ± 0.05MPa的要求。

③检查承载车辆载。一般每年检查一次,如果承载车因改装等原因改变了后轴载,也必须进行此项工作,后轴载应满足 100kN ± 1kN 的要求。

④检查测量架的易损部件情况,及时更换损坏部件。

⑤打开设备电源进行检查,控制面板功能键、指示灯、显示器等应正常。

⑥开动承载车试测 2 ~ 3 个步距,观察测试机构,测试机构应正常,否则需要调整。

(2)测试步骤

①测试系统在开始测试前需要通电预热,时间不少于设备操作手册要求,并开户工程警灯和导向标等警告标志。

②在测试路段前 20m 处将测量架放落在路面上,并检查各机构的部件情况。

③操作人员按照设备使用手册的规定和测试路段的现场技术要求设置完毕所需的测试状态。

④驾驶员缓慢加速承载车到正常测试速度,沿正常行车轨迹驶入测试路段。

⑤操作人员将测试路段起终点、桥涵等特殊位置的桩号输入到记录数据中。

⑥当测试车辆驶出测试路段后,操作人员停止数据采集和记录,并恢复仪器各部分至初始状态,驾驶员缓慢停止承载车,提起测量架。

⑦操作人员检查数据文件,文件应完整,内容应正常,否则需要重新测试。

⑧关闭测试系统电源,结束测试。

2.弯沉计算

(1)采用自动弯沉仪采集路面弯沉盆峰值数据。

(2)数据组中左臂测值、右臂测值按单独弯沉处理。

(3)对原始弯沉测试数据进行温度、坡度、相关性等修正。

(三)弯沉修正与对比试验

1.弯沉值的横坡修正

当路面横坡不超过 4% 时,不进行超高影响修正;当横坡超过 4% 时,超高影响的修正参照表 7-17 的规定进行。

弯沉值横坡修正　　表 7-17

横 坡 范 围	高位修正系数	低位修正系数
>4%	$\frac{1}{1-i}$	$\frac{1}{1+i}$

注:i 是路面横坡(%)。

2.自动弯沉仪与贝克曼梁弯沉测值对比试验

(1)试验条件

①按弯沉值不同水平范围选择不少于4段路面结构相似的路段。路段长度可为300～500m,标记好起终点位置。

②对比试验路段的路面应清洁干燥,温度应在10～35℃范围内,并且选择温度变化不大的时间,宜选择晴天无风的天气条件,试验路段附近没有重型交通和振动。

(2)试验步骤

①按照前述的步骤,令自动弯沉仪按照正常测试车速测试选定路段,工作人员仔细用油漆每隔三个测试步距或约20m标记测点位置。

②自动弯沉仪测试完毕后,等待30min;然后,在每一个标记位置用贝克曼梁按照贝克曼梁测定路基路面回弹弯沉试验方法测定各点回弹弯沉值。

(3)试验数据处理

从自动弯沉仪的记录数据中按照路面标记点的相应桩号提出各试验点测值,并与贝克曼梁测值一一对应,用数理统计的回归分析方法得到贝克曼梁测值和自动弯沉仪测值之间的相关关系方程,相关系数R不得小于0.95。测试报告中应包括以下内容:

①弯沉平均值、标准差、代表值、测试时的路面温度及温度修正值。

②自动弯沉仪测值与贝克曼梁测值的相关关系式及相关系。

(四)使用注意事项

(1)自动弯沉仪作长距离移动时,应根据路况把一些对通过能力影响大的组件、部件拆下来,待移动到测量工地时,再进行安装调试。

(2)操作计算机,根据要求输入有关信息及命令。

(3)为了保证系统A/D转换板与位移传感器的测量精度,应进行自动弯沉仪的标定。

(4)自动弯沉仪所采集数据以文本方式存储于计算机中,其记录格式分节点数据、弯沉值数据及弯沉盆数据三种。输入有关信息和参数后,可显示出左右双侧的弯沉峰值柱状图及峰值、距离和温度等;计算出平均值、标准差和代表弯沉值;显示弯沉盆图形并计算出曲率半径。

应当指出,自动弯沉仪测定的是总弯沉,因而与贝克曼梁测定的回弹弯沉有所不同。可通过自动弯沉仪总弯沉与贝克曼梁回弹弯沉对比试验,得到两者相关关系式,换算为回弹弯沉,用于路基、路面强度评定。

三、落锤式弯沉仪测试路面弯沉

利用贝克曼梁方法测出的回弹弯沉是静态弯沉。自动弯沉仪检测弯沉时,因为汽车行进速度很慢,所测得的弯沉也接近静态弯沉。为了模拟汽车快速行驶的实际情况,不少国家开发了动态弯沉的测试设备。落锤式弯沉仪(Falling Weight Deflectometer,简称FWD)模拟行车作用的冲击荷载下的弯沉量测,计算机自动采集数据,速度快,精度高。采用落锤式弯沉仪(FWD)测定路面的动态弯沉,并用来反算路面的回弹模量,已被世界各国道路界所采用。这种设备特别适用于高等级公路路面和机场的弯沉量测和承载能力评定。落锤式弯沉仪是目前国际上最先进的路面强度无损检测设备之一。

落锤式弯沉仪分为拖车式和内置式。拖车式便于维修与存放,而内置式则较小巧、灵便。

落锤式弯沉仪的测量系统示意图如图7-37所示。

(一)仪具与材料

落锤式弯沉仪:简称FWD,由荷载发生装置、弯沉检测装置、运算控制系统与车辆牵引系

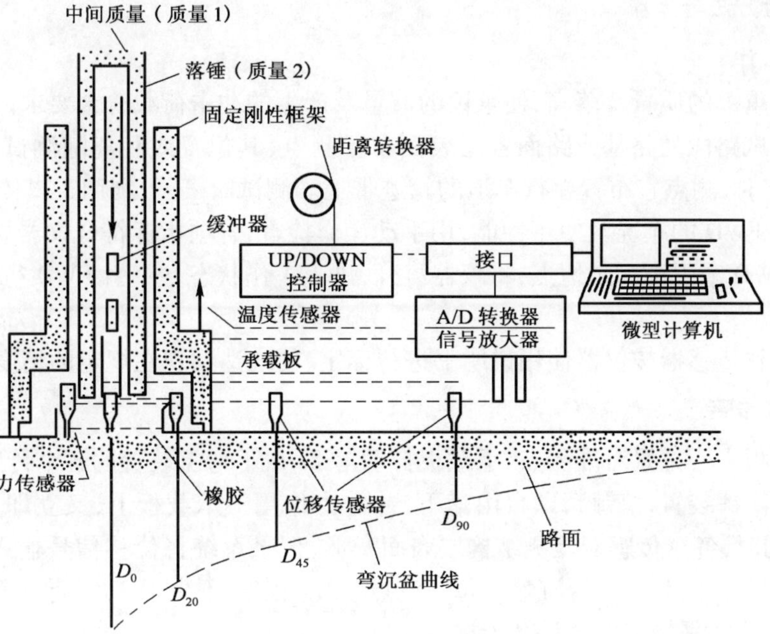

图 7-37　落锤式弯沉仪测量系统示意图

统等组成。

(1)荷载发生装置:重锤的质量及落高根据使用目的与道路等级选择,荷载由传感器测定。如无特殊需要,重锤的质量为 200kg ± 10kg,可采用产生 50kN ± 2.5kN 的冲击荷载。承载板宜为十字对称分开成 4 部分且底部固定有橡胶片的承载板。承载板的直径一般为 300mm。

(2)弯沉检测装置:由一组高精度位移传感器组成,如图 7-38 所示。传感器可为差动变压器式位移计(LVDT)或地震检波器。自承载板中心开始,沿道路纵向隔开一定距离布设一组传感器,传感器总数不少于 7 个,建议布置在 0 ~ 250cm 范围以内,必须包括 0、30cm、60cm、90cm 四点,其他根据需要及设备性能决定。

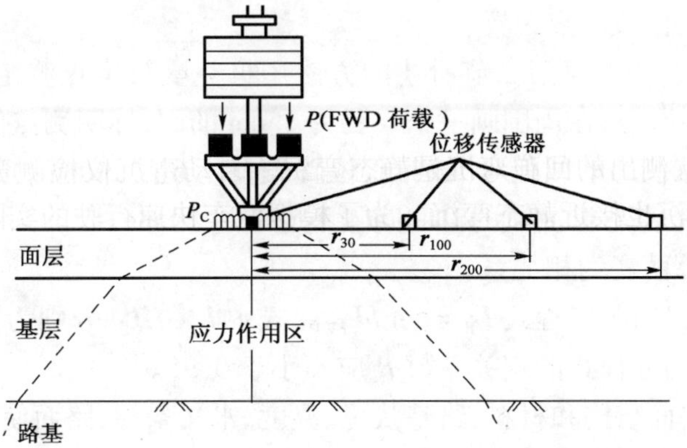

图 7-38　落锤式弯沉仪传感器布置及应力作用状态示例

(3)运算及控制装置:能在冲击荷载作用的瞬间内,记录冲击荷载及各个传感器所在位置测点的动态变形。

(4)牵引装置:牵引 FWD 并安装运算及控制装置的车辆。

（二）试验方法与步骤

1. 准备工作

（1）调整重锤的质量及落高，使重锤的质量及产生的冲击荷载符合要求。

（2）在测试路段的路基或路面各层表面布置测点，其位置或距离随测试需要而定。当在路面表面测定时，测点宜布置在行车道的轮迹带上。测试时，还可利用距离传感器定位。

（3）检查 FWD 的车况及使用性能，用手动操作检查，各项指标符合仪器规定要求。

（4）将 FWD 牵引至测定地点，将仪器打开，进入工作状态。牵引 FWD 行驶的速度不宜超过 50km/h。

（5）对位移传感器按仪器使用说明书进行标定，使之达到现在规定的精度要求。

（三）测试步骤

（1）承载板中心位置对准测点，承载板自动落下，放下弯沉装置的各个传感器。

（2）启动落锤装置，落锤瞬即自由落下，冲击力作用下承载板上，又立即自动提升至原来位置固定。同时，各个传感器检测结构层表面变形，记录系统将位移信号输入计算机，并得到峰值，即路面弯沉，同时得到弯沉盆。每一测点重复测定应不少于 3 次，除去第一个测定值，取以后几次测定值的平均值作为计算依据。

（3）提起传感器及承载板，牵引向前移动至下一个测点，重复上述步骤，进行测定。

（四）落锤式弯沉仪与贝克曼梁弯沉仪对比试验步骤

1. 路段选择

选择结构类型完全相同的路段，针对不同地区选择某种路面结构的代表性路段，进行两种测定方法的对比试验，以便将落锤式弯沉仪测定的动弯沉换算成贝克曼梁测定的回弹弯沉值。选择的对比路段长度 300 ~ 500m，弯沉值应有一定的变化幅度。

2. 对比试验步骤

（1）采用与实际使用相同且符合要求的落锤式弯沉仪及贝克曼梁弯仪测定车。落锤式弯沉仪的冲击荷载应与贝克曼梁弯沉仪测定车的后轴双轮荷载相同。

（2）用油漆标记对路段起点位置。

（3）布置测点位置，按本章第二节所述的方法用贝克曼梁定点测定回弹弯沉。测定车开走后，用粉笔以测点为圆心，在周围画一个半径为 15cm 的圆，标明测点位置。

（4）将落锤式弯沉仪的承载板对准圆圈，位置偏差不超过 30mm，按测试方法与步骤进行测定。两种仪器对同一点弯沉测试的时间间隔不应超过 10min。

（5）逐点对应计算两者的相关系。

通过对比试验得出回归议程式 $L_B = a + bL_{FWD}$，式中 L_{FWD}、L_B 分别为落锤式弯沉仪、贝克曼梁测定的弯沉值。回归方程式的相关系数 R 应不小于 0.95。

需要说明，由于路面结构和材料、路基状况、温度、水文条件、路面使用状况不同、对比关系也有所不同，为了提高数据的准确性，应分各种情况做此项对比试验。

落锤式弯沉仪的工作原理是，将测定车开到测定地点，通过计算机控制下的液压系统，启动落锤装置，使一定质量的落锤从一定高度自由落下，冲击力作用于承载板上并传递到路面，导致路面产生弯沉，分布于距测点不同距离的传感器检测结构层表面的变形，记录系统将信号输入计算机，得到路面测点弯沉及弯沉盆。

3. 落锤式弯沉仪使用技术要点

(1)通过调节锤重和落高可调整冲击荷载大小。例如,我国路面设计标准轴载为 BZZ-100,锤的质量为 200kg ± 10kg,可产生 50kN ± 2.5kN 的冲击荷载,因为承载板直径为 30cm,对路面的压强恰为 0.7MPa。

(2)检测时,拖车式落锤弯沉仪牵引速度最大可达 80km/h,根据我国的实际情况,牵引速度以 50km/h 左右为宜。内置式落锤弯沉仪最高时速大于 100km/h,每小时可测 65 点。

(3)传感器分布位置为:1 个位于承载板中心,其余布置在传感器支架上。路面结构不同,弯沉影响半径亦不同。路基或柔性基层沥青路面传感器分布在距荷载中心 2.5m 范围内即可。目前,我国高等级公路大多采用半刚性基层沥青路面结构,弯沉影响半径已达 3 ~ 5m,传感器分布范围应布置在距荷载中心 3 ~ 4m 范围内,以量测路面弯沉盆形状。

(4)每一测点重复测定不少于 3 次,舍去第一个测定值,取以后几次测定值的平均值作为计算依据,因为第一次测定的结果往往不稳定。

弯沉检测装置操作方式为计算机控制下的自动量测,所有测试数据均可显示在屏幕上或打印出来或存储在软盘上;可输出作用荷载、弯沉(盆)、路表温度及测点间距等;可打印弯沉平均值、标准差、变异系数及代表弯沉值等数据。

应当注意,落锤式弯沉仪所测弯沉为动态总弯沉,与贝克曼梁所测的静态回弹弯沉不同。可通过对比试验,得到两者之间的相关关系,并据此将落锤式弯沉仪所测弯沉值换算为贝克曼梁的静态回弹弯沉值。

可利用计算机按弹性层状体系理论的计算模式和程序,根据落锤式弯沉仪所测弯沉盆数据反算路面各层材料的弹性模量。

四、激光弯沉仪测试路面弯沉

由于采用贝克曼梁测定弯沉基本上是静态弯沉,与汽车荷载作用下的实际情况有所不同,而且整个过程为人工操作,速度慢、精度低,目前各国都正在对快速连续或动态测定进行研究。当前使用比较普遍的有激光弯沉仪及落锤式弯沉仪等。激光弯沉仪依靠光线作为臂长,可以射得很远,由于激光发射角窄,光点小而红亮,10m 之远仍清晰可见,读数稳定,精度高,且操作简易,体积小。

1. 仪器主要结构与功能

激光弯沉测定仪的主要结构如图 7-39 所示。

图 7-39　激光弯沉测定仪结构框图

2. 仪器工作原理

激光—硅光电池路基路面弯沉测定的基本工作原理如图 7-40 所示。

激光器 1 需要稳定,如安置在路面的汽车荷载作用下不下沉的 N 点处,发出平行激光束 2 后,射到硅光电池测头的小孔 3 的下部。测头安置在汽车后轮隙中间,与弯沉仪测端一样,且有重块 5 稳定在轮隙下面的路面(或路基)M 处。在测量之前,需将激光束 2 调节在小孔 3 的上部,但须有微量的光束穿过小孔射到硅光电池 4(传感器),这种调法为的是知道光束 2 是在待测位置,并把此时的位置作为零值点。由于有微量的光束射到硅光电池 4 上,因此,4 上即会产生电流，这时，可靠电桥6来补偿调节置零，只要调节可变电位器 R_1，即能使硅光电池上出现的光电流置零。

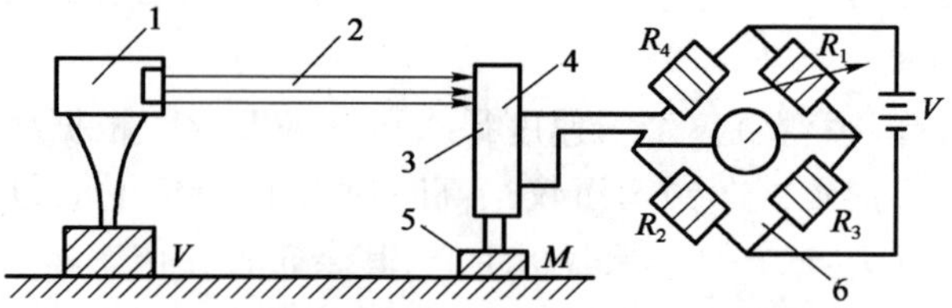

图7-40　激光弯沉测量原理图

1-激光器；2-激光束；3-进光小孔；4-硅光电池；5-测头稳块；6-电桥

在上述准备工作做完后，让被测汽车驶离，M 点路面就徐徐地回弹，硅光电池测头（传感器）也随之向上，激光束落入小孔且射到硅光电池上，即刻产生电流。落入的激光能越多，产生的伏特效应越厉害，产生的光电流也越多；当激光落入少时，则光电流也随之减小。光电流的增加或减少完全与硅光电池测头的变动距离有密切关系，光电流少时，落入小孔的激光量也少，此时，路面回弹变形也小，而当光电流大时，落入小孔且射到硅光电池上的激光量增加，则意味着路面（或路基）回弹变形增大。因此，通过光电流的大小，完全可以测出路面实际回弹变形（回弹弯沉）的数值，这就是利用激光－硅光电池原理测定路基路面回弹弯沉值的基本工作原理。

随着公路路面的刚度提高，弯沉影响半径也越来越大。由统计表明，20世纪60年代时的中级路面的弯沉影响半径为0.5～1m，70年代三级沥青路面为1～1.5m，二级路面为1.5～2m，90年代高等级公路兴建后，路面弯沉影响半径普遍已发展到3m，有的已到达4m以上。在这种情况下，现行弯沉测定仪的臂长（短臂∶长臂120∶240）的支点已落入弯沉影响区，使测定值偏小，造成测量误差。为此，目前的趋势想加大长臂到5m，长短臂比例不变，但这样一来，造成仪器笨重，携带十分不便。在这种情况下，激光弯沉测定仪就有着重要的现实意义。

3. 仪器应用技术要点

(1)仪器标定

仪器标定工作一般在室内进行，结合我国目前的路面刚度情况，可以将激光的射程光速定为5m。标定工作需千分表头、表架各一个，变形架一个，激光器弯沉测定仪一套。标定结构装置如图7-41所示。

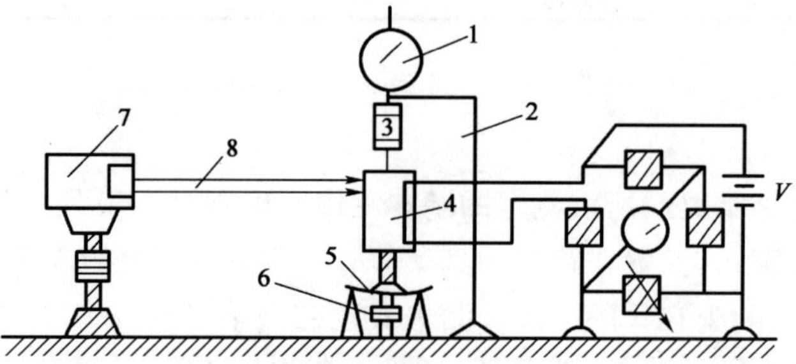

图7-41　激光弯沉仪标定装置图

1-千分表；2-表头支架；3-调节螺丝；4-硅光电池侧头；5-变形架；6-变形升降杆；7-激光器；8-激光束

标定程序为:先对光,然后调零,调零可以用螺丝3进行,准备工作做好后,即可进行标定。调节变形升降杆6,以10μm的速率变形上升,然后,将光电流记录下来,就得到了"变形量—光电流"一一对应变化关系。实践证明,变形量与光电流在低值时为线性对应关系。

(2)硅光电池选择

硅光电池是激光弯沉仪的核心部件,在设计仪器时可根据变形量需要精心选择。一般激光器的发射功率以及入射光强出厂时均有规定,如没有规定,可由试验决定,这样,便可根据入射光强以及变形量变化大小综合挑选。

(3)光电流温度修正

一般,硅光电池的工作温度为30℃,当超过30℃时,光电流产生将要受到温度影响,而野外进行弯沉测定有时路面温度超过30℃,为此,需要对光电流进行温度影响修正。温度影响修正的速率以5℃间隔上升为宜,并在20~60℃范围内变化,且量取它们的变化值,即可得到光电流温度影响修正值曲线。

(4)光点的校正

激光器发射出的激光是红色圆点,在晴朗阳光下清晰可见,然而,以受光面积大小取得光电流强弱的方法,用自然产生的激光光点就不适宜,可以由式(7-67)说明:

$$A = C + \varepsilon \cdot E \tag{7-67}$$

式中:A——光生伏特效应电流(μA);

E——激光入射强度(mV/cm^2);

C——常数,激光器一定、硅光电池一定时,常数值一定(μA);

ε——系数,在激光器一定、硅光电池一定时,系数值一定$\left(\frac{\mu A \cdot cm^2}{mV}\right)$。

由上式可以看出,入射光的光强与产生的光电流成线性关系,而这一种关系在入射光光强均匀变化时才能得到,也就是入射光照射到硅光电池上的光面积必须是方形或长方形时,才会出现这种正比关系,而当光点是圆形时,落入硅光电池测头小孔中的光强呈圆弧形变化,引起的光电流也呈圆弧状变化规律。为此,必须对自然光点进行技术处理。这种技术处理比较简单,只需要在激光器发射口套一个光罩,其上开一个方形口子,大小可以调节,便使落在硅光电池上的光成为正方形光束。一般,这种正方形光束的面积就略大于硅光电池面积,在布局上左右两边对称,以利光束正常工作。

五、激光路面平整度仪检测路面平整度

用3m直尺检测路面平整度,尽管设备简单、直观,但测试速度太慢,劳动强度大。连续式平整度仪的测速最高只有15km/h,工作效率也较低。

平整度的测试设备可分为两大类:一类是测试路表不平整程度(反应类设备);另一类是测定路表凹凸情况(断面测试仪)。

高效自动化平整度测试系统种类繁多,结构、原理、操作以及所用的指标均存在较大差异,参照世界银行46号报告对平整度测试方法的研究成果,按其对道路纵断面测试的直接程度以及精确度分为反应类平整度测试系统和纵断面平整度测试系统。

反应类测试系统是通过测量车辆在路面上通行时车轴与车身之间的垂直位移或车身的加速度作为其对路面不平整度的反应值,其测试结果与车辆的动态性能有关,因而具有时间不稳定、不易于转换、难以进行比较等固有特征,需要通过与国际平整度指数IRI之间的相关关系,

间接换算成国际平整度指数 IRI 表征路面的平整度，如车载式颠簸累积仪、BPR 平整度测试仪、NAASRA 平整度测试仪等。纵断面平整度测试系统是通过测量路面纵向断面高程值，直接计算出国际平整度指数 IRI 表征路面的平整度，如激光断面测试仪、超声波断面测试仪、APL 纵断面分析仪、多轮式平整度测试仪等。这类测试系统要求采样间隔不超过 500mm，传感器测试精度为 1mm，达不到要求的，则应视为反应类测试系统。

国际平整度指数 IRI 是由世界银行推荐使用的标准的平整度测试指标，并且在其 46 号报告里发表了 IRI 的标准计算程度，采用了 1/4 车模型。IRI 是一个断面类的数学统计指标，具有时间稳定性，易于重现，对路面 1.2～30.5m 范围内的波长有较好的频率响应特征，与大多数平整度测试结果有良好的相关关系，包括与我国现行规范中使用的标准差 σ 也有良好的线性关系。以 IRI 为标准的平整度测试指标，使不同平整度测试系统的结果可以相互比较。

根据世界银行的分类标准，采样间隔小于或等于 250mm，断面测量精度为 0.5mm 的纵断测试系统，为一类平整度测试系统，如水准仪、手推车断面仪、部分激光平整度仪等。

激光路面平整度测定仪是一种与路面无接触的测量仪器，测试速度快，精度高。这种仪器还可同时进行路面纵断面、横坡、车辙等测量，因此，也被称为激光路面断面测试仪。

激光路面平整度仪是一台装备有激光传感器、加速度计和陀螺仪的测试车，它同时备有先进的数据采集和处理系统，如图 7-42 所示。

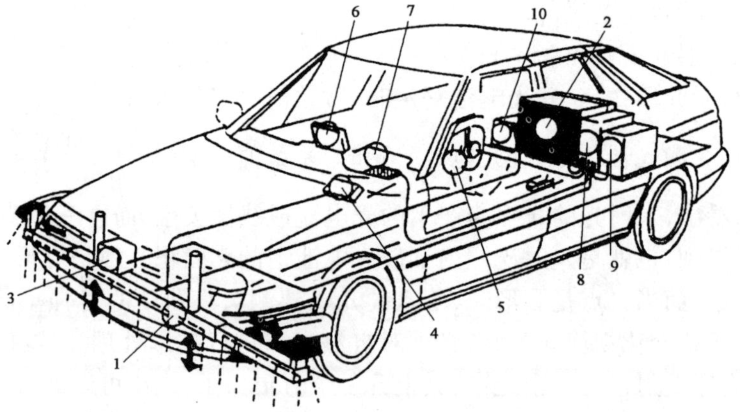

图 7-42　激光平整度仪示意图

1-激光传感器；2-激光盒；3-陀螺盒；4-测量束控制台；5-距离测量；6-微机屏幕；7-微机键盘；8-微机；9-计算机存储器；10-电源

激光路面平整度仪的工作原理是，测试车以一定速度在路面上行驶，固定在汽车底盘上的一排激光传感器通过测试激光束反射回读数器的角度来测试路面，这个距离信号同测试车上装的加速度计信号进行互差，消除测试车自身的颠簸，输出一路面真实断面信号。信号处理系统将来自激光传感器的模拟信号转换成数值信号并记录下来。随着汽车的行进，每隔一定间距，采集一次数据。通过数据分析系统，可显示打印国际平整度指数 IRI 等平整度检测结果。

（一）仪具与材料技术要求

（1）测试系统

测试系统由承载车辆、距离传感器、纵断面高程传感器和主控制系统组成。主控制系统对测试装置的操作实施控制，完成数据采集、传输、存储与计算过程。

（2）设备承载车要求

根据设备供应商的要求选择测试系统承载车辆。

(3)测试系统基本技术要求和参数

①测试速度:30~100km/h。

②采样间隔:≤500mm。

③传感器测试精度:0.5mm。

④距离标定误差:<0.1%。

⑤系统工作环境温度:0~60℃。

(二)测试步骤与计算

1.准备工作

(1)设备安装到承载车上以后应按本方法的规定进行相关性试验。

(2)根据设备操作手册的要求对测试系统各传感器进行校准。

(3)检查测试车轮胎气压,应达到车辆轮胎规定的标准气压,车胎应清洁,不得黏附杂物。

(4)距离测量装置需要现场安装的,根据设备操作手册说明进行安装,确保机械紧固装置安装牢固。

(5)检查测试系统各部分应符合测试要求,不应有明显的可视性破损。

(6)打开系统电源,启动控制程序,检查各部分的工作状态。

2.测试步骤

(1)测试开始之前应让测试车以测试速度行驶5~10km,按照设备使用说明规定的预热时间对测试系统进行预热。

(2)测试车停在测试起点前50~100m处,启动平整度测试系统程序,按照设备操作手册的规定和测试路段的现场技术要求设置完毕所需的测试状态。

(3)驾驶员应按照设备操作手册要求的测试速度范围驾驶测试车,宜在50~80km/h之间,避免急加速和急减速,急弯路段应放慢车速,沿正常行车轨迹驶入测试路段。

(4)进入测试路段后,测试人员启动系统的采集和记录程序,在测试过程中必须及时准确地将测试路段的起终点和其他需要特殊标记的位置输入测试数据记录中。

(5)当测试车辆驶出测试路段后,测试人员停止数据采集和记录,并恢复仪器各部分至初始状态。

(6)检查测试数据文件,文件应完整,内容应正常,否则需要重新测试。

(7)关闭测试系统电源,结束测试。

3.平整度计算

激光平整度仪采集的数据是路面相对高程值,应以100m为计算区间长度用IRI的标准计算程序计算IRI值,以m/km计。

(三)激光平整度仪测值和国际平整度指数IRI相关关系对比试验

1.试验条件

(1)按照每段IRI值变化幅度不小于1.0的范围选择不少于4段不同平整度水平的路段,且有足够加速或减速长度的路段。根据实际测试道路IRI的分布情况,可以适当增加某些范围内的标定路段。

(2)每路段长度不小于300m。

(3)每一段内的平整度应均匀,包括路段前50m的引道。

(4)选择坡度变化较小的直线路段,路段交通量小,便于疏导。

(5)有多个激光测头的系统需要分别标定。

(6)标定宜选择在车道的正常行驶轮迹上进行,明确画出轮迹带测线和起终点位置。

2. 试验步骤

(1)距离标定

①依据设备供应商建议的长度,选择坡度变化较小的平坦直线路段,标出起终点和行驶轨迹。

②标定开始前应让测试车以测试速度行驶 5 ~ 10km,按照设备操作手册规定的预热时间对测试系统进行预热。

③将测试车的前轮对准起点线,启动距离校准程序,然后令车辆沿着路段轨迹直线行驶,避免突然加速或减速,接近终点时,看指挥人员手势减速停车,确保测试车的前轮对准终点线,结束距离校准程序。重复此过程,确保距离传感器测试结果的准确性,应在允许误差范围之内。

(2)参照测试步骤,令所标定的纵断面高程传感器对准测线重复测试 5 次,取其 IRI 计算值的平均值作为该路段的测试值。

(3)IRI 值的确定

①以精密水准仪作为标准仪具,测量标定路段上测线的纵断高程,要求采样间隔为 250mm,高程测试精度为 0.5mm;然后用 IRI 标准计算程序对纵断面测量值进行模型计算,得到标定线路的 IRI 值。

②其他符合世界银行一类平整度测试标准的纵断面测试仪具也可以作为确定标定路段 IRI 值的仪具。

3. 试验数据处理

用数理统计的方法将各标定路段的 IRI 值和相应的平整度仪测值进行回归分析,建立相关关系方程式,相关系数 R 不得小于 0.99。

(四)试验报告编写

平整度检测报告应包括以下内容:

(1)国际平整度指数 IRI 平均值。

(2)提供激光平整度仪测值与国际平整度指数 IRI 在选定测试条件下的相关关系式及相关系数。

(五)仪器使用注意事项

(1)数据采集完全在计算机控制下进行,根据具体情况输入有关信息和命令。

(2)为了保证测量精度,应进行系统检查,如做静态振动试验、直尺试验、轮胎气压检查、传感器标定检查。

(3)测试速度一般在 20 ~ 120km/h 范围内。

(4)测试宽度大于 2.5m。如在测试梁上安装两个扩展臂,测试宽度可增加至 3.5m 或更大。

(5)采样间隔一般为 0.1m,最小为 5mm。

(6)可显示测试状态及有关数据,输出分析结果,如国际平整度指数 IRI、车辙、横坡等。

应当注意,不能直视激光孔或观察通过抛光物面或镜面反射回来的激光束,防止损伤眼睛。只能通过一张红外线显示卡或光谱变换眼镜才可以观察光束的存在与否。

六、路面面层抗滑性能检测

由于摆式仪测定摆值受人为因素影响大，检测速度慢，只适用于一般公路不具备摩擦系数测定车时的抗滑性能检测。而Safegate摩擦系数测定车弥补了摆式仪测试的缺陷，可以快速、大面积地测试。

路面宏观构造深度可用铺砂法或激光构造深度仪测定。铺砂法测定误差较大，效率低。激光构造深度仪测定的构造深度与铺砂法有良好的相关关系，且检测速度快，精度高。

（一）Safegate摩擦系数测定车

Safegate摩擦系数测定车测定的是路面的纵向摩擦系数，它具有代表性强、可连续、大面积、快速测试的特点，不同于普通的摩擦系数测定车测定的是路面横向力系数。

1. Safegate摩擦测试车的组成

Safegate摩擦测试车是按照英国SCRIM原型研制而成的纵向摩擦系数测试车，其结构主要由测车、测轮系和计算机系统三部分组成。其中第一部分测车是由瑞典生产的SAAB9000CS车，用来牵引测轮系进行，同时增加车速锁定装置控制测试速度恒定。测车最大测试速度（间歇）为165km/h，满水箱时最大测试速度为130km/h，正常测试速度为96km/h，测车轮胎采用195/5-15或205/60-15，测试标准轮胎气压为250kPa（前、后）。

第二部分测轮系由测试轮、垂直负载和力矩传感器、测轮液压缸、变速轮、测轮齿、链条传动、水箱等组成。

测试轮内径20cm，外径约40cm，正常负载1400N，测试膨胀压力700kPa，最小胎面宽2mm，新胎面宽8mm，由一个三重链条传动系数连接在测车后轴上，测试时由测轮液压缸控制起落，并施加一个连续的垂直负荷。垂直负荷传感器和力矩传感器分别用来测量测试时测轮的垂直压力和水平压力，变速轮和测轮齿控制测轮的速度。洒水车箱安装在测车后排，由键盘控制开关。

第三部分计算机系统由数据放大器、处理和打印数据的中央单元、键盘和显示单元组成。

由垂直负载和力矩传感器测量的压力输出信号与放大器单元相连，先进行过滤和数据处理，再传送至中央单元处理、储存和打印。键盘用于控制计算机，是处理器的外围设备，有关操作、状态及编程功能的信息通过屏幕向操作者显示。

2. Safegate摩擦系数测试车的工作原理

Safegate摩擦测试车主要工作原理是承受恒定垂直荷载的测试轮与路面紧密接触，并以恒定速度沿与车辆前进方向平行方向前进时，就在测试轮上产生一个纵向滚滑摩阻力。纵向摩阻力由力矩传感器测得，与路面轮胎之间的纵向摩擦系数成正比。纵向摩阻力与由垂直负载传感器测得的测试轮竖向荷载的比值即为纵向摩擦系数PFC值。为使测试状态与实际最不利状态相吻合，利用洒水箱喷头在测试轮前喷洒一定量的水，使路面保持一定厚度的水膜。

Safegate摩擦测试车以一定牵引速度带着测试轮悬起行驶前进，当需要测试时，将测试车行驶速度通过方向盘一侧的速度锁定装置锁定在某一测速上（90～130km/h），然后通过驾驶室中的控制键盘检测测试系统是否正常，选择测试模式（干、洒水和冰态）；设定并控制洒水量。再将测试轮利用液压力系统降至路面，从测试轮刚下落至路面的一刹那起，测试轮被液压间歇锁紧，此时，测试轮在路面上滑动与滚动间歇前进。这是国际上实行的一种新颖测试方法，其中滑动占轮周的12%，滚动占轮周的88%。与此同时，喷水系统自动地按设置的洒水量、水膜厚度保持测试轮的湿润。与测试轮相连的变速轮上的力矩传感器和测试轮液压缸上的垂直负荷传感器测定测试轮的滑滚受力，将电信号通过脉冲传送器传送到中央单元处理，将需要的摩擦系数储存打印输出，所测得的路面摩擦系数绘制成锯齿形曲线。

测试全过程由程度控制自动完成，而且测试是在恒定锁定速度高速行驶下进行，测试值稳定，精度高，测试效率高，与实际使用情况相符合，代表了目前国际上抗滑性能测试的先进水平。

3. 与摆式仪摆值的相关关系

通过对测值的对比回归分析，测试车摩擦系数与摆式仪摆值具有如下关系：

$$F_b = 0.9593F_s + 5.245 \tag{7-68}$$

式中：F_b——摆式仪摆值（BPN）；

F_s——Safegate 测试车摩擦系数（PFC）。

（二）动态旋转式摩擦系数测试仪测定路面摩擦系统试验方法

动态旋转式摩擦系数测试仪测定路面摩擦系数的试验方法的工作原理及结构与日本 Dynamic Friction Tester 相同的动态旋转式摩擦系数测试仪测定路面的摩擦系数。

1. 仪具与材料技术要求

（1）动态旋转式摩擦系数测试仪：包括控制器、测试仪和记录仪（图7-43）

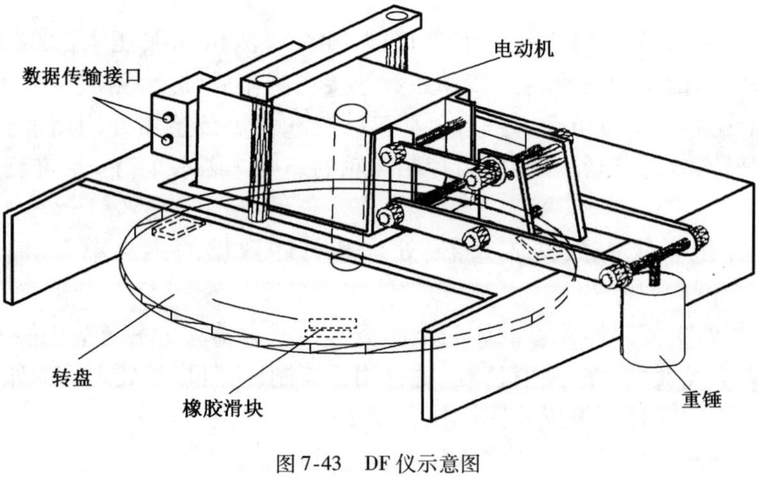

图7-43　DF仪示意图

测试仪的主要部件是一个平面平行于测试表面的转盘，有三个橡胶滑块安装在转盘下方。测试仪还配有洒水装置，用于潮湿测试表面。测试时，当转盘加速到一定转速后被放到测试表面，使橡胶滑块与测试表面接触。在摩擦力的作用下转盘被减速，在此过程中测出由滑块所产生的力矩，并由此计算出摩擦系数。

滑块用簧片固定在转盘上。每个滑块的固定压力为11.8N。滑块的轮廓尺寸为6mm×16mm×20mm。滑块与测试表面的接触压力为150kPa。滑块像胶的肖氏硬度为58±2。

测量范围为20～80km/h的模拟车速下摩擦系数0～1的值。在现场测试时需要通过车辆的蓄电池（DC 12V）为其提供电源。

记录仪可以是 X-Y 记录仪或便携式计算机。采用 X-Y 记录仪时应备好记录纸和专用记录笔。

(2)其他用具:水桶、扫帚等。

2. 测试前准备工作

(1)检查测试仪。将测试仪中的测试盘上固定橡胶测试块的螺丝拧紧。如果橡胶测试块厚度小于3mm,应及时更换。

(2)检查控制器和X-Y记录仪。将控制器上的电源线与车辆电源正确连接,开通控制器和X-Y记录仪电源,经检查应工作正常。检查记录笔是否可以使用。如笔尖过粗,应及时更换。

3. 测试步骤

(1)用车辆将动态旋转式摩擦系数测试仪运到测试地段,选择轮迹上一块较为平坦且均匀的路面作为测试点,尽量避免坑槽或突粒,用扫帚将其清扫干净。将测试仪放到测试点上。测试仪的摆放方向应便于底部排水管将水排向测试点的方向。

(2)将测试仪与控制器正确连接,将灌满清水的水桶通过水管与测试仪的进水管连接,并将水桶放在高于测试仪处。将记录纸按照要求平铺在X-Y记录仪上。将控制器上的电源线与车辆电源正确连接。为保证车辆蓄电池保持平稳电压,应将车辆怠速运转。

(3)按顺序开通控制器电源开关及X-Y记录仪电源开关,启动记录笔,通过X、Y坐标调节器将记录笔调整至记录纸圆点坐标。

(4)开通控制器测试电源开关,下压测试仪电磁铁的开关,此时测试盘提升旋转。开通水桶的开关,向测试点开始喷水。检查X-Y记录仪,通过X、Y坐标调节器调节记录笔沿坐标轴行走。

(5)检查控制器的时速表,调节水量。当时速表达到90km/h的时候,关闭测试电源开关和水桶开关,测试盘降落到路面上进行测试,记录笔在记录纸上开始记录。

(6)测试仪的测试盘停止转动,记录笔在记录纸上记录直至回到圆点。测试结束。按照上述方法在同一测试点测试3次,同一测试点测试的3次结果的差值应不大于0.1个单位。每一处取3次测试结果的平均值作为试验结果,准确至0.01。

4. 试验报告编写

试验报告包括路面单点测定值、现场温度、3次的平均值、评定路段路面摩擦系数的平均值、标准差、变异系数。

(三)车载式激光构造深度仪测定路面构造深度

激光构造深度仪是小型手推式路面构造深度测试仪,也称激光纹理测试仪,具有运输方便、操作快捷、费用低廉、可靠性好等优点。

激光构造深度仪主要由装在两轮手推车上的光电测试设备、打印机、仪器操作装置及可拆卸手柄组成。

最早的激光深度构造仪是由高速脉冲半导体激光器产生红外线投射到道路表面,从投影面上散射光线由接收透镜聚焦到以线性布置的光敏二极管上,接收光线最多的二极管位置给出了这一瞬间到道路表面的距离,通过一系列计算可得出构造深度。

车载式激光构造深度仪测定路面构造深度试验方法适用于各类车载式激光构造深度仪在新建、改建路面工程质量验收和无严重破损病害及无积水、积雪、泥浆等正常行车条件下测定,连续采集路面构造深度,但不适用于带有沟槽构造的水泥混凝土路面构造深度的测定。

数据采集、传输、记录和处理分别由专用软件自动控制进行。

1. 仪具与材料技术要求

(1)测试系统构成

测试系统由承载车辆、距离传感器、激光传感器和主控制系统组成。主控制系统对测试装置的操作实施控制,完成数据采集、传输、存储与计算过程。

(2)设备承载车要求

根据设备供应商的要求选择测试系统承载车辆。测试系统基本技术要求和参数如下:

①最大测试速度:≥50km/h。

②采样间隔:≤10mm。

③传感器测试精度:0.1mm。

④距离标定误差:<0.1%。

⑤系统工作环境温度:0~60℃。

2. 测试方法与步骤

(1)准备工作

①设备安装到承载车上以后,进行相关性标定试验。

②根据设备操作手册的要求对测试系统各传感器进行校准。

③距离测量装置需要现场安装的,根据设备操作手册说明进行安装,确保机械紧固装置安装牢固。

④测试系统各部分应符合测试要求,不应有明显的可视性破损。

⑤打开系统电源,启动控制程序,检查各部分的工作状态。

(2)测试步骤

①按照设备使用说明规定的预热时间对测试系统预热。

②测试车停在测试起点前50~100m处,启动测试系统程序,按照设备操作手册的规定和测试路段的现场技术要求设置完毕所需的测试状态。

③驾驶员应按照设备操作手册要求的测试速度范围驾驶测试车,避免急加速和急减速,急弯路段应放慢车速,沿正常行车轨迹驶入测试路段。

④进入测试路段后,测试人员启动系统的采集和记录程序,在测试过程中必须及时准确地将测试路段的起终点和其他需要特殊标记的位置输入测试数据记录中。

⑤当测试车辆驶出测试路段后,测试人员停止数据采集和记录,并恢复仪器各部分至初始状态。

⑥检查:测试数据文件应完整,内容应正常,否则需要重新测试。

⑦关闭测试系统电源,结束测试。

(3)激光构造深度仪测值与铺砂法构造深度值相关关系对比试验

①选择构造深度分别在0~0.3mm、0.3~0.55mm、0.55~0.8mm、0.8~1.2mm范围的4个各长100m的试验路段。试验前将路面清扫干净,并在起终点做上标记。

②在每个试验路段上沿一侧行车轮迹用铺砂法测试至少10点的构造深度值,并计算平均值。

③驾驶测试车以30~50km/h速度驶过试验路段,并且保证激光构造深度仪的激光传感器探头沿铺砂法所测构造深度的行车轮迹运行,计算试验路段的构造深度平均值。

④建立两种方法的相关关系式,要求相关系数r不小于0.97。

(4)试验报告编写

构造深度检测报告应包括以下内容：

①路段构造深度平均值、标准差。

②提供激光构造深度仪测值与铺砂法构造深度值在选定测试条件下的相关关系式及相关系数。

3. 注意事项

(1)检查仪器，安装手柄。

(2)根据被测路面状况，选择测量程序。

(3)适宜的检测速度为3～5km/h，即人步行的正常速度。

(4)仪器按每一个计算区间打印出该段构造深度的平均值。标准的计算区间长度为100m，根据需要也可为10m或50m。

应当注意，我国公路路面构造深度以铺砂法为标准测试方法。利用激光构造深度仪测出的构造深度与铺砂法测试结果不同，但两者具有良好的相关关系。因此，激光构造深度仪所测出的构造深度不能直接用于评定路面的抗滑性能，必须换算为铺法的构造深度后才能判断路面抗滑性能是否满足要求。

七、路面雷达测试系统

路面雷达测试系统，能在高速公路运行车速的时速下，实时收集公路的雷达信息，然后将信息输入电脑程序内，在很短的时间里，电脑程序便会自动分析出公路或桥面内各层厚度、含水量、空隙位置、破损位置及程度。

目前，我国公路路面厚度测试常采用钻孔测量芯样厚度的方法，给路面造成损坏或留下后患。而路面雷达测试系统是一种非接触、非破坏的路面厚度测试技术，检测速度高，精度也较高，检测费用低廉。因此，它不仅适用于沥青路面或水泥混凝土路面各层厚度及总厚度测试、路面下空洞探测、路面下相对高含水量区域检测、路面下的破损状况检测，还可以用于检测桥面混凝土剥落状况，检测桥内混凝土与钢筋脱离状况，测试桥面沥青覆盖层的厚度。

(一)主要设备

(1)路面探测雷达；包括1～4套雷达。

(2)数据采集与处理系统：包括计算机、显示器、打印机、数据采集系统和距离量测仪。

(3)Windows电脑操作软件：具有数据的采集、处理、回放及备份等功能。

(4)交流电源转换器。

(5)雷达检测车。

(二)工作原理

雷达检测车以一定速度在路面上行驶，路面探测雷达发射电磁脉冲，并在短时间内穿过路面，脉冲反射波被无线接收机接收，数据采集系统记录返回时间和路面结构中的不连续电介质常数的突变情况。路面各结构层材料的电介质常数明显不同，因此电介质常数突变处也就是两结构层的界面。根据测知的各种路面材料的电介质常数及波速，则可计算路面各结构层的厚度或绘出含水率、损坏位置等资料。路面雷达原理见图7-44。

(三)使用技术要点

(1)检测速度可达80km/h以上。

(2)检测距离：以80km/h的速度对路面及桥面进行连续检测不少于4h(320km)。

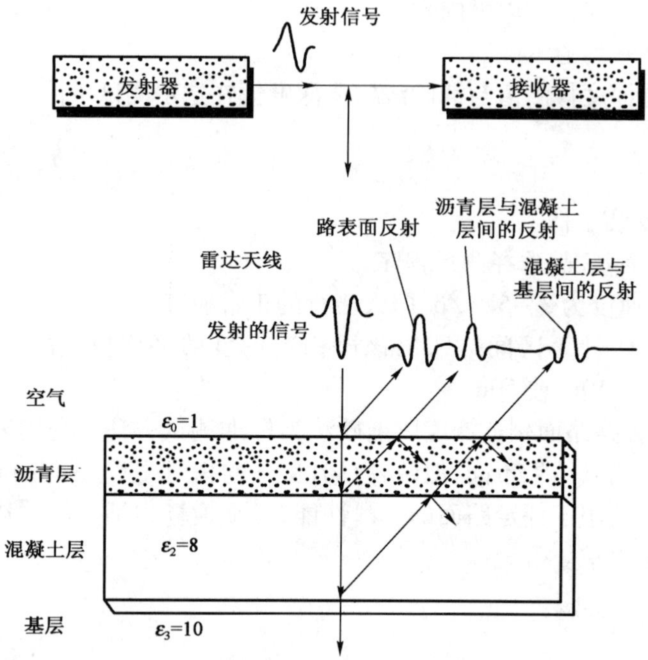

图 7-44　路面雷达原理图

(3)最大探测深度大于 60cm。

(4)厚度数据精度一般为深度的 2% ~5%。

(5)检测在计算机控制下进行,可实时地同时进行数据采集、存储及雷达波形显示。

(6)数据经处理后,可显示路面彩色剖面图、三维路面厚度剖面图、雷达波形图原始雷达波形瀑布图、桥面剥落或破损状况图、三维路面剖面图见图 7-45。

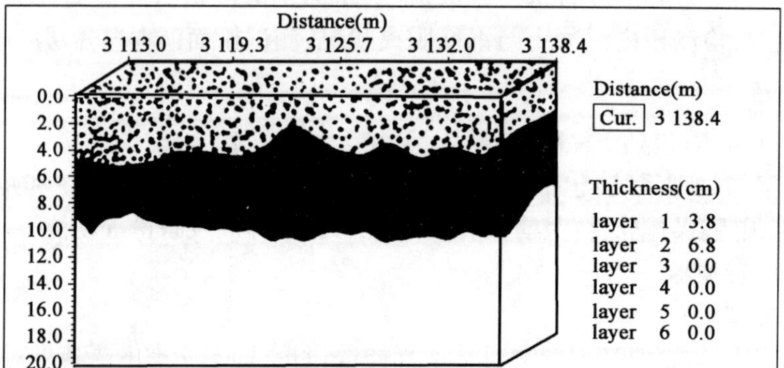

图 7-45　三维路面剖面图

第八章　电子显微能谱分析技术

随着金属材料在公路建设中的大量使用，公路建设使用的材料分析，也从宏观的光学显微分析逐渐地进入了微观的电子显微分析。电子量微分析技术使得从材料性能判断进入到分析性能产生的原因的分析判断。为进一步寻找新材料和进行工程质量评判与质量事故认定提供了微观依据。

自 1946 年第一台商业电子显微镜问世以来，电子显微仪器得到了很大发展。目前最好的投射电子显微镜的分辨率为 1.5Å，放大倍数为几十万倍。特别是电子显微仪器的组合使用，可以获得金属材料在微观尺度上的形貌、成分及结构分析的综合资料。

电子光束与可见光一样，具有波粒两重性。所以电子束在电子显微镜中，通过电磁透镜聚焦成像，由于电子束的波长短，提高了显微成像的分辨率，电子显微镜简称为电镜。

本章介绍公路建设常用的金属材料综合分析资料获得的方法与要求，以及透射电子显微镜、扫描电子显微镜和能谱仪（又称电子探针）的基本原理和用作材料分析的技术方法。

第一节　能谱分析物理基础

一、电子的波长

在电子显微镜中成像的光源为电子束，电子束是由电子组成。电子是运动的微观粒子，具有波粒两重性。即质量为 m 的电子，当以速度 v 做匀速运动时，相当于一平面单色波的传播。该波的波长 λ 与电子质量 m、运动速度 v 之间存在关系为：

$$\lambda = \frac{h}{mv} \tag{8-1}$$

式中：h——普朗克常数，等于 $6.626068 \times 10^{-34} m^2 kg/s$；

m——运动电子的质量；

v——电子的速度。

为了使研究问题的简便又不影响对基本性能的讨论，即不考虑电子速度对其质量的影响，在电子速度 $v \leqslant$ 光速 c 的条件下，讨论电场力对电子作功与电子动能之间的关系，找出电子束的波长与电压之间的对应关系。

根据能量守恒定率，可以找出如下的关系：

$$eu = \frac{1}{2}mv^2$$

$$v = \frac{2eu}{m}$$

式中：e——电子所带电荷；

m——电子的静止质量。

将具体数字带入电子束波长公式,整理后得:

$$\lambda = \sqrt{\frac{150}{u}} \text{或} \lambda = \frac{12.25}{\sqrt{u}}$$

从而得出结论:电子的波长与加速电压平方根成反比。

因为在电子显微镜中使用的加速电压较高,电子的运动速度很大,甚至可以与光速相比拟。所以实际使用的电子束波长,要经相对论理论的修正。经修正要在加速电压上乘一个系数($1 + 0.9788 \times 10u$),修正后得:

$$\lambda = \frac{12.25}{\sqrt{u(1 + 0.9788 \times 10u)}} \tag{8-2}$$

经计算得电子波长与电子显微镜加速电压的关系如表 8-1 所示,由上表所知,加速电压越高,电子波长越短,一般约为可见光波长的十万分之一。从而提高了金属电子显微成像的分辨本领和微小区域的成分鉴别能力。

电子波长与加速电压的关系 表 8-1

加速电压(kV)	电子波长(Å)	加速电压(kV)	电子波长(Å)
1	0.388	60	0.048 7
10	0.122	70	0.044 8
20	0.085 9	80	0.041 8
30	0.069 8	90	0.039 2
40	0.060 1	100	0.037 0
50	0.053 6	200	0.025 1

二、电子束的聚焦与放大

电子束是带电的粒子,和可见光束不同,不能凭借光学透镜会聚或发散。但电子束可以在电场和磁场力的作用下改变方向,从而达到会聚或发散的目的。在电子显微镜中产生这种电子束需要的电场或磁场的装置称为电子透镜,前者叫静电透镜,后者叫磁透镜。由于静电透镜容易被击穿、像差大、调节放大倍数又不方便,在电子显微镜的使用中,逐渐被淘汰。故目前电子显微镜中较少使用,而磁透镜没有上述缺点,在电子显微镜中应用较多。

(一)磁透镜的聚焦作用

电荷在磁场中运动时,将受到磁场力的作用,磁场对电荷的作用力成为洛仑磁力。洛仑磁力 f 的大小,是以电荷 q,在磁场中以速度 v 运动时,通过下式进行计算的:

$$f = qvH\sin(v \cdot H) \tag{8-3}$$

式中:q——运动电荷;

v——电荷在磁场中的运动速度;

H——电荷所在位置的磁场强度(在真空中,$H = B$,B 为磁感应强度);

$(v.H)$——电荷运动方向与磁场方向之间的夹角。

f 的方向可以用右手螺旋法则来确定。在 v 与 H 所组成的平面内,四指由 v 转向 H,伸直拇指,拇指的指向即正电荷的受力方向 f。

电子是带负电的粒子,因此它在磁场中的受力方向恰与正电荷相反。

如果磁场中满足三个条件，即：其一是，磁力线相互平行；其二是，等磁位面是一组与磁极端面平行、与磁力线垂直的平面；其三是，磁场中各点的 H 的大小和方向都一样，这种磁场称均匀磁场。

在均匀磁场内，由式(8-3)知，若 H,f 等于零。即当电子沿着磁场方向运动时，电子不受磁场力的作用，运动速度的大小和方向都不变，电子作等速直线运动。

当 v 与 H 垂直时，f 值最大。但由于洛仑兹力在电荷运动方向上的分量始终为零，因此该力不改变电子运动的速度，只改变运动方向。于是电子在垂直于磁场的平面内作匀速圆周运动。

若 v 与 H 成一定夹角，可将运动电子的速度 v 分解为两个分量，其中平行于磁场的分量使电子沿磁场方向做匀速直线运动；垂直于磁场的分量则使电子作匀速圆周运动。合成的结果使电子按螺旋线轨迹运动。

磁透镜中用来使电子波聚焦的磁场是非均匀磁场。它的等磁位面的形状与玻璃透镜的界面相似。按照激磁方式的不同，可分为恒磁透镜及电磁透镜两类。用恒磁体提供磁场的称恒磁透镜，用电磁线圈激磁的称电磁透镜。电磁透镜比恒磁透镜使用方便、广泛。

下面分析最简单的用短线圈激磁的磁场中的电子运动受力情况。由于这种磁场是非均匀磁场，故磁场中任一点的磁场强度，可以分解为沿透镜主轴方向的轴向分量 H_z 及垂直主轴的径向分量 H_r。假设线圈的电流方向由纸面向外，磁力线方向如图 8-1 所示。有一速度为 v 的电子束沿磁场(透镜)主轴方向射入透镜，其中精确沿主轴方向运动的电子因 $v /\!/ H_z$(主轴上 $H_r=0$)，不受磁场力的作用，运动速度的大小及方向都不变。而其他与主轴平行的入射电子(以图 8-1 中 A 点为例进行讨论)，受到电子所在点磁场强度径向分量 H_r 的作用，产生如图 8-2a)所示的切向力 $F_\tau = evH_r$，使电子获得切向速度 v_τ，开始做圆周运动。在电子做圆周运动的瞬间，因$v \perp H_z$(图8-2b)，产生径向作用力$F_r = lv_\tau H_z$，使电子向轴偏转，结果使电子作圆

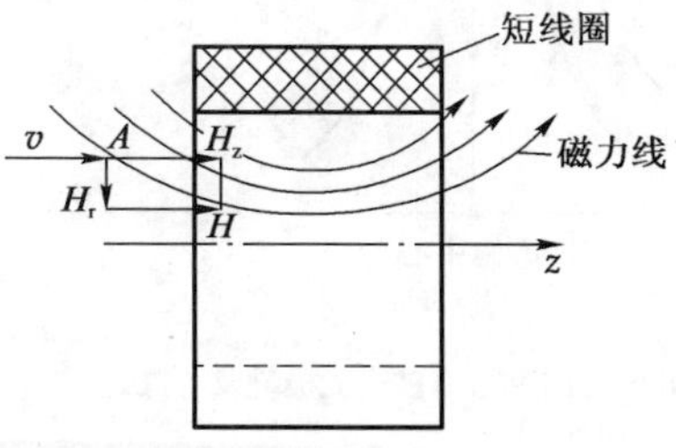

图 8-1　短线圈磁场中电子运动受力情况

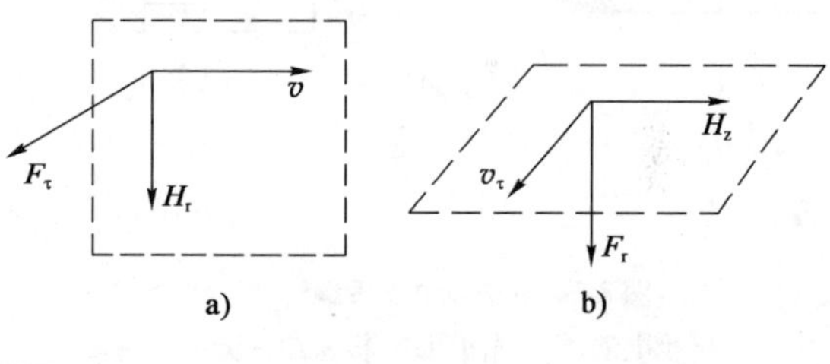

图 8-2　电子的运动受力方向

锥螺旋运动，见图 8-3。即一束平行于主轴的入射电子束通过电磁透镜后将聚焦在主轴上一点，与一束平行于主轴的光线穿过光学玻璃凸透镜后聚焦于一点的作用十分相似。

为了便于讨论，在以后的叙述中，将电子在电磁透镜中所作的圆锥螺旋运动以折线轨迹表示。

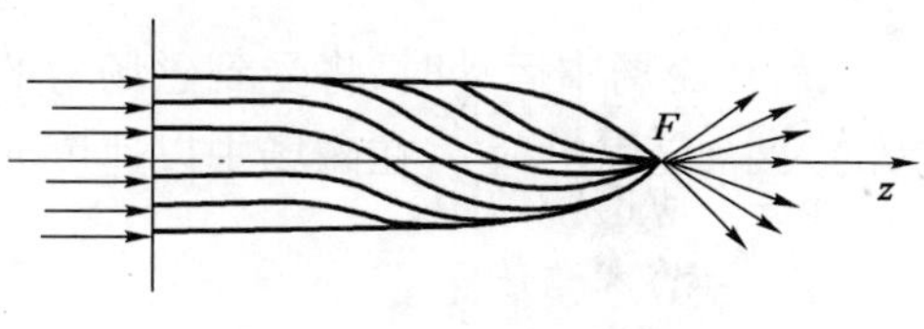

图 8-3　电子的圆锥螺旋运动

(二)电磁透镜的结构

上述用短磁线圈激磁的磁场中，尚有一部分磁力线分布在线圈外，对电子束的聚焦成像不起作用。为了提高磁场强度，将线圈装在用软磁材料(例如低碳钢、纯铁，特点是矫顽力 H_c 很小，剩磁非常容易被消除)制成的带有内环形间隙的壳子里，使磁力线集中在内环形间隙附

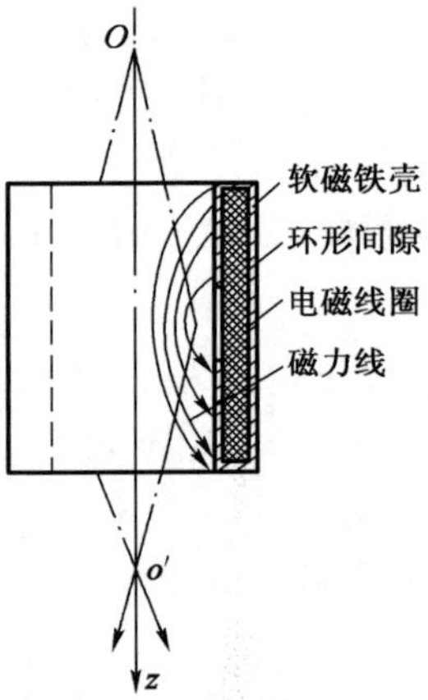

图 8-4　有软磁壳电磁透镜的磁力线分布

近，从而增大对电子的折射能力，相应地减小了透镜焦距。对一定的激磁而言，等于提高了相应区域磁场强度，见图 8-4。

由于很难直接在铁壳上加工得到高精度的圆孔和内环形间隙，因此在间隙处装上极靴组件，组件包括用高导磁率材料制成的上、下极靴及用黄铜制成的连接筒，见图 8-5。使轴向磁场强度更集中、更强，从而增强其光学本领。

图 8-6 是三种电磁透镜的磁场强度分布曲线图。由图可以清楚地看出，有铁壳、有极靴的电磁透镜的磁场强度最集中、最强。

（三）电磁透镜的特性

1. 电磁透镜的放大倍数

由于电磁镜和光学透镜作用相似，因此可以用光学薄透镜的公式来求电磁透镜的放大倍数。

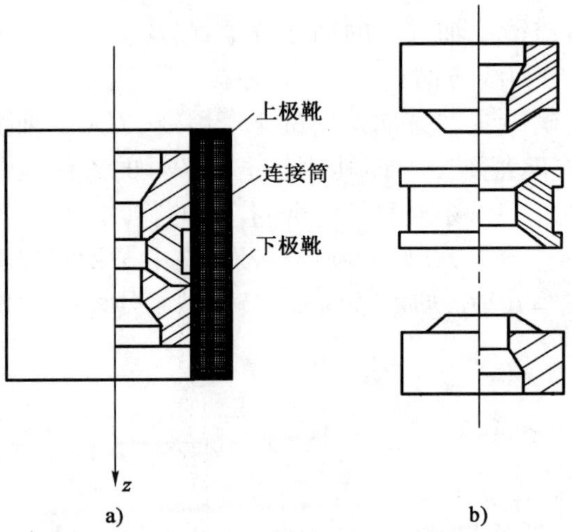

图 8-5　有极靴电磁透镜

a）有极靴电磁透镜剖面图；b）极靴组件分解

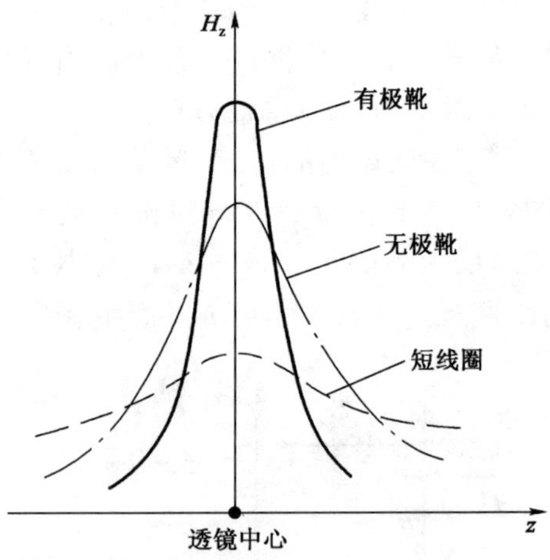

图 8-6　无铁壳，有铁壳无极靴及有铁壳

有极靴三种电磁透镜轴向磁场强度分布曲线：

$$\frac{1}{u}+\frac{1}{v}=\frac{1}{f}$$

式中：u——薄透镜物距；

v——薄透镜像距；

f——薄透镜焦距。

通常也用像的长度（$A'B'$）和物体的长度（AB）之比来定义透镜像的放大倍数：

$$M=\frac{A'B'}{AB}=\frac{v}{u}$$

将上二式合并、整理，得电磁透镜放大倍数计算式：

$$M=\frac{v-f}{f}=\frac{f}{u-f} \tag{8-4}$$

由式(8-4)知,当透镜像距一定时,透镜的焦距越小,放大倍数越大。

一般,电磁透镜的焦距f可由下式近似计算:

$$f \approx K = \frac{U_r}{(IN)^2} \tag{8-5}$$

式中:I——通过线圈导线的电流强度;

N——线圈匝数,IN为电磁透镜的激磁安匝数;

U_r——经相对论修正的电子的加速电压;

K——常数。

由式(8-5)可看出,不管激磁方向如何,由于f与$(IN)^2$成反比,因此f总是正的,说明电磁透镜总是会聚透镜。通常线圈的匝数是固定不变的,因此只要改变线圈中的激磁电流I,就可以相应地改变电磁透镜的焦距,从而相应地改变放大倍数。故电磁透镜是一种变焦距倍数的会聚透镜。而光学透镜的焦距、倍数则是不可变更的,这一不同点给电镜在使用时带来很大的方便。

2. 电磁透镜的像差

电磁透镜与光学透镜一样,也具有各种像差。

其中一种是因透镜磁场几何上的缺陷而产生的,称几何像差,例如球面像差(球差)、像散。

球差是由于在透镜磁场中,远轴区域和近轴区域对电子束的折射能力不同而产生的。远轴区域对电子束的折射能力比近轴区域大,使物点散射的电子不能会聚在同一像点,而分别聚焦在一定的轴向距离上,影响透镜的分辨本领。在该聚焦区域内可以找到一具有最小散焦斑、且图像较清晰的平面,见图8-7a)。最小散焦斑半径的大小与透镜的放大倍数、球差系数及透镜孔径角的立方成正比。因此减小透镜的孔径角可以显著地减小散焦斑半径,提高透镜的分辨本领。

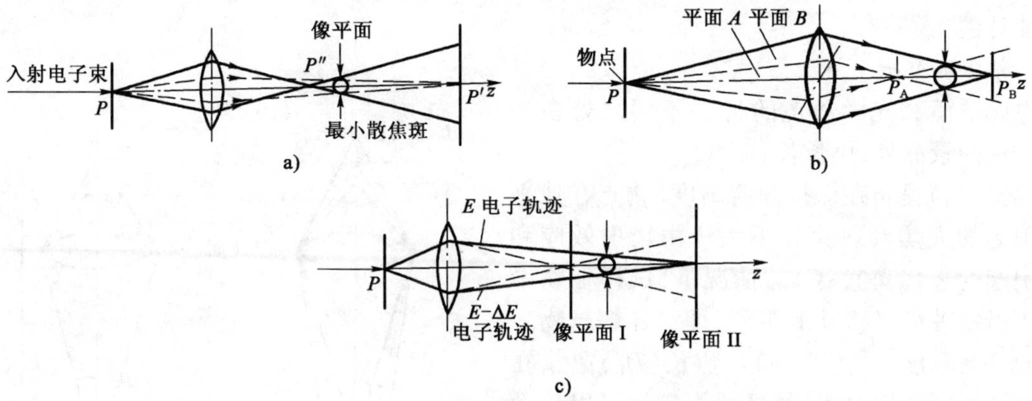

图8-7 电磁透镜的像差

a)球差;b)像散;c)色差

像散则是由于电磁透镜加工不够精确,例如极靴圆孔不圆等,或由于极靴内部被污染,致使透镜磁场不对称而引起。使透镜磁场在同样径向距离、不同方向上对电子束的折射能力不同。在A平面上运动的电子束聚焦在P_A点(强聚焦方向),在B平面上运行的电子聚焦在P_B点(弱聚焦方向),见图8-7b)。使物点所散射的电子不能聚焦于一个像点而在一条线上。同样可以找到一个具有最小散焦斑的像平面。如果在磁场中附加弱磁场,例如电磁式消像散器,能适当地补偿校正。

另一种像差是由于成像电子的能量(或波长)不同而引起,犹如光镜中白色光引起像差一样称为色差。能量不同的电子通过透镜后具有不同的焦距，能量大的电子有较大的焦距，其效果与球差相似。在聚焦区域内同样存在一最小散焦斑，见图 8-7c)。

引起电子束能量变化的原因主要有两个：一是电子加速电压不稳定，引起电子束能量的波动。可以采用超高压或提高加速电压和透镜电流的稳定度来加以纠正；二是当电子束照射试样时，将与试样物质相互作用，从而损失一部分入射电子的能量。一般说来，试样越厚，电子能量损失越大，色差越严重，故要求试样做得尽可能地薄；或采用小孔径光阑将这部分损失了能量的电子束挡掉，以提高透镜像的分辨本领。

3. 分辨本领

分辨本领透镜的重要特性，也是显微镜的重要特性，它取决于透镜的像差及衍射效应所造成的埃利斑直径的大小。

对于光学透镜来说，由于可以采用会聚及发散透镜组合等方法来矫正像差，故其分辨本领主要取决于衍射。用衍射理论推导得到的显微镜分辨本领公式

$$d = \frac{0.61\lambda}{n\sin\theta}$$

可简化为：

$$d \approx \frac{1}{2}\lambda$$

即在最佳情况下，物镜的分辨极限可达照明光波的半波长(2 000Å)。

由于电子束的波长是可见光的十万分之一，若电磁透镜也能矫正球差的话，根据上式，电镜分辨本领的极限值应为0.02Å，而实际只能达到2Å，两者间相差了100倍。其原因是电磁透镜为会聚透镜，无法有效地矫正其球差。若要使球差减小，只有采用尽可能小的孔径角来成像。但这将使衍射效应所造成的埃利斑尺寸增大。为了兼顾两者的作用，因此电镜的分辨本领只能达到2Å左右。

4. 景深和焦长

电磁透镜和光学透镜的另一不同之处在于电磁透镜的景深大，焦长长。

景深(D_f)是指在保持像清晰度(物点在像平面上引起的失焦圆斑直径不大于由衍射效应和像差引起的散焦斑直径)的情况下，试样在物平面上下沿镜轴可以移动的距离，即试样超越物平面所允许的厚度，见图 8-8a)。焦长(D_L)是指在保持像清晰度的情况下，像平面沿镜轴可以移动的距离，即观察屏或照相底片沿镜轴可以移动的距离，见图 8-8b)。

电磁透镜所以具有以上特点，是由于采用尽可能小的孔径角成像而造成的。

由图 8-8a)知：

$$D_f = \frac{2d}{\tan\theta} \approx \frac{2d}{\theta}$$

电磁透镜的 $\theta = 10^{-2} \sim 10^{-3}$rad。若透镜分辨

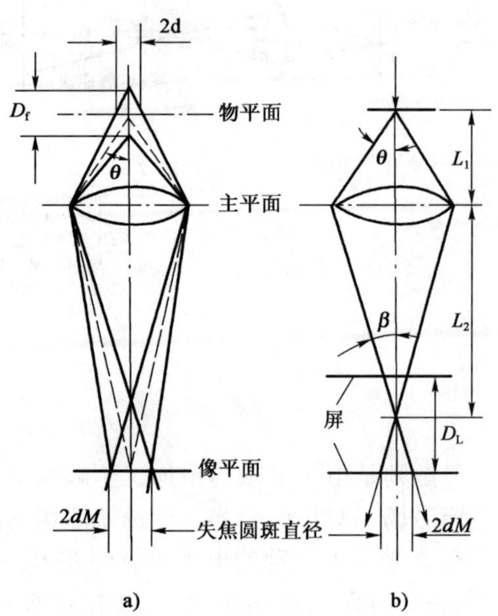

图 8-8 电磁透镜景深、焦长示意图

a)景深；b)焦长

$d=10Å$,则 $D_f=2\,000\sim20\,000Å$。即只要厚度小于 2 000Å 的试样,其各部位细节都能得到清晰的显示。这一特点对图像的聚焦操作非常有利。

由图 8-8b)知:

$$D_L=\frac{2dM}{\tan\beta}$$

而

$$L_1\tan\theta=L_2\tan\beta$$

即

$$\tan\beta=\frac{L_1}{L_2}\tan\theta=\frac{1}{M}\tan\theta\approx\frac{\theta}{M}$$

故

$$D_L=\frac{2dM^2}{\theta}$$

式中:M——电磁透镜的总放大倍数。

若 $M=200$ 倍,$d=10Å$,$\theta=10^{-2}$rad,则 $D_L=8$mm。即该透镜的实际像平面可以在理想像平面上、下各 4mm 范围内移动,图像仍保持清晰。

由于电镜采用多级电磁透镜,其终像的放大倍数等于各级透镜放大倍数的乘积,因此终像的焦长更长,一般说来超过 10cm。故只要荧光屏上的图像清晰,照相底片上的图像也是清晰的,给电镜图像的照相记录带来极大的方便。

第二节　透射电子显微镜

透射电子显微镜简称透射电镜,是以波长极短的电子束作照明源,用电磁透镜聚焦成像的一种显微镜。在电子光学仪器中,它的历史久、发展快、应用范围也最广泛。

图 8-9 是上海新跃仪表厂生产的 DXB-12 型透射电镜外形图,加速电压在 10 ~ 120kV 之间,分辨本领优于 3Å,最大放大倍数为 80 万倍。

透射电镜的种类很多,下面就其共同结构原理对其作一简单介绍。

图 8-9　国产 DXB-12 型透射电镜外形图

一、透射电镜的主要结构

透射电镜主要由电子光学系统、真空系统及供电系统三部分组成。

(一)电子光学系统

透射电镜的电子光学系统包括照明系统、成像系统、显像系统三部分。这三部分全都置于显微镜的镜筒之内,故也称镜筒。镜筒是显微镜的核心部分,其光路原理与透射型光镜非常相似,见图 8-10。透射电镜的照明源是发射电子束的电子枪,相当于光镜中的可见光光源。从电子枪发射出来的电子束被聚光镜会聚在试样上,透过试样在物镜像平面上形成具有高分辨本领的透射电子像。再经投影镜进一步放大,投射至荧光屏或照相底片上,获得可供观察或照相用的高放大倍数的图像。

透射电镜分辨本领的好坏直接取决于镜筒的复杂程度。简单的透射电镜(分辨本领 >

50Å)一般只有两个透镜:物镜和投影镜。普通性能透射电镜(分辨本领 20 ~ 50Å)有四个透镜,它们分别是单聚光镜、物镜、中间镜、投影镜及对中装置。高性能透射电镜(分辨本领优于 10Å)有 5 ~ 6 个透镜;双聚光镜,物镜,第一、第二中间镜,投影镜及高级对中装置。图 8-11 是近代大型透射电镜镜筒的剖面示意图。从结构上看,与透射式光镜也非常类似。

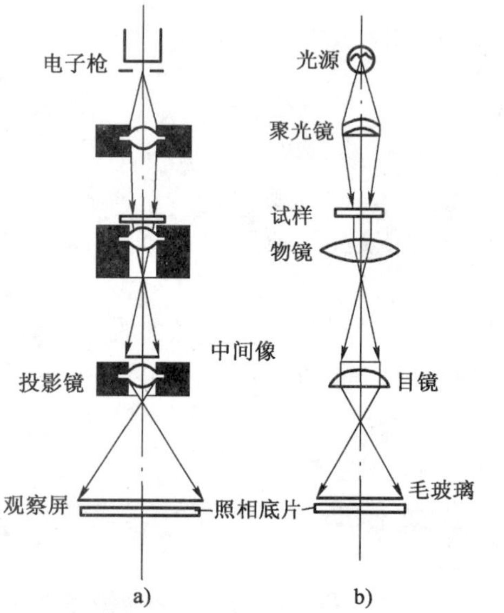

图 8-10 透射电子显微镜与透射光学显微镜的光路比较图
a)透射电镜;b)光学显微镜

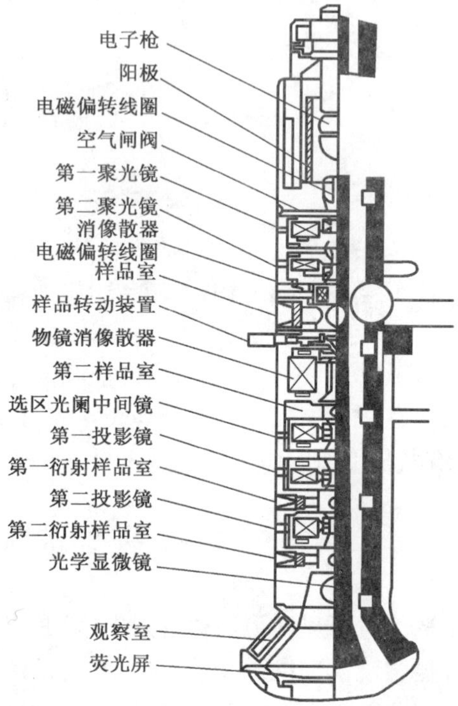

图 8-11 透射电子显微镜镜筒剖面(电磁式对中)

1. 照明系统

照明系统由电子枪及聚光镜组成。

(1)电子枪。获得电子束的装置称电子枪。常用的是热阴极三极电子枪,它由发夹形钨丝阴极栅极及阳极组成,如图 8-12 所示。

钨丝装在栅极圆孔之上,接负高压,在真空中通电加热。为了获得较高的电子发射率,其工作温度在 2 400 ~ 2 700K。从钨丝阴极发射出来的电子的动能还不够大,需通过中央带小孔的阳极来加速。阳极小孔对准钨丝的尖端,以使电子获得越来越大的速度,从而形成定向高速电子流。为安全起见,阳极须接地。

由于阳极对电子束并不起聚焦作用,故从阳极孔发射出来的电子束较粗,可在阳极与阴极之间加进一个栅极,依靠它比阴极更负的电位,使电子束强烈地会聚,并以细束状态通过阳极孔。又因栅极对电子有拒斥作用,还可以通过改变栅极的电位来控制电子束电流的大小,从而调节像的亮度。

(2)聚光镜。在电子枪中,即使加进了栅极,由于阳极小孔起发散透镜的作用,当电子束穿过阳极小孔后又将逐渐变粗,射至试样上仍然过大。可以通过在阳极下面加一聚光镜,再一次会聚发散的电子束,以增强电子束密度。

普通性能透射电镜采用单聚光镜,其功能是将电子枪射出的发散电子束会聚于试样平面上。为了能在聚光镜和物镜之间提供一个较大的试样室,电子枪第一交叉点到聚光镜的距离与聚光镜到试样平面的距离大致相等，致使试样平面上的光斑与电子枪交叉点直径的大小几乎相同，如图8-13a)所示。对于高分辨本领的电镜来说，这不仅未能充分利用电子枪发射的有限的电子束强度，来提高高倍成像时终像的亮度，而且反因照明区域超过满屏需要，加剧了因热或电荷的堆积而造成的试样的热损伤、漂移及污染。故试样平面上不需要获得这样大的照明直径，只希望得到直径为几微米的光斑。为此，采用双聚光镜。

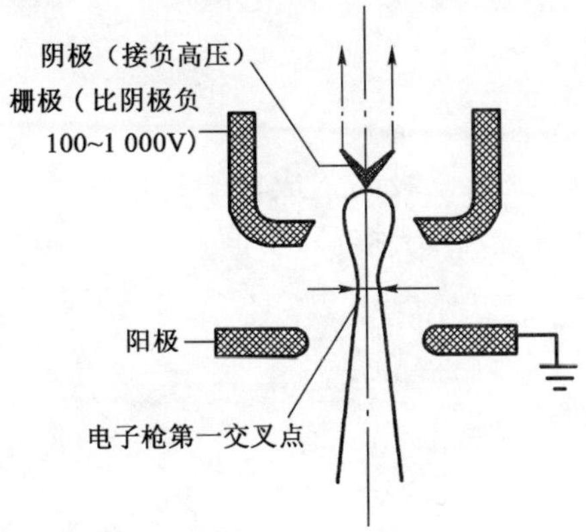

图8-12　电子枪示意图

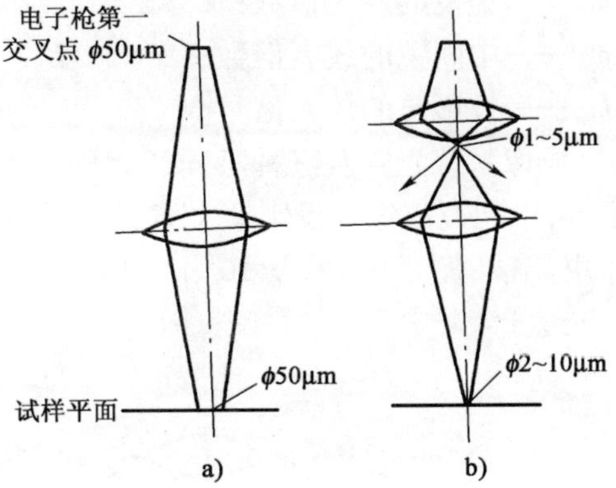

图8-13　照明系统光路图

a）单聚光镜；b）双聚光镜

其中，第一聚光镜为强激磁透镜，焦距短，起强烈缩小的作用，将交叉点电子直径缩小至1～5μm。再用长焦距的第二聚光镜将缩小像放大（放大率为二倍左右），结果在试样平面上获得直径为2～10μm的光斑，见图8-13b)。不仅使第二聚光镜与物镜之间能有足够的空间放置其他附件，又满足了高分辨本领透射电镜的照明束直径要求。

2. 成像系统

成像系统由试样室、物镜、中间镜、投影镜等组成。

(1)试样室位于照明系统和物镜之间，主要作用是通过试样台承载和移动试样。

由于透射电镜的试样既小又薄，不宜夹持，通常采用外径为3mm的具有网孔（方孔或圆孔）的试样铜网来支承试样。试样座的任务就是牢固地夹持住试样铜网，并保持试样的良好的电、热接触，以减小试样的热损伤及漂移现象。

为了能方便地将试样调节到所需视野位置，试样可作平移、倾斜和旋转运动。可以通过操作试样室外面的试样移动机械装置来完成。

大型电镜的试样室一次可同时容纳六个试样，大大提高了工作效率。

有些试样室还装有加热、冷却及形变试样台等，以满足特殊要求。

试样室装有闸阀，换试样时不会破坏真空。

(2)物镜、中间镜、投影镜高分辨本领电镜放大倍率的变化范围宽，一般都采用物镜、中间镜、投影镜三级成像系统。

其中，以物镜为最关键部分，因为物镜的任何缺陷都将被成像系统中的其他透镜进一步放大，因此必须尽可能地减少物镜的像差。通常采用强激磁透镜，因其焦距短，像差小。位置在试样室的下方，试样放在物镜的物平面上。还加进光及消像散器，进一步降低像差，提高分辨本领。

中间镜位于物镜的下方，物镜的像平面是中间镜的物平面。中间镜采用弱激磁变倍透镜，其焦距较长。中间镜的作用是将来自物镜的电子像成像在投影镜的平面上。调节中间镜电流

（设有中间镜电流旋钮）的大小，可以在 0 ~ 20 倍范围内改变中间镜的放大倍数。

投影镜位于中间镜的下方，中间镜的像平面是投影镜的物平面。投影镜采用强激磁、短焦距透镜。它的作用是将中间镜像放大并投射至荧光屏或照相底片上。

电镜的总放大倍数是物镜、中间镜、投影镜三者放大倍数的乘积：

$$m = m_0 m_1 m_p \tag{8-6}$$

式中：m_0——物镜的放大倍数；

m_1——中间镜的放大倍数；

m_p——投影镜的放大倍数。

（3）成像系统光路及三种不同放大倍数成像图 8-14a）示出三级高倍成像。物镜成像于中间镜上方，中间镜成像于投影镜上方，投影镜成像于荧光屏上，由于物镜、中间镜、投影镜都起放大作用，结果获得 $10^4 \sim 2\times10^5$ 倍的高放大倍数电子像。

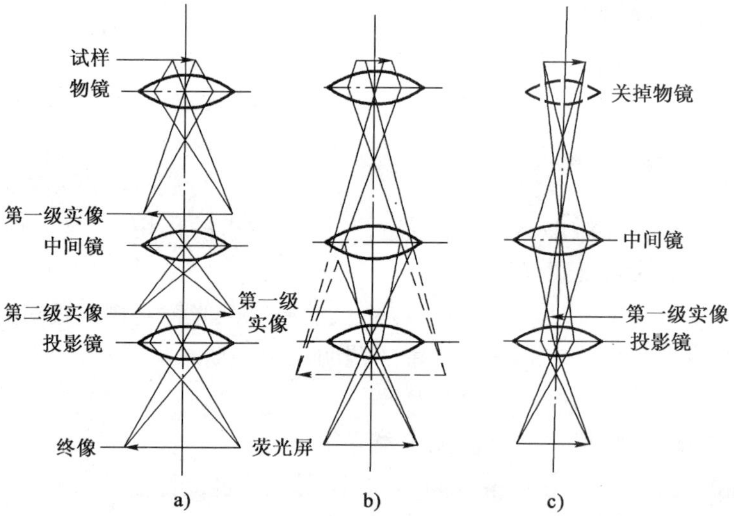

图 8-14　成像系统光路图

a）三级高倍成像；b）三级中倍成像；c）二级低倍成像

图 8-14b）示出三级中倍成像。根据式 8-6，适当减小物镜激磁电流的强度，可使物镜焦距增大。成像于中间镜下方。对于中间镜，这是一个“虚物”，在投影镜上方形成一个缩小的实像。再通过投影镜成像于荧光屏上。最后获得几千至几万倍中放大倍数电子像。

图 8-14c）示出二级低倍放大。当需要对试样进行大面积普查时，应选用更低的放大倍数。可以关掉物镜，减小中间镜激磁电流，使中间镜焦距增大。即用长焦距中间镜代替物镜成像，使第一级实像成像于投影镜上方。再通过投影镜成像于荧光屏上，获得 100 ~ 300 倍低放大倍数电子像。

3. 显像系统

包括观察屏及照相装置两部分。观察屏上涂有发绿光的能对电子感光的荧光物质，也称荧光屏。荧光屏底下是照相室。因电磁透镜的焦长长，故选定视场后，翻起荧光屏即可进行照相。

照相底片通常选用电镜专用底片（红色盲片），由于电子与乳胶间的相互作用较光子强得多，因此曝光时间很短，只需几秒钟。

(二)真空系统

为了保证电子在运行的区域中只与试样发生作用,从电子枪直至照相底片盒的整个通道中必须保持高度的真空。以防止电子与空气分子发生碰撞,防止钨丝氧化缩短寿命及减少试样污染。一般要求真空度不低于0.013 3Pa(10^{-4}mmHg)。

电镜的真空系统通常由机械真空泵、油矿散真空泵、阀门、真空计及管道等部分组成。

(三)供电系统

透射电镜的供电系统包括两部分:一是供给电子枪的高压部分,另一是供给电磁透镜的低压稳流部分。

电源的稳定度是电镜性能好坏的一个重要标志。因为加速电压和透镜电流不稳定都将使电磁透镜产生严重的色差。因此,供电系统必须保证加速电压及透镜激磁电流的稳定度。

二、透射电镜试样的制备

一般的金属试样对电子束而言是“不透明”的,无法直接置于透射电镜中去观察,需要进行制备。若试样制备不当将引起失真,得到错误的分析结论;另外,透射电镜的分辨本领不仅与电镜本身还与试样有关,试样越厚,色差越严重。故电镜试样的制备是至关重要的。

制备试样的方法大体上分两类。第一类是,用某种材料将欲观察试样的表面形貌复制下来,然后把复制薄膜(简称复型)放到透射电镜中去观察。第二类是,设法将金属试样制得很薄(称金属薄膜),足以让电子束直接穿过而成像。

(一)复型技术

复型技术在一般情况下不损坏原始试样的表面,制备方法简便,图像容易解释,故在金属材料显微组织分析及断口分析方面得到广泛的应用。

1. 复型材料

透射电镜的放大倍数高,若复型材料本身有结构细节,将干扰被复制表面形貌的观察和分析,因此材料本身应无结构(即是非晶体的)。其次,材料要有足够的强度及刚度,在复制过程中不致破损或畸变,在高真空及强电子束的轰击下也不易破裂。还要具有良好的导电、导热性。

目前常用的复型材料是塑料(如火棉胶醋戊脂溶液,醋酸纤维素丙酮溶液)及光谱纯碳棒。前者强度差,制成的复型经受不住电子束的轰击,往往在短时间内就会发生破裂;后者强度较高,导电、导热性亦好,应用较多。

2. 对金相试样的要求

为了能真实地将金相试样表面的浮雕复制下来,首先应制备好金相试样。在抛光金相试样时,要尽量避免引起表面层组织的变化,通常采用电解抛光法。对易变形金属采用抛光—腐蚀—抛光工艺,以消除变形层。

腐蚀时应比光学显微试样浅些,因腐蚀过深将使腐蚀坑等缺陷加深,甚至引起组成相粒子形状的失真,还增大了复型与试样分离的困难。通常采用活性较弱或浓度较低的浸蚀剂。

3. 复型的制备

根据复型的次数,区分为一级及二级复型两种。直接从试样表面制得的复型叫一级复型。因复型次数少,假像就少。但在用化学试剂脱膜时试样会遭到破坏,因此需一次成功。二级复型是先用塑料制成较厚的一次复型(中间复型),再在一次复型上喷上一层碳膜,然后溶掉一次复型，得到碳二次复型。这种方法不破坏试样表面，分辨本领较好，应用较多。下面介绍常用的复型方法：

(1)一级复型，分塑料一级复型及碳一级复型两种。

塑料一级复型：在试样表面上滴一滴塑料溶液，干后揭下即成。它是一种负复型，其凹凸特征恰与金相试样表面相反。

由于塑料分子的尺寸较大，故这种复型的分辨本领较低(约 100～200Å)。且在电子束照射下容易发生分解、烧损，因此只在急等分析的情况下使用。

碳一级复型：也称直接碳复型。因碳粒子很小，故碳膜的分辨本领最高，可达 20Å。主要制备步骤如下：

喷碳——在真空镀膜机中以垂直方向在已腐蚀好的金相试样表面上直接蒸发沉积一层厚度为 100～200Å 的碳膜(太薄时衬度太差，太厚则分辨本领差，甚至电子束穿不透)。可在金相试样旁边放置一块白瓷片，当瓷片变成浅棕色至深棕色时说明沉积碳膜的厚度已适中。要求镀膜机的真空度至少达 2.66×10^{-3}Pa(2×10^{-5}mmHg)，因真空度越高，碳膜越致密、连续。图 8-15a)为喷碳示意图。

分离碳膜——取出喷过碳的金相试样(图 8-15b)，浸入化学剂中或置于电解液中作第二次腐蚀或电解抛光，使碳膜与金相试样表面分离。

碳钢及合金钢常用的电解液为 10% 硝酸酒精溶液。

清洗——将分离下来的复型放到一定浓度的硝酸(或盐酸)酒精中洗涤，再用蒸馏水反复清洗，然后用试样铜网捞出烘干，即可放到透射电镜中去观察。

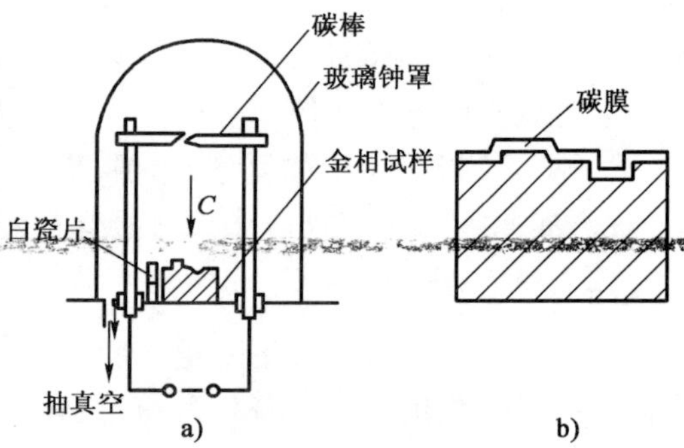

图 8-15　碳一级复型制备

a)喷碳示意图；b)喷过碳的金相试样

其缺点是由于蒸发沉积的碳粒子在试样表面会发生一定程度的“迁移”，得到厚度基本均匀的薄膜，作电镜观察时试样各部位所能透过的电子数差别不大，致使图像衬度较差，一般都需“投影”；此外，还需用化学或电解方法来分离碳复型，破坏了金相试样的原始表面。因此在分辨本领要求不高时，常采用塑料一级复型加投影或塑料－碳二级复型。

“投影”就是在已制好的一级复型的浮雕面上以倾斜方向蒸发沉积原子序数较大的重金属，如铬、锗等。见图 8-16a)。

若复型上有高度为 h 的凸起，则在沿投射方向的轮廓线背后将产生长度为 l 的影子(见图 8-16b)，影子内没有或很少有重金属的沉积。h、l 与投影角 β 间的关系

$$h = l\tan\beta \tag{8-7}$$

若复型上有深度为 h_1 的凹坑，则在轮廓线的前方产生长度为 l_1 的影子，同样，影子内是重金属沉积不到的地方。这些区域的厚度就薄，电镜观察时能有较多的电子穿透，在图像中表现为白色亮区，如图 8-16b)中 B 区。若复型上有倾斜于基准平面且面向投影源的部分，见图 8-16c)，该区将沉积较多的重金属粒子，这部分图像的亮度最低。因是用投射影子的方法来改善衬变，故称“投影”。

由式(8-7)知，投影角 β 的选择是十分重要的。投影角太大将降低图像的衬度和立体感，

太小又将造成影子太长，使影子范围内的细节得不到清晰的显示。通常采用15°~45°，视试样表面浮雕高度而定。若组织较细小，浸蚀较浅，即浮雕浅时，β取15°~30°；浮雕深时取较大的投影角（30°~45°）。

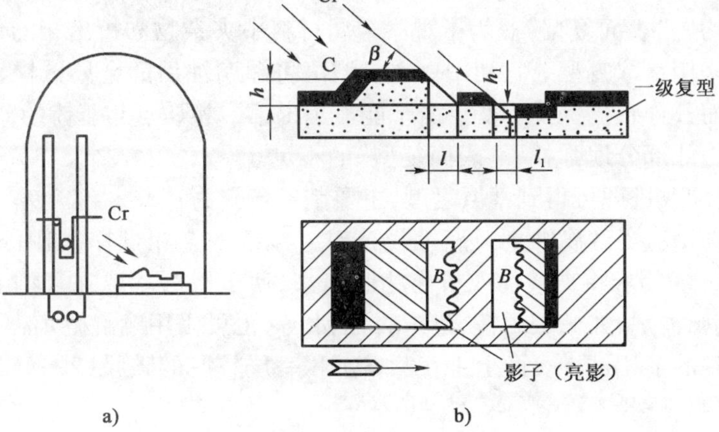

图　8-16

a）喷碳示意图；b）喷过碳的金相试样

（2）塑料—碳二级复型，是最广泛采用的一种复型。主要制备步骤如下：

制一次复型：在试样表面上滴一滴丙酮或蜡酸甲酯，再平整地贴上一块预先制好的厚度30~80μm的醋酸纤维薄膜（简称A.C纸），见图8-17a）。干后揭下，复制面向上放在衬有纸片的玻璃板上，四周用胶纸固定，见图8-17b）。

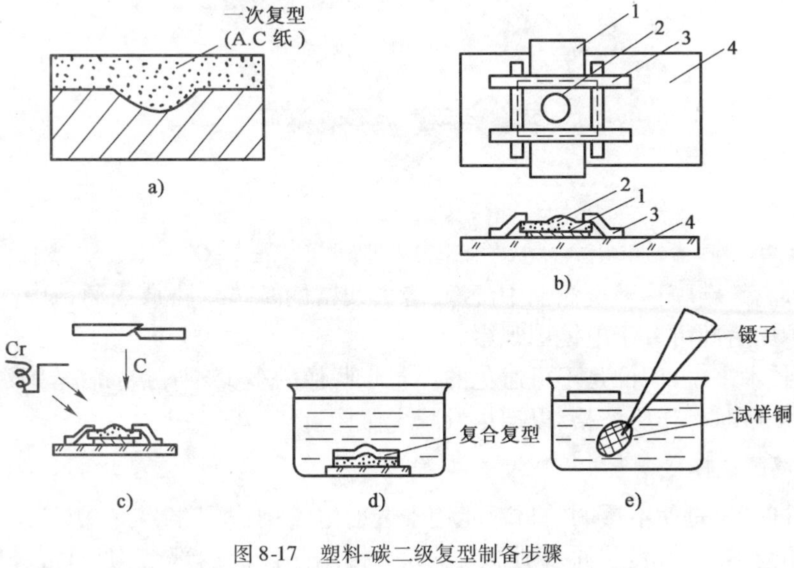

图8-17　塑料-碳二级复型制备步骤

1-纸片；2-一次复型；3-胶纸；4-玻璃片

制二次复型：将上述复型置于真空镀膜机中，先倾斜投影重金属，再垂直喷碳，如图8-17c）。得到两次复型叠在一起的“复合复型”。

溶掉一次复型：将复合复型的复制面向上放在玻璃片上，放入丙酮溶液中溶解一次复型，如图8-17d）。当一次复型溶净后，二次复型将飘起，用铜网小勺将二次复型捞起。

清洗：把捞起的二次复型放入丙酮液中洗涤。再放入蒸馏水中依靠水的表面张力使二次复型展平并浮起,用镊子夹住试样铜网捞起后即可置于电镜中观察,见图 8-17e)。

这种方法不破坏金属试样表面。一次复型较厚,易从试样上剥离。留下的碳膜又经投影处理,图像衬度好。它兼有塑料一级复型及碳一级复型的某些优点,因此图像质量较高。

(3)萃取复型。以上三种复型都只能观察试样的表面形貌,不能提供金属材料内部组织结构等资料,因此均属“表面复型”。为了观察金属材料中夹杂物和析出相的形状、大小、分布及它们的物相,常采用萃取复型。它利用一次复型法将深腐蚀后的金属试样表面的一些第二相粒子粘附下来,而其分布仍保持不变。由于能显示出第二相质点与基体的关系,并能对第二相进行结构鉴定,因此部分地弥补了“表面复型”的不足。

碳一级复型稍加改进即可得到萃取复型,主要制备步骤为:

第一次腐蚀:选用适当的腐蚀剂及腐蚀规范对磨制好的金相试样,如图 8-18a)进行第一次深腐蚀,图 8-18b)。要求将夹杂物或析出物凸出来,便于以后萃取在复型上。碳钢及合金钢选用一般的金相腐蚀剂,如硝酸酒精、苦味酸、王水等,也可采用电解抛光法。

喷碳:在腐蚀过的金相试样表面上垂直蒸发沉积一层较厚的碳膜(200Å 以上),使碳膜粘附住第二组粒子[(图 8-18c)]。

第二次腐蚀及脱膜:将上述喷过碳的试样置于盛有适当腐蚀剂的培养皿中腐蚀(或电解抛光)。使碳膜连同凸出于试样表面的第二相粒子与基体分离,如图 8-18d)、e)。

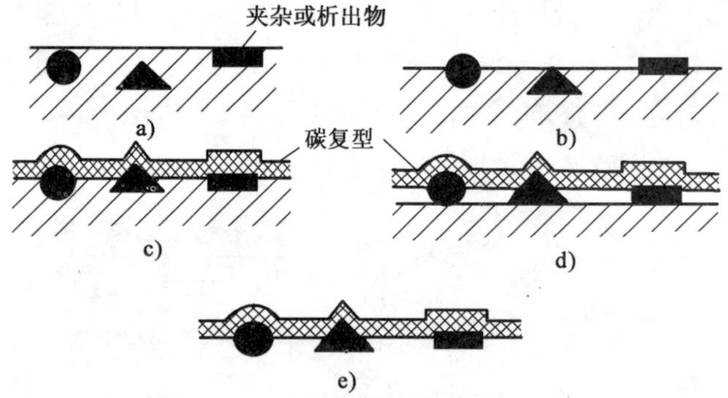

图 8-18　碳萃取复型法

a)未腐蚀的金相试样;b)一次腐蚀后;c)表面喷碳复型;d)二次腐蚀后;e)萃取复型

清洗:将分离的碳膜移至洗涤剂中洗涤,溶去残留的基体。再放入酒精中洗涤,最后用试样铜网捞起,干燥后即可置于电镜中观察。

对于复型技术来说,假像是不可避免的。至于假像的多少,则与制备方法及操作技术等有关。因此制备复型时操作应严格,以期尽量减少假像。

(二)金属薄膜试样

上述复膜试样只是使不透明的材料能置于透射电镜中去观察,与传统的光学金相方法相比,虽分辨本领高得多,但实质性差别不大。为了揭示晶体的内部结构,通常采用金属薄膜试样。从电镜图像易于分析的角度来说,试样应尽可能地薄,因试样过厚,则内部不同深处的结构特征重叠,而给分析带来困难。但试样过薄时,由于薄膜具有极大的比表面(单位质量的自由表面积),其缺陷密度及组态将不同于大块试样。此外,相变和形变规律由于受表面效应的影响,也将不同于大块试样。因此试样应有一定的厚度。合适的厚度与加速电压、金属材料密度有关。加速电压一定时,材料密度越大,金属薄膜应越薄;对于同一材料而言,加速电压高,金属薄膜可相应地厚些(但不能过厚,因较厚的试样增加色差,像衬度下降)。

一般由大块试样制备薄膜。制备程序为：

(1)取样。用砂轮片、金属丝锯(以酸液或磨料液体循环浸蚀)或电火花切割等方法从大块试样上切取厚度为0.5mm左右的“薄块”。

(2)预先减薄。用机械研磨、化学抛光或电解抛光等方法将“薄块”试样预先减薄至0.1mm左右的“薄片”。

(3)最终减薄。一般说来,机械研磨的损伤层较大,因此最终减薄时不用机械方法,而用某些特殊的电解抛光或离子轰击等技术将“薄片”最终减薄到小于2 000Å 的“薄膜”。

之所以要采用如此复杂的制备方法,目的在于尽量避免或减少减薄过程中引起的组织结构变化,并尽可能做到均匀地减薄。且这种制备过程较易控制,又具有足够的可靠性及重复性。

三、透射电镜的成像原理

制备复膜所用的材料是非晶体物质,其原子呈无规则排列;金属薄膜试样是晶体物质,原子呈规则排列。因此计算这两种试样的参与成像的电子强度的方法是不同的,前者根据质量厚度衬度原理来解释电子像的强度分布,后者根据衍衬理论来解释。下面分别作简单介绍。

(一)复型试样的成像原理

1. 弹性散射与非弹性散射

当一束聚焦电子穿透非晶体薄试样时,将与试样物质(或与原子核,或与核外电子)相互作用,由于原子核及核外电子所形成的静电场对电子的作用,使入射电子的方向发生改变,这种现象称散射,见图8-19。

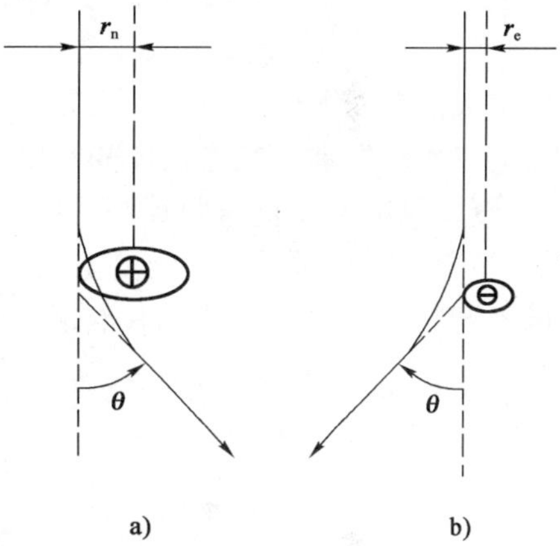

图8-19 电子受原子的散射

a)被原子核弹性散射;b)被核外电子排弹性散射

若入射电子与原子核相互作用,由于原子核的质量比电子大得多,故碰撞后只改变入射电子的运动方向,其能量(或波长)没有变化,这种散射称弹性散射。若入射电子与核外电子作用,由于电子与电子质量相当,碰撞后不仅改变入射电子的运动方向,能量也有变化,这种散射称非弹性散射。也有部分入射电子与原子核相互作用后因受到原子核电势场的作用而制动,减慢速度,成为一种非弹性散射。改变运动后的方向与电子入射方向的夹角 θ(见图8-19)称散射角。

非弹性散射所损失的能量除了主要转变为热外,还将引起核外电子的激发或电离。

在透射电镜的显微成像及电子衍射过程中,弹性散射起决定作用,非弹性散射所引起的色差增大背景强度,降低图像衬度。

入射电子在原子中的非弹性散射部分约为弹性散射部分的 $1/Z$。因为原子核的电荷较集中,故有较大的散射本领。

原子序数越大的原子,产生的弹性散射的比例越大,弹性散射部分在像中越明显。

2. 成像原理

在电镜的分辨本领一节中曾指出,透射电镜是用小孔径角成像的。可以通过在物镜的后焦面上插入一个小孔径物镜光阑来实现。由于试样厚度很小,可看成入射电子在试样内只受到单次散射,因此电子束穿过试样后呈发散形状,见图8-20。只有那些散射角小的电子才能通过物镜光阑参与成像，散射角大的电子将被光阑挡掉，不参与成像，即参与成像的电子数取决于电子束的散射角大小。而散射角的大小则取决于试样电子的散射本领，散射本领越大，参与成像的电子数越少。

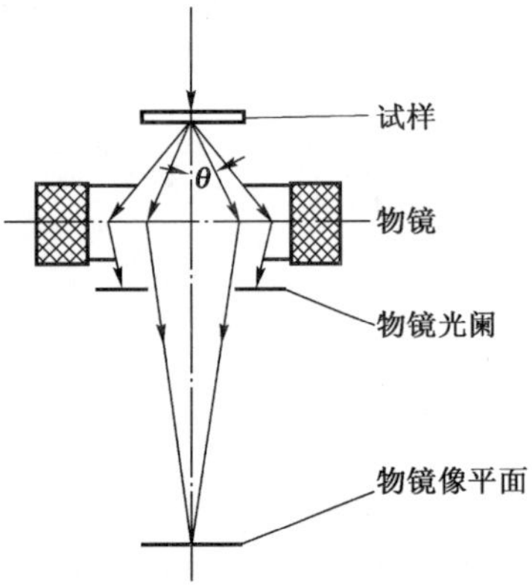

图 8-20 小孔径角成像

对于非晶体试样来说，只要试样各部位的厚度、密度（或原子序数）不同，则原子的散射本领也不同。因为试样越厚处，入射电子透过试样时碰到的原子数越多，被散射到物镜光阑外的电子数也越多；试样物质的密度越大，试样原子的静电场越强，试样原子对电子的散射本领越大，被散射到物镜光阑外的电子数越多，通过物镜光阑参与成像的电子数就越少。

图 8-21a）是同种材料制成的复型，试样上有一区域 A，其厚度比平均厚度 $\bar{t}$ 凸起了 Δt。对于同种材料而言，由于通过物镜光阑参与成像的电子强度差只取决于试样的厚度差，因此当入射强度为 I_0 的电子束穿透 A 处后，参与成像的电子强度 I_A 比背景强度 I_B 小，于是产生强度差 ΔI。使 A 处的图像显得较暗，而背景 B 处图像较亮，构成了复型图像的衬度。复型各部位的高度差值越大（当然也不能过大，过大后膜易破碎，造成图像失真），复型图像的衬度越大。

图 8-21b）是由两种材料组成的复型，如重金属投影复型或萃取复型。这类复型各部位的厚度差异较同种材料制成的复型大，又因投影金属及萃取第二相粒子的散射本领较复型材料（碳及塑料及入射电子的散射本领都很小）大得多，被散射到物镜光阑外的电子数就多得多，因此 I_A 与 I_B 的差值也大得多，从而显著地提高了图像的衬度。

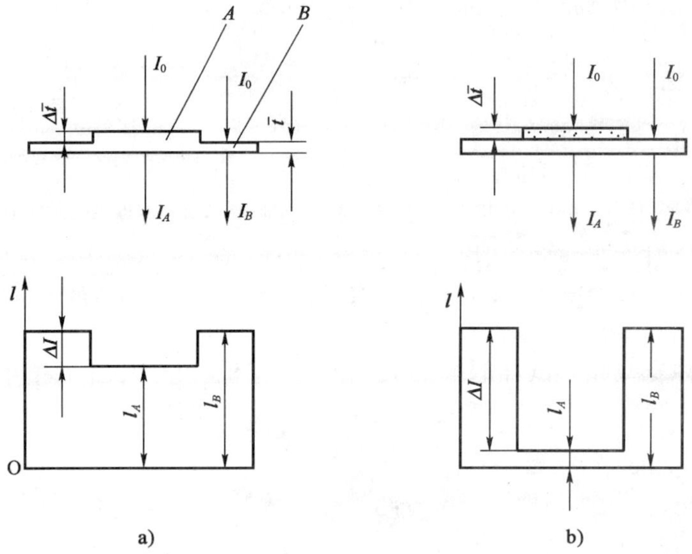

图 8-21 质厚衬度原理

a）未经投影的复型及其像强度分布；b）经投影的复型及其像强度分布

3. 复型像的分析

复型和金相试样的表面浮雕有着相互对应的关系。分析研究复型图像，实际上就是找出金相试样表面浮雕、复型及图像之间的关系，给图像以正确解释。

(1)金相试样、塑料一级复型及复型像衬度间的对应关系。塑料一级复型(图 8-22a)是负复型,复型上的凸起部分相当于金相试样的凹面。这部分较厚,电子束穿过时被散射到物镜光阑外的电子数多,到达荧光屏上的电子数就少,屏上亮度低。而复型的凹下部分则是亮的,在金相试样表面是凸起的。因此可由复型像来推断出金相试样的表面形貌。

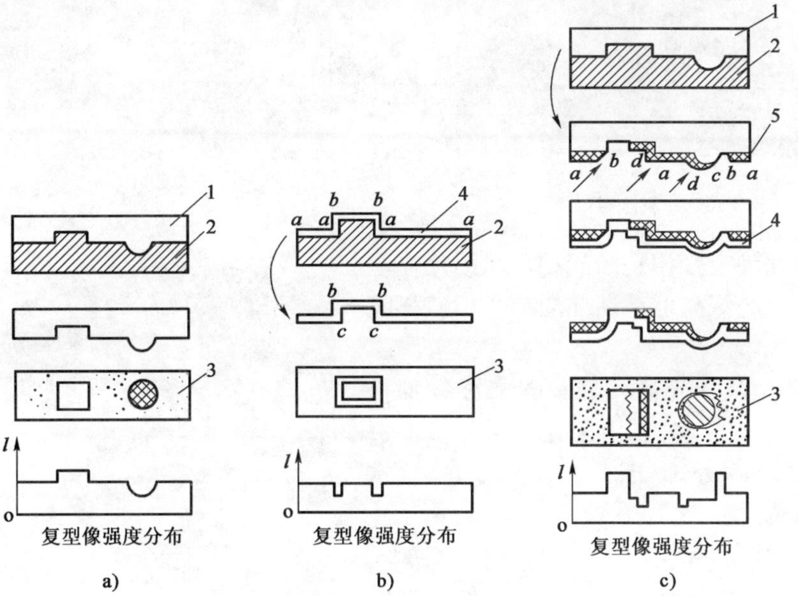

图 8-22　金相试样、复型、像衬度三者对应关系

a)塑料一级复型;b)碳一级复型;c)塑料-碳二级复型加投影

1-塑料复型;2-金相试样;3-复型像示意图;4-碳复型;5-金属投影

(2)金相试样、碳一级复型及复形像衬度间的对应关系。如图 8-22b),由于碳一级复型各部位的厚度基本相同,因此凸起部分 *b-b* 的像亮度和水平部分 *a-a* 的像亮度也基本相同。而 *bc* 的厚度较厚,故此处图像较暗。

(3)金相试样、塑料—碳二级复型加投影及复型像衬度间的对应关系。由于塑料—碳二级复型是在一次复型(负复型)上进行过"投影"处理,故图像上"影子"所反映的凹凸情况也与金相试样表面相反。图 8-22c)是其对应关系示意图。图上的 *a*、*c*、*d* 区都喷涂上一层金属。其中 *d* 区最突出。*b*、*c* 区次之,*b* 区被邻近的凸起物挡住,因此没有或很少喷镀上金属,其像最亮。由像亮度的变化还能判断出相的形貌,例如峭壁相的凹凸是突变的,故其像亮度也是突变的(一侧亮,另一侧暗);而球面相的凹凸形貌是渐变的,因此该相的像亮度也是渐变的。

现举例说明三种复型像与试样磨面的关系。图 8-23 是 T8 钢退火组织的塑料一级复型像。从成分及热处理制度分析可知,应为珠光体。金相试样用硝酸酒精浸蚀,因渗碳体不易受蚀,在金相试样上凸起于铁素体之上,反映在复型像上为一条条白色亮条。由于清晰地显示出珠光体的层片特征,因此可精确地测量渗碳体片及其间距的宽度。

图 8-24 是 K-3 镍基高温合金的碳一级复型像。其图像衬度较差,可清晰地看到 σ 相,但无法区别是凹相还是凸相。

图 8-25 是 7715 钛合金的塑料-碳二级复型铬投影电镜像。基体为 α 相,块状物为 β 相。根据 β 相像亮度的变化来看(一侧亮,另一侧暗),因而是峭壁相。由于"影子(亮影)"的后缘总表现为不规则的锯齿形,故较光滑的一边是"影子"的前边。顺着图像上投影方向看去,若"影子"在相轮廓线的前部,该相在金相试样上是凸起相;若"影子"在相轮廓线的后部,该相

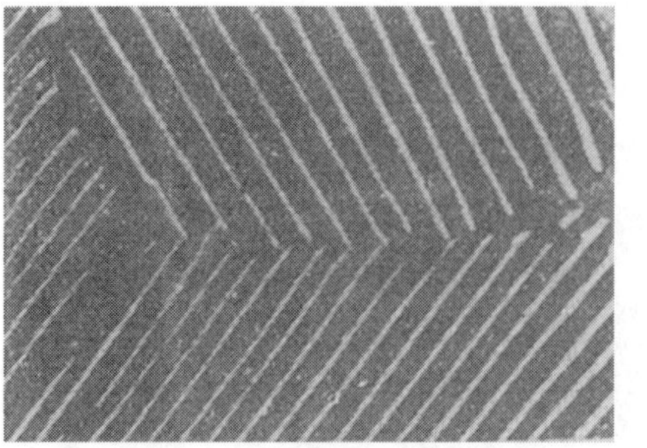

图 8-23　T8 钢退火组织塑料一级复型

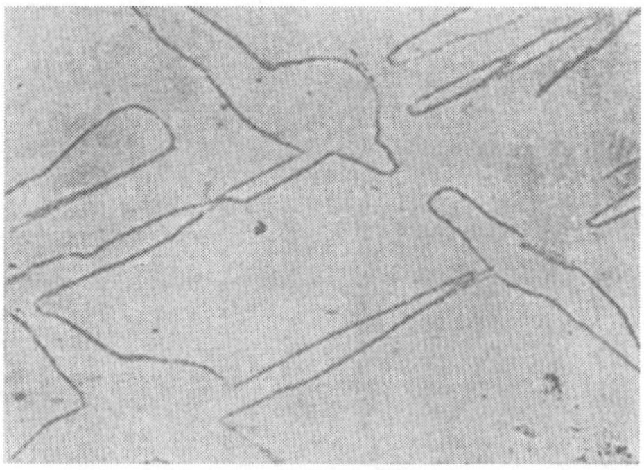

图 8-24　K-3 镍基高温合金碳一级复型像
1 210℃4h 固溶 + 渗铝 + 900℃300h 时效扩散层中 σ 相

是凹入相。因此确定 β 相是凸起相。而图片左上方的圆球形组织的像亮度是渐变的在金相试样上为凹形球。

图 8-26 是片状珠光体塑料—碳二级复型投影电镜像。与图 8-23 相比，由于在一次复型上进行了重金属"投影"处理，因此图像衬度好，又富有层次和立体感。

图 8-27 是 20SiMn2MoV 低碳马氏体钢塑料-碳二级复型铬投影电镜像。组织为回火低碳马氏体，在高温回火时板条马氏体形态仍然保留，可以清晰地看到细马氏体板条平行排列，组成马氏体束。图中细小颗粒是碳化物。这些细微组织用光镜是无法分辨的。

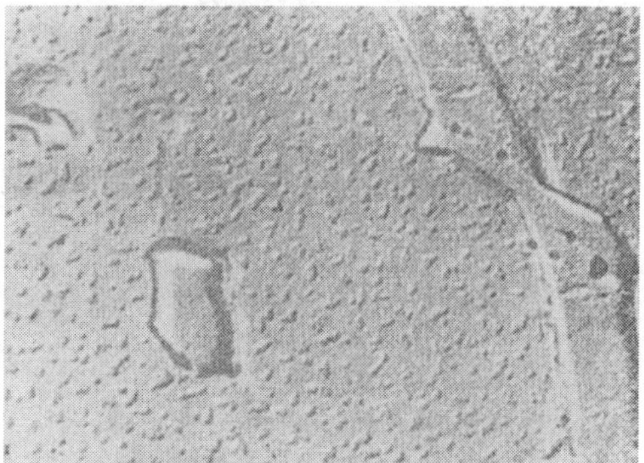

图 8-25　77115 钛合金塑料-碳二级复型
铬投影 850℃60min 水淬 + 500℃4h 回火空冷

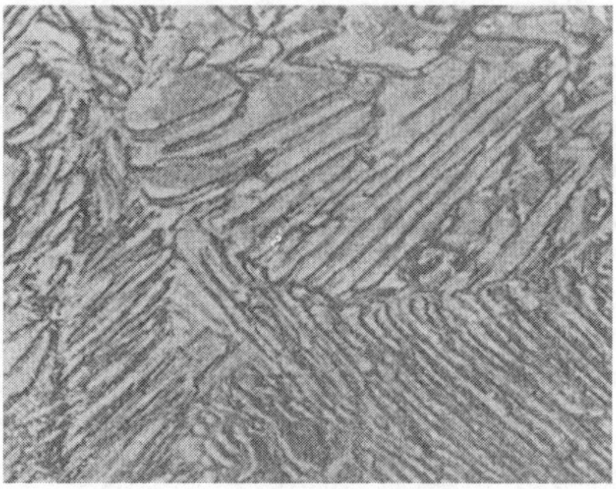

图 8-26　珠光体塑料-碳二级复型
铬投影电镜像 4 000 ×

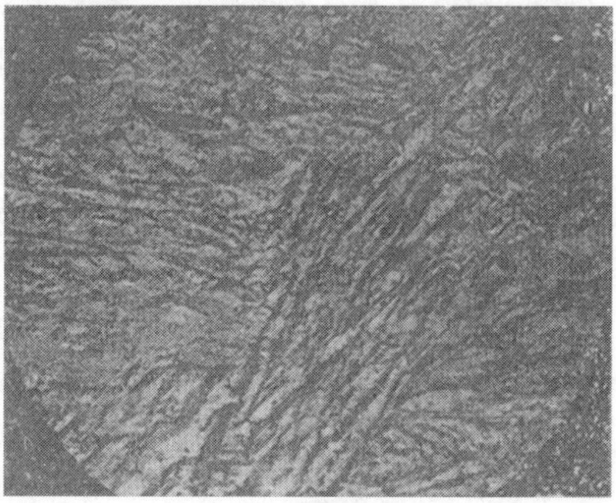

图 8-27　20SiMn2MoV 塑料-碳二级复型铬投影
4% 硝酸酒精腐蚀 900℃淬火 + 600℃回火 4 000 ×

（二）金属薄膜试样的成像原理

金属薄膜试样是晶体物质，晶体物质中规则排列的原子对电子波的弹性相干散射将产生衍射现象。与 X 射线的衍射相似，都遵循布拉格方程。

1. 布拉格方程与电子衍射

X 射线的波长短，穿透力强，当一束 X 射线照射到晶体上时将使晶体中的每个原子成为新的散射波源。由于散射波之间的干涉作用,使空间一些方向的波叠加,产生衍射线,另一些方向的波则抵消,而不产生衍射。因此 X 射线在晶体中的衍射现象实质上是大量原子的散射波相互干涉的结果。

干涉加强的条件可以由数学公式来表达。

如图 8-28,当一束平行的 X 射线以 θ 角投射到晶面间距为 d 的一组平行晶面上时,经 P_1、P_2 任意两个相邻晶面反射的反射波的光程差为:

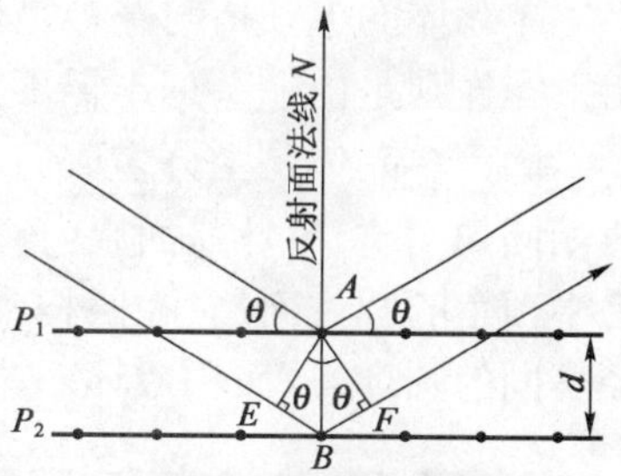

图 8-28 布拉格反射

$$\delta = EB + BF = 2d\sin\theta$$

当光程差等于波长的整数倍时,该两反射波将干涉加强:

$$2d\sin\theta = n\lambda \tag{8-8}$$

上式称布拉格方程。

式中:d——晶面间距;

n——反向级数,$n=0$、1、2…整数;

θ——掠射角,等于入射线与衍射线夹角的一半,也称半衍射角。

式(8-7)说明只有当 λ、θ 和 d 三者之间满足该方程时才能发生衍射。

由于 $\sin\theta$ 的绝对值不能大于 1,故:

$$\frac{n\lambda}{2d} = \sin\theta \leqslant 1$$

对衍射而言,n 的最小值为 1。因 $n=0$ 相当于透射方向上的衍射束,即透射束或直射束,无法观察。所以在任何可以观察的衍射角下,产生衍射的条件为:

$$\lambda \leqslant 2d \tag{8-9}$$

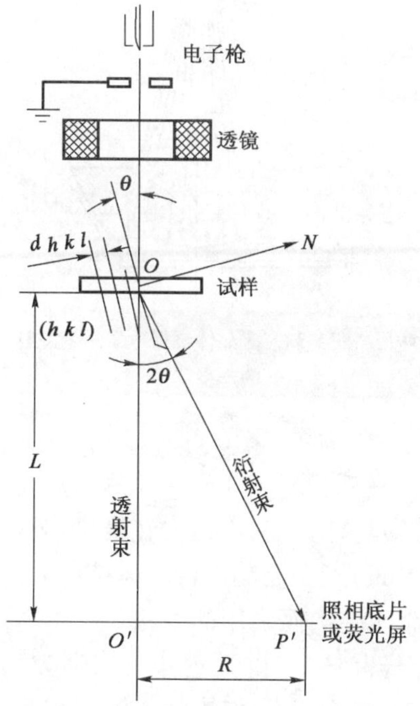

图 8-29 普通电子衍射装置示意图

式(8-8)表明能够被晶体衍射的入射波的波长必须小于或等于该晶体中最大晶面间距的两倍,否则不可能得到衍射束。

通常电镜中所采用的电子波的波长范围为 10^{-2} Å 数量级,而金属中常见晶体的晶面间距 d 的数量级为 10^{0}Å,因此金属晶体完全能满足电镜中进行的高能电子衍射条件。

将上述具体数值代入式(8-8),则:

$$\sin\theta = \frac{\lambda}{2d} \approx 10^{-2}$$

$$\theta \approx 10^{-2}\,\text{rad} < 1^\circ$$

说明电子衍射的衍射角非常小。

下面来看晶体试样对电子波的衍射现象。

用波长为 λ 的平行于光轴的入射电子束照射试样。试样内晶面间距为 d 的(hkl)晶面组满足布拉格方程,在与入射方向交成 2θ 角的方向上可以得到该晶面组的衍射束。投射至荧光屏或照相底片上得到透射束斑点(中心斑点 O')及衍射束斑点 P',见图 8-29。这些斑点称为衍射花样。

单晶体的电子衍射花样是由排列得十分整齐的许多斑点所组成，如图 8-30。而多晶体的衍射花样则是由一系列半径不同的同心圆环所组成，称环形花样，见图 8-31。

因为多晶体是由许多取向混乱的单晶体所组成，在平行于光轴的入射电子束的照射下，d 值相同的同一{hkl}晶面族内，符合衍射条件的晶面组所产生的衍射束，构成以入射束为轴、2θ 为半顶角的圆锥面，它在照相底片上的交线即是半径为 R 的圆环。d 值不同的晶面族，产生半径不同的圆环，从而构成环形花样，如图 8-32 所示。

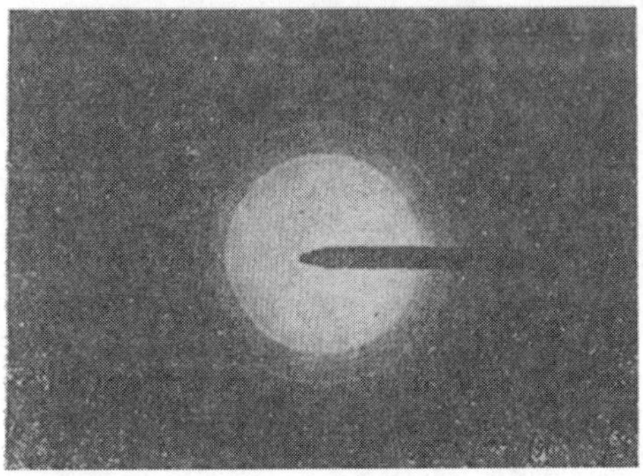

图 8-30　$Cr_{23}C_8$ 单晶体电子衍射花样

图 8-31　铝粉末多晶体电子衍射花样

由图 8-32 上的几何关系知：

$$R = L\tan2\theta$$

因电镜中高能电子衍射的 θ 角很小，故：

$$\tan2\theta \approx 2\sin\theta$$

代入布拉格方程：

$$\lambda = 2d\sin\theta = d\frac{R}{L}$$

$$d = \frac{\lambda L}{R}$$

式中：R——透射束斑点至衍射斑点的距离；

L——试样至底板的有效长度。

因入射电子束的波长及试样至底板的有效长度都是一定的，因此 $\lambda L = K$。于是上式可写成：

$$d = \frac{K}{R} \tag{8-10}$$

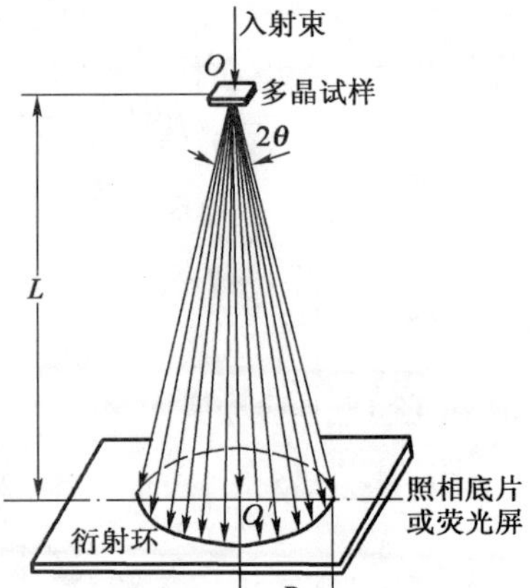

图 8-32　多晶体试样电子衍射花样的产生

即 R 与 $\frac{1}{d}$ 成正比关系。

由式(8-10)能看出，若试样晶体为未知时，可以根据衍射环(或斑点)的 R 值计算出产生衍射环的晶面组的 d 值，从而确定试样的物相；若试样晶体为已知时，则可利用衍射花样来研究晶体缺陷及相变过程中的有关取向关系。故电镜不仅能观察物相的形貌，还能进行晶体结构分析。

选区电子衍射就是为了做到同时显示形貌图像和分析晶体结构而采用的方法。

当电镜以成像方式操作时，一束平行的电子束照射至试样晶体上，除透射束外，还产生散射现象。透射束会聚于物镜的焦点上，相干的平行电子束经物镜会聚后在其后焦面上得到相应的衍射斑点。但在较远处，即在物镜的像平面上得到试样的一次像，再经中间镜、投影镜进一步放大，荧光屏上显示出试样的放大电子像，图 8-33a)。若此时在物镜的像平面上插入一孔径可变的选区光阑，光阑孔套住想要分析的那个微区，只有试样上 AB 微区内产生的透射束和衍射束可以穿过光阑进入中间镜和投影镜参与成像，选区以外物点(如图上 C 点)散射的电子波将被全部挡掉。然后转为选区衍射操作，降低中间镜电流(增大物距)，使它的物平面与物镜的后焦面重合，即将试样的第一幅衍射花样作为中间镜的物，(图 8-33b)。此时只有 AB 微区内物点散射的电子波能经中间镜、投影镜进一步放大，于是在荧光屏上得到选区范围内晶体所产生的衍射花样。实现了同一试样上选区形貌观察与选区衍射分析的微区对应。

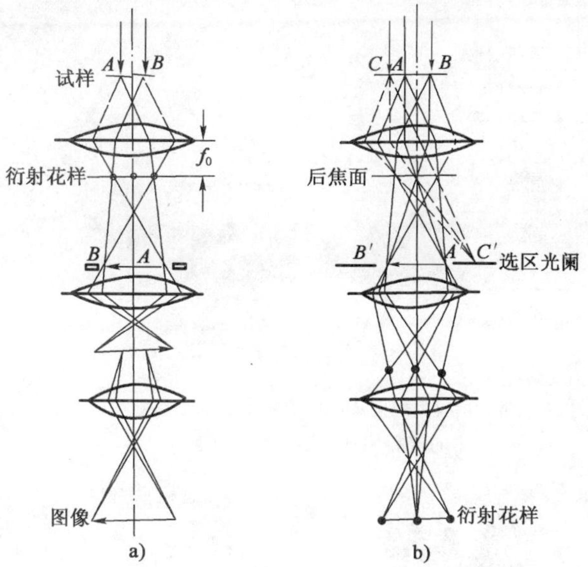

图 8-33　透射电镜选区成像及选区电子衍射的光路示意图

a) 中间镜物平面与物镜像平面重合，得到放大像；b) 中间镜物平面与物镜后焦面重合，得到放大的选区电子衍射花样

2. 衍衬成像

在图 8-33a) 中，若让透射束与衍射束都参与成像，则图像除了能显示试样的形貌特征外，与试样内晶体学特性有关的信息将全部丧失。因此必须寻找新的成像方法——衍衬成像方法。以只有两颗晶粒的单相金属薄膜试样为例来说明。

晶体 A 及 B 的唯一差别是其晶体位向不同。由于试样足够薄，吸收效应可予以忽略。在强度为 I_0 的入射电子束的照射下，假设 B 晶粒的某(hkl)晶面组恰与入射方向相交成精确的布拉格角 θ_B，电子束在 B 晶粒区域内经过散射后产生强度为 I_{hkl} 的衍射束及强度为 I_0-I_{hkl} 的透射束两部分。

位向不同的 A 晶粒内的所有晶面组都不严格满足布拉格方程，即不产生强衍射，故 A 晶粒区域的透射束强度近似地等于入射束强度 I_0。

若在物镜的后焦面上加进一只尺寸足够小的物镜光阑，将 B 晶粒的 hkl 衍射束挡掉，而只让透射束通过光阑到达像平面，如图 8-34a)。于是在荧光屏上可看到 B 晶粒较暗，而 A 晶粒较亮，见图 8-34b)。产生了图像的衬度，它直接反映了试样内不同部位的晶体学特性。由于这种衬度是由试样不同部位衍射束强度的差别而产生的，故称衍衬成像。

图 8-35 是 20SiMn 低碳马氏体钢的薄膜透射电镜像。组织为珠光体。图中白色平行条状组织为领先相铁素体，深色条状组织为渗碳体。箭头所指的黑色等距离短线条是因晶界倾斜而引起的等厚条纹。

图 8-36 是 Cr12Mn5Ni4Mo3Al 沉淀硬化不锈钢薄膜透射电镜像。由于马氏体逆转变为奥氏体，故奥氏体（图上浅灰色组织）仍保持板条马氏体的形态，但其上出现堆垛层错。还揭示了板条状马氏体（低碳马氏体）中的位错亚结构，这些位错缠结交织。因此这种马氏体也称位错马氏体。

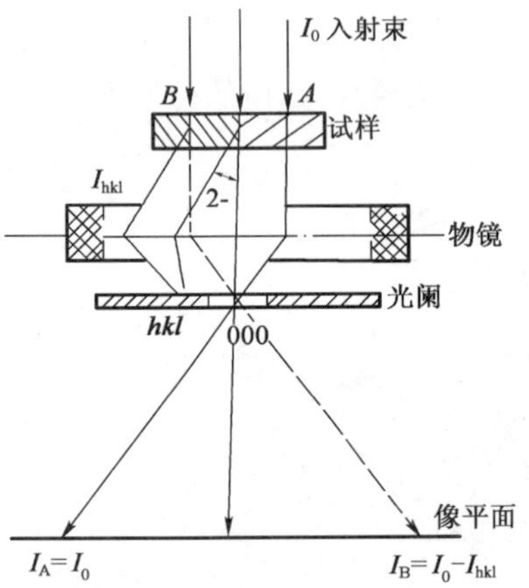

a)

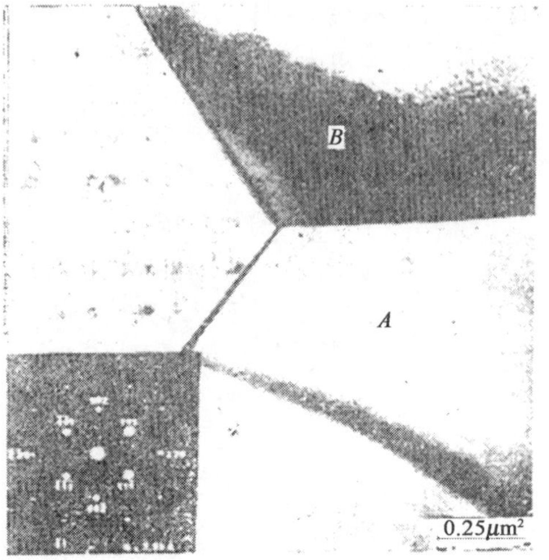

b)

图 8-34 薄膜内位向不同的晶粒引起的衍衬效应（明场）

a）光路原理；b）不锈钢薄膜

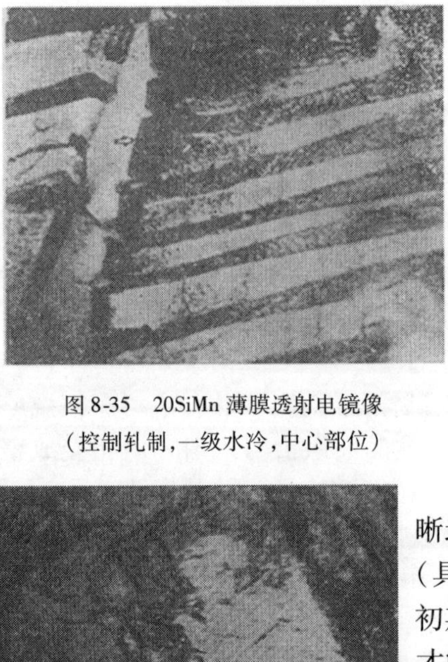

图 8-35 20SiMn 薄膜透射电镜像

（控制轧制，一级水冷，中心部位）

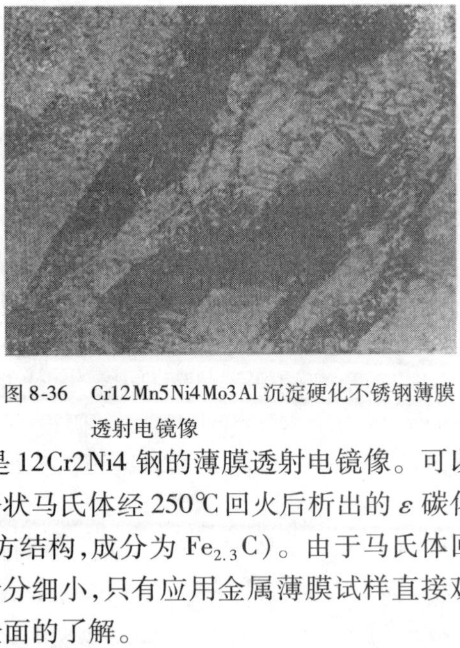

图 8-36 Cr12Mn5Ni4Mo3Al 沉淀硬化不锈钢薄膜透射电镜像

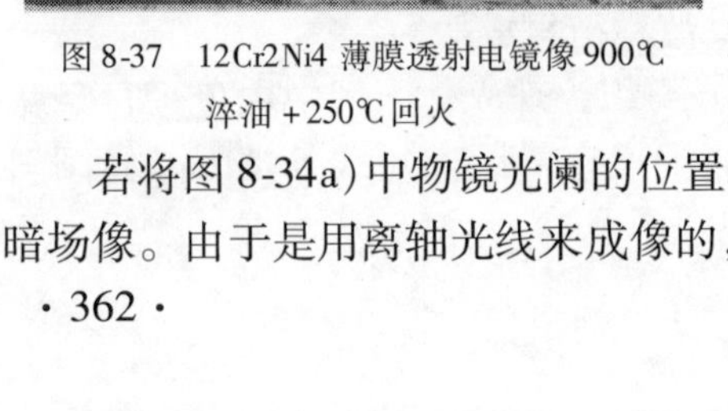

图 8-37 12Cr2Ni4 薄膜透射电镜像 900℃淬油 +250℃回火

图 8-37 是 12Cr2Ni4 钢的薄膜透射电镜像。可以清晰地看到板条状马氏体经 250℃回火后析出的 ε 碳化物（具有密排六方结构，成分为 $Fe_{2.3}C$）。由于马氏体回火初期的变化十分细小，只有应用金属薄膜试样直接观察才能得到较全面的了解。

3. 明场成像和暗场成像

上述在物镜后焦面上插入一个小光阑以挡掉衍射束而只让透射束穿过光阑参与成像的方法称明场成像，见图 8-34a）。

若将图 8-34a）中物镜光阑的位置移动一下，挡住透射束而只让衍射参与成像，这种像称暗场像。由于是用离轴光线来成像的，所以有较严重的像差。还可以采用倾斜于试样的入射照明(可以通过照明系统的倾斜来实现)这样,衍射电子便沿光轴运行,使 B 晶粒的 $(\overline{hkl})$ 晶面组处于强衍射位向,并通过光阑参与成像,而透射束被挡掉。这种成像方法称中心暗场成像,见图 8-38。它的像衬度与明场刚好相反。

图 8-39 是 30CrNi 钢的薄膜透射电镜像。图上板条状马氏体的亚结构特点是马氏体板条内有大量的位错网络及少量的细小孪晶(图 8-39a)中箭头所指)。由图可以清晰地看出明场与暗场像的衬度有互补关系。

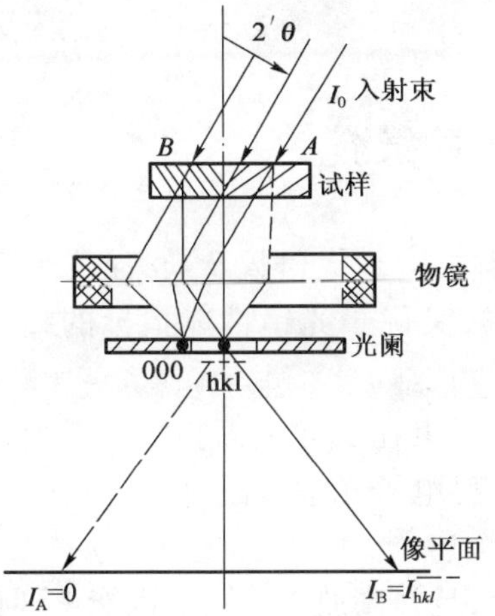

图 8-38　中心暗场衍衬成像

a)

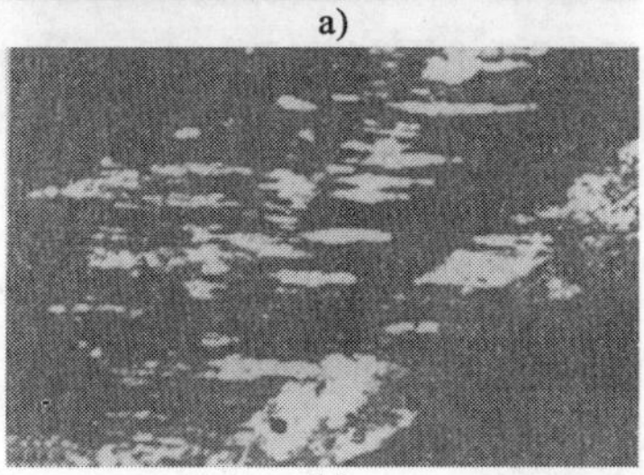

b)

图 8-39　30CrNi 薄膜透射电镜像 900℃淬油

a)明场像;b)暗场像

图 8-40 是 18Cr2Ni4WA 钢的薄膜透射电镜像。

图 8-40c)中最亮的斑点是中心斑点(透射束斑点),中心斑点左右两侧的小斑点(箭头 1 所指)是残余奥氏体的衍射斑点。箭头 2 所指的中心斑点四周成正方形的四个小斑点是马氏体的衍射斑点。

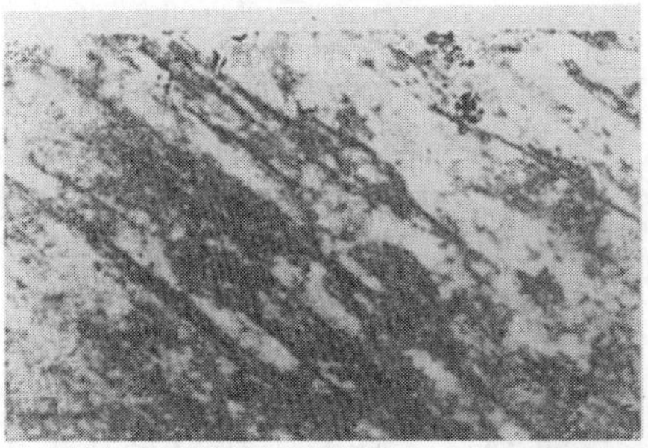

a)

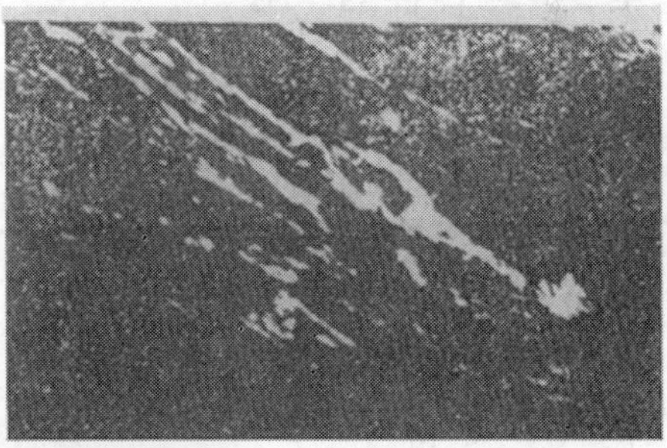

b)

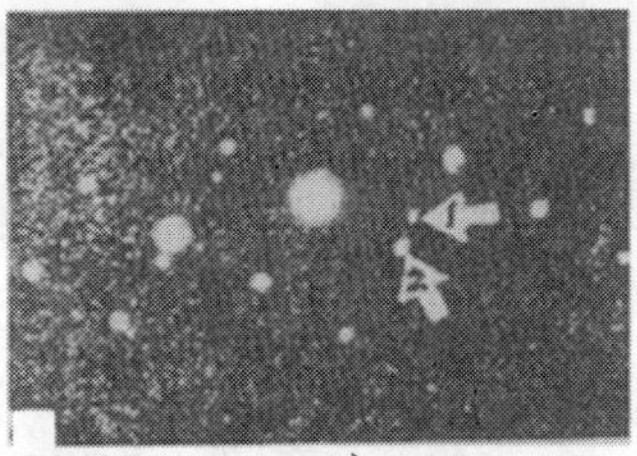

c)

图 8-40　18Cr2Ni4WA 薄膜透射电镜像 1 100℃淬油

a)明场像;b)暗场像;c)衍射花样

若只让残余奥氏体的衍射束通过光阑参与成像,得暗场像。可以清楚地看出马氏体周围的残余奥氏体的形态及数量(图 8-40b)。若只让透射束通过光阑参与成像,可得明场像(图 8-40a)。马氏体及残余奥氏体同时得到显示。由于暗场像中像点的亮度等于试样上相应物点在光阑孔所选定的方向上的衍射强度,故暗场像的衬度高于明场像。在金属薄膜的透射电子显微分析中,暗场像是一种十分有用的技术。

由以上分析知,金属薄膜的衍衬技术使我们能更深入地了解金属材料组织精细结构的本质,发现晶体缺陷,区别缺陷类型,研究第二相粒子的析出、强化机理等,而且还在不断地开拓许多新的应用领域。

第三节　扫描电子显微镜

光学金相显微镜虽能直接观察大块试样,但其分辨本领、放大倍数及景深都较低,于是,近十几年来发展并逐步完善了既可以直接观察大块试样,又优于光镜性能指标的扫描电子显微镜。

扫描电子显微镜(简称扫描电镜)是通过细聚焦电子束在试样表面扫描时激发产生某些物理信号,然后收集、处理这些信号,将它转变成像的一种电子光学仪器,其优点是:

(1)分辨本领高(100 Å以下);

(2)放大倍数连续调节的范围大(20 ~200 000 倍),且在高放大倍数下也能得到亮度大的清晰图像;

(3)景深大、视野大,图像富有立体感;

(4)试样制备简单;

(5)可在同一试样上进行形貌观察、微区成分分析及晶体学分析。

因此,它与光镜、透射电镜相配合,成为研究材料科学必不可少的工具之一。

一、电子束与试样的作用

当一束聚焦高能电子沿一定方向射入固体试样时,将与试样物质的原子核及核外电子作用,发生弹性和非弹性散射,构成各种物理信号。下面分别介绍这些物理信号(如图 8-41 所示)及这些信号图像的用途。

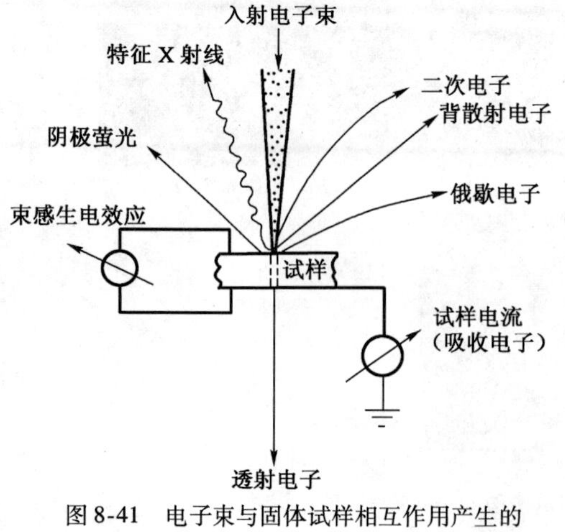

图 8-41　电子束与固体试样相互作用产生的各种物理信号

1. 背散射电子

入射电子在试样内,被反射出试样表面的一部分入射电子称背散射电子,也称反射电子。若入射电子受到原子核单次或很少几次大角度散射,即从试样表面反射出去,这部分电子只改变运动方向,能量没有变化,称弹性背散射电子。若入射电子与试样原子核或核外电子作用,经过多次散射后,其中一部分也可以作大角度的散射,从试样表面反射出去。它不仅改变运动方向,能量也有不同程度的损失,称非弹性背散射电子。

试样表面散射电子的能力取决于材料的平均原子序数。平均原子序数越大,背散射回来的电子数越多。如果在试样附近放置一接收电子的检测器,可以接收到试样表层几个微米深度范围内背散射回来的电子,其能量范围大多和入射电子的能量范围接近。若用此信号成像,即为背散射电子像。主要用来显示试样的表面形貌及反映试样的平均原子序数。

2. 二次电子

入射电子与试样原子的核外电子发生非弹性散射,核外电子从入射电子获得大于相应的结合能的能量后,脱离原子成为自由电子,若能量还大于材料逸出功时,可能从试样表面逸出,成为真空中的自由电子,这种电子称二次电子。与结合能较高的内层电子相比,价电子的结合能低得多,故电离的几率大得多。在试样上方放置的电子检测器中接收到的二次电子绝大部分来自介电子的电离。

二次电子的能量较低,只能从试样表面很薄一层(约 50 ~ 100 Å)浓度范围内激发出来,又因其强度与原子序数没有明确的关系,因此,二次电子像适宜用于显示试样表面的微观形貌。

3. 吸收电子

入射电子在试样内与原子核或核外电子发生多次非弹性散射,消耗了全部能量以致被试样吸收,称为吸收电子。

若在试样和地之间接入纳安计,可以测出吸收电子所产生的电流(也称试样电流)的强弱。在较厚的试样中,入射电子信号强度 i_p 与背散射电子信号强度 i_b、二次电子信号强度 i_s 及吸收电子信号强度 i_a 之间有如下关系:

$$i_p = i_b + i_s + i_a \tag{8-11}$$

在入射电子信号强度一定时,二次电子或背散射电子两者任一个增加,吸收电子将相应减少。吸收电子像的衬度刚好与二次电子、背散射电子像衬度相反,所以可以用来显示试样表面元素分布状态及试样表面形貌。

4. 透射电子

若试样厚度适当地薄时,将有一部分入射电子与原子核或核外电子发生有限次数的弹性或非弹性散射后透过试样,从另一表面射出,称透射电子。可以被装在试样下方的电子检测器所检测。其强度取决于试样的厚度及性质。

用这种信号成像称扫描透射电子像。由于不用透镜,故不受色差的影响,可以检测更厚的试样和得到更好的衬度。

5. 特征 *X* 射线及俄歇电子

高能电子与试样物质的核外电子相互作用除引起大量的价电子电离外,还引起一定数量的内层电子电离。当内层(如 K 层)电子被击出时,低能级上出现空位,使原子处于能量较高的激发状态。这是一种不稳定状态,较高能级上的电子(如 L_2层电子)将迁入低能级空位,使原子能量降低,趋向较稳定的状态,该过程称为跃迁。在跃迁过程中伴随能量的释放(如释放的能量为 $E_K - E_{L2}$)。

能量释放的形式有两种,即特征 X 射线和俄歇电子形式。特征 X 射线形式是一种辐射形式。由于每种元素的 E_K、E_{L2} …都有确定的特征值,发射的 X 射线波长也有特征值,故称特征 X 射线。可以通过试样上方放置的 X 射线接收系统接收其信号。主要用来进行微区元素的定量及定性分析,也可直接作 X 射线图像。

俄歇电子释放形式是将核外另一电子打出,脱离原子成为二次电子。它与发射特征 X 射线的形式二者必居其一。俄歇电子也具有固定的能量值,随元素不同而异。

由于俄歇电子是二次电子,故能量较低。在试样较深处产生的俄歇电子向表层运动时会因不断碰撞而损失能量(甚至被吸收),使之失去具有特征能量的特点。检测到的具有特征能量的俄歇电子主要来自试样表面 2 ~ 3 个原子层(即表层 5 ~ 20 Å范围),因此适用于表层化学成分的分析。

其他还有阴极荧光、电子束感生电效应等物理信号。

在以上各种物理信号中用得最普遍的是二次电子(作形貌观察)、特征 X 射线信号(作微区成分分析)。其次是背散射电子及吸收电子,作为前两者的补充。

二、扫描电镜的构造及性能

(一)扫描电镜的构造

图 8-42 是上海新跃仪表厂生产的 TSM-2 型台式扫描电镜外形图。分辨本领优于 200 Å(二次电子像),加速电压为 20kV,放大倍数 15 ~ 50 000 倍。

扫描电镜构造示意图如图 8-43 所示。由电子光学系统(镜筒)、信号接收处理显示系统、供电系统、真空系统四部分组成。

图 8-42　TSM-2 型台式扫描电镜外形图

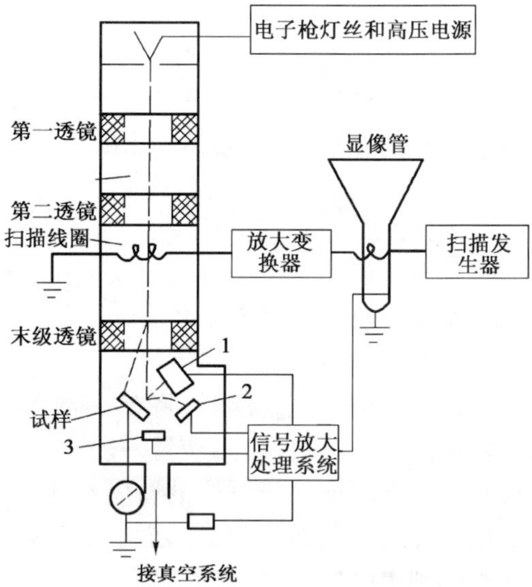

图 8-43　扫描电镜结构原理方框图

1-X 射线接收系统;2-二次电子检测器;3-背反射电子检测器

1. 电子光学系统

由电子枪、聚光镜、扫描线圈、光阑、试样室等部件组成。其作用是获得极细并具有一定亮度的扫描电子束,与试样作用产生各种物理信号,而不是像透射电镜那样起放大成像的作用。

从三极电子枪发射出来的电子束,在加速电压的作用下,经过三个电磁透镜聚焦后,会聚成直径为 20μm ~ 25 Å的电子束。在末级透镜上部放置一扫描线圈,其作用是使电子束在试样表面做光栅状扫描。试样在电子束的作用下激发产生各种物理信号。

2. 信号接收处理显示系统

扫描电镜的特点之一就是能显示试样表面的多种图像,如二次电子像、背散射电子像等。对于不同的物理信号,有不同的信号接收检测系统。如二次电子、背散射电子信号是通过放置在试样附近的电子探测器来检测。

试样在电子束作用下,激发出的各种信号,由探测器和试样接地之间的高灵敏纳安计接受下来,经信号处理放大系统后,输送到显像管栅极以调制显像管的亮度。由于显像管中的电子束和镜筒中的电子束是同步扫描，显像管亮度由试样激发出的电子信号强度来调制。试样表面任一点收集来的信号强度与显像管相应点亮度之间是对应的。因此，试样状态不同，相应的亮度也必不同，在显像管上反映的就是试样表面某种特征的扫描图像。

3. 供电系统

由高压电源、透镜电源、扫描部件等组成。并有稳压、稳流及相应的安全保护电路。

4. 真空系统

由机械泵、扩散泵、真空管道及真空测量、保护装置等组成。工作时扫描电镜镜筒中需获得 6.65×10^{-3}Pa（5×10^{-5}mmHg）的真空度。

（二）扫描电镜的主要特性

1. 放大倍数

设镜筒中的电子束在试样表面上的扫描距离为 A_s，显像管电子束在荧光屏上的扫描距离为 A_G，则荧光屏上扫描像的放大倍数：

$$M=\frac{A_G}{A_s} \tag{8-12}$$

荧光屏的长度是固定的（通常 $A_G=100$mm），因此 M 随 A_s 的缩小而增大。而 A_s 的大小可以通过扫描放大变换器来调节。故变更扫描电镜的放大倍数非常方便，一般可由 20 倍连续调节到 200 000 倍。

2. 分辨本领

扫描电镜的分辨本领有两种含义。对微区成分分析而言，指能分析的最小区域；对成像而言，指能分辨的两点间的最小距离。两者都主要决定于入射电子束的直径，但并不直接等于直径，因为入射电子束与试样作用后其激发范围将大于入射束直径。由于所激发的各种信号的能量及穿透能力各不相同（见图 8-44），故各种像的分辨本领也不相同。

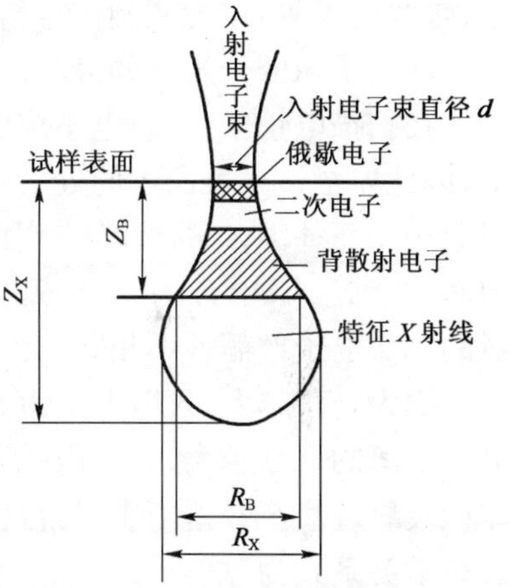

图 8-44　入射电子在试样内激发的各种信号发生的深度（Z）和广度（R）

二次电子只能从试样表层被激发出来，其发射的广度和入射电子束直径相差不多。背散射电子是入射电子在试样内径散射后离开试样表面的电子，它的发射的深度较深，其广度比入射电子束直径大好几倍。故二次电子像的分辨本领较背散射电子像高得多。而吸收电子、X 射线等信号来自整个电子束散射区域，图像的分辨本领就较低。表 8-2 是各种信号像的分辨本领。

各种信号成像的分辨本领　　表 8-2

信号	二次电子	背散射电子	吸收电子	透射电子	束感生电效应	阴极荧光	X 射线	俄歇电子
分辨本领（Å）	100	500 ~ 2 000	1 000 ~ 10 000	5 ~ 100	3 000 ~ 10 000	3 000 ~ 10 000	—	—

通常以二次电子像的分辨本领作为衡量扫描电镜性能的主要指标。

三、试样的制备

1. 导电材料

如果这类试样的尺寸不超过仪器规定范围，只需用导电胶将试样粘在铜或铝制的试样座上，即可放到扫描电镜中去观察。

若作断口分析，较清洁的断口表面可直接放到电镜中去观察；断口有玷污时可用塑料胶带或A.C纸作几次空白复型（在断口表面上贴上A.C纸，然后撕掉，反复多次），以除去油污、锈斑；若玷污较严重，则需用有机或无机试剂进行清洗。

2.导电性差的材料或绝缘材料

这类试样在电子束作用下会产生电荷堆集（多余的电荷不能导走），影响入射电子束斑形状和所发射的二次电子的运动轨迹，降低图像的质量。因此，在粘到试样座上看，需在真空镀膜机中用二次电子产额δ（二次电子信号强度i_s与入射电子强度i_p之比，$\delta=\frac{i_s}{i_p}$）较高的金、银或碳进行喷镀，膜厚控制在200 Å左右。用此喷镀层来做导电层，然后再放到电镜中去观察。

四、扫描电镜的成像原理

扫描电镜的成像是利用试样表面微区特征（如形貌、化学成分、晶体结构等）的差异，在入射电子束作用下产生不同强度的物理信号，通过信号处理放大系统，以使荧光屏上显示出不同区域具有不同亮度的图像。

1.表面形貌衬度

利用对试样表面形貌变化敏感的物理信号，如二次电子、背散射电子、吸收电子等，作为调制信号得到的一种像衬度称表面形貌衬度。其中以二次电子像的分辨本领最高。

在扫描电镜中，入射电子束的方向是固定的，但由于试样表面凹凸不平，因此射至试样表面不同处的入射角并不相同。图8-45a）是一个具有三个小刻面A、B、C的试样。刻面的法线与入射电子束之间的夹角分别为θ_A、θ_B、θ_C，其中$\theta_C>\theta_A>\theta_B$。当入射电子束强度一定时，三刻面所发射的二次电子产额各不相同。θ角大的面，二次电子产额高。

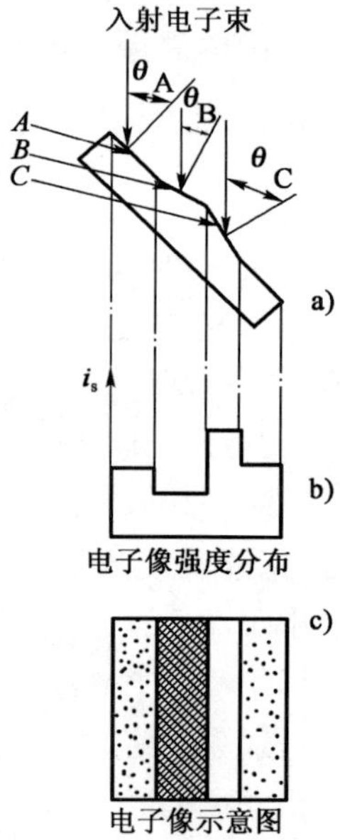

图8-45　表面形貌造成的衬度

因为θ角越大，入射电子束在表层范围内运动的总轨迹越长引起价电子电离的几率越大，二次电子产额越高；又θ角越大，入射电子束作用体积较靠近甚至暴露于表层，自由电子离开表层的机会越多。故θ角大的面二次电子产额高，其数学关系式为：

$$\delta\propto\frac{1}{\cos\theta} \tag{8-13}$$

因此检测器检测到的试样表面不同小刻面发射的二次电子信号强度也不同。θ角大的面，二次电子信号强度大，荧光屏上该区域图像亮。如图8-45c）所示，C刻面的像最亮，B刻面的像最暗，显示了试样的表面形貌。

θ角的大小对二次电子信号的影响示于图8-46。

二次电子的能量低，在电子检测器正电压的吸引下，可以走弯曲轨迹到达检测器，如图8-47a）所示。因此即使是背向检测器区域产生的二次电子，也有相当一部分能到达检测器，有利于显示试样凹坑底部或凸起背部（这些部位背向检测器）的细节，而不至于形成阴影。

背散射电子离开试样表面后，沿直线轨迹运动。检测器只能测到直接射向它的背散射电子（如图8-47b）中之2）。背向检测器区域产生的背散射电子是不能达到检测器的（如图8-47b）中之1）结果在图像上形成阴影，掩盖了这些部分的细节。

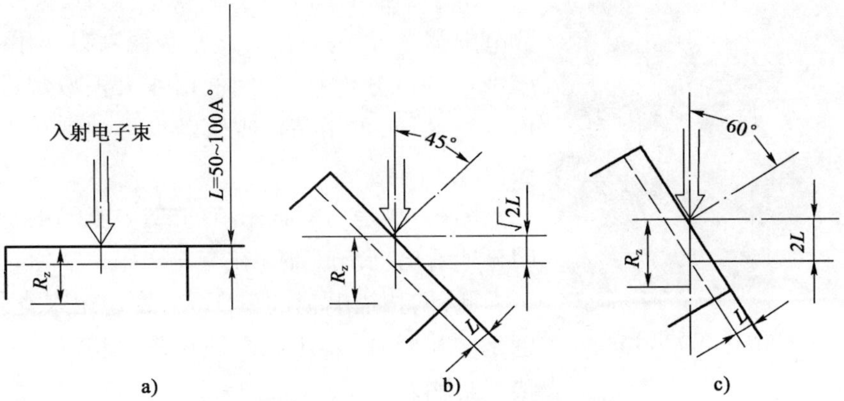

图 8-46　θ 角的大小对二次电子信号的影响

a) $\theta=0°$；b) $\theta=45°$；c) $\theta=60°$

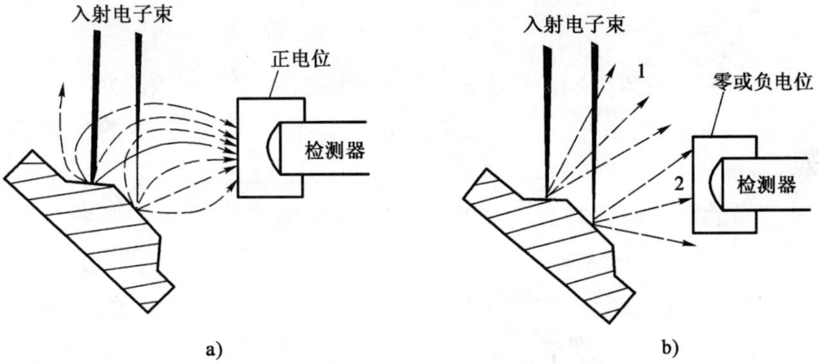

图 8-47　二次电子和背散射电子的检测和阴影效应

a) 二次电子的检测和阴影效应的改善原理示意图；b) 背散射电子的检测和阴影效应的形成原理示意图

图 8-48 是 Ge38P8I8 晶体颗粒的二次电子像及背散射电子像。可以明显地看出二次电子像的分辨本领较背散射电子像高，且背向检测器的试样区域的细节也得到了清晰地显示，而无阴影效应。

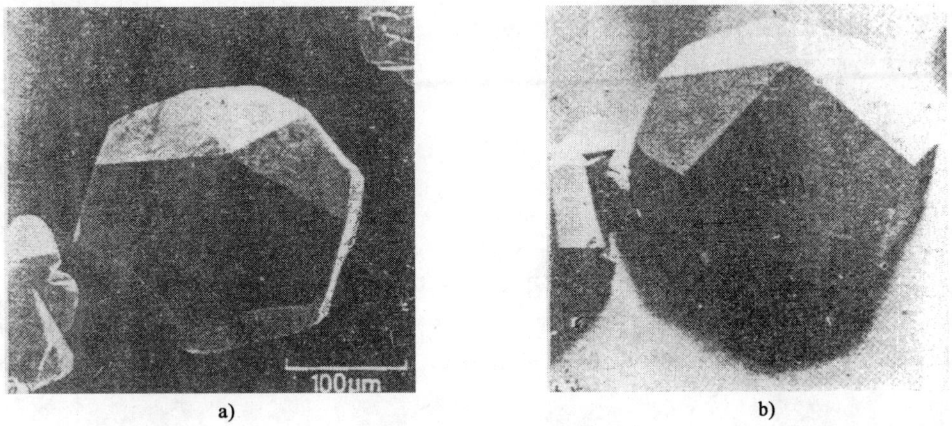

图 8-48　Ge38P8I8 晶体颗粒

a) 二次电子像；b) 背散射电子像

吸收电子也可以显示试样表面形貌，但其分辨本领较低，形貌观察时，可作为二次电子像的补充。

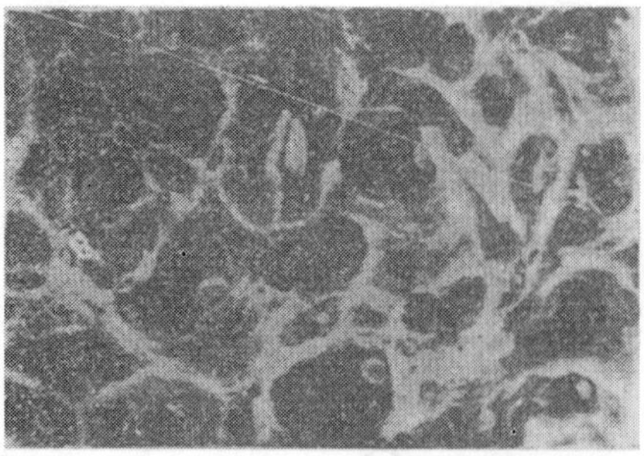

图 8-49　韧窝状断口的二次电子像

由于扫描电镜不需要制备试样，连续观察的放大倍数范围宽，故最适宜用于观察金属断口。用表面形貌衬度进行断口分析时，先用低倍作大视域观察，以确定高倍分析区域，再用高倍观察断口形貌细节特征，揭示断裂机理。

图 8-49 是韧窝状断口的二次电子像。从图上可以明显地看出韧窝底部存在有非金属夹杂物。

此外，扫描电镜的景深大，故还用来立体成像。特别是多相材料，若用深腐蚀将基体相溶去一定深度，使待观察相暴露于基体之上，获得了其他显微镜无法获得的组成相三维立体形态图像，为进一步分析相组成物的形成机理及其三维立体形态特征提供了有效的方法。图 8-50 是灰铸铁深腐蚀后显示的二次电子像。

2. 原子序数衬度

利用对试样微区原子序数（或化学成分）变化敏感的物理信号，例如背散射电子、吸收电子、特征 X 射线等，作为调制信号，得到一种显示微区化学成分差别的像衬度称原子序数衬度。

背散射电子信号的强弱与试样表面的平均原子序数有关。图 8-51 是背散射系数 η（背散射电子信号强度 i_b 与入射电子强度 i_p 之比，$\eta = i_b/i_p$）与原子序数关系图。平均原子序数较高的区域，产生的信号较强，在背散射电子像上显示出较亮的衬度。因此，由像的衬度就能判断出相应区域原子序数的相对高低，从而对金属及合金进行显微组织的分析。

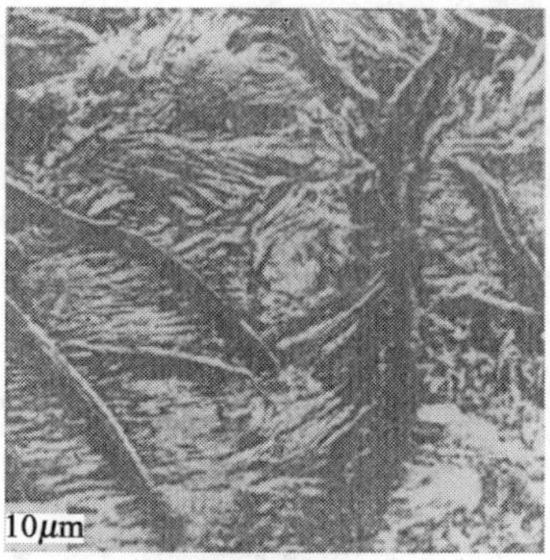

图 8-50 灰铸铁深浸蚀后二次电子像
浸蚀剂：40% 盐酸 +40% 乙醇 +20% 水 5h

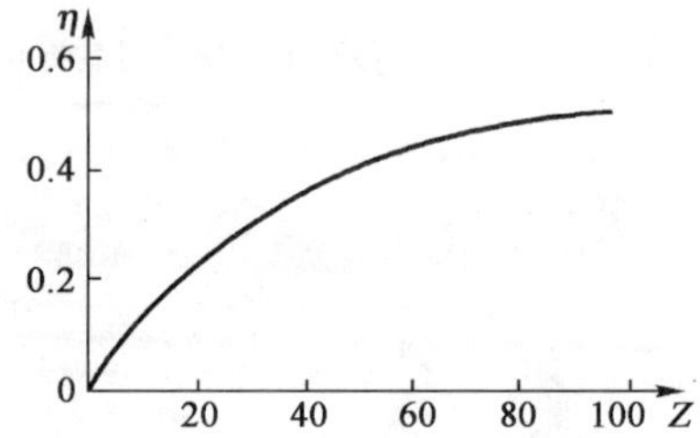

图 8-51　背散射系数与原子序数关系

由式(8-9)可知，吸收电子信号强度等于入射电子强度与背散射电子及二次电子信号强度之差。而二次电子信号强弱与试样物质的原子序数没有明确的关系，故试样表面平均原子序数较大的微区，吸收电子信号强度较低，图像上显示出较暗的衬度。其图像衬度刚好与背散射电子像相反。

特征 X 射线因波长随试样元素而异，故其相对强度与激发区相应元素的含量有关。试样表面某元素富集的区域，特征 X 射线像上该区域亮度大。

原子序数衬度主要用来判断试样内不同原子序数元素的分布状态。

第四节　能谱仪(电子探针)X 射线显微分析

电子探针 X 射线显微分析仪(简称电子探针)是利用能量足够高的细聚焦电子束(直径为 0.2 ~ 1μm)直接激发试样,产生特征 X 射线信号,再由 X 射线谱仪分析其波长或能量,从而获得试样极小微区内定性或定量化学成分的一种电子光学仪器。与已有的许多化学及物理的成分分析方法相比,化学及物理方法都只能得到被分析试样的平均成分,无法提供元素在微区领域内分布不均匀性的资料(例如同一元素在晶粒内部与晶界上的偏析情况等),而这些资料却是完整地研究材料显微组织所必不可少的。电子探针仪不仅可以用作微区成分分析,还能配合作微观结构观察。因而在地质、陶瓷、半导体材料、石油化工、生物及医学等各方面,特别是冶金领域,都得到广泛的应用。

电子探针与扫描电镜在总体结构上十分相似。它们的区别在于前者主要是应用特征 X 射线进行微区成分分析,而后者主要是应用二次电子进行高倍形貌观察。两者都可用电子扫描产生二次电子成像,还可以用特征 X 射线成像并进行微区成分分析等共性。

上一节对扫描电镜已作介绍,故本节只重点介绍 X 射线能谱仪。

一、X 射线的产生及 X 射线谱

当一束聚焦电子沿一定方向射入到试样内时,由于原子核对电子的非弹性散射,使入射电子不仅改变运动方向,其能量也有不同程度的损失。损失的能量可以以连续 X 射线形式辐射,它们间的关系是:

$$\Delta E = hv = \frac{hc}{\lambda} \tag{8-14}$$

式中:h——普朗克常数;

c——X 射线的速度;

v——X 射线的频率;

λ——X 射线的波长。

由式(8-14)知,损失的能量越大,X 射线的波长越短。当入射电子的能量全部损失时的 X 射线的波长即为短波限(λ_0),它至多等于入射电子能量为 E 时的波长,即:

$$\Delta E = E = \frac{hc}{\lambda_0}$$

因 ΔE 是小于 E_0 的一个变量,故波长 λ 是大于 λ_0 的一个变量。这种 X 射线无特征波长值,连续可变,称连续 X 射线。它本身不能用来进行成分分析,只产生连续背景,影响分析的灵敏度和准确性,必须加以扣除和修正。

用近代量子理论的观点来解释连续 X 射线谱:一束入射电子与原子核发生非弹性散射时,电子失去自己的能量,其中一部分以光子①形式辐射。每碰撞一次产生一个能量为 hv 的光子。有些电子可能只经过一次碰撞就耗尽了其全部能量,但绝大多数电子要经过多次碰撞。多次碰撞产生多次辐射,而多次辐射中光子的能量各不相同,构成了连续 X 射线谱。

当入射电子与核外电子发生非弹性散射,而入射电子的能量大于被轰击区域内某元素的内层电子结合能时,内层电子将被电离。例如,当 E_0 大于 20keV 时,可以使 Mo 原子发生 K 层

①光子:光是以光速 c 运动的粒子流,这些粒子称光子。若是 X 射线的速度,该光子就是 X 射线。

电子的电离。这时损失的能量可能以特征 X 射线的形式辐射。使用适当的仪器装置测定所发出的 X 射线波长及相应的相对强度,可获得如图 8-52 所示的 MoX 射线谱。这种在连续谱线上(图上阴影部分)叠加的若干条波长一定的谱线称特征 X 射线谱。

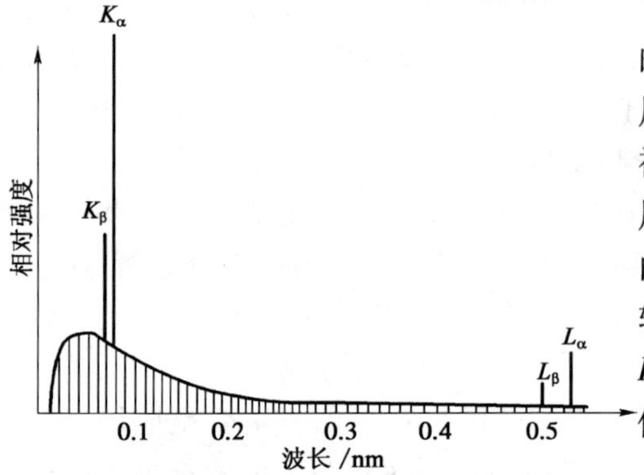

图 8-52　Mo 的 X 射线发射谱

通常将 K 层电子被击出而由外层电子填充时所产生的辐射称为该元素的 K 系辐射。若 K 层的空位被邻近的 L 层电子填充,产生 K_α 辐射;被 M 层电子填充,产生 K_β 辐射。由于 K 层与 L 层是相邻的能级,因此 K 层空位被 L 层电子填充的几率远大于被 M 层电子填充的几率,即产生 K_α 辐射的比例大,故 K_α 的强度比 K_β 大得多。其余 L、M、N 等系的激发辐射过程与 K 系情况相类似,但它们的辐射强度较弱。

K 层电子与原子核的结合力最强,故产生 K 系辐射的同时必定伴随其他各系的激发和辐射过程。

在作成分分析时,对于原子序数不同的元素,选用不同的谱线进行分析。例如 $Z = 11 \sim 30$ 的元素,选用 K 系谱线,因其入射电子能量较高,信号的峰背比(背景主要来自连续 X 射线谱的激发和测量系统的电子学噪声),有利于改善信号的检测灵敏度。对于 $Z > 35$ 的元素,选用 L 系或 M 系谱线,因为入射电子能量过高,不仅在试样内有较大的穿透深度和侧向扩展,降低空间分辨率;而且在穿出试样的过程中受到的吸收衰减也将增加,影响分析精度。

二、电子探针仪的工作原理及应用

(一)X 射线信号接收仪

试样内某元素的特征 X 射线、连续 X 射线及其他元素的特征 X 射线都能从被入射电子束轰击的试样区域内发射出来。因此,必须设法将待分析元素的特征谱线从各种不同波长(或能量)的 X 射线中分辨出来。

目前常用的 X 射线的检测仪有波长分散谱仪及能量分散谱仪两种。波长分散谱仪简称波谱仪,主要用来做定量分析和元素分布浓度扫描。能量分散谱仪简称能谱仪,主要用作快速定性和定点分析。

1. X 射线波谱仪

特征 X 射线的波长只取决于试样物质的原子能级结构,而与其他外界因素无关。因此 λ 与原子序数 Z 之间存在如下关系:

$$\lambda = P(Z - \sigma)^{-2} \tag{8-15}$$

式中:λ——从某元素中激发出的特征 X 射线的波长;

P、σ——常数;

Z——发射 λ 波长射线的元素的原子序数。

这种关系称莫塞莱定律。由式(8-14)知,只要测定特征 X 射线波长,即可确定被激发物质中所含有的元素。

波谱仪就是确定试样激发出的特征 X 射线波长的装置。它利用某单晶体转到一定的角度来衍射某种波长的特征 X 射线,读出晶体不同的衍射角,求得特征 X 射线波长,从而确定试样所含的元素。

目前使用较多的波谱仪为直进式,其工作原理如图 9-53 所示。图中 S 点为 X 射线发射源,C 为已知晶面间距 d 的分光晶体,D 为 X 射线检测器,它们都位于同一聚焦圆上。直进式波谱仪的特点是 X 射线的出射角固定不变,晶体在此方向前后作直进式的线性移动,并通过转动来改变 θ 角,检测器随之移动和转动。

当有一束包括不同波长的特征 X 射线照射到分光晶体上时,入射线与晶面间距为 d 的 (hkl) 晶面成 θ 角,其中遵循布拉格方程

$$\lambda_1 = 2d\sin\theta_1$$

波长为 λ_1 的特征 X 射线才能产生强衍射。由于 d 是已知的,测出 θ_1 角即可根据上式求得该特定的 X 射线波长 λ_1。在与特征 X 射线方向交成 $2\theta_1$ 的方向上放置一 X 射线检测器(图 8-53 中 D_1 点),即可检测到 λ_1 的强度,从而推算出元素的相对含量。

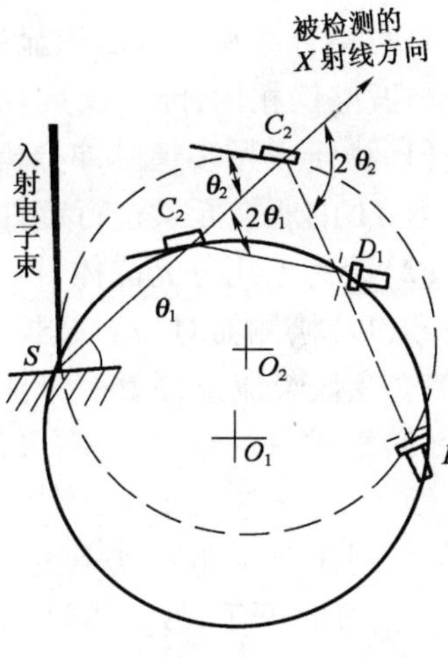

图 8-53 直进式波谱仪工作原理

改变分光晶体的位置,使(hkl)晶面与特征 X 射线的掠射角为 θ_2,检测器相应地位于与特征 X 射线交成 $2\theta_2$ 的方向上,可以测得波长为 λ_2 的特征 X 射线强度。连续地改变 θ 角,可以测出试样中各种不同波长的特征 X 射线,从而进行定性及定量分析。

由于 $\sin\theta \leqslant 1$,因此所选用的分光晶体的 d 值应满足 $d \geqslant \frac{\lambda}{2}$。对于不同波长的特征 X 射线,需选用与其波长相当的分光晶体。故必须配备多块分光晶体才能尽可能多地分析各种元素。在一台电子探针仪中,一般配有多道(3 ~ 6 道)谱仪,同一道谱仪中还装有两块可以交替使用的晶体,以减少装拆晶体的麻烦。常用的分光晶体有氟化锂、石英、硬脂酸铅等,其相应的可检元素范围可以在有关手册中查阅。

波谱仪的优点是波长分辨率高,适宜于做定量分析。但 X 射线的利用率低,因为需要通过适当的装置来分开谱线;且经分光晶体衍射后,衍射线的强度仅为入射线强度的 20%。所以波谱仪不适于在低束流($<10^{-9}$A)和波长较长的软 X 射线的情况下使用。另外,其分析速度也较慢,作一次元素的全分析需半个小时。

2. X 射线能谱仪

不同的元素发射的特征 X 射线波长不同,相应的光子能量也不同,因此,测出 X 射线的能量同样也可以对物质进行定性及定量成分分析,相应的检测装置称为能量分散谱仪。

图 8-54 是能谱仪示意图。它不需要采用标准晶体进行分光,而是直接将检测器接收的信号加以放大并进行脉冲高度分析,通过选择不同脉冲高度来确定 X 射线的能量,从而区分不同能量的 X 射线。

锂漂移硅固态检测器[记作 Si(Li)检测器]是能谱仪的关键部件。特征 X 射线光子进入后将使 Si 原子电离,产生若干电子 - 空穴对,空穴的数量与入射线光子的能量成正比。电子—空穴的寿命很短(10^{-8}s),为了防止复合,在 Si 晶体两端面上加负偏压以收集电子—空穴对。前置放大器的场致效应晶体管将该脉冲电荷转换成电压信号,经主放大器放大、整流,

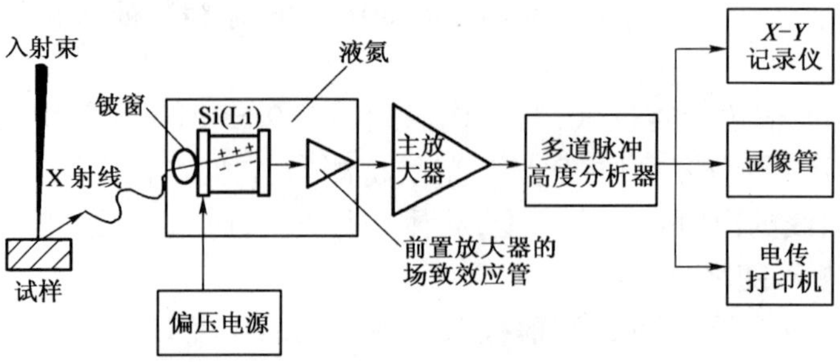

图 8-54　X 射线能量分散谱仪示意图

供给多道脉冲高度分析器。脉冲高度分析器按脉冲高度分类(其高度与 X 射线光子的能量成正比),再由计算机处理后用显像管 X-Y 记录仪显示出 X 射线谱,也可用打印机记录下来。

与波谱仪相比,能谱仪具有下列优点:

(1)由于采用多道脉冲分析器,可以同时检测多种元素,因此分析速度快,能在几秒钟内对 $Z \geqslant 11$ 的所有元素进行定性分析,故特别适用于作快速定性和定点分析。

(2)因为不用分光晶体,探头又可以放在离试样很近的地方,故 X 射线的强度损失小;又因为 Si(Li)检测器对一般波长范围内的 X 射线光子的检测效率均极高,故灵敏度较波谱仪高,适合在低束流条件下工作。

(3)能谱仪的结构紧凑,又没有聚焦要求,适合于比较粗糙表面的分析工作。能谱仪的分辨本领较差(波谱仪中 X 射线信号的鉴别是由晶体衍射产生的,因此分辨本领高),谱线容易重叠,特别在低能部分,常需借助于电子计算机进行谱线的分解。又因为用铍窗口隔离,对软 X 射线的吸收严重,故分析轻元素困难较大。

综上所述,能谱仪主要用在低束流条件下作元素的半定量分析,作为波谱仪的补充。

(二)电子探针的应用

在金属学领域中电子探针仪主要用来确定合金中析出相和夹杂物的成分,测出相内元素并确定其分子式,研究合金元素分布和显微不均匀性,进行晶体的取向、结构和缺陷分析,快速建立相图及研究扩散、脱溶,解释氧化腐蚀的机理及测定薄膜厚度等。

以金属组织中某微区化学成分分析为例。基本的分析方法有点分析、线分析、面分析。

为了便于选择和确定分析点,电子探针仪的镜筒内装有与电子束同轴的光学显微观察系统。分析时,将试样切割成要求的尺寸,进行磨光、抛光、清洗。通常试样不腐蚀,因腐蚀后总要选择性地去掉一部分元素,影响分析的正确性,然后用光镜进行细致地观察,对需作成分分析的部位用刻划仪或显微硬度计打上记号,也可拍摄光镜照片。试样放入"电子探针"后,先做定性分析及扫描图像观察,例如背散射电子像,吸收电子像、特征 X 射线面扫描图像、特征 X 射线扫描浓度分布曲线等。若还需作定量分析,将试样自仪器内取出,仔细抛光,以严格保证表面的清洁和平整。然后再进行定量分析。

1. 定性分析

先用背散射电子和吸收电子像观察试样,大致判断出试样内不同原子序数的分布状态,选定所要分析的区域。然后根据要求用点分析、线分析及面分析方法分析。

(1)点分析。主要用作试样表面定点的全谱扫描定性或半定量分析。先选定试样欲分析的微区,将电子束固定在要分析的点上。然后改变分光晶体和检测器的相对位置,即可接收到该点内的不同元素的 X 射线。图 8-55 为测得合金钢某一点的 X 射线谱,由谱线可知该合金中含有 Cr、Mn、Ni、Cu、Fe 等成分。

定点微区成分分析是电子探针仪最重要的工作方式，常用作合金的沉淀相和夹杂物的鉴定。

(2)线分析。主要用于分析金属材料在某指定的直线上的成分不均匀性。例如测定晶粒内部与晶界上元素分布的不均匀性，显示浓度与扩散距离的关系曲线等。

入射电子束沿试样表面选定的直线方向扫描，使谱仪固定检测所含某一元素的特征 X 射线信号(如 $\lambda_{Nb}L_a$)，通过检测在荧光屏或记录仪上记录下该元素的 X 射线强度，即可得到某元素在选定的直线上的强度分布曲线(即该元素的浓度曲线)。

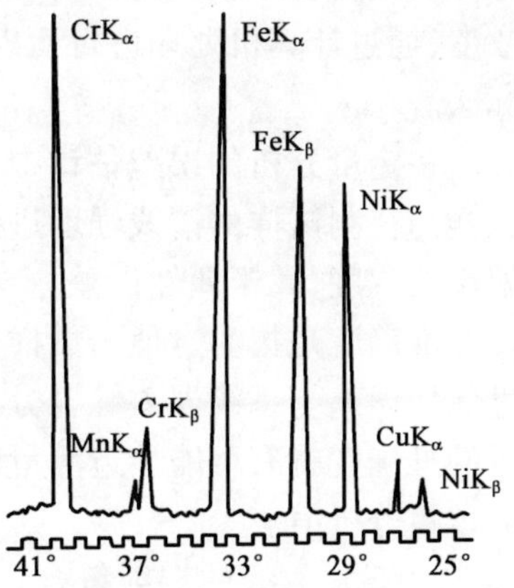

图 8-55　合金钢某一点的 X 射线谱示意图

通常直接在二次电子像或背散射电子像上叠加浓度分布曲线，这样能更清楚地表明元素浓度的不均匀性与试样组织之间的关系。

图 8-56 是 00Cr13Ni6MoNb 不锈钢的热脆断口电镜像。图 8-56a)是 200 倍断口像。断口为沿晶状，说明是脆性断裂。图 8-56b)是同一区域 1 500 倍高倍观察，可以看到晶界上有第二相析出，断裂沿晶界发生。电子金相形貌的特征是晶界上存在连续(或不连续)的第二相网或颗粒。但晶内还是韧窝状断口。这种情况即“韧性晶间断裂”。

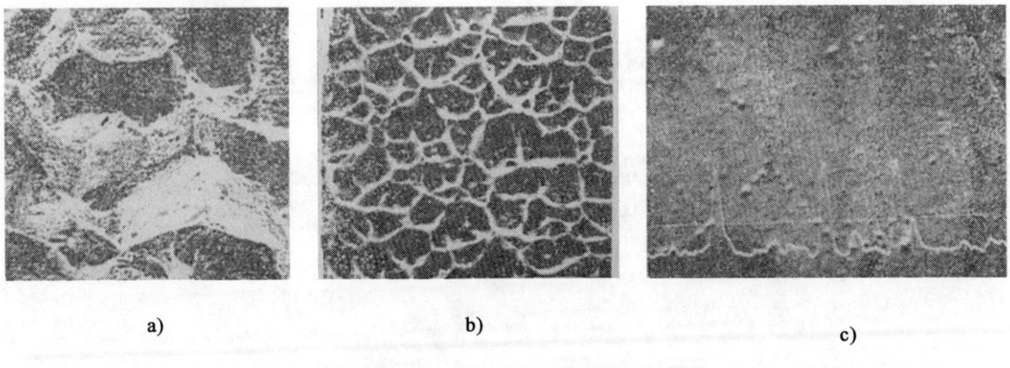

图 8-56　00Cr13Ni6MoNb 热脆断口电镜像

a)200×；b)1500×；c)元素纯扫描

将上述试样制备成金相试样，经腐蚀后，析出相突出于表面，用 $\lambda_{Nb}L_a$ X 射线作线扫描，在扫描线上共遇到五颗析出相颗粒，相应的输出出现五个波峰，说明析出相是 Nb(CN)。

(3)面扫描。主要给出特定元素浓度分布的扫描图像。

使入射电子束在试样表面上扫描，谱仪固定接收其中某一元素的特征 X 射线信号，并以此调制显像管亮度，即可在荧光屏上获得某元素的面分布，图中亮区就是试样表面该元素含量高的地方。故特征 X 射线扫描图像既提供了元素浓度的面分布不均匀性的资料，又反映了其微观组织形貌。

2. *定量分析*

首先精确地测量未知样品和标准样品中同一元素的同名特征谱线的强度 $k\alpha$，在讨论元素含量与 X 射线的关系时指出试样的集体效应影响荧光 X 射线的强度。我们通过未知样品和标样的同名特征谱线的强度比 kA 值，通过计算机修正用 kA 换算出未知样品中该元素的真实浓度，通过计算机处理进行元素的定量分析。常用的方法有：标准（工作）曲线法、增量法和内标法。

在定量分析的误差估计中，我们认识到荧光 X 射线分析是一种相对分析方法，比较标准试样与待测试样的谱线强度进行定量。在相对分析中，精密度是指单次测定值与真实测定值偏离的程度，属于偶然误差。

准确度是指测定值与试样实际值偏离的程度。准确度要用国家标准或其他方法验证，经过偶然误差与系统误差综合分析而获取的综合效果。当正确制备标准样品时，X 射线荧光分析的准确度就有可能接近测量的精密度。在经过上述的统计理论计算，就可以获得我们需要的定量分析值。

由于 X 射线的辐射符合随机过程的统计规律，因此在总计数为 N 的单次测量中，标准偏差 $\sigma = \sqrt{N}$。相对标准偏差 $\varepsilon = \frac{\sigma}{N} \times 100\% = \left(\frac{100}{\sqrt{N}}\right)\%$。不难证明，多次测量平均值的精密度与总计数相同的单次测量之的精密度相同。

但是，分析用试样与标准试样在加上谱线与背景的多次交替测量，必须消除仪器性能漂移所带来的影响。由计算公式可以看出，测量精密度随总计数 N 的增加而提高。

在扣除背景后的谱线强度，可按下式进行计算：

$$\varepsilon L = \frac{\sqrt{Np + NB}}{Np - NB} \tag{8-16}$$

式中：Np——峰值强度；

NB——背景的本底强度。

若用比较标准样品与分析样品的方法确定含量时，则测定含量的相对误差为：

$$\varepsilon c = \sqrt{\varepsilon A^2 + \varepsilon s^2}$$

式中：εA——分析样品谱线强度的相对标准偏差；

εs——标准样品谱线强度的相对标准偏差。

经过定量分析处理后，可以获得更为理想的测量结果。

附录　工程结构检测实施细则

第一节　静载试验实施细则

本细则相关检测仪器操作规程：百分表操作规程；TDS-602 静态数据采集系统操作规程。

一、试验的准备

(一)试验桥跨的选择

试验孔的选择应结合桥梁调查与检算工作一并进行。对多孔结构中跨径相同的孔(或墩)可选择 1 ~ 3 个具有代表性的桥孔进行荷载试验。选择时应综合考虑以下条件：

①该孔(或墩)计算受力最不利；

②该孔(或墩)施工质量较差，缺陷较多或病害较严重；

③该孔(或墩)便于搭设脚手架及设置测点或试验加载设施。

(二)试验截面的选择

试验控制截面应根据具体的测试项目而定，在满足鉴定桥梁承载能力的前提下，加载试验项目应抓住重点，不宜过多。主要桥型内力或位移控制截面可参见附表 1 进行。

主要桥型的内力或位移控制截面　　附表 1

序号	桥　型	内力或位移控制截面	
1	简支梁桥	主要	跨中截面最大正弯矩和挠度
		附加	$L/4$ 截面最大正弯矩和挠度
2	连续梁桥 连续刚构	主要	1. 跨中最大正弯矩和挠度； 2. 内支点截面最大负弯矩； 3. $L/4$ 截面最大弯矩和挠度
		附加	1. 端支点截面的最大剪力； 2. $L/4$ 截面最大弯剪力； 3. 墩台最大垂直力； 4. 连续刚构固结墩墩身控制截面的最大弯矩
3	悬臂梁桥 T 型刚构	主要	1. 锚固跨跨中最大正弯矩和挠度； 2. 支点最大负弯矩； 3. 挂梁跨中最大正弯矩和挠度
		附加	1. 支点最大剪力； 2. 挂梁支点截面或悬臂端截面最大剪力
4	拱桥	主要	1. 拱顶截面最大正弯矩和挠度、拱脚最大负弯矩； 2. 刚架拱上弦杆跨中最大正弯矩
		附加	1. 拱脚最大水平推力； 2. $L/4$ 截面最大正、负弯矩及其最大正、负弯矩挠度绝对值之和； 3. 刚架拱斜腿根部截面最大负弯矩

续上表

序号	桥型	内力或位移控制截面	
5	刚架桥 （包括框架斜腿刚构和刚架—拱式组合体系）	主要	1. 跨中截面最大正弯矩和挠度； 2. 结点截面的最大负弯矩
		附加	柱脚截面最大负弯矩、最大水平推力
6	钢桁桥	主要	1. 跨中、支点截面的主桁杆件最大内力； 2. 跨中截面的挠度
		附加	1. $L/4$ 截面的主桁杆件最大内力和挠度； 2. 桥面系结构构件控制截面的最大内力和变位； 3. 墩台最大垂直力
7	斜拉桥与悬索桥	主要	1. 主梁最大挠度； 2. 主梁控制截面最大内力； 3. 索塔塔顶水平变位； 4. 主缆最大拉力，斜拉索最大拉力
		附加	1. 主梁最大纵向漂移； 2. 主塔控制截面最大内力； 3. 吊索最大索力

（三）测点的设置

试验测点的布设必须能够反应结构或构件最不利受力特征，同时应能满足分析和推断结构工作状况最低的需要，确保实测数据的可靠性。

1. 挠度测点

整体式梁桥，一般对称于桥轴线布置，多片式梁桥，主要截面可在每梁底布置一个或两个测点。

2. 应变测点

（1）截面抗弯应变测点应设置在截面横桥向应力分布较大的部位，沿截面上、下缘布设，横桥向测点设置一般不少于 3 处，以控制最大应力的分布。对于剪切应变测点应采取设置应变花的方法进行观测。截面应力测点应考虑横向分布的影响，横桥向应力测点的布置应能反映横向应力的分布特征。

（2）采用测定混凝土表面应变的方法确定钢筋混凝土结构中钢筋承受的拉力时，考虑到混凝土表面已经和可能产生的裂缝对观测的影响，测点布置位置应合理选择。

3. 温度观测点

根据现场情况和温度变化程度设置一定数量的温度观测点。

（四）试验荷载的设置

（1）应以设计荷载等级相应的活载效应控制值或有特殊要求的荷载效应值作为试验控制荷载。

（2）为保证试验效果，荷载效率 η_q 应介于 0.85 ~ 1.05 之间。静力试验荷载的效率按下式计算：

$$\eta_q = \frac{S_s}{S(1+\mu)}$$

式中：S_s——静力试验荷载作用下，某一加载试验项目对应的加载控制截面内力或变位的最大计算效应值；

S——控制荷载产生的同一加载控制截面内力或变位的最不利效应计算值；

μ——按规范取用的冲击系数值；

η_q——静力试验荷载的效率，应介于 0.85 ~ 1.05 之间。

(3)当温度变化对桥梁结构内力影响较大时，应选择较不利的季节进行荷载试验，并应考虑适当增大静力试验荷载下率 η_q 的方法，来弥补温度对结构控制截面产生的不利内力。

(4)加载设备通常采用载重的车辆和重物直接加载方式。

二、试验的仪器设备及安装

(一)测试仪器与相关规程

1. 挠度、变位观测

百分表(位移计)或千分表与夹具(磁力表座等)；精密水准仪和水准尺；全站仪与棱镜。

2. 应变测量

电阻应变计；TDS602 静态数据采集仪。

(二)安装应变计

(1)在欲布置应变计的构件表面画出十字线，标志传感器布置位置。将传感器粘贴区域混凝土表面浮浆、污物清除干净，用砂轮将蜂窝、麻面打磨平整。

(2)用 502 胶将电阻应变计粘贴在混凝土表面上，将端头粘贴在混凝土表面，把应变引线焊接在端头上。

(3)将长导线焊接在端头上与应变片引线相连接。

(三)百分表(千分表)的安装与调试

(1)检查百分表(千分表)是否完好，然后才能将其安置在磁力表座上。

(2)根据检测现场情况，应保证百分表(千分表)接触表面平整密实，如遇表面风化或锈蚀等情况，须用砂纸磨平风化锈蚀面；如遇起拱部位，应粘贴木块等保证百分表(千分表)接触面的平整密实。

(3)安装磁力表座，调整百分表(千分表)，使之垂直检测的表面，然后记录百分表(千分表)的初始数据，亦可对其读数进行调零。

三、试验方法

试验准备工作就绪后，开始正式试验前，根据试验检测表向全体人员(包括仪器操作员、汽车驾驶员等)进行交底(包括试验内容、进行程序，注意事项等)，以便统一行动，使试验工作有秩序的顺利进行。试验时应注意下列问题：

(一)加载和卸载

(1)主要控制截面试验荷载的施加应分级进行，对于附加控制截面一般只设置最大内力加载程序加载。按控制截面最大内力或位移分成 4 ~ 5 级进行加载，条件有限制时，至少应分 3 级。

(2)在前一荷载阶段内结构变位相对稳定后，方可进入下一荷载阶段。利用汽车加载时，应事先在桥面上画出加载车位线，试验时要有专人指挥行驶到指定位置。

(3)加载的重量、位置要正确，不能有误。记录车牌号、测量车的轴距、重量。

(4)卸载时要注意，让全部荷载退出或搬出桥外，不在试验影响范围内。

(二)数据的测量和记录

(1)试验时,仪器操作人员操作数据采集仪采集数据;正确读取百分表(千分表)、水准仪及应变计的数据并记录。

(2)有专人观测已有裂缝的发展情况、有无新裂缝的发生以及卸载后裂缝的闭合。

(3)试验进行时,要注意不要触动导线或机械式仪器,以免影响读数。

(4)荷载试验应选择温度较为稳定的时间段进行,加载试验一般以晚 10 时至晨 6 时为宜。

(三)试验终止和结束

当试验过程中发生下列情况应中途终止加载,及时找出原因,在确保结构及人员安全的情况下可继续试验。

(1)控制测尖力值已达到或超过理论计算的控制应力值时。

(2)控制测点变位(或挠度)超过规范允许值时。

(3)出于加载,使结构裂缝的长度、缝宽急剧增加,新裂缝大量出现,缝宽超过允许值的裂缝大梁增多,对结构使用寿命造成较大的影响时。

(4)拱桥加载时沿跨长方向的实则挠度曲线分布规律与计算值相差过大或实测挠度超过计算值过多时。

(5)发生其他损坏,影响桥梁承载能力或正常使用时。

采用计算机自动采集系统读书记录时,应利用系统实时监测功能对控制点的应变或位移进行监控,对测试结果异常现象应及时查明原因并采取补救措施。

四、静载试验资料的整理分析

1. 测试数据修正。

根据各类仪表的标定结果进行测试数据的修正,如机械式仪表的校正系数,电测仪表的率定系数,灵敏系数,电阻应变观则的导线电阻影响等。当这类因素对测值的影响小于 1% 时可不予修正。

2. 温度影响修正

由于对测试的影响比较复杂,通常采取缩短加载时间,选择温度稳定性好的时间进行试验等办法,尽量减小温度对测试精度的影响。需要时一般可采用综合分析的店小二为进行温度影响修正,即利用加载试验前进行的温度稳定观测数据,建立温度变化(测点处构件表面温度或空气温)和测点测值(应变和挠度)变化的线性关系。

3. 支点沉降的修正

支点沉降的修正可按下式进行:

$$C = \frac{l - x}{l} \cdot a + \frac{x}{l} \cdot b$$

式中:C——测点的支点沉降影响修正量;

l——A 支点到 B 支点的距离;

x——挠度测点到 A 支点的距离;

a——A 支点沉降量;

b——B 支点沉降量。

4. 校验系数计算

$$\zeta = \frac{S_e}{S_s}$$

式中：S_e——试验荷载作用下量测的弹性变位（或应变）值；

S_s——试验荷载作用下得理论计算变位（或应变）值。

5. 相对残余变形

对加载试验得主要测点，应按下式计算其相对残余变位（或应变）；

$$S_p{}' = \frac{S_p}{S_t} \times 100\%$$

式中：$S_p{}'$——相对残余变位（或应变）；

S_p——相对残余变位（或应为）；

S_t——加载达到稳定时测值。

6. 试验曲线的整理

（1）各加载工况下主要测点实测变位（或应变）与相应理论计算值的对照表，并绘出其关系曲线。

（2）绘制各加载工况下主要控制点得变位（或应变等）与荷载的关系曲线。

（3）绘制各加载工况下控制截面应变（或挠度）分布图、沿纵桥向挠度分布图、截面应变沿高度分布图等。

五、试验结果分析与评定

（一）试验结果分析

试验结果分析包括挠度和变位分析；应变、应力分析；其他

（二）试验结果评定

试验结果评定项目主要有校验系数；残余变形（应变）评定裂缝分析；挠度值评定；裂缝评定。

第二节　动载试验实施细则

相关检测仪器操作规程：DEWE-50-FW-16 动态数据采集仪操作规程。

一、试验前的准备

（一）激振方法的选择

（1）对于中、小型桥梁结构，用落锤激振器（或枕木）垂直地冲击桥梁，激起桥梁竖直方向的自由振动；水平方向冲击桥面缘石，则可激起横向振动。

（2）一般结构的桥梁，采用载重车队以由低到高的不同速度驶过桥梁，使结构产生不同程度的强迫振动。

（3）对于自振频率较低的大跨度柔性桥梁结构，可利用人群在桥面上作有规律的运动，使结构发生共振现象。

(二)传感器的选择

在桥梁动载测试验中，通常选择的传感器是加速度传感器和位移传感器，通过位移传感器可以直接测量桥梁结构的位移时程曲线，进行分析之后可以得出其固有频率、冲击系数和阻尼比；通过加速度传感器可以直接测量桥梁结构的加速度时程曲线，进行频谱分析后可以得出其固有频率。

(三)传感器的布置

传感器的布置要根据结构形式而定，一般要根据动力特性的理论分析结果，按照理论计算得出的振型大致形状，在变位较大部位布置传感器，能够测的桥梁结构最大反应(如主跨跨中截面、边跨跨中截面振幅)，并较好的勾画出振型曲线位移。桥梁结构动力特性理论分析计算，目前多得用各种专用桥梁计算软件或通用分析软件，计算得出桥梁结构的固有频率与振型。

(四)理论值的确定

对需试验的桥梁，须进行查图，确定桥梁上部下部的结构。建立图形计算模型，确定其受力截面，并计算受力截面的最大应力应变值等主要数据。

二、试验工作内容

(一)试验基本要求

出发前应对所携带的仪器仪表、传感器等进行全面的检查，使用频率较大的仪器设备应进行期间核查，确保仪器仪表状态良好。此外，要在距离测试部位适当的地方搭设帐篷，以供操作仪器使用；还要接通电源，安装照明设备，检查通信设备的状态。

按照试验方案所定的传感器布置位置，进行放样定位，布置测试导线，采用合适的方法并将传感器固定在被测对象上。此外，根据被测结构的动力特性，确定测试的位置，并做标记。

对运营中的桥梁，试验准备工作要注意传感器、测试导线的防护，试验开始前应封闭交通，禁止闲杂人员和非试验车辆进入。

建立试验领导组织，进行人员分工安排。一般根据试验实际情况，设指挥一人，试验车辆引导员一人，测试人员数名，配备相应的通信联络工具，以便统一指挥。

正式试验前，要进行预测试，以检查仪器、仪表、测量线路的工作状态，确定测量放大器的放大系数。

(二)试验工作与注意问题

动载试验的测试内容一般包括地脉动测试、跑车测试、跳车测试三项。试验时，宜从动力响应小的测试项目做起，即先进行地脉动试验，再进行 20km/h、40km/h、60km/h 跑车试验，最后进行跳车试验，以便根据动力响应的大小及时调整测量放大器的放大系数，避免量测溢出。

进行跑车试验时，要较准确控制车辆的车速，并根据测试传感器的布置，确定试验车辆途中进行数据采集的起始位置，以免测试数据产生遗漏。

每次测试后，要在现场进行数据回放和频谱分析，并与测试桥梁动力特性的理论计算值进行比较，检查数据是否正常，实测频率是否与理论值接近。如有异常情况应立即检查、分析原因，必要时应进行重新测试。

测试进行过程中,注意不要触动测试元件及测量导线,以免引起读数的波动。

试验完成后,清理仪器仪表、传感器,回收测试导线,拆除帐篷,清理现场,以便开放交通。

第三节　超声法测试桩基完整性和混凝土裂缝及缺陷实施细则

一、超声法试桩基完整性实施细则

(一)检测仪器与相关规程

检测仪器出超声检测仪和发射及接受探头所组成。探头在声测管内的移动由人工操作,数据读出后再输入计算机处理。

使用时须采用水密式的径向发射和接收换能器,水密性应满足1MPa水压下不漏水。常用的换能器一般是圆管式或增压式密型换能器,其共振频率宜为25~50kHz,长度宜为20cm,换能器宜装有前置放大器,前置放大器的频带宽度宜为5~50kHz。

本细则相关操作规程:RS—ST010C非金属超声测试仪操作规程。

(二)检测方式

须事先埋声测管,作为探头进入桩内的通道。根据声测管埋置的不同情况,可以有如下三种检测方法。

1. 双孔检测

在桩内预埋两根以上的管道,把发射探头和接收探头分别置于两根管道中,检测时超声脉冲穿过两管道之间的混凝土,实际有效范围即为超声脉冲从发射到接收探头所扫过的面积。可分为平测、斜测、扇形扫测等方式。

2. 单孔检测

在某些特殊情况下,只有1个孔道可供检测使用,例如在钻孔取芯后需进一步了解芯样周围混凝土的质量,以扩大取芯检测后的观察范围,这时可采用单孔测量。运用这一检测方式时,必须运用信号分析技术,排除管中混响干扰,当孔道内有钢质套管时,不能用此法检测。

3. 桩孔外检测

当桩的上部结构已施工,或桩内未预埋管道时,可在桩外的土基中钻一孔作为检测通道。

(三)现场检测

(1)桩径小于1.5m应埋设三根管;桩径1.5m以上应埋设四根管。声波检测管宜采用钢管、塑料管或钢质波纹管,其内径宜为50~60mm。常用钢管,采用塑料管时应保证与混凝土良好粘结。

(2)将检测管焊接或绑扎在钢筋笼的内侧,检测管之间应相互平行。

(3)检测管内注满清水。

(4)一根桩有多根检测管时,应将每2根检测管编为一组,分组进行测试。

(5)测量移动步距20~40cm,当发现读数异常时,应加密测量点距。

(6)探头在声测管中逐点测量各深度的声时、波幅(或衰减)、接收频率及波形畸变位置等。

(7)每组检测管测试完成后,测试点应随即重复抽测10%~20%。其声时相对标准差不应大于5%;波幅相对标准差不应大于10%。对声时及波幅异常部位应重复抽测。

(四)检测数据处理与判定

1.概率法

计算桩基各测点声时的平均值μ_t和标准差σ_t,然后采用声时平均值μ_t与声时2倍标准差σ_t之和作为判定桩身有无缺陷的临界值。

2.PSD判据法

PSD判据为:$K_i=\frac{(t_i-t_{i-1})^2}{H_i-H_{i-1}}$,式中$K_i$即为$i$点的PSD判据,$t_i$为各点声时,$H_i$为换能器在声测管中的深度。为对全桩各测点进行判别,必须将各测点K_i值求出,并描成"H-K"曲线进行分析,凡K值较大的地方,均可列为可疑区,作进一步细则。

(1)假定缺陷为夹层,则K_i值计算如下[见附图1a)]

$$K_i=\frac{L^2(v_1-v_2)^2}{{v_1}^2{v_2}^2\Delta H}$$

式中:v_1——混凝土的声速;

v_2——夹层中杂物的声速;

l——声时。

(2)假定缺陷为半径为R的空洞,则K_i值计算如下[见附图1b]

$$K_i=\frac{4R^2+2L^2-2L\sqrt{4R^2+L^2}}{\Delta H{v_1}^2}$$

(3)假定缺陷为"蜂窝"或被其他介质填塞的孔洞[见附图1c)],这时超声脉冲在缺陷区的传播有两条途径。一部分声波穿过缺陷介质到达接受探头,另一部分沿缺陷绕行。当绕行声时小于穿行声时时,可按空洞处理。

$$K_i=\frac{4R^2(v_1-v_3)^2}{\Delta H{v_1}^2{v_3}^2}$$

式中:v_3——缺陷内夹杂物声速。

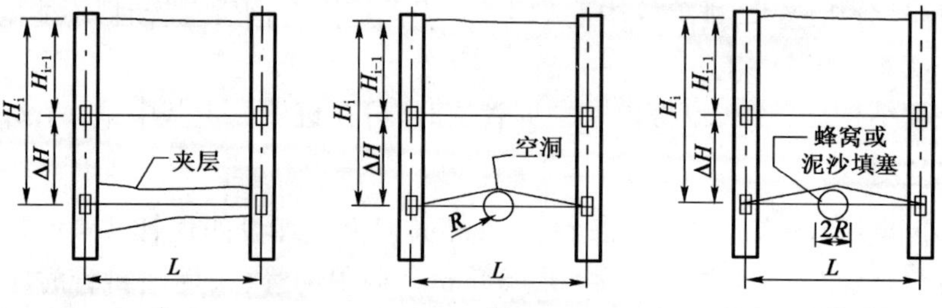

附图1　PSD判据法缺陷计算示意图

a)夹层;b)空洞;c)蜂窝或泥沙堵塞孔洞

(4)缺陷性质和大小的细则判断。

运用PSD盘踞确定有缺陷存在的区段内,综合运用声时、波幅、接受频率、波形(或频谱)等物理量,找出缺陷所造成的声阴影的范围内,从而准确地判定缺陷的位置、性质和大小。双管对测时,基本方法是将一个探头固定,另一个探头上下移动,找出声阴影所在的边界位置。在混凝土中,由于各种不均匀界面的漫射和低频波的绕射等原因,使阴影边界十分模糊,但通过上述物理量的综合运用仍可定出其范围。

3. NFP 判据法

又称多因素概率分析法，运用声时、概率、波幅或声速、频率、波幅等参数，通过其总体的概率分布特征，获得一个综合判断值 NFP 来判断缺陷的一种方式。

$$NFP_{\mathrm{i}} = \frac{v'_{\mathrm{i}}F'_{\mathrm{i}}A'_{\mathrm{i}}}{\frac{1}{n}\sum_{\mathrm{i}=1}^{n}(v'_{\mathrm{i}}F'_{\mathrm{i}}A'_{\mathrm{i}}) - ZS}$$

式中：NFP_{i}——第 i 点的综合判据；

v'_{i}、F'_{i}、A'_{i}——第 i 点的声速、频率、波幅的相对值，即分别除以该桩各测点中最大声速、频率、波幅后所得的值；

S——上述三个参数相对值之积为样本的标准差；

Z——概率保证系数，它是根据与样本相似合的夏里埃分布率幂函数及样本的偏移系数、蜂凸系数及其保证率所决定的。

依据 NFP 判据的性质可知，当 NFP 越大，则混凝土质量越好，当 $NFP_{\mathrm{i}} < 1$ 时，该点应判为缺陷，可参考附表 2 判断缺陷性质，该表根据实践经验所得。

NFP 法判断缺陷性质的参考表 附表 2

判断依据				缺陷性质	判断依据				缺陷性质
NFP	v	f	a		NFP	v	f	a	
≥1				无缺陷	0.35～0.5	正常 低	正常 低	较低 较低	较严重的夹泥、夹沙 较严重的低强区或缩径
0.5～1	正常	正常	略低	局部夹泥 （局部缺陷）	0～0.35	低	低	较	砂、石堆积断层
	低	低	正常	一般低强区 （局部缺陷）		很低	很低	很低	夹泥、砂断层

二、超声法测试混凝土裂缝深度实施细则

本细则相关仪器操作规程：RS—ST01C 非金属超声测试仪操作规程。

（一）浅裂缝测试

1. 平测法

（1）适用范围

一般工程结构中板、盖梁、墩柱等构件中出现的浅裂缝，缝深不大于 500mm。

（2）检测要求

①如果有主筋穿过裂缝且与换能器连线大致平行，测试时应使换能器连接至少与该钢筋轴线相距 1.5 倍的裂缝宽度。

②裂缝中不得充水或水泥浆，这是由于以声时推算裂缝深度，是假定裂缝中充满了砌体，声波绕过裂缝末端传播，若裂缝中有水或泥浆，则声波经水介质耦合穿过裂缝，首波到达时间不反映裂缝深度。

（3）检测方法

①不跨缝测量

首先进行不跨缝测量，将 T 和 R 换能器置于裂缝同一侧，以两个换能器内边缘间距等于 100mm、150mm、200mm、250mm…分别读取声时 t_0，绘制声时—测距坐标图，图中各测点所连成直线的斜率即为声波在混凝土中的声速 v。

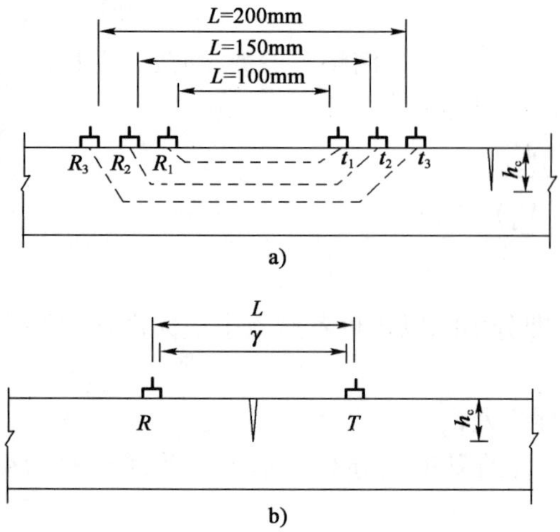

附图 2　裂缝测试示意图

图中 R 为换能器

②跨缝测量

进行跨缝声时测量。将 T、R 换能器分别置于以裂缝为轴线的对称两侧，两换能器中心连线垂直于裂缝走向，以 L 等于 100mm、150mm、200mm、250mm、300mm…分别读取声时 t，同时观察首波相位的变化。

单面平测法示意图如附图 2，裂缝深度计算见下式：

$$h_c = \frac{L}{2}\sqrt{\left(\frac{t_0}{t_c}\right)^2 - 1}$$

式中：h_c——裂缝深度；

L——超声测距；

t_0——过缝测量的混凝土声时；

t_c——不过缝测量的混凝土声时。

（4）裂缝深度的确定方法

①当跨缝测量中发现某测距首波反向时，可用该测距及两个相邻测距的测量值按上式计算 h_c，并取三点平均值最为裂缝深度。

②当首波难以发现时，则以不同测距分别计算 h_c，取平均值，凡小于 1 倍该平均值大于 3 倍该平均值，应剔除该组数据，取余下测距测试值的平均值为裂缝深度。

2. 双面斜测法

将 T、R 换能器分别置于两测试表面对应测点 1、2、3…的位置，读取相应的声时、波幅值和频率。如 T、R 换能器的连线通过裂缝，则接受信号的波幅和频率突变，可以判定裂缝深度以及是否在平面防线贯通。

（二）深裂缝测试

1. 适用范围

适用于大体积混凝土预计裂缝深度大于 500mm 时。

2. 检测要求：

（1）裂缝中不得充水或充泥浆；

（2）应允许在裂缝两侧钻孔测试。

3. 测试方法

（1）钻孔。

①孔径应比换能器直径大 5 ~ 10mm；

②孔深应至少比裂缝预计深度深 700mm，经测试如浅于裂缝深度，则应加深钻孔；

③对尖的两个测试孔，必须始终位于裂缝两侧，其轴线应保持平行；

④两个对应测试孔的间距宜为 2 000mm，同一结构的两个对应测孔间距应相同。

（2）选用频率为 20 ~ 60kHz 的径向振动式换能器，并在其连线上作出等距离标志（一般间隔 100 ~ 400m）。

（3）测试前应向测试孔中注满清水，然后将 T、R 换能器分别置于裂缝两侧的对应孔中，以相同的高程等间距从上至下同步移动，逐点读取声时、波幅和换能器所处的深度。

4. 裂缝深度判定

以换能器所处深度 h 与对应的波幅值 A 绘制 h-A 坐标图，随着换能器位置的下移，波幅逐渐增大，当换能器下移至某一位置后，波幅达到最大并基本稳定，该位置所对应的深度便是裂缝深度。

5. 检测时应注意的问题

(1) 向孔中灌的水必须是清水，无悬浮泥沙。

(2) 测点间隔宜 20cm 左右，深度大的裂缝测量间隔可适当大一些，换能器上下移动到位后，使其处于钻孔中心，为此换能器应套上橡皮的"扶正器"再置于钻孔中使用。

(3) 当防止 T、R 换能器的测孔之间混凝土质量不均匀或者存在不实心实意和空洞时，使 $h-A$ 曲线偏离原来趋向，此时应注意识别和判断，以免产生误判。

(4) 为避免裂缝宽度受温度升高时变窄甚至闭合，或者在外力作用下宽度发生变化的影响，最好在气温较低的季节或者结构卸荷状态下进行裂缝检测。

(5) 当有主钢筋穿过裂缝且靠近一对测孔，T、R 换能器又处于该钢筋的高度时，大部分超声波将沿钢筋传播到接受换能器，波幅值难以反映裂缝的存在，检测时应注意判别。

三、超声法测试混凝土缺陷实施细则

本细则相关操作规程：RS—ST01C 非金属超声测试仪操作规程。

(一) 混凝土相对均匀性检测

1. 检测要求

(1) 被检测部位应具有相对平行的测试面。

(2) 测点应在被测部位上均匀布置，测点间距一般为 200 ~ 500mm。

(3) 测点布置时，应避开与声波传播方向一致的主筋。

2. 检测方法

(1) 在检测部位的测试面上画间距为 200 ~ 500mm 的网格并编号。

(2) 用钢卷尺测量两个换能器之间的距离，测量误差不应大于 ±1%。

(3) 逐点测量声时值 t_1、t_2、$t_3 \cdots t_n$。

3. 数据处理及判定

(1) 计算各测点的声速值：

$$c_i = \frac{l_i}{t_{ci}}$$

计算各测点混凝土声速的平均值、标准差及离差系数。

(2) 根据声速的标准差荷离差系数的大小，可以相对比较相同测距的同类结构或各部位混凝土质量均匀性的优劣。

4. 注意问题

(1) 本方法只能作同类结构、相同测距混凝土均匀性相对比较，而不能用于均匀性等级评定。

(2) 当具有超声测强曲线时，可先计算出测点混凝土强度值，然后再进行匀质性评价。

(二) 混凝土内部缺陷检测

1. 检测要求

(1) 被检测部位应具有一对(或两对)相互平行的测试面。

(2) 测试范围除应大于有怀疑的区域外，还应有同条件的正常混凝土进行对比，且对比测点数不少于 20 个。

(3)在测区布置测点时,应避免 T、R 换能器的连线与附近的主钢筋轴线平行。

2. 检测方法

(1)对测法

当结构具有两对相互平行的测试面时可采用对测法,在测区的两对相互平行的测试面上,分别画是距为 100 ~ 300mm 的网格,然后编号、确定对应的测点位置(见附图 3)。并编号确定对用的测点位置,然后将 T、R 探测仪的探头分别置于对应的测点上,逐点读取相应的声时(t_i)、波幅(A_i)和频率(f_i),并量取测试距离(I_i)。

(2)斜测法

当结构中只有一对相互平行的测试面时可采用对测和斜测相结合的方法(见附图 4)。即在测区的两个相互平行的测试面上,分别画出交叉测试的两组测点位置。

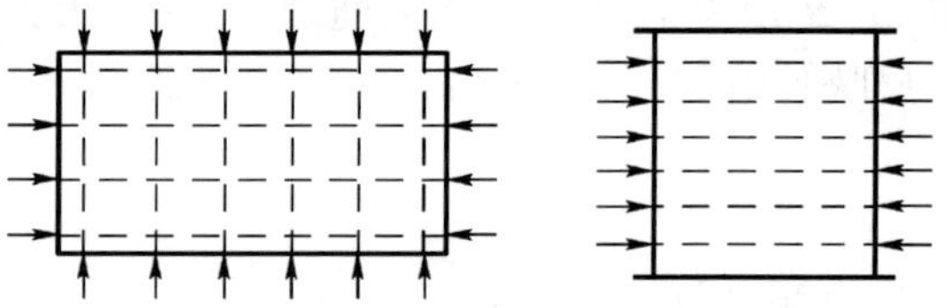

附图 3　对测法示意图

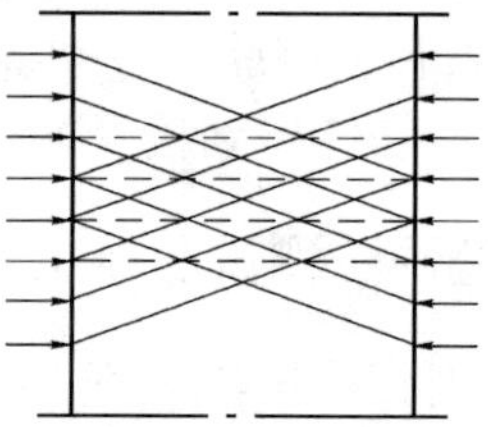

附图 4　斜测法示意图

3. 数据处理

(1)测区混凝土声时(或声速)、波幅、频率测量值的平均值(m_x)和标准差(S_x)计算。

(2)测区中异常数据的判别方法:

①如果测得测区各测点的波幅、频率或声速值,则将他们由大至小按顺序排列,即 $X_1 \geqslant X_2 \geqslant \cdots\cdots X_n \geqslant X_{n+1} \geqslant \cdots\cdots$,将排在后面明显小的数据视为可疑值,再将这些可疑值中最大的一个(假定为 X_n)连同其前面的数据计算其平均值 m_x 和标准差 S_x,并带入下式,计算出异常情况的判断值 X_0。

$$X_0 = m_x - \lambda_1 S_x$$

式中:λ_1——异常值判定系数,应按规范取值。

将判断值 X_0 与可疑数据的最大值 X_n 相比较,如 X_n 小于或等于 X_0,则 X_n 及排列其后的各数据均为异常值;当 X_n 大于 X_0,应将 X_0 放进去重新进行统计计算和判别。

②当测位中判出异常测点时,可根据异常测点的分布情况,按下式进一步判别其相邻测点是否异常:

$$X_0 = M_x - \lambda_2 S_x \text{ 或 } X_0 = m_x - \lambda_3 S_x$$

式中:λ_2、λ_3 按规范中表取值。当测点布置为网格状时取 λ_2,当单排布置测点时取 λ_3。

③当测区中某些测点的声时值、波幅或频率被判为异常值时,可结合异常测点的分布及波形状况确定混凝土内部存在不密实区和空洞的范围。

第四节　应变法桩基检测实施细则

一、高应变桩基承载力测试实施细则

(一)仪器设备

包括力传感器,加速度计,打桩器械以及显示装置、数据采集装置、处理装置、记录装置等。

仪器应经过标定。

(二)适用范围

(1)监测预制桩打入时的桩身应力与桩锤效率,选择沉桩设备与工艺参数。

(2)选择预制桩合理的桩型和桩长。

(3)采用实测曲线拟合法估计桩侧与桩端土阻力分布,模拟静载试验 *Q-S* 曲线等。

(三)资料收集

(1)工程名称及建设、设计、施工单位名称。

(2)试桩区域内建筑场地的工程地质勘察报告。

(3)桩基础施工图。

(4)工程桩施工记录。

(5)试桩桩身混凝土强度试验报告。

(6)试桩桩顶处理前、后高程。

(四)抽样方法

对工程地质条件、桩型、成桩机具和工艺相同、同一单位施工的桩,检测桩数不宜少于总桩数的2%,并不得少于5 根。

(五)检测方法

1.桩的参数设定

(1)现场检测时桩头测点处的桩截面积、桩身波速、桩材质量密度和弹性模量按测点处桩的实际情况确定。

(2)测点下桩长和截面积的设定:桩长取传感器安装点至桩底的距离,对于预制桩按实际桩长和桩截面积确定;对于混凝土灌注桩,测点下桩长和截面积设定值按施工记录确定。

(3)桩身波速设定:对于普通钢桩,波速值可设定为 5 210m/s;对于混凝土预制桩,在打入前实测桩身平均桩速;对于混凝土灌注桩,可用反射波法计算或根据桩身混凝土强度等级等参数综合设定。

(4)桩身质量密度设定:普通钢桩取 $7.85t/m^3$,普通混凝土预制桩取 $2.45 \sim 2.55t/m^3$,普通混凝土灌注桩,取 $2.4t/m^3$。

(5)桩材的弹性模量根据应力波传播速度和桩材质量密度确定。

2.采用频率和采样数据长度的设定

(1)采样频率宜为 5 ~10Hz;

(2)每个信号的采样点数不宜少于 1 024 点。

3.检测要求

(1)保证一定的休止时间,即从设桩至检测(或复打)的休止时间应符合一定的时间要求。

(2)预制桩承载力的时间效应可通过复打确定。

(3)每根桩应记录的有效锤击次数,应根据贯入度及信号质量决定。

(4)采用自由落锤为锤击设备时,宜重锤低击,最大锤落距不宜大于 2.50m。

(5)如果试验目的是为了确定监测预制桩打入时的桩身应力与桩锤效率,选择沉桩设备与工艺参数是为了选择预制桩合理的桩型和桩长,应进行打桩全过程检测。

4.检测准备

(1)为确保检测时锤击力正常传递,对混凝土灌注桩、桩头严重破损的混凝土预制桩和桩头已出现屈服变形的钢桩，检测前应对桩头进行修复或加固处理。

①桩头顶面应水平、平整，桩头中轴线与桩身中轴线应重合，桩头截面积应与原桩身截面积相同；

②桩头主筋应全部直通至桩顶混凝土保护层之下，各主筋应在同一高度上；

③距桩顶1倍桩径范围内，宜用厚度为3~5mm的钢板围裹或距桩顶1.5倍桩径范围内设置箍筋，间距不宜大于150mm，桩顶应设置普通钢筋网片2~3层，间距60~100mm；

④桩头混凝土强度等级比桩身混凝土提高1~2级，且不得低于C30。

(2)桩顶应设置桩垫，并根据使用情况及时更换。桩垫宜采用胶合板、木板和纤维板等材质均匀的材料。

(3)为监视和减少可能出现的偏心锤击的影响，检测时应安装应变传感器和加速度传感器各两只。传感器的安装应符合下列规定：

①传感器应分别对称安装在桩顶以下桩身两侧，传感器与桩顶之间的垂直距离，一般型桩不宜小于2倍桩的直径或边长，大直径桩，不小于1倍桩的直径或边长；

②安装传感器的桩身表面应平整，且其周围不得有缺损或断面突变，安装面范围内的材料截面尺寸应原桩身等同；

③应变传感器的中心与加速度传感器中心应位于同一水平线上，两者之间的水平距离不宜大于10cm。

④当采用膨胀螺栓固定传感器时，螺栓孔应与桩身中轴线垂直，其孔径应与采用的膨胀螺栓尺寸相匹配；应变传感器固定面应紧贴桩身表面，初始变形值不得超过规定值，检测过程中不得产生相对滑动。

⑤当进行连续锤击检测时，应先将传感器引线与桩身固定可靠，防止引线振动受损。

(六)基桩承载力判定

1.信号选取

(1)信号选取锤击后出现下列情况之一时，其信号不得作为分析计算依据：力的时程曲线最终未归零；严重偏心锤击，一侧力信号呈现受拉；传感器安装处混凝土开裂或出现塑性变形。

(2)检测承载力时选取锤击信号，宜符合下列规定：预制桩初打，宜取最后一阵中锤击能量较大的击次；预制桩复打和灌注桩检测，宜取其中锤击能量较大的击次。

(3)分析计算前，应根据实测信号按下列方法确定桩身波速的平均值；桩底反射信号明显时，可根据下行波波形起升沿的七点到上行波下降沿的起点之间的时差与已知桩长值确定；桩底反射信号不明显时，可根据桩长、混凝土波速的合理取值范围以及邻近桩的桩身波速综合确定。

2.实测曲线拟合法判定桩承载力

(1)实测曲线拟合法所采用的力学模型应符合下列规定：土的力学模型能反应土的实际应力应变性状；桩的力学模型能反应桩的实际性状，可采用一位弹性杆模型。

(2)采用实测曲线拟合法分析计算时应符合下列规定：①可用实测的速度或力或上行波作为边界条件进行拟合；②曲线拟合时间长度不应少于$5L/c$，并在$2L/c$时刻后延续时间不应小于20ms；③拟合分析选定的参数，应在岩土工程的合理范围之内。各单元所选用的土的最大弹性位移S_q值不得超过相应桩单元的最大计算位移值；④拟合完成时计算曲线应与实测曲线吻合；贯入度的计算值应与实测值吻合。

二、低应变法测试桩基完整性实施细则

(一)桩基低应变动测的目的

(1)评价桩体结构完整性。

(2)测定桩长、桩体弹性波速度及混凝土强度等级。

(二)桩基低应变动测方法

低应变动测方法主要有:反射波法、超声波透射法,频率法。这些方法均以一定的物理力学条件为基础,完成各自的动测任务、对于具体工程项目,应根据不同的物理力学条件和工程要求加以选用。

(三)检测方法

1. 反射波法原理

反射波法是在桩顶部施加竖向击振力,由此产生的弹性波沿着桩身向下传播,当桩身存有明显的波阻抗界面时,将产生反射波。利用安装在桩顶部的传感器接收反射信号,经放大、滤波和数据处理,可识别来自桩身不同部位的反射信息。依据波列图中入射波和反射波的相位、振幅、频率及波的到达时间等特征,推定桩身混凝土的完整性,判定桩身缺陷类型及位置并对桩长进行核对。

桩身混凝土的波速 c_{m} 可按下列公式计算:

$$c_m = \frac{1}{n}\sum_{i=1}^{n} c_{\mathrm{i}} \qquad c_{\mathrm{i}} = \frac{2\,000L}{\Delta T} \qquad c_{\mathrm{i}} = 2L \cdot \Delta f$$

式中:c_m——桩身波速的平均值(m/s);

c_{i}——第 i 根受检桩的桩身波速值(m/s);

L——测点下桩长(m);

ΔT——速度波第一峰与桩底反射峰间的时间差(ms);

Δf——幅频曲线上桩底相邻谐振峰间的频差(Hz);

n——参加波速平均值计算的基桩数量(n≥5)。

桩身缺陷的深度 x 可按下列公式计算:

$$x = \frac{1}{2\,000} \cdot \Delta t_{\mathrm{x}} \cdot c \qquad x = \frac{1}{2} \cdot \frac{c}{\Delta f'}$$

式中:x——桩身缺陷至传感器安装点的距离(m);

Δt_{x}——速度波第一峰与缺陷反射峰间的时间差(ms);

c——受检桩的桩身波速值(m/s);

$\Delta f'$——幅频曲线上缺陷相邻谐振峰间的频差(Hz)。

2. 仪器设备

(1)仪器一般由传感器、数据采集(放大、滤波、记录)、处理和监视系统,以及专用附件组成。

(2)数据采集放大部分的增益一般应大于60dB,其频带宽度应宽于10~2 000Hz。终端具有波形监视设备及模拟记录或数字磁记录装置。

(3)对多道数据采集系统,其放大器应具有良好一致性。其振幅一致性偏差应小于3%,

相位一致性偏差应小于0.1ms，折合输入端的超声水平应低于1uv(V_{pp})。

(4)仪器应具有防尘、防潮性能，能在-10℃~40℃范围工作。以适于不同地区不同季节使用。

(5)接收传感器可使用速度型或加速度型。速度传感器灵敏度应优于300mV/cm/s，加速度传感器灵敏度应优于100mV/g，同类型传感器应具有良好一致性。

(6)对传感器应采取严格防潮、防水措施，搬运时应采取防振保护措施。

3.检测准备

(1)收集工程地质勘察资料、基桩设计和施工资料。

(2)对于被测桩均应进行桩头处理，包括挖出桩头，清理桩周场地、凿去浇灌的浮浆部分，使桩头安装传感器和激振部位平整。要求切除桩头外延过长的钢筋。

(3)检测前，应对主机及传感器进行必要的检查和测试，使用模拟桩进行系统校验，发现问题及时送交仪修人员调试或检修。不合格的仪器或传感器不准用于检测。

4.检测技术

(1)对每个检测工地均应进行激振、接收条件的选择试验，确定最佳激振和接收条件。

(2)根据不同桩型必须进行仪器接收参数(放大、滤波、采样频率或记录时间长度等)的对比试验，以确定方法的有效性。

(3)在一定检测工地中，应尽量保持接收参数和传感器的一致性，以便进行有效波的对比分析。

(4)激振点一般选择在桩头中心部位、传感器应牢固地安装在桩顶。位置宜为距桩中心2/3半径处或多个传感器接收。

(5)根据不同激发频率要求，应采和不同重量和材质的击锤进行激振。

(6)当随机干扰较大时，多次重复激振，以增强反射信号，压制随机干扰，提高信噪比。

(7)为提高反射波的分辨率，应采用不同能量激振，用截止频率较高的传感器和采用宽带放大器。

(8)放大器增益选择，不允许产生限幅削波现象。在满足能记录在桩底两次反射的情况下，宜采用较高的采样频率。

(9)在桩头上进行横向激振，对浅部断桩，缩径和严重离析等缺陷有着明显的反映，可与纵向激振检测配合进行。

(10)对每根被检测的单桩，均应重复测试，时域波形应有较好的重复性。当重复性不好时应及时清理激振点，发送传感器安置条件或排除仪器故障后，重新进行测试。

对于异常波形，应在现场及时分析研究，首先排除可能存在的激振或接收条件不良因素的影响后，再重复测试。

5.检测过程

(1)做好前述各项准备工作，即可开始检测。

(2)接上电源，启动采集器和微机，稍等片刻，微机自检完毕，使之进入低应变测试状态，屏幕上出现参数设置表。

(3)通过微机键盘设置合适的仪器工作参数，如：采样时间、滤波挡、放大倍数等。然后使之进入采集信号状态。

(4)使桩顶的传感器和连线等安装无误，使仪器进入等待采集信号状态。

(5)通过对时域波形形态及频域分析，初步分析被测桩的完整性，并决定时域波形曲线是存盘还是消除重测。必要时,可对时域波形进行较详细的分析、处理和判断。

(6)各种型号动测仪的使用方法略有不同,具体操作详见各型号仪器的测试操作说明书。

6. 检测数据分析与判断

(1)通过资料分析,判别有无断裂、离析、夹泥或缩径等缺陷,并确定其部位,判别桩长及混凝土质量是否满足设计要求,对单桩完整性做出评价。

(2)桩体浅部断裂的定性评价,可依据横向激振对同类桩横向震动特征之间差异来进行判别。存在横向裂缝的桩有自振频率降低、衰减历时明显增加及波列复杂等现象,在一定实践经验基础上,可对桩体浅部断裂缺陷做出定性评价,为了保证判别准则的一致性,桩身出露长度大体相同,激振及仪器接收参数应保持不变。

(3)根据波形图中入射波、反射波振幅、频率、相位以及波的到达时间,分析判别桩底反射或桩间反射。

(4)施工质量好的单桩,其反射波具有下列特征。

①桩底反射波明显,易于读到双程传播时间值;

②波形规则,波列清晰;

③桩材平均波速较高;

④在频谱分析图上,基波的主峰明显;

⑤同一工区桩体波形,桩底反射信号特征往往有较好的相似性。

(5)断裂界面或严重离析部位所产生的反射波,其到达时间要小于桩底反射波到达时间、断裂界面或严重离析的存在将减弱桩底反射波的强度,甚至影响桩底反射波的出现。多个断面或多处严重离析存在,将记录到多个相互干涉的反射波组,形成复杂波形。应结合地质资料进行分析,以排除地质变化对波形带来的影响。

(6)缩径与扩径的判别。缩径与扩径部位截面积变化将导致明显的反射波,其部位可按反射历时加以估算,类型可按相位判别,严重程度要结合施工记录及该异常部位的地层情况综合分析。

(7)主要检测参数和完整性的确定。

①桩身混凝土的质量,可由桩底反射到达时间,直接计算桩身纵波的传播速度加以判定。完整性可参考附表3所列标准确定。

桩身完整性分类表 附表3

桩身完整性类别	分类原因
I类桩	桩身完整
II类桩	桩身有轻微缺陷,不会影响桩身结构承载力的正常发挥
III类桩	桩身有明显缺陷,对桩身结构承载力有影响
IV类桩	桩身存在严重缺陷

②桩长利用工区内桩的平均速度,由桩底反射到达时间来计算确定。

③由纵波速度计算单桩混凝土抗压强度涉及的影响因素甚多。在缺乏全面的统计资料的情况下,可用混凝土试件进行波速测定和抗压强度试验,确定其间换算系数。

(四)检测环境及安全要求

(1)低应变检测仪器为高精密仪器,在运输和检测过程中应注意采取防振,防水(雨),防晒等措施,以确保其不受损伤。

(2)检测现场所接电源必须符合临时架设电源线路的要求,禁止乱扯电源、电线,防止漏电、触电等事故发生。

(3)使用交流电时,仪器设备必须接有地线,要求电源 220V ± 20V。当交流电压不稳定或停电时,备有蓄电池可以使用。

(4)禁止带电插拔计算机接口连线,以免造成接口损坏。

(5)加电顺序:总电源→主机→打印机→计算机。断电逆加电顺序进行。

(6)当检测工地有施工进行时,应采取安全措施,保证检测人员和仪器设备安全。

(五)低应变动测报告内容

(1)工程名称、地点,动测目的和动测日期。报告单位名称,检测部(组)负责人,项目技术负责人,检测人员,参加人员,报告编写、校核人员,单位技术负责人。

(2)场地工程地质概况及桩基概况。

(3)试验检测原理及方法(附仪器设备装置框图)。

(4)仪器设备,性能指标。

(5)传感器型号,性能指标。

(6)测试原始曲线。

(7)应力波速、采样频率的设定值。

(8)低应变动力试验检测承载力的数学力学模型、经验公式及其系数取值。

(9)低应变动力试验(或其他方法)检测桩身完整性的结果表,报告每根桩的长度、有无缺陷、缺陷种类、程度、位置。

(10)主要结论与建议意见。

第五节　钢结构及其联结件无损检测实施细则

一、钢结构超声无损探伤实施细则

将超声波脉冲(通常 1.5Hz)从探头射入被检测物体,如果其内部有缺陷,缺陷与材料之间便存在界面,则一部分入射的超声波在缺陷处被反射或折射,则原来单方向传播的超声能量有一部分被反射,通过此截面的能量就相应减少。这时,在反射方向可以接到此缺陷处的反射波,在传播方向接受到的超声能量会小于正常值,这两种情况的出现都能证明缺陷的存在。在探伤中,利用探头接收脉冲信号的性能也可检查出缺陷的位置及大小。前者称为反射法,后者称为穿透法。检测采用的仪器操作规程:CTS—8008 金属超声探伤仪操作规程。

(一)脉冲反射法

(1)使脉冲发生器产生高频电脉冲激励探头的压电晶片振动,产生超声波。

(2)超声波垂直入射到工作件中,通过顶面 A、缺陷 F 和底面 B,均有超声波反射回来。这些反射波各自经历了不同的往返路程回到探头上,探头又重新将其转变为电脉冲,经接受放大器放大后,即可在荧光屏上显现出来。其对应各点的波形分别称为始波 A'、缺陷波 F'和底波 B'。

(3)当被测工件中无缺陷存在时,荧光屏上只能见到始波 A'和底波 B'。缺陷的位置(深度 AF)可根据各波型之间的间距之比等于所对应的工件中的长度之比求出。

(4)缺陷的大小可用当量法确定。该方法也称为纵波探伤或直头探伤。

(二)穿透法

穿透法根据超声波能量变化情况来判断工件内部状况。

(1)将发射探头和接受探头分别置于工件的两相对表面。

(2)发射探头发射的超声波能量是一定的,在工件不存在缺陷时,超声波穿透一定工件厚度后,在接受探头接收到的能量也是一定的。而工件存在缺陷时,由于缺陷的反射使接收到的能量减小,从而断定工件存在缺陷。

(3)穿透法探伤的灵敏度不如脉冲反射法高,且受工件形状的影响比较大,但较适宜检查成批生产的工件,可以通过接收能量的对比而得到高的精度,宜实现自动化。

二、钢结构防护涂装厚度检测实施细则

(一)测量原理

采用磁性和涡流两种测厚方法,可无损地测量磁性金属基体(如钢、铁、合金和硬磁性钢)尚非磁性覆盖层的厚度(如锌、铝、铬、铜、橡胶、油漆等)及非磁性金属集体(如铜、铝、锌、锡等)上非导电覆盖层的厚度(如橡胶、油漆、塑料、阳极氧化膜等)。

(1)磁性法:当测头与覆盖层接触时,测头和磁性金属基体构成一闭合磁路,由于非磁性覆盖层的存在,使磁路磁阻变化,通过测量其变化可导出覆盖层的厚度。

(2)涡流法:利用高频交变电流在线圈中产生一个电磁场,当测头与覆盖接触时,金属基体上产生电涡流,并对测头中的线圈产生反馈作用,通过测量反馈作用的大小可导出覆盖层的厚度。

(二)测试仪器与相关规程

采用磁性测厚法测试,所用仪器为 TT210 覆层测厚仪。相关检测仪器操作规程为 ZJJC-ZY-II-63　TT220 涂层厚度仪操作规程。

(三)检测方法

将测头与测试面垂直地接触并轻压测头定位套,屏幕显示测量值,测量完成。

三、高强度螺栓扭矩检测实施细则

(1)试验器具应在试验前进行标定,误差不得超过2%。

(2)将螺栓穿入轴力计,测出螺栓预拉力 P 的同时,应测定施加于螺母上的施拧扭矩值 T,按下式计算扭矩系数 K。

$$K = \frac{T}{Pd}$$

式中:T——施拧扭矩(N·m);

d——高强度螺栓的螺纹规格(螺纹大径)(mm);

P——螺栓预拉力(kN)。

四、焊缝检测实施细则

(一)焊前检查

焊前检查是指焊接实施前准备工作的检验,包括原材料的试验、焊接结构设计的鉴定及其

他可能影响焊接质量因素的检验(如焊工考试、电源的质量、工具和电缆的检查)。

(二)焊接过程中的检验

(1)检验焊接规范。焊接规范的检验是指对焊接过程中的工艺参数,如焊接电流、焊接电压、焊接速度、焊条(焊丝)直径、焊接的道数、层数、焊接顺序、能源的种类和极性等。

(2)检查焊缝尺寸。根据工艺卡或行业标准所规定的要求进行。

(3)检验结构装配质量。按图纸检查各部分尺寸、基准线及相对位置是否正确,是否留有焊接收缩余量和机械加工余量;检查焊接接头的坡口形式及尺寸是否正确。

大的内应力,并检查点固焊缝的缺陷;检查焊接处是否清洁,有无缺陷(如裂缝、凹陷、夹层)。

(三)焊后成品的检验

一般采用外观检测法和内部缺陷超声波探伤,后者见钢结构超声波探伤实施细则。外观检查主要是发现焊缝表面的缺陷和尺寸上的偏差。

(1)检查之前必须将焊缝附近 10 ~ 20mm 基本金属上所有飞溅及其他污物清除干净。在清除焊渣时,要注意焊渣覆盖情况。

(2)对合金钢的焊接产品必须进行两次外部检查,即紧接着焊接之后和经过 15 ~ 30d 以后,这是因为有的合金钢内产生的裂纹形成很慢,以致第二次检查时才发现裂缝。

(3)对未填满的弧坑应特别仔细检查,因该处可能会有星形散射状裂缝。

(4)若焊缝表面出现缺陷,焊缝内部便有存在缺陷的可能。如焊缝表面出现咬边或满溢,则内部可能存在未焊透或未熔合;焊缝表面多孔,则焊缝内部亦可能会有气孔或非金属夹杂物存在。

第六节　混凝土内钢筋锈蚀测试实施细则

一、适用范围

(1)钢筋锈蚀状况的检测范围应为主要承重构件或承重构件的主要受力部位,或根据一般检查结果有迹象表明钢筋可能存在锈蚀的部位。

(2)对外观检查发现梁(板)构件主要受力部分存在以下情况时,需进行钢筋锈蚀状况的检测:

①当发现构件主要受力部分主筋位置处存在沿梁纵向有水平裂缝时。

②当构件主筋位置处检查的碳化深度大于原设计混凝土保护层厚度时。

③根据检查表明钢筋有如锈迹、锈胀等锈蚀迹象时。

二、测试方法

混凝土中钢筋的锈蚀是一种金属铁氧化的电化学过程。目前测试混凝土内钢筋锈蚀测试方法主要是电化学法,常采用半电池电位法。钢筋锈蚀使钢筋形成局部电池,而在钢筋周围形成电位差,钢筋锈蚀测量工作原理是测量混凝土表面相对于钢筋的电位或测量表面的电位梯度,根据钢筋锈蚀过程中产生的电位大小或形成的电位梯度大小判断钢筋是否锈蚀或锈蚀程度。

下面,结合 ZIJG-zy-II-58 钢筋锈蚀测定仪操作规程说明钢筋锈蚀的测量方法。

（一）电位测量

在构件上选定测区，在测区内画出测线和测点，见图1，图中测线线距和点距相同，构件上测线的交叉点为测点。每个测区上布置测试网格，网格节点为测点，网格间距采用20cm×20cm，30cm×30cm，20cm×10cm不等，根据构件尺寸而定，测点位置距构件边缘大于5cm，一个测区不少于20个测点。

依据电化学方法进行钢筋锈蚀的检测仪器，一般配备一个金属电极，一个硫酸铜电极，金属电极与钢筋连接（需凿开混凝土保护层，除掉铁锈），硫酸铜电极接触混凝土表层，测量两者的电位。仪器连接前，钢筋要除锈干净，硫酸铜电极中装入饱和硫酸铜液体，最好用蒸馏水，电极内可看到硫酸铜少许固体为宜。

（二）电位梯度测量

现场电位梯度测试不需凿开混凝土，使用两个相距20cm的硫酸铜电极，测点和测区布置同附图5。

注意在梯度测量时，一个测区内，一旦连接好两个电极开始测试后，两个电极的前后顺序不可调换。

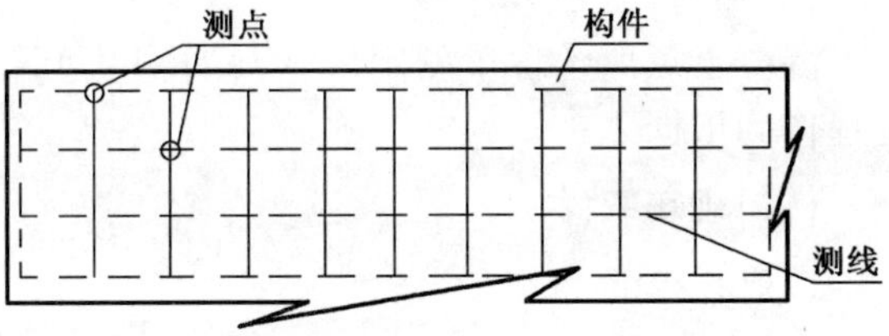

附图5 钢筋锈蚀测试测点布置

三、钢筋锈蚀判别参考标准

目前我国还没有相关规范规定钢筋锈蚀的判别标准，但已有许多国家制定了用电位值判断钢筋是否锈蚀的标准，美国、日本、德国和国内的判别标准见附表4～附表7。

美国标准 附表4

混凝土中钢筋电位（mV）（对饱和硫酸铜电极，下同）	高于-200	-200～-350	低于-350
判别	90%不腐蚀	不确定	90%腐蚀

日本标准 附表5

混凝土中钢筋电位（mV）	高于-300	局部低于-300	低于-350
判别	不腐蚀	局部腐蚀	全面腐蚀

德国标准 附表6

（a）参照美国标准；
（b）在沿钢筋混凝土表面上进行电位梯度测量。若两电极间距≤20cm时能测出100～150mV电位差来，则电位低的部位判作腐蚀

公路桥梁承载能力检测评定规程（报审稿） 附表7

序号	电位水平（mV）	钢筋状态
1	0～-200	无锈蚀活动性，锈蚀活动性不确定
2	-200～-300	有锈蚀活动性，但锈蚀状态不确定，可能坑蚀
3	-300～-400	有锈蚀活动性，发生锈蚀概率大于90%
4	-400～-500	有锈蚀活动性，严重锈蚀可能性极大
5	<-500	构件存在锈蚀开裂区域
备注	①表中电位水平未采用铜—硫酸铜电极时的量测值； ②混凝土湿度对测量值有明显影响，量测时构件应为自然状态，否则不能使用此评定标准	

四、注意问题

电化学方法检测钢筋锈蚀是一种定性方法，若想进一步了解钢筋锈蚀厚度，剩余直径等，还需破开混凝土层，进行直径量测。

第七节　混凝土电阻率和氯离子含量检测实施细则

一、混凝土中氯离子含量的检测实施细则

（一）仪器设备与依据

混凝土氯离子含量测定仪（CLCONT-U）；本细则采用 CL-U 混凝土氯离子含量测定仪操作规程作为依据之一。

（二）现场取样

1. 取样位置

（1）分析样品的取样部位可参照钢筋锈蚀电位测试测区布置原则确定。

（2）测区的数量应根据钢筋锈蚀电位检测结果以及结构的工作环境条件确定。在电位水平不同部位、工作环境条件、质量状况有明显差异的部位布置测区。

（3）每一测区取粉的钻孔数量不宜少于 3 个，取粉孔可与碳化深度测量孔合并使用。

（4）测区、测孔应同一编号。

2. 取样方法

（1）使用直径 20mm 以上的冲击钻在混凝土表面钻孔，钻孔前应先确定钢筋位置。

（2）钻孔取粉应分层收集，一般深度间隔可取 3mm、5mm、10mm、15mm、20mm、25mm、50mm…若需指定深度处的钢筋周围氯离子含量，取粉间隔可进行调整。

（3）钻孔深度使用附在钻头侧面的标尺杆控制。

（4）用一硬塑料管和塑料袋收集粉末，对每一深度应使用一个新的塑料袋收集粉末，每次采集后，钻头、硬塑料管内都应用毛刷将残留粉末清理干净，以免不同深度粉末混杂。

（5）同一测区不同孔相同深度的粉末可收集在一个塑料袋内，质量不应少于 25g，若不够可增加同一测区测孔数量。不同测区测孔相同深度的粉末不应混合在一起。

（6）采集粉末后，塑料袋应立即封口保存，注明测区、测孔编号及深度。

（三）测试方法

（1）试样称重，备好待测。

（2）取定量试样自然浸泡或用萃取液化学萃取。

（3）用标定溶液标定电极。

（4）电极测量 2 ~ 3min。

（5）打印测量数据。

（四）分析结果的判读解释

氯化物浸入混凝土可引起钢筋锈蚀，其锈蚀危险性受到多种因素的影响，如碳化深度、混凝土含水率、混凝土质量等，因此应进行综合分析。

混凝土中氯离子含量可按附表 8 的评判标准确定其对钢筋锈蚀的影响程度。

氯离子含量分析表 附表8

氯离子含量（占水泥含量的百分比）	<0.15	0.15~0.4	0.4~0.7	0.7~1.0	>1.0
评定标度值	1	2	3	4	5
诱发钢筋锈蚀的可能性	很小	不确定	有可能诱发钢筋锈蚀	会诱发钢筋锈蚀	钢筋锈蚀活化

根据每一取样层氯离子含量的测定值，作出氯离子含量深度的分布线，从而判断氯化物是混凝土生成时已有的，还是结构使用过程中由外界渗入的，并判断浸入深度。

二、混凝土电阻率检测实施细则

(一)基本原理

采用四电极方法，即在混凝土表面等间距接触四支电极，两外侧电极为电流电极，两内侧电极为电压电极，通过检测两电压电极间的混凝土电阻即可获得混凝土电阻率。电阻率与锈蚀环境有影响，其关系见附表9。

电阻率与锈蚀环境的关系 附表9

序　　号	电 阻 率	可能的锈蚀速度
1	>20 000	很慢
2	15 000~20 000	慢
3	10 000~15 000	一般
4	5 000~10 000	快
5	<5 000	很快
备注	混凝土湿度对量测值有明显影响，量测时构件应为自然状态，否则不能使用此评判标准	

(二)仪器设备

RT4000混凝土电阻率测定仪。本细则相关检测仪器操作规程：RT4000混凝土电阻率测定仪操作规程。

(三)测试方法

(1)测区与测位布置可参照钢筋锈蚀自然电位测量的要求，在电位测量网格间进行，并做好编号。

(2)混凝土表面应清洁、无尘、无油脂。为了提高测量的准确性，必要时可去掉表面碳化层。

(3)调节好电极的间距，一般采用的间距位50mm。

(4)为了保证电极与混凝土表面有良好、连续的电接触，应在电极前端涂上耦合剂，特别是当读数不稳定时。

(5)测量时探头应垂直置于混凝土表面，并施加适当的压力。

第八节　频率法测试斜拉索索力实施细则

一、测试原理

频率法的测试原理是利用精密拾振器，拾取拉索在环境振动激励下的振动信号，经过滤波、放大和频谱分析，确定拉索的固有频率，利用索的张力和固有频率的关系计算索力。

主要承受轴向拉力的吊杆，不考虑抗弯刚度 EI 时，应用动力学普遍原理可以建立均匀线密度的吊杆在无阻尼时的自由振动方程为：

$$-T\frac{\partial^2 u}{\partial x^2}+\rho\frac{\partial^2 u}{\partial t^2}=0$$

式中：ρ——弦的线密度；

$u(x,t)$——横向位移函数；

x——纵向坐标；

t——时间；

T——张力；

EI——吊杆的抗弯刚度。

当构件两端的边界条件可以简化为两端铰接时，则以上微分方程的解为：

$$T=4\rho l^2\frac{f_{\mathrm{n}}^2}{n^2}$$

式中：l——吊杆拉索的计算长度；

f_{n}——第 n 阶固有频率；

n——振动阶次。

根据上式可得：

$$f_{\mathrm{n}}=n\sqrt{\frac{T}{4\rho l^2}}$$

则 $f_{\mathrm{n}}=nf_1$，$f_1=\Delta f_{\mathrm{n}}$。

式中：f_1——吊杆拉索自由振动的第一自振频率；

Δf_{n}——两阶自振频率之差。

这两个公式相当于吊杆拉索自振频率的判断准则，在频域里，吊杆拉索的频谱图是一个等间距的谱线。它可以判断哪些频谱是索的自振频率，哪些频谱是索的受迫振动频率，以及某个谱线是索的第几阶频率。

如果已知吊杆拉索的计算长度 l，弦的线密度 ρ，再测出它的前内阶振动频率，则根据上式就可以求出它所受的拉力，这就是振弦式索力测试仪的基本原理。

二、仪器设备与相关规程

本细则相关检测仪器操作规程：JMM—268 索力动测试操作规程。

三、测试方法

振动法可采用激振器或人工激振，也可采用环境随机振动法。测试时将传感器用索夹或绑带固定在拉索上，进行激振和信号采集，得到索的固有频率。

四、影响频率法测试精度的几个因素

（1）吊杆拉索边界条件的影响。实际上吊杆拉索的边界条件并不都是十分明确，能够简化成铰接的。一般认为边界条件对长索及低阶振型振动影响较弱，对短索及高阶振型振动影响较强。

(2)拉索有效长度的确定。拉索有效长度对索力测试结果影响很大,目前还没有计算索力有效长度的解析式,已有资料只是一些相关测试经验。

(3)吊杆拉索抗弯刚度的影响。长索的抗弯刚度很小可以忽略,但对于较短的索,如果忽略该项就使求得的索力产生较大的误差一般使测试索力比真实索力偏大。由于吊索截面的惯性矩难以精确确定,准确的计算弯曲刚度比较难。

(4)吊杆套管对索力的影响。套管的影响是个不可忽略的因素,但影响的大小是个难以准确界定的问题。综合以上分析,频率法对于长索测试精度较好,对于短索则反之。

(5)斜拉索初应力较小时计算索力应计入垂度的影响。斜拉桥施工中斜拉索都要经过几次张拉。第一次张拉索的初应力较小,垂度较大、垂度对试测低阶频率影响较大,为了减小垂度对试测索力的影响,建议采用4阶以上频率计算索力。

第九节　隧道结构检测实施细则

一、围岩周边位移量测实施细则

(一)仪器设备与相关规程

仪器设备:收敛计。相关检测仪器操作规程:JSS30A 系列数显收敛计操作规程。

(二)量测断面间距及测点数量

围岩周边位移量测断面间距及测点数量见附表10。

量测断面间距和每断面测点数量　　附表10

围岩类别	断面间距(m)	每断面测点数量	
		净空变化	拱顶下沉
I~II	5~10	1~2条基线	1~3点
III	10~30	1条基线	1点
IV	30~50	1条基线	1点

收敛测线的布置形式见附图6。

在洞口段、浅埋段,量测断面间距及测点数量与I~II类围岩相同。

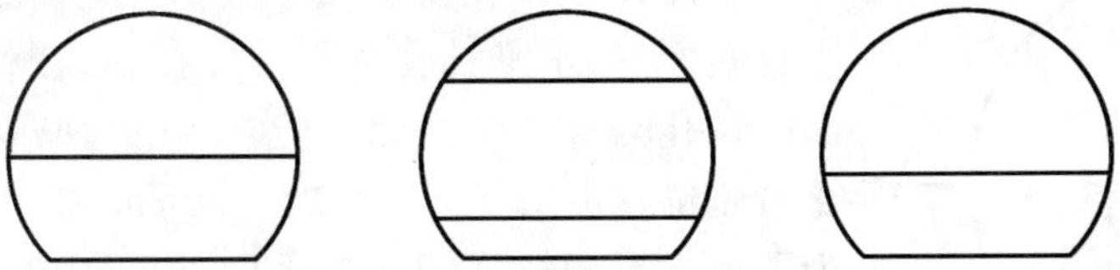

附图6　收敛测线布置

(三)量测频率

量测频率可根据位移速度和量测断面距开挖面距离,按附表11确定,宜取两表中量测频率较高者作为实施的量测频率。

量 测 频 率 附表 11

位移速率(mm/d)	量 测 频 率	量测断面距开挖断面距离(m)	量 测 频 率
≥5	2 次/d	(0 ~ 1)B	2 次/d
1 ~ 5	1 次/d	(1 ~ 2)B	1 次/d
0.5 ~ 1	1 次/2 ~ 3d	(2 ~ 5)B	1 次/2 ~ 3d
0.2 ~ 0.5	1 次/3d	>5B	1 次/7d
<0.2	1 次/7d		

(四)量测点埋设时间

测点距开挖工作面应小于 2m。测点埋设后，第一次量测时间应在上次爆破后 24h 内，并在下次爆破前进行。第一次量测的初读数是关键性数据，应反复测读，当连续测量 3 次的误差 $R \leqslant 0.18$mm 时，才能确定初读数。

(五)量测资料整理

(1)原始记录表及实际开挖测点布置图。

(2)位移随时间及开挖断面距离的变化图。

(3)位移速度、位移加速度随时间及开挖断面距离的变化图。

在上述图标中应同时计入开挖、喷射混凝土、锚杆施工工序和时间，并将位移警戒线和极限值算出来。

二、锚杆轴力量测实施细则

(一)量测仪器

JMZX—3105 压力盒。

(二)测力锚杆的布置

在每一监测断面内一般布置 3 ~ 5 个量测位置(孔)，每一量测位置的钻孔内设测点 3 ~ 6 个(根据量测深度和所选的量测锚杆决定)测力计。具体布置是在拱顶中央 1 个，在拱基线上(或拱基线上方 1.5m 处)左右各设一个，在两侧墙最大跨度处各设一个，如附图 7。具体部位也可根据岩性及现场情况适当调整。

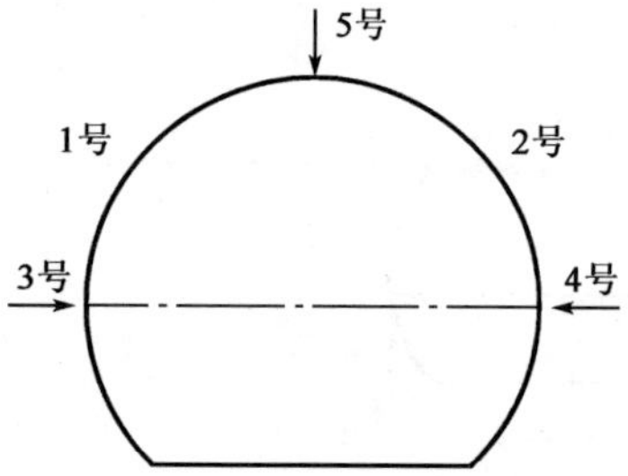

附图 7 量测锚杆的布置形式

(三)测力锚杆的埋设

量测锚杆在埋设前必须钻孔，所有的孔位应布置在同一垂直断面内；水平钻孔倾斜角度在垂直断面内不超过 5°，水平面内钻孔与隧道壁面交角应在 85° ~ 90°之间。钻孔时孔径应比量测锚杆杆体直径大 20 ~ 30mm，扩孔深为 200 ~ 250mm。为了保证量测锚杆的施工质量，须注意以下几点：

(1)为保证量测锚杆与孔壁的胶结质量，钻孔完成后，要求吹干，然后往孔内注满水泥砂浆，注意要均匀地填满全孔长。

(2)随后将量测锚杆插入注满砂浆的孔内，务必使锚杆端部与围岩壁面保持在同一平面内，水平之处，用砂浆抹平整，待砂浆凝固后即可开始初测。

(3)水泥砂浆拌和要求：水泥强度等级不小于 32.5 级，砂粒径为 0 ~ 3mm，质量配比为：水泥: 砂: 水 =1∶1∶0.4。

(4)在埋设时要缓慢顺势向钻内推进,不可锤击,以免损坏电测元件和测线。

(四)测力锚杆的量测

锚杆轴力量测频率可按如下进行:即在埋设后 1 ~ 15d 内每天测一次,16 ~ 30d 每两天测一次,30d 以后可每周测一次,90d 后可每月测一次。

三、衬砌扫描实施细则

隧道衬砌厚度的检测是有重要意义和实用价值的,这里主要介绍激光断面仪扫描法测试衬砌厚度。

(一)采用仪器与相关规程

BJSD—3 激光隧道界限检测仪;本细则相关检测仪器操作规程:BJSD—3 隧道激光断面仪规程。

(二)使用条件

基于隧道激光断面仪能快速检测各类隧道界限(内轮廓线),并根据衬砌浇筑前的初期支护内轮廓线或围岩开挖轮廓线的检测结果实现自动数据比较,快速指导施工决策或验收。利用该方法必须满足以下条件:

(1)拥有衬砌浇筑前的初期支护内轮廓线或围岩开挖轮廓线的实测结果,可作为衬砌外轮廓线的测试结果。

(2)衬砌背后不存在孔洞或离缝。

(3)必须将衬砌外轮廓线测试结果与内轮廓线测试结果换算至统一坐标系中。

四、隧道断面扫描实施细则

(一)仪器设备与相关规程

激光断面仪。测试依据:ZJJC-zy-II-66　BJSD-3 隧道激光断面仪操作规程。

(二)操作方法

(1)在断面仪控制器中事先输入设计断面形状、隧道轴线、平面、纵面设计参数等。

(2)将断面仪置于隧道中任何适于测量的位置(任意位置)。输入断面仪实测时的定向参数。

(3)由断面仪发出一束醒目的单色可见红色激光,指示测点位置。

(4)测量仪器中心与实际开挖轮廓线的交点之间的矢径及该矢径与水平方向的夹角,将这些矢径端点依次相连即可获得实际开挖的轮廓线。这些工作可由激光断面仪自动完成测量。

(5)完成某一开挖断面的实际测量后,即可在控制器的屏幕上现场显示隧道断面形状及超欠挖值。在控制器上操纵断面仪测距头旋转,指向激光所指示的断面轮廓线上的某点,就对应于控制器上图形显示的光标点,并可实时显示该点的超欠挖数值。

(三)注意事项

在断面仪自动扫描的过程中,发现轮廓线上某特征点漏测,还可以随时用断面仪配置的手持式控制器发出一个停止命令,然后用控制键操纵断面仪测距头返回预测的特征点,完成该点的测量后继续扫描下去。在自动测量过程中，测点之间的间距还可以根据断面轮廓线的实际凸凹形状，随时动态地加以修正。

五、衬砌混凝土应力测量实施细则

(一)测试仪器与相关规程

采用混凝土钢弦式应变计。

(二)测试断面的布置

一般布设在有代表性的围岩段，实际量测中通常有三测点、六测点、九测点等多种布置形式。在二次衬砌内布设时，一般应在衬砌的内外两侧进行布置，幼时也可在仰拱上布置一些测点。

(三)混凝土应力量测及频率

根据现场的具体情况及量测要求，定期进行量测。每次对每一应力、应变计的量测不应少于3次，力求量测数据可靠、准确。取其量测的平均值作为当次的数据，并做好记录。量测频率与其他选测项目量测频率相同。

对量测数据应绘制混凝土应力随开挖面变化的关系曲线，混凝土应力随时间变化的关系曲线等。

六、围岩压力及层间压力实施细则

围岩压力测量，通常情况下指围岩与支护或喷层与二次衬砌混凝土间的接触压力的测试。方法为在围岩与支护、两次支护之间埋设钢弦式压力盒。

(一)仪器设备与相关规程

采用钢弦式压力盒具有性能稳定，便于远距离、多点观测，受温度与其他外界条件干扰小。本细则相关检测仪器操作规程：XB—150压力盒操作规程。

(二)操作方法

1. 压力盒标定

压力盒标定指在室内测定每个压力盒频率与压力之间的对应关系，并绘出它们的关系特性曲线，以便现场测试使用。标定在压力缸或材料试验机上进行。

2. 压力盒的布置与埋设

埋设压力盒的要求是：接触紧密和平稳，防止滑移，不损伤压力盒及引线，并且需要在上面盖一块厚6~8mm、直径与压力盒直径大小相等的钢板。一般压力盒布置方式见附图8。

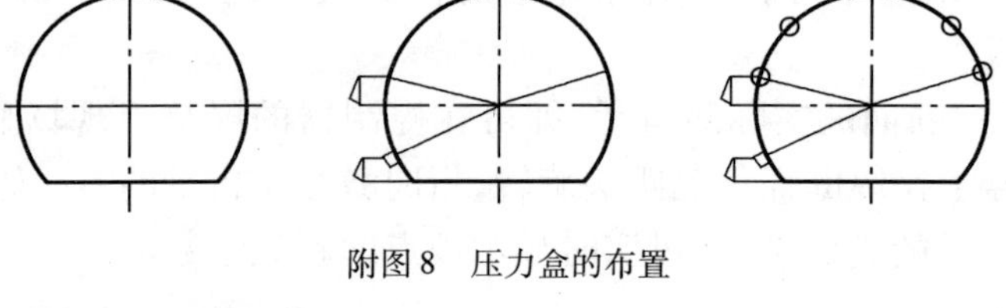

附图8　压力盒的布置

(三)观测方法

压力盒按观测设计要求布置埋设好后，应根据实际情况设立观测室，将每个压力盒的电缆引线集中于室内，并按顺序编号，以防弄混。电缆线铺设一定要得当，且不可被压断、拉断。

观测时，根据具体情况及要求，定期进行测量；每次每个压力盒的测量应不少于3次，力求测量数值可靠、稳定，并做好原始记录。

七、隧道噪声检测实施细则

（一）量测仪器与相关规程

TES—1357 噪声计。使用环境条件为2 000m 高度以下。

（二）检测方法

1. 噪声计使用方法

（1）听感修正回路或称频率加权（Frquency-weighting“A”）：本测量方法原则上以听感修正回路A加权测定之，唯测量时应注记现场测量时所使用之加权名称。

（2）动特性或称时间加权（Time-weighting）：噪声计动特性原则上使用快（Fast，F）特性，但音源发出之声音变动不大时，可使用慢（Slow）特性。

2. 测量步骤

（1）测量人员及现场测量区域应有维护安全的基本设备（如安全帽、反光背心，警戒线）等。

（2）测量时间内测量地点须无雨，路干且外加海绵球后，可使声音感应器测量噪声时，不受风干扰。

（3）测量位置的选择，除另有规定外，于室外测量时需距离任何反射物至少3.5m。评估建物的外部噪声影响，需距离建物墙面线1～2m。于室内测量时需距离室内墙壁或其他主要反射面至少1m及离窗户约1.5m。所有测量位置皆距离地面或楼板1.2～1.5m。

（4）噪声计需外接电源时，需确认供应电源的电压是否正确，如果噪声计使用电池，也先确认电池容量，避免测量期间断电或因电池容量不足影响噪声的撷取。

（5）将噪声计架设于噪声计专用三脚架上，确认噪声计稳固不会有倾斜（倒）。将声音感应器（外加海绵球）朝向欲测发音源，且其垂直角度依发音源传播方向而调整至最适合位置，选定测量位置。

第十节　工程环境检测实施细则

一、风速检测实施细则

（一）仪器设备与相关规程

风速计。

（二）检测线路

检测断面平均风速的线路见附图9。

（三）检测方法

1. 迎面法

测风员面向风流站立，手持风表，手臂向正前方伸直，然后按一定的线路使风表均匀移动。

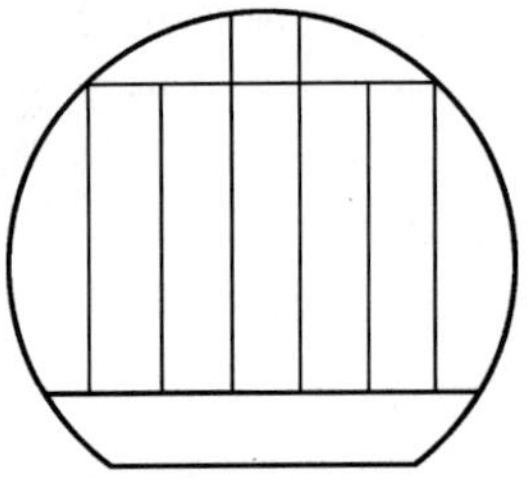

附图 9　检测断面平均风速的线路

由于人体位于风表的正后方，人体的正面阻力减低流经风表的流速。因此，用该法测得的风速 v_s，需经校正后才是真实风速 v，$v=1.14v_s$。

2. 侧面法

测风员背向隧道站立，手持风表，手臂向风流垂直方向伸直，然后按一定的线路使风表均匀移动。由于人体与风表在同一断面内，造成流经风表的流速增加。如果测得风速为 v_s，那么实际风速为：

$$v = v_s(S-0.4)/S$$

式中：S——所测隧道的断面面积（m^2）；

0.4——人体占据隧道的断面面积（m^2）。

（四）相关检测仪器操作规程

手持式风速风向仪操作规程。

二、CO 浓度检测实施细则

（一）量测仪器

CO 检测仪器，利用控制电位电化学原理来检测 CO 浓度。

（二）检测原理

被测量的 CO 通过传感器聚四氟乙烯薄膜，扩散到工作电极 W，CO 在 W 电极上发生氧化反应，同时在电极 C 上发生还原反应。于是传感器电极 W 和 C 之间，产生了微电流，其大小与 CO 浓度成比例。该电流放大后由电表指示出 CO 的浓度值。

（三）注意事项

为保证仪器测量精度，使用一段时间后，要用标准气样校正。

（1）可以有两种供电方式：一只 9V 电池或交流转换器。

（2）确定 CO 感测器部位不能被阻隔及须开放于大气压力下工作。

（四）检测方法

（1）测量人员及现场测量区域应有维护安全的基本设备，如安全帽、反光背心（衣）、警戒线等。

（2）CO 浓度的采样点的设置在入口段检测、中间段检测、出口段检测。

三、照度检测实施细则

（一）仪器设备与相关规程

TES1332A 照度计，本细则采用相关检测仪器操作规程：TES-1335 照度计操作规程。

（二）洞口段照度检测

（1）纵向照度曲线测试：第一测点可设在距洞口 10m 处，之后向内每米设一测点，测点深入中间段 10m。测试各点照度，并以隧道路面中线为横轴、以照度为纵轴绘制隧道纵向照度变化曲线。

（2）横向照度曲线测试：洞口照明段分为入口段和过渡段，过渡段由 TR1、TR2、TR3 三个照明段组成。测试横向照度时，可在各测区各设一条测线，该线位于各区段的中部。在各测线上，测点由中央向两边对称布置，间距0.5m。测取各点照度，并以各测线为横轴、以照度为纵轴，绘制隧道横向照度变化曲线。

（三）中间段路面平均照度检检测

1.取测点原则

视隧道长度不同，测区的总长可占隧道总长度的5%～10%；各测区长度以20m为宜，也可根据灯具间距适当调整。在各测区划分网格，使各单位长为2m，宽约1m；给各单位编号，并测取各单元形心点的照度E_i。

2.数据处理方法

若某测区的单元数n，则该测区的平均照度为E：

$$E = \frac{1}{n}\sum_{i=1}^{n}E_i$$

对各测区均计算，得到各测区的平均照度，最后对各测区的照度再平均，即得全隧道基本段得平均照度。

参 考 文 献

[1] 张俊平.桥梁检测[M].北京:人民交通出版社,2002.

[2] 蔡中民.混凝土结构试验与检测技术[M].北京:机械工业出版社,2005.

[3] 宋一凡.公路桥梁荷载试验与结构评定[M].北京:人民交通出版社,2002.

[4] 湖南大学,太原理工大学,福州大学.建筑结构试验[M].北京:中国建筑工业出版社,1991.

[5] 中华人民共和国行业标准.GB/T 50080—2004 建筑结构检测技术标准[S].北京:中国建筑工业出版社,2004.

[6] 吴新璇.混凝土无损检测技术手册.北京:人民交通出版社,2003.

[7] 振动测试与分析[M].北京:中国铁道出版社,1979.

[8] 中华人民共和国行业标准.CECS21:2000 超声法检测混凝土缺陷技术规程[S].北京:中国建筑工业出版社,2000.

[9] 中华人民共和国行业标准.CECS03:88 钻芯法检测混凝土强度技术规程[S].北京:中国建筑工业出版社,1988.

[10] 中华人民共和国行业标准.CECS69:94 后装拔出法检测混凝土强度技术规程[S].北京:中国建筑工业出版社,1994.

[11] 罗骐先.桩基工程检测手册[M].北京:人民交通出版社,2003.

[12] 郑南翔,等.路基路面试验检测技术[M].北京:人民交通出版社,2004.

[13] 长安大学.工程材料[M].北京:人民交通出版社,2001.

[14] 中华人民共和国行业标准.JTG E40—2007 公路土工试验规程[S].北京:人民交通出版社,2007.

[15] 中华人民共和国行业标准.JTJ 052—2000 公路工程沥青及沥青混合料试验规程[S].北京:人民交通出版社,2000.

[16] 中华人民共和国行业标准.JTG E51—2009 公路工程无机结合料稳定材料试验规程[S].北京:人民交通出版社,2009.

[17] 中华人民共和国行业标准.JTG E60—2008 公路路基路面现场测试规程[S].北京:人民交通出版社,2008.

[18] 中华人民共和国行业标准.JTG E50—2006 公路土工合成材料试验规程[S].北京:人民交通出版社,2006.

[19] 中华人民共和国行业标准.JTG B01—2003 公路工程技术标准[S].北京:人民交通出版社,2003.

[20] 中华人民共和国行业标准.JTG F80/1—2004 公路工程质量检验评定标准[S].北京:人民交通出版社,2004.

[21] 中华人民共和国行业标准.JTG F40—2004 公路沥青路面施工技术规范[S].北京:人民交通出版社,2004.

[22] 蒋泽汉,盛安连.土木工程电测技术[M].北京:人民交通出版社,1985.
[23] 叶大年,从柏林.岩石实验室工作方法[M].北京:地质出版社,1981.
[24] 窦明健.公路工程地质[M].北京:人民交通出版社,2003.
[25] 王怡之.超声检测技术[M].北京:人民交通出版社,2001.
[26] 罗鸿权.电子显微分析实验指导书[M].武汉:武汉水运工程学院出版社,1987.
[27] 清华大学分析化学教研室编.现代仪器分析(下册)[M].北京:清华大学出版社,1983.